U0220994

中国古代名著全本译注丛书

# 九章筭术

## 译注

郭书春 译注

图书在版编目(CIP)数据

九章筭术译注 / 郭书春译注. —上海：上海古籍
出版社，2021.5
（中国古代名著全本译注丛书）
ISBN 978-7-5325-9926-4

Ⅰ.①九…　Ⅱ.①郭…　Ⅲ.①数学-中国-古代②《
九章算术》-译文③《九章算术》-注释　Ⅳ.①O112

中国版本图书馆 CIP 数据核字(2021)第 058084 号

中国古代名著全本译注丛书
**九章筭术译注**

郭书春　译注
上海古籍出版社出版发行
（上海瑞金二路 272 号　邮政编码 200020）
　(1) 网址：www.guji.com.cn
　(2) E-mail: guji1@guji.com.cn
　(3) 易文网网址：www.ewen.co
江阴市机关印刷服务有限公司印刷
开本 890×1240　1/32　印张 19.625　插页 5　字数 681,000
2021 年 5 月第 1 版　2021 年 5 月第 1 次印刷
印数：1—3,100
ISBN 978-7-5325-9926-4
N·24　定价：85.00 元
如有质量问题,请与承印公司联系

# 前　言

## 一、《九章筭术》及刘徽注、李淳风等注

　　《九章筭术》九卷，《算经十书》[①]之一，是中国古典数学最重要的著作。它奠定了中国古典数学的基本框架，不仅是数学成为中国古代最为发达的基础科学学科之一的代表作，而且深刻影响了此后二千余年间中国和东方的数学发展。它的成书既标志着中国（还有后来的印度和阿拉伯地区）取代地中海沿岸的古希腊成为世界数学研究的中心，也标志着以研究数量关系为主、以归纳逻辑与演绎逻辑相结合的算法倾向取代以研究空间形式为主、以

---

　　[①]　《算经十书》，中国古典数学奠基时期数学著作的总集。《周髀筭经》、《九章筭术》、《海岛筭经》、《孙子筭经》、《夏侯阳筭经》、《缀术》、《张丘建筭经》、《五曹筭经》、《五经筭术》、《缉古筭经》在唐初称为"十部算经"。唐中叶之后，《夏侯阳筭经》、《缀术》亡佚。北宋元丰七年（1084）秘书省刊刻十部算经，以唐中叶一部实用算术书充任《夏侯阳筭经》，对《缀术》则付之阙如。秘书省刻本今皆不存。1200—1213 年南宋天算学家鲍澣之翻刻了北宋秘书省刻本，同时还刊刻了《数术记遗》，世称南宋本。到清初南宋本仅存《周髀筭经》、《九章筭术》（半部）、《孙子筭经》、《张丘建筭经》、《五曹筭经》、《缉古筭经》和《数术记遗》、《夏侯阳筭经》等七部半。1684 年汲古阁主人毛扆影钞了这七部半算经，世称汲古阁本。后来汲古阁本流入清宫，藏天禄琳琅阁。1932 年，北平故宫博物院影印，收入《天禄琳琅丛书》，原本现藏台北"故宫博物院"。清中叶南宋本《缉古筭经》、《夏侯阳筭经》不知流落何处。1980 年北京文物出版社影印了尚存的南宋本算经，称为《宋刻算经六种》。明初修《永乐大典》，将此前算书分类抄入，现仅存卷 16343、16344。清乾隆年间修《四库全书》，戴震从《永乐大典》辑录出《周髀筭经》、《九章筭术》、《海岛筭经》、《孙子筭经》、《五曹筭经》、《五经筭术》和《夏侯阳筭经》七部算经，并加校勘（其中《周髀筭经》以明刻本为底本，以辑录本参校）。先后收入《四库全书》和《武英殿聚珍版丛书》。1776—1777 年戴震分别以汲古阁本和辑录本为底本校勘汉唐算经，由孔继涵刊刻，始称《算经十书》，世称微波榭本。钱宝琮以微波榭本的一个翻刻本为底本校点《算经十书》，1963 年由中华书局出版，世称钱校本。郭书春等点校《算经十书》，其中《周髀筭经》等以南宋本或汲古阁本为底本，《九章筭术》后四卷与刘徽序、《海岛筭经》、《五经筭术》以《永乐大典》的戴震辑录本为底本，1998 年由辽宁教育出版社出版，2001 年台湾九章出版社出版了其修订本。

演绎逻辑的公理化倾向，成为世界数学发展的主流。

《九章算术》共分九章：（1）方田——刘徽说"以御田畴界域"，有各种面积公式，还有世界上最早的分数四则运算法则；（2）粟米——刘徽说"以御交质变易"，是以今有术为主体的比例算法；（3）衰分——刘徽说"以御贵贱禀税"，是比例分配算法，以及若干异乘同除问题；（4）少广——刘徽说"以御积幂方圆"，是面积与体积的逆运算，最重要的是提出了世界上最早的开平方与开立方程序；（5）商功——刘徽说"以御功程积实"，有各种体积公式和土方工程工作量的分配算法；（6）均输——刘徽说"以御远近劳费"，是赋税的合理负担算法，及各种算术难题；（7）盈不足——刘徽说"以御隐杂互见"，有盈亏类问题的算法及其在其他数学问题中的应用；（8）方程——刘徽说"以御错糅正负"，有现今之线性方程组解法、列出线性方程组的方法与正负数加减法则；（9）勾股——刘徽说"以御高深广远"，有勾股定理、解勾股形、勾股容方、勾股容圆以及简单的测望问题。《九章算术》含有近百条十分抽象的术文即公式、解法，以及 246 个例题。其中分数理论，比例和比例分配、盈不足、开方等算法，线性方程组解法、列出线性方程组的方法、正负数加减法则及解勾股形方法等，都超前其他文化传统几百年甚至千余年，是具有世界意义的重大成就。

《九章算术》成书之后，中国古典数学著述基本上采取两种方式，一是以《九章算术》为楷模撰著新的著作，一是为《九章算术》作注，两者都取得了杰出的成就①。历史上到底出现过多少种注释《九章算术》的著作，已不可考。目前学术界公认最重要的并且在不同程度上传世的有三国魏景元四年（263）的刘徽注，7 世纪初唐李淳风等的注释，11 世纪上半叶北宋贾宪的《黄帝九章算经细草》②，以及南宋景定二年（1261）杨辉的《详解九章算

---

① 参见郭书春《我国古代数学名著〈九章算术〉》，《科技日报》，1987 年 10 月 7 日。

② 北宋贾宪《黄帝九章算经细草》九卷，是宋元筹算高潮的奠基性著作。贾宪总结刘徽、《孙子算经》等对《九章算术》开方法的改进，提出"立成释锁法"，将传统开方法推广到开任意高次方，并首创"开方作法本源"作为其"立成"。"立成"是（转下页）

法》。前二者与《九章筭术》一体行世。因此，人们常说的《九章筭术》，有狭义和广义两种涵义。狭义地说，仅指西汉张苍（？—前152）、耿寿昌（前1世纪）等编纂的《九章筭术》本文。广义地说，还包括刘徽注与李淳风等的注释。一般说来，言《九章筭术》的编纂、特点等，常用狭义的涵义，而言《九章筭术》的版本、校勘等，则常用广义的涵义，而言成就及在中国数学史、世界数学史上的影响则兼而有之。

刘徽注是现存最早、成绩最大的对《九章筭术》的注解。刘徽以演绎逻辑为主要方法全面证明了《九章筭术》的算法，奠定了中国古典数学的理论基础，他还在世界数学史上首次在数学证明中引入极限思想和无穷小分割方法。刘徽注的完成标志着中国古典数学发展到一个新的阶段。

李淳风等《九章筭术注释》是李淳风与国子监算学博士梁述、太学助教王真儒等共同撰写的，完成于唐显庆元年（656）。

《九章筭术》在中国古代历来被公认为算经之首。明末之前，注释《九章筭术》的著作在中国古典数学著作中占有相当大的比重。自戴震在1774年从《永乐大典》中辑录出《九章筭术》并加整理起，推衍《九章筭术》又成为清中叶之后中国古典数学复兴的重要方面。20世纪10年代新文化运动之后，对《九章筭术》

---

（接上页）唐宋历算家常用的算表。"开方作法本源"今称贾宪三角，阿拉伯地区和欧洲都晚出几百年，西方称为巴斯卡三角。贾宪又创造增乘开方法，是一种以随乘随加代替一次使用贾宪三角的系数，更加简捷的开方法，阿拉伯和西方也晚出数百年。贾宪还进一步抽象了《九章筭术》的算法。自1842年清郁松年刊刻《宜稼堂丛书》本《详解九章算法》以后140余年间，学术界都认为贾宪《黄帝九章筭经细草》已佚，仅某些片段被《详解九章算法》抄录，《详解九章算法》仅含有西汉《九章筭术》本文、魏刘徽注、唐李淳风等注释和杨辉详解四种内容。实际上，《详解九章算法》卷三—十一系为贾宪《黄帝九章筭经细草》作详解，除以上四种内容外还抄录了贾宪的细草。因此，贾宪的"细草"与杨辉的"详解"一样，今存衰分章后半章、少广章（《永乐大典算书》，见郭书春主编《中国科学技术典籍通汇·数学卷》第1册。河南教育出版社，1993年版；大象出版社，2002年版、2015年版）、商功章（约半章）、均输章、盈不足章、方程章、勾股章（《详解九章算法》，见郭书春主编《中国科学技术典籍通汇·数学卷》第1册），因而二者都存约三分之二。见郭书春《贾宪〈黄帝九章筭经细草〉初探》，《自然科学史研究》第8卷（1988），第3期。收入《郭书春数学史自选集》下册，山东科学技术出版社，2018年版。

的研究则成为中国数学史学科最为关注的课题，李俨、钱宝琮等学者都作出重大贡献。70年代末开始，国内外出现了研究《九章算术》与刘徽的高潮，参加人数之众，发表论文和文章之多，出版著作之夥，研究成果之大，不仅是中国数学史学史上没有过的，而且在中国科学技术史学史上也是没有过的。科学技术史界常称为"《九章》与刘徽热"。这一热潮不仅彻底破除了自1964年钱宝琮主编的《中国数学史》出版以后①，困惑中国数学史界十几年的"中国数学史已经搞完了，没有什么可搞了"，"是'贫矿'"的成见，而且引起国外学者的重视，开始改变对中国古典数学成就和中国数学史研究现状的不公正看法。近40年来，欧美国家派学生来留学，开展合作研究，常以《九章算术》为主攻课题。

## 二、《九章算术》的体例与编纂

### （一）《九章算术》的体例

《九章算术》之名在现存资料中最先见之于东汉灵帝光和二年（179）的大司农斛、权的铭文中：

> 依黄钟律历、《九章算术》，以均长短、轻重、大小，用齐七政，令海内都同。②

这丝毫不意味着它在东汉才成书。事实上，它在公元2世纪已成为制造度量衡器的经典，因此，它的编纂成书要早得多。

为了解决《九章算术》的编纂问题，首先要分析它的体例。

许多人说《九章算术》是一部应用问题集。一般说来，"应用问题集"的提法没有多少问题。但是，如果这一提法会引起误解，那就另当别论了。一个明显的事实是，许多没有读过《九章算术》或者读过而不求甚解的人便从"《九章算术》是一部应用问题集"

---

① 钱宝琮主编《中国数学史》，科学出版社，1964年版；北京商务印书馆，2019年版。收入郭书春、刘钝等主编《李俨钱宝琮科学史全集》，辽宁教育出版社，1998年版。

② 国家计量总局编《中国古代度量衡图集》，文物出版社，1984年版，第97页。

的提法出发想当然地得出《九章算术》都是一题、一答、一术，而且"术"都是应用问题的具体解法，因而没有数学理论的看法。这根本不符合《九章算术》的实际情况，因而是十分错误的。

关于《九章算术》的术文与题目的关系，大体说来有以下几种情形[①]：

**1. 一类问题的抽象性术文统率若干例题**

这类内容往往是一术多题或一题一术、多题多术。这是《九章算术》的主体部分所采取的形式。这里又有不同的情形：

（1）给出一个或几个例题，然后给出一条或几条抽象性术文；例题中只有题目、答案，没有具体演算的术文。比如方田章列出3个例题后给出了合分术（见本书第23—24页），此术是这3个例题共有的，而不是哪个例题特有的。有的著述从《九章算术》都是"一题、一答、一术"的偏见出发，把合分术说成是方田章第9题的术文，显然是不恰当的。《九章算术》的方田章的全部，粟米章的2条经率术、其率术、反其率术，少广章的开方术、开圆术、开立方术、开立圆术，商功章除城、垣、堤、沟、堑、渠术与刍童、曲池、盘池、冥谷术及其例题之外的内容，均输章的均输粟术、均输卒术、均赋粟术等四术，盈不足章的盈不足术、两盈两不足术、盈适足不足适足术等5术，勾股章的勾股术、勾股容方、勾股容圆、测邑5术等，都属于这类情形，共有73术，106个例题。

（2）先给出抽象的术文，再列出几个例题；例题只有题目、答案，亦没有演算术文。商功章城、垣、堤、沟、堑、渠术及其例题（见本书第199—201页），刍童、曲池、盘池、冥谷术及其4个例题（见本书第246—249页），都属于这种情形。共2术，10个例题（商功章还有6术及其例题附于其中的题目之后，未计

① 郭书春《关于中国传统数学的"术"》，见李文林等主编《数学与数学机械化》。山东教育出版社，2001年版，第441—456页。此文在郭书春《古代世界数学泰斗刘徽》（山东科学技术出版社，1992年版；台北明文书局，1995年修订版）的有关论述基础上作了某些修正。收入《郭书春数学史自选集》下册，山东科学技术出版社，2018年版。

在内）。

（3）先给出抽象性的总术，再给出若干例题；例题包含了题目、答案、术文三项，其中的术文是总术的应用。粟米章今有术及 31 个粟米互换例题，衰分章的衰分术、返衰术及其 9 个例题，少广章少广术及其 11 个例题，盈不足章使用盈不足术解决的 11 个一般数学问题，以及方程章方程术、损益术、正负术及其 18 个例题，共 7 术（盈不足术等 5 术不再计算在内），80 个例题。

这三种情形共 82 术，196 道题目，约占全书的 80%。在这里，术文是中心，是主体，题目是作为例题出现的，是依附于术文的，而不是相反。术文都是非常抽象、严谨，具有普适性，换成现代符号就是公式或运算程序（其中均输 4 术和方程术因为处理的对象过于复杂，不得不提到人数、户数、粟米价格和产量等，所以刘徽说方程术是"都术"，即普遍方法）。因此，我们将之称为术文统率例题的形式。

**2. 应用问题集的形式**

这类内容往往是一题、一答、一术。其术文的抽象程度也有所不同：

（1）关于一种问题的抽象性术文。比如均输章"凫雁"问，其术文（见本书第 327 页）虽未离开日数这种对象，但没有具体数字的运算，可以离开题目而独立存在，将凫、雁换成其他的鸟类或运动的器物，将南海、北海换成其他的地点，将七、九换成其他数字，都可以应用这条术文。就是说，它对同一种问题都是适应的。在均输章此问之下，长安至齐、牝牡二瓦、矫矢、假田、程耕、五渠共池等的术文，勾股章的持竿出户等问也都是这类性质的术文。此外，粟米章今有术的 31 个例题和衰分章衰分术、返衰术的 9 个例题的术文，也都有一定的抽象性。

（2）具体问题的算草。《九章算术》中衰分章的非衰分题目，均输章的非均输类的大部分题目，勾股章的解勾股形题目及"立四表望远"等 4 个题目都是如此，所有术文都以题目的具体数字入算，是不能离开题目而独立存在的。

《九章算术》采取应用问题集形式的部分共有 50 个题目（今有术、衰分术、返衰术所属的 40 个例题当然不计在内），全部是衰分章的非衰分类问题，均输章的非典型均输类问题，以及勾股章的解勾股形和立四表望远等问题。显然，这些内容都是以题目为中心的，术文只是所依附的题目的解法甚至演算细草，计算程序是正确的，尽管第（1）种的术文，对某一种问题具有普适性，却不具有《九章算术》大多数术文那样高度的抽象性、广泛的普适性等特点。

不言而喻，不宜将《九章算术》笼统地归结为"应用问题集"，更不能说它都是"一题、一答、一术"。"一题、一答、一术"反映了《孙子算经》等著作的情况，而不符合《九章算术》的实际。我们认为，数学史上起码存在过三种不同体例的著作，一是像欧几里得《几何原本》那样，形成一个公理化体系；一是像丢番图的《算术》那样的应用问题集，正如德国数学史家汉克尔所说的，研究了丢番图的 100 个问题后，去解第 101 个问题，仍然感到困难，中国的《孙子算经》等著作也是如此；显然，《九章算术》的主体部分，既不像欧几里得的《几何原本》，也不像丢番图的《算术》和中国的《孙子算经》等，而是第三种体例，即以算法（术）为中心，算法统率例题的形式。

由上面的分析不难看出，《九章算术》的术不是一个层次的。它起码可以分成三个不同的层次：

第一个层次是一类问题的术，尽管其表达方式有差异，却有几个共同特点：术文是中心，是主体，题目依附于术文，是作为例题出现；作为中心的术文非常抽象、严谨，具有普适性，换成现代符号就是公式或运算程序。

第二个层次是一种问题的比较抽象的术。

第三个层次是具体问题的算草。

这些抽象的和比较抽象的术文，当然是数学理论的体现。有的著述笼统地说《九章算术》共有多少多少术，不作具体分析，不仅没有什么意义，而且会误导读者。

### (二)《九章筭术》的编纂

关于《九章筭术》的编纂，不仅涉及《九章筭术》本身，而且涉及某些历史人物的定位，还关系到对先秦数学的认识，是中国数学史研究中的重大问题。

#### 1.《九章筭术》编纂诸说

关于《九章筭术》的编纂与成书年代，历代学者说法不一，在 20 世纪还一直争论不休，归纳起来，主要有以下几种说法：

（1）刘徽的西汉张苍、耿寿昌在先秦遗文基础上删补而成说

刘徽《九章筭术序》说：

> 周公制礼而有九数，九数之流，则《九章》是矣。往者暴秦焚书，经术散坏。自时厥后，汉北平侯张苍、大司农中丞耿寿昌皆以善筭命世。苍等因旧文之遗残，各称删补。故校其目则与古或异，而所论者多近语也。

这就是说，"九数"在先秦发展成《九章筭术》，因暴秦焚书而散坏，西汉张苍、耿寿昌收集遗文，先后删补而成为现在的《九章筭术》。在现存资料中，这是关于《九章筭术》编纂的最早记载。

（2）西周初周公所作

唐初王孝通《上缉古筭经表》说："昔周公制礼而有九数之名，窃寻九数即《九章》是也。"[①] 南宋鲍澣之、清屈曾发等亦持这种看法。显然，这是将刘徽的"九数之流，则《九章》是矣"修正成"九数"就是《九章筭术》而得出的看法。

（3）黄帝、隶首所作

唐赝本《夏侯阳筭经》说："黄帝定三数为十等，隶首因以著《九章》。"[②] 北宋贾宪著《黄帝九章筭经细草》，其书名冠以"黄帝"，当然亦认为《九章筭术》系黄帝或隶首所作。南宋荣棨、元

---

① （唐）王孝通《缉古筭经》（郭书春点校），载郭书春等点校《筭经十书》，辽宁教育出版社（简体字本），1998 年版；台北九章出版社（繁体字修订本），2001 年版。

② （唐）赝本《夏侯阳筭经》（郭书春点校），载郭书春等点校《筭经十书》，辽宁教育出版社（简体字本）1998 年版；台北九章出版社（繁体字修订本）2001 年版。

莫若等皆持此说。

（4）否定张苍删补《九章筭术》，西汉中叶之后成书诸说

清戴震说："今考书内有长安、上林之名。上林苑在武帝时，苍在汉初，何缘预载？知述是书者，在西汉中叶后矣。"① 戴震此说一出，张苍未参与删补《九章筭术》，似成定论。尽管钱宝琮发现汉高祖时已有上林苑②，然而他并未由此推翻戴震的看法，反而将《九章筭术》的成书时代更向后推，定在公元1世纪下半叶③。此后论者多在西汉中叶至东汉中叶之间各抒己见。有西汉中叶齐人所作说，有公元前1世纪成书说，有公元元年前后新莽时刘歆完成说，有公元1世纪下半叶成书说，也有马续编纂《九章筭术》说。其中影响比较大的是钱宝琮的看法与近年李迪提出的刘歆完成说④。

第（2）、（3）种说法是不必认真对待的，值得重视的是第（1）、（4）种说法。

我们认为刘徽的说法最为可靠。第（4）种说法的各种见解尽管有不同程度的考证，但都不足以推翻刘徽的论断；相反我们有充分证据说明刘徽的话是言之有据的。

为了正确解决这个问题，有一个态度问题必须首先解决。这就是，今天的研究者不能将刘徽关于《九章筭术》编纂的论述与近人、今人关于《九章筭术》成书的一些猜测放在同等的地位上来考察。只有首先驳倒刘徽，才能再考虑其他的说法。因为刘徽

① （清）戴震《九章算术提要》，载四库文津阁本《九章算术》（北京商务印书馆2005年影印），四库文渊阁本《九章算术》（台湾商务印书馆1984年影印），《武英殿聚珍版丛书》本《九章算术》。见郭书春主编《中国科学技术典籍通汇·数学卷》，第1册，第95页，河南教育出版社，1993年版；大象出版社，2002年版、2015年版。又，郭书春汇校《九章算术新校》附录二，中国科学技术大学出版社，2014年版。
② 实际上，秦始皇时便有上林苑。见《史记·秦始皇本纪》（中华书局，1959年版）。
③ 钱宝琮《戴震算学天文著作考》，载《浙江大学科学报告》，第1卷第1期，1934年。郭书春、刘钝等主编《李俨钱宝琮科学史全集》第9卷。辽宁教育出版社，1998年版，第159—160页。
④ 李迪《中国数学通史·上古到五代卷》，江苏教育出版社，1997年版。

的话是在《九章筭术》成书三四百年后，而戴震等人的话则在二千多年之后。刘徽去古未远，他不仅能师承前贤关于《九章筭术》编纂的可靠说法，而且能看到比近人、今人多得多的资料。如果找不到刘徽的话与历史事实有矛盾之处，就只能相信刘徽的话，其他的说法都是无稽之谈。为了彻底解决这个问题，我们要着重分析"九数"与《九章筭术》的关系，以及《九章筭术》所反映的物价所处的时代。

### 2. "九数"与《九章筭术》

（1）"九数"本事

不管人们对《九章筭术》编纂的看法多么相左，但都不否认《九章筭术》与"九数"有联系。"九数"见之于《周礼》。《周礼·地官·司徒》云：

> 保氏掌谏王恶而养国子以道，乃教之六艺。一曰五礼，二曰六乐，三曰五射，四曰五驭，五曰六书，六曰九数。①

东汉郑玄（127—200）引郑众（？—83）《周礼注》曰：

> 九数：方田、粟米、差分、少广、商功、均输、方程、赢不足、旁要。今有重差、夕桀、句股也。

唐陆德明认为"夕桀"系衍文。郑众认为方田至旁要是先秦固有的数学门类，重差、勾股是汉代发展起来的。

（2）先秦典籍与"九数"

从春秋战国之交起，铁器在手工业和农业中的使用越来越普遍，大大促进了生产力的发展。王权衰微，整个社会经历着大变革，经济关系和政治结构也不断在改革。商、西周普遍实行的井田制开始解体。齐桓公时实行按亩征收租税，鲁在宣公十五年（前594）宣布实行"初税亩"，履亩而税的实物租税制逐步取代力役租税制。这就需要准确测算耕地面积，当然会促进面积计算

---

① 《周礼》，载《十三经注疏》，中华书局，1980年版。本书凡引《周礼》，均据此。

方法的进步，同时，比例和比例分配方法也会因此而发展。战国时代，农业、手工业和商业得到更大发展。与此相适应，春秋战国时期的思想文化和学术也发生了变革。春秋时期"学在官府"的局面被打破，学术下移，畴人四散，私学兴起。到战国时期，思想界出现了百家争鸣的繁荣局面。诸子互相辩诘，促进了学术的发展，提高了人们的抽象思维能力。这些都直接或间接刺激了数学的发展。西周初年的"九数"发展到春秋战国，从内容到方法，都发生了大的飞跃，成为二郑所说的九个分支。而且九个分支所属的算法大都是抽象性比较高的，是先秦人们抽象思维能力较强的反映。《左传》有两次筑城的记载，一次是宣公十一年（前598），"令尹蒍艾猎城沂，使封人虑事，以授司徒。量功命日，分财用，平板干，称畚筑，程土物，议远迩，略基趾，具餱粮，度有司。事三旬而成，不愆于素"。一次是昭公三十二年（前510）："己丑，士弥牟营成周，计丈数，揣高卑，度厚薄，仞沟洫，物土方，议远迩，量事期，计徒庸，虑财用，书餱粮，以令役于诸侯。属役赋丈，书以授帅，而效诸刘子。韩简子临之，以为成命。"①其中"具餱粮"、"书餱粮"涉及粟米问题，"分财用"、"虑财用"要用到衰分方法，"程土物"、"物土方"、"仞沟洫"要用到商功类的体积计算方法甚至是测望方法，而"议远迩"、"计徒庸"、"量功命日"还要用到包括均输在内的其他数学方法。中国古典数学与生俱来的密切联系实际的特点在这两次筑城中也得到充分的体现。

实际上，先秦典籍和出土文物中还有若干九数内容的蛛丝马迹。比如《管子·问篇》云"人之开田而耕者几何家"②，《商君书·算地》说"今世主欲辟地治民而不审数，臣欲尽其事而不立术，故国有不服之民，生有不令之臣"③，都要用到"方田"计算各种形状的田地的方法。《管子·小匡》载管仲答桓公云"相地而衰

① 《春秋左氏传》，载《十三经注疏》，中华书局，1980年版。
② 颜昌峣《管子校释》，岳麓书社，1992年版。本前言凡引用《管子》，均据此。
③ 蒋礼鸿《〈商君书〉锥指》，中华书局，1986年版。

其政，则民不移矣"，按不同田地的好坏分等收税自然是衰分问题。井田制虽然瓦解，但以正方形来衡量田地的面积是最直观的。当土地不是正方形时，则要截长补短化为正方形。如《墨子·非攻》载墨子说古者汤封于亳，文王封于岐周，都是"绝长继短，方地百里"①，《孟子·滕文公上》云"今滕绝长补短，将五十里也"②。这是少广术的内容，并进而讨论乘方的逆运算——开方法。《管子·度地》谈到水土工程时，说春分之后，"夜日益短，昼日益长，利于作土功之事"，所以人们要区分四季的"程功"。"均输"并不是汉武帝太初元年开始实行的，《周礼》"均人掌均地政、均地守、均地职、均人民牛马车辇之力政"，显然是均输的思想。《管子》云"上下相命，若望参表，则邪者可知也"，应是旁要的方法。

学术界公认，《筭数书》的绝大多数问题是秦和先秦的③，其中有方田、粟米、衰分、少广、商功、均输、盈不足等类型的问题，还使用了"正算"和"负算"等概念说明医生治病的问题。岳麓书院所藏秦简《数》、北京大学所藏秦简《筭书》等也有类似的内容④。

（3）"九数"与《九章筭术》

先秦"九数"与《九章筭术》的章名相比较，只有差分、赢不足、旁要三项有异，后者分别作衰分、盈不足、勾股。其中前两者含义无疑是一样的："衰"和"差"（音 cī）都是不同差别等级之义，"赢"和"盈"都是多余的意思，它们可以分别互训。"旁要"和"勾股"的名称差异较大，但据北宋贾宪的提示，旁要包括勾股术、勾股容方、容圆和简单的测望问题（主要是测邑方诸问）等内容⑤。

① 孙诒让《墨子间诂》，上海书店，1991 年版。本前言凡引用《墨子》，均据此。
② 《孟子》，载《十三经注疏》，中华书局，1982 年版。本书凡引用《孟子》，均据此。
③ 彭浩《张家山汉简〈算数书〉注释》，科学出版社，2001 年版。
④ 陈松长《岳麓书院所藏秦简综述》，载《文物》，2009 年第 3 期。
⑤ 郭书春《古代世界数学泰斗刘徽》，山东科学技术出版社，1992 年简体字版；2013 年再修订版。台北明文书局，1995 年繁体字修订版。

前面关于《九章筭术》体例的分析说明,其中采取术文统率例题形式的三种情形共 82 术,196 问,覆盖了方田、粟米、少广、商功、盈不足、方程等六章的全部,和衰分、均输章的衰分、均输问题,以及勾股章的勾股术、勾股容方、勾股容圆、测邑亦即所谓"旁要"问题。而采取应用问题集形式的内容是余下的衰分章的非衰分类问题、均输章中的非均输类问题,以及勾股章解勾股形和立四表望远等问题。这部分内容不仅体例、风格与术文统率例题的部分完全不同,而且衰分章、均输章中这些题目的性质与所在章的篇名也不协调,不伦不类,有明显的补缀性质,编纂思想也有较大的差异。那么若将《九章筭术》衰分章剔除非衰分类问题、均输章剔除非均输类问题、勾股章剔出解勾股形和立四表望远等问题这三部分应用问题集形式的内容,并将卷九恢复"旁要"的篇名,则余下的内容全部采取术文统率例题的形式,其内容不仅完全与篇名相符,而且与二郑所说的"九数"惊人的一致。这无可辩驳地证明,郑众所说的"九数"在春秋战国时期确实存在,刘徽所说的"九数之流,则《九章》是矣",是言之有据的。换言之,在先秦,确实存在着一部由"九数"发展而来的以传本《九章筭术》的主体部分为基本内容,主要采取术文统率例题的形式的《九章筭术》。

由此可以看出,"九数"是不断发展变化的。这里有两方面的含义,一是每一"数"的内容不断发展提高,一是"九数"的类别在不断变化,甚至增加,比如据郑众说,汉代就增加了勾股、重差二类。张苍、耿寿昌整理《九章筭术》时将解勾股形问题并入"旁要",并改名为"勾股"。因此,虽然我们无法知道周初"九数"的全部内容,但是可以肯定的是,它既不会是郑众所释的这 9 项,也不可能具备春秋战国"九数"那么高深的成就。因为由上面对《九章筭术》的分析可以看出,春秋战国的"九数"已经达到相当高的包含若干领先于世界数坛的成就。一般说来,西周初年数学可能有其中某些内容,并且形成了一门学科,但不可能在大多数领域达到这种水平。

### 3.《九章筭术》所反映的物价所处的时代

日本堀毅关于《九章筭术》中的物价所反映的时代的考证①，为刘徽关于《九章筭术》编纂的说法提供了佐证。我们引录堀毅的论述，并作了某些修正②，其结果如下：

粟的价格：《盐铁论》、《汉书》及居延汉简等文献的记载是 85 钱/石—150 钱/石，只有《史记》记载文帝时为 10 余钱/石，《九章筭术》的价格为 10 钱/石—20 钱/石（均输章第 3、4 问）。

黍的价格：居延汉简载 110 钱/石—150 钱/石。《九章筭术》方程章第 18 问为 60 钱/石。

麦的价格，居延汉简载 90 钱/石—110 钱/石。《九章筭术》方程章第 18 问为 40 钱/石。

米的价格：《史记》、《汉书》记载 2 000 钱/石—10 000 钱/石。而由《九章筭术》的粟的平均价 14.7 钱/石换算成的粝米价为 24.5 钱/石。

马的价格：《史记》、《汉书》、居延汉简等记载 9 000 钱/匹—1 000 000 钱/匹，《史记》、居延汉简另一些资料的记载 4 000 钱/匹—6 000 钱/匹。《九章筭术》方程章第 11 问为 $5\,454\frac{6}{11}$ 钱 / 匹，方田章乘分术刘注为 3 750 钱/匹。

牛的价格：《史记》、居延汉简记载 800 钱/头—3 000 钱/头。《九章筭术》盈不足、方程章为 $991\frac{3}{5}$ 钱/头—3 750 钱/头。

羊的价格：《史记》、居延汉简等记载 600 钱/只—1 500 钱/只。《九章筭术》盈不足、方程章为 150 钱/只— $583\frac{3}{10}$ 钱/只。

---

① ［日］堀毅《秦汉物价考》，载《秦汉法制史考论》，法律出版社，1988 年版。

② 郭书春《张苍与〈九章筭术〉》，载《科史薪传》，辽宁教育出版社，1997 年版。收入《郭书春数学史自选集》上册，山东科学技术出版社，2018 年版。

犬的价格：居延汉简等记载 500 钱/只—600 钱/只。《九章算术》盈不足、方程章为 100 钱/只—121 钱/只。

豕的价格：《史记》、居延汉简的记载 450 钱/头—600 钱/头。《九章算术》盈不足、方程章为 300 钱/头—900 钱/头。

布的价格：居延汉简记载 226 钱/匹—1 333 钱/匹。《九章算术》粟米、衰分章为 125 钱/匹—245 钱/匹。

素的价格：居延汉简等记载 670 钱/匹—1 000 钱/匹。《九章算术》衰分章为 500 钱/匹。

缣的价格：居延汉简记载 360 钱/匹—800 钱/匹。《九章算术》粟米、衰分章为 472 钱/匹—512 钱/匹。

丝的价格：居延汉简记载 350 钱/斤—434 钱/斤。《九章算术》粟米章为 5 钱/斤—80 钱/斤，衰分章为 240 钱/匹—365 钱/匹。

劳动收入，律平贾：《汉书》如淳注等记载 24 000 钱/年。《九章算术》衰分、均输章为 1 750 钱/年—3 450 钱/年。

客庸：《汉书》如淳注等记载 12 000 钱/年—34 500 钱/年。《九章算术》均输章为 13 800 钱/年。

黄金价格：《汉书》记载 10 000 钱/斤。《九章算术》盈不足章为 9 800 钱/斤。

白金价格：《汉书》记载 6 000 钱/斤。《九章算术》均输章为 6 250 钱/斤。

田地价格：《汉书》等记载 1 000 钱/亩—10 000 钱/亩，居延汉简记载 100 钱/亩。《九章算术》盈不足章 70 钱/亩—300 钱/亩。

漆的价格：《史记》记载 1 200 钱/斗。《九章算术》粟米章为 345 钱/斗。

酒的价格：《汉书》如淳注等记载为 40 钱/斗，《太平御览》引为 1 000 钱/斗。《九章算术》盈不足章为 10 钱/斗—50 钱/斗。

因此，堀毅认为，尽管有的物价，《九章算术》与汉代十分相近，但总的来说，差别是相当大的。"认为《九章算术》里的物价即汉代物价是颇勉强的。"而两者在粟、米、劳动收入等方面的差别，将成为考证《九章算术》所载物价年代的重大因素。

堀毅又分析了秦代及战国的物价，并与《九章算术》比较如下：

| 种类 | 《九章算术》 | 秦及战国 |
| --- | --- | --- |
| 谷物 | 10—70 钱/石 | 30 钱/石（秦律 18 种） |
| | | 45 钱/石（李悝平籴法） |
| 牛 | 991—3 750 钱/头 | ＞660 钱/头 |
| 羊 | 150—500 钱/只 | 220—230 钱/只 |
| 豕 | 300—900 钱/头 | 220—230 钱/头 |
| 犬 | 100—121 钱/只 | 100 钱/只 |
| 布匹 | 125—245 钱/匹 | 55 钱/匹 |
| 劳动收入 | 5—10 钱/日 | 6—8 钱/日（秦简） |
| | 或 1 752—3 450 钱/年 | 2 250 钱/年（李悝） |
| | 2 500 钱/年 | 2 600 钱/年（秦简） |

堀毅由此得出结论："《九章算术》基本上反映出战国、秦时的物价。"他认为，尤其是劳动收入的相近对证实上述结论具有很大的意义。因此，《九章算术》从整体上说反映了战国与秦代的物价水平，而不是汉代的物价水平。堀毅的看法是有道理的，并且自然会成为刘徽关于《九章算术》编纂说法的佐证。只是堀毅仍使用《九章算术》成书于公元 1 世纪的看法，无法自圆其说。

将《九章算术》中的价格所反映的时代分野与其体例的差异结合起来分析将更加强刘徽的看法。《九章算术》与汉代的价格的比较分析共涉及 31 个问题，其中与汉代价格相差较大而与战国、秦代接近的问题有粟米章的第 34、37、39、40—44 问，衰分章的第 13、19 问，均输章的第 3、4 问，盈不足章的第 4、6、7 问，方程章的第 7、8、11、17、18 问，凡 20 问。除了衰分章的第 13、19 问外，其体例全部属于术文统率例题形式的第（1）、（3）两种情形。

与汉代价格相近而与战国、秦代价格相差较大的题目有：粟米章第 35、36 问，衰分章第 10、11、12、14、15 问，均输章第 7、15 问，盈不足章第 5、12 问，共 11 问。其中有 7 问属于应用问题集的形式，只有粟米章二问、盈不足章二问属于术文统率例题形式的第（3）种情形，后二问还无法与秦、战国比较。

总之，在与战国、秦代价格接近，而与汉代差别较大的 20 个问题中，有 18 个即 90% 属于术文统率例题的体例。与汉代价格接近而与战国、秦代差别较大的 11 个问题中，有 7 个即超过 60% 属于应用问题集的体例。换言之，《九章算术》中的价格所反映的时代分野大体与其体例的差异相吻合，为刘徽"九数之流，则《九章》是矣"的论断提供了佐证。

### 4.《九章算术》的编纂

对《九章算术》体例的考察，以及堀毅关于《九章算术》物价的分析都证明了，《九章算术》的主体即采取术文统率例题的部分的方法和大多数例题在战国及秦代已完成了（自然也会有汉人修正、补充的内容），而带有明显补缀性质的衰分、均输二章的后半部分以及勾股章解勾股形和立四表望远等内容，即采取应用问题集形式的大部分是西汉人所为。换言之，刘徽关于《九章算术》编纂的论述是完全正确的。

否定刘徽关于张苍删补《九章算术》的论述的最重要论据就是汉武帝才实行均输法。事实上，《盐铁论》提到的两种均输中，古之均输与《九章算术》的均输法相类似，而汉武帝时推行的今之均输与此不同。与《筭数书》同时出土的竹简中有均输律。阜阳双古堆西汉文帝时的一个墓葬中出土的数学著作的残简上，有"□万一千二百户行二旬各到输所"（第 28 号简）、"千六百"（第 20 号简）等文字①，显然是《九章算术》均输章第一问的残文。这都从根本上推翻了戴震等人否定刘徽论述的论据。

总而言之，现有的历史资料不仅没有与刘徽关于《九章算术》

---

① 胡平生《阜阳双古堆汉简数术书简论》，载《出土文献研究》第四辑，中华书局，1998 年版，第 12—30 页。

编纂过程的论述相矛盾之处，反而证明了刘徽的看法。

此外，刘徽具有实事求是的严谨学风和高尚的道德品质，他的话是可信的。他设计了牟合方盖，指出了解决球体积的正确途径，虽然功亏一篑，没有求出牟合方盖的体积，但他不仅没有掩饰自己的不足，反而直言自己的困惑，表示"以俟能言者"。"隶首作数"是当时的传统看法，他却说"其详未之闻也"。在描绘了堑堵的形状之后，他说"未闻所以名之为堑堵之说也"。整个刘徽注洋溢着言必有据、不讲空话的崇高精神，因此，刘徽论断的可信度是相当高的。他如果没有可靠的资料，没有看到张苍、耿寿昌删补《九章算术》的确凿记载，对《九章算术》的编纂这样严肃的问题，是绝对不可能信口开河的。以刘徽的记载是孤证，没有旁证为由否定刘徽的话，是没有道理的。因为岁月延宕，天灾人祸，刘徽当时能看到的资料，流传到清中叶，再到今天的，百无一二。在这百无一二的残存中，即使像戴震和钱宝琮这样的大师也不可能全读到，读了也不可能全记住。对《史记》这样的史学经典中关于上林苑的多次记载，戴震都不甚了了，遑论其他。可见不宜囿于一己之知识随意否定历史文献的记载。

总之，"九数"在先秦已经发展成某种形态的《九章算术》，它在秦及秦末遭到破坏①，经过西汉张苍、耿寿昌删补而成为现传《九章算术》的事实是不容否定的。在目前，关于《九章算术》的编纂，我们只能相信刘徽的话。随意否定刘徽的话，甚至杜撰别的说法，不是科学的态度。

张苍等整理《九章算术》的指导思想是荀派儒学。荀子（前313？—前238）将《春秋左氏传》"授张苍"。张苍将《左传》传给贾谊②。可见荀子、张苍、贾谊是嫡传的师生关系。贾谊是西

---

① 人们往往将先秦典籍的散坏完全归罪于秦始皇焚书，实际上，秦末战乱，尤其是残忍的楚霸王项羽破坏性的抢掠烧杀，对先秦典籍的破坏未必比秦始皇焚书小。

② （西汉）刘向《春秋序》，载《春秋左传注疏》孔颖达疏引刘向《别录》。见《十三经注疏》，中华书局，1980年版，第1703页。

汉初荀派儒学的主要代表人物。由此可知，张苍是信奉荀派儒学的。《荀子·儒效》将学问分成闻、见、知、行四个层次，而"学至于行而止矣"[①]。《荀子·正名》同时主张"名无固宜，约之以命。约定俗成谓之宜，异于约则谓之不宜"。事实上，《九章筭术》汇集了近百条对国计民生十分有用的抽象性极高的数学公式、解法，具有长于计算，以算法为中心，算法以解决实际问题为根本目的等特点，表现了"实事求是"的作风，正是接受了荀子的唯物主义思想[②]。另一方面，《九章筭术》对数学概念不作定义，对数学公式、解法没有推导和证明，也体现了荀子的上述思想。

严格划分张苍、耿寿昌的工作，资料太少，几乎是不可能的。他们的工作大体是：首先是收集秦朝焚书及秦末战乱后所遗残的《九章筭术》，加以删补，译成当时的语言。这就是为什么刘徽说"所论者多近语也"。其次是补充若干新的方法、新的例题。有的是对已有的术文补充新的例题。更多的是补充先秦所没有的例题及其解法。他们将这些题目分成三类：将一些简单的异乘同除类问题并入差分章，而将一些比较复杂的算术问题并入均输章。将解勾股形和立四表望远等各种问题并入旁要，并将其改称"勾股"。这就是刘徽为什么说"校其目则与古或异"。大体说来，张苍主要是收集、整理先秦之遗残，兼及删去一些他认为没有必要的内容，并补充一些新的题目与方法；而耿寿昌则主要是增补新的方法和例题。

### 5. 张苍和耿寿昌

自 1774 年戴震武断地否定刘徽关于《九章筭术》编纂的论述起，尤其是 20 世纪钱宝琮提出《九章筭术》成书于公元 1 世纪下半叶之后，张苍、耿寿昌就被赶出了中国古代著名数学家的队伍。这是不公正的。实际上，张苍、耿寿昌不仅是两汉最大的数学家，

---

[①] （战国）荀卿《荀子》，见《荀子简注》，上海人民出版社，1975 年版。

[②] 钱宝琮《〈九章算术〉及其刘徽注与哲学思想的关系》，载《李俨钱宝琮科学史全集》第 9 卷，辽宁教育出版社，1998 年版。

也是商高（公元前 11 世纪）、陈子（公元前 5 世纪）之后，刘徽之前约 700 年间最重要的数学家。

（1）张苍

张苍，阳武（今河南原阳东南）人，生于公元前 252 年以前，西汉初年政治家、数学家、天文学家。少年时从荀子受《春秋左氏传》。他仕秦为御史，主柱下方书，掌管文书、记事及官藏图书，明悉天下图书计籍。因获罪，逃归阳武。公元前 207 年，参加刘邦起义军，从攻南阳，入武关，至咸阳，定三秦。公元前 205 年，刘邦任命张苍为常山郡（今河北元氏）太守。次年，张苍从韩信攻赵，苍得陈余，刘邦以苍为代（今河北省蔚县）相。公元前 203 年，张苍为赵（今河北邯郸）相，又徙代相。次年 9 月，张苍从刘邦平臧荼，因功于次年被封为北平侯（今河北满城）。同年迁为计相，以列侯居萧何丞相府，为主计，掌管各郡国的财政统计工作。《史记·张丞相列传》说他善于计算，精通律历，受高祖之命"定章程"[1]。公元前 196 年，平定黥布反叛后，高祖命张苍为淮南王相。吕后当政时，公元前 182 年张苍升迁为御史大夫。吕后崩，张苍等协助周勃立刘恒为帝，是为文帝。公元前 176 年张苍为丞相。公元前 165 年与公孙臣进行水德土德的争论失败，由此起自绌。公元前 162 年因用人失当受到文帝的指责，张苍遂以病辞职。公元前 152 年去世，享年百余岁。张苍陪葬安陵[2]，一说葬在原籍阳武[3]。

西汉初年，公卿将相多军吏，像张苍这样的学者封侯拜相，实属凤毛麟角。"苍本好书，无所不观，无所不通，而尤善律历。"他还著《张苍》十八篇，《汉书·艺文志》将其列入阴阳类[4]。"定章程"是张苍最重要的科学活动。如淳注"章程"曰："章，历数之章术也。程，权、衡、丈、尺、斗、斛之平法也。"因此，

---

① （西汉）司马迁《史记》，中华书局，1959 年版。本书凡引《史记》，均据此。
② 黄展岳《张家山汉墓不会是张苍墓》，载《中国文物报》，1994 年 5 月 1 日。
③ 《阳武县志》，卷一。
④ （东汉）班固《汉书》，中华书局，1962 年版。本书凡引《汉书》，均据此。

它应包括算学、历法、度量衡等几个方面。确定汉初使用的历法，是张苍"定章程"中最重要的工作。《汉书·律历志上》说他比较了黄帝、颛顼、夏、殷、周、鲁六家历法，认为《颛顼历》"疏阔中最为微近"。司马迁说"汉家言律历者，本之张苍"，并非过誉之辞。张苍还"吹律调乐，入之音声，及以比定律令"，确定了汉初的律令。张苍又"若百工，天下作程品"，确立汉初的度量衡制度。汉承秦制，汉初的度量衡制度基本上沿袭秦制，肯定秦始皇统一度量衡的工作，也是张苍的贡献。

刘徽说张苍等"皆以善筹命世"，因《九章筹术》"旧文之遗残，各称删补"，是为《九章筹术》编定过程中最重要的阶段，也是张苍"定章程"中最杰出的工作。

（2）耿寿昌

耿寿昌，数学家、理财家、天文学家。生卒及籍贯不详，宣帝（前73—前49在位）时为大司农中丞，是刘徽说的删补《九章筹术》的第二位学者。《汉书·食货志上》说他"善为算，能商功利"，得到宣帝的信任。他"习于商功分铢之事"。五凤（前57—前54）中，宣帝根据他的建议，"籴三辅、弘农、河东、上党、太原郡谷，足供京师，可以省关东漕卒过半"。耿寿昌又"令边郡皆筑仓，以谷贱时增其贾而籴，以利农。谷贵时减贾而粜，名曰常平仓，民便之"。皆收到了良好的社会效益，因而赐爵关内侯。耿寿昌还是天文历法学家。在浑天、盖天之争中，他主张浑天说①。《后汉书·律历志》载，甘露二年（前52），他奏称"以图仪度日月行，考验天运状"②。《汉书·艺文志》记载他还著《月行帛图》二百三十二卷、《月行度》二卷。大司农中丞的职务为他提供了收集、总结人们实际生产、生活中的数学问题，加以发展、提高，增补《九章筹术》得天独厚的条件。

--------

① （西汉）扬雄《扬子法言·重黎》卷十："或问浑天，曰：落下闳营之，鲜于妄人度之，耿中丞象之，几乎莫之能违也。"见《二十二子》，上海古籍出版社，1986年版，第820页。

② （南朝宋）范晔《后汉书》，中华书局，1965年版，第3029页。《后汉书》之《律历志》系晋司马彪撰。

## 三、《九章算术》的特点及其地位

### (一)《九章算术》的特点和弱点

众所周知，古希腊数学家认为，数学是人们的头脑思辨的产物，与实际应用是没有关系的。而数学理论密切联系实际，是《九章算术》的突出特点。这是与古希腊数学的重要不同。刘徽关于《九章算术》各章功用的论述，表明《九章算术》的数学方法所解决的问题包括了人们日常生活、生产的实际问题的各个方面。

既然《九章算术》以实际应用为目的，必然重视计算。《九章算术》以术文为中心，大部分术文是抽象的计算公式或计算程序，即算法。长于计算，以计算为中心，是《九章算术》的显著特点。

《九章算术》中即使是面积、体积和勾股测望等几何问题，也没有关于图形的性质、三角形全等或相似的条件等任何命题，尽管在实际上不能不用到某些图形的性质和命题。《九章算术》所有这类问题都必须计算出线段的长度、面积、体积等数值，实际上是几何问题与算法相结合，或者说是几何问题的算法化。刘徽《九章算术序》说"至于以法相传，亦犹规矩、度量可得而共"，十分精辟地概括了《九章算术》形、数结合的这一特点。这与古希腊数学是根本不同的。古希腊只考虑数和图形的性质，而很少考虑数值计算。比如他们很早就知道圆的周长与直径之比是个常数，但是这个常数值是多少，几百年间没有人问津，直到阿基米德才去计算这个数值。

《九章算术》的算法都是计算程序，因而具有机械化和构造性的特点。吴文俊说："我国古代数学，总的说来就是这样一种数学，构造性与机械化，是其两大特色。"[1] 《九章算术》当然是这

---

[1] 吴文俊《从〈数书九章〉看中国古典数学构造性与机械化的特色》，载《吴文俊论数学机械化》，山东教育出版社，1995年版，第96—111页。

两大特色的奠基性著作和突出代表。《九章筭术》中的分数四则运算法则，开平方、开立方程序，方程术等，还有后来魏刘徽的求圆周率精确近似值的割圆术、方程新术，等等，都具有规格化的程序，是典型的机械化方法。

《九章筭术》的弱点也是十分明显的。首先是对任何数学概念都没有定义。其次，对术文即数学公式、解法没有推导、不做证明。书中的公式、解法，有一些是可以通过直观得出的，但是，有许多公式、解法非常复杂，比如刍童的体积公式，是不可能由直观得出的。当时必有或者形诸文字，或者师徒相传的某种或严谨或粗疏的推导。实际上，刘徽注所记述的棋验法所构造的两个长方体的体积，恰恰是刍童体积公式中的两项，说明棋验法是提出这些公式时使用的推导方法。很可能是编纂者整理《九章筭术》时不重视而不予收入。数学著作中没有定义，没有推导和证明的弱点长期影响着中国古典数学。后来的数学著作除了刘徽的《九章筭术注》等少数例外，大都没有定义和证明。我们反对中国古典数学没有理论，术文只是经验公式的堆砌的说法，但是，也不能不承认，中国古典数学对数学理论的研究是相对薄弱的。

### (二)《九章筭术》与世界数学的主流

吴文俊由对中国古典数学具有构造性、机械化的特点的认识，进而阐发了对世界数学主流的全新看法。

吴文俊指出："贯穿在整个数学发展历史过程中有两个中心思想，一是公理化思想，另一是机械化思想。"[①] 不久他又将"两个中心思想"改成"两条发展路线"，使表述更为清晰。接着，他提出这两条发展路线互为消长，并明确地指出了世界数学发展的主流问题："在历史长河中，数学机械化算法体系与数学公理化演绎体系曾多次反复，互为消长，交替成为数学发展

---

① 吴文俊《数学中的公理化与机械化思想》，载《吴文俊论数学机械化》，山东教育出版社，1995 年版，第 375—377 页。

中的主流。"① 这就从理论上回答了什么是世界数学发展主流的问题。而"中国古代数学，乃是机械化体系的代表"，从而彻底解决了中国古典数学属于世界数学发展主流，并且是主流的两个主要倾向之一的问题。这就是说，在吴文俊看来，"数学发展的主流并不像以往有些西方数学史家所描述的那样只有单一的希腊演绎模式，还有与之平行的中国式数学，而就近代数学的产生而言，后者甚至更具有决定性的（或者说是主流的）意义"②。吴文俊从数学发展路线和模式的高度阐发世界数学的主流，从理论上批驳了某些西方权威关于中国古典数学"对于数学思想的主流没有重大的影响"③ 的错误看法。吴先生的看法日渐为国内外学术界接受。

### （三）《九章筭术》规范了中国古典数学的表达方式
#### 1. 秦汉数学简牍不可能是《九章筭术》的前身

学术界一直关心秦汉数学简牍与《九章筭术》的关系。1985年初，出土《筭数书》的消息公布于世，到同年底，人们透露出来的消息说，《筭数书》的"算法类包括《合分》（分数加法）、《增减分》、《分乘》（分数乘法）、《径（经）分》（分数除法）、《约分》等，算题类别还有《方田》、《粟米》、《衰分》、《少广》、《商功》、《均输》、《盈不足》等，它同《九章算术》有很多相同之处，而时代要比《九章算术》早二百多年，它是《九章算术》之源"④。这段话模棱两可，容易理解成《九章筭术》的方田、粟米、衰分、少广、商功、均输、盈不足等七章的章名，都是《筭数书》的标题。因此，学术界多数认为《筭数书》是《九章算术》

---

① 吴文俊《〈现代数学新进展〉序》，载《吴文俊论数学机械化》，山东教育出版社，1995年版，第45—54页。

② 李文林《古为今用的典范——吴文俊教授的数学史研究》，载林东岱、李文林、虞言林主编《数学与数学机械化》，山东教育出版社，2001年版，第49—60页。

③ ［美］M. 克莱因《古今数学思想》第1册，上海科学技术出版社，1979年版。

④ 陈跃钧、阎频《江陵张家山汉墓的年代及相关问题》，载《考古》，1985年第12期。

的前身。有的学者甚至认为《筭数书》是张苍编撰的。张苍整理好的数学官简，留在中央政府有关部门的那套便发展成了后来的《九章筭术》；他又抄了一个复本，"病免"后带走，殁后随主人葬入张家山 247 号汉墓，就是《筭数书》。笔者对没有研究的东西历来不敢轻言。目前，《筭数书》释文已经全部面世，关于《筭数书》与《九章筭术》的关系，虽然还不能完全解决，但是，已经具备了使我们的认识向历史真实的彼岸推进一步的条件。

实际上，《筭数书》的标题与《九章筭术》的章名相同的只有方田、少广两条，其中《筭数书》的方田条还不是传统的长方形面积问题，而是用赢不足术求面积为 1 亩的方田的边长；两者术名相同的除以上两条外，也只有约分、合分、径分、少广、大广、里田等 6 条。其术名和内容相似的这 7 条，题目和文字也有相当大的差别，只是"少广"的题目与《九章筭术》少广术的前 9 个例题的数字相同。由某些术文与题目相同得出《筭数书》是《九章筭术》的前身的看法的学者忽视了一些重要事实：这部分内容在《筭数书》中所占比例相当少，不足 $\frac{1}{10}$；《筭数书》与《九章筭术》有许多同类的内容，但却是不相同的题目，其数字和文字差异亦较大；更重要的，《筭数书》中有大量的题目与术文，超过《筭数书》条目的 $\frac{2}{3}$，是《九章筭术》所没有的。因此，就整体而言，《筭数书》不可能是《九章筭术》的前身。

那么，《九章筭术》与《筭数书》是不是有血缘关系呢？由于无法搞清楚《九章筭术》在先秦以"九数"为主体的某种形态的编纂年代，而且《筭数书》所源自的数学著作不止一二种——尽管我们不知道这些著作的书名，但却可以断定它们不是同时的作品，其时间跨度相当长，因此，这个问题目前仍然无法得出确切的结论。不过，由于两者的约分、合分、减分、乘分、经分、大广、里田、少广等术，少广、女织等题目以及"粟米之法"等有相同或相似之处，它们的一部分有承袭关系或有一个共同的来源，则是无可怀疑的。至于孰早孰晚，有待于进一步考察①。

这些看法同样适用于其他秦汉数学简牍，它们都不是《九章算术》的前身。

### 2.《九章算术》规范了中国古典数学的表达方式

《九章算术》与秦汉数学简牍的表达方式有明显的不同。《九章算术》的表达方式十分规范、统一。而秦汉数学简牍中的数学表达方式十分繁杂，没有统一的格式。

人们自然要问，秦汉数学简牍中的纷杂表达方式是先秦数学固有的呢，还是原简中的舛误？不能完全排除秦汉数学简牍在传抄过程中出现舛误的可能性。但是，要说秦汉数学简牍与《九章算术》的这些不同或大部分不同都是舛误，则不可能。我们认为，秦汉数学简牍中关于分数、除法、问题的起首、发问和答案的各种各样的表示方式是先秦数学所固有的；起码，同一表达方式有数条、十几条，甚至几十条例证的情形绝大多数是先秦数学所固有的，而不是舛误。换言之，秦汉数学简牍数学术语的纷杂的表示方式反映了前《九章算术》时代中国古典数学的真实情况。有的学者以《九章算术》为模式，改动《算数书》，将《算数书》纷杂的表达方式统一于《九章算术》②，是不合适的。因为这篡改了反映先秦数学真实状况的极为宝贵的原始资料。事实上，秦汉数学简牍所反映的先秦时期数学术语表达方式的多样性，是一个不争的事实。这是数学早期发展的必然现象。当时，诸侯林立，列国纷争，诸子辩难，百家争鸣，全国各地语言文字相左，数学术语不可能统一。秦朝短命，也来不及统一、规范数学术语。

张苍、耿寿昌整理、编定《九章算术》时，才完成了数学术语的统一与规范化。他们统一了分数的表示，选取先秦已有的一

---

① 郭书春《关于〈算数书〉与〈九章算术〉的关系》，载《曲阜师大学报（自）》，第34卷第3期，第1—9页，2008年。收入《郭书春数学史自选集》下册，山东科学技术出版社，2018年版。

② 彭浩《张家山汉简〈算数书〉注释》等都以《九章算术》为模式改动了《算数书》的某些分数表示，补出了若干"法"、"实"或"实如法"。

种方式，将非名数分数 $\dfrac{a}{b}$ 统一表示为"$b$ 分之 $a$"，将名数分数

$m\,\dfrac{a}{b}$ 尺（或其他单位）表示为"$m$ 尺 $b$ 分尺之 $a$"。他们统一了除法的表示，选取先秦的一种方式，先指明"法"，再指明"实"，最后，对抽象性的术文，说"实如法而一"或"实如法得一"，对非抽象性的具体运算，说"实如法得一尺（或其他单位）"。他们以先秦数学中已有的一种方式统一了问题的起首与发问，对问题的起首，一般用"今有"，同一条术文有多个例题时，自第 2 个题目起常用"又有"，而对发问，则用"问：……几何？"或"问：……几何……?"对问题的答案，张苍等统一采用"荅曰"来表示。等等。张苍、耿寿昌的这些工作实现了中国数学术语在西汉的重大转变，是规范中国古典数学术语的巨大贡献。《九章筭术》统一、规范数学术语的意义非常重大，它标志着中国古典数学发展到了一个新的阶段。此后直到 20 世纪初中国古典数学中断，中国数学著作中，分数、除法、答案的表示一直沿用《九章筭术》的模式，数学问题的起首与发问方式，唐以后有的著作虽有变化，但都是"今有"与"几何"的同义语。

## 四、刘徽《九章筭术注》的数学理论及李淳风等注释

### （一）刘徽《九章筭术注》产生的时代背景

东汉末年起，中国的经济、政治和社会思潮发生了重大变革。

汉末战乱和军阀混战使东汉开始出现的自给自足的庄园经济得到进一步发展，到魏晋已成为主要的经济形态。这些庄园占有大量依附农民、佃客和部曲。部曲成为一个人数相当广泛的社会阶层，并带有世袭的性质。他们平时为庄园主劳动，战时为庄园主打仗。佃客、部曲与庄园主有极强的依附关系，他们的社会地位有所下降，但却使失去土地的农民重新与土地结合起来，缓和了社会危机，有利于遭到破坏的农业和手工业的恢复、发展，是

社会的进步。

与庄园经济相适应的是门阀世族制度的确立。门阀世族发轫于西汉末年，东汉出现了若干世代公卿的家族。曹操主张用人"唯才是举"，曹丕实行九品中正制，其本意是不论世族高低，以人才优劣选士，但由于各州郡的中正官大都被著姓世族把持，反而出现了"上品无寒门，下品无势族"的局面。魏、蜀、吴三国都是在不同程度上以门阀世族为其统治骨干。门阀世族取代了秦汉的世家地主，占据了政治舞台的中心。

社会动乱的加剧，伦理纲常的颓败，满口仁义道德的"名士"的丑行，动摇了儒学在思想界的统治地位，繁琐的两汉经学退出了历史舞台。人们试图从先秦诸子或两汉异端思想家那里寻求思想武器，作为维护封建秩序、名教纲常的理论根据，并为乱世中的新贵们服务。思想界面临着一次大解放。西汉独尊儒术之后受到压制的先秦诸子，甚至被视为异端的墨家，重新活跃起来。思想解放最突出的是玄学与辩难之风的兴起。何晏（？—249）、王弼（226—249）等思想家将道家的"道法自然"与儒家的名教融会在一起，主张"名教本于自然"，用道家的"无为"取代儒家的"有为"，被称为"正始（240—248）之音"。他们用以谈资的《老子》、《庄子》和《周易》称为"三玄"，后人将他们的学问称为"玄学"。玄学家们经常在一起辩论一些命题，互相诘难，称为"辩难之风"。玄学已经取代了儒家的正统思想地位，成为社会主要思潮。公元249年，司马懿发动政变，杀死曹魏的代表人物及何晏等正始名士，控制了政权，迫使一些名士进一步走上玄虚淡泊的道路。此后嵇康（223—262）、阮籍（210—263）等竹林七贤任性不羁，蔑视礼法，主张"越名教而任自然"[1]，宣称"非汤、武而薄周、孔"[2]，突破了正始之音力图调和儒道的观点，学术界

---

[1] （三国魏）嵇康《释私论》，载《嵇康集》，第六卷。见《全上古三代秦汉三国六朝文·全三国文》（二）卷五〇，嵇康《释私论》之眉批，中华书局，1958年版，第1334页。

[2] （三国魏）嵇康《与山巨源绝交书》，载《全上古三代秦汉三国六朝文·全三国文》（二）卷四七，中华书局，1958年版，第1320页。

的思想进一步解放。

　　玄学是研究自然与人的本性的学问，主张顺应自然的本性。玄学名士反对谶纬迷信，重视"理胜"。探讨思维规律，成为学者们的一项重要任务，这就是"析理"。"析理"最先见之于《庄子·天下篇》："判天地之美，析万物之理。"① 但在此后很长一段时间内，"析理"并没有方法论的意义。而在魏晋时代，它却成为正始之音和辩难之风的要件②。"析理"是名士们进行辩论的主要方法，甚至成为辩难之风的代名词。一般认为，"析理"是郭象（？—312）注《庄子》时概括出来的。实际上，嵇康、刘徽早已使用"析理"。嵇康说："非夫至精者，不能与之析理。"③ 刘徽自述他注《九章算术》的宗旨便是"解体用图，析理以辞"（见刘徽《九章算术序》）。玄学名士和刘徽"析理"时都遵循"易简"的规范。

　　数学由于是最严密、最艰深的学问，经常成为玄学家们析理的论据。王弼《周易略例》说："夫情伪之动，非数之所求也。故合散屈伸，与体相乖，形燥好静，质柔爱刚，体与情反，质与愿违，巧历不能定其算数。"④ 嵇康《声无哀乐论》也说："今未得之于心，而多恃前言以为谈证，自此以往，恐巧历不能纪。"⑤ 巧历是指高明的天文学家和数学家。思想界公认，数学家是析理至精之人。嵇康还以数学知识之未尽说明摄生之理亦不能尽："况乎天下微事，言所不能及，数所不能分，是以古人存而不论。……今形象著明，有数者犹尚滞之，天地广远，品物多方，智之所知，未若所不知者众也。"⑥

---

　　① （战国）庄周《庄子》。见郭庆藩辑《庄子集释》，中华书局，1961 年版。本文凡引用《庄子》，均据此。
　　② 侯外庐等《中国思想通史》第三卷，人民出版社，1957 年版，第 76 页。
　　③ （三国魏）嵇康《琴赋》，载《全上古三代秦汉三国六朝文·全三国文》（二）卷四七，中华书局，1958 年版，第 1320 页。
　　④ （三国魏）土弼《周易略例》，中华书局，2011 年版，第 401 页。
　　⑤ （三国魏）嵇康《声无哀乐论》，载《全上古三代秦汉三国六朝文·全三国文》（二）卷四九，中华书局，1958 年版，第 1329 页。
　　⑥ （三国魏）嵇康《难张辽叔〈宅无吉凶摄生论〉》，载《全上古三代秦汉三国六朝文·全三国文》（二）卷五〇，中华书局，1958 年版，第 1338 页。

同样，数学的发展也深受魏晋玄学的影响。刘徽析《九章算术》之理，与思想界的析理当然有不同的内容，但是，刘徽对数学概念进行定义，追求概念的明晰，对《九章算术》的命题进行证明或驳正，追求推理的正确、证明的严谨等，即在追求数学的"理胜"上，与思想界的析理是一致的，格调是合拍的。在析理的原则上，刘徽与嵇康、王弼、何晏等都认为"析理"应"要约"，"约而能周"，主张"举一反三"，"触类而长"，反对"多喻"，"远引繁言"。不难看出，刘徽析数学之理，深受辩难之风中"析理"的影响。

事实上，刘徽不仅思想上与嵇康、王弼、何晏等有相通之处，而且他的许多用语、句法都与这些思想家相近。比如，刘徽在方田章合分术注说的"数同类者无远，数异类者无近。远而通体知，虽异位而相从也；近而殊形知，虽同列而相违也"，显然脱胎于何晏的"同类无远而相应，异类无近而不相违"①，但其寓意径庭；刘徽粟米章今有术注说的"少者多之始，一者数之母"是《老子》"无名天地之始，有名万物之母"与王弼《老子注》"一，数之始而物之极也"② 的缩合，而其旨趣迥异。这类例子还可以举出很多。因此，刘徽在数学中的"析理"应是当时辩难之风的一个侧面，他与魏晋玄学的思想家们应该有某种直接或间接的联系。

辩难之风中活跃起来的先秦诸子也成为刘徽数学创造的重要思想资料。儒家在魏晋时虽有削弱，但仍不失为重要的思想流派。刘徽自然受到儒家的影响。他直接引用孔子的话很多，比如反映他的治学方法的"告往知来"，源于《论语·学而》，"举一反三"源于《论语·述而》；他阐述出入相补原理的"各从其类"，源于孔子为《周易》乾卦写的"文言"。至于他受到被儒家视为经典的《周易》、《周礼》的影响更明显，"算在六艺"，"周

---

① （三国魏）何晏《无名论》，（晋）张湛《列子注·仲尼篇》所引。见《列子集释》，中华书局，1979 年版，第 121 页。

② （三国魏）王弼《老子注·三十九章》，载《二十二子》，上海古籍出版社，1986 年版，第 5 页。

公制礼而有九数",都是《周礼》的记载。刘徽序中还引用了《周礼》用表影测太阳的记载及其郑玄注;刘徽关于八卦的作用及两仪四象的论述,反映他的分类思想的"方以类聚,物以群分",治学方法的"引而申之","触类而长之",治学中要"易简"的思想,反映他对"言"与"意"关系的"言不尽意",等等,都来自《周易·系辞》。

道家在汉以后成为中国封建社会统治思想的一部分。同时,道家作为一个学派仍然存在。辩难之风的三玄中,专门的道家著作居其二,即《老子》、《庄子》。《周易》是各家都尊崇的经典。《九章筹术》方程章建立方程的损益术与《老子》的有关论述相近。刘徽说应该像庖丁了解牛的身体结构那样了解数学原理,应该像庖丁使用刀刃那样灵活运用数学方法,庖丁解牛的故事便出自《庄子·养生主》。刘徽在使用无穷小分割方法证明刘徽原理时提出的"至细曰微,微则无形"的思想,源于《庄子·秋水》中"至精无形","无形者,数之所不能分也"。

不过,在先秦诸子中,刘徽最推崇的应该是墨家。一个明显的事实是,刘徽序及注中引用过大量先秦典籍,但是,明确提出书名的只有《周礼》、《左氏传》及《墨子》这三部。事实上,刘徽割圆术中的"割之又割,以至于不可割"的思想与《墨经》中"不可斫"的端的命题是一脉相承的,而与名家"万世不竭"的思想明显不同。

这些都说明,当时思想界的析理与数学是相辅相成、相得益彰的。

### (二) 刘徽

刘徽,史书无传,生平不详。关于他的史料,除了他自述少年时学习过《九章筹术》,成年后又进行研究,很有心得,遂"采其所见,为之作注"(见刘徽序)外,则只有《隋书·律历志》①、

---

① (唐)魏徵等《隋书》,中华书局,1973年版。本文凡引《隋书》,均据此。

《晋书·律历志》[①] 说的"魏陈留王景元四年刘徽注《九章》"。

刘徽《九章算术注》原 10 卷，后来刘徽自撰自注的第 10 卷《重差》单行，改称《海岛算经》。刘徽还著《九章重差图》1 卷，已佚。

### 1. 刘徽籍贯考

我们根据现有资料推定，刘徽的籍贯是淄乡，属今山东邹平。

严敦杰（1917—1988）最先注意到《宋史·礼志》算学祀典中，刘徽被封为淄乡男[②]。同时受封 66 人，黄帝至殷、西周期间 10 人，多系传说人物或记载不详。春秋之后 56 人，其爵名来源有四种：（1）以其籍贯，有祖冲之等 41 人，占七成以上；（2）少数以其郡望；（3）少数以其主要活动地区之名；（4）个别的以其生前的爵名升级；后三种情况共 9 人。刘徽等 6 人现存史籍中未找到他们的籍贯的记载。他们的爵名不出以上四种情况。淄乡男不可能是刘徽生前爵名升级，淄乡也不可能是刘姓郡望。那么，淄乡或者是刘徽的籍贯，或者是刘徽生前的主要活动地区。这两者中以前者的可能性较大。因此淄乡应该是刘徽的籍贯[③]。

北宋王存《元丰九域志》淄州条载邹平县有一淄乡镇："邹平……孙家、赵岩口、淄乡、临河、哇婆五镇。"[④] 淄乡在金朝仍然存在。《金史·地理志》："镇三：淄乡、齐东、孙家岭。"[⑤]《元丰九域志》成于元丰三年（1080），刘徽受封于大观三年（1109），两者相去不到 30 年。因此，宋朝所封的淄乡男之淄乡，即当时淄州邹平县淄乡。淄乡，又作甾乡。古文淄、甾、菑相通。因此，淄乡、菑乡、甾乡相通，应是一个地方。

邹平县淄乡起码可以追溯到西汉。西汉有甾乡，据《汉书·

---

①　（唐）房玄龄等《晋书》，中华书局，1974 年版。《隋书》、《晋书》之《律历志》均系李淳风撰。

②　严敦杰《刘徽简传》，载《科学史集刊》第 11 集，地质出版社，1984 年版。

③　郭书春《刘徽祖籍考》，载《自然辩证法通讯》第 14 卷第 3 期，1992 年，第 60—63 页。收入《郭书春数学史自选集》上册，山东科学技术出版社，2018 年版。

④　（北宋）王存《元丰九域志》，中华书局，1984 年版，第 15 页。

⑤　（元）脱脱等《金史》，中华书局，1975 年版，第 612 页。

王子侯表》，甾乡是西汉菑乡厘侯刘就的封国，封于建昭元年（前38），子逢喜嗣，免。据《汉书·诸侯王表》，刘就是梁敬王刘定国之子，刘定国是文帝刘恒子梁孝王刘武的玄孙。因此，菑乡侯刘就是文帝的七世孙。《汉书》中有两处淄乡的记载。一是《汉书·地理志》载山阳郡有一县级侯国淄乡。山阳郡在今山东西南部。一是《王子侯表》注明甾乡侯的封国在济南郡。两者不同。"地理志"出自班固之手，"王子侯表"是班昭参考东观藏书写的。我们认为后者应更可靠些：菑乡侯的封地在济南郡。汉时邹平县属济南郡，联系到宋、金两朝邹平县有淄乡镇。因此，西汉所封之菑乡侯国就位于北宋邹平县的淄乡镇。菑乡侯二世而免，而菑乡的名称则保留了下来。

通过对刘徽籍贯的考察，可以探知他的生平与社交的某些线索，大体了解他成长的文化传统和氛围，因而是有意义的。刘徽成长的齐鲁地区，自先秦至魏晋，一直是中国的文化中心之一，魏晋时还是辩难之风的中心之一。齐鲁地区的数学自先秦至魏晋也居全国的前列，两汉时期研究《九章筭术》的学者许商、刘洪、郑玄、徐岳、王粲等，或在齐鲁地区活动过，或就是齐鲁地区人。刘徽的同代人，提出《制图六体》的裴秀，虽不是齐鲁人，但他在魏末被封为济川侯，封地在高苑县济川墟[1]，距刘徽的家乡淄乡不远。刘徽与裴秀是否有交往，不得而知。但淄乡的人文环境为刘徽注《九章筭术》，在数学上作出空前的贡献，提供了良好的客观环境和坚实的数学基础。

## 2. 刘徽注《九章筭术》时的年龄

由刘徽与辩难之风的关系，特别与嵇康、王弼等玄学名士思想上的联系，我们可以推断，刘徽的生年大约与嵇康、王弼相近，或稍晚一些，就是说，刘徽应该生于公元3世纪20年代后期至公元240年之间。换言之，公元263年他完成《九章筭术注》时，年仅30岁上下，或更小一点。有的画家将正在注《九章

---

[1] （唐）房玄龄等《晋书·裴秀传》，中华书局，1974年版。

筭术》的刘徽画成一位满脸皱纹的耄耋老人，有悖于魏晋的时代
精神和特点[①]。

### (三)《九章筭术注》的结构

#### 1.《九章筭术注》的结构——"悟其意"与"采其所见"

自戴震起，人们实际上把刘徽注的内容都看成是刘徽自己的
思想，这是一种误解。刘徽关于注《九章筭术》的自述表明，他
的《九章筭术注》包括两种内容：一是他"探赜之暇，遂悟其意"
者，即自己的数学创造。二是"采其所见"者，即他搜集到的前
代和同代人研究《九章筭术》的成果。有人将"采其所见"翻译
成"就提出自己的见解"，无疑是因不承认刘徽注中有前人的东西
而做的曲译。

钱宝琮已经注意到刘徽注含有前人的贡献。在《中国数学史》
中，他把圆周率和圆面积、圆锥体和球体积、十进分数、方程新
术等内容称作刘徽在"《九章算术注》中的几个创作"，而把齐同
术、图验法、棋验法视为《九章筭术注》中"整理了各项解题方
法的思想系统，提高了《九章算术》的学术水平"的部分。他
指出：

> 刘徽少广章开方术注"术或有以借算加定法而命分者，
> 虽粗相近不可用也"。方程章正负术注"方程自有赤黑相取，
> 左右数相推求之术"。据此可知刘徽的注释是有所依据的。少
> 广章开立圆术注引张衡的球体积公式，勾股章第 5 题、第 11
> 题注引赵爽勾股图说，这些无疑是他的参考资料。[②]

---

① 郭书春《重温吴先生关于现代画家对古代数学家造像问题的教诲——庆祝吴文
俊先生 90 华诞》，《内蒙古师范大学学报》（自），2009 年第 5 期。台湾师范大学《HPM
通讯》2009 年 10 月号。收入《郭书春数学史自选集》下册，山东科学技术出版社，
2018 年版。

② 钱宝琮主编《中国数学史》，科学出版社，1964 年版；北京商务印书馆，2019
年版。收入郭书春、刘钝等主编《李俨钱宝琮科学史全集》第 5 卷，辽宁教育出版社，
1998 年版。

后来严敦杰《刘徽简传》也谈到了这个问题。他把刘徽学习《九章算术》分成"刘徽注文引《九章算术》以前的旧说",与"刘徽参考了他稍前或同时的各家《九章算术》"两种情况。

只是,钱宝琮和严敦杰两位前辈没有把这种论述与刘徽自述的"采其所见"联系起来,论述稍嫌不充分。

正确认识《九章算术注》的结构,意义十分重大。起码有三点值得注意。

首先,填补了中国数学史的某些空白。比如《九章算术》某些体积公式和解勾股形公式非常复杂、正确而抽象,靠直观是无法得出的,当时必有某种推导。刘徽注中以出入相补原理为基础的棋验法和图验法就是《九章算术》时代推导这些公式的方法。这对准确认识早期的中国数学史是不可多得的史料。

其次,可以准确地认识刘徽。比如刘徽注一方面多次批评使用周三径一的做法,另一方面又含有大量使用周三径一的内容。如果将刘徽注的内容全部看成刘徽的思想甚或刘徽的创造,那么刘徽就是一位成就虽大但是思想混乱、自相矛盾的人。若在刘徽注中剔除了"采其所见"者,那么刘徽就是一个成就伟大、思想深邃、逻辑清晰的学者。

第三,是正确校勘《九章算术》的基础。所谓《九章算术》的校勘主要是对刘徽注的校勘。自戴震起,不断有人在发现同一术的刘徽注中有不同思路时,便武断地将第二种思路改成李淳风等注释,盖导源于对刘徽《九章算术注》结构的认识的偏颇。这在下面还要谈到。

## 2. 刘徽注中"采其所见"者

刘徽注中"采其所见"的内容大体如下:

周三径一。刘徽在圆田术注中批评使用周三径一之率的做法:"世传此法,莫肯精核,学者踵古,习其谬失。"在圆堆埄术注中又指出:"此章诸术亦以周三径一为率,皆非也。"都明确否定使用周三径一的做法。然而,刘徽注在以徽率$\frac{157}{50}$修正原术之前都有基于周三径一论证原术的文字，可见这类内容都不是刘徽的方法，而是"采其所见"者。

出入相补。刘徽使用出入相补原理对解勾股形诸方法的论证与赵爽"勾股圆方图"基本一致。这都说明出入相补的方法不是刘徽的创造，而是刘徽以前，甚至在《九章算术》成书时代就流行的传统方法，被刘徽采入自己的注中的。

多面体中的出入相补最主要的是棋验法。商功章方亭、阳马、羡除、刍甍、刍童等术刘徽注的第一段及方锥术注、鳖臑术注都是棋验法。方亭术注谈到"说筹者"使用三品棋，就是长、宽、高各一尺的立方体、堑堵、阳马。"说筹者"无疑是刘徽以前的数学家，说明棋验法并不是刘徽所创造的，而是先人们传下来的。有人说出入相补原理是刘徽的首创，是不符合历史事实的，它的创造应该追溯到《九章算术》和秦汉数学简牍的时代。

截面积原理。《九章算术》中圆堢壔与方堢壔、圆亭与方亭、圆锥与方锥都是成对出现，说明是通过比较等高的圆体与方体的底面积从方体推导圆体体积公式的。刘徽开立圆术注指出《九章算术》犯了把球与外切圆柱体体积之比作为 3∶4，亦即球与外切圆柱体的大圆与大方的面积之比的错误，可为佐证。这是祖暅之原理的最初阶段。刘徽将其采入自己的注中。

无理根近似值的表示。当开方不尽时，刘徽说："术或有以借筹加定法而命分者，虽粗相近，不可用也。"就是说，设被开方数为 $N$，求得其根的整数部分为 $a$，即在开平方时，刘徽前，人们以 $a + \dfrac{N-a^2}{2a+1}$ 为根的近似值，并且 $a + \dfrac{N-a^2}{2a+1} < \sqrt{N} < a + \dfrac{N-a^2}{2a}$；在开立方时以 $a + \dfrac{N-a^3}{3a^2+1}$ 为根的近似值。

齐同原理。刘徽注中大量使用了齐同原理。但齐同原理也不是刘徽首先使用的。《九章算术》和秦汉数学简牍都已有"同"的概念。赵爽《周髀算经注》多次使用齐同术，可见齐同方法是刘徽之前的传统方法。

还有一些。不过，要完全区分算术、代数算法中哪些是刘徽采其所见者，哪些是刘徽的创新，不像面积、体积问题那么容易。

总之，刘徽之前的数学家，包括《九章筹术》和秦汉数学简牍的历代编纂者在内，为推导、论证当时的算法做了可贵的努力。然而，这些努力大多很素朴、很原始，许多重要算法的论证停留在归纳阶段，因而并没有在数学上被严格证明。同样，《九章筹术》的一些不准确或错误的公式没有被指出、被纠正。可以说，从《九章筹术》成书提出近百条抽象性算法之后到刘徽时的三四百年间，数学理论建树并不显著，其数学思想和方法、其逻辑方法没有在《九章筹术》基础上有大的突破，这就为刘徽进行数学创造留下了广阔的空间。

### 3. 刘徽的创新

从刘徽的《九章筹术注》中剔除"采其所见"者之后，我们看到，刘徽的创新主要体现在数学方法、数学证明和数学理论方面：

刘徽大大发展了《九章筹术》的率概念和齐同原理，将其应用从《九章筹术》的少量术文和题目拓展到大部分术文和 200 多个题目。他指出今有术是"都术"，率和齐同原理是"筹之纲纪"，借助率将中国古典数学的算法提高到理论的高度。

刘徽继承发展了传统的出入相补原理。刘徽对有限次的出入相补无法解决圆和四面体的求积问题有明确的认识。

在世界数学史上第一次将极限思想和无穷小分割方法引入数学证明，是刘徽最杰出的贡献。他用极限思想和无穷小分割方法严格证明了《九章筹术》提出的圆面积公式和他自己提出的刘徽原理，将多面体的体积理论建立在无穷小分割基础之上。刘徽极限思想的深度超过了古希腊的同类思想。

刘徽明确认识了截面积原理，是中国人完全认识祖暅之原理的关键一步。据此，他设计了牟合方盖，为后来的祖暅之开辟了彻底解决球体积问题的正确途径。

刘徽将极限思想应用于近似计算，在中国首创求圆周率的科学方法以及开方不尽求其"微数"的思想，奠定了中国的圆周率近似值计算领先世界千年上下的基础。

刘徽修正了《九章算术》的若干错误和不精确之处，提出了许多新的公式和解法，大大改善并丰富了《九章算术》的内容。

刘徽给出了若干明确的数学定义，以演绎逻辑为主要方法全面论证了《九章算术》的算法，认为数学像一株枝繁叶茂、条缕分析而具有同一本干的大树，标志着中国古典数学理论体系的完成。这在下面再谈。

### （四）刘徽的数学定义和演绎推理

为了说明刘徽的理论贡献，我们首先需要考察一下刘徽的数学定义和推理，特别是演绎推理。

#### 1. 刘徽的定义

刘徽继承了《墨经》给概念以定义的传统，对许多数学概念比如"幂"、"率"、"方程"等都给出了严格的定义。刘徽的定义大体符合现代逻辑学关于定义的要求，比如在刘徽关于"正负数"的定义中，"正负数"与"两筹得失相反"，其外延相同，既不过大，也不过小，是相称的；定义中没有包含被定义项，没有犯循环定义的错误；没有使用否定的表达，没有比喻或含混不清的语言。刘徽其他的定义也大都符合这些要求。并且一般说来，刘徽的定义一经给出，便在整个《九章算术注》中保持着同一性。

#### 2. 刘徽的演绎推理

许多人认为中国古典数学从未使用形式逻辑。这是根本错误的。刘徽不仅使用了举一反三、告往知来、触类而长等类比方法扩充数学知识，而且在论述中普遍使用了形式逻辑。他不仅使用了归纳推理，而且主要使用了演绎推理。试举几例。

（1）三段论

刘徽使用三段论的例子俯拾皆是。如盈不足术刘徽注针对两次假设有分数的情况说，如果两次假设有分数（M），须使分子相齐，分母相同（P）。这个问题（S）中两次假设都有分数（M），故这个问题（S）须使分子相齐，分母相同（P）。这个推理中含有并且只含有三个概念：两次假设有分数（中项 M），使分子相齐，分母相同（大项 P），这个问题（小项 S）。中项在大前提中周延，结论中概念的外延与它们在前提中的外延相同。最后，大前提是全称肯定判断，小前提是单称肯定判断，结论是单称肯定判断。可见这个推理完全符合三段论的 AAA 式规则：

| | | |
|---|---|---|
| 大前提 | M———————P | （A） |
| 小前提 | S———————M | （A） |
| 结　论 | S———————P | （A） |

（2）关系推理

作为数学著作，刘徽注更多地使用关系推理。关系推理实际上是三段论的一种特殊情形。刘徽所使用的关系判断中，以等量关系为最多。比如刘徽在证明了圆面积公式 $S = \frac{1}{2}Lr$ 之后，证明圆面积的另一公式 $S = \frac{1}{4}Ld$ 正确的方式是：

| | | |
|---|---|---|
| 已知 | $S = \frac{1}{2}Lr$ | （等量关系判断） |
| 及 | $r = \frac{1}{2}d$ | （等量关系判断） |
| 故 | $S = \frac{1}{2}L \times \frac{1}{2}d = \frac{1}{4}Ld$ | （等量关系判断） |

等量关系判断具有对称性和传递性。

刘徽还使用不等量关系判断。如《九章筭术》在开立圆术中使用了错误的球体积公式 $V = \frac{9}{16}d^3$，其中 $V$，$d$ 分别是球的体积和直径。刘徽记载了这个错误公式的推导方式：以球直径 $d$ 为边长的正方体与内切圆柱体的体积之比为 4：3，圆柱体与内切球的体积之比也是 4：3（圆周率取 3），故正方体与内切球的体积之比为

16：9。刘徽用两个圆柱体正交，其公共部分称作牟合方盖。刘徽论证《九章算术》方法错误的推理方式是：

牟合方盖：球＝4：π

圆柱：球 ≠ 牟合方盖：球

故　　圆柱：球 ≠ 4：π

这就从根本上推翻了《九章算术》的公式。

（3）假言推理

假言推理是数学推理中常用的一种形式。先看刘徽使用的充分条件假言推理。如商功章羡除术刘徽注说"上连无成不方，故方锥与阳马同实"，这个推理写得十分简括，它的完备形式应该是：

若两立体每一层都是相等的方形（$P$），则其体积相等（$Q$），
方锥与阳马每一层都是相等的方形（$P$），
故方锥与阳马体积相等（$Q$）。

其推理形式是：

若 $P$，则 $Q$，
今 $P$，
故 $Q$。

在充分条件假言推理中，若 $P$，则 $Q$。若非 $P$，则 $Q$ 真假不定。刘徽深深懂得这个道理。我们知道，一个长方体沿相对两棱剖开，就得到两个堑堵。将一个堑堵沿某个顶点到相对的棱剖开，就得到一个阳马，一个鳖腰。《九章算术》给出了堑堵的体积公式 $V_q = \dfrac{1}{2}abh$，阳马的体积公式 $V_y = \dfrac{1}{3}abh$，以及鳖腰的体积公式 $V_b = \dfrac{1}{6}abh$。其中 $V_q$，$V_y$，$V_b$，$a$，$b$，$h$ 分别是堑堵、阳马、鳖腰的体积和它们的宽、长、高。由于一个正方体可以分割为三个全等的阳马或六个三三全等、两两对称的

鳖腝，那么"观其割分，则体势互通，盖易了也"。就是说在长、宽、高相等的情形下，用棋验法证明阳马、鳖腝的体积公式是正确的。然而，当长、宽、高不相等时，一个长方体分割出的三个阳马不会全等，六个鳖腝既不三三全等，也不两两对称，刘徽认为无法用棋验法证明阳马、鳖腝的体积公式（见本书第 224 页），其推理形式是：

若多面体体势互通（$P$），则其体积相等（$Q$），
今多面体体势不互通（非 $P$），
故难为之矣（$Q$ 真假不定）。

因此，为了证明阳马、鳖腝的体积公式，必须另辟蹊径，这在下面再谈。

（4）选言推理

刘徽在许多地方使用选言推理。比如刘徽认为，在四则运算中，可以先乘后除，也可以先除后乘，"乘除之或先后，意各有所在而同归耳"（商功章负土术注）。在粟米章今有术注中，刘徽主张先乘后除，因为"先除后乘，或有余分，故术反之"。这就是一个选言推理：

或先乘后除，或先除后乘，
今非先除后乘，
故先乘后除。

（5）二难推理

二难推理是假言推理和选言推理相结合的一种推理形式。其大前提是两个假言判断，小前提是一个选言判断。比如刘徽在证明圆面积公式 $S = \frac{1}{12}L^2$ 是不准确的方式，就是一个二难推理。刘徽的论证（见本书第69—70页）有两个假言前提：一是若以圆内接正 6 边形周长作为圆周长自乘，其 $\frac{1}{12}$ 是圆内接正 12 边形的面积，

小于圆面积；一是若令圆周自乘，其 $\frac{1}{12}$，则大于圆面积。还有一个选言前提：或者以圆内接正 6 边形周长自乘的 $\frac{1}{12}$，或者以圆周长自乘的 $\frac{1}{12}$。结论是：或小于圆面积，或大于圆面积，都证明上述公式不准确。

此外，刘徽还多次用到无限递推，实际上是数学归纳法的雏形。

以上只是刘徽注中大量演绎推理的只鳞半爪，但这足以说明现代形式逻辑教科书中的演绎推理的几种主要形式，刘徽都使用了。

### （五）刘徽的数学证明

上面所举的推理，由于其前提都是正确的，因而实际上都是证明或证明的一部分。刘徽最漂亮的证明首推对《九章算术》的圆面积公式和他自己提出的刘徽原理的证明。这两个证明也分别代表了刘徽证明的两种主要形式：综合法和分析法与综合法相结合的方法。

#### 1. 圆面积公式的证明

对《九章算术》的圆面积公式 $S = \frac{1}{2}Lr$，刘徽认为以前的推证方式基于周三径一，实际上并没有证明，遂提出了使用极限思想和无穷小分割方法的证明方法（见本书第 45—46 页）。

刘徽首先使用了几个极限过程。他从圆内接正 6 边形开始割圆。设第 $n$ 次分割得到正 $6 \cdot 2^n$ 边形的面积为 $S_n$，刘徽认为

$$S_{n+1} < S < S_n + 2(S_{n+1} - S_n)$$

同时，

$$\lim_{n \to \infty} S_n = S$$

$$\lim_{n \to \infty}[S_n + 2(S_{n+1} - S_n)] = S$$

然后刘徽考虑与圆合体的正无穷多边形，将它分割成以圆心为顶点，以每边为底的无穷多个小等腰三角形，每个的高 $r$。设每个的底边长为 $l_i$，面积为 $A_i$，显然 $l_i r = 2A_i$。所有这些小等腰三角形的底边之和为圆周长：$\sum_{i=1}^{\infty} l_i = L$，它们的面积之和为圆面积：$\sum_{i=1}^{\infty} A_i = S$。因此，

$$\sum_{i=1}^{\infty} l_i r = Lr = \sum_{i=1}^{\infty} 2A_i = 2S,$$

反求出 $S$，就得到 $S = \dfrac{1}{2} Lr$ [①]。

这是对《九章算术》圆面积公式的一个完整的证明[②]，并且是典型的综合法方式：从若干已知条件通过推理，引导到论题。这是刘徽注中使用最多的证明方式。

### 2. 刘徽原理的证明

刘徽用极限思想和无穷小分割方法对刘徽原理的证明更加高明。

为了严格证明阳马的体积公式和鳖臑的体积公式，刘徽提出了一个重要原理，即所谓刘徽原理（见本书第 224 页），即在一个堑堵中，恒有

$$V_y : V_b = 2 : 1。$$

可能受手头棋的限制，刘徽在这里仍然使用了 $a = b = h = 1$ 尺的棋。可是，刘徽明确说明"虽方随棋改，而固有常然之势也"，

---

① 郭书春《刘徽的极限理论》，载《科学史集刊》第 11 集，地质出版社，1984 年版，第 37—46 页。收入《郭书春数学史自选集》上册，山东科学技术出版社，2018 年版。

② 刘徽的圆田术注即割圆术分两部分。一是证明《九章算术》的圆面积公式。二是求圆周率。可是在 20 世纪 70 年代末以前，几乎所有关于刘徽割圆术的著述都无视其中"觚而裁之，每辄自倍，故以半周乘半径而为圆幂"这几句画龙点睛的话，将前面的极限过程与后面的求圆周率程序粘合在一起，说其极限过程是为了求圆周率的。实际上求圆周率用不到极限过程。

因此，他这些论述完全适用于 $a\neq b\neq h$ 的一般情形。刘徽用三个互相垂直的平面分别平分由阳马与鳖腝拼合而成的堑堵的长、宽、高，将它们分割成 1 个小长方体和 4 个小堑堵、2 个小阳马和 2 个小鳖腝，它们可以分别拼合成 4 个全等的小长方体。容易证明，在前三个小长方体中，属于阳马的与属于鳖腝的体积的比是 $2:1$，即在原堑堵的 $\dfrac{3}{4}$ 中刘徽原理成立。刘徽认为，如果能在第 4 个小长方体中证明属于阳马的与属于鳖腝的体积之比仍是 $2:1$，那么在整个堑堵中刘徽原理便成立。而第 4 个小长方体中的两个小堑堵与原堑堵完全相似，因此，上述分割过程完全可以继续在剩余的两个小堑堵中施行，那么又可以证明在其中的 $\dfrac{3}{4}$ 中属于阳马的与属于鳖腝的体积之比仍是 $2:1$，在其中的 $\dfrac{1}{4}$ 中尚未知，亦即在原堑堵的 $\dfrac{1}{4}\times\dfrac{1}{4}$ 中尚未知。这个过程可以无限继续下去，第 $n$ 次分割后只剩原堑堵的 $\dfrac{1}{4^{n}}$ 中属于阳马的与属于鳖腝的体积之比是不是 $2:1$，尚未知。显然，$\lim\limits_{n\to\infty}\dfrac{1}{4^{n}}=0$。这就在整个堑堵中证明了刘徽原理成立[1]。

这个证明过程可以归结为：

$$（3）（4）式\xleftarrow{\text{分析法}}（5）式\left\{\begin{array}{l}\xrightarrow{\text{综合法}}\dfrac{3}{4}\text{中成立}\\[2mm]\xrightarrow{\text{分析法}}\dfrac{1}{4}\text{中成立}\xrightarrow{\text{综合法}}\cdots\cdots\lim\limits_{n\to\infty}\dfrac{1}{4^{n}}=0\end{array}\right.$$

可见这个证明是以分析法为主，穿插从予到求的综合法。

---

① 郭书春《刘徽的体积理论》，载《科学史集刊》第 11 集，第 47—62 页。收入《郭书春数学史自选集》上册，山东科学技术出版社，2018 年版。

### （六）刘徽的数学理论体系

刘徽的分数、率、面积、体积和勾股等知识乃至整个数学知识都形成了自己的理论体系。而刘徽的体系与《九章算术》是有所不同的。以体积问题为例。《九章算术》时代的多面体体积推导方法主要是棋验法，因此三品棋在其中占据着中心的位置。而对圆体体积的推导则靠比较其底面积。《九章算术》的体积推导系统如图 1 所示。

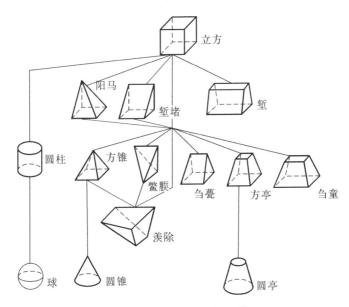

图 1　《九章算术》的立体体积之推导

而刘徽多面体体积理论的基础是刘徽原理。在完成刘徽原理的证明之后，刘徽指出鳖臑是解决多面体体积问题的"功实之主"。刘徽为求方锥、方亭、刍甍、刍童、羡除等多面体的体积，都要通过有限次分割，将其分割成长方体、堑堵、阳马、鳖臑等已被证明了体积公式的立体，然后求其体积之和解决之。至于圆体体积则是通过比较每一层的面积解决的。刘徽的体积理论系统如图 2 所示。

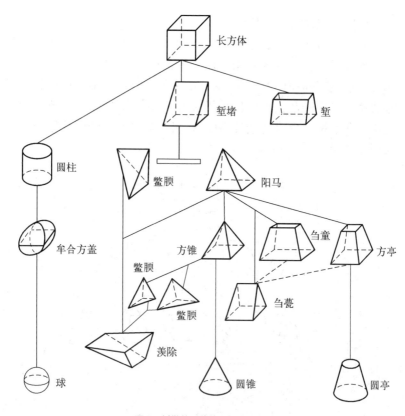

图 2　刘徽的立体体积理论体系

　　刘徽是把鳖腝看成多面体分割的最小单元的。这种思想，以及鳖腝体积的解决必须借助于无穷小分割的实践，也就是把多面体体积理论建立在无穷小分割基础上的思想，与现代数学的体积理论惊人的一致。近代数学大师高斯提出了多面体体积的解决不借助于无穷小分割是不可能的猜想。以这个猜想为基础，希尔伯特在 1900 年提出了《数学问题》中的第三个问题①。不久，希尔

————————

　　①　〔德〕David Hilbert（希尔波特）《数学问题——在 1900 年巴黎国际数学家大会上的讲演》（李文林、袁向东译），载《数学史译文集》，上海科学技术出版社，1981 年版，第 60—84 页。

伯特的学生德恩（Dehn，1878—1952）给了肯定的答复。刘徽在公元 3 世纪就开始考虑 19、20 世纪数学大师们所考虑的问题。

众所周知，若干年前，人们就把数学描绘成一棵树（通常是一株大栎树）的样子。在树根上标着代数、平面几何、三角、解析几何和无理数。从这些树根长出强大的树干微积分。然后，从树干的顶端发出许多枝条，包括高等数学所有的各个分支①。实际上，早在 1 700 多年前，刘徽就把数学看成一株"枝条虽分而同本干"的大树。刘徽说，这棵数学之树"发其一端"。这个端是什么呢？刘徽说"亦犹规矩度量可得而共"。规矩代表空间形式，度量代表数量关系。这就是说，世代相传的数学方法是客观世界的空间形式和数量关系的统一。规矩、度量可以看成刘徽的数学之树的根。数学方法由规矩、度量产生出来。这反映了中国古典数学形、数结合，几何问题与算术、代数密切结合的特点。

刘徽的数学之树从规矩、度量这两条根生长出来，统一于数，由此产生出数量的运算这个本干。根据不加证明而承认其为真理的长方形面积公式，长方体体积公式以及率的定义出发，引出整数四则运算、分数四则运算、今有术，又引出衰分术、均输术、盈不足术、开方术、方程术、面积问题、体积问题，以及勾股测望问题等主要枝条，这些主要枝条又分出各种数学方法作为更细的枝条，最终形成了一株枝叶繁茂，硕果累累的大树，如图 3 所示。

刘徽的数学体系"约而能周，通而不黩"，就是说简明而周全，通达而没有窒碍。因为作注的形式，刘徽不得不将自己的数学知识分散到《九章筭术》的各条术文和各个题目中，但是，他的注没有任何逻辑矛盾而不能自洽的地方，可见他的逻辑水平之高。

刘徽的数学体系是从《九章筭术》的数学框架发展起来的，它继承了《九章筭术》全部正确的内容，又加以改造、补充，与

---

① ［美］Homard Eves, *An Introduction to the History of Mathematics* . 中译本《数学史概论》（修订本）欧阳绛译，山西人民出版社，1986 年版，第 461 页。

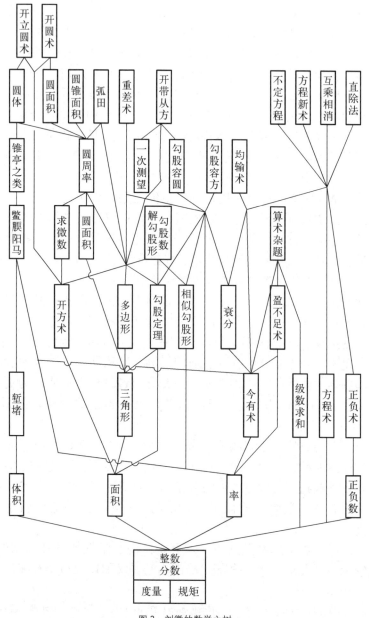

图 3  刘徽的数学之树

《九章筭术》比较起来，发生了质的改变。因此，我们认为，尽管刘徽是以为《九章筭术》作注展现他的数学知识的，但是在中国数学史上，以刘徽为代表的魏晋数学，与以《九章筭术》为代表的春秋战国西汉数学，不能划作一个阶段，而是两个阶段。《九章筭术》是建立中国古典数学框架的阶段，而刘徽《九章筭术注》是奠定理论基础的阶段。

### （七）李淳风及其《九章筭术注释》

李淳风（602—870），岐州雍（今陕西省凤翔县）人，唐初天文学家、数学家。明天文、历算、阴阳之学。贞观元年（627）淳风上书唐太宗批评当时所行《戊寅元历》的失误，建议重铸黄道浑仪，系统论述了浑仪的发展。授将仕郎，直太史局。三年撰《乙巳元历》，七年撰《法象志》七卷，是制造新天文仪器的理论基础。浑天黄道仪于是年制成。十五年为太常博士，旋任太史丞，撰《晋书》、《隋书》之《天文志》、《律历志》、《五行志》，是中国天文学史、数学史、度量衡史的重要文献。约十九年，撰成《乙巳占》，其中含有十分丰富的天象资料和气象史料。二十二年拜太史令，同年以修国史功封昌乐县男。

贞观二十二年，"太史监侯王思辩表称《五曹》、《孙子》理多踳驳。淳风复与国子监算学博士梁述、太学助教王真儒等受诏注《五曹》、《孙子》十部算经"。显庆元年（656）书成，"高宗令国学行用"。其水平较高的是《周髀筭经注释》，创造了斜重差法。其《海岛筭经注释》只是为刘徽的术文做细草，未能探讨其造术。《孙子筭经》、《五曹筭经》、《缉古筭经》中未见李淳风等的注释。

可是李淳风等的《九章筭术注释》除了均输章"负笼"问的注释有点新意，及少广章开立圆术的注释引用祖暅之开立圆术，保存了祖暅之原理及祖暅之解决球体积的方法，极为宝贵外，其他注释多是重复刘徽注，几无新意。更奇怪的是，李淳风等注释多次指责刘徽。事实证明，所有这些地方，错误的不是刘徽，而是李淳风等。李淳风等对刘徽的指责，徒然表明李淳风等无法理解刘徽注的理论贡献及刘徽提出的新方法的重大意义，反映了其数学水平的低下。这是隋唐时期中国数学比魏晋南北朝落后的一个侧面。

麟德元年（664），李淳风吸取隋刘焯在《皇极历》中创造的定朔计算方法及用二次内插法计算太阳、月亮的不均匀运动等方法，制定《麟德历》，次年颁行，直到开元十六年（728）被一行的《大衍历》取代。《麟德历》破除自古以来的章蔀纪元方法，设1340为总法，作为岁实、朔实、交周和五星周期的共同分母，使运算简捷，后人多效法。《麟德历》还废闰周而直接以无中气之月为闰月①。

## 五、《九章筭术》的版本与校勘

对《九章筭术》的版本和校勘研究，是"《九章筭术》与刘徽热"中的重要方面。一般说来，一部古籍越受重视，其版本就越多，版本纷乱就越严重。《九章筭术》是中国古代最重要、最受重视的数学著作，因而不仅版本多，而且文字歧异特别严重。200余年来，尤其是20世纪80年代中期以来，《九章筭术》的校勘取得了较大的进展，但还是不断出现错校，甚至多次发生改回已被纠正的错校的现象，说明对校勘的原则和实践，还存在许多分歧。因此，我们有必要在这里花费较多的篇幅介绍《九章筭术》的版本和校勘情况。

### （一）《九章筭术》的版本

《九章筭术》成书后，甚至在刘徽、李淳风等先后注解之后，长期以抄本的形式流传。《九章筭术》自北宋起开始刊刻，并在南宋翻刻。清中叶之后戴震整理了几个校勘本，开始对《九章筭术》

---

① 参见陈久金《李淳风》。杜石然主编《中国古代科学家》，科学出版社，1992年版。

全面校勘。20 世纪 60 年代钱宝琮出版了校点本，首次使用现代标点。在 20 世纪 80 年代至 90 年代，国内外出现的对《九章算术》及刘徽研究高潮中，版本与校勘研究，有突破性进展。现将这些版本分别介绍如下。

### 1. 抄本

《九章算术》经过唐初李淳风等整理注释后而成定本，他们整理时肯定进行了删节。一个明显的证据就是李淳风之前不久的王孝通在《缉古算经》第一问注中录出《九章算术》均输章的犬追兔术（见本书第 313 页）。现传《九章算术》中有一"犬追兔"问，却与此不同。

李淳风等将《九章算术》改称《九章算经》，可能是表示尊崇之意。这个名字使用了 1100 余年，直到清中叶。

李淳风等整理的《九章算术》在唐中叶就形成了不同的抄本。唐李籍撰《九章算术音义》[①]，为我们探索这些版本提供了可以说是唯一的，因而是最为珍贵的资料[②]。李籍提到的各版本的异文歧字与后来的南宋本、《大典》本及其戴震辑录本的异同如下：

刘徽序中，李籍释"索隐"，现传各本中无此二字。李籍所用的抄本当有"索隐"二字。

卷一圆田术李淳风等注释，李籍释"攃摛"，字与《永乐大典》戴震辑录本相同，"攃"字，南宋本误作"攦"。李籍说："攃，或作捃。"是当时还有一作"捃摛"的抄本。

卷一"宛田"问，李籍引作"睕田"，字与《永乐大典》戴震辑录本相同。李籍云："睕，当作宛，字之误也。"南宋本作"宛"。

卷一"环田"问，李籍云，环，"或作镮"。是当时还有一作"镮田"的抄本。

卷二反其率术买鹟问刘徽注，李籍引作"犹数草木称其根株

---

① （唐）李籍《九章算术音义》，载郭书春汇校《九章算术新校》附录一，中国科学技术大学出版社，2014 年版，第 455—490 页。

② 郭书春《李籍〈九章算术音义〉初探》，载《自然科学史研究》第 8 卷（1989年）第 3 期，第 197—204 页。收入《郭书春数学史自选集》上册，山东科学技术出版社，2018 年版。

也"，字与《永乐大典》戴震辑录本相同。"木"，南宋本讹作"本"。

卷二反其率术买矢笴问，李籍释"笴"，字与《永乐大典》戴震辑录本相同。李籍又云："一本作簳。"南宋本作"簳"。

卷三禀粟问，李籍释"禀"，字与南宋本、《永乐大典》戴震辑录本相同。李籍又云："或曰廪，非是。"是当时还有一作"廪"的抄本。

卷四开立圆术刘徽注，李籍释"枲氏"，字与南宋本、《永乐大典》本相同。李籍又云："一本作栗。"是当时还有一作"栗"的抄本。

卷四开立圆术李淳风等注释，李籍释"咍哂"，"咍"，南宋本、《永乐大典》本均作"贻"。

卷五鳖臑问，李籍释"鳖臑"，字与《永乐大典》戴震辑录本相同。李籍又云："臑，或作腝，非是。"南宋本、杨辉本作"腝"。

同问刘徽注，李籍释"臂节"，字与《永乐大典》戴震辑录本同。南宋本、杨辉本作"臂骨"。

卷五刍甍术刘徽注，李籍云"刍甍之形似屋盖上苫也"。"苫"，字与《永乐大典》戴震辑录本相同，而南宋本、杨辉本作"茨"。

同问，李籍引刍甍术刘徽注"正解方亭两边"，"解"字与《永乐大典》戴震辑录本相同，南宋本、杨辉本作"斩"。

卷六均输粟问，李籍释"用车一万乘"之"乘"字云"一本作量"。《永乐大典》辑录本、杨辉本均作"乘"。是当时还有一作"量"的抄本。

卷六均输卒问，李籍释"薄塞"，字与《永乐大典》辑录本、杨辉本相同。李籍又云："薄，或作博，非是。"是当时还有一作"博"的抄本。

卷六"程传委输"问，李籍释"程传"，字与《永乐大典》辑录本相同。杨辉本作"乘传"。

卷七盈不足术刘徽注，李籍释"胁"，字与《永乐大典》辑录本相同。李籍又云：胁，"或作胐，非是"。杨辉本作"胐"。

卷七共买璡问，李籍释"璡"，字与《永乐大典》辑录本、杨辉本相同。李籍又云：琔，"一本作准"。杨辉本亦注"一云准"。是当时还有一作"准"的抄本。

卷七"之蜀贾"问，李籍释"之蜀贾"，字与《永乐大典》辑录本、杨辉本相同。李籍又云："贾，一本作价。"是当时还有一作"价"的抄本。

以上 19 条中，李籍所用字与《永乐大典》本或其戴震辑录本相同的有 17 条，不同者仅 2 条；谈到的与现传各本不同者有 11 条。前五卷 12 条中，与《永乐大典》本或其戴震辑录本相同者 10 条，不同者仅 2 条；与南宋本不同者 9 条，相同者仅 3 条；提到的另本与南宋本相同者 3 条。后五卷共 10 条，全部与《永乐大典》戴震辑录本相同；与杨辉本相同者 4 条，不同者 6 条。在南宋本、《永乐大典》辑录本、杨辉本共存的卷五约半卷中，李籍与之有字词歧异者 4 条，李籍所用与南宋本、杨辉本都不相同，而与《永乐大典》戴震辑录本完全相同。这些事实说明：

首先，在李籍所在的唐中叶，《九章筭术》除存在北宋秘书省本、《永乐大典》本、杨辉本的母本之外，还有一两个甚至更多的抄本。这些抄本内容基本一致而又有若干细微差别。

其次，李籍撰《九章筭术音义》所使用的抄本与《永乐大典》本的母本十分接近，或者就是同一个抄本。

第三，南宋本和杨辉本的母本最为接近，或者就是同一个母本。有人说杨辉本与《大典》本最为接近，而与南宋本有较大不同，是不足征信的。

第四，南宋本和杨辉本的母本在李籍时代就已与《永乐大典》本的母本不同。自清中叶起，人们说明初编撰《永乐大典》时将南宋本《九章筭术》分类抄入，这是犯了一种想当然的错误。

## 2. 传本

北宋秘书省刻本是世界数学史上首次印刷的数学著作，可惜在北宋末年的战乱中大都散失，今已不传。《九章筭术》的现传本有：

（1）南宋本

南宋历算学家鲍澣之于庆元元年（1200）在临安与杨忠辅讨

论历法时找到北宋秘书省刻本《九章筭经》，随即翻刻。刻工精美，错讹也少。可惜到明末，遗失后四卷及刘徽序，仅存前五卷，今藏上海图书馆。这是世界上现存最早的印本数学著作。1980年影印，收入文物出版社出版的《宋刻算经六种》。

（2）《大典》本

明永乐间编纂《永乐大典》（1408），《九章筭术》被分类抄入"筭"字条。今存卷16343、16344，中有《九章筭术》卷三下半卷和卷四，藏英国剑桥大学图书馆，1960年影印，收入中华书局《永乐大典》。1993年影印，以《永乐大典算法》之名收入《中国科学技术典籍通汇·数学卷》第1册。

（3）杨辉本

杨辉《详解九章筭法》抄录的《九章筭经》本文及刘、李注，今存卷三下半卷及卷四（存《永乐大典》中），和卷五约半卷及后四卷（清道光间郁松年据宋景昌校石研斋抄本刻印，收入《宜稼堂丛书》）。石研斋抄本中鲁鱼亥豕极为严重，宋景昌根据微波榭本纠正了绝大多数这类舛误。排除鲁鱼亥豕之类的错讹，并根据宋景昌的校勘记恢复石研斋抄本原文，可得杨辉本之卷五约半卷及后四卷。由于此本之所有，正是南宋本之所缺，极可宝贵。

（4）汲古阁本

清康熙甲子年（1684）汲古阁主人毛扆影抄南宋本卷一至卷五。北平故宫博物院1932年影印，收入《天禄琳琅丛书》。原本今藏台北故宫博物院。汲古阁本有几个字与南宋本不同，其中南宋本商功章"今粗疏"之"粗"（戴震辑录本、杨辉本同），汲古阁本讹作"租"。因此，不能将汲古阁本等同于南宋本。

（5）戴震辑录本

清乾隆三十九年（1774），戴震在《四库全书》馆从《永乐大典》辑录出《九章算术》，称为戴震辑录本。这是一项功德无量的贡献。由于后来《永乐大典》散佚，倘无他的工作，后人也许永远无法读到足本的《九章筭术》。戴震还将其改称《九章算术》，一直沿用至今。戴震辑录本今已不存。不过我们以四库文津阁本为底本，以《武英殿聚珍版丛书》本、四库文渊阁本参校，并借助校勘记写出《大典》本原文，基本上可以恢复戴震辑录本。

将戴震辑录本《九章算术》与残存的《永乐大典》对校，便会发现戴震的辑录工作十分粗疏，以至于戴震辑录本与《永乐大典》本的差别远远超过《永乐大典》本与南宋本的差别①。戴震的粗疏一直影响到 20 世纪 80 年代初，给《九章算术》造成严重的版本混乱。此外，戴震辑录本阙盈不足章"共买豕"问，只有 245 问。

### 3. 校勘本

清中叶以来，《九章算术》的校勘本有：

（1）戴震校本

① 戴震辑录校勘本的正本与副本

戴震对《永乐大典》辑录本进行了校勘，我们称之为戴震辑录校勘本。今亦不存，可以四库文津阁本为底本，以聚珍版与四库文渊阁本参校恢复之。戴震提出了大量的正确校勘，这是有记载的对《九章算术》的第一次全面校勘，给我们留下了基本上可以卒读的《九章算术》的足本，贡献极大。不过，戴震也提出了大量错校，包括原文不误而误改者与原文确有舛误而校改亦不当者。

a. 四库本和聚珍版、聚珍版御览本、福建影刻本

18 世纪七八十年代，根据戴震辑录校勘本抄录了 7 部，分藏于文津阁、文渊阁等七座皇家书阁，是为《四库全书》本。其文渊阁本今藏台北故宫博物院，1983 年，台北商务印书馆影印。2005 年，北京商务印书馆影印了文津阁本。

1774 年，根据乾隆的旨意，清宫武英殿将戴震辑录校勘本的副本用活字印刷，收入《武英殿聚珍版丛书》，世称聚珍版。乾隆发现《武英殿聚珍版丛书》初版有不少错误，遂命馆臣修订，修订本原藏承德避暑山庄，今藏南京博物院，我们称为聚珍版乾隆御览本。1993 年影印其《九章算术》等七部算经，收入《中国科

---

① 郭书春《〈九章算术〉版本厄言》，载《第二届科学史研讨会汇刊》（台北），1991 年。《九章算术新校》附录。收入《郭书春数学史自选集》上册，山东科学技术出版社，2018 年版。

学技术典籍通汇·数学卷》第 1 册。

乾隆又命东南各省翻刻《武英殿聚珍版丛书》，只有福建于乾隆四十一年影刻了《九章算术》。字形相近者错讹较多。

b. 与戴震辑录校勘本的正本相比，副本作了若干修改

学术界一般认为，四库本都是根据戴震辑录校勘本的正本抄录的，而第一部四库本是文渊阁本。实际上，这种看法起码就《九章算术》来说是不正确的。文津阁本《九章算术》在乾隆四十年（1775）四月上呈乾隆，文渊阁本《九章算术》在乾隆四十九（1784）年十月才上呈乾隆，文津阁本比文渊阁本早 9 年。

为准备聚珍版，乾隆批准了馆臣的建议，置办了戴震辑录校勘本的副本。学术界想当然地认为副本完全照抄正本，起码就《九章算术》而言这是不对的。实际上，聚珍版与文津阁本的许多不同不是舛误，而是修改，这里有四种情形：

有的修改实际上是新的校勘，而未出校勘记。如卷一环田密率术刘徽注，文津阁本有文字"母乘子者"，南宋本与此相同。由密率术文有"母互乘子"，刘徽注下文也有"故以互乘齐其子"，可知文津阁本、南宋本乃至戴震辑录本、《大典》本刘徽注此处均脱"互"字。聚珍版作"母互乘子者"，其"互"字应该是戴震辑录校勘本的副本所作的校补而未出校勘记。

有的是戴震辑录校勘本的副本的重新校勘而出校勘记。如卷五城、垣、堤、沟、堑、渠术，文津阁本是：

> 术曰：并上、下广而半之，损广补狭。以高若深乘之，又以袤乘之，即积尺。按：此术"并上、下广而半之"者，以盈补虚，得中平之广。"以高若深乘之"，得一头之立幂。"又以袤乘之"者，得立实之积，故为积尺。

今有堤问所属冬程人功曰：

> 冬程人功四百四十四尺。问：用徒几何？
> 荅曰：一十六人一百一十一分人之二。
> 术曰：以积尺为实，程功尺数为法。实如法而一，即用

徒人数。

文津阁本与南宋本相同。文津阁本在"即用徒人数"下有校勘记云：

> 求积尺，其术见前。疑本属一条，误分为二。

却未改原文。应该说，文津阁本反映了戴震辑录校勘本正本的情况，虽然意见不妥，但态度尚属谨慎。而聚珍版则将城、垣、堤、沟、堑、渠术径直移到冬程人功术之前，并删去后者开头的"术曰"，将两者合为一条，又将"用徒人数"之后的校勘记改作："此节之上原本有'术曰'二字，上两节并注原本误入上'城、垣、堤、沟、堑、渠皆同术'之下，今订正，合为一条。"聚珍版的校勘记是戴震辑录校勘本的副本所加，当然是错误的。

有的是删去了正本的校勘记。如卷七盈适足、不足适足术刘徽注，文津阁本在"众差"下出校勘记："原本脱'人'字，今补。"聚珍版无此校勘记，显系被戴震辑录校勘本的副本删去。

有的是戴震辑录校勘本副本的修辞性加工。如卷五鳖臑术刘徽注，文津阁本有文字"中破阳马得两鳖臑，之见数即阳马之半数"，南宋本与此相同，唯"臑"作"腰"。前一"之"字系代词，即"鳖臑的"，文从字顺。而聚珍版于"之"字上有"鳖臑"二字，也可以读通。文渊阁本也有此二字，说明这不是聚珍版特有的笔误，而是来源于戴震辑录校勘本的副本的修辞性加工。

这些例子说明，戴震辑录校勘本副本不是完全照录正本，而是做了某些修改，包括新的校勘和修辞加工。戴震辑录校勘本副本的这些改动是戴震（或其主使）还是他人所为，不可考。

c. 四库文渊阁本不是根据戴震辑录校勘本的正本，而是根据其副本抄录的

学术界一般认为，《四库全书》都是依据正本抄录的，起码就《九章算术》来说并不尽然。实际上，上述四种并非抄录、排印舛误的情形，文渊阁本《九章算术》都与聚珍版相同，而与文津阁本不同，说明文渊阁本的底本与聚珍版的底本相同，都是戴震辑录校勘本经过修改的副本，而不是其正本。

20 世纪 80 年代笔者在准备汇校本《九章算术》时提出,通过四库本与聚珍版对校基本上恢复已不存的戴震辑录本和戴震辑录校勘本,并将前者作为重新校勘《九章算术》前五卷的主要参校本,及重新校勘后四卷与刘徽序的底本,这种思路是对的。但当时并且直至 2004 年出版《汇校九章算术》(增补版)时,笔者是借助聚珍版与文渊阁本对校来恢复戴震辑录本的。当时文津阁本还没有影印,选用文渊阁本实在是不得已而为之。由于笔者当时错误地接受文渊阁本是四库本第一部的看法,认为其底本当然是戴震辑录校勘本的正本,并且因文渊阁本《九章算术》错讹非常严重,在没有看到文津阁本时便笼统地认为四库本错讹严重,有失偏颇。因此在准备《九章算术译注》初版时没有校雠当时已经影印了的文津阁本。

d. 文津阁本是戴校诸本《九章算术》中最准确的一部

据笔者统计,《九章算术》之文津阁本、聚珍版与文渊阁本不同之处共有 398 条,其中不误者依次是 376、264、101 条,可见文津阁本不误之处远远超过聚珍版与文渊阁本,而以文渊阁本之不误者为最少;舛误者依次是 20、114、278 条,文渊阁本的舛误之处远远超过文津阁本与聚珍版,而以文津阁本的舛误为最少;两通之处依次为 2、20、19 条①。可见,就忠实于《大典》本而言,文津阁本远远好于聚珍版与文渊阁本,而在这三本中以文渊阁本最为拙劣。因此,文津阁本是目前所能看到的戴校诸版《九章算术》中最准确的一部。

文津阁本有的文字解决了笔者多年的疑惑。如卷五羡除术刘徽注之聚珍版、文渊阁本均有"此术臑者,背节也",南宋本作"此术腝者,臂骨也"。其"背节",李籍《九章算术音义》作"臂节"。

---

① 参见郭书春《关于〈九章算术〉之文津阁本》,《自然科学史研究》第 31 卷 (2012 年) 第 3 期。收入《郭书春数学史自选集》(上册),山东科学技术出版社,2018 年版。其中,笔者之文津阁本、聚珍版、文渊阁本异文与戴震辑录本采用情况统计表在收入时,做了重新统计。此表仅计异同,不计正误,同时未计"筭"和"算","於"和"于","併"和"并","筩"和"筒","恊"和"协","愽"和"博"等的区别,亦不计避讳字,如"曆"和"歷"等。此外,重复者按一条计。

在汇校本增补版校勘记中笔者指出："戴震辑录本'背节'当是'臂节'之误，疑《大典》本作'臂节'。"文津阁本此句正作"此术臑者，臂节也"，可见戴震辑录本及其校勘本的正本不误，解决了笔者多年的疑惑，但说戴震辑录本误作"背节"则欠妥。

e. 应该以文津阁本为底本，以聚珍版和文渊阁本参校恢复戴震辑录本和戴震辑录校勘本

根据上述这些新的结论，笔者在《九章筭术新校》中认为应该以文津阁本为底本，以聚珍版和文渊阁本参校恢复《九章筭术》的戴震辑录本及其校勘本。

以文津阁本为底本，以聚珍版和文渊阁本参校恢复的戴震辑录本更接近于《大典》本。其中有100余条，戴震辑录本不误，可是汇校本及其增补版因聚珍版和文渊阁本讹误且讹误相同而认为戴震辑录本讹误，是不妥的。仅举几例：

卷一圆田术刘徽注有2处文津阁本、南宋本作"置上小弦幂"，不误。其中"小"字，聚珍版、文渊阁本均讹作"下"。

卷二"今有出钱五千七百八十五"问之答案，文津阁本、南宋本"一斗，三百四十五钱五百三"，其中的"五百三"，聚珍版、文渊阁本均讹作"五百二"。

卷六均赋粟问术文，文津阁本、杨辉本"以车程行空、重相乘为法"，其"乘"字，聚珍版、文渊阁本均讹作"承"。

卷七良驽二马问刘徽注之文津阁本"并良、驽二马所行"，其"驽"字，聚珍版、文渊阁本均讹作"马"。

以上都是戴震辑录校勘本《九章算术》的正本不误，其副本才讹误，从而导致聚珍版和文渊阁本讹误，并且讹误相同的例子。

还有一部分文津阁本不误，而聚珍版、文渊阁本虽讹误，但讹误却不同，在笔者看到文津阁本以前以戴震辑录本为底本的校勘本中只好存疑①。如卷一合分术刘徽注，南宋本作"众分错难，

---

① 郭书春校点《九章算术》，以戴震辑录本为底本校点，收入《传世藏书·子库·科技》，海南国际新闻出版中心，1997年版。又，《国学备览》（首都师范大学出版社，2007年版）所收之《九章算术》，笔者亦以戴震辑录本为底本校点。

非细不会",其中"分",聚珍版讹作"虽",文渊阁本讹作"非"。又如卷四开圆术刘徽注,南宋本"假令周六径二",其中"周六"二字,聚珍版讹作"用三",文渊阁本讹作"周三"。显然,只靠聚珍版和文渊阁本难以判断戴震辑录本。这些地方,文津阁本都与南宋本相同,因而戴震辑录本乃至《大典》本不误。

② 豫簪堂本

乾隆四十一年,戴震以辑录本为底本,前五卷以汲古阁本参校,整理出一个新本子,与自己整理的《海岛算经》一起交给屈曾发,由豫簪堂合刻,世称豫簪堂本。在豫簪堂本中,戴震只保留了辑录校勘本中的 30 余条校勘记(作双行夹注),而将他的包括大量错校在内的绝大多数校勘文字冒充《九章算术》原文。戴震还对《九章算术》原文做了大量修辞加工,进一步造成了《九章算术》版本的混乱。此外,戴震恢复了辑录校勘本中删去的"实如法得一斤"的"斤"(或其他单位)字,但也出现一些新的错校。

③ 微波榭本

乾隆四十一年冬四十二年春,戴震以汲古阁影宋本(前五卷)和戴震辑录本(后四卷与刘徽序)为底本,整理出又一个新的《九章算术》本子,交给孔继涵,由微波榭刊刻,收入微波榭本《算经十书》。此本也只保留了 30 余条校勘记,与豫簪堂刻本的双行夹注基本相同,但作为"订讹"或"订讹补图"置于有关的卷之末。至于将他的绝大多数校勘文字冒充《九章算术》原文,改正删去"实如法得一斤"的"斤"(或其他单位)字的错校,及出现新的错校的情况,也与豫簪堂本基本相同。微波榭本在豫簪堂本的修辞加工基础上又做了不少新的修辞加工。

孔继涵还将微波榭本冒充北宋本的翻刻本,并将刻书年代印成乾隆三十八年(1773),即戴震到《四库全书》馆之前,以欺世人。微波榭本在此后 200 余年间被多次翻刻、影印,影响极大。其中庚寅年(1890)的上海翻刻本后来成为钱校本的底本,我们称为庚寅本。

自清戴敦元起到 20 世纪 80 年代初近 200 年间,人们将豫簪堂本说成是微波榭本的翻刻本,这不仅把时间搞颠倒了,而且也未发现两者体例的不同。

（2）戴震和李潢共同影响下的刊本

① 李潢《九章算术细草图说》

清李潢（？—1812）《九章算术细草图说》，以微波榭本为底本作细草图说，大多数是得当的，是治《九章算术》的必读书。李潢看过《永乐大典》，指出了戴震的几处误辑，对戴震将方程章正负术之"无人"改作"无入"等少数校勘提出异议，但对戴震的其他校勘则都遵从。李潢在"说"中提出了大量校勘，有一部分是对的，也有许多错校。尤其他不能理解刘徽的极限思想和无穷小分割方法，不仅"说"不到位，甚至提出错校。

此外，李锐对方程新术作了校勘①，被李潢采入《九章算术细草图说》。此期间还有汪莱所撰《校正〈九章算术〉及戴氏订讹》②。二人对《九章算术》的校勘绝大多数十分精当。

② 宜稼堂本

宋景昌遵郁松年嘱，校勘石研斋抄本《详解九章算法》，于道光二十二年（1842）刻入《宜稼堂丛书》。该本以戴震校勘的微波榭本、李潢的《九章算术细草图说》为参校本，纠正了石研斋抄本大量鲁鱼亥豕之类，既校勘了杨辉本固有的一些舛误，也改动了杨辉本某些不误的原文，对微波榭本中有的戴震错校，则说明杨辉本与之"义得两通"③。

③ 补刊本和广雅书局本"聚珍版"

《武英殿聚珍版丛书》的原本《九章算术》今国内外馆藏已不多，现今冠以"武英殿聚珍版丛书"名号的《九章算术》，除少量乾隆间福建的聚珍版影刻本及同治间的重印本外，多数是福建光绪十九年（1893）根据李潢的《九章算术细草图说》修订的聚珍版补刊本，以及光绪二十五年（1899）广东广雅书局翻刻的聚珍

---

① （清）李锐《方程新术草》，载《李氏算学遗书》，嘉庆二十四年（1819）刻板。

② （清）汪莱《校正〈九章算术〉及戴氏订讹》，载《衡斋遗书》，1892年刻板。

③ 郭书春《评宋景昌对〈详解九章算法〉的校勘》，《自然科学史研究》第13卷第3期（1994）。收入《郭书春数学史自选集》下册，山东科学技术出版社，2018年版。

版补刊本。这些版本都是刻本，已无"聚珍"之意，更重要的是，补刊本和广雅书局本，不仅有李潢的校勘，而且通过李潢本的底本微波榭本渗透进了汲古阁本的文字。因此，在使用聚珍版时需要认真考察，否则容易张冠李戴。

（3）钱校本

钱宝琮长期从事《九章算术》的校勘和版本研究，贡献极大。他所校点的《九章算术》（繁体字本）收入中华书局 1963 年出版的《算经十书》上册，学术界称为钱校本。钱校本纠正了戴震、李潢等人的大量错校，指出了 20 世纪校勘《九章算术》的正确方向。他还提出了若干正确的校勘，指出微波榭本是戴震校本，揭穿了孔继涵用戴校本冒充宋本翻刻本，并将刻书年代刻成乾隆三十八年（1773）的骗局。然而钱校本以微波榭本的庚寅本为底本，沿袭了戴校本的大量失误及庚寅本的特有舛误，所说的南宋本实际上是汲古阁本，所说的聚珍版是福建补刊本与广东广雅书局本，因此将近 20 条李潢的校勘说成"聚珍版"，另外，也有一些错校，对戴震、李潢的许多错校，还没有纠正。

此外，1983 年科学出版社出版了白尚恕的《九章算术注释》（简体字本）。此本对 20 世纪 80 年代初普及《九章算术》及其刘徽注的知识发挥了一定的作用，但沿袭了钱校本的全部失误，而自己提出的校勘，基本上都是错的，甚至恢复了已被钱校本纠正的戴震不少错校，注释错误也较多。

（4）汇校本等版本

30 余年来，国内外出版了 20 余个《九章算术》的校勘本，既汲取了戴震、李潢、钱宝琮等大量的正确校勘，也纠正了前人的若干错校。但是良莠不齐，有的校勘者提出错误的校勘原则，杜撰古汉语修辞法，为戴震、李潢和自己的错校张本，甚至出现窃取他人校勘成果为己有的违背学术道德的现象。兹将 30 余年来出现的主要版本介绍如下：

① 汇校本及其增补版、《九章算术新校》

20 世纪 80 年代，笔者通过对近 20 个《九章算术》版本的校雠，发现戴震之后 200 余年间，《九章筭术》的版本十分混乱，错校极多。于是在吴文俊、李学勤（1933—2019）、严敦杰等先生支持下，重新校勘了《九章筭术》，1990 年由辽宁教育出版社出版了汇校《九章算术》（繁体字，精装本），学术界称为"汇校本"。其前五卷以南宋本为底本，以《大典》本（残）和戴震辑录本参校，后四卷及刘徽序以戴震辑录本为底本，以杨辉本参校，刘徽序还以《诸家筭法及序记》参校①。恢复了被戴震等人改错的南宋本、《永乐大典》本不误原文约 450 处（以钱校本为参照），采用了戴震、李潢、汪莱、李锐、钱宝琮等大量的正确校勘，重新校勘了若干原文确有舛错而前人校勘亦不恰当之处，并对若干原文舛误而前人漏校之处进行了校勘。不过此本也有个别错校和错字。此外，汇校本还汇集了近 20 个不同版本的资料。

汇校本脱销后本应出版修订本，但由于发现李继闵的《九章算术校证》抄袭了汇校本的数百条校勘，甚至对其中百余条校勘声明说是他的"新校"，显然如果修订了汇校本，许多话讲不清楚。因此，再次出版时不得不照印汇校本原文，而将新的校勘意见和版本资料作为增补，这就是汇校本增补版（全 2 册，平装本），2004 年由辽宁教育出版社和台湾九章出版社出版。汇校本增补版恢复了该书原名《九章筭术》，并在封面印有"〔西汉〕张苍、耿寿昌编定"字样。汇校本及其增补版的缺点是以四库文渊阁本和聚珍版对校恢复戴震辑录本。

《汇校九章筭术》增补版脱销之后，笔者在中国科学技术大学出版社支持下决定出版新的汇校本，并被纳入"国家古籍整理出版专项经费资助项目"，这就是 2014 年出版的《九章筭术新校》

① 《诸家筭法及序记》，原名《筭法杂录》，抄本，贵州莫友芝（1811—1871）之子莫绳孙旧藏，1912 年李俨在上海收得，遂改此名。今藏中国科学院自然科学史研究所图书馆，1993 年影印收入《中国科学技术典籍通汇·数学卷》第 1 册。全书分 2 部分，第 1 部分是算法杂题，据严敦杰考证，系由《永乐大典》卷 16361"算法三二，斤称"辑出（严敦杰《跋重新发现之〈永乐大典〉算书》，载《自然科学史研究》，第 6 卷第 1 期，1986 年）。第 2 部分为"诸家筭法序记"，抄录刘徽《九章筭术序》等自三国至明初 15 部算书的 20 篇序跋。

（全 2 册，精装本），实际上是汇校《九章算术》的第三版。为准备这一版，笔者校雠了四库文津阁本，并以文津阁本为底本，以聚珍版和文渊阁本参校恢复戴震辑录本。本书仍以南宋本作为前五卷的底本，而以戴震辑录本、杨辉本（卷三下半卷、卷四和卷五约半卷）参校，以戴震辑录本作为后四卷和刘徽序的底本，而以杨辉本参校。

汇校《九章算术》系列得到国内外学术界高度评价，《中国大百科全书》第三版《科学史卷》初步决定将其纳入辞目。

2019 年 12 月，作为《中华传统文化百部经典》自然科学类的第一部，科学出版社出版了笔者的《九章筭术解读》（精装本），其底本是《九章筭术新校》。出版之后虽逢新冠疫情，但却很快脱销。2020 年 7 月第二、三次印刷，后者为平装本。

②《大典》本版本链的校勘本、南宋本—杨辉本版本链的校勘本和中法双语评注本

汇校本意在正本清源，所使用的底本实际上不属于同一个版本链：南宋本与《大典》本的母本在唐中叶就已不同。杨辉本与南宋本或者有同一个母本，或者它们的母本最为接近，然而它们都不是足本。因此笔者计划再做几个校勘本，并已于 2004 年全部完成、出版。这几个版本是：

一是《大典》本版本链的校勘本，其卷三后半卷、卷四以《大典》本为底本，其余各卷及刘徽序以戴震辑录本为底本，而分别以南宋本、杨辉本参校。先后校点两次，收入海南国际新闻出版中心 1997 年出版的《传世藏书》、首都师范大学出版社 2007 年出版的《国学备览》，均为简体字本。此旨在力图复原《大典》本的母本，很可能是唐中叶李籍使用的那个抄本的面貌。这两个版本的缺点是以四库文渊阁本和聚珍版对校恢复戴震辑录本，而没有采用文津阁本。

二是南宋本—杨辉本版本链的校勘本，其前五卷以南宋本为底本，后四卷及刘徽序以杨辉本为底本，而以《大典》本和戴震辑录本参校，这就是《算经十书》本，1998 年辽宁教育出

版社出版简体字本，2001 年台湾九章出版社出版繁体字修订本。
此本首次加上"［西汉］张苍、耿寿昌编定"字样。1998 年辽宁
教育出版社出版的《九章筭术》译注本的底本亦如此。此旨在
力图复原李籍提到的唐中叶另一个抄本的面貌。

三是在各传本中择善而从的校勘本，这就是根据中国科学院
与法国国家科学研究中心（CNRS）科学合作协议，笔者与法国
林力娜（K. Chemla）合作完成的中法双语评注本《九章算术》[①]，
2004 年法国 Dunod 出版社出版，2005 年重印。此本受到西方学
术界的高度重视，十几年来一直畅销不衰。《中国大百科全书》
第三版《科学史卷》亦初步决定将其纳入辞目。

以上这三种校勘本都坚持了汇校本的绝大多数校勘，同时
纠正了汇校本的个别错校。

③《九章算术校证》和《九章算术导读》等

1993 年陕西科学技术出版社出版了李继闵的《九章算术校
证》（简体字本），台湾九章出版社 2002 年出版了繁体字本。此
本有几条正确的校勘。但关于版本的注记生吞活剥钱校本、汇
校本的研究成果，错乱十分严重。自己提出了若干错校，又恢
复了已被汇校本纠正的戴震、李潢等的大量错校。抄袭汇校本
的 300 余条校勘，有 200 余条不出校勘记，有 100 余条出校勘
记，却说成是自己的"新校"，将汇校本的校勘成果窃为己有。
1998 年，陕西科学技术出版社出版了李继闵的《〈九章算术〉导
读与译注》。

1996 年湖北教育出版社出版的沈康身的《九章算术导读》，
旁征博引，内容丰富，然而不出校勘记，有的翻译有曲解之嫌。

④ 外文译本

《九章筭术》是世界古代数学名著之一，已被译成多种文字。
《九章筭术》本文早已译成日文、俄文、德文等外文，但含有刘徽

---

① ［法］Karine CEMLA（林力娜）et［中］GUO Shuchun（郭书春）：*LES NEUF CHAPITRES: Le Classique mathématique de la Chine ancienne et ses commentaires*（中法双语评注本《九章算术》）．［法］DUNOD Editeur，Paris，2004，2005。

注及李淳风等注释的外文译本并不多，除中法双语评注本之外还有：

日译本：1980 年日本朝日出版社出版了川原秀成的日译本"刘徽注《九章算术》"①。以微波榭本为底本，有新的校勘。是为首次将刘徽注译成外文。

中英对照本：1999 年科学出版社和牛津大学出版社出版了沈康身等翻译的英译本②。含有刘徽注和李淳风等注释，其蓝本是《九章算术导读》，因而也无校勘记。有的翻译曲解原文。

2013 年，辽宁教育出版社出版了郭书春与美国道本周及其弟子徐义保合作的汉英对照《九章算术》(*Nine Chapters on the Art of Mathematics*)，系《大中华文库》之一，亦含有刘徽注和李淳风等注释。其前五卷以南宋本为底本，后四卷及刘徽序以杨辉本为底本，而以《大典》本和戴震辑录本参校。

捷译本：2008 年捷克 Matfyzpress 出版了 Jiří Hudeček（胡吉瑞）翻译的捷克文本《九章算术》③，含有刘徽注和李淳风等注释。

### (二)《九章算术》的校勘
#### 1.《九章算术》校勘的重点和原则

陈垣先生将校勘分为死校法与活校法，活校法又分为本校法、他校法和理校法④。死校法只是辨别异同，不判定是非及进呈新的校勘意见，是机械性的工作，比较容易的，凡是识字的人大抵都能做。活校法则不然。不管是本校法、他校法还是理校法都需要对古文和所论内容的深入理解，即古人所说的"离经辨志"，还要有有关的详尽资料。就《九章算术》而言，需要对古文和中国

---

① ［日］川原秀成《刘徽注九章算术》，载《中国天文学、数学集》，东京朝日出版社，1980 年版。

② Shen Kangshen etc. , *The Nine Chapters on the Mathematical Art*, Oxford University Press and Science Press，Beijing，1999.

③ ［捷］Jiří Hudeček（胡吉瑞），*MATEMATIKA V DEVÍTI KAPITOLÁCH*（九章算术）. Matfyzpress，PRAHA，2008。

④ 陈垣《校勘学释例》，中华书局，1959 年版。

数学史尤其是《九章筭术》有深入的研究和广博的知识。对《九章筭术》的校勘作出重大贡献的戴震、李潢、钱宝琮都是古文造诣相当高的数学家。他们对传本《九章筭术》中大量舛误不可通的文字提出了若干正确的校勘。后来的人能基本上读通《九章筭术》，可以说全依仗他们的努力。

（1）校勘的重点

前已指出，所谓《九章筭术》的校勘，主要是对刘徽注的校勘。因为，《九章筭术》的衍脱舛误主要发生在刘徽注中，《九章筭术》本文的舛误极少，也不难纠正。而且，只要做好了刘徽注的校勘，李淳风等注释的校勘大多可以迎刃而解。根据自戴校各本到钱校本《九章筭术》各版本的情况，笔者认为《九章筭术》的校勘，主要有以下几项任务：

① 剔除戴震从《永乐大典》辑录时因工作粗疏而造成的以及各版本转换中出现的一直影响到 20 世纪 80 年代初的衍脱舛误，还有戴震在豫簪堂本、微波榭本中的修辞加工。这一项工作量比较大，但是只要认真校雠即可完成，是比较简单的、机械性的工作。

② 恢复被戴震等人改动的不误原文。这一项不仅工作量大，而且非常艰巨。

③ 对原文确实舛误而前人校勘不当者进行重校。这一项工作也相当艰巨。

④ 对原文仍有舛误而前人未予校勘者进行校勘。这一项工作难度较大，但工作量不是很多。

以上四项中，第②③两项是主要的。笔者所谓钱宝琮指出了《九章筭术》校勘的正确方向，即此意。况且有大量已被钱校本、汇校本纠正的戴震等人的错校，又有被人改回错校者。

（2）校勘中必须遵循的几个原则

① 本人和他人的校改文字不能成为校勘的依据。戴震对勾股章"葛缠木"问刘徽注的校勘，其中的"句三"、"股四"及"二十五为弦五自乘幂"均依据他本人所补的第一问的图，不符合校勘的原则。况且戴震以勾三、股四、弦五画第一图，既违背了

《九章算术》勾股术术文的一般性，也违背了刘徽关于这条术文的严格证明。20 世纪 90 年代的校勘本中仍有以戴震或自己的校勘文字作为校勘依据的现象。

② 多闻阙疑是校勘学中的又一原则，在理校法中尤为重要。对原本是否舛误不能肯定者，或虽能认定原文舛误而不能肯定正确文字为何者，要存疑，不要轻改原文。如果只是"疑误"或"似误"就轻改原文，不仅是对古籍不负责任，也是对自己、对读者不负责任，从而背离了校勘学的原则。

两通是存疑的一种方式。目前所存的南宋本—杨辉本与《大典》本这两条《九章算术》版本链，在唐中叶李籍时代已有细微不同。有的不同是两通。所谓"两通"，本来是一通，只是《九章算术》本文及刘、李注的原稿已不存，我们无法判断何者为正，何者为误，只好承认两通。这是存疑的一种方式。有时两通在意义上难分伯仲，有时义有长短。南宋本、《大典》本、杨辉本大约有近 200 条两通之处。校证本把相当多的两通判定为南宋本误，辑录本正。如方田章圆田术刘徽注南宋本"以半径一尺除圆幂，倍所得，六尺二寸八分，即周数"，其中"倍所得，六尺二寸八分"，戴震辑录本作"倍之，得六尺二寸八分"，两通，只是南宋本省去"六尺"之前的"得"字而已。校证本为了证明辑录本正确，南宋本讹误，故意将汇校本对南宋本的正确断句错改为"倍所得六尺二寸八分"，并说："当理解为将所得六尺二寸八分倍之。"其偏颇是不言自明的。

③ 不妄呈臆见、轻于改字，是校勘学的最重要原则。可以说，戴震对《九章算术》的校勘相当程度上违背了这一原则。王念孙总结他校勘《淮南子》的体会时说："凡所订正，共九百余条。推其致误之由，则传写讹脱者半，凭意妄改者亦半也。"[1]戴震、李潢对《九章算术》的校勘，大约有一半是错校，其中包括对大量不误原文的改动。至于戴震在豫簪堂本、微波榭本中对不

---

① （清）王念孙《读书杂志》，道光年间刻本。

误原文所施修辞性加工就更多了。

**2. 认识《九章筭术》及其刘徽注的篇章结构及主旨是校勘的基础**

200 余年来，对《九章筭术》的某些错校，是由于对《九章筭术》与刘徽注的结构及篇章主旨认识偏颇造成的。

（1）对《九章筭术》篇章结构的认识

《九章筭术》的编纂，如刘徽所说，是在先秦九数基础上发展起来的，汉张苍、耿寿昌删补而成的，中经许多人之手，少说也绵延数百年。因此，《九章筭术》中出现各卷体例不一致，分类标准不统一，卷题与内容有抵牾，有许多题目的排列顺序不甚合理等现象。这是《九章筭术》固有的，不能随意改动。比如盈不足章"两鼠穿垣"问、勾股章"持竿出户"问，《大典》本、杨辉本都分别在卷末，戴震在微波榭本中将其移前，是不妥的。其实，移动了这两个题目的位置，不能根本改变《九章筭术》题目排列不合理的情况。汇校本因此恢复原顺序。校证本又依微波榭本改移，是没有道理的。

（2）对刘徽《九章筭术注》的认识

前已指出，对刘徽的《九章筭术注》，有几点必须注意。

首先，刘徽注尽管继承了《九章筭术》的主要数学成就与方法，但它在《九章筭术》基础上有重大发展，其数学思想与数学方法不完全同于后者。因此，有人说刘徽用语理当与《九章筭术》一致，显然是错误的；因此而以注改经，更是不妥。

其次，刘徽注中有"采其所见"者。尽管传本《九章筭术》中的注是刘徽、李淳风等分别写的，但就其思想而言，不能说不是刘徽的，就必定是李淳风等的，不是李淳风等的，就必定是刘徽的；更不能说，刘徽注的思想和方法都是刘徽的首创。因此，戴震发现刘徽注中有思路不一致的地方，就将第二段改成李淳风等注释，显然不妥。戴震这类错改尤以均输章最多。汇校本纠正了戴震的这类错误，校证本又恢复戴震错校，除了重复戴震的不充分的理由外，没有新的可靠证据。比如对均输章"乘传委输"

问注的第三段（见本书第 304 页），戴震在辑录校勘本中说，此"应是李淳风等所释，讹为刘注"，未提出任何理由，在后来的戴校各本与钱校本中便将刘徽注的第三段径改为李淳风等注释。汇校本考虑到刘徽注有"采其所见"者，刘徽自己也会对同一问题有不同的思路，纠正了戴震的误改。校证本却说戴震的"校补甚是"，并且先肯定这段文字是李淳风等注释，然后说明这段"李注"的用意，并未说明这段文字为什么不是刘徽注，便说汇校本恢复原文是"误断"。这真是强词夺理。须知，不首先证明这段文字不是刘徽注，就不能乱改。实际上，将"乘传委输"问注的第三段与"凫雁"问之刘徽注（见本书第 327 页）相对比，就会发现，两者的思路和方法完全一致，其为刘徽注本无可疑。校正本的态度犹如某乙偷了某甲一根木料，用于盖自己的房子，引起官司。法官看了乙家的房子后说："这根木料用在乙的房子上很合适，可见某甲告讼无理！"法官都如此，天下岂不大乱！如果校勘中持这种态度，那么任何一部古籍都可以被随心所欲地改写。以此校勘《九章筭术》，不知还得有多少条刘徽注被迫改姓李！幸亏戴震没有看出圆田术刘徽注与阳马术刘徽注中有不同的思路。否则，他便会将刘徽记述的《九章筭术》时代的论证方法归于刘徽，而将极限思想和无穷小分割方法归于李淳风等。这样，中国古代最伟大的数学家将不再是刘徽，而是李淳风等。那样，整个中国数学史都得重新改写！

（3）对篇章主旨的认识

认清篇章的主旨，在文字舛误而又不能使用死校法、本校法、他校法而必须使用理校法时，可以确定校勘的方向。如勾股章"户高多于广"问刘徽注之《大典》本、杨辉本云"令矩句即为幂，得广即句股差，其矩句之幂，倍为从法，开之亦句股差"，有舛误。戴震、钱宝琮将"矩句"训解成弦幂减股幂之矩，因此，将下文两"句股差"改成"股弦差"[1]。汇校本认为，刘徽的"矩句"不同于

---

[1] 《九章算术》，钱宝琮校点《算经十书》下册，中华书局，1963 年版。收入《李俨钱宝琮科学史全集》第 4 卷，辽宁教育出版社，1998 年版。

刘徽的"句矩",它指股幂减句幂所余之矩（见本书第460—461页），因此，仅在"倍"下补"句"字，即文从字顺。校证本认为此段校勘的关键在于对"矩句"的训解，却提不出任何理由便说刘徽的"矩句"即刘徽之"句矩"。实际上，此段校勘的关键不仅是"矩句"的训解，而首先要弄清本段的主旨：它到底是讨论"股弦差"的问题，还是讨论"句股差"的问题。此问是勾股章中唯一讨论"句股差"的问题，而讨论"股弦差"的问题有好几个。刘徽断不会不在有关"股弦差"的几个问题的注释中讨论这种股弦差的命题，而要将其插入这唯一的有关"句股差"的问题注解中。因此，原文中两"句股差"符合本注的主旨，不会是误文。事实上，校证本在讨论此刘注各段造术演化逻辑关系时，也认为此段是有关"勾股差"的，改成"股弦差"与自己的这种分析相矛盾。

（4）对李淳风等注释的认识

隋唐是封建盛世，但其数学水平既低于其后的宋元，也低于其前的魏晋南北朝，是中国数学史上的一个低潮[1]。李淳风是唐初杰出的天文学家、数学家，但正如钱宝琮在《中国数学史》所指出的，李注水平不高。我们认为，这既表现在他几次指责正确的刘徽注，也表现在他不厌其烦地重复同类的注释，还表现在他以自己繁琐的算法代替《九章筹术》简省的算法上。粟米章"菽求熟菽"问，菽率45，熟菽率$103\frac{1}{2}$，《九章筹术》化成菽率10、熟菽率23入算，十分简省。李淳风说："术欲从省，先以等数九约之，所求之率得一十一半，所有之率得五也。"这是先用9约熟菽率$103\frac{1}{2}$与菽率45，分别得$11\frac{1}{2}$与5。校证本武断地认为"原文当为后人误改"，将$103\frac{1}{2}$改成23，将5改成10。显然，这样改

---

① 郭书春《汉英对照〈四元玉鉴〉》（*Jade Mirror of the Four Unknowns*，元朱世杰著，郭书春今译，陈在新英译）前言，辽宁教育出版社，2006年版。又见郭书春主编《中国科学技术史·数学卷》，科学出版社，2010年版。

动的前提是假设李淳风等不会犯错误。校证本的改动不是校勘，而是给李淳风等改错。

### 3. 必须掌握专业知识

（1）算理是校勘的根本

因为未正确理解其数学内容而错改不误原文，在《九章算术》的校勘中屡屡发生。刘徽方程新术细草在求出各物的相与之率及麻的一斗之价之后说"置麦率四、菽率三、苔率五、黍率六，皆以麻乘之，各自为实。以实率七为法，所得即各为实"，文中有个别舛误，但这段注文显然是利用各物相与之率及麻价援引今有术求出其余各物的价钱。"实率"是"麻率"之误，戴震的校改是对的。然而将"各为实"改作"同为麻之数"，又将不误的"麻"字改为"其斗数"，则完全改变了注文的原意，是为错校。实际上，"各为实"当作"各为价"。川原秀城已纠正了戴震的错校。同样，下文在减行中"令同名相从，异名相消，余为减或置余，乘列衰，所得各为实。此可以实约法，则不复乘列衰，各以列衰为实"，是以衰分术求出各物的价钱。戴震将"余为减或置余"校为"余为法，又置下实"是对的。然将"为实"改为"如所约知其价"，则是错误的。盖此问中实与法恰恰相等，可以相消，"则不复乘列衰，各以列衰为价"即可，"为实"系"为价"之误。戴震没弄懂计算程序，不独增字太多，且违背了原意。

李潢由于不懂刘徽的极限思想和无穷小分割方法，说刘徽对刘徽原理的证明中"按余数具而可知者"至"安取余哉"（见本书第 224 页）疑文有错误，不敢强为之说。实际上，这段文字没有任何讹误。李潢又将上文不误的"两端"改作"两棋"，及前已指出的误补一"棋"字，而对"令赤黑堵各自适当一方，高二尺，方二尺，每二分则一阳马也"中的舛误则未发现。事实上，此处的两"二尺"是"一尺"之误，华道安也指出了这一点[1]。

① ［丹麦］D. B. Wagner, *An Early Chinese Derivation of the Volume of a Pyramid: Liu Hui*, Third Century A. D., *Historia Mathematica*, 6, 1979. ［华道安《公元三世纪刘徽关于锥体体积的推导》（郭书春译）］，《科学史译丛》，1980 年第 2 期。

又如均输章"络丝"问《大典》本、杨辉本之《九章算术》术文（见本书第 306 页）的算式是

络丝斤数 =（青丝 1 斤铢数 × 练丝 1 斤两数 × 络丝 1 斤）
　　　÷（青丝 1 斤 12 铢 × 练丝 12 两）

其中实与法中的青丝都以铢为单位，练丝都以两为单位，原无讹误。校证本将其中"实"的求法改成"以练丝一斤铢数乘络丝一斤两数，又以青丝一斤乘，为实"，其算式是

络丝斤数 =（青丝 1 斤 × 练丝 1 斤铢数 × 络丝 1 斤两数）
　　　÷（青丝 1 斤 12 铢 × 练丝 12 两）

实与法中的练丝一以铢为单位，一以两为单位，而青丝一以斤为单位，一以铢为单位，显然不如原文确当。校证本说改动原文的根据是刘徽注用"重今有"解释算法的由来。这是错误的。刘徽为此问作的注提出了三种方法。第一种方法是根据题设先算出三种丝的两组率

练：青 = 384：396，　　　　络：练 = 16：12。

两次应用今有术，得

青丝 1 斤用练丝数 =（青丝 1 斤 × 384）÷ 396。

练丝用络丝数 =（青丝 1 斤用练丝数 × 16）÷ 12
　　　　 =（青丝 1 斤 × 384 × 16）÷（396 × 12）

刘徽称为"重今有"。第二种方法是通过齐同使三率悉通，得

络：练：青 = 128：96：99。

一次应用今有术，得

络丝 =（青丝 1 斤 × 128）÷ 99。

第三种方法是先求青丝用练丝两数，得

练丝两数 =（青丝 1 斤铢数 × 练丝 1 斤两数）

$$\div（青丝 1 斤 12 铢）。$$

再求出所用络丝斤数

$$络丝斤数=（用练丝两数 \times 络丝 1 斤）\div 练丝 12 两$$
$$=（青丝 1 斤铢数 \times 练丝 1 斤两数 \times 络丝 1 斤）$$
$$\div（青丝 1 斤 12 铢 \times 练丝 12 两）。$$

这里没有用到率概念。显然，刘徽的三种方法中只有第三种方法是解释《九章算术》算法的由来，且与《九章算术》算法完全一致。使用率的第一、二种方法，其思路与《九章算术》的算法并不相同。没有读懂《九章算术》术文及刘徽的三种方法，便以刘徽注的第一种方法改不误之术文，是十分轻率的。以注说改经文，是古籍错乱的原因之一。清段玉裁首先注意到这个问题，已成为读古书者不可不知的常识，今天校书，不可再犯以注说改不误经文的错误。

（2）准确的中国数学史知识是正确校勘的前提

对数学内容不理解而臆改，还表现在对数学方法的发展历史了解不够。《九章算术》时代方程术用直除法消元，刘徽在"牛羊直金"问注文中才提出了互乘相消法。刘徽以齐同原理注直除法："先令右行上禾乘中行，为齐同之意。为齐同者谓中行直减右行也。"《大典》本、杨辉本均如此，不误。戴震不理解互乘相消法的前身直除法，将后一句改成"为齐同者谓中行上禾亦乘右行也"，把完整的直除法改成了互乘法（无相消）。钱宝琮批评戴震"违反原术直除的意义"，纠正了戴震错校。此后有人又恢复戴震错校，是十分不应该的。

（3）出土文物可以提供存真复原的佐证

校勘《九章算术》，除数学史知识外，还需要其他知识，其中包括出土文物的知识。均输章"牝牡二瓦"问的题设，《大典》本、杨辉本均作"今有一人一日为牝瓦三十八枚，一人一日为牡瓦七十六枚"，戴震在豫簪堂本、微波榭本将"牝"误改成"牡"，将"牡"误改成"牝"，钱校本从。汇校本根据版本考察，恢复《大典》本、杨辉本原文。牝瓦俗称板瓦，牡瓦俗称筒瓦。校证本认为"为瓦先制圆筒,一分为二则得筒瓦,再分为四而成板瓦",因此戴震在豫簪堂本、微波榭本中的改动是对的,并将此作为指责汇校本对古本"迷信妄从"的典型例子。事实上,《九章筭术》的整理者之一耿寿昌主持建造的杜陵,出土了不少板瓦和筒瓦①。其中板瓦个体大,瓦身长 59.5 厘米,一端宽 50 厘米,另一端宽 43 厘米,厚 2.4 厘米。瓦的表面通体饰粗绳纹,纹宽 0.7—1 厘米。绳纹斜行,排列疏朗,见图 4 - 1。筒瓦的表面均饰直绳纹,纹宽 0.3 米,有四种类型,大都长 56—59 厘米、宽 19—19.7 厘米、厚 2.1—2.3 厘米、瓦唇长 6.2—6.8 厘米。瓦表面绳纹长 21 厘米,见图 4 - 2。由此可见,板瓦与筒瓦根本不是如校证本所说的那种做法,而是各自独立制造的。显然,牝瓦一般较大,两端宽度不同,截面不是半圆弧,而是其一部分,所以显得比牡瓦偏平。牡瓦大都较小,两端宽度相等,截面呈半圆形。牡瓦有瓦唇而牝瓦没有。可见,牝瓦较难做,因此,题设一人一日做牝瓦三十八枚,一人一日做牡瓦七十六枚是可信的。戴震在豫簪堂本、微波榭本中纯系误改。校证本依戴震误改,更是错误的。

图 4 - 1　板瓦

图 4 - 2　筒瓦

## 4. 正确句读,弄懂古文

(1)正确句读

正确的句读是理解数学内容,避免误改原文的保证。戴震、李潢有不少地方因句读失当而错改了原文。商功章方亭术刘徽注

---

① 中国社会科学院考古研究所编《汉杜陵陵园遗址》,科学出版社,1993 年版。

棋验法中有"棋十三更差次之,而成方亭者三,验矣"之句,南宋本、《大典》本、杨辉本均如此,根据法国林力娜(K. Chemla)的意见,其义为:上面所陈述的棋验法用到立方棋三、堑堵棋十二、阳马棋十二,相当于十三个立方棋。这十三个立方棋可以重新合成三个标准方亭,原文无任何讹误。戴震将"棋"字与上连读,"棋"下句绝,改作"十二与三更差次之,而成方亭者三,验矣",遂不可通,实为错校。方程章方程术刘徽注求中禾的方法说"以法为母,于率不通,故先以法乘,其通而同之",《大典》本、杨辉本均如此,"通而同之"是汉魏间表示齐同过程的数学术语,无任何讹误。戴震于"其通"下句断,改作"故先以法乘其实,而同之",遂不可通。钱校本指出戴校不甚合理,然未纠正戴震句读错误而将"乘其通"改作"乘中行",当然亦无必要。

商功章阳马术刘徽注"设为阳马为分内,鳖腝为分外,棋虽或随修短广狭犹有此分常率知,殊形异体亦同也者,以此而已",南宋本、《大典》本、杨辉本均如此,不误。"知"训"者"(见下)。戴震在豫簪堂本、微波榭本中于"知"上句断,又改"知"作"如",不妥。李潢又于"棋"下句断,遂不可通,便在"分内"下添一"棋"字,当然是错误的。丹麦华道安纠正了这一错校。南宋本中"设为"不误,"为"训"以",《大典》辑录本作"以"。王引之《经传释词》卷二:"'为',犹'以'也。"《史记·楚世家》"秦王所为重王者",《史记·鲁仲连传》"秦王所为急围赵者",其中"所为",《战国策》均作"所以"。戴震在豫簪堂本、微波榭本中删去"为"字,当然是错误的,且不如原文畅顺。

(2)弄通古义

《九章算术》刘徽注中有些字的古义与近世通用的意义迥然不同。对这些文字的字义不理解,是造成对其数学内容不理解因而导致错校的一个重要原因。方程章"上禾七秉"问刘徽注"问者之辞虽?"《大典》本、杨辉本均如此。"虽"训"何"。裴学海《古书虚字集释》卷九云"虽"与"谁"通用,《说文解字》卷三上云"'谁','何'也",可见,"虽"可训"何",不仅可以问人,亦可问事,问物。刘徽此注是说"问者的话是什么意思呢?",无任何讹误。戴震不懂"虽"字的这种用法,以为不通,在"虽"字下补"以损益为说",文气亦不相连贯。

勾股章"持竿出户"问刘徽注"满此方则两端之邪重于隅中",《大典》本、杨辉本均如此。"邪",音、义均同"余"。这是说"填满这个黄方的乃是勾矩在两端的余数,它们在弦方的两隅中与股矩相重合",可见此句无任何讹误。《史记·历书》:"先王之正时也,履端于始,举正于中,归邪于终。"裴骃《集解》曰:邪,"音余",又引韦昭注:"邪,余分也。"《史记》此句引自《左传》,在那里"归邪于终"正作"归余于终"。戴震大约将"邪"按常用意义理解成"斜",遂不可理解,改"邪"作"廉"。钱校本以为戴校非是,改作"矩",亦无必要。

均输章"持衣追客"问刘徽注"除,其减也",《大典》本、杨辉本如此,不误。"其"训"乃"。王引之《经传释词》卷五:"'其',犹'乃'也。"戴震以为"其"为误文,改作"即",当然不妥。

商功章羡除术刘徽注"就中方削而上合,全为中方锥之半",南宋本、《大典》本、杨辉本及戴校各本均如此。此处"半"训"片"。《汉书·李广苏建传》李陵"令军士人持二升糒、一半冰"。如淳曰:"'半'读曰片。"师古曰:"'半'读曰判。判,大片也。"刘徽的意思是说:将四个阳马合成的方锥沿中方至顶点切割,整个中方锥分成一片片,每一片都是一个鳖腰。原文无任何讹误。李潢将此"半"字理解成二分之一,以为"中方锥"之"中"字衍,删去,造成错校。下文"故外锥之半亦为四鳖腰"之"半"字,亦训"片",《大典》本、杨辉本原文不误。也有人误改。

方程章正负术中减法法则中有"正无人负之,负无人正之",加法法则中有"正无人正之,负无人负之",《大典》本、杨辉本均如此。戴震说:"据注云'无人'为无对也。无对之说亦未分晓。释方程者专为遇空位起例,而左右两行相对减,或正宜变为负,或负宜变为正,往往不得其义例。今考'同名相除,异名相益'者，如下实左右俱正，所减之余属左行，则去右行，属右行，则去左行。其物品以正减正，负在所去之行，为正无入；以负减负，余在所去之行，为负无入；以正从负为正无入，以负从正为负无入。负对空位，而负数在所去之行。与以负减负同例。正对空位，而正数在所去之行，与以正从负同例。此皆所谓正无入负之，负无入正之也。'异名相除，同名相益'者，如下实左右俱正，并为一数，则无分于左右。其物品以负减正，余或左或右，为正无入；以正减负，余或左或右，为负无入；以正从正为正无入，以负从负为负无入。正对空位，与以负减正同例。负对空位，与以负从负同例。此皆所谓正无入正之，负无入负之也。由是言之，在所去之行，则其数无入，而或左或右，以与无分于左右，合为一行，因亦谓之无入。'人'字乃传写之误，明矣。"遂将"人"改作"入"。杨辉本"卖牛羊"问在"一法"之"无入"下注："古本误刻'无人'者，非。"所谓"古本"即北宋贾宪的《黄帝九章筭经细草》，它是杨辉本的底本。宋景昌据此认为"杨氏亦从'入'"。钱宝琮认定戴震此处参考过《永乐大典》中所引杨辉本。此后诸本，包括汇校本及其增补版在内，均依戴震改作"入"。惟汪莱、李潢对戴震的校勘提出异议。汪莱说："'无人'，'人'不误。'无人'谓有空位也。'异名相益'，并右行于左行，则右行空。并左行于右行，则左行空。右行之正亦已无也，故负之。右行之负并于左行之正，左行本无负也，右行之负亦已无也，故正之。左并右亦然。'同名相除'，余在右行，而正正矣。若改归左行，左行本空位，无正也，而右行之正亦已无，故负之。余在右行，而负负矣。若改归左行，左行本无空位，无负也，而右行之空位亦已无，故正之。余在左亦然。正负者，物也，人物通称耳。"[①] 显然，汪莱尽管不同意戴震将"人"改作"入"，但仍与戴震一样，将"正无入负之，负无入正之"与"正无人正之，负无人负之"分别看成是附属于它们前面两句话的。他承认"无

---

① （清）汪莱《校正〈九章算术〉及戴氏订讹》，载《衡斋遗书》，1892 年刻板。

人"就是有空位，但是这种"空位"是由"异名相益"或"同名相除"产生的。① 李潢按："'入'字原本作'人'，孔刻改为'入'，非是。"李潢本"于经、注作'人'，仍微波榭本也。'说'中作'人'，遵原本也"。然而李潢没有说明"人"字为什么不误。实际上，人：训偶，伴侣。《庄子·大宗师》："彼方且与造物者为人，而游乎天地之一气。"王先谦集解引王引之云："为人，犹言为偶。"《淮南子·齐俗训》："上与神明为友，下与造化为人。"无人：即无偶，无对。可见"无人"没有讹误。因此，在《九章算术译注》初版中恢复《大典》本、杨辉本原文。

（3）关于"知"与"者"

刘徽注、李淳风等注释中有许多以"知"结尾的短语，如刘徽注"远而通体知"、"近而殊形知"、"半广知"、"上、下两衺相等知"等，李淳风等注释中"合分知"、"平分知"等。戴震在豫簪堂本、微波榭本中，则将大部分这类"知"字改作"者"。这些改动是没有必要的。裴学海《古书虚字集释》卷六："'知'犹'之'也。语助也。"《战国策·楚策四》"闾姝子奢，莫知媒兮"，《荀子·赋》作"莫之媒也"。裴书卷九："'之'犹'者'也。"自注云："'之'与'者'一声之转，故本书'之''者'互训。"比如《说苑·杂言》"是知之所以乐水也"，下文云"是仁者所以乐山也"，上言"之"，下言"者"者，互文耳。同样，"者"犹"之"也。《史记·穰侯列传》"未尝有者也"，《战国策·魏策》"未尝有之"；《荀子·礼论》"加好者焉，斯圣人矣"，《史记·礼书》作"加好之焉，圣矣"。因此，李学勤认为《九章算术》刘、李注以"知"字结尾的短语中的"知"，均应训"者"，非误文②。

（4）关于通假字

使用通假字，是古书中常见的现象。根据古籍校勘惯例，对

---

① 郭书春《〈九章算术〉正负术"无人"辨》，《自然科学史研究》第 29 卷第 4 期（2010）。收入《郭书春数学史自选集》上册，山东科学技术出版社，2018 年版。

② 这是 20 世纪 80 年代后期笔者向李先生请教关于刘、李注中"知"的问题时，李先生给笔者的一封信的看法。

这种通假字不应作改动。方田章圆田术刘徽注："以推圆规多少之觉，乃弓之与弦也。"此处"觉"是"较"的通假字。《孟子·离娄》："则贤不肖之相去，其间不能以寸。"赵岐注曰："如此贤不肖相觉，何能分寸？"此处"觉"便是"较"的通假字。戴震以"觉"为误字，改作"较"，违背了校勘通例。

### 5. 掌握衍脱舛误的规律

古籍的衍脱舛误都有规律可循。王念孙、俞樾、陈垣等大师对此都有精辟的总结。《九章算术》衍脱舛误虽不能说包括他们所说的全部情形，然而几种主要的都有而且比较严重。

（1）音、义、形相近而误

音、义、形相近，音、义相近，义、形相近，字形相似等而造成舛误的情况在《九章算术》中屡见不鲜。比如方田章圆田术刘徽注中谈到求微数时，南宋本、《大典》本之"以下为母"不可理解，"下"与"十"字形相近，钱宝琮参考开方术刘徽注求微数"以十为母"，校为"以十为母"；弧田术刘徽注南宋本、《大典》本之"令弧而不至外畔"不可理解，"令"与"今"，"弧"与"觚"，"而"与"面"皆字形相近，戴震校作"今觚面不至外畔"；等等，都十分精当。粟米章其率术中"其率"下刘徽注之南宋本、《大典》本"其率如欲令无分"不可理解。戴震在微波榭本中删去"其率"二字，仍不通。实际上，"如"当作"知"，"知"训"者"，此注应为"其率知，欲令无分"，与《九章算术》其率术是求整数解相吻合。少广章开立圆术李淳风等注释引祖暅之解决球体积的方法中，南宋本、《大典》本之"即外四棋之断上幂"不可理解，戴震、李潢未予校勘。钱校本于"外"上补"内"字，数学上可以讲通，然文字上感到勉强。实际上"外"当作"此"，形似而误。

字义相近而误。这在《九章算术》各版本中亦十分常见，如黯与黬，绝与极，地与日，尺与寸，广与阔，斯与则，则与即，辞与词，以与为，四方与方面，副并与副置，率与术，等等。粟米章南宋本有两经率术，《大典》辑录本第二术无"经率"二字。

微波榭本同南宋本，光绪庚寅年（1890）上海重刻微波榭本时将第二"经率术"误作"经术术"。少广章开立圆第一问答案刘徽注南宋本、《大典》本之"计积四千一百九十尺二十一分尺之一十"，不误，微波榭本同，上海庚寅本将"分尺"误作"分寸"，钱校本从。等等。

（2）重文而误

因重文而阙字是《九章筭术》舛误的重要原因。如均输章"恶粟求粝米"问刘徽注，《大典》本、杨辉本作"置今有米十斗，以粝米率十乘之，如粝率九而一，即粝亦化为恶粟矣"，显有脱文，戴震未予校勘。汪莱在"乘之"下补"如率九而一，即化为粝。又以恶粟率二十乘之"凡二十字，完全符合重今有术，盖原注文中有两"如"字，又有两"乘之"，中间约一行，极易脱去。对这一段，李潢将不误的"粝"改作"米"，下补"则化为粝。又以恶粟二十斗乘之，如粝米九斗而一"，不独改易太多，而且不符合重今有术。

还有因重文而衍字造成舛误的。勾股章"求户高广"问《大典》本、杨辉本有百余字连续舛误不可句读。其中有：

> 盖先见其弦然后知其句与股今适等自乘亦合为方先见其弦然而后知其句与股适等者令自乘亦令为弦幂。

显然，"先见其弦然而后知其句与股适等者令自乘亦"19字约一行重衍。此段应为：

> 盖先见其弦，然后知其句与股。今适等自乘，亦各为方，合为弦幂。

戴震将其改为：

> 盖先见其弦，然后知其句与股也。句、股适等者并而自乘，即为两弦幂。皆各为方，先见其弦，然后知其句与股者，倍弦幂即为句、股适等者并而自乘之幂。半相多自乘倍之，又半句股并自乘亦倍之，合为弦幂。

将 44 字增加为 80 字，增加了若干原舛误文字中不见痕迹的内容，与其说是校勘，不如说是改写。实际上，上述文字在四库本、聚珍版的校勘记中只是戴震对舛误文字的理解，但在豫簪堂本、微波榭本中他竟拿来冒充原文，以欺世人。

（3）二字合一而误与一字分为二而误

《九章筭术》还有二字合一而误与一字分为二而误的情形。如均输章"持米出三关"问刘徽注又一术《大典》本、杨辉本的"则当置三分乘之，二而一"舛误不通。戴震未予校勘。李潢改作"则当置本持米，二乘之，三而一"，这里将"二而一"校作"三而一"是对的，三、二形似而误。然李潢的文字仍不合理。实际上，文中的"三"是"一"与"二"的合文，盖两者竖写，无标点，极易合二而一，变成"三"。某位先辈在国家图书馆藏聚珍版《九章算术》上眉批道："元本应是'置一，二分乘之，三而一'。"方田章乘分术刘徽注南宋本、《大典》本之"分子与人交互相生"，然上文中分子不与人相对举，而是金与人对举，"齐其金、人之数"，五马与四马相齐为二十马，则与五马相应的金三斤及与四马相应的七人分别齐为金十二斤与三十五人，可见金与人交互相生。因此文中"分子"应是"金"字一分为二形成的误文。

（4）旁注阑入正文

古人读书有作旁注的习惯，后人抄书，尤其是外行人抄书，常将旁注衍入正文，且往往衍入正文上方。刘徽注和李淳风等注释中有许多带"者知"的句子，如刘徽序"故枝条虽分而同本者知，发其一端而已"，等等，亦是读者旁注"知"字之音、义，被抄书者阑入正文。戴震在豫簪堂本、微波榭本中及后来的学者有时将"知"删去，或"者"下句断，"知"连下读，都是不合适的。

以上仅列举了衍脱的几个重要方面。一般说来，内行抄书容易发生修辞性衍脱舛误。比如"则"、"即"两字在不同版本中，或同一版本的不同地方常通用而两通，便是内行抄书造成的。而外行抄书，往往出现文理不通的衍脱舛误。勾股章所出现的大量舛误不通，多是外行抄书造成的。从时间上说，《九章算术》的舛误相当一部分是戴震及后来人造成的，也有一部分是南宋本、《大典》本、杨辉本刻印、抄写时产生的，而更多的难以校勘的舛误是在李籍以前就产生了。研究衍脱舛误规律，对纠正传本中的错误，是十分重要的。

### 6. 掌握古文的修辞规律

校勘古籍，要有古汉语修辞的常识。戴震等人改动了《九章算术》400 余条不误的原文，当然是错误的。不过，戴震处于乾嘉学派初创时代，当时，对古汉语的修辞规律及语法现象的研究还十分薄弱。应该说，戴震的错误是情有可原的。戴震之后二百余年来，人们对古汉语的研究取得了长足的进步。现在校勘《九章算术》，当然应当汲取这些成果。否则，以自己的想当然杜撰古文的修辞规律，或者为戴震等人的错改辩解，或者提出新的错校，只能把《九章算术》再弄得面目全非。

（1）关于宾词

乘、除、约等动词之后是否必须出现宾词？上述"先以法乘，其通而同之"中戴震将"其通"连上读，大约导源于戴震等认为"乘"字后必须有宾词。而对没有宾词的，戴震就补充一个宾词，如均输章络丝问术文"又以络丝一斤乘，为实"，《大典》本、杨辉本均如此，不误，戴震却在"乘"后补"之"字。盈不足章刘徽注"故以乘，同之"，"乘"字下亦无宾词，《大典》本、杨辉本均如此，不误。李潢改成"故以同乘之"，改变了原意。实际上，《九章算术》本文和刘徽注中大量事实表明，只要联系上下文就可以清楚看出"乘"、"除"、"约"等的宾词的，其后一般都可省去宾词。

（2）省文

俞樾探讨了古文中"文具于前而略于后"、"文没于前而见于后"、"蒙上文而省"、"探下文而省"、"两人之辞而省曰字"、语急而省等各种省文情形①。杨树达更详尽探讨了古文中省字、省词、

---

① （清）俞樾《古书疑义举例》，载《古书疑义举例五种》，中华书局，2005 年版。

省句等各种省略情形，省词既可以省名词，也可以省动词，也可以省外动词及宾词，有承上而省者，有探下而省者，有承上探下两省者①。这些精彩论述对正确校勘《九章筭术》非常重要。粟米章今有术刘注南宋本、《大典》本"欲化粟为米者"，"米"是粝米的省文。汇校本以《九章筭术》本文及刘、李注的事例证明，《九章筭术》固然有粝米、粺米、御米、糳米等各种米，但不特加说明，米一般指粝米，因而认为钱校本在"米"字前补"粝"字是没有必要的，恢复原文。又如均输章"络丝"问《大典》本、杨辉本刘徽注"所得青丝一斤，练丝之数也"，省"用"字；"善行者"问《大典》本、杨辉本刘徽注"善行者行一百步，追及率"，省"为"字；商功章委粟术南宋本、《大典》本刘徽注"得三十六而连除，圆锥之积"，省"得"字；等等，李潢都补出，汇校本认为无必要，恢复原文。校证本却认为凡作省文"一般或依惯例而省，或承上而省"，断言"未有省前而存后者"，基于这种错误认识，恢复了戴震、李潢等大量误补的省文。

(3) 上下文异辞同义与同辞异义

俞樾在《古书疑义举例》中举出《论语》、《左氏传》、《周书》、《荀子》、《商子》、《吕氏春秋》等典籍中的若干例子说明古文中上下文异辞同义的现象。《九章筭术》中也有这种情形。方田章圆田术李淳风等注释南宋本、《大典》本"……角径亦皆一尺，更从觚角外畔，围绕为规，则六觚之径尽达规矣。当面径短，不至外规。若以径言之，则为规六尺，径二尺，面径皆一尺。面径股不至外畔，定无二尺可知"（见本书第 48—49 页），其中"角径"与"面径"是异辞同义，因此"角径亦皆一尺"不误；"周"与"规"也是异辞同义，戴震不明此义，将"若以径"以下十八字改作"若以六觚言之，则为周六尺，径二尺，面皆一尺"。汇校本恢复原文。

又如方程章"五家共井"问《大典》本、杨辉本题设中有五

① 杨树达《汉文文言修辞学》，中华书局，1980 年版。

个相同的句型，前一句用"如"，后四句用"以"（见本书第 415
页）。汇校本指出，"如"、"以"可以互训，因此戴震说后四"以"
字讹误，改成"如"，是无必要的。校证本说"此问中几个排比
句，用词理当一致，'如'字较'以'字词义明确，戴氏校改有
理"。事实上，古文的排比句用词不一定一致。原来古文中有上下
文变换虚字的情形，即使是排比句也有虚字不同者。《尚书·洪范
篇》："水曰润下，火曰炎上，木曰曲直，金曰从革，土爰稼
穑。"[1] 上四句用"曰"，下一句用"爰"。爰训曰。俞樾还举了古
籍中的大量上下文变换虚字的例子。显然，说排比句用词理当一
致，是没有根据的。至于说因"如"字较"以"字词义明确而改
作"如"，这是替古人修辞加工。

上下文同辞异义也是古籍中的普遍现象，杨树达在《汉文文
言修辞学》中，刘师培在《古书疑义举例补》[2] 中举出《礼记》、
《尚书》、《周易》、《左氏传》、《汉书》等典籍中的例子说明这个
问题。《九章筭术》亦不乏其例，上述商功章羡除术南宋本、
《大典》本、杨辉本刘徽注"全为中方锥之半"、"故外锥之半亦
为四鳖腝"中的"半"训"片"，与《九章筭术》大量"半"训
"二分之一"，就是同辞异义。一词多义，是任何民族的语言不
可避免的现象。

（4）实字活用

《九章筭术》方田章邪田术有两个例题，题设稍有不同（见
本书第 42 页）。一个给出了两头广及正从，一个给出了正广及
两畔从。正从与正广都指今天直角梯形的高。两头广与两畔从
就是今天梯形的上下底。描述它们的用词不同，其形状是一致
的（见方田章图 1-3）。《九章筭术》简明地表明了它们的求积
公式："并两邪而半之，以乘正从若广。"乍看起来，"两邪"难
以理解。因为邪田中没有两邪，只有一邪，而且求积公式不能
以邪入算。校证本断言"两邪"必是误文，改为"并两广若衺

① 《尚书·洪范》，载《十三经注疏》，中华书局，1979 年版，第 188 页。
② 刘师培《古书疑义举例补》，载《古书疑义举例五种》，中华书局，2005 年版。

而半之"。实际上，"两邪"不误，它指两头广或两畔从，因位于邪的两端，故称为两邪。这是古文中实字活用的表达方式。《左传》襄公九年："门其三门。"① 下"门"字指门，上"门"字指攻是门者。同样，执于手者谓之手。因此，方田章圆田术刘徽注"即九十六觚之外弧田九十六所"，"外弧田"亦不误，谓正九十六边形之外面圆弧贯穿了其中的田，也是实字活用之例。校证本改成"外觚田"，不独无必要，而且此是长方形田，古算中不称为觚田。

（5）文中自注

杨树达说："古人行文，中有自注，不善读书者，疑其文气不贯，而实非也。"② 他举出《史记》、《汉书》、《盐铁论》等中大量例子说明这个问题。这是杨氏的一大发现③，对阅读古籍，提示了一种新的方法。认识古文中的这一现象对《九章算术》校勘特别重要。盈不足章盈不足术刘徽注《大典》本、杨辉本中有"注云"、"又云"等语，戴震认为"后人连合注文"，"因其更端不相通窜入注云二字以别之"，将其删去。汇校本认为刘徽注《九章算术》曾"采其所见"者，此"注云"及下文"又云"或为其引语，或为引自注，删去是不妥的。均输章"矫矢问"刘注"此同工共作，犹凫、雁共至之类，亦以同为实，并齐为法。可令矢互乘一人为齐，矢相乘为同。今先令同于五十矢，矢同则徒齐，其归一也。以此术为凫雁者，当雁飞九日而一至，凫飞九日而一至七分至之二。并之，得二至七分至之二，以为法。以九日为实。实如法而一，得一人成矢之数也"（见本书第329页），除"成"原文误作"矫"，他皆为《大典》本、杨辉本原文，不误。其中"以此术……以九日为实"是刘徽自注。李潢不理解这种句法，说最后一句"与上文不属，疑有脱误"。钱校本受此影响，将其改成"得

① （春秋）左丘明《春秋左传》，载《十三经注疏》，中华书局，1979 年版，第1943 页。
② 杨树达《古书疑义举例续补》，载《古书疑义举例五种》，中华书局，2005 年版，第214 页。
③ 张舜徽《中国古代史籍校读法》，上海古籍出版社，1962 年版，第211 页。

凫雁相逢日数也"。汇校本恢复《大典》本、杨辉本原文。校证本认为刘徽注"不应注中加注",改回钱校,当然不妥。另外行文中引用自己的话,古今中外亦不少见。戴震据均输章第三问注内引用合分注及反衰注,便说此"乃淳风等推谕术意无疑",将此大段改为李注。换言之,戴震认为刘徽注中不能引自注。汇校本恢复原文。校证本说"刘徽重复自己前面的话不能作为引文提出",认为戴说有道理,显然是强迫古人按自己设计的框架行事。

(6) 错综成文

《九章筹术》方程章"卖牛羊买豕"问的题设(见本书第406—407页)中"一十三豕"、"九羊"、"六羊"、"八豕"、"五牛"与"牛二"、"羊五"、"牛三"、"豕三"错综成文;术文中"五牛"、"六羊"、"八豕"亦与"牛二"、"羊五"、"豕一十三"、"牛三"、"羊九"、"豕三"错综成文。戴震在豫簪堂本、微波榭本中将"六羊"、"八豕"改作"羊六"、"豕八",将"五牛"、"六羊"、"八豕"改作"牛五"、"羊六"、"豕八"。汇校本恢复《大典》本、杨辉本原文。校证本认为汇校本未允,戴校为是,理由是"各行物率之记述理当一致"。这是站不住脚的。实际上,右、中行本身的表示就不一致,戴震以右、中行为标准对左行作了加工,仍难一致。错综成文是古文中一种常见的现象。俞樾在《古书疑义举例》中举了《论语》等古籍中若干例句说明这种现象。因此,《大典》本、杨辉本的原文是符合古文传统的。戴震及校证本纯属修辞加工。

经过二百多年来几代学者的努力,《九章筹术》的校勘取得了巨大的成绩,但是并不能说已经尽善尽美了。特别是没有版本佐证,靠理校法得出的校勘结论,包括笔者的结论,只能是逻辑推理,见仁见智是难免的。其正确性尚需假以时日。那种动辄宣布自己的校勘,甚至对不误原文的改动是定案,自诩为典范的态度,显然是不足取的。

## 六、关于本书几个问题的说明

笔者曾在 20 世纪 90 年代以南宋本与杨辉本的版本链为底本翻译过《九章算术》，这次翻译当然参考了该书。但是本书不仅底本不同于 1998 年的译注本，而且进行了全面注释（1998 年本只注释了数学术语），同时对绝大部分篇章作了重新翻译。兹将本书的情况说明如下：

### （一）关于本书的内容

《九章算术译注》分原文、注释、译文三项内容。

#### 1. 原文

本书原文使用了中国科学技术大学出版社 2014 年出版的笔者汇校《九章算术新校》的正文，并对个别地方做了重校。《九章算术新校》照录了底本的原文，将舛误文字置于圆括号内，而将校勘文字置于方括号内。本书只刊载校勘后的文字，舛误文字不再录出，也不出校勘符号。

#### 2. 注释

注释含有以下几类内容：

（1）对古代数学术语、数学公式、算法的阐释，大多以现代数学符号写出公式、解法，并对面积、体积、开方、勾股测望等问题画出图解。

（2）对古代少数官职的介绍。

（3）对古代字词的解释，分传统数学术语与通用词汇两种。刘徽注中的许多词汇，在古汉语中是不是他首先使用的，不得而知。但目前辞书中的有关例句比刘徽晚出，我们亦引出作为印证。《九章算术》及其刘徽注中某些数学术语，在现有辞书中查不到恰如其分的解释，只好根据李俨、钱宝琮等前辈及自己的理解予以注释。

（4）卷七至卷九的少数校勘记。

## 3. 译文

译文是用现代汉语翻译，应该尽量做到信、达、雅。笔者认为，科技著作的翻译有与文史典籍不同的特点，科学技术史上一个科学概念、一种科学思想的出现、发展以至完备，往往要经历十分曲折的过程。现在课堂上用几分钟可以对学生讲清楚的东西，在历史上可能要经过几十年、几百年甚至上千年的发展。因此，科技古籍的翻译必须防止以后来的科学发展高级阶段的概念、思想代替古代的东西。比如常有人说，刘徽计算的圆周率是 3. 14 或 3. 141 6，祖冲之计算的圆周率在 3. 141 592 6 与 3. 141 592 7 之间，在科普著作中这样说未尝不可，但是在数学古籍的翻译或学术论文中则是不合适的，因为中国小数概念的产生与使用尽管是世界上最早的，但是也在祖冲之之后三四百年。以小数表示刘徽与祖冲之的圆周率，显然不符合历史事实。我们认为，科技古籍的翻译应该以信、达为主而力求其雅。

本书附有索引，以汉语拼音为序，录出《九章筭术》本文、刘徽注、李淳风等注释中的数学术语、数学家及所提到的重要历史人物，其他文史术语则不录。术语后面只给出该术语主要所在的一个页码，比如句、股、弦在刘徽序、卷一、四与卷九中都有，但是却仅列出卷九中的一个页码。因为卷九是句、股、弦的主要所在。之所以只列一个页码，是因为许多术语应用非常广泛，如果凡有必录，有的会多达几百处。

## (二) 关于本书的分段与某些字词的使用

### 1. 分段

本丛书将注释、译文与原文按段落排在一起，而由于《九章筭术》的体例极不统一，刘徽注长短不一，因此分段难以整齐划一。我们的分段既考虑其内部的结构与逻辑关系，也考虑篇幅的长短。

### 2. 某些字词的使用

这里说的主要是"筭"与"算"，"荅"与"答"，"句"与

"勾"等字的使用。

（1）"筭"与"算"

"筭"与"算"在《现代汉语词典》中是两个字，不是异体字。筭：本指算筹。《说文解字》："筭，长六寸，计历数者。从竹，从弄，言常弄乃不误也。"又同算。《尔雅》："筭，数也。"陆德明《经典释文》："筭，字又作算。"枚乘《七发》："孔老览观，孟子持筹而筭之，万不失一。"算：数，计算。《说文解字》："算，数也。从竹，从具，读若筭。"王筠释例：筭、算"二字经典通用。许意：其器名筭，乃《射礼》释筭之谓。算计曰算，乃无算爵，无算乐之谓。"清中叶以前的数学著作中，几乎全用"筭"，鲜有用"算"字者。秦汉数学简牍统统用"筭"，而不用"算"。从戴震自《永乐大典》辑录汉唐算经，将全部的"筭"改作"算"字，无一例外。《现代汉语词典》云："筭，同算。"为了尊重原始文献，本书定名为《九章筭术译注》，并且凡一般的论述均用《九章筭术》。而对各版本，则均依其版本的名称，具体说来，对戴校各本到汇校本增补版以前各本，均作《九章算术》；而对汇校本增补版及其后诸本，则用《九章筭术》。此外，本书凡"原文"及注释中引用的原文，均遵从古籍，用"筭"，而在笔者写的注释和译文中则遵从目前的惯例，使用"算"字。

（2）"荅"与"答"

南宋本、杨辉本《九章筭术》各题的答案之"答"，均作"荅"。对荅之荅原作"畣"。荅本是小豆之名，后来借为对荅之荅。《玉篇》："荅，当也。"《五经文字·艸部》："荅：此荅本是小豆之一名，对荅之荅本作畣。经典及人间行此已久，故不可改。"《尔雅》："畣，然也。"《玉篇》："畣，今作荅。"对荅之荅，后作答。《广韵》："答，当也，亦作荅。"《大典》本《九章筭术》各题的答案均作"答"。本书的答案，凡引原文皆遵从南宋本用"荅"（包括后四卷亦从南宋本改），而译文则遵从目前惯例用"答"字。

（3）"句"与"勾"

今之"勾股"，古作"句 gōu 股"。句：本义是曲，弯曲。

《说文解字》："句，曲也。"引申为勾股形的直角边之短者。勾的本义亦为弯曲。古句、勾通用。戴震从《永乐大典》辑录汉唐算经，改"句股"之"句"作"勾"。清中叶之后凡言"句股"，大多作"勾股"。今通用"勾"字。在现代，"句"不再有"曲"的释义。《现代汉语词典》对"句"，读 gōu 者仅有"高句丽"一个释义。本书凡"原文"及注释中引用的原文，均遵从古籍，用"句"字，而在笔者写的注释和译文中则遵从目前的惯例，使用"勾"字。

## （三）本书所使用的底本与参考书
### 1. 关于《九章筭术》

本书使用《九章筭术新校》的正文，还使用了其他一些参校本。兹将这些版本，包括汇校本及其增补版所使用的版本及简称，以及关于《九章筭术》及其刘徽注的著作简介如下：

**南宋本** 南宋鲍澣之于庆元元年（1200）翻刻的北宋秘书省刻本《九章筭经》，仅存前五卷。文物出版社 1980 年影印，收入《宋刻算经六种》。

**《大典》本** 明《永乐大典》（1408）"筭"字条分类抄入《九章筭经》。今存《九章筭术》卷三下半卷和卷四。1960 年影印，收入中华书局《永乐大典》。1993 年影印，收入《中国科学技术典籍通汇·数学卷》第 1 册。此外，戴震辑录校勘本中戴震引出的原本文字，《九章筭术》其他各卷如果戴震辑录本的文字与南宋本或杨辉本相同者，以及李潢所指出的《大典》本原文，本书也径直称为《大典》本。

**杨辉本** 南宋 1261 年杨辉《详解九章筭法》抄录的《九章筭经》。今存卷三下半卷及卷四（存《永乐大典》中），和卷五约半卷及卷六至卷九（由《宜稼堂丛书》根据宋景昌的校勘记恢复原文）。

**汲古阁本** 1684 年清汲古阁主人毛扆影抄南宋本《九章筭经》，存卷一至卷五。北平故宫博物院 1932 年影印，收入《天禄琳琅丛书》。

戴震辑录本《九章算术》 1774 年戴震从《永乐大典》辑录，今不存。郭书春以四库文津阁本为底本，以《武英殿聚珍版丛书》乾隆御览本与《四库全书》文渊阁本参校，并借助于戴震的校勘记恢复《大典》本原文而得（未刊）。

戴震辑录校勘本《九章算术》 今不存，郭书春以四库文津阁本为底本，以《武英殿聚珍版丛书》乾隆御览本与《四库全书》文渊阁本参校恢复（未刊）。

聚珍版 1775 年清宫武英殿根据戴震辑录校勘本《九章算术》的副本用活字印刷。1776 年福建影刻。

御览本 乾隆命馆臣对聚珍版《九章算术》的修订本。1993 年影印，收入《中国科学技术典籍通汇·数学卷》第 1 册。

四库文津阁本 1775 年根据戴震辑录校勘本《九章算术》的正本抄录。2005 年，北京商务印书馆影印了文津阁本。

四库文渊阁本 1784 年根据戴震辑录校勘本《九章算术》的副本抄录。1983 年，台北商务印书馆影印了文渊阁本。

豫簪堂本 1776 年屈曾发在豫簪堂刊刻的戴震新校本《九章算术》（与《海岛算经》合刻）。

微波榭本 戴震于 1776 年冬 1777 年春整理的新校本《九章算术》，收入微波榭本《算经十书》。庚寅年（1890）上海翻刻微波榭本。

李潢本 李潢《九章算术细草图说》提出的校勘。此书 1820 年鸿语堂刊刻。1993 年影印，收入《中国科学技术典籍通汇·数学卷》第 4 册。

李锐撰《方程新术草》，载《李氏算学遗书》，1819 年刻板。

汪莱撰《校正〈九章算术〉及戴氏订讹》，载《衡斋遗书》，1892 年刻板。

宜稼堂本 宋景昌校《详解九章算法》，仅有《九章算术》之卷五（约半卷）及卷六至卷九。收入《宜稼堂丛书》。

微波榭庚寅本 庚寅年（1890）上海翻刻微波榭本《九章

算术》。

聚珍版补刊本　1893 年福建补刊聚珍版《九章算术》。

聚珍版广雅书局本　1899 年广东广雅书局翻刻福建聚珍版补刊本《九章算术》。

钱校本　钱宝琮校点《九章算术》，收入《算经十书》上册，中华书局 1963 年出版。收入《李俨钱宝琮科学史全集》第四卷，辽宁教育出版社 1998 年出版。

川原本　1980 年日本朝日出版社出版的川原秀成的日译本"刘徽注《九章算术》"。

白注本　白尚恕《九章算术注释》，1983 年科学出版社出版。

汇校本　郭书春汇校《九章算术》，1990 年辽宁教育出版社出版。

郭书春撰《古代世界数学泰斗刘徽》　山东科学技术出版社 1992 年出版简体字本，2013 年出版修订本。台湾明文书局 1995 年出版繁体字修订本。

校证本　李继闵《九章算术校证》，陕西科学技术出版社 1993 年出版简体字本，台湾九章出版社 2002 年出版繁体字本。

沈康身撰《九章算术导读》　湖北教育出版社 1996 年出版。

《传世藏书》本　郭书春根据戴震辑录本整理的《九章算术》，收入《传世藏书》，海南国际新闻出版中心 1997 年出版。

译注本　郭书春译注《九章算术》，辽宁教育出版社 1998 年出版。

《算经十书》本　郭书春点校《九章算术》，收入《算经十书》，辽宁教育出版社 1998 年出版简体字本，台湾九章出版社 2001 年出版繁体字修订本。

李继闵撰《〈九章算术〉导读与译注》，1998 年陕西科学技术出版社出版。

汇校本增补版　郭书春汇校《九章筭术》增补版，2004 年辽宁教育出版社、台湾九章出版社出版。

中法双语评注本　林力娜（K. Chemla）与郭书春合作完成

的 *LES NEUF CHAPITRES: Le Classique mathématique de la Chine ancienne et ses commentaires*（《九章算术》），法国 Dunod 出版社 2004 年出版，2005 年重印。

**《国学备览》本**　郭书春根据戴震辑录本重新整理的《九章算术》，收入《国学备览》，首都师范大学出版社 2007 年出版。

**九章算术译注**　郭书春译注，上海古籍出版社 2009 年出版。

**汉英对照九章算术**（*Nine Chapters on the Art of Mathematics*）郭书春与道本周（J. W. Dauben）、徐义保合作，辽宁教育出版社 2013 年出版。

**九章算术新校**　郭书春汇校，中国科学技术大学出版社 2014 年出版。

**九章算术解读**　郭书春解读，科学出版社 2019 年出版。

**九章算术译注（修订本）**　郭书春译注，上海古籍出版社 2020 年出版。

**2. 其他**

许慎撰《说文解字》　中华书局 1963 年版。

《辞源》　商务印书馆 1979—1983 年版。

《汉语大词典》　汉语大词典出版社 1990 年版。

《汉语大字典》　湖北辞书出版社、四川辞书出版社 1992 年版。

《辞海》　上海辞书出版社 2009 年版。

本书杀青之际，我很怀念李俨、钱宝琮、严敦杰等中国数学史学科奠基人与前辈，自己的各项数学史研究工作，包括这次重新译注《九章算术》，都不断从他们的丰富著述中汲取营养。我也很怀念胡道静先生，他在 1990 年就建议我翻译《九章算术》，因当时已答应为辽宁教育出版社译注《九章算术》，为避免一稿两投，没有做，不无遗憾。我特别感谢吴文俊先生和李学勤先生。吴先生是中国当代数学泰斗，40 多年来，他积极倡导中国数学史研究，一直支持、鼓励我关于《九章算术》与刘徽的研究，特别是版本和校勘研究。李先生是史学、古文大师，在我准备汇校本的过程中给以具体指导，提出许多宝贵意见。我还要特别感谢上海古籍出版社和魏同贤先生、熊扬志先生。在《中华大典》的常务编委会和多次工作会议上，我经常向魏老请教，他总是谆谆教导。熊先生多次发邮件、通电话，对本书的写作、修改不仅提出宝贵意见，而且冒着酷暑，逐字逐句修改注释与译文，对提高本书质量大有裨益。我从事中国数学史研究40余年，自认为治学是严谨的，每发表一篇（部）论著，都坚持对刊物与出版社负责，对读者负责，也对自己的名节负责的态度，同仁与读者的口碑也不错。但是，每收到熊先生的修改稿，都感到汗颜。从熊先生的态度，我深深体会到上海古籍出版社对作者、对读者、对历史负责的严谨作风。段耀勇博士重绘了一些插图，深表感谢。此外，我的夫人王玉芝除了照顾我的生活之外，还帮助校雠了本书书稿。实际上，从汇校本起，我的每一部《九章筹术》校勘本都有她的心血，亦志此，以表感激之情。

《九章筹术》与刘徽注博大精深，我在前人的基础上做了一些工作，发表了几十篇文章，也出版了二十几部书。这次重新翻译《九章筹术》在某种意义上说是40年来研究成果的总结。然而，关于《九章筹术》与刘徽注的研究不仅是中国数学史研究最重要的课题，也是一条没有尽头的历史长河。无论从《九章筹术》的研究历史还是从个人的研究历程上说，目前的研究都是阶段性成果，远没有也不可能穷尽《九章筹术》与刘徽注的研究。事实上，30余年来我做了十几个在校勘上有不断进步的《九章筹术》版本，有的还多次出版，但校勘工作还有待进一步的研究。尤其是关于《九章筹术》的校勘中属于理校法的部分，目前并在今后一个相当长的时间内仍会见仁见智。我进行版本研究与校勘的目的，是力图恢复唐初立于学官的魏刘徽注、唐李淳风等注释的《九章筹术》。尽管做了汇校本及其增补版、《九章筹术新校》，中法双语评注本，以南宋本—杨辉本为底本的校勘本，以《大典》本的戴震辑录本为底本的校勘本——后二者力图复原唐中叶李籍所见到过的两个抄本，但是，与恢复唐初立于学官的抄本的目标，还有相当大的距离，需要不断努力。至于注释和译文，由于本人文史功底薄弱，必然会有错误和不足之处，也会有该注没注的遗漏。恳切希望方家不吝指教，以便在再版时改正。千虑之一得，是希望将《九章算术》与刘徽的研究推向更深入的阶段。

本书原为"中国古代科技名著译注丛书"之一种，出版十余年来，受到了读者的广泛喜爱，于 2020 年 11 月修订再版。为方便更多读者了解、学习中国古代数学知识，特将其收入本套丛书，作为"中国古代名著全本译注丛书"之新品种，与读者见面。

**郭书春**

2021 年 1 月

# 目　录

# 九章筭术序[1]

刘徽

    昔在包牺氏始画八卦[2]，以通神明之德，以类万物之情[3]，作九九之术[4]，以合六爻之变[5]。暨于黄帝神而化之[6]，引而伸之[7]，于是建历纪，协律吕[8]，用稽道原[9]，然后两仪四象精微之气可得而效焉[10]。记称"隶首作数"[11]，其详未之闻也。按：周公制礼而有九数[12]，九数之流，则《九章》是矣[13]。往者暴秦焚书，经术散坏[14]。自时厥后[15]，汉北平侯张苍、大司农中丞耿寿昌皆以善筭命世[16]。苍等因旧文之遗残，各称删补[17]。故校其目则与古或异[18]，而所论者多近语也[19]。

**【注释】**

〔1〕筭：系南宋本、大典本原文，戴震辑录本改作"算"字，全书同。《宜稼堂丛书》本杨辉《详解九章算法》、《诸家算法及序记》及其后诸本均作"算"。筭：本指算筹。《说文解字》："筭，长六寸，计历数者。从竹，从弄，言常弄乃不误也。"又同算。《尔雅》："筭，数也。"陆德明《经典释文》："筭，字又作算。"算：数，计算。《说文解字》："算，数也。从竹，从具，读若筭。"王筠释例：筭、算"二字经典通用"。清中叶以前的数学著作中，大都用"筭"，鲜有用"算"字者。1983 年底荆州张家山汉墓出土的《筭数书》竹简、岳麓书院藏秦简《数》、北京大学藏秦简《筭书》等也统统用"筭"。戴震自《永乐大典》辑录汉唐算经，始将全部的"筭"改作"算"字，无一例外。

〔2〕包牺氏：又作庖牺氏、伏羲氏、宓羲、伏戏，又称牺皇、皇羲。

神话中的人类始祖，人类由他与其妹女娲婚配而产生。教民结网，渔猎畜牧，又画八卦，反映中国原始社会早期的文明情况。　　始：曾，尝。

八卦：《周易》中的八种符号。《周易》中构成卦的横画叫作爻。一是阳爻，--是阴爻。每三爻合成一卦，可得八卦：☰（乾），☳（震），☱（兑），☲（离），☴（巽），☵（坎），☶（艮），☷（坤）。分别象征天，雷，泽，火，风，水，山，地，代表一定属性的若干事务。其中乾与坤，震与巽，坎与离，艮与兑是对立的。两卦相叠，成为六十四卦，象征自然界和社会现象的发展变化。

〔3〕以通神明之德，以类万物之情：为的是通达客观世界变化的规律，描摹其万物的情状。语出《周易·系辞下》。此后"通神明"、"类万物"遂成为中国古代关于数学两种作用的传统思想。神明，本来指主宰自然界和人类社会变化的神灵，后来演变为古代哲学用以说明变化的术语。《管子·内业》认为精气"流于天地之间，谓之鬼神"。《周易·系辞下》云："阴阳合德，而刚柔有体，以体天地之变，以通神明之德。"进而将通过事物的变化预测未来的能力称为神。《周易·系辞下》云"阴阳不测之谓神"。其人格神的意义已相当弱，成为哲学术语。虽然，"通神明"的作用还是会将数学导向象数学，而"类万物"则是描绘万物的数量关系，是中国古典数学的主要作用。德，客观规律。类，象，相似，像。

〔4〕九九：即九九乘法表。因古代自"九九八十一"始，故名"九九"；元朱世杰《算学启蒙》（1299）始，才改为从"一一如一"起。李籍《九章算术音义》（本书以下凡云"李籍云"者，均出《九章算术音义》）引《汉书·梅福传》云："臣闻齐桓之时，有以九九见者，桓公不逆，欲以致大也。"后亦指数学。李籍引师古曰："九九算术，若今《九章》、《五曹》之辈。"李冶云：《测圆海镜》"虽九九小数，后世必有知者。"

术：方法，解法，算法，程序，宋元时期又称为"法"。"术"的本义是邑中的道路。《说文解字》："术，邑中道也。"《墨子·旗帜》："巷术周道者，必为之门。"进而指一般的道路，再引申为途径，《礼记·乐记》："应感起物而动，然后心术形焉。"又引申为解决问题的途径，这就是方法、手段。《礼记·祭统》："惠术也，可以观政矣。"《淮南子·人间训》："见本而知末，观指而睹归，执一而应万，握要而治详，谓之术。"这里的"术"与《九章算术》的"术"同义。笔者与林力娜（K. Chemla）博士的中法双语评注本《九章算术》将"术"译为 procédure，而将《九章算术》译为 *Les Neuf chapitres sur les procédures mathématiques*，相应的英译为 *The Nine chapters of mathematical procedures*，见

Introduction of *Jade Mirror of the Four Unknowns*（汉英对照《四元玉鉴》前言，辽宁教育出版社，2006 年）。英国李约瑟（Joseph Needham）博士主编的《中国科学技术史》第三卷将《九章算术》的"术"理解为"技艺"，因而将其翻译为 *The Nine Chapters on the Mathematical Art*。李籍云："术者，有所述也。"亦未得要领。

〔5〕六爻：将八卦中每两卦相叠所构成的卦象。每卦含有阴阳交错的六个爻，故名。凡有六十四卦。

〔6〕暨：及，至，到。《玉篇》："暨，至也。"　　黄帝：姬姓，号轩辕氏，有熊氏，传说中的中华民族祖先。相传败炎帝，杀蚩尤，被拥戴为部落联盟首领，以代神农氏。命大桡作甲子，容成造历，羲和占日，常仪占月，臾区占星气，伶伦造律吕，隶首作算数。相传蚕桑、医药、舟车、宫室、文字等之制，皆创始于黄帝之时，反映了新石器时代的情况。　　神而化之：神妙地使之潜移默化。语出《周易·系辞下》："黄帝尧舜氏作，通其变，使民不倦，神而化之，使民宜之。"

〔7〕引而伸之：语出《周易·系辞上》："引而伸之，触类而长之，天下之能事毕矣。"

〔8〕历：推算日月星辰运行及季节时令的方法，又指历书。　　纪：古代纪年月的单位，十二年为一纪。《书经·毕命》："既历三纪，世变风移。"孔传："十二年曰纪。"亦有以二十五个月、一千五百年等为一纪的。　　律吕：乐律、音律的统称。律，本是古代用来校正乐音标准的管状仪器。以管的长短来确定音阶。从低音算起，有十二根管，成奇数的六根管黄钟、太蔟、姑洗、蕤宾、夷则、无射叫律，成偶数的六根管大吕、夹钟、仲吕、林钟、南吕、应钟叫吕，统称十二律。

〔9〕用稽道原：用以考察道的本原。稽，考核，调查。《书经·大禹谟》："无稽之言勿听。"

〔10〕两仪：指天、地。《周易·系辞上》："是故易有太极，是生两仪。"宋儒又谓指阴、阳。　　四象：指金、木、水、火。《周易·系辞上》："太极生两仪，两仪生四象，四象生八卦。"王弼注："四象谓金、木、水、火。震木、离火、兑金、坎水，各主一时。"宋儒又谓指太阳、太阴、少阳、少阴。　　精微：精深微妙。《礼记·经解》："絜静精微，《易》教也。"　　气：古代的哲学概念。诸家理解不一。一指主观精神。一指形成宇宙万物的最根本的物质实体。《周易·系辞上》："精气为物，游魂为变。"刘徽当用后者之义。

〔11〕记：典籍。这里当指《世本》。《世本》云："隶首作数。"一作"隶首作算数"。　　隶首：相传为黄帝的臣子。　　数：算学、数学。

〔12〕周公：周初政治家，名姬旦，协助周武王灭商，后又辅佐周成王。相传他制定了周朝的典章礼乐制度。　　九数：古代数学的九个分支。东汉末郑玄《周礼注》引东汉初郑众云："九数：方田、粟米、差分、少广、商功、均输、方程、赢不足、旁要。今有重差、夕桀、句股也。"唐陆德明等谓"夕桀"非郑注。周公制礼时会有称为"九数"的数学九个分支，但不会完全同于二郑所云"九数"。李籍云：九数"即《九章》也。以算言之，故曰九数；以篇言之，故曰《九章》。"

〔13〕九数之流，则《九章》是矣：刘徽认为，"九数"在先秦已经发展为《九章算术》。此种《九章算术》已不存，现存《九章算术》中采取术文统率例题部分的大多数内容应是它的主要部分。流，本义是水的流动，引申为演变，变化。

〔14〕暴秦焚书：秦始皇于三十四年（前213）采纳李斯建议，下令除秦记、医药、卜筮、种树书外，民间所藏所有《诗》、《书》和百家书皆交地方官三十六天内焚毁，是为对中国文化的一次极大破坏。不过，秦末战乱尤其是项羽的焚烧掳掠对先秦经典的破坏不会亚于秦始皇焚书。刘徽认为，《九章算术》在秦始皇焚书时遭到破坏。

〔15〕厥：之。《书经·无逸》："自时厥后，亦罔或克寿。"

〔16〕北平：西汉初侯国。高祖封张苍为北平侯，属中山国，治所在今河北满城北。　　大司农中丞：大司农属官，汉武帝太初元年（前104）置，掌财政支出，均输漕运事。　　命世：著名于世。

〔17〕称：述说，声言。《史记·屈原贾生列传》："上称帝喾，下道齐桓，中述汤武，以刺世事。"　　删补：删节补充。张苍与耿寿昌对《九章算术》删节的内容，是不是删去了某些定义与推理，不可详考。但是，卷三衰分章的非衰分问题，卷六均输章的非均输问题，卷九勾股章的解勾股形问题，即采取应用问题集形式的内容，以及带有汉代特征的某些问题肯定是他们补充的。

〔18〕故校其目则与古或异：刘徽考校了张苍、耿寿昌等删补的《九章算术》与各种资料，发现其目录与先秦的《九章算术》有所不同。

〔19〕所论者多近语：此谓张苍、耿寿昌用西汉的语言改写了先秦的文字。

【译文】

　　从前，包牺氏曾制作八卦，为的是通达客观世界变化的规律，描摹其万物的情状；又作九九之术，为的是符合六爻的变化。及至黄帝神妙地使之潜移默化，将其引申之，于是建立历法的纲纪，校正律管使乐曲和谐。用它们考察道的本原，然后两仪、四象的精微之气可以效法。典籍记载隶首创作了算学，其详细情形没有听说过。按：周公制定礼乐制度时产生了九数。九数经过发展，就成为《九章算术》。过去，残暴的秦朝焚书，导致经、术散坏。自那以后，西汉的北平侯张苍、大司农中丞耿寿昌皆以擅长算学而著名于世。张苍等人凭借残缺的原有文本，先后进行删削补充。这就是为什么对校它的目录，则有的地方与古代不同，而论述中所使用的大多是近代的语言。

　　徽幼习《九章》，长再详览。观阴阳之割裂[1]，总筹术之根源[2]，探赜之暇[3]，遂悟其意[4]。是以敢竭顽鲁[5]，采其所见[6]，为之作注。事类相推[7]，各有攸归[8]，故枝条虽分而同本干知[9]，发其一端而已[10]。又所析理以辞[11]，解体用图[12]，庶亦约而能周，通而不黩[13]，览者思过半矣[14]。且筹在六艺[15]，古者以宾兴贤能[16]，教习国子[17]。虽曰九数[18]，其能穷纤入微，探测无方[19]。至于以法相传[20]，亦犹规矩度量可得而共[21]，非特难为也。当今好之者寡，故世虽多通才达学，而未必能综于此耳。

**【注释】**

〔1〕阴阳：中国古代思想家用以解释自然界和宇宙万物中两种既对立又互相联系、消长的气或物质势力的术语。《老子·第四十二章》："万物负阴而抱阳。"《周易·系辞上》："阴阳不测之谓神。"一切现象都有正反两个方面，凡是天地、日月、昼夜、男女、上下、君臣乃至脏腑、气血等均分属阴阳。数学上互相对立又联系的概念，如法与实，数的大与小，整数与分数，正数与负数，盈与不足，图形的表与里，方与矩，等等，都分属阴阳。刘徽考察了数学中阴阳的对立、消长，才能找到数学

的根源。

〔2〕算术：清中叶后称"算术"，即今之数学，含有今之算术、代数、几何三角等各个分支的内容。最先见之于《周髀算经》卷上陈子语"此皆算术之所及"。"算术"即"算数之术"，陈子又曰："算数之术，是用智矣。"

〔3〕探赜（zé）：探索奥秘。赜，幽深玄妙。李籍云："赜者，含蓄。含蓄者，探之可及。故《易》曰'探赜'。"李籍《九章算术音义》此条下尚有"索隐"条，今传本刘徽序中无"索隐"二字。

〔4〕悟其意：领会了它的思想。这里指刘徽自己的数学思想和数学创造。

〔5〕顽鲁：顽劣愚钝。这是刘徽的自谦之辞。

〔6〕采其所见：搜集纳我所见到的数学知识和资料。由此可见，刘徽注尽管是刘徽写的，但是可以分成两部分：一是他自己的数学创造，即"悟其意"者；二是他以前或同代人的数学知识。有人因否认刘徽注中包含了前人的工作，将"采其所见"翻译成"就提出自己的见解"，显然是曲解。

〔7〕推：推求，推断。墨家的一种逻辑术语，《墨子·小取》："推也者，以其所不取之同于其所取者予之也。"相当于归纳与演绎两种推理形式相结合的推理方式。刘徽深受墨家的影响，在论证《九章算术》与他自己提出的算法、命题，以及考察各种数学概念和命题的关系时，既使用归纳推理，也使用演绎推理，并且以后者为主，有时也采取两者结合的方式。"推"在刘徽注不同处有不同的意义。

〔8〕攸归：所归。攸，助词，在动词前与其组成名词性词组，相当于"所"。《诗经·大雅·灵台》："王在灵囿，麀鹿攸伏。"郑玄注："攸，所也。"

〔9〕知：训者。李学勤认为，古籍"者"与"之"互训，用为指事之词。而"知"作为语词，则与"之"通。故"知"也可用作指事之词，与"者"义同。

〔10〕一端：一个开端。端，首，开头。《礼记·礼运》："故人者，天地之心也，五行之端也。"孔颖达疏："端，首也。"

〔11〕析理：初见于《庄子·天下篇》："判天地之美，析万物之理。"但没有方法论的意义。而到魏晋时代，它却成为正始之音和辩难之风的代名词。学术界一般认为，"析理"是郭象（？—312）注《庄子》时概括出来的。实际上，刘徽使用"析理"比郭象早。

〔12〕解体：分解形体。刘徽著有《九章重差图》一卷，已亡佚。

〔13〕通而不黩（dú）：通达而不繁琐。黩，频繁，多次。《中华大字典》此字的最早例句即刘徽此语。

〔14〕思过半：语出《周易·系辞下》："知者观其象辞，则思过半矣。"

〔15〕六艺：礼、乐、射、驭、书、数，是为周代贵族子弟所受教育的六门主要课程。《周礼·地官司徒》云六艺："一曰五礼，二曰六乐，三曰五射，四曰五驭，五曰六书，六曰九数。"说明数学在商周之交已形成一门学科。

〔16〕宾兴：周代举贤之法。谓乡大夫自乡小学举荐贤能而宾礼之，以升入国学。《周礼·地官·大司徒》："以乡三物教万民而宾兴之。"郑玄注："兴，犹举也。"

〔17〕国子：公卿大夫的子弟。《周礼·地官·师氏》："以三德教国子。"郑玄注："国子，公卿大夫之子弟。"

〔18〕东汉郑玄（127—200）引郑众（？—83）《周礼注》曰："九数：方田、粟米、差分、少广、商功、均输、方程、赢不足、旁要。今有重差、夕桀、句股也。"唐陆德明认为"夕桀"系衍文。

〔19〕无方：没有止境。方，境，边境。

〔20〕法：方法。这里指数学方法。

〔21〕规矩度量可得而共：就是说空间形式和数量关系中那些可以得到并且有共性的东西。规，是画圆的工具。矩，是画方的工具。图 0－1 为女娲伏羲执规矩图。这里引申为反映事物的空间形式。《尸子》说倕作规矩。《墨子·天文志》云："轮匠执其规矩，以度天下之方圆。"后来规矩也成了汉语中表示标准、法则，甚至道德规范的常用词。度量，度量衡。用度量衡量度某物，得到其长度、容积和重量，反映事物的数量关系。因此，规矩、度量就是人们常说的空间形式和数量关系。众所周知，

图 0－1　汉武梁祠女娲伏羲执规矩

中国古代，所有的几何问题都考虑其数量关系，都要化成算术或代数问题解决。刘徽的话高度概括了中国古典数学几何与算术、代数相结合的特点。

## 【译文】

我童年的时候学习过《九章算术》，成年后又作了详细研究。我考察了阴阳的区别对立，总结了算术的根源，在窥探它的深邃道理的余暇时间，领悟了它的思想。因此，我不揣冒昧，竭尽愚顽，搜集所见到的资料，为它作注。各种事物按照它们所属的类别互相推求，分别有自己的归宿。所以，它们的枝条虽然分离而具有同一个本干的原因就在于都发自于一个开端。如果用言辞表述对数理的分析，用图形表示对立体的分解，那差不多就会使之简约而周密，通达而不繁琐，凡是阅读它的人就能理解其大半的内容。而算学是六艺之一，古代以它举荐贤能的人而宾礼之，教育贵族子弟；虽然叫作九数，其功用却能穷尽非常细微的领域，探求的范围是没有极限的；至于世代所传的方法，只不过是规、矩、度、量中那些可以得到并且有共性的东西，并不是特别难以做到的。现在喜欢算学的人很少，所以世间虽然有许多通才达学，却不一定能对此融会贯通。

《周官·大司徒》职[1]，夏至日中立八尺之表[2]。其景尺有五寸，谓之地中[3]。说云，南戴日下万五千里[4]。夫云尔者，以术推之[5]。按《九章》立四表望远及因木望山之术[6]，皆端旁互见[7]，无有超邈若斯之类。然则苍等为术犹未足以博尽群数也。徽寻九数有重差之名，原其指趣乃所以施于此也[8]。凡望极高、测绝深而兼知其远者必用重差[9]、句股[10]，则必以重差为率[11]，故曰重差也。立两表于洛阳之城[12]，令高八尺，南北各尽平地，同日度其正中之时。以景差为法[13]，表高乘表间为实[14]，实如法而一[15]。所得加表高，即日去地也[16]。以南表之景乘表间为实，实如法而一，即为从南表至南戴日下也[17]。以南戴日下及日去地为句、股，为之求弦，即日去人也[18]。以径寸之筒南望日，日满筒空，则定筒之长短以为股率，以筒径为句率，日去人之数为大股，大股之句即日径也[19]。虽夫圆穹之象犹曰可度，又况泰山之高与江海之广哉[20]。徽以为今之史籍且略举天地之物，考论厥数，载之于志[21]，以阐世术之美，辄造《重差》[22]，并为注解，以究古人之意，缀于《句股》之下。度高者重表[23]，测深者累矩[24]，孤离者三望[25]，离而又旁求者四望[26]。触类而长之[27]，则虽幽遐诡伏，靡所不入[28]。博物君子[29]，详而览焉。

【注释】

〔1〕周官：即《周礼》，相传周公所作。学术界一般认为是战国时期的作品。　职：记，志。《史记·屈原贾生列传》："章画职墨兮，前度未改。"司马贞索隐："《楚辞》职作志。志，念也。"

〔2〕日中：一天的正中午，相当于今中午12点。　表：古代测望用的标杆。

〔3〕景（yǐng）：后作"影"。《周礼·大司徒》："以土圭之法，测土深，正日景以求地中。"　地中：大地的中心。

〔4〕此"说"指郑玄《周礼注》的有关内容。　南戴日下：即夏至日中太阳直射地面之处。

〔5〕推：计算。《淮南子·本经训》："星月之行，可以历推得也。"

〔6〕立四表望远、因木望山：系《九章算术》勾股章的两个题目。

〔7〕端旁：某点或侧面。

〔8〕原其指趣：推究它的宗旨。原，推求本原，推究。《易经·系辞下》："《易》之为书也，原始要终，以为质也。"指趣，宗旨，意义。王

充《论衡·案书》："《六略》之录，万三千篇，虽不尽见，指趣可知。"

〔9〕重（chóng）差：郑众所说汉代发展起来的数学分支之一。因重表法的基本公式（见注〔16〕公式 0-1，注〔17〕公式 0-2）要用到两表影长之差 $l_2-l_1$，及两表到目的物的距离之差即两表间距 $l$，故名。李籍云"重，复也"，又云差"楚佳切"，是对的。但又云"差，不齐也"，则不当。

〔10〕句股：明清之后作"勾股"，郑众所说汉代发展起来的数学分支之一，张苍等将其编入《九章算术》，并将旁要纳入其中。

〔11〕必以重差为率：必须以重差建立率。率，参见卷一经分术注〔8〕。李籍云，率"约数也"，不妥。

〔12〕洛阳：今属河南省。中国古都，东周、东汉等建都于此。

〔13〕法：这里指除数。"法"的本义是标准。《管子·七法》："尺寸也，绳墨也，规矩也，衡石也，斗斛也，角量也，谓之法。"除法实际上是用同一个标准分割某些东西，这个标准数量就是除数，故称为"法"。后来的开方式即一元方程的一次项也称为法。

〔14〕乘：本义是登，升。《释名》："乘，升也，登亦如之也。"引申为加其上。进而引申为乘法运算。　　实：这里指被除数。中国古典数学密切联系实际，被分割的东西，即被除数，都是实际存在的，故称为"实"。后来被开方数和开方式、方程即线性方程组的常数项也称为实。

〔15〕实如法而一：亦称实如法得一。实中如果有与法相等的部分就得一，那么实中有几个与法相等的部分就得几，故除法的过程称为"实如法而一"或"实如法得一"。除法的表示从先秦到西汉有一个发展规范的过程。由《数》、《筭书》、《算数书》知道，在先秦，除法的表示方式是不统一的，有的没有"法"、"实"的名称，有的只指出"法"，或只指出"实"，有的指出了"法"与"实"，却没有术语"实如法"，有的则"法"、"实"、"实如法而一"或"实如法得一尺（或其他单位）"俱全。

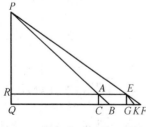

图 0-2　重表法
（采自钱宝琮主编《中国数学史》）

张苍等整理《九章算术》时，将抽象性的算法表示成"实如法而一"或"实如法得一"，而具体的计算常用"实如法得一尺（或其他单位）"。

〔16〕所得加表高，即日去人也：此处给出了日到地面的距离。如图 0-2，设日为 $P$，日去地距离 $PQ=H$；南表为 $AC$，影长为 $BC=l_1$；北表 $EG$，影长 $GF=l_2$，$AC=EG=h$；两表间距 $CG=l$。此

即重差术求日去地距离的公式

$$H = \frac{lh}{l_2 - l_1} + h \text{。} \tag{0-1}$$

〔17〕"以南表之景"三句：此处给出了南表至日直射处的距离。设南表至日直射处的距离 $CQ$ 为 $L$，此即重差术求南表至日直射处距离的公式

$$L = \frac{ll_2}{l_1 - l_2} \text{。} \tag{0-2}$$

〔18〕"以南戴日下"三句：此处给出了日到人的距离。设日去人的距离 $PB = m$，利用勾股术，即求出日去人的距离 $m = \sqrt{L^2 + H^2}$。

〔19〕"以径寸之筒"六句：如图 0-3，设日径为 $D$，筒径为 $d$，筒长为 $q$，由于以筒径和筒长为勾、股的勾股形与以日径和人去日为勾、股的勾股形相似，根据勾股"相与之势不失本率"的原理（即对应边成比例，见卷九）得到 $D = \frac{dm}{q}$。

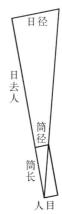

图 0-3 测日径
（采自译注本
《九章算术》）

〔20〕泰山：五岳之首，位于山东省泰安东。据笔者考证，刘徽确实测望过泰山之高、远。《海岛算经》的第 1 问的原型当是泰山。盖此问的海岛去表 102 里150 步，岛高 4 里 55 步。以 1 魏尺合今 23.8 厘米计算，分别是 43 911 米和 1 792.14 米。有人以为这是山东沿海的某岛屿。实际上，不仅山东，就是全中国也找不到如此高且距大陆这么近的海岛。而泰山玉皇顶今实测为 1 536 米，其南偏西方向十分陡峭，7 公里外的泰安城的海拔陡下降到 130 多米。到大汶河两岸，今肥城的城宫一带海拔仅为 72 米，与玉皇顶之间没有任何障碍物，泰山恰似一海岛，如图 0-4。清阮元（1764—1849）曾用重差术测望过泰山，测得泰山高 233 丈 5 寸 8$\frac{2}{31}$ 分（裁衣尺），以清裁衣尺 1 尺 35.50 厘米计算，为 827.36 米。刘徽所测与实测之误差比阮元小得多。参见郭书春《刘徽测望过泰山之高吗》，载《泰山研究论丛》（五），第 265—277 页，青岛海洋大学出版社，1992 年。收入《郭书春数学史自选集》上册，山东科学出版社，2018 年版。

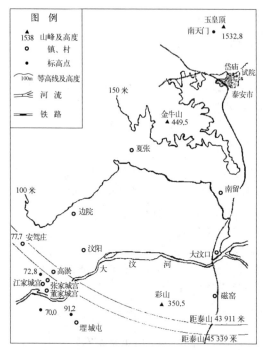

图 0-4　刘徽测泰山
（采自《古代世界数学泰斗刘徽》）

〔21〕志：指各种正史中的志书，主要是"地理志"等篇章。

〔22〕《重差》：后来单行，因第1问为测望一海岛之高、远，故名之曰《海岛筭经》，为十部算经之一。南宋本《海岛筭经》已失传。今传本是戴震从《永乐大典》辑录出来的，只有9问。图及刘徽自注已佚。

〔23〕重表：即重表法，是重差术最主要的测望方法。上述测日及《海岛筭经》望海岛问都用重表法。

〔24〕累矩：即累矩法，是重差术的第二种测望方法，《海岛筭经》望深谷问即用此法。此外还有连索法，《海岛筭经》望方邑问即用此法。望海岛、望方邑、望深谷都是二次测望问题，重表、连索、累矩是重差术的三种最主要的测望方法。

〔25〕《海岛筭经》望松、望楼、望波口、望津等4问是三次测望问题。

〔26〕《海岛筭经》望清涧、登山临邑等2问是四次测望问题。

〔27〕触类而长（zhǎng）：掌握一类事物的知识，就能据此增加同类事物的知识。语出《周易·系辞上》："引而伸之，触类而长之，天下之能事毕矣。"

〔28〕虽幽遐诡伏，靡所不入：虽然深远而隐秘不露，没有不契合的。幽，深。《尔雅》："幽，深也。"遐，远。《尔雅》："遐，远也。"诡伏，奇异而隐秘不露。靡，无，没有。《尔雅》："靡：无也。"入，合，契合。

〔29〕博物君子：博学多识的人。《左传》昭公元年："晋侯闻子产之言，曰：博物君子也。"博物，通晓众物。

**【译文】**

《周官·大司徒》记载，夏至这天中午竖立一根高 8 尺的表，若其影长是 1 尺 5 寸，这个地方就称为大地的中心。《周礼注》说：此处到南方太阳直射处的距离是 15 000 里。这样说的理由，是由术推算出来的。按：《九章算术》"立四表望远"及"因木望山"等问的方法，所测望的目标的某点或某方面的数值都是互相显现的，没有像这样遥远渺茫的类型。如此说来，张苍等人所建立的方法还不足以穷尽算学所有的分支。我发现九数中有"重差"这一名目，推求其宗旨的本原，就是施用于这一类问题的。凡是测望极高、极深而同时又要知道它的远近的问题必须用重差、勾股，那么必定以重差形成率，所以叫作重差。在洛阳城竖立两根表，高都是 8 尺，使之呈南北方向，并且都在同一水平地面上。同一天中午测量它们的影子。以它们的影长之差作为法。以表高乘两表间的距离作为实。实除以法，所得到的结果加表高，就是太阳到地面的距离。以南表的影长乘两表间的距离作为实。实除以法，就是南表到太阳直射处的距离。以南表到太阳直射处的距离及太阳到地面的距离分别作为勾和股，求与之相应的弦，就是太阳到人的距离。用直径 1 寸的竹筒向南测望太阳，让太阳恰好充满竹筒的空间，则以如此确定的竹筒的长度作为股率，以竹筒的直径作为勾率；以太阳到人的距离作为大股，那么与大股相应的勾就是太阳的直径。即使是圆穹的天象都是可以测度的，又何况泰山之高与江海之广呢！我认为，当今的史籍尚且略举天地间的事物，考论它们的数量，记载在各种志书中，以阐发人世间法术的美妙，于是我特地撰著《重差》一卷，并且为之作注解，以推寻古人的意图，缀于《勾股》之下。测望某目标的高用二根表，测望某目标的深用重叠的矩，对孤立的目标要三次测望，对孤立的而又要求其他数值的目标要四次测望。通过类推而不断增长知识，那么，即使是深远而隐秘不露，没有不契合的。博学多识的君子，请仔细地阅读吧！

# 九章筭术卷第一

魏刘徽注

唐朝议大夫行太史令上轻车都尉臣李淳风等奉敕注释[1]

**方田**[2] 以御田畴界域[3]

今有田广十五步[4]，从十六步[5]。问[6]：为田几何[7]？

  荅曰[8]：一亩[9]。

又有田广十二步，从十四步。问：为田几何？

  荅曰：一百六十八步[10]。图[11]：从十四，广十二。

方田术曰[12]：广、从步数相乘得积步[13]。此积谓田幂[14]。凡广、从相乘谓之幂[15]。　　臣淳风等谨按：经云"广、从相乘得积步"，注云"广、从相乘谓之幂"，观斯注意，积、幂义同[16]。以理推之，固当不尔。何则？幂是方面单布之名，积乃众数聚居之称。循名责实，二者全殊[17]。虽欲同之，窃恐不可。今以凡言幂者据广从之一方；其言积者举众步之都数[18]。经云相乘得积步，即是都数之明文。注云谓之为幂，全乖积步之本意。此注前云积为田幂，于理得通。复云谓之为幂，繁而不当。今者注释存善去非，略为料简[19]，遗诸后学。以亩法二百四十步除之[20]，即亩数。百亩为一顷[21]。臣淳风等谨按：此为篇端，故特举顷、亩二法。余术不复言者，从此可知。按：一亩田，广十五步，从而疏之[22]，令为十五行，即每行广一步而从十六步。又横而截之，令为十六行，即每行广一步而从十五步。此即从疏横截之步，各自为方。凡有二百四十步，为一亩之地，步数正同。以此言之，即广从相乘得积步，验矣。二百四十步者，亩法也；百亩者，顷法也。故以除之，即得。

今有田广一里[23]，从一里。问：为田几何？

　　荅曰：三顷七十五亩[24]。

又有田广二里，从三里。问：为田几何？

　　荅曰：二十二顷五十亩。

里田术曰：广、从里数相乘得积里[25]。以三百七十五乘之，即亩数。按：此术广从里数相乘得积里。故方里之中有三顷七十五亩[26]，故以乘之，即得亩数也。


【注释】

〔1〕朝议大夫：散官，简称朝议，始置于隋，唐因之，为文散官正五品下。　　太史令：官名，相传置于夏代，掌文书。后代沿置，汉景帝中元六年（前114）隶太常，掌天文、历法及修撰史书。唐初隶秘书省，从五品下。龙朔二年（662）改称秘阁郎中，后复名。　　上轻车都尉：官名，唐武德七年（624）改开府仪同三司置"轻车都尉"，为从四品上勋官。都尉，唐、宋、金、元、明武臣勋官等级，次于将军，高于骑尉，有上轻车都尉、轻车都尉、上骑都尉等名目。　　奉敕：奉皇帝之命。敕，汉魏指尊长、长官对后辈、下属的告诫等上命下之辞。南北朝之后专指皇帝诏书。

〔2〕方田：九数之一。传统的方田讨论各种面积问题和分数四则运算。狭义的方田，后来又称为直田，即长方形的田，如图1-1。李籍

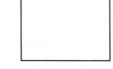

图1-1　直田
（采自《古代世界数学泰斗刘徽》）

云："田者，围周之以为疆，横从之以为理，平夷著建，兴作利养之地也。方田者，田之正也。诸田不等，以方为正，故曰方田。"

〔3〕御：本义是驾驭马车，引申为处理，治理。《玉篇》："御，治也。"李籍与《广韵》均云："御，理也。" 畴：已经耕作的田地。李籍引《说文解字》："畴，耕治之田也。" 界域：李籍云："疆也。"

〔4〕今有：假设有，《九章算术》问题题设的起首方式。今，连词，表示假设，相当于"若"、"假如"。《孟子·梁惠王下》："今王与百姓同乐，则王矣。"由秦汉数学简牍（《数》、《筭书》、《筭数书》、《筭术》等）知道，先秦数学问题题设的起首方式异彩纷呈，大多数题目没有任何引语作为起首，少数或以"程"，或以"取程"，或以"有"，或以"今有"等作起首。张苍等整理《九章算术》，遂以"今有"统一了数学问题题设的起首方式。当一种术文有多个例题时，则从第二题起题设的起首用"又有"。 广：一般指物体的宽度。李籍云：广，"阔也"。《墨子·备城门》："沈机长二丈，广八尺。"有时广有方向的意义，表示东西的长度。赵爽《周髀筭经注》："东西南北谓之广长。"

〔5〕从（zōng）：又音 zòng，又作袤，今作纵，表示直，南北的量度。《集韵》："南北曰从。"李籍云：从，"长也"。广、从，今多译为宽（或阔）、长。实际上，中国古代的广、从有方向的含义。因此，广未必小于从，见下乘分术的第三个例题。《墨子·备城门》中"突"之"袤九尺，广十尺"，也是广大于袤。 步：古代长度单位，秦汉 1 步为 5 尺。隋唐以后为 6 尺。

〔6〕问：中国古典数学问题发问的起首语。由秦汉数学简牍知道，先秦数学问题发问的起首也是不统一的。有的没有任何发问的起首语，而采取直叙的方式；有的以"欲"、"欲求"、"求"作为发问的起首语。张苍等整理《九章算术》，遂以"问"统一了数学问题发问的起首方式。

〔7〕几何：若干，多少。李籍云："几何，数之疑也。"中国古典数学问题的发问语。传统数学问题的发问语也经历了一个发展过程，秦汉数学简牍的发问方式不统一，尽管有的以"几何"发问，占了大多数，但还有的没有任何发问语，而以"欲"、"欲求"、"求"代替发问语。张苍等整理《九章算术》，则完全以"几何"发问，没有例外。明末利玛窦与徐光启合译欧里得的"Element"，定名为《几何原本》，"几何"实际上是拉丁文 mathematica 的中译，指整个的数学。后日本将 geometria 译作几何学，传到中国，几何遂成为数学中关于空间形式的学问。

〔8〕荅：同"答"。对荅之荅原作"畣"。荅本是小豆之名，后来借

为对苔之苔。《玉篇》:"苔,当也。"《五经文字·艸部》:"苔:此苔本是小豆之一名,对苔之苔本作畣。经典及人间行此已久,故不可改。"《尔雅》:"畣,然也。"《玉篇》:"畣,今作答。"对苔之苔,后作答。《广韵》:"答,当也,亦作苔。"本书的答案,凡引原文皆用"苔"字,而译文则全部改作"答"。从秦汉数学简牍可以看出,在先秦,答案的表示方式相当复杂,有的没有任何引语,以直叙的方式给出答案,有的以"曰"、"得"或"得曰"作引语给出答案。值得注意的是,没有一个题目使用"苔曰"。张苍等整理《九章筭术》,则统一使用"苔曰",没有任何例外。

〔9〕亩:古代的土地面积单位。《九章筭术》中 1 亩为 240 步。此处"步"实际上为步²。

〔10〕步:此处"步"为步²。

〔11〕图:此"图"应该在刘徽所撰《九章重差图》中,已亡佚。本书凡提到刘徽注之图者,除另加说明者外,皆亡佚。

〔12〕术:方法,计算程序。《筭数书》中的计算方法皆作"术",不是简化字;《九章筭术》本作"術",简化成"术"。《筭数书》之"术"当是"術"的假借字。术(shú),指秫。又音 zhú,菊科草类。

〔13〕乘:登,升。李籍云:乘,"登也。登之使其数多"。广从步数相乘得积步:设方田的面积为 $S$,广、从分别是 $a$,$b$,则长方形的面积公式是

$$S = ab。 \tag{1-1}$$

积步:是《九章筭术》提出的表示面积的概念,也可以作为面积的单位,即步之积。将 1 步长的线段在平面上积累起来,长 $a$ 步,就是 $a$ 积步,常简称为 $a$ 步,步即今之平方步,因此古代之步,视不同情况,有时指今之步,有时指步²。下文中之积尺、积寸、积里等概念与此类似。由此又引申出积分等概念。值得注意的是,刘徽对公式(1-1)没有试图证明,显然是当作公理使用的。

〔14〕幂:即今之面积。王莽铜斛铭文中始使用,作"冥"。根据不同的情况,刘徽《九章筭术注》中有田幂、矩幂、勾幂、股幂、弦幂、方幂、圆幂、立幂等,还有以颜色表示的青幂、朱幂、黄幂等。清末李善兰、华蘅芳等翻译西方数学著作,遂用"幂"表示指数,沿用至今。古今"幂"的含义既有联系,又有区别。

〔15〕凡广从相乘谓之幂:这是刘徽对幂即面积的定义。

〔16〕李淳风等从刘徽的话中得出"积幂义同"的结论是完全错误

的。刘徽将"广从相乘"这种积称为幂，幂与积是种属关系，积包括幂，但积不一定是幂，因为三数相乘的体积，或更多的数相乘，也是积。李淳风等由刘徽注看不出幂和积的区别，说明他们的逻辑水平低下。

〔17〕循名责实，二者全殊：李淳风等认为积与幂完全不同。他们不懂幂属于积，两者有相同之处，说积、幂"二者全殊"，当然是错误的。他们指责正确的刘徽，徒然暴露其数学水平的低下和逻辑的混乱。殊，不同，异。《周易·系辞下》："天下同归而殊涂。"

〔18〕都（dū）数：总数。都，聚，汇集。《管子·水地》："卑也者，道之室，王者之器。而水以为都居。"注云："都，聚也。"引申为总，总共。《汉书·西域传》："都护之起，自吉置矣。"颜师古注："都犹总也，言总护南北之道。"

〔19〕料简：品评选择。蔡邕《太尉杨公碑》："沙汰虚冗，料简贞实。"亦作"料拣"。自唐起，"料简"就有误作"科简"者。《北史·循吏·张华原传》："华原科简轻重，随事决遣。"

〔20〕亩法：1亩的标准度量。李籍引《司马法》曰："六尺为步，步百为亩。秦孝公之制，二百四十步为一亩。"秦汉制度 1 亩 = 240 步$^2$，1 顷 = 100 亩。已知某田地的面积的步$^2$数，求亩数，便以 240 步$^2$为除数，故称 240 步$^2$为亩法。秦汉数学简牍与此同。　　除：在《九章算术》及其刘徽注中有二义。一是除去，即现今之"减"。卷六"客去忘持衣"问刘徽注"除"曰："除，其减也。"一是现今"除法"的除，此处即用此义。李籍释"除"云："去也。去之使其少。"可见"除"之义先引申为"减去"，后进一步引申为除法之"除"。此二义在下文中一般不再一一指出，观前后文及译文即可明白。

〔21〕百亩为一顷：100 亩为 1 顷，故称为顷法。

〔22〕疏：分，截。《史记·黥布传》："上裂地而王之，疏爵而贵之。"司马贞索隐："按：裂地是对文，故知疏即分也。"此处横截与从疏为对文，知"疏"即截。

〔23〕里：长度单位，秦汉时 1 里为 300 步。

〔24〕三顷七十五亩：1 里$^2$ = 375 亩 = 3 顷 75 亩。故 375 亩为里法。《算数书》亦有此问。

〔25〕以里为单位的田地的面积求法，其公式与方田术（1 - 1）相同。

〔26〕故：犹"夫"。裴学海《古书虚字集释》卷五："'故'，犹'夫'也，提示之词也。"

## 【译文】

**方田** 为了处理田地等面积

假设一块田宽 15 步，长 16 步。问：田的面积有多少？

答：1 亩。

又假设一块田宽 12 步，长 14 步。问：田的面积有多少？

答：168 步。图：长 14，宽 12。

方田术：宽与长的步数相乘，便得到积步。这种积叫作田的面积。凡是宽与长的步数相乘，就叫它作面积。　淳风等按：《九章算术》说宽、长步数相乘，便得到积步。刘徽注说宽、长相乘，就把它叫作幂。考察这个注的意思，积和面积的意义相同。按道理推究之，本不应当是这样的。为什么呢？面积是一层四方布的名称，积却是众多的数量积聚的名称。循名责实，二者完全不同。即使想把它看成相同的，我们认为是不可以的。现在凡是说到面积，都是占据有宽有长的一个方形，而说到积，都是列举众多步数的总数。《九章算术》说相乘得到积步，就是总数的明确文字。刘徽注说叫它做面积，完全背离了积步的本意。这个注前面说积是田的面积，在道理上可以讲得通。又说叫它做面积，繁琐而不恰当。现在注释，留下正确的，删去错误的，稍加品评选择，把它贡献给后来的学子。以亩法 240 步² 除积步，就是亩数。100 亩为 1 顷。淳风等按：这是本篇的开端，因此特别举出顷、亩二者的法。其他的术中不再谈到它们，就是因为由这里可以知道。按：1 亩地，宽为 15 步，竖着分割它，使成为 15 行，就是每行宽为 1 步而长为 16 步。又横着裁截它，使成为 16 行，就是每行宽为 1 步而长为 15 步。这就是竖着分割横着裁截的 1 步，各自成正方形，共有 240 步²。作为 1 亩的田地，步数恰好与亩法相同。由此说来，就是宽、长相乘便得到积步，被验证了。240 步²，是亩法；100 亩，是顷法。因此，用来除积步，便得到答案。

假设一块田宽 1 里，长 1 里。问：田的面积有多少？

答：3 顷 75 亩。

又假设一块田宽 2 里，长 3 里。问：田的面积有多少？

答：22 顷 50 亩。

里田术：宽与长的里数相乘，便得到积里。以 375 亩乘之，就是亩数。按：这一术中，宽、长里数相乘，便得到积里。而 1 方里中有 3 顷 75 亩，所以以它乘积里，就得到亩数。

今有十八分之十二[1]。问：约之得几何[2]？

答曰：三分之二。

又有九十一分之四十九。问：约之得几何？

答曰：十三分之七。

约分[3] 按：约分者，物之数量，不可悉全[4]，必以分言之[5]。分之为数，繁则难用。设有四分之二者，繁而言之[6]，亦可为八分之四；约而言之[7]，则二分之一也[8]。虽则异辞，至于为数，亦同归尔。法实相推[9]，动有参差[10]，故为术者先治诸分[11]。术曰：可半者半之[12]；不可半者，副置分母、子之数[13]，以少减多，更相减损[14]，求其等也[15]。以等数约之[16]。等数约之，即除也。其所以相减者，皆等数之重叠[17]，故以等数约之。

【注释】

〔1〕非名数真分数的表示方式在中国也有一个发展过程。由秦汉数学简牍知道，现今的真分数 $\frac{a}{b}$（$a$，$b$ 皆为正整数）在先秦有两种表示方式：一是表示为"$b$ 分 $a$"，一是表示为"$b$ 分之 $a$"。张苍等整理《九章算术》，遂统一为"$b$ 分之 $a$"。

〔2〕约：本义是缠束。《说文解字》："约，缠束也。"引申为精明、简要。《吴子·论将》："约者，法令省而不烦。"李籍云："约者，欲其不烦。"这里是约简。

〔3〕约分：约简分数。约分术，就是约简分数的方法。

〔4〕不可悉全：不可能都是整数。悉，副词，全，都。全，整数。

〔5〕必以分言之：必须以分数表示之。刘徽在这里说明分数产生的最初的原因。言，记载，表示。

〔6〕繁而言之：繁琐地表示之。

〔7〕约而言之：约简地表示之。

〔8〕此谓 $\frac{2}{4}=\frac{4}{8}=\frac{1}{2}$。

〔9〕推：计算。

〔10〕动有参差（cēn cī）：往往有参差不齐的情形。动，往往。《史记·律书》："且兵凶器，虽克所愿，动亦耗病。"参差，长短、高低、大

小不等。《诗经·周南·关雎》："参差荇菜，左右流之。"

〔11〕诸分：各种分数运算法则。

〔12〕可半者半之：可以取其一半的就取其一半。亦即分子、分母都是偶数的情形，可以被2除。

〔13〕副置：即在旁边布置算筹。李籍云："别设算位，有所分也。"副，贰，次要的（区别于主或正）。段玉裁《说文解字注》："周人言贰，汉人言副，古今语也。"李籍云：副，"敷救切，别也"。置，"陟吏切，设也"。

〔14〕更相减损：相互减损。这是一种与辗转相除法异曲同工的运算程序。更相，相互。《史记·张丞相列传》："田文言曰：'今此三君者，皆丞相也。'其后三人竟更相代为丞相。"减损，减少。《史记·礼书》："叔孙通颇有所增益减损。"

〔15〕等：等数的简称。等数，今之最大公约数。因它是分子、分母更相减损，至两者的余数相等而得出的，故名。

〔16〕以等数约之：以等数同时除分子与分母。

〔17〕皆等数之重叠：分子、分母都是等数的重叠。设分母、分子分别为 $a$，$b$，等数为 $r_{n-1}=r_n$，计算每次更相减损的余数 $r_i$，$i=1$，2，3，… $n$，则

$$r_{n-2}=r_{n-1}q_n+r_n=r_n(q_n+1),$$
$$r_{n-3}=r_{n-2}q_{n-1}+r_{n-1}=r_n(q_nq_{n-1}+q_{n-1}+1),$$
$$r_{n-4}=r_{n-3}q_{n-2}+r_{n-2}=r_n(q_nq_{n-1}q_{n-2}+q_{n-1}q_{n-2}+q_{n-2}+q_n+1),$$
$$\cdots$$
$$b=r_nP(q_2,q_3,\cdots q_n),$$
$$a=r_nQ(q_1,q_2,\cdots q_n)。$$

其中 $P$，$Q$ 分别是 $q_2$，$q_3$，… $q_n$ 与 $q_1$，$q_2$，… $q_n$ 的多项式，是整数。因此 $a$，$b$ 都是 $r_n$ 的倍数，故云皆等数之重叠。

【译文】

假设有 $\dfrac{12}{18}$。问：约简它，得多少？

答：$\dfrac{2}{3}$。

又假设有 $\frac{49}{91}$。问：约简它，得多少？

答：$\frac{7}{13}$。

约分按：要约分，是因为事物的数量，不可能都是整数，必须用分数表示之；而分数作为一个数，太繁琐就难以使用。假设有 $\frac{2}{4}$，繁琐地表示之，又可以成为 $\frac{4}{8}$；约简地表示之，就是 $\frac{1}{2}$。虽然表示形式不同，而作为数，还是同样的结果。法与实互相求取，常常有参差不齐的情况，所以探讨计算法则的人首先要研究各种分数的运算法则。术：可以取分子、分母一半的，就取它们的一半；如果不能取它们的一半，就在旁边布置分母、分子的数值，以小减大，辗转相减，求出它们的等数。用等数约简之。用等数约简之，就是除。之所以用它们辗转相减，是因为分子、分母都是等数的重叠。所以用等数约简之。

今有三分之一，五分之二。问：合之得几何[1]？

答曰：十五分之十一。

又有三分之二，七分之四，九分之五。问：合之得几何？

答曰：得一、六十三分之五十。

又有二分之一，三分之二，四分之三，五分之四。问：合之得几何？

答曰：得二、六十分之四十三。

合分[2]臣淳风等谨按：合分知[3]，数非一端，分无定准，诸分子杂互，群母参差。粗细既殊，理难从一。故齐其众分，同其群母[4]，令可相并[5]，故曰合分。术曰：母互乘子，并以为实。母相乘为法。母互乘子，约而言之者，其分粗[6]；繁而言之者，其分细[7]。虽则粗细有殊，然其实一也。

众分错难，非细不会[8]。乘而散之，所以通之[9]。通之则可并也。凡母互乘子谓之齐，群母相乘谓之同[10]。同者，相与通同共一母也；齐者，子与母齐，势不可失本数也[11]。方以类聚，物以群分[12]。数同类者无远；数异类者无近。远而通体知，虽异位而相从也；近而殊形知，虽同列而相违也[13]。然则齐同之术要矣[14]：错综度数，动之斯谐[15]，其犹佩觹解结[16]，无往而不理焉。乘以散之，约以聚之，齐同以通之，此其筭之纲纪乎[17]。　　其一术者[18]，可令母除为率[19]，率乘子为齐[20]。实如法而一[21]。不满法者，以法命之[22]。今欲求其实，故齐其子，又同其母，令如母而一。其余以等数约之，即得知。所谓同法为母，实余为子，皆从此例。其母同者，直相从之[23]。

**【注释】**

〔1〕合：聚合，聚集。《论语·宪问》："桓公九合诸侯。"进而引申为合并，相加。

〔2〕合分：将分数相加。李籍云："合分者，欲其不离。"合分术，就是将分数相加的方法。

〔3〕合分知：与下文"远而通体知"、"近而殊形知"，此三"知"字，训"者"，见刘徽序"故枝条虽分而同本干知"之注释。

〔4〕齐：使一个数量与其相关的数量同步增长的运算。此处谓使各个分数的分子分别与其分母同步增长，即刘徽所说"母互乘子谓之齐"。

同：使几组数量中某同类数相同的运算。此处谓使各个分数的分母相同，即刘徽所说"群母相乘谓之同"。

〔5〕并：即相加。表示"加"，古代有"合"、"并"、"从"、"和"等术语。

〔6〕粗：指数值大。分数约简后分数单位变大，亦即"约以聚之"。若分子、分母有等数 $m$，$a = mp$，$b = mq$，则 $\dfrac{a}{b} = \dfrac{p}{q}$。

〔7〕细：指数值小。分子、分母同乘一数，使分数单位变小，亦即

"乘以散之"。即 $\dfrac{a}{b}=\dfrac{ma}{mb}$，其中 $m$ 是正整数。

〔8〕众分错难，非细不会：诸分数错互（指分数单位不同一），难以处理，不将它们的分数单位变小，便不能相会通。

〔9〕通：通过等量变换使各组数量会通的运算。对分数而言就是通分。

〔10〕这是刘徽关于齐、同的定义。

〔11〕"齐者"三句：此谓通过"同"的运算，使诸分数有一共同的分母，而通过"齐"的运算，使诸分数的值不丧失什么，亦即其值保持不变。势，本义是力量，威力，权力，权势。引申为形势，态势。失，遗失，丧失，丢掉。《说文解字》："失，纵也。"段玉裁注："失，一曰舍也。"

〔12〕方以类聚，物以群分：义理按类分别相聚，事物按群分门别类。语出《周易·系辞上》："方以类聚，物以群分，吉凶生矣。"孔颖达疏："方，道也。"方，义理，道理。

〔13〕"数同类者"六句：刘徽借鉴稍前的何晏的"同类无远而相应，异类无近而不相违"，反其意而用之，是说同类的数不管表面上有什么差异，总还是相近的；不同类的数不管表面上多么接近，其差异总是很大的。通体，相似、相通。相从，狭义地指相加，广义地指相协调。

〔14〕齐同术：在数学运算中，"齐"与"同"一般同时运用，称为"齐同术"，今称为"齐同原理"。它最先产生于分数的通分，如分数 $\dfrac{a}{b}$，$\dfrac{c}{d}$，通分后化成 $\dfrac{ad}{bd}$，$\dfrac{bc}{bd}$，就是同其母，齐其子。后来推广到率的运算中。

〔15〕错综度数，动之斯谐：错综复杂的数量，施之齐同术就会和谐。斯，则，就。

〔16〕犹：好像，如同。《左传·隐公四年》："夫兵，犹火也。"觿（xī）：古代用以解绳结的角锥。《诗经·卫风·芄兰》："芄兰之支，童子佩觿。"

〔17〕"乘以散之"四句：刘徽在这里将"乘以散之，约以聚之，齐同以通之"这三种等量变换看成"筭之纲纪"。这三种等量变换本来源于分数运算，刘徽将其从分数推广到"率"的运算中，实际上将"率"看成"筭之纲纪"。纲纪，大纲要领，法度。《荀子·劝学》："礼者，法之大分、类之纲纪也。"

〔18〕其一术：另一种方法。

〔19〕母除为率：指分别以各分数的分母除众分母之积，以其结果作

为这个分数的率。

〔20〕率乘子为齐：以各个率乘各自的分子，就是齐。

〔21〕母互乘子，并以为实。母相乘为法。实如法而一：即分数加法法则

$$\frac{a}{b} + \frac{c}{d} = \frac{ad}{bd} + \frac{bc}{bd} = \frac{ad+bc}{bd}。 \tag{1-2}$$

显然这里分数的加法没有用到分母的最小公倍数。

〔22〕以法命之：即以法为分母命名一个分数。命，命名。

〔23〕其母同者，直相从之：如果各个分数的分母相同，就直接相加。直，径直，直接。《史记·魏公子列传》："侯生摄敝衣冠，直上载公子上座，不让。"从，本义是随从，此处是"加"的意思。

【译文】

假设有 $\frac{1}{3}$，$\frac{2}{5}$。问：将它们相加，得多少？

答：$\frac{11}{15}$。

又假设有 $\frac{2}{3}$，$\frac{4}{7}$，$\frac{5}{9}$。问：将它们相加，得多少？

答：得 $1\frac{50}{63}$。

又假设有 $\frac{1}{2}$，$\frac{2}{3}$，$\frac{3}{4}$，$\frac{4}{5}$。问：将它们相加，得多少？

答：得 $2\frac{43}{60}$。

合分淳风等按：合分，是因为分数不止一个，分数单位也不同一；诸分子互相错杂，众分母参差不齐；分数单位的大小既然不同，从道理上说难以遵从其中一个数。因此，要让各个分数分别与分母相齐，让众分母相同，使它们可以相加，所以叫作合分。术曰：分母互乘分子，相加作为实。分母相乘作为法。分母互乘分子：约简地表示一个分数，其分数单位大；繁琐地表示一个分数，其分数单位小。虽然单位的大小有差别，然而其实是一个。各个分数互相错杂，难以处理，不将其分数单位化小，就不能会通。通过乘就使分

数单位散开，借此使它们互相通达。使它们互相通达就可以相加。凡是分母互乘分子，就把它叫作齐；众分母相乘，就把它叫作同。同就是使诸分数相互通达，有一个共同的分母；齐就是使分子与分母相齐，其态势不会改变本来的数值。各种方法根据各自的种类聚合在一起，天下万物根据各自的性质分离成不同的群体。数只要是同类的就不会相差很远，数只要是异类的就不会很切近。相距很远而能相通者，虽在不同的位置上，却能互相依从；相距很近而有不同的形态，即使在相同的行列上，也会互相背离。那么，齐同之术是非常关键的：不管多么错综复杂的度量、数值，只要运用它就会和谐，这就好像用佩戴的觽解绳结一样，不论碰到什么问题，没有不能解决的。乘使之散开，约使之聚合，齐同使之互相通达，这难道不是算法的纲纪吗？　　另一术：可以用分母除众分母之积作为率，用率分别乘各分子作为齐。实除以法。实不满法者，就用法命名一个分数。现在要求它们的实，所以使它们的分子分别相齐，使它们的分母相同，用分母分别相除。其余数用等数约简，就得到结果。所谓相同的法作为分母，实中的余数作为分子的情况，都遵从此例。如果分母本来就相同，便直接将它们相加。

今有九分之八，减其五分之一。问：余几何？

　　荅曰：四十五分之三十一。

又有四分之三，减其三分之一。问：余几何？

　　荅曰：十二分之五。

减分[1]臣淳风等谨按：诸分子、母数各不同，以少减多，欲知余几，减余为实，故曰减分。术曰：母互乘子，以少减多，余为实。母相乘为法。实如法而一[2]。"母互乘子"知[3]，以齐其子也，"以少减多"知，齐故可相减也。"母相乘为法"者，同其母。母同子齐，故如母而一，即得。

今有八分之五，二十五分之十六。问：孰多？多几何？

　　荅曰：二十五分之十六多，多二百分之三。

又有九分之八，七分之六。问：孰多？多几何？

　　荅曰：九分之八多，多六十三分之二。

又有二十一分之八，五十分之十七。问：孰多？多几何？

答曰：二十一分之八多，多一千五十分之四
十三。

课分[4]臣淳风等谨按：分各异名，理不齐一，校其相多之数，
故曰课分也。术曰：**母互乘子，以少减多，余为实。
母相乘为法。实如法而一，即相多也**[5]。臣淳风等谨
按：此术母互乘子，以少分减多分。按[6]：此术多与减分义同。
唯相多之数，意共减分有异：减分知[7]，求其余数有几；课分
知，以其余数相多也。

**【注释】**

〔1〕减分：将分数相减。李籍云"减分者，欲知其余"。减，《说文
解字》与李籍均云："减，损也。"减分术，就是将分数相减的方法。

〔2〕"母互乘子"五句：即分数减法法则，设 $\frac{a}{b} > \frac{c}{d}$，则

$$\frac{a}{b} - \frac{c}{d} = \frac{ad}{bd} - \frac{bc}{bd} = \frac{ad-bc}{bd}。 \tag{1-3}$$

〔3〕知：与下文"'以少减多'知"，二"知"字，训"者"，见刘徽
序"故枝条虽分而同本干知"之注释。

〔4〕课分：就是考察分数的大小。李籍云："欲知其相多。"课，考
察，考核。《管子·明法》："明分职而课。"李籍云：课，"校也"。课分
术，就是比较分数大小的方法。元、明的著作常将两者归结为同一术，
或称为减分术，或称为课分术。

〔5〕课分术的程序与减分术（1-3）基本相同。

〔6〕李淳风等指出减分术与课分术的区别：前者是求余数是多少，
后者是将余数看作相多的数。

〔7〕减分知：与下文"课分知"，两"知"字训"者"，说见刘徽序
"故枝条虽分而同本干知"之注释。

**【译文】**

假设有 $\frac{8}{9}$，它减去 $\frac{1}{5}$。问：剩余是多少？

答：余 $\frac{31}{45}$。

又假设有 $\frac{3}{4}$，它减去 $\frac{1}{3}$。问：剩余是多少？

答：余 $\frac{5}{12}$。

减分淳风等按：诸分子、分母的数值各不相同，以小减大，要知道余几。使相减的余数作为实，所以叫作减分。术：分母互乘分子，以小减大，余数作为实。分母相乘作为法。实除以法。"分母互乘分子"，是为了使它们的分子相齐；"以小减大"，是因为分子已经相齐，故可以相减。"分母相乘作为法"，是为了使它们的分母相同。分母相同，分子相齐，所以相减的余数除以分母，即得结果。

假设有 $\frac{5}{8}$，$\frac{16}{25}$。问：哪个多，多多少？

答：$\frac{16}{25}$ 多，多 $\frac{3}{200}$。

又假设有 $\frac{8}{9}$，$\frac{6}{7}$。问：哪个多，多多少？

答：$\frac{8}{9}$ 多，多 $\frac{2}{63}$。

又假设有 $\frac{8}{21}$，$\frac{17}{50}$。问：哪个多，多多少？

答：$\frac{8}{21}$ 多，多 $\frac{43}{1\,050}$。

课分淳风等按：诸分数各有不同的分数单位，在数理上不整齐划一。比较它们相多的数，所以叫作课分。术：分母互乘分子，以小减大，余数作为实。分母相乘作为法。实除以法，就得到相多的数。淳风等按：此术中分母互乘分子，以小减大。按：此术与减分的意义大体相同，只是求相多的数，意思跟减分有所不同：减分是求它们的余数有几，课分是将余数看作相多的数。

今有三分之一，三分之二，四分之三。问：减多益少〔1〕，各几何而平〔2〕？

> 荅曰：减四分之三者二，三分之二者一，并，以益三分之一，而各平于十二分之七〔3〕。

又有二分之一，三分之二，四分之三。问：减多益少，各几何而平？

> 荅曰：减三分之二者一，四分之三者四，并，以益二分之一，而各平于三十六分之二十三。

平分〔4〕臣淳风等谨按：平分知〔5〕，诸分参差，欲令齐等，减彼之多，增此之少，故曰平分也。术曰：母互乘子，齐其子也。副并为平实〔6〕。臣淳风等谨按：母互乘子，副并为平实知，定此平实主限，众子所当损益知，限为平〔7〕。母相乘为法。"母相乘为法"知，亦齐其子，又同其母〔8〕。以列数乘未并者各自为列实。亦以列数乘法〔9〕。此当副置列数除平实，若然则重有分，故反以列数乘同齐〔10〕。臣淳风等谨又按：问云所平之分多少不定，或三或二，列位无常。平三知，置位三重；平二知，置位二重。凡此之例，一准平分不可预定多少，故直云列数而已。以平实减列实〔11〕，余，约之为所减〔12〕。并所减以益于少〔13〕。以法命平实，各得其平〔14〕。

【注释】

〔1〕益：增加。方程章之"损益"，与此"益"同义。宋元时期又用之表示开方式的负系数，如"益隅"就是负的最高次幂。

〔2〕平：平均值。李籍云："均也。"

〔3〕此处"二"、"一"均是以十二为分母的分数的分子。这是说从 $\frac{3}{4}$ 减 $\frac{2}{12}$，从 $\frac{2}{3}$ 减 $\frac{1}{12}$，将 $\frac{2}{12} + \frac{1}{12}$ 加到 $\frac{1}{3}$ 上，得到它们的平均值。这实际上是将分母先置于旁边。下问同此。这种方法在宋元时期发展为处理分式运算的方式，称为"寄母"。

〔4〕平分：求几个分数的平均值。李籍云："平分者，欲减多增少，而至于均。"平分术，求几个分数的平均值的方法。以求三个分数 $\frac{a}{b}$，$\frac{c}{d}$，$\frac{e}{f}$ 的平均值为例。列数是 3。

〔5〕平分知：与下文"平实知"、"损益知"、"母相乘为法知"，此四"知"字，训"者"，说见刘徽"故枝条虽分而同本干知"之注释。

〔6〕并：加。李籍云："兼也。别兼筭位，有所合也。"　平实：分母互乘分子，求其和，称为平实。分子分别得 $adf$，$bcf$，$bde$，平实为 $adf + bcf + bde$。

〔7〕"定此平实主限"三句：确定这个平实作为主要的界限。各个分子所应当减损增益的，以这个界限作为标准。

〔8〕齐其子：分母互乘分子就是齐其子。　同其母：分母相乘就是同其母。分母得 $bdf$，称为法。

〔9〕"以列数乘未并者"二句：以列数乘相齐后还没有相加的分子，得列实 $3adf$，$3bcf$，$3bde$。又以列数乘法，得 $3bdf$。未并者，指相齐后还没有相加的分子。

〔10〕"此当副置列数除平实"三句：这是说，《九章算术》的方法有些曲折，本来用列数先除平实，再用法除即可。但是如此可能出现"重有分"的情形，故反过来，用列数乘同，得 $3bdf$，又用列数乘齐，得 $3adf$，$3bcf$，$3bde$。重有分，即今之繁分数。同，指术文中的法。齐，指术文中的"未并者"。

〔11〕以平实减列实：得 $3adf - (adf + bcf + bde)$，$3bcf - (adf + bcf + bde)$，$3bde - (adf + bcf + bde)$。

〔12〕约之为所减：是指以平实减列实的余数与法 $3bdf$ 约简（见下注），作为应该从大的数中减去的分子。

〔13〕并所减以益于少：将应该减去的分子相加，增益到小的分子上。

〔14〕以法命平实，各得其平：以法除平实，得到平均值。此即

$\dfrac{adf+bcf+bde}{3bdf}$。法，指列数与原"法"之积 $3bdf$。之所以仍称为"法"，是因为此位置为"法"，是位值制的一种表示。

## 【译文】

假设有 $\dfrac{1}{3}$，$\dfrac{2}{3}$，$\dfrac{3}{4}$。问：减大的数，加到小的数上，各多少而得到它们的平均值？

答：减 $\dfrac{3}{4}$ 的是 $\dfrac{2}{12}$，减 $\dfrac{2}{3}$ 的是 $\dfrac{1}{12}$，将它们相加，增益到 $\dfrac{1}{3}$ 上，各得平均值是 $\dfrac{7}{12}$。

又假设有 $\dfrac{1}{2}$，$\dfrac{2}{3}$，$\dfrac{3}{4}$。问：减大的数，加到小的数上，各多少而得到它们的平均值？

答：减 $\dfrac{2}{3}$ 的是 $\dfrac{1}{36}$，减 $\dfrac{3}{4}$ 的是 $\dfrac{4}{36}$，将它们相加，增益到 $\dfrac{1}{2}$ 上，各得平均值是 $\dfrac{23}{36}$。

平分淳风等按：平分是当各个分数参差不齐时，想使它们齐等。减那个分数所多的部分，增益这个分数所少的部分，所以叫作平分。术：分母互乘分子，这是为了使它们的分子相齐。在旁边将它们相加作为平实。淳风等按："分母互乘分子，在旁边将它们相加作为平实"，是为了确立这个平实作为主要的界限。各个分子所应当减损的、增益的，以这个界限作为标准。分母相乘作为法。"分母相乘作为法"的原因，既然已使它们的分子相齐，也应该使它们的分母相同。以分数的个数乘未相加的分子，各自作为列实。同时以分数的个数乘法。这本来应当在旁边布置分数的个数去除平实。如果那样做，就会出现双重分数，所以反过来用分数的个数乘同与齐。　淳风等又按：问题给出的要求其平均值的分数的个数多少不一定有时是3个，有时是2个，个数不固定。求3个分数的平均值，就布置3位，求2个分数的平均值，就布置2位。凡是这类例子，求其平均值的分数的个数不能预定多少，所以直接说"个数"就够了。用平实减列实，用法将其余数约简，作为应该从大的数中减去的分子。将应该减去的分子相加，增益到小的分子上。用法除平实，便得到各分数的平均值。

今有七人，分八钱三分钱之一[1]。问：人得几何？

　　荅曰：人得一钱二十一分钱之四。

又有三人三分人之一，分六钱三分钱之一、四分钱之三。问：人得几何？

　　荅曰：人得二钱八分钱之一。

经分[2] 臣淳风等谨按：经分者，自合分已下，皆与诸分相齐，此乃直求一人之分。以人数分所分，故曰经分也[3]。术曰：以人数为法，钱数为实，实如法而一。有分者通之[4]；母互乘子知[5]，齐其子；母相乘者，同其母；以母通之者，分母乘全内子[6]。乘，散全则为积分[7]，积分则与分子相通之，故可令相从。凡数相与者谓之率[8]。率知，自相与通[9]。有分则可散，分重叠则约也[10]。等除法实，相与率也[11]。故散分者，必令两分母相乘法实也。重有分者同而通之[12]。又以法分母乘实，实分母乘法[13]。此谓法、实俱有分，故令分母各乘全分内子[14]，又令分母互乘上下。

【注释】

　　[1] 由秦汉数学简牍知道，先秦的名数分数的表示方式也多种多样。比如现今的以尺为单位的分数 $m\dfrac{a}{b}$ 尺（$m$，$a$，$b$ 均为正整数），有的在"分"后无名数单位，表示成 $m$ 尺 $b$ 分 $a$，或 $m$ 尺 $b$ 分之 $a$。有的在"分"后有名数单位，表示成 $m$ 尺 $b$ 分尺 $a$，或 $m$ 尺有 $b$ 分尺之 $a$，或 $m$ 尺 $b$ 分尺之 $a$。张苍等整理《九章算术》，遂统一为 $m$ 尺 $b$ 分尺之 $a$。

　　[2] 经分：本义是分割分数，也就是分数相除。李籍云："经分者，欲径求一人之分而至于径。"似受李淳风等影响，未必符合原意。经，划

分，分割。《孟子·滕文公》："夫仁政必自经界始。"李籍引《释名》曰："经者，径也。"经分术，分数除法。"经分"在《算数书》中作"径分"。《九章算术》与《算数书》中的经分术的例题中被除数都是分数，而除数可以是分数也可以是整数。但在本卷乘分术刘徽注、卷三衰分术的刘徽注、卷二反其率术的李淳风等注释中，将除数、被除数都是整数的除法也称为经分，不知是不是符合《九章算术》之义。

〔3〕李淳风等将"经分"理解成"以人数分所分"，"直求一人之分"，也就是说含有整数除法。

〔4〕有分者通之：此言实即被除数是分数，法即除数是整数的情形。此时需将实与法通分，其法则是

$$\frac{a}{b} \div d = \frac{a}{b} \div \frac{bd}{b} = \frac{a}{bd} 。 \tag{1-4}$$

〔5〕母互乘子知：与下文"率知"，此二"知"字，训"者"，其说见刘徽序"故枝条虽分而同本干知"之注释。

〔6〕以母通之者，分母乘全内子：此谓以分母通分，就是将分数的整数部分乘以分母后纳入分子，化成假分数。内（nà），交入，纳入，后作"纳"。《史记·秦始皇本纪》："百姓内粟千石，拜爵一级。"

〔7〕积分：即分之积，与"积步"、"积里"、"积尺"等术语同类。"积分"与现代数学的积分当然不同，但两者的渊源关系是不言而喻的。清末李善兰等以此翻译"integral"，非常恰当。

〔8〕凡数相与者谓之率：凡诸数相关就称之为率。这是刘徽关于"率"的定义。相与，相关。《周易·咸》："二气感应以相与。"

〔9〕自：本来，本是。《乐府诗集》："东家有贤女，自名秦罗敷。"

〔10〕有分则可散，分重叠则约也：如果有分数就可以散开，分数单位重叠就可以约简。散，散分。通过乘以散之，即下文之"两分母相乘法实"，化成相与率。

〔11〕相与率：就是没有等数（公约数）的一组率关系。刘徽在运算中经常使用相与率，它在某种意义上弥补了中国古算中没有互素概念的不足。

〔12〕重（chóng）有分：在这里是分数除分数的情形，将除写成分数的关系，就是繁分数。其法则是

$$\frac{a}{b} \div \frac{c}{d} = \frac{ad}{bd} \div \frac{cb}{bd} = \frac{ad}{bc} 。$$

〔13〕以法分母乘实，实分母乘法：这是分数除法中的颠倒相乘法

$$\frac{a}{b} \div \frac{c}{d} = \frac{a}{b} \times \frac{d}{c} = \frac{ad}{bc}。$$

过去，中国数学史界一直认为这是刘徽的首创。实际上，《筭数书》"启从"条提出"广分子乘积分母为法，积分子乘广分母为实"，就是分数除法中的颠倒相乘法。可见先秦时人们已经掌握了颠倒相乘法，张苍等整理《九章算术》时没有采用。

〔14〕全分：即"全"，整数部分。

【译文】

假设有 7 人分 $8\frac{1}{3}$ 钱。问：每人得多少？

　　答：每人得 $1\frac{4}{21}$ 钱。

又假设有 $3\frac{1}{3}$ 人分 $6\frac{1}{3}$ 钱、$\frac{3}{4}$ 钱。问：每人得多少？

　　答：每人得 $2\frac{1}{8}$ 钱。

经分淳风等按：经分，自合分术以下，皆使诸分数相齐。这里却是直接求一人所应分得的部分。用人数去分所分的数，所以叫作经分。术：把人数作为法，钱数作为实，实除以法。如果有分数，就将其通分。分母互乘分子，是为了使它们的分子相齐；分母相乘，是为了使它们的分母相同；用分母将其通分，使用分母乘整数部分再纳入分子。通过乘将整数部分散开，就成为积分。积分就与分子相通达，所以可以使它们相加。凡是互相关联的数量，就把它们叫作率。率，本来就互相关联通达；如果有分数就可以散开，分数单位重叠就可以约简；用等数除法与实，就得到相与率。所以，散分就必定使两分母互乘法与实。有双重分数的，就要化成同分母而使它们通达。又可以用法的分母乘实，用实的分母乘法。这里是说法与实都是分数，所以分别用分母乘整数部分纳入分子，又用分母互乘分子、分母。

今有田广七分步之四，从五分步之三。问：为田几何？
　　荅曰：三十五分步之十二。

又有田广九分步之七，从十一分步之九。问：为田
几何？

　　　　荅曰：十一分步之七。

又有田广五分步之四，从九分步之五[1]。问：为田
几何？

　　　　荅曰：九分步之四。

乘分[2]臣淳风等谨按：乘分者，分母相乘为法，子相乘为实，
故曰乘分。术曰：**母相乘为法，子相乘为实，实如法
而一**[3]。凡实不满法者而有母、子之名[4]。若有分，以乘其
实而长之[5]。则亦满法，乃为全耳[6]。又以子有所乘，故母当
报除[7]。报除者，实如法而一也。今子相乘则母各当报除，因
令分母相乘而连除也[8]。此田有广、从，难以广谕。设有问者
曰：马二十匹，直金十二斤[9]。今卖马二十匹，三十五人分之，
人得几何？荅曰：三十五分斤之十二。其为之也，当如经分术，
以十二斤金为实，三十五人为法。设更言马五匹，直金三斤。
今卖四匹，七人分之，人得几何？荅曰：人得三十五分斤之十
二。其为之也，当齐其金、人之数，皆合初问入于经分矣[10]。
然则"分子相乘为实"者，犹齐其金也；"母相乘为法"者，犹
齐其人也。同其母为二十，马无事于同，但欲求齐而已[11]。
又，马五匹，直金三斤，完全之率[12]；分而言之，则为一匹直
金五分斤之三[13]。七人卖四马，一人卖七分马之四[14]。金与
人交互相生，所从言之异，而计数则三术同归也[15]。

今有田广三步三分步之一，从五步五分步之二。问：为
田几何？

　　　　荅曰：十八步。

又有田广七步四分步之三，从十五步九分步之五。问：

为田几何？

　　荅曰：一百二十步九分步之五。

又有田广十八步七分步之五，从二十三步十一分步之六。问：为田几何？

　　荅曰：一亩二百步十一分步之七。

大广田[16]臣淳风等谨按：大广田知[17]，初术直有全步而无余分[18]；次术空有余分而无全步[19]；此术先见全步复有余分[20]，可以广兼三术，故曰大广[21]。术曰：**分母各乘其全，分子从之**，"分母各乘其全，分子从之"者，通全步内分子，如此则母、子皆为实矣。**相乘为实。分母相乘为法。**犹乘分也。**实如法而一**[22]。今为术广从俱有分，当各自通其分。命母入者，还须出之，故令"分母相乘为法"而连除之。

**【注释】**

　〔1〕此问是广大于从的情形。

　〔2〕乘分：分数相乘。李籍云："乘分者，欲知其所积。"乘分术，就是分数相乘的方法。李籍云："自合分已下，独乘言田，而皆列于方田者，欲其学数者不可后也。故说算者以谓'为术者先治诸分'。能治诸分，则数学之能事尽矣。"这里道出了将分数四则运算法则列入方田章的原因。

　〔3〕"母相乘为法"三句：此即分数乘法法则。

$$\frac{a}{b} \times \frac{c}{d} = \frac{ac}{bd}。$$

(1-5)

　〔4〕凡实不满法者而有母、子之名：当实除以法时，如果出现实不满法的情形，即有余数，则以余数作为分子，法作为分母，就成为一个分数。这是分数产生的第二种方式。

　〔5〕若有分，以乘其实而长之：如果有分数，以某数乘其实（分子），会使它增长。

〔6〕则亦满法，乃为全耳：则如果有满法（分母）的部分，就得到整数。亦，连词，相当于假如。《诗经·小雅·雨无正》："云不可使，得罪于投资，亦云可使，怨及朋友。"全，整数。

〔7〕报除：回报以除。报，回报，回赠。《诗经·卫风·木瓜》："投我以木瓜，报之以琼琚。"

〔8〕今子相乘则母各当报除，因令分母相乘而连除：如果分子相乘，则应当分别以分母回报以除，因而将分母相乘而连在一起除。即 $\dfrac{a}{b} \times \dfrac{c}{d} = (ac \div b) \div d = ac \div bd$。连除，连在一起除。连，联合，连接。

〔9〕直：值，价格。《史记·平准书》："乃以白鹿皮方尺，缘以藻绩，为皮币，直四十万。"

〔10〕入于经分：纳入经分术。刘徽此处亦将整数相除归于经分。入，纳入。卷五刘徽注"以负土术入之"，卷八《九章算术》经文"以方程术入之"，皆同义。

〔11〕此是以齐同术解卖马分金的问题。

〔12〕完全：整数。5 匹马值 3 斤金，都是整数。

〔13〕分而言之：以分数表示之。1 匹马值 $\dfrac{3}{5}$ 斤金，是分数。

〔14〕此是以乘分术解卖马分金的问题。

〔15〕三术：指解决此问的经分术、齐同术和乘分术。

〔16〕大广田：《筹数书》的"大广"条提出大广术，与此基本一致。

〔17〕知：训"者"，说见刘徽序"故枝条虽分而同本干知"之注释。

〔18〕初术：指方田术，此术中的数都是整数。　直：只，只是，仅。《孟子·梁惠王上》："直不百步耳，是亦走也。"　余分：分数部分。

〔19〕次术：指乘分术，此术中的数都是真分数。　空：只，仅。《齐民要术》："取石首鱼、鲟鱼、鲻鱼三种肠、肚、胞，齐净洗，空著白盐。"

〔20〕见（xiàn）：显露，显现。《广韵》："见，露也。"《周易·乾》："见龙在田。"下文"见径"、"见其形"、"见幂"之"见"均同。

〔21〕三术：是方田术、乘分术和大广田术。

〔22〕"分母各乘其全"五句：设两个带分数为 $a+\dfrac{c}{d}$ 和 $b+\dfrac{e}{f}$，其中 $a$，$b$ 分别是两个分数的整数部分。其法则就是

$$\left(a+\frac{c}{d}\right)\left(b+\frac{e}{f}\right) = \frac{ad+c}{d} \times \frac{bf+e}{f} = \frac{(ad+c)(bf+e)}{df}。$$

## 【译文】

假设有一块田，宽 $\frac{4}{7}$ 步，长 $\frac{3}{5}$ 步。问：田的面积是多少？

答：$\frac{12}{35}$ 步$^2$。

又假设有一块田，宽 $\frac{7}{9}$ 步，长 $\frac{9}{11}$ 步。问：田的面积是多少？

答：$\frac{7}{11}$ 步$^2$。

又假设有一块田，宽 $\frac{4}{5}$ 步，长 $\frac{5}{9}$ 步。问：田的面积是多少？

答：$\frac{4}{9}$ 步$^2$。

乘分淳风等按：对于乘分，分母相乘作为法，分子相乘作为实，所以叫作乘分。术：分母相乘作为法，分子相乘作为实，实除以法。凡是有实不满法的情况才有分母、分子的名称。若有分数，通过乘它的实而扩大它，则如果满了法，就形成整数部分。又因为分子有所乘，所以在分母上应当用除回报。用除回报，就是实除以法。如果分子相乘，则应当分别以分母回报以除，因而将分母相乘而连在一起除。这里田地有宽、长，难以比喻更多的方面。假设有人问：20匹马值12斤金。如果卖掉20匹马，35人分所得的金，每人得多少？答：$\frac{12}{35}$ 斤金。那处理它的方式，应当像经分术那样，以12斤金作为实，以35人作为法。又假设说：5匹马，值3斤金，如果卖掉4匹，7人分所得的金，每人得多少？答：每人得 $\frac{12}{35}$ 斤金。那处理它的方式，应当使金、人的数相齐，都符合开始的问题，而纳入经分术了。那么，"分子相乘作为实"，如同使其中的金相齐；"分母相乘作为法"，如同使其中的人相齐。使它们的分母相同，成为20。马除了用来使分母相同之外没有什么作用，只是想用它求金、人相齐之数罢了。又，5匹马，值3斤金，这是整数之率；若用分数表示之，就是1匹马值 $\frac{3}{5}$ 斤金。7人卖4匹马，1人卖 $\frac{4}{7}$ 匹马。金与人交互相生。表示它们的言辞虽然不同，然而计算所得的数值，则三种方法殊途同归。

假设有一块田，宽 $3\frac{1}{3}$ 步，长 $5\frac{2}{5}$ 步。问：田的面积是多少？

答：18 步$^2$。

又假设有一块田，宽 $7\frac{3}{4}$ 步，长 $15\frac{5}{9}$ 步。问：田的面积是多少？

答：$120\frac{5}{9}$ 步$^2$。

又假设有一块田，宽 $18\frac{5}{7}$ 步，长 $23\frac{6}{11}$ 步。问：田的面积是多少？

答：1 亩 $200\frac{7}{11}$ 步$^2$。

大广田淳风等按：开头的术只有整数步而无分数，第二术只有分数而无整数步，此术先出现整数步，又有分数，可以广泛地兼容三种术，所以叫作大广。
术：分母分别乘自己的整数部分，加入分子，"分母分别乘自己的整数部分，加入分子"，这是将整数部分通分，纳入分子。这样，分子、分母都化成为实。互相乘作为实。分母相乘作为法。如同乘分术。实除以法。现在所建立的术是宽、长都有分数部分，应当各自通分。既然分母已融入分子，那么还必须将它剔除，所以将分母相乘作为法而一下子除。

今有圭田广十二步$^{[1]}$，正从二十一步$^{[2]}$。问：为田几何？
　　荅曰：一百二十六步。
又有圭田广五步二分步之一，从八步三分步之二$^{[3]}$。
问：为田几何？
　　荅曰：二十三步六分步之五。
　　术曰：半广以乘正从$^{[4]}$。半广知$^{[5]}$，以盈补虚为直田也$^{[6]}$。亦可半正从以乘广$^{[7]}$。按半广乘从，以取中平之数$^{[8]}$，故广从相乘为积步$^{[9]}$。亩法除之，即得也。

【注释】
　　〔1〕圭田：本是古代卿大夫士供祭祀用的田地。《孟子·滕文公上》："卿以下必有圭田。"圭田应是等腰三角形。李籍云："圭田者，其形上锐有如圭然。"《九章筭术》之圭田可以理解为三角形。如图 1-2（1）。《夏侯阳筭经》"圭田"自注云"三角之田"。圭，本是古代帝王、诸侯举

行隆重仪式所执玉制礼器，上尖下方。李籍引《白虎通》曰："圭者，上锐，象物皆生于上也者。"

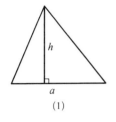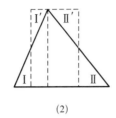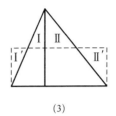

(1) (2) (3)

图 1-2 圭田
（采自译注本《九章算术》）

〔2〕正从：即"正纵"，三角形的高。

〔3〕从八步三分步之二：此圭田给出"从"，而不说"正从"，可见从就是正从，即其高。因此此圭田应是勾股形。

〔4〕这是圭田面积公式

$$S = \frac{a}{2} \times h,\qquad (1-6)$$

其中 $S$，$a$，$h$ 分别是圭田的面积、广和正从。

〔5〕知：训"者"，说见刘徽序"故枝条虽分而同本干知"之注释。

〔6〕以盈补虚：在卷五称为"损广补狭"，在卷九称为"出入相补"，今通称为出入相补原理。出入相补原理基于这样两个明显的事实：一是将一个图形平移或旋转不改变该图形的面积或体积，一是将一个图形分割成若干部分，则所有这些部分的面积或体积的总和等于原图形的面积或体积。圭田面积的以盈补虚方法如图 1-2（2）所示。

〔7〕这是刘徽记载的圭田面积的另一公式 $S = a \times \frac{h}{2}$。其以盈补虚方法如图 1-2（3）所示。

〔8〕中平之数：平均值。中平，中，中等，平均。

〔9〕此是刘徽记载的关于圭田面积公式的推导。将图 1-2（2），1-2（3）中的 I，II 分别移到 I′，II′ 处，便将圭田化为直田，由方田术求解。

【译文】

假设有一块圭田，宽12步，长21步。问：田的面积是多少？

答：126 步²。

又假设有一块圭田，宽 $5\frac{1}{2}$ 步，长 $8\frac{2}{3}$ 步。问：田的面积是多少？

答：$23\frac{5}{6}$ 步²。

术：用宽的一半乘高。取宽的一半，是为了以盈补虚，使它变为长方形田。又可以取高的一半，以它乘宽。按：宽的一半乘高，是为了取其宽的平均值，所以宽与长相乘成为积步。以亩法除之，就得到答案。

今有邪田[1]，一头广三十步，一头广四十二步，正从六十四步[2]。问：为田几何？

答曰：九亩一百四十四步。

又有邪田，正广六十五步，一畔从一百步，一畔从七十二步[3]。问：为田几何？

答曰：二十三亩七十步。

术曰：并两邪而半之[4]，以乘正从若广[5]。又可半正从若广，以乘并[6]。亩法而一。并而半之者，以盈补虚也[7]。

今有箕田，舌广二十步，踵广五步[8]，正从三十步。问：为田几何？

答曰：一亩一百三十五步。

又有箕田，舌广一百一十七步，踵广五十步，正从一百三十五步。问：为田几何？

答曰：四十六亩二百三十二步半。

术曰：并踵、舌而半之，以乘正从。亩法而一[9]。中分箕田则为两邪田，故其术相似[10]。又可并踵、舌，半正从以乘之[11]。

**【注释】**

〔1〕此问之邪田如图 1-3（1）所示。　　邪田：直角梯形。邪，斜。

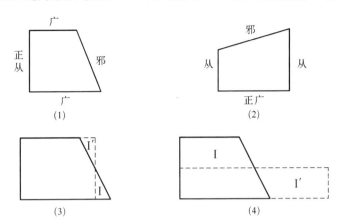

图 1-3　邪田
（采自译注本《九章算术》）

〔2〕正从：高。

〔3〕此问之邪田如图 1-3（2）所示。两问之邪田在数学上没有什么不同。　　正广：指直角梯形两直角间的边。　　畔：边侧。

〔4〕两邪：指与邪边相邻的两广或两从，此是古汉语中实词活用的修辞方式。

〔5〕以乘正从若广：以并两邪而半之乘正从或广。若，训"或"，或者。《左传·定公元年》："若从践土，若从宋，亦唯命。"商功章城、垣、堤、沟、堑、渠术，刍童、曲池、盘池、冥谷术之"若"与此同义。这里给出邪田面积公式

$$S = \frac{a_1 + a_2}{2} \times h, \qquad (1\text{-}7\text{-}1)$$

其中 $S$，$a_1$，$a_2$，$h$ 分别是邪田的面积、一头广或一畔从、另一头广或一畔从，以及正从或广。

〔6〕此给出邪田面积的另一公式

$$S = (a_1 + a_2) \times \frac{h}{2}。 \qquad (1\text{-}7\text{-}2)$$

〔7〕证明以上两个公式的以盈补虚方法分别如图 1-3（3），（4）所示。分别将Ⅰ分别移到Ⅰ′处即可。

〔8〕箕田：是形如簸箕的田地，即一般的梯形，如图 1 - 4（1）。李籍云："箕田者，有舌有踵，其形哆侈，如有箕然。"又引《诗经》曰："哆兮侈兮，成是南箕。"箕，簸箕，簸米去糠的器具。　踵：脚后跟。舌和踵分别是梯形的上底与下底。

(1)

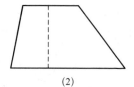
(2)

图 1 - 4　箕田
（采自译注本《九章算术》）

〔9〕此给出箕田面积公式 $S=\dfrac{a_1+a_2}{2}\times h$，其中 $S$，$a_1$，$a_2$，$h$ 分别是箕田的面积、舌、踵和正纵，与（1 - 7 - 1）相同。

〔10〕箕田分割成两邪田，如图 1 - 4（2）所示。　相似：相类，相像。《周易·系辞上》："与天地相似，故不违。"

〔11〕刘徽提出箕田的另一面积公式 $S=(a_1+a_2)\times\dfrac{h}{2}$，与（1 - 7 - 2）相同。


【译文】

假设有一块斜田，一头宽 30 步，一头宽 42 步，长 64 步。问：田的面积是多少？

答：9 亩 144 步$^2$。

又假设有一块斜田，宽 65 步，一侧的长 100 步，另一侧的长 72 步。问：田的面积是多少？

答：23 亩 70 步$^2$。

术：求与斜边相邻两宽或两长之和，取其一半，以乘长或宽。又可以取其长或宽的一半，用以乘两宽或两长之和。除以亩法。求其和，取其一半，这是以盈补虚。

假设有一块箕田，舌处宽 20 步，踵处宽 5 步，长 30 步。问：田的面积是多少？

答：1 亩 135 步$^2$。

又假设有一块箕田，舌处宽 117 步，踵处宽 50 步，长 135 步。问：田的面积是多少？

答：46 亩 232 $\frac{1}{2}$ 步$^2$。

术：求踵、舌处的两宽之和而取其一半，以它乘长。除以亩法。从中间分割箕田，则成为两块斜田，所以它们的术相似。又可求踵、舌处两宽之和，取长的一半，用来相乘。

今有圆田[1]，周三十步，径十步[2]。臣淳风等谨按：术意以周三径一为率，周三十步，合径十步。今依密率[3]，合径九步十一分步之六。问：为田几何？

答曰：七十五步。此于徽术[4]，当为田七十一步一百五十七分步之一百三。　臣淳风等谨依密率，为田七十一步二十二分步之一十三。

又有圆田，周一百八十一步，径六十步三分步之一。臣淳风等谨按：周三径一，周一百八十一步，径六十步三分步之一。依密率，径五十七步二十二分步之十三。问：为田几何？

答曰：十一亩九十步十二分步之一。此于徽术，当为田十亩二百八步三百一十四分步之一百一十三。

臣淳风等谨依密率，为田十亩二百五步八十八分步之八十七。

术曰：半周半径相乘得积步[5]。按：半周为从，半径为广，故广从相乘为积步也[6]。假令圆径二尺，圆中容六觚之一面[7]，与圆径之半，其数均等。合径率一而弧周率三也[8]。又按：为图[9]，以六觚之一面乘一弧半径[10]，因而三之[11]，得十二觚之幂[12]。若又割之，次以十二觚之一面乘一弧之半径[13]，因而六之[14]，则得二十四觚之幂。割之弥细[15]，所失弥少[16]。割之又割，以至于不可割[17]，则与圆周合体而无所失矣[18]。觚面之外，犹有余径[19]，以面乘余径，则幂出弧表[20]。若夫觚之细者，与圆合体，则表无余径[21]。表无余径，则幂不外出矣[22]。以一面乘半径，觚而裁之[23]，每辄自倍[24]。故以半周乘半径而为圆幂[25]。此以周、径，谓至然之数[26]，非周三径一之率也。周三者，从其六觚之环耳[27]。以推圆规多少之觉[28]，乃弓之与弦也[29]。然世传此法，莫肯精核；学者踵古[30]，习其谬失[31]。不有明据，辩之斯难。凡物类形象，不圆则方。方圆之率，诚著于近，则虽远可知也[32]。由此言之，其用博矣。谨按图验，更造密率。恐空设法，数昧而难瞽[33]，故置诸检括[34]，谨详其记注焉[35]。　　割六觚以为十二觚术曰：置圆径二尺，半之为一尺，即圆里觚之面也。令半径一尺为弦，半面五寸为句，为之求股[36]：以句幂二十五寸减弦幂[37]，余七十五寸，开方除之，下至秒、忽[38]。又一退法，求其微数[39]。微数无名知以为分子[40]，以十为分母，约作五分忽之二。故得股八寸六分六厘二秒五忽五分忽之二[41]。以减半径，余一寸三分三厘九毫七秒四忽五分忽之三，谓之小句。觚之半面而又谓之小股。为之求弦[42]。其幂二千六百七十九亿四千九百一十九万三千四百四十五忽[43]，余分弃之[44]。开方除之，即十二觚之一面也[45]。　　割十二觚以为二十四觚术曰：亦令半径为弦，半面为句，为之求股[46]。置上小弦幂，四而一，得六百六十九亿八千七百二十九万八千三百六十一忽，余分弃之，即句幂也[47]。以减弦幂，其余开方除之，得股九寸六分五厘九毫二秒五忽五分忽之四[48]。以减半径，余三分四厘七秒四忽五分忽之一，谓之小句。觚之半面又谓之小股。为之求小弦[49]。其幂六百八十一亿四千八百三十四万九千四百六十六忽，余分弃之[50]。开方除之，即二十四觚之一面也[51]。　　割二十四觚以为四十八觚术曰：亦令半径为弦，半面为句，为之求股[52]。置上小弦幂，四而一，得一百七十亿三千七百八万七千三百六十六忽，余分弃之，即句幂也[53]。以减弦幂，其余，开方除之，得股九寸九分一厘四毫四秒四忽五分忽之四[54]。以减半径，余八厘五毫五秒五忽五分忽之一，谓之小句[55]。觚之半面又谓之小股。为之求小弦[56]。其幂一百七十一亿一千二十七万八千八百一十三忽，余分弃之。开方除之，得小弦一寸三分八毫六忽，余分弃之，即四十八觚之一面[57]。以半径一尺乘之，又以二十四乘之，得幂三万一千三百九十三亿四千四百万忽。以百亿除之，得幂三百一十三寸六百二十五分寸之五百八十四，即九十六觚之幂也[58]。　　割四十八觚以为九十六觚术曰：亦令半径为弦，半面为句，为之求股[59]。置次上弦幂，四而一，得四十二亿七千七百五十六万九千七百三忽，余分弃之，则句幂也[60]。以减弦幂，其余，开方除之，得股九寸九分七厘八毫五秒八忽十分忽之九[61]。以减半径，余二厘一毫四秒一忽十分忽之一，谓之小句。觚之半面又谓之小股。为之求小弦[62]。其幂四十二亿八千二百一十五万四千一十二忽，余分弃之。开方除之，得小弦六分五厘四毫三秒八忽，余分弃之，即九十六觚之一面[63]。以半径一尺乘之，又以四十八乘之，得幂三万一千四百一十亿二千四百万忽。以百亿除之，得幂三百一十四寸六百二十五分寸之六十四，即一百九十二觚之幂也[64]。以九十六觚之幂减之，余六百二十五分寸之一百五，谓之差幂[65]。倍之，为分寸之二百一十，即九十六觚之外弧田九十六所，谓以弦乘矢之凡幂也[66]。加此幂于九十六觚之幂，得三百一十四寸六百二十五分寸之一百六十九，则出于圆之表矣[67]。故还就一百九十二觚之全幂三百一十四寸以为圆幂之定率而弃其余分[68]。以半径一尺除圆幂，倍所得，六尺二寸八分，即周数[69]。令径自乘为方幂四百寸，与圆幂相折，圆幂得一百五十七为率，方幂得二百为率。方幂二百，其中容圆幂一百五十七也[70]。圆率犹为微少[71]。按：弧田图令方中容圆，圆中容方，内方合外方之半[72]。然则圆幂一百五十七，其中容方幂一百也[73]。又令径二尺与周六尺二寸八分相约，周得一百五十七，径得五十，则其相与之率也。周率犹为微少也[74]。　　晋武库中汉时王莽作铜斛[75]，其铭曰：律嘉量斛[76]，内方尺而圆其外[77]，庣旁九厘五毫[78]，幂一百六十二寸，深一尺，积一千六百二十寸，容十斗[79]。以此术求之，得幂一百六十一寸有奇[80]，其数相近矣。此术微少。而觚差幂六百二十五分寸之一百五[81]。以一百九十二觚之幂以率消息[82]，当取此分寸之三十六[83]，以增于一百九十二觚之幂，以为圆幂，三百一十四寸二十五分寸之四[84]。置径自乘之方幂四百寸，令与圆幂通相约，圆幂三千九百二十七，方幂得五千，是为率。方幂五千中容圆幂三千九百二十七；圆幂三千九百二十七中容方幂二千五百也[85]。以半径一尺除圆幂三百一十四寸二十五分寸之四，倍所得，六尺二寸八分二十五分分之八，即周数也[86]。全径二尺与周数通相约，径得一千二百五十，周得三千九百二十七，即其相与之率[87]。若此者，盖尽其纤微矣。举而用之，上法为约耳。当求一千五百三十六觚之一面，得三千七十二觚之幂[88]，而裁其微分，数亦宜然，重其验耳[89]。　　臣淳风等谨按：旧术求圆，皆以周三径一为率[90]。若用之求圆周之数，则周少径多。用之求其六觚之田，乃与此率合会耳。何则？假令六觚之田，觚间各一尺为面，自然从角至角，其径二尺可知。此则周六径二与周三径一已合。恐此犹以难晓[91]，今更引物为喻。设令刻物作圭形者六枚，枚别三面，皆长一尺。攒此六物，悉使锐头向里，则成六觚之周，角径亦皆一尺。更从觚角外畔，围绕为规，则六觚之径尽达规矣[92]。当面径短，不至外规。若以径言之，则为规六尺，径二尺，面径皆一尺。面径股不至外畔，定无二尺可知。故周三径一之率于圆周乃是径多周少。径一周三，理非精密。盖术从简要，举大纲略而言之。刘徽将以为疏，遂乃改张其率[93]。但周、径相乘，数难契合。徽虽出斯二法[94]，终不能究其纤毫也。祖冲之以其不精，就中更推其数[95]。今者修撰，攈摭诸家[96]，考其是非，冲之为密。故显之于徽术之下，冀学者之所裁焉[97]。

**【注释】**

〔1〕圆田：即圆，如图 1-5。

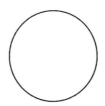

图 1-5　圆
（采自《古代世界数学泰斗刘徽》）

〔2〕由此问及下问知当时取"周三径一"之率，即 π=3。后来的数学著作常将此率称为"古率"。

〔3〕密率：精密之率。密率是个相对概念。此处李淳风等将圆周率近似值 $\frac{22}{7}$ 称作密率，元明以前的数学著作皆如此。盖 $\frac{22}{7}$ 比 3 精确，也比徽率精确。而在《隋书·律历志》中祖冲之则将他求出的圆周率近似值 $\frac{355}{113}$ 称作密率，而将 $\frac{22}{7}$ 称作约率。

〔4〕徽术：又称作"徽率"，即下文刘徽所求出的圆周率近似值 $\frac{157}{50}$。

〔5〕此即圆面积公式

$$S=\frac{1}{2}Lr。\qquad(1-8-1)$$

其中 S，L，r 分别是圆的面积、周长和半径。

〔6〕半周为从，半径为广，故广从相乘为积步：这是刘徽记载的前

人对《九章算术》圆面积公式的推证。它是以圆内接正六边形的周长代替圆周长，以圆内接正十二边形的面积代替圆面积，推证方法大体是：如图 1-6，将圆内接正十二边形分割成Ⅰ，Ⅱ，Ⅲ，Ⅳ，Ⅴ及1，2，3，4，5，6，7，8，9，10，11 凡 16 部分，使Ⅰ，1不动，而将Ⅱ，Ⅲ，Ⅳ，Ⅴ及2，3，4，5，6，7，8，9，10，11移到Ⅱ′，Ⅲ′，Ⅳ′，Ⅴ′及2′，3′，4′，5′，6′，7′，8′，9′，10′，11′处，形成一个以圆半径为广，正六边形周长的一半为纵的长方形。再由方田术，就得到《九章算术》的圆面积公式。

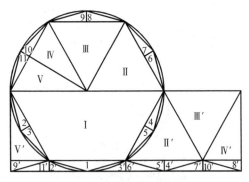

图 1-6　《九章算术》时代圆面积之推导
（采自《古代世界数学泰斗刘徽》）

〔7〕六觚：本是正六角形，今称正六边形。同样，$n$ 觚本是正 $n$ 角形，今称正 $n$ 边形。下面的注释与今译一般不再使用正 $n$ 角形，而径直使用正 $n$ 边形。觚，多棱角的器物。《史记·酷吏列传》："破觚而为圆。"　　面：边。

〔8〕合径率一而弧周率三：刘徽指出，以上的推证是以周三径一为前提的，实际上是以圆内接正六边形的周长代替圆周长，以圆内接正十二边形的面积代替圆面积，因而并没有真正证明《九章算术》的圆面积公式（1-8-1）。

〔9〕此段为刘徽用极限思想和无穷小分割方法对《九章算术》圆面积公式（1-8-1）的证明。为图：作图。

〔10〕一弧半径：即圆半径。

〔11〕因而三之：南宋本、《大典》本讹作"二因而六之"，汇校本及其增补版依戴震辑录校勘本改作"三之"，本书初版从。今依《九章算术新校》校正。

〔12〕十二觚之幂：即圆内接正 12 边形之面积。设正 6 边形一边长为 $l_0$，正 12 边形面积为 $S_1$，则 $S_1 = 3l_0 r$。24 觚之幂亦可类似求得，即 $S_2 = 6l_1 r$。其中 $S_2$，$l_1$ 分别是圆内接正 24 边形的面积及正 12 边形的一边长。

〔13〕一弧之半径：即圆半径。

〔14〕因而六之：南宋本、《大典》本讹作"四因而六之"，汇校本及其增补版依戴震辑录校勘本改作"六之"，本书初版从。今依《九章算术新校》删"四"字。

〔15〕割之弥细：这里指将圆内接正 6 边形割成正 24，48，96……边形，那么割的次数越多，则它们的边长就越细小。弥细，益加细微。弥，本义是弓张满。引申为满、遍。《周礼·春官·大竹》："国有大故天栽，弥祀社稷祷祠。"郑玄注："弥，犹遍也。"《史记·司马相如列传》："离宫别馆，弥山跨谷。"张守节正义："弥，满也。"又引申为表示程度加深的副词。《论语·子罕》："仰之弥高，钻之弥坚。"邢昺疏："弥，益也。"

〔16〕所失弥少：此谓如果把圆内接正多边形的面积当作圆面积，则圆面积的损失越来越少。换言之，设第 $n$ 次分割得到正 $6 \cdot 2^n$ 边形的面积为 $S_n$，显然 $S_n < S$，但 $S - S_n$ 越来越小。失，损失。这里指圆面积的损失。弥少，益加少。

〔17〕不可割：不可再割。这里指无限分割下去，会达到对圆内接多边形不可再分割的境地。当然只有圆内接多边形的边都变成点，才会不可再割。《墨经·经下》："非半弗斱则不动，说在端。"《经说下》："斱半，进前取也。前，则中无为半，犹端也。前后取，则端中也。斱必半；毋与非半，不可斱也。"显然刘徽的割圆会达到"不可割"的境地，与《墨经》的无限分割会达到"不可斱"的端的思想是一脉相承的。斱（zhuó），破，析，可以理解为分割。

〔18〕合体：合为一体，重合。此谓无限分割下去，割到不可再分割的境地，则圆内接正无穷多边形就与圆周完全重合。　　　　无所失：没有损失。与圆周合体而无所失，此谓此时将圆内接正多边形的面积作为圆面积，则圆面积就不再有损失。换言之，当 $n \to \infty$ 时，则 $\lim\limits_{n \to \infty} S_n = S$。如图 1-7（1）所示。

〔19〕余径：半径剩余的部分，即圆半径与圆内接正多边形的边心距之差。

〔20〕幂出弧表：面积超出了圆周。弧表，即圆周。将余径乘正多边形的每边之积加到正多边形的面积上，则大于圆面积，即 $S_n + 6 \times 2^n l_n r_n = S_n + 2(S_{n+1} - S_n) > S$，其中 $r_n$ 是圆内接正 $n$ 边形的余径。如

 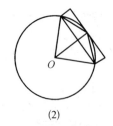 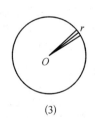

(1)　　　　　　　(2)　　　　　　　(3)

图 1-7　刘徽对圆面积公式的证明
（采自《古代世界数学泰斗刘徽》）

图 1-7（2）。

〔21〕"若夫觚之细者"三句：至于觚间的距离非常细微，圆内接正多边形与圆周合体的时候，则不再有余径。亦即 $n \to \infty$ 时，有 $\lim_{n \to \infty} r_n = 0$。若夫，至于。《周易·系辞下》："若夫杂物撰德，辩是与非，则非其中爻不备。"

〔22〕表无余径，则幂不外出矣：刘徽认为，当不再有余径时，则余径乘正多边形的每边之积与正多边形的面积之和不再大于圆面积。亦即 $\lim_{n \to \infty} r_n = 0$ 时，有

$$\lim_{n \to \infty}[S_n + 2(S_{n+1} - S_n)] = S。$$

〔23〕以一面乘半径，觚而裁之：此谓以正多边形的一边乘圆半径，当然这得将与圆周合体的正多边形从每个角将其裁开。刘徽考虑与圆周合体的正无穷多边形，将它分割成以圆心为顶点，以每边为底的无穷多个小等腰三角形。"觚而裁之"四字，本书初版误植于"以一面乘半径"之前，今依《九章算术新校》恢复原序。盖"觚而裁之"是刘徽自注"以一面乘半径"。

〔24〕每辄自倍：由于每个小等腰三角形的高就是圆半径，显然以正多边形的一边乘圆半径，总是每个小等腰三角形面积的 2 倍。设每个小等腰三角形的底边长为 $l_i$，其面积为 $A_i$，则 $l_i r = 2A_i$。如图 1-7（3）所示。辄，总是。《史记·李斯列传》："二世拜赵高为中丞相，事无大小辄决于高。"自倍，自身的 2 倍。

〔25〕故以半周乘半径而为圆幂：所以以圆周长的 $\frac{1}{2}$ 乘半径就得到圆面积。盖所有这些小等腰三角形的底边之和为圆周长 $\sum_{i=1}^{\infty} l_i = L$，它们

的面积之和为圆面积 $\sum\limits_{i=1}^{\infty} A_i = S$。 因此，$\sum\limits_{i=1}^{\infty} l_i r = Lr = \sum\limits_{i=1}^{\infty} 2A_i = 2S$。 由此式反求出 $S$，就得到（1-8-1）式，即 $S = \dfrac{1}{2} Lr$。 这是一个使用极限思想和无穷小分割方法对《九章算术》圆面积公式的完整证明。可是在 20 世纪 70 年代末以前，所有涉及刘徽割圆术的著述都有意无意地忽略了刘徽"以一面乘半径，觚而裁之，每辄自倍。故以半周乘半径而为圆幂"这几句画龙点睛之语——甚至一篇逐字逐句翻译刘徽割圆术的文章对这几句话竟略而不译，因此都没有认识到刘徽在证明《九章算术》的圆面积公式（1-8-1）。而证明《九章算术》的圆面积公式（1-8-1），是刘徽割圆术的主旨所在。同时，所有著述都将刘徽此注中的几个极限过程说成是为了求圆周率。实际上，下面将看到，求圆周率用不到极限过程和无穷小分割，只是极限思想在近似计算中的应用。并且，由于没有认清刘徽割圆术的主旨，20 世纪 70 年代末以前所有关于刘徽求圆周率程序的论述都背离了刘徽注。

〔26〕至然之数：非常精确的数值。

〔27〕六觚之环：圆内接正六边形的周长。

〔28〕觉（jiào）："较"之通假字。《孟子·离娄下》赵岐注："如此贤不肖相觉，何能分寸？"较（jiào），比较，较量。《老子·第二章》："长短相较，高下相顷。"

〔29〕乃弓之与弦也：此谓圆内接正六边形与圆的关系，就是弓与弦的关系。

〔30〕蹑古：追随古人。蹑，本义是脚后跟，引申为追，追逐，追随。《左传·昭公二十四年》："吴蹑楚，而疆场无备，邑能无亡乎？"

〔31〕习：沿袭。"习"的本义是鸟类频频试飞。《说文解字》："习，数飞也。"引申为学习、习惯，沿袭，重复。《书经·大禹谟》："龟筮协从，卜不习吉。"孔传："习，因耶。" 谬失：错误。谬，荒谬，谬误，差错。《说文解字》："谬，狂者之妄言也。"《汉书·司马迁传》："故《易》曰：'差以豪厘，谬以千里。'"失，错误，过失。《汉书·路温舒传》："臣闻秦有十失，其一尚存，治狱之吏是也。"

〔32〕"方圆之率"三句：此谓在近处求出方率与圆率，在远处也是可以知道的。其意思是，方率与圆率是常数，在任何地方都是一样的。

〔33〕昧：冥，昏暗，不清楚。 譬：明白，通晓。《后汉书·鲍永传论》："若乃言之者虽诚，而闻之者未譬。"但此例句已在刘徽之后。

〔34〕检括：法则，法度。晋刘越石《答卢谌诗并书》："昔在少年，未尝检括。"此例句亦在刘徽之后。

〔35〕其记注就是刘徽在中国首创的求圆周率的程序。

〔36〕这是考虑由圆内接正六边形的边长的一半 $AC$ 作为勾，边心距 $OC$ 作为股，圆半径 $OA$ 作为弦的勾股形 $OAC$。已知弦、勾，求股。如图 1-8。

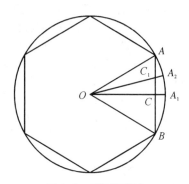

图 1-8　刘徽求圆周率
（采自《古代世界数学泰斗刘徽》）

〔37〕句幂：是以勾为边长的正方形的面积。该正方形称为勾方。弦幂：是以弦为边长的正方形的面积。该正方形称为弦方。下"股幂"、"股方"同。见卷九勾股术注释。

〔38〕秒、忽：都是长度单位。李籍云："忽者，数之始也。一蚕所吐谓之忽。"又引《孙子算术》曰："蚕所生吐丝为忽，十忽为秒，十秒为毫，十毫为厘，十厘为分。"即1分＝10厘，1厘＝10毫，1毫＝10秒，1秒＝10忽。李籍所引与《隋书·律历志》所引《孙子算经》的文字相同，而与南宋本、《大典》本不同。

〔39〕微数：微小的数。求微数是刘徽创造的以十进分数逼近无理根的近似值方法，见卷四开方术注释。

〔40〕知：训"者"，其说见刘徽序"故枝条虽分而同本干知"之注释。

〔41〕考虑以圆内接正6边形一边长之半 $AC$ 为勾，边心距 $OC$ 为股，圆半径 $OA$ 为弦的勾股形 $OAC$，那么 $OC=\sqrt{OA^2-AC^2}=\sqrt{(10\text{寸})^2-(5\text{寸})^2}=866\,025\frac{2}{5}$ 忽。

〔42〕考虑以圆内接正 6 边形的余径 $CA_1$ 为勾，其边长之半 $AC$ 为股，正 12 边形一边长 $AA_1$ 为弦的勾股形 $A_1AC$，余径 $CA_1 = OA_1 - OC = 10$ 寸 $- 866\,025\dfrac{2}{5}$ 忽 $= 133\,974\dfrac{3}{5}$ 忽。

〔43〕亿：万万曰亿。李籍云："十万曰亿。万者，物数也。以人之意数为足以胜物数故也。或曰：万万曰亿。黄帝为法，数有十等，及其用也，乃有三焉。十等者，谓亿、兆、京、垓、秭、壤、沟、涧、正、载也。三等者，谓上、中、下之数也。下数者，十十变之。若言：十万曰亿，十亿曰兆，十兆曰京。中数者，万万变之。若言：万万曰亿，万万亿曰兆，万万兆曰京。上数者，数穷则变。若言：万万曰亿，亿亿曰兆，兆兆曰京。《诗》云：'不稼不穑，胡取禾三百亿兮？'毛氏曰：'万万曰亿。'郑氏曰：'十万曰亿。'据如此言，则郑用下数，毛用中数也。"数有十等之说，李籍引自东汉末徐岳《数术记遗》。北周甄鸾《数术记遗注》引用《诗经》及其毛、郑注释三等数。

〔44〕余分弃之：舍去分数部分。此谓

$$AA_1^2 = AC^2 + CA_1^2 = (500\,000 \text{ 忽})^2 + \left(133\,974\dfrac{3}{5} \text{ 忽}\right)^2$$

$$= 267\,949\,193\,445\dfrac{4}{25} \text{ 忽}^2$$

有余分 $\dfrac{4}{25}$，舍去，则 $AA_1^2 = 267\,949\,193\,445$ 忽$^2$。

〔45〕那么弦

$$AA_1 = \sqrt{267\,949\,193\,445} \text{ 忽}，$$

就是圆内接正 12 边形的一边长 $l_1$。

〔46〕考虑以圆内接正 12 边形一边长之半 $AC_1$ 为勾，边心距 $OC_1$ 为股，圆半径 $OA$ 为弦的勾股形 $OAC_1$。

〔47〕勾 $AC_1$ 之幂 $AC_1^2 = \dfrac{1}{4}AA_1^2 = \dfrac{1}{4} \times 267\,949\,193\,445$ 忽$^2 = 66\,987\,298\,361\dfrac{1}{4}$ 忽$^2$。弃去余分 $\dfrac{1}{4}$，得 $AC_1^2 = 66\,987\,298\,361$ 忽$^2$。

〔48〕那么勾股形 $OAC_1$ 的股即正 12 边形的边心距

$$OC_1 = \sqrt{OA^2 - AC_1^2} = \sqrt{(10 \text{ 寸})^2 - 66\,987\,298\,361 \text{ 忽}^2} = 965\,925\dfrac{4}{5} \text{ 忽}。$$

〔49〕考虑以圆内接正 12 边形的余径 $C_1A_2$ 为勾，其边长 $AA_1$ 之半 $AC_1$ 为股，正 24 边形一边长 $A_2A$ 为弦的勾股形 $A_2AC_1$，余径即勾

$$C_1A_2 = OA_2 - OC_1 = 10 \text{ 寸} - 965\,925 \frac{4}{5} \text{ 忽} = 34\,074 \frac{1}{5} \text{ 忽}。$$

求其弦 $A_2A$。

〔50〕那么弦幂为

$$A_2A^2 = AC_1^2 + C_1A_2^2 = 66\,987\,298\,361 \text{ 忽}^2 + \left(34\,074 \frac{1}{5} \text{ 忽}\right)^2$$

$$= 68\,148\,349\,466 \frac{16}{25} \text{ 忽}^2,$$

弃去余分 $\frac{16}{25}$，则弦幂

$$A_2A^2 = 68\,148\,349\,466 \text{ 忽}^2。$$

〔51〕开方除之，得

$$A_2A = \sqrt{68\,148\,349\,466} \text{ 忽},$$

就是圆内接正 24 边形的一边长 $l_2$。

〔52〕考虑以圆内接正 24 边形一边长之半 $AC_2$ 为勾，边心距 $OC_2$ 为股，圆半径 $OA$ 为弦的勾股形 $OAC_2$。

〔53〕勾 $AC_2$ 之幂 $AC_2^2 = \frac{1}{4}A_2A^2 = \frac{1}{4} \times 68\,148\,349\,466 \text{ 忽}^2 = 17\,037\,087\,366 \frac{1}{2} \text{ 忽}^2$。弃去余分，得 $AC_2^2 = \frac{1}{4}A_2A^2 = 17\,037\,087\,366 \text{ 忽}^2$。

〔54〕则股即正 24 边形的边心距

$$OC_2 = \sqrt{OA^2 - AC_2^2} = \sqrt{(10 \text{ 寸})^2 - 17\,037\,087\,366 \text{ 忽}^2} = 991\,444 \frac{4}{5} \text{ 忽}。$$

〔55〕勾即余径 $C_2A_3 = OA_3 - OC_2 = 10 \text{ 寸} - 991\,444 \frac{4}{5} \text{ 忽} = 8\,555 \frac{1}{5} \text{ 忽}。$

〔56〕考虑以圆内接正 24 边形的余径 $C_2A_3$ 为勾，其边长 $AA_2$ 之半 $AC_2$ 为股，正 48 边形一边长 $A_3A$ 为弦的勾股形 $A_3AC_2$。

〔57〕一面就是弦 $A_3A = \sqrt{AC_2^2 + C_2A_3^2}$

$$= \sqrt{17\,037\,087\,366\ \text{忽}^2 + \left(8\,555\frac{1}{5}\ \text{忽}\right)^2}$$

$$= 130\,806\ \text{忽},$$

就是圆内接正 48 边形的一边长 $l_3$。

〔58〕圆内接正 96 边形的面积

$$S_4 = 48 \times \frac{1}{2}l_3r = 48 \times \frac{1}{2} \times 130\,806\ \text{忽} \times 10\ \text{寸}$$

$$= 3\,139\,344\,000\,000\ \text{忽}^2 = 313\frac{584}{625}\ \text{寸}^2。$$

〔59〕考虑以圆内接正 48 边形一边长之半 $AC_3$ 为勾，边心距 $OC_3$ 为股，圆半径 $OA$ 为弦的勾股形 $OAC_3$。

〔60〕勾 $AC_3$ 之幂 $AC_3^2 = \frac{1}{4}A_3A^2 = 4\,277\,569\,703\ \text{忽}^2$。

〔61〕那么股即正 48 边形的边心距

$$OC_3 = \sqrt{OA^2 - AC_3^2} = \sqrt{(10\ \text{寸})^2 - 4\,277\,569\,703\ \text{忽}^2} = 997\,858\frac{9}{10}\ \text{忽}。$$

〔62〕考虑以圆内接正 48 边形的余径 $C_3A_4$ 为勾，其边长 $AA_3$ 之半 $AC_3$ 为股，正 96 边形一边长 $A_4A$ 为弦的勾股形 $A_4AC_3$。

〔63〕余径 $C_3A_4 = OA_4 - OC_3 = 10\ \text{寸} - 997\,858\frac{9}{10}\ \text{忽} = 2\,141\frac{1}{10}\ \text{忽}$，

那么弦 $A_4A = \sqrt{AC_3^2 + C_3A_4^2} = \sqrt{(4\,277\,569\,703\ \text{忽})^2 + \left(2\,141\frac{1}{10}\ \text{忽}\right)^2} =$

$65\,438$ 忽，就是圆内接正 96 边形的一边长 $l_4$。

〔64〕圆内接正 192 边形的面积

$$S_5 = 96 \times \frac{1}{2}l_4r = 96 \times \frac{1}{2} \times 65\,438\ \text{忽} \times 10\ \text{寸}$$

$$= 3\,141\,024\,000\,000\ \text{忽}^2 = 314\frac{64}{625}\ \text{寸}^2。$$

〔65〕差幂：谓圆内接正 192 边形与 96 边形的面积之差。即

$$S_5 - S_4 = 314\frac{64}{625}\ \text{寸}^2 - 313\frac{584}{625}\ \text{寸}^2 = \frac{105}{625}\ \text{寸}^2。$$

〔66〕以弦乘矢之凡幂：以弦乘矢的总面积。此即 $2(S_5 - S_4) = \frac{210}{625}$ 寸 $^2 = 96l_4 r_4$，其中 $r_4$ 是圆内接正 96 边形的余径。凡，总共，总计。《史记·陈涉世家》："陈胜王凡六月。"凡幂，总面积。

〔67〕此即 $S_4 + 2(S_5 - S_4) = 313\frac{584}{625}$ 寸 $^2 + \frac{210}{625}$ 寸 $^2 = 314\frac{169}{625}$ 寸 $^2 > S$。

〔68〕定率：确定的率。此谓取圆内接正 192 边形面积的整数部分 314 寸 $^2$ 作为圆面积的近似值 $S \approx 314$ 寸 $^2$。

〔69〕"以半径一尺除圆幂"四句：以半径 1 尺除圆面积，将结果加倍，得到 6 尺 2 寸 8 分，就是圆周长。此借助圆面积公式（1-8-1），由圆面积近似值 314 寸 $^2$ 反求出圆周长的近似值 $L = \frac{2S}{r} \approx \frac{2 \times 314 \text{ 寸}^2}{10 \text{ 寸}} = 6$ 尺 2 寸 8 分。

〔70〕方幂二百，其中容圆幂一百五十七也：圆的外切正方形与圆的面积之比为

$$S_{外} : S = 200 : 157。 \qquad (1-9-1)$$

〔71〕圆率犹为微少：圆率仍然微少。犹，还，仍。《诗经·卫风·氓》："士之耽兮，犹可说也。"

〔72〕圆中容方，内方合外方之半：圆内接一个正方形，则圆内接正方形的面积是其外切正方形的 $\frac{1}{2}$，如图 1-9。

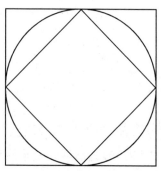

图 1-9 圆与外切大方及内接中方
（采自译注本《九章算术》）

〔73〕圆幂一百五十七，其中容方幂一百：圆与圆内接正方形的面积之比为

$$S : S_内 = 157 : 100。 \qquad (1 - 9 - 2)$$

由（1 - 9 - 1）与（1 - 9 - 2），得

$$S_外 : S : S_内 = 200 : 157 : 100。 \qquad (1 - 9 - 3)$$

〔74〕刘徽用圆直径 2 尺与圆周长 6 尺 2 寸 8 分相约，得到

$$\pi = L : d = 157 : 50 = \frac{157}{50}。 \qquad (1 - 10 - 1)$$

这就是徽术或徽率。20 世纪 70 年代末以前，所有著述由于没有认识到刘徽在证明圆面积公式（1 - 8 - 1），将求圆周率的程序也搞错了。这些著述皆认为在确定了圆面积的近似值 314 寸$^2$ 之后，使用中学数学教科书中的圆面积公式 $S = \pi r^2$。这不仅背离了刘徽注，而且会将刘徽置于他从未犯过的循环推理的错误境地。因为刘徽此时并未证明这个圆面积公式，而是在求出圆周率（1 - 10 - 1）之后，用它修正了与之相当的圆面积公式，即下文之（1 - 8 - 3）。

〔75〕晋武库：刘徽所称"晋武库"是晋朝之武库，还是晋王之武库，学术界有争论。盖魏景元四年（263）司马昭称晋公，旋为晋王。笔者倾向于此为晋王甚或晋公之武库。因为在魏朝，刘徽可以说晋王之武库为"晋武库"。若是晋朝之武库，则刘徽肯定入晋，不当加"晋"字。武库，储藏兵器的仓库。《汉书·毋将隆传》："武库兵器，天下公用。"从晋武库藏王莽铜斛看，武库不仅藏兵器，还藏国家的重要器物。王莽铜斛：西汉末年刘歆为王莽制造的标准量器。新始建国元年（9）颁行，合斛、斗、升、合、龠为一器。上部为斛，下部为斗，左耳为升，右耳为合、龠。今藏台北故宫博物院。如图 1 - 10。

图 1 - 10　王莽铜斛
（引自译注本《九章算术》）

〔76〕律嘉量斛：标准量器中的斛器。律，本是用竹管或金属管制成的定音仪器，后引申为标准、法纪，如乐律、历律、格律、律尺、律吕等。嘉量，古代的标准量器。有鬴、豆、升三量。《周礼·考工记》："桌氏为量……其铭曰：'时文思索，允臻其极，嘉量既成，以观四国。'"

〔77〕内方尺而圆其外：王莽铜斛的斛量的截面是圆形的，内部的一个边长1尺的正方形，这是虚拟的，实际上并不存在。

〔78〕庣（tiāo）旁：是铜斛的截面中假设的边长1尺的正方形的对角线不满外圆周的部分。如图1－11。庣，凹下或不满之处。李籍云："不满之貌也。"王莽铜斛之庣旁与齐量之庣旁恰好相反，在那里是量器的截面中假设的边长1尺的正方形的对角线超过外圆周的部分，见卷五委粟术刘徽注及图5－46。

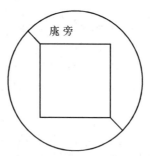

图1－11　王莽铜斛之庣旁
（采自《古代世界数学泰斗刘徽》）

〔79〕现存王莽铜斛之斛铭是："律嘉量斛，内方尺而圜其外，庣旁九厘五豪，冥百六十二寸，深尺，积千六百二十寸，容十斗。"刘徽注所述与此略有不同，而与《隋书·律历志》的记载基本一致。《隋书·律历志》是李淳风撰写的，刘徽所述的斛铭或许经过李淳风等改窜，亦未可知。

〔80〕奇（jī）：奇零。李籍云："余数也。"假设的正方形边长为1尺，那么铜斛的圆直径为 $d = \sqrt{10^2 + 10^2}$ 寸 $+ 2 \times 0.095$ 寸 $= 14.332$ 寸。以徽术计算，底面积为 $\frac{157}{200} \times 14\,332$ 寸$^2 = 161.24$ 寸$^2$，故云 161 寸$^2$ 有奇。

〔81〕觚差幂：两个正多边形面积之差，这里是圆内接正192边形与96边形的面积之差，即 $S_5 - S_4 = \frac{105}{625}$ 寸$^2$。

〔82〕这是说以圆内接正 192 边形的面积作为增减的基础。以：训"为"。裴学海《古书虚字集释》卷一："'以'犹'为'也。" 消息：谓一消一长。《周易·丰》："天地盈虚，与时消息。"

〔83〕$\dfrac{36}{625}$ 寸$^2$ 是如何取得的，学术界有不同看法。 笔者认为是估值。盖 $S_5 - S_4 = \dfrac{105}{625}$ 寸$^2$，而 $S - S_4$ 大约是 $S_5 - S_4$ 的 $\dfrac{1}{3}$，即约 $\dfrac{35}{625}$ 寸$^2$，如图 1 - 12。为化简方便，取其为 $\dfrac{36}{625}$ 寸$^2$。

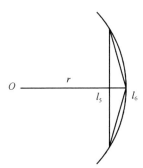

图 1 - 12 估值
（采自《古代世界数学泰斗刘徽》）

〔84〕此确定圆面积的近似值 $S \approx S_5 + \dfrac{36}{625}$ 寸$^2 = 314\dfrac{64}{625}$ 寸$^2 + \dfrac{36}{625}$ 寸$^2 = 314\dfrac{4}{25}$ 寸$^2$。

〔85〕此即

$$S_外 : S : S_内 = 5\,000 : 3\,927 : 2\,500。 \qquad (1 - 9 - 4)$$

〔86〕此亦借助圆面积公式（1 - 8 - 1），由圆面积近似值 $314\dfrac{4}{25}$ 寸$^2$，反求出圆周长的近似值

$$L = \dfrac{2S}{r} \approx (2 \times 314\dfrac{4}{25}\ 寸^2) \div 10\ 寸 = 6\ 尺\ 2\ 寸\ 8\dfrac{8}{25}\ 分。$$

〔87〕刘徽用圆直径 2 尺与圆周长的近似值 6 尺 2 寸 8 $\dfrac{8}{25}$ 分相约，

得到

$$\pi = L : d = 6 \, 尺 \, 2 \, 寸 \, 8\frac{8}{25} \, 分 : 2 \, 尺 = 3\,927 : 1\,250 = \frac{3\,927}{1\,250}。$$

$$(1-10-2)$$

这是刘徽求得的第二个圆周率近似值，相当于 3. 141 6。

〔88〕据严敦杰计算，圆内接正 1 536 边形的边长 $l_8 = 4\,090\frac{612}{1\,000}$ 忽，正 3 072 边形的面积 $S_9 \approx 314\frac{4}{25}$ 寸²。

〔89〕刘徽以 $S_9 \approx 314\frac{4}{25}$ 寸² 作为圆面积的近似值，再利用(1-8-1)式反求出圆周长的近似值，与圆直径 2 尺相约，重新验证了(1-10-2)式。

〔90〕旧术：指《九章算术》时代的圆周率。

〔91〕如此简单的问题，李淳风等还恐算学馆的学子不懂，可见当时数学水平之低下。以：训"为"。

〔92〕畔：本指田界。《说文解字》："畔，田界也。"引申为界限，边。　　规：这里指用圆规画出的圆。

〔93〕将：训"则"。裴学海《古书虚字集释》卷八："将，犹则也。"《左传·襄公二十九年》："专责速及，侈将以其力毙。"

〔94〕二法：指刘徽求出的两个圆周率近似值 $\frac{157}{50}$、$\frac{3\,927}{1\,250}$。有的学者根据戴震辑录本认为此当作"一法"，仅指 $\frac{157}{50}$，并将此作为 $\frac{3\,927}{1\,250}$ 系祖冲之所创的根据，失之。

〔95〕祖冲之（429—500）：南北朝宋、齐数学家、天文学家。字文远。祖籍范阳遒（今河北涞水），父、祖均仕南朝。冲之少稽古，有机思，专攻数术。青年时直华林学省（学术机关），后任南徐州（今江苏镇江）从事史、娄县（今江苏昆山）令。入齐，官至长水校尉。注《九章算术》，撰《缀术》，均亡佚。特善算，推算出圆周率近似值领先世界约千年。制定《大明历》，首先引入岁差，其日月运行周期的数据比以前的历法更为准确。撰《驳议》，不畏权贵，坚持科学真理，反对"虚推古人"。又曾改造指南车、水碓磨、千里船、木牛流马、欹器，解钟律、博、塞，当时独绝。注《周易》、《老子》、《庄子》，释《论语》，亦亡佚。又撰《述异记》，今有辑本。严敦杰撰有《祖冲之科学著作校释》（辽宁

教育出版社，2000 年；山东科学技术出版社，2017 年），校释了现传世的祖冲之的著作及有关祖冲之的史料。 **更推其数**：重新计算圆周率的数值。《隋书·律历志》（李淳风撰）云："宋末，南徐州从事史祖冲之更开密法，以圆径一亿为一丈，圆周盈数三丈一尺四寸一分五厘九毫二秒七忽，朒数三丈一尺四寸一分五厘九毫二秒六忽，正数在盈、朒二限之间。密率：圆径一百一十三，圆周三百五十五。约率：圆径七，周二十二。"这相当于 $3.1415926 < \pi < 3.1415927$，密率 $\frac{355}{113}$，约率 $\frac{22}{7}$。李淳风等在此将后者称为密率，并显之于徽术之下。

〔96〕攈摭（jùn zhí）：摘取，搜集。《汉书·刑法志》："三章之法，不足以御奸，于是相国萧何攈摭秦法，取其宜于时者，作律九章。"李籍云："攈摭，取拾也。"攈，或作捃。是当时还有一"攈"作"捃"的抄本。

〔97〕李淳风等指出祖冲之所求的圆周率比徽率精确，是对的。但对刘徽有微词，则不妥。刘徽在中国数学史上首创求圆周率的科学方法，理论意义与实践意义十分重大。祖冲之的方法已失传，一般认为，他使用的是刘徽的方法。钱宝琮指出："李淳风等缺乏历史发展的认识，有意轻视刘徽割圆术的伟大意义，徒然暴露了他们自己的无知。"

## 【译文】

假设有一块圆田，周长 30 步，直径 10 步。淳风等按：问题的意思是以周三径一作为率，那么周长 30 步，直径应当是 10 步。现在依照密率，直径应当是 $9\frac{6}{11}$ 步。问：田的面积是多少？

答：75 步$^2$。用我的方法，此田的面积应当是 $71\frac{103}{157}$ 步$^2$。 淳风等按：依照密率，此田的面积是 $71\frac{13}{22}$ 步$^2$。

又假设有一块圆田，周长 181 步，直径 $60\frac{1}{3}$ 步。淳风等按：按照周三径一，周长 181 步，直径应当是 $60\frac{1}{3}$ 步。依照密率，直径为 $57\frac{13}{22}$。问：田的面积是多少？

答：11 亩 $90\frac{1}{12}$ 步$^2$。用我的方法，此田的面积应当是 10 亩

$208\frac{113}{314}$步$^2$。 淳风等按：依照密率，此田的面积是 10 亩 $205\frac{87}{88}$步$^2$。

术：半周与半径相乘便得到圆面积的积步。按：以圆内接正六边形的周长之半作为长，圆半径作为宽，所以宽、长相乘就成为圆面积的积步。假设圆的直径为 2 尺，圆内接正六边形的一边与圆半径，其数值相等。这符合周三径一。 又按：作图。以圆内接正 6 边形的一边乘圆半径，以 3 乘之，便得到正 12 边形的面积。如果再分割它，以正 12 边形的一边乘圆半径，又以 6 乘之，便得到正 24 边形的面积。分割得越细，正多边形与圆的面积之差就越小。这样分割了又分割，一直分割到不可再分割的地步，则正多边形就与圆周完全吻合而没有什么差别了。正多边形每边之外，还有余径。以每边长乘余径，加到正多边形上，则其面积就超出了圆弧的表面。如果是其边非常细微的正多边形，因为与圆吻合，那么每边之外就没有余径。每边之外没有余径，则它的面积就不会超出圆弧的表面。以正多边形的每边乘圆半径——将与圆周合体的正多边形从每个角到圆心裁开，分割成无穷多个小等腰三角形。其乘积总是每个小等腰三角形的面积的二倍。所以以圆的周长之半乘半径，就成为圆面积。这里所用的圆周和直径，说的是非常精确的数值，而不是周三径一之率。周 3，只符合正 6 边形的周长，用来推算与圆周多少的差别，就像弓与弦一样。然而世代传袭这一方法，不肯精确地核验；学者跟随古人的脚步，沿袭他们的谬失。没有明晰的证据，辩论这个问题就很困难。凡是事物的形象，不是圆的，就是方的。方率与圆率，如果在切近处确实很明显，那么即使在邈远处也是可以知道的。由此说来，它的应用是非常广博的。我谨借助图形作为验证，提出计算精密圆周率值的方法。我担心凭空设立一种方法数值不清晰而且使人难以通晓，因此把它置于一个法度之中，谨详细地写下这个注释。 割圆内接正 6 边形为正 12 边形之术：布置圆直径 2 尺，取其一半，为 1 尺，就是圆内接正 6 边形之一边长。取圆半径 1 尺作为弦，正 6 边形边长之半 5 寸作为勾，求它们的股：以勾方的面积 25 寸$^2$减弦方的面积，余 75 寸$^2$。对它作开方除法，求至秒、忽。又再退法，求它的微数。微数中没有名数单位的，就作为分子，以 10 作为分母，约简成$\frac{2}{5}$忽。因此得到股是 8 寸 6 分 6 厘 2 秒 5 $\frac{2}{5}$忽。以它减圆半径，余 1 寸 3 分 3 厘 9 毫 7 秒 4 $\frac{3}{5}$忽，称作小勾。正 6 边形边长之半又称作小股。求它们的弦。它的面积是 267 949 193 445 忽$^2$，舍弃了忽以下剩余的分数。对它作开方除法，就是圆内接正 12 边形的一边长。 割圆内接正 12 边形为正 24 边形之术：也取圆半径作为弦，正 12 边形边长之一半作为勾，求它们的股。布置上述小弦方的面积，除以 4，得 66 987 298 361 忽$^2$，舍弃了忽以下剩余的分数，就是勾方的面积。以它减弦方的面积，对其余数作开方除法，得到股是 9 寸 6 分 5 厘 9 毫 2 秒 5 $\frac{4}{5}$忽。以它减圆半径，余 3 分 4 厘 7 秒 4 $\frac{1}{5}$忽，称作小勾。正 12 边形边长之半又称作小股。求它们的小弦。它的面积是 68 148 349 466

忽²，舍弃了忽以下剩余的分数。对它作开方除法，就是圆内接正 24 边形的一边长。　　割圆内接正 24 边形为正 48 边形之术：也取圆半径作为弦，正 24 边形边长之一半作为勾，求它们的股。布置上述小弦方的面积，除以 4，得 17 037 087 366 忽²，舍弃了忽以下剩余的分数，就是勾方的面积。以它减弦方的面积，对其余数作开方除法，得到股是 9 寸 9 分 1 厘 4 毫 4 秒 4 $\frac{4}{5}$ 忽。以它减圆半径，余 8 厘 5 毫 5 秒 5 $\frac{1}{5}$ 忽，称作小勾。正 24 边形边长之半又称作小股。求它们的小弦。它的面积是 17 110 278 813 忽²，舍弃了忽以下剩余的分数。对它作开方除法，就是圆内接正 48 边形的一边长。以圆半径 1 尺乘之，又以 24 乘之，得到面积 3 139 344 000 000 忽²。以 10 000 000 000 除之，得到面积 313 $\frac{584}{625}$ 寸²，就是圆内接正 96 边形的面积。　　割圆内接正 48 边形为正 96 边形之术：也取圆半径作为弦，正 48 边形边长之一半作为勾，求它们的股。布置上述小弦方的面积，除以 4，得 4 277 569 703 忽²，舍弃了忽以下剩余的分数，就是勾方的面积。以它减弦方的面积，对其余数作开方除法，得到股是 9 寸 9 分 7 厘 8 毫 5 秒 8 $\frac{9}{10}$ 忽。以它减圆半径，余 2 厘 1 毫 4 秒 1 $\frac{1}{10}$ 忽，称作小勾。正 48 边形边长之半又称作小股。求它们的小弦。它的面积是 4 282 154 012 忽²，舍弃了忽以下剩余的分数。对它作开方除法，得小弦 6 分 5 厘 4 毫 3 秒 8 忽，舍弃了忽以下剩余的分数，就是圆内接正 96 边形的一边长。以圆半径 1 尺乘之，又以 48 乘之，得到面积 3 141 024 000 000 忽²。以 10 000 000 000 除之，得到面积 314 $\frac{64}{625}$ 寸²，就是圆内接正 192 边形的面积。以圆内接正 96 边形的面积减之，余 $\frac{105}{625}$ 寸²，称作差幂。将其加倍，为 $\frac{210}{625}$ 寸²，就是圆内接正 96 边形之外 96 块位于圆弧上的田，是以弦乘矢之总面积。将此面积加到正 96 边形的面积上，得到 314 $\frac{169}{625}$ 寸²，则就超出于圆弧的表面了。因而回过头来取圆内接正 192 边形的面积的整数部分 314 寸² 作为圆面积的定率，而舍弃了寸以下剩余的分数。以圆半径 1 尺除圆面积，将所得的数加倍，为 6 尺 2 寸 8 分，就是圆周长。使圆的直径自乘，为正方形的面积 400 寸²，与圆面积相折算，圆面积得 157 作为率，正方形面积得 200 作为率。如果正方形面积是 200，其内切圆的面积就是 157，而圆面积之率仍然稍微小一点。按：弧田图中，使正方形中有内切圆，内切圆中又有内接正方形，内接正方形的面积恰恰是外切正方形的一半。那么，如果圆面积是 157，其内接正方形的面积就是 100。又使圆直径 2 尺与圆周长 6 尺 2 寸 8 分相约，圆周得 157，直径得 50，就是它们的相与之率。而圆周的率仍然稍微小一点。　　晋武库中西汉王莽制作的铜斛，其铭文说：律嘉量斛：外面是圆形的，而内部相当于一个有 9 厘 5 毫的庣旁而边长为 1 尺的正方形，面积是 162 寸$^2$，深是 1 尺，容积是 1 620 寸$^3$，容量为 10 斗。用这种周径之率计算之，得到面积为 161 寸$^2$，还带有奇零。它们的数值相近，而这样的计算结果稍微小一点。而圆内接正 192 边形与正 96 边形的面积差为 $\frac{105}{625}$ 寸$^2$。以 192 边形的面积作为求率时增减的基础，应该取 $\frac{36}{625}$ 寸$^2$，加到正 192 边形的面积上，作为圆面积，即 314 $\frac{4}{25}$ 寸$^2$。布置圆直径自乘的正方形面积 400 寸$^2$，使之与圆面积通分约简，圆面得 3 927，正方形面积得 5 000，这就是方圆之率。如果正方形面积是 5 000，其内切圆的面积就是 3 927；如果圆面积是 3 927，则其内接正方形的面积是 2 500。以圆半径 1 尺除圆面积 314 $\frac{4}{25}$ 寸$^2$，将所得的数加倍，为 6 尺 2 寸 8 $\frac{8}{25}$ 分，就是圆周长。圆直径 2 尺与圆周长通分相约，直径得 1 250，圆周得 3 927，就是它们的相与之率。如果取这样的值，大概达到非常精确的地步了。拿来应用，上述方法是简约一些。应当求出圆内接正 1 536 边形的一边长，得出正 3 072 边形的面积，裁去其微小的分数，其数值也是这样，再次得到验证。　　淳风等按：以旧术解决圆的各种问题，皆以周三径一为率。若用求圆周长，则圆小，直径大。用来求正 6 边形的田地，才与此率相吻合。为什么呢？假设正 6 边形的田，棱角之间各是 1 尺，作为边长，那么自然可以知道，从角至角，直径为 2 尺。这就是周六径二，与周三径一相吻合。我们担心，这仍然使人难以明白，今进一步拿一种物品作为比喻。假设将一种物品刻成三角形，共 6 枚，每一枚各有三边，每边 1 尺。把这 6 个物品集中起来，使它们的尖头都朝里，就成为正 6 边形的周长，相邻两角间的长度都是 1 尺。再从棱角的外缘，围绕成圆弧形，则正 6 边形的直径全都抵达圆弧。而正 6 边形对边之间的直径短，不能抵达外圆弧。如果以圆直径说来，则应该为圆弧 6 尺，直径 2 尺，每边长都是 1。然而每边的股不能抵达外圆弧，可以知道肯定不足 2 尺长。所以周三径一之率对圆直径而言就是直径略大而圆周长略小。径一周三，从数理上说并不精确。因为数学方法都要遵从简易的原则，所以略举它的大纲，概略地表示之。刘徽则认为这个率太粗疏，于是就改变它的率。但是圆周长与直径相乘，其数值难以吻合。刘徽尽管提出了这两种方法，终究不能穷尽其纤毫。祖冲之因为他的值不精确，就此重新推求其数值。现在修撰，搜集各家的方法，考察他们的是非，认为祖冲之的值是精密的。因此，将它显扬于刘徽的方法之下，希望读者有所裁断。

又术曰：周、径相乘，四而一$^{[1]}$。此周与上弧同耳。周、径相乘各当以半。而今周、径两全，故两母相乘为四，以报除之。于徽术，以五十乘周，一百五十七而一，即径也〔2〕。以一百五十七乘径，五十而一，即周也〔3〕。新术径率犹当微少。则据周以求径，则失之长〔4〕；据径以求周，则失之短〔5〕。诸据见径以求幂者，皆失之于微少；据周以求幂者，皆失之于微多〔6〕。　　臣淳风等按：依密率，以七乘周，二十二而一，即径〔7〕；以二十二乘径，七而一，即周〔8〕。依术求之，即得。

**【注释】**

〔1〕此即圆面积的又一公式

$$S = \frac{1}{4}Ld \text{。} \tag{1-8-2}$$

〔2〕此为刘徽修正的由圆周求直径的公式 $d = \frac{50}{157}L$。

〔3〕此为刘徽修正的由圆直径求圆周的公式 $L = \frac{157}{50}d$。

〔4〕此谓 $d = \frac{50}{157}L$ 的失误在于稍微大了点。

〔5〕此谓 $L = \frac{157}{50}d$ 的失误在于稍微小了点。

〔6〕此谓 $S = \frac{1}{4}Ld = \frac{1}{4}\left(\frac{157}{50}d\right)d = \frac{157}{200}d^2$ 稍微小，$S = \frac{1}{4}Ld = \frac{1}{4}L\left(\frac{50}{157}L\right) = \frac{50}{628}L^2$ 稍微大。

〔7〕此为李淳风等修正的由圆周求直径的公式 $d = \frac{7}{22}L$。

〔8〕此为李淳风等修正的由圆直径求圆周的公式 $L = \frac{22}{7}d$。

**【译文】**

又术：圆周与直径相乘，除以4。此处的圆周与上术中的周是相同的。圆周与直径相乘，应当各用它们的一半。而现在圆周与直径两者都是整个的，所以两者的分母相乘为 4，回报以除。用我的方法，用 50 乘圆周，除以 157，就是直径；用 157 乘直径，除以 50，就是圆周。新的方法中，直径的率还应当再稍微小一点。那么，根据圆周来求直径，则产生的失误在于长了；根据直径来求圆周，则产生的失误在于短了。至于根据已给的直径来求圆面积，那么产生的失误都在于稍微小了一点；根据已给的圆周来求圆面积，那么产生的失误都在于稍微大了一点。 淳风等按：依照密率，用 7 乘圆周，除以 22，就是直径；用 22 乘直径，除以 7，就是圆周。用这种方法求，就得到了。

又术曰：径自相乘，三之，四而一[1]。按：圆径自乘为外方[2]。"三之，四而一"者，是为圆居外方四分之三也[3]。若令六觚之一面乘半径，其幂即外方四分之一也。因而三之，即亦居外方四分之三也[4]。是为圆里十二觚之幂耳。取以为圆，失之于微少。于徽新术，当径自乘，又以一百五十七乘之，二百而一[5]。 臣淳风等谨按：密率，令径自乘，以十一乘之，十四而一，即圆幂也[6]。

**【注释】**

〔1〕此即圆面积的第三个公式

$$S = \frac{3}{4}d^2 。$$
(1-8-3)

〔2〕外方：即圆的外切正方形。它的面积是 $d^2$。

〔3〕这是说，圆面积是其外切正方形面积的 $\frac{3}{4}$。

〔4〕此谓以圆内接正 12 边形的面积为圆面积，用出入相补原理推证圆田又术。如图 1-13，将图 1-13（1）中的圆内接正 12 边形分割成 I—Ⅸ，1—9 等 18 份，移到图 1-13（2）中的 I′—Ⅸ′，1′—9′ 上，恰占满该正方形的 $\frac{3}{4}$。这是刘徽采前人之说记入注中。

〔5〕此为刘徽修正的公式

$$S = \frac{157}{200}d^2 。$$
(1-11-1)

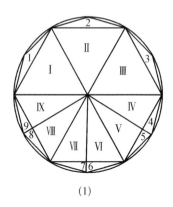 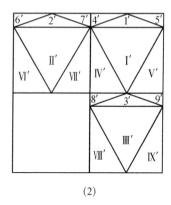

(1)                           (2)

图 1-13　圆田第三术的推导
（采自《古代世界数学泰斗刘徽》）

〔6〕此为李淳风等修正的公式

$$S = \frac{11}{14}d^2 。$$ 　　　　　　　　（1-11-2）

【译文】

又术：圆直径自乘，乘以 3，除以 4。按：圆的直径自乘为它的外切正方形。"乘以 3，除以 4"，这是因为圆占据外切正方形的 $\frac{3}{4}$。若令圆内接正 6 边形的一边长乘圆半径，其面积就是外切正方形的 $\frac{1}{4}$。乘以 3，就占据外切正方形的 $\frac{3}{4}$，这就成为圆内接正 12 边形的面积。取它作为圆，产生的失误在于小了一点。用我的方法，应该使圆直径自乘，又乘以 157，除以 200。　　淳风等按：依照密率，使圆直径自乘，乘以 11，除以 14，就是圆面积。

又术曰：周自相乘，十二而一〔1〕。六觚之周，其于圆径，三与一也〔2〕。故六觚之周自相乘为幂，若圆径自乘者九方〔3〕，九方凡为十二觚者十有二〔4〕，故曰十二而一，即十二觚之幂也〔5〕。今此令周自乘，非但若为圆径自乘者九方而已〔6〕。然则十二而一，所得又非十二觚之类也[7]。若欲以为圆幂，失之于多矣[8]。以六觚之周，十二而一可也[9]。于徽新术，直令圆周自乘，又以二十五乘之，三百一十四而一，得圆幂[10]。其率：二十五者，圆幂也；三百一十四者，周自乘之幂也[11]。置周数六尺二寸八分，令自乘，得幂三十九万四千三百八十四分。又置圆幂三万一千四百分。皆以一千二百五十六约之，得此率[12]。　　臣淳风等谨按：方面自乘即得其积。圆周求其幂，假率乃通。但此术所求用三、一为率。圆田正法，半周及半径以相乘。今乃用全周自乘，故须以十二为母。何者？据全周而求半周，则须以二为法。就全周而求半径，复假六以除之。是二、六相乘除周自乘之数。依密率，以七乘之，八十八而一[13]。

【注释】

〔1〕此即圆面积的第四个公式

$$S = \frac{1}{12}L^2 \text{。} \qquad (1\text{-}8\text{-}4)$$

〔2〕三与一：3 与 1 之率。此谓圆内接正六边形的周长是圆直径的 3 倍。

〔3〕如图 1-14，以圆直径自乘形成一个正方形（含有 4 个以半径为边长的小正方形），而以圆内接正六边形的边长自乘形成一个大正方形，含有 9 个以直径为边长的正方形。

〔4〕这里仍以圆内接正 12 边形的面积代替圆面积，由图 1-13，圆内接正 12 边形的面积是圆直径形成的正方形的 $\frac{3}{4}$，因此圆内接正六边形的周长形成的大正方形有 12 个圆内接正 12 边形。

〔5〕此谓 1 个正 12 边形的面积恰为大正方形的 $\frac{1}{12}$。这也是刘徽采前人用出入相补原理推证圆田又术（1-8-4）的方法记入注中。

〔6〕此谓以圆周形成的正方形不只 9 个圆直径形成的正方形，换言

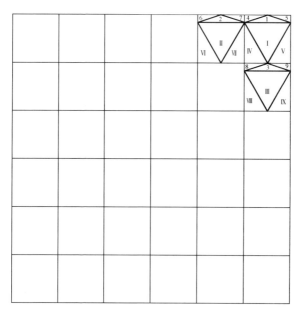

图 1-14 圆田第四术的推导
（采自《古代世界数学泰斗刘徽》）

之，不只 12 个圆内接正 12 边形的面积。　　　非但：不仅，不只。
若：乃，就。

〔7〕此谓 $\frac{1}{12}L^2$ 不是圆内接正 12 边形的面积。

〔8〕此谓如果以 $\frac{1}{12}L^2$ 作为圆面积，失误在于多了一点。

〔9〕此谓圆内接正六边形周长形成的正方形的面积，除以 12，是圆内接正 12 边形的面积，是可以的。

〔10〕此为刘徽的修正公式

$$S = \frac{25}{314}L^2 \text{。} \qquad\qquad (1\text{-}12\text{-}1)$$

〔11〕此谓 $L^2 : S = 314 : 25$。

〔12〕以上的率这样得到：$L^2 = (628 \text{分})^2 = 394\,384\,\text{分}^2$，$S = 314\,\text{寸}^2 = 31\,400\,\text{分}^2$。两者有等数 1256，以其约简即可。

〔13〕此为李淳风等的修正公式

$$S = \frac{7}{88}L^2 \text{。} \qquad\qquad (1-12-2)$$

【译文】

又术：圆周自乘，除以 12。圆内接正 6 边形的周长对于圆的直径是 3 比 1。因此，正 6 边形的周自乘形成的面积，相当于 9 个圆直径自乘所形成的正方形。这 9 个正方形总共形成 12 个正 12 边形，所以说除以 12，就是正 12 边形的面积。现在使圆周自乘，那就不只是 9 个圆直径自乘所形成的正方形。那么，除以 12，更不是正 12 边形之类。如果想把它作为圆面积，产生的失误就在于多了一点。用正 6 边形的周长作正方形，除以 12，作为正 12 边形的面积是可以的。用我的新方法，径直使圆周自乘，又乘以 25，除以 314，就得到圆面积。其中的率：25 是圆面积的，314 是圆周自乘的面积的。布置圆周数 6 尺 2 寸 8 分，使自乘，得到面积 394 384 分$^2$。又布置圆面积 31 400 分$^2$，都以 1 256 约简，就得到这个率。　　淳风等按：边长自乘就得到它的面积。用圆周求它的面积，借助于率就会通达。但是这一方法中所求的却是用周三径一作为率。正确的圆田面积方法是半圆周与半径相乘。现在却是整个圆周自乘，所以须以 12 作为分母。为什么呢？根据整个圆周而求半圆周，则必须以 2 作为法。根据整个圆周而求它的半径，应再除以 6。这就是用 2 与 6 相乘，去除圆周自乘之数。依照密率，乘以 7，除以 88。

今有宛田[1]，下周三十步，径十六步。问：为田几何？

　　答曰：一百二十步。

又有宛田，下周九十九步，径五十一步。问：为田几何？

　　答曰：五亩六十二步四分步之一。

　　术曰：以径乘周，四而一[2]。此术不验[3]。故推方锥以见其形[4]。假令方锥下方六尺，高四尺。四尺为股，下方之半三尺为句。正面邪为弦[5]，弦五尺也。令句、弦相乘，四因之，得六十尺，即方锥四面见者之幂[6]。若令其中容圆锥，圆锥见幂与方锥见幂，其率犹方幂之与圆幂也[7]。按：方锥下六尺，则方周二十四尺。以五尺乘而半之，则亦方锥之见幂。故求圆锥之数，折径以乘下周之半，即圆锥之幂也。今宛田上径圆穹，而与圆锥同术，则幂失之于少矣[8]。然其术难用，故略举大较[9]，施之大广田也。求圆锥之幂，犹求圆田之幂也。今用两全相乘，故以为法，除之，亦如圆田矣。开立圆术说圆方诸率甚备[10]，可以验此。

**【注释】**

〔1〕宛田：是类似于球冠的曲面形。其径指宛田表面上穿过顶心的大弧，如图1-15。李籍云："宛田者，中央隆高。《尔雅》曰：'宛中宛丘。'又曰：'丘上有丘为宛丘。'皆中央隆高之义也。"亦有人根据所设的两个例题的数值，计算出若为球冠，必为优球冠，而世间不可能有此类田地，从而认为宛田不是球冠形，而是优扇形。今按：《九章算术》的例题只是说明其术文的应用，并不是都来源于人们的生产生活实践。元朱世杰《四元玉鉴·混积问元门》的豌田有图示，正是球冠形。

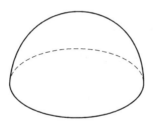

图1-15　宛田
（采自《古代世界数学泰斗刘徽》）

〔2〕此是《九章算术》提出的宛田面积公式

$$S = \frac{1}{4}LD, \qquad\qquad (1-13)$$

其中 $S$，$L$，$D$ 为宛田的面积、下周和径。

〔3〕刘徽指出，《九章算术》宛田术是错误的。

〔4〕此谓通过计算方锥的体积以显现《九章算术》宛田术不正确。推：计算。　见（xiàn）：显现。

〔5〕刘徽考虑以方锥下方之半为勾，方锥高为股，正面邪为弦构成的勾股形。　正面邪：即方锥侧面上的高。

〔6〕方锥四面见者之幂：即"方锥见幂"，也就是方锥的表面积（不

计底面）。

〔7〕圆锥见幂：即圆锥的表面积（不计底面）。此即刘徽提出的重要原理 $S_{方锥}：S_{圆锥}=4：\pi$，其中 $S_{方锥}$、$S_{圆锥}$ 分别是方锥、圆锥的见幂。如图 1-16。

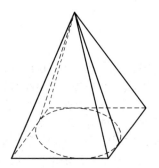

图 1-16　圆锥与方锥见幂
（采自译注本《九章算术》）

〔8〕刘徽指出《九章算术》宛田术"不验"是对的，然而此处的论证并不充分。《九章算术》提出的宛田术是 $S=\dfrac{1}{4}LD$，刘徽提出的圆锥见幂公式是 $S=\dfrac{1}{4}Ld$，其中 $d$ 为圆锥两母线之和，两者取同一形式。但由于 $D>d$，当然有 $\dfrac{1}{4}LD>\dfrac{1}{4}Ld$，因而无法由两者同术而证明 $\dfrac{1}{4}LD$ 比真值小。 刘徽在此混淆了 $D$ 与 $d$，犯了反驳中混淆概念的失误。这是刘徽极为罕见的失误。

〔9〕大较：大略，大致。《史记·货殖列传》："夫山西饶材、竹、榖、玈、旄、玉石，山东多鱼、盐、漆、丝、声色，江南出楠、梓……此其大较也。"

〔10〕开立圆术：见卷四。

【译文】

假设有一块宛田，下周长 30 步，穿径 16 步。问：田的面积是多少？
　　　　　　答：120 步$^2$。

又假设有一块宛田，下周长 99 步，穿径 51 步。问：田的面积是多少？

答：5 亩 62 $\frac{1}{4}$ 步²。

术：以穿径乘下周，除以 4。这一方法不正确。特地用方锥进行推算，
以显现这一问题的真相。假令方锥底面是 6 尺见方，高是 4 尺。把 4 尺作为股，
底边长的一半 3 尺作为勾，那么侧面上的高就是弦，弦是 5 尺。使勾与弦相乘，
乘以 4，得 60 步²，就是方锥四个侧面所显现的面积。如果使其中内切一个圆
锥，那么圆锥所显现的面积与方锥所显现的面积，其率如同正方形的面积之对
于内切圆的面积。按：方锥底边 6 尺，那么底的周长是 24 尺，乘以 5，取其一
半，那么也是方锥所显现的面积。所以求圆锥的数值，将穿径折半，乘以底周
长的一半，就是圆锥的面积。现在宛田的上径是一段圆弧，而与圆锥用同一种
方法，则产生的面积误差在于过小。然而这一方法难以处置，因此粗略地举出
其大概，应用于大的田地。求圆锥的面积，如同求圆田的面积。现在用两个整
体相乘，因此以 4 作为法除之，也像圆田那样。开立圆术注解释圆方诸率非常
详细，可以检验这里的方法。


今有弧田[1]，弦三十步，矢十五步。问：为田几何？

　　荅曰：一亩九十七步半。

又有弧田，弦七十八步二分步之一，矢十三步九分步之
七。问：为田几何？

　　荅曰：二亩一百五十五步八十一分步之五十六。

术曰：以弦乘矢，矢又自乘，并之，二而一[2]。方
中之圆，圆里十二觚之幂，合外方之幂四分之三也。中方合外
方之半，则朱、青合外方四分之一也[3]。弧田，半圆之幂
也[4]，故依半圆之体而为之术[5]。以弦乘矢而半之则为黄
幂[6]，矢自乘而半之为二青幂[7]。青、黄相连为弧体[8]。弧
体法当应规[9]。今觚面不至外畔[10]，失之于少矣。圆田旧术
以周三径一为率，俱得十二觚之幂，亦失之于少也。与此相似，
指验半圆之弧耳。若不满半圆者，益复疏阔。　　宜依句股锯
圆材之术[11]，以弧弦为锯道长，以矢为句深[12]，而求其
径[13]。既知圆径，则弧可割分也[14]。割之者，半弧田之弦以

为股，其矢为句，为之求弦，即小弧之弦也[15]。以半小弧之弦为句，半圆径为弦，为之求股[16]，以减半径，其余即小弦之矢也[17]。割之又割，使至极细。但举弦、矢相乘之数，则必近密率矣[18]。然于算数差繁[19]，必欲有所寻究也[20]。若但度田，取其大数，旧术为约耳[21]。

【注释】

〔1〕弧田：即今之弓形，如图 1-17。李籍云："弧田者，有弧有矢，如弧之形。"

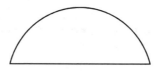

图 1-17 弧田
（采自《古代世界数学泰斗刘徽》）

〔2〕设 $S$，$c$，$v$ 分别是弓形的面积、弦和矢，此即弓形面积公式

$$S = \frac{1}{2}(cv + v^2)。 \tag{1-14}$$

〔3〕刘徽以半圆作为弧田以论证《九章算术》弧田术之不准确。如图 1-18（1）。"中方"是圆内接正方形，其面积是外方之半。两朱幂、两青幂是圆内接正 12 边形减去中方所剩余的部分，如图 1-18（2）。两青幂分别是 $ABCD$ 和 $ALKJ$，两朱幂分别是 $DEFG$ 和 $GHIJ$。将青幂 $ALKJ$ 中的 Ⅰ，Ⅱ，Ⅲ 分别移到 $AMDCB$ 的 Ⅰ′，Ⅱ′，Ⅲ′ 上，便知一个青幂为外方的 $\frac{1}{8}$。 朱幂亦然。 两朱幂与两青幂的总面积是外方的 $\frac{1}{4}$。

〔4〕"弧田"二句：弧田可以是半圆之幂。

〔5〕故依半圆之体而为之木：故以半圆为例论证《九章算术》弧田术之不准确。

〔6〕以弦乘矢而半之则为黄幂：黄幂是弦矢相乘之半即勾股形 $ADJ$。

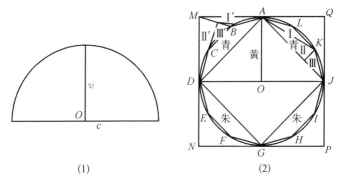

图 1 - 18 刘徽证明弧田术之不准确
（采自译注本《九章算术》）

〔7〕矢自乘而半之为两青幂：即勾股形 $AMD$，亦即 $ABCD$ 与 $ALKJ$ 之和。

〔8〕青、黄相连为弧体：二青幂与黄幂形成所设的弧体，亦即半圆 $ABCDJKL$，其结构应如图 1 - 18 (2)。

〔9〕弧体法当应规：此谓弧田的弧应与圆弧重合。

〔10〕觚面不至外畔：这是说，如此算出的面积是圆内接正 12 边形的一半，达不到外面的圆弧。

〔11〕如图 1 - 19。已知弧田之弦 $AB$，记为 $c$，及弧田之矢 $A_1D$，记为 $v$，勾股锯圆材之术见卷九。

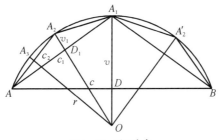

图 1 - 19　弧田密率

〔12〕弦 $AB$ 相当于锯道长，矢 $A_1D$ 就是锯道深。

〔13〕依据勾股章勾股锯圆材之法，那么弧田所在的圆直径为 $d = \left[\left(\dfrac{c}{2}\right)^2 + v^2\right] \div v$。

〔14〕这是将弧田分割成以弦 $AB$ 为底的等腰三角形 $A_1AB$，以及分别以 $AA_1$，$A_1B$ 为弦的两个小弧田。将小弧田 $AA_2A_1$ 再分割成小等腰三角形 $A_2AA_1$，以及分别以 $AA_2$，$A_2A_1$ 为弦的两个更小弧田。对小弧田 $BA'_2A_1$ 亦可分割成小等腰三角形 $A'_2BA_1$，以及分别以 $A_1A'_2$，$A'_2B$ 为弦的两个更小弧田。如此可以继续下去。

〔15〕考虑勾股形 $AA_1D$，由勾股术，小弧之弦为 $c_1 = \sqrt{\left(\dfrac{c}{2}\right)^2 + v^2}$。

〔16〕由勾股形 $OA_1D_1$，求出 $OD_1 = \sqrt{r^2 - \left(\dfrac{c_1}{2}\right)^2}$。

〔17〕小弦之矢即小弧之矢 $v_1 = r - \sqrt{r^2 - \left(\dfrac{c_1}{2}\right)^2}$。

〔18〕上述的分割过程可以无限继续下去，依次求出 $c_i = \sqrt{\left(\dfrac{c_{i-1}}{2}\right)^2 + v_{i-1}^2}$，$v_i = r - \sqrt{r^2 - \left(\dfrac{c_i}{2}\right)^2}$，$i = 1$，$2$，$3$，$\cdots n$。显然，当 $n$ 足够大时，$S_n = \sum_{k=1}^{n} 2^k \times \dfrac{1}{2} c_k v_k$ 就相当准确，故云"必近密率矣"。显然，这里不是一个极限过程，而是极限思想在近似计算中的应用。

〔19〕差（cī）繁：繁杂。差，不整齐，参差。

〔20〕刘徽的意思是，有所寻究，才这样做。这种"寻究"无疑是数学家的数学研究，具有纯数学的性质。　寻究：查考，研求。

〔21〕约：简约。刘徽认为，如果实际应用，还是用旧的方法。显然，在刘徽的头脑中有明确的纯数学研究与数学的实际应用的区分。

【译文】

假设有一块弧田，弦是 30 步，矢是 15 步。问：田的面积是多少？

答：1 亩 97 $\dfrac{1}{2}$ 步$^2$。

又假设有一块弧田，弦是 78 $\dfrac{1}{2}$ 步，矢是 13 $\dfrac{7}{9}$ 步。问：田的面积是多少？

答：2 亩 155 $\dfrac{56}{81}$ 步²。

术：以弦乘矢，矢又自乘，两者相加，除以 2。正方形中有一个内切圆，圆中的内接正 12 边形的面积等于外切正方形面积的 $\dfrac{3}{4}$。中间的正方形的面积等于外正方形的一半，那么朱青的面积等于外正方形的 $\dfrac{1}{4}$。这里的弧田是半圆的面积，因此就依照半圆的图形而考察该术。以弦乘矢，取其一半，作为黄色的面积；矢自乘，取其一半，是二青色的面积。如果青色的与黄色的面积连在一起成为弧体，那么弧体在道理上应当与圆弧相吻合。但现在这个多边形的边达不到圆弧的外周，产生的失误在于小了。旧的圆田面积的方法以周三径一为率，都是得到圆内接正 12 边形的面积，产生的失误也在于太小了，与此相同。这里只考察了半圆形弧田，如果不是半圆形弧田，这种方法更加疏漏。　　应当按照勾股章勾股锯圆材之术，把弧田的弦作为锯道长，把矢作为锯道深，而求弧田所在圆的直径。既然知道了圆的直径，那么弧田就可以被分割。如果分割它的话，以弧田弦的一半作为股，它的矢作为勾，求它的弦，就是小弧的弦。以小弧弦的一半作为勾，圆半径作为弦，求它的股。以股减半径，其剩余就是小弦的矢。对弧分割了再分割，使至极细。只要全部列出弦与矢相乘的数值，将它们相加，则必定会接近密率。然而这种方法的算数非常繁杂，必定要有所求才这样做。如果只是度量田地，取它大概的数值，那么旧的方法还是简约的。

今有环田，中周九十二步，外周一百二十二步，径五步[1]。此欲令与周三径一之率相应，故言径五步也。据中、外周，以徽术言之，当径四步一百五十七分步之一百二十二也[2]。　　臣淳风等谨按：依密率，合径四步二十二分步之十七[3]。问：为田几何？

答曰：二亩五十五步。于徽术，当为田二亩三十一步一百五十七分步之二十三[4]。　　臣淳风等依密率，为田二亩三十步二十二分步之十五[5]。

又有环田，中周六十二步四分步之三，外周一百一十三步二分步之一，径十二步三分步之二。此田环而不通匝[6]，故径十二步三分步之二。若据上周求径者，此径失之于多，过周三径一之率，盖为疏矣。于徽术，当径八步六百二十八分步之五十一[7]。 　臣淳风等谨按：依周三径一考之，合径八步二十四分步之一十一[8]。依密率，合径八步一百七十六分步之一十三[9]。问：为田几何？

　　答曰：四亩一百五十六步四分步之一。于徽术，当为田二亩二百三十二步五千二十四分步之七百八十七也[10]。依周三径一，为田三亩二十五步六十四分步之二十五[11]。 　臣淳风等谨按密率，为田二亩二百三十一步一千四百八分步之七百一十七也[12]。

術曰：并中、外周而半之，以径乘之，为积步[13]。此田截而中之周则为长。并而半之知[14]，亦以盈补虚也[15]。此可令中、外周各自为圆田，以中圆减外圆，余则环实也[16]。

密率术曰[17]：置中、外周步数，分母、子各居其下。母互乘子，通全步，内分子。以中周减外周，余半之，以益中周。径亦通分内子，以乘周为密实。分母相乘为法。除之为积步，余，积步之分。以亩法除之，即亩数也[18]。按：此术，并中、外周步数于上，分母、子于下。母互乘子者，为中、外周俱有分，故以互乘齐其子。母相乘同其母。子齐母同，故通全步，内分子。"半之"知[19]，以盈补虚，得中平之周。[20]周则为从，径则为广，故广、从相乘而得其积。既合分母，还须分母出之。故令周、径分母相乘而连除之，即得积步。不尽，以等数除之而命分。以亩法除积步，得亩数也。

【注释】

〔1〕环田：即今之圆环，如图 1 - 20（1）。李籍云："环田者，有肉

有好,如环之形。《尔雅》曰:'肉好若一,谓之环。'或作镮。"知当时还有一抄本作"镮田"。　　中周:即圆环的内圆之周。　　外周:即圆环的外圆之周。　　径:即中外周之间的距离。

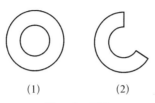

(1)　　　　　(2)

图 1-20　圆环

(采自《古代世界数学泰斗刘徽》)

〔2〕记圆环之径为 $d$,构成圆环的内圆的周长和半径分别是 $L_1$,$r_1$,外圆的周长和半径分别是 $L_2$,$r_2$。则刘徽求出圆环之径

$$d = r_2 - r_1 = \frac{1}{2} \times \frac{50}{157}(L_2 - L_1) = \frac{50}{314}(122 - 92) = 4\frac{122}{157}(步)。$$

〔3〕李淳风等求出圆环之径 $d = r_2 - r_1 = \frac{1}{2} \times \frac{7}{22}(L_2 - L_1) = \frac{7}{44}(122 - 92) = 4\frac{17}{22}(步)。$

〔4〕刘徽求得面积 $S = \frac{1}{2}(L_1 + L_2)d = \frac{1}{2}(92 + 122) \times 4\frac{122}{157} = 2$ 亩 $31\frac{23}{157}$ 步$^2$。

〔5〕李淳风等求得面积 $S = \frac{1}{2}(L_1 + L_2)d = \frac{1}{2}(92 + 122) \times 4\frac{17}{22} = 2$ 亩 $30\frac{15}{22}$ 步$^2$。

〔6〕此问之环田为大约 $240°$ 的环缺,如图 1-20 (2),故刘徽说"此田环而不通匝"。　　匝:周。环绕一周曰一匝。《史记·高祖本纪》:"围宛城三匝。"

〔7〕不知为什么,刘徽和李淳风等都将其看成"通匝"的圆环进行

计算。刘徽的计算应是

$$d = r_2 - r_1 = \frac{1}{2} \times \frac{50}{157}(L_2 - L_1) = \frac{50}{314}\left(113\frac{1}{2} - 62\frac{3}{4}\right) = 8\frac{51}{628}(步)。$$

〔8〕李淳风等依周 3 径 1 的计算是

$$d = r_2 - r_1 = \frac{1}{2} \times \frac{1}{3}(L_2 - L_1) = \frac{1}{6}\left(113\frac{1}{2} - 62\frac{3}{4}\right) = 8\frac{11}{24}(步)。$$

由下文刘徽计算了按周 3 径 1 的面积，刘徽应按周 3 径 1 计算过直径。

〔9〕李淳风等依密率 $\frac{22}{7}$ 的计算是

$$d = r_2 - r_1 = \frac{1}{2} \times \frac{7}{22}(L_2 - L_1) = \frac{7}{44}\left(113\frac{1}{2} - 62\frac{3}{4}\right) = 8\frac{13}{176}(步)。$$

〔10〕刘徽依环田密率术的计算是

$$S = \frac{1}{2}(L_1 + L_2)d = \frac{1}{2}\left(62\frac{3}{4}步 + 113\frac{1}{2}步\right) \times 8\frac{51}{628}步$$

$$= 2\,亩\,232\frac{787}{5\,024}步^2。$$

〔11〕刘徽依周 3 径 1 之率的计算是

$$S = \frac{1}{2}(L_1 + L_2)d = \frac{1}{2}\left(62\frac{3}{4}步 + 113\frac{1}{2}步\right) \times 8\frac{11}{24}步$$

$$= 3\,亩\,25\frac{25}{64}步。$$

〔12〕李淳风等依环田密率术的计算是

$$S = \frac{1}{2}(L_1 + L_2)d = \frac{1}{2}\left(62\frac{3}{4}步 + 113\frac{1}{2}步\right) \times 8\frac{13}{176}步$$

$$= 2\,亩\,231\frac{717}{1\,408}步^2。$$

〔13〕此即圆环面积公式

$$S = \frac{1}{2}(L_1 + L_2)d。 \tag{1-15}$$

〔14〕知：训"者"，见刘徽序"故枝条虽分而同本干知"之注释。

〔15〕此处"以盈补虚"是将圆环沿环径剪开，展成等腰梯形，如图1-21。然后如梯形（箕田）那样出入相补。

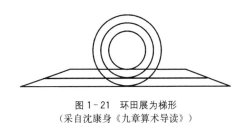

图 1-21 环田展为梯形
（采自沈康身《九章算术导读》）

〔16〕这是刘徽提出的圆环的另一面积公式

$$S = S_2 - S_1 = \frac{1}{2}L_2 r_2 - \frac{1}{2}L_1 r_1,$$

其中 $S_1$，$S_2$ 分别是构成圆环的内圆和外圆的面积。

〔17〕此术是针对各项数值都带有分数的情形而设的，比关于整数的上术精密，故称"密率术"。

〔18〕用现代符号写出，此术亦是（1-15）式。

〔19〕知：训"者"，其说见刘徽序"故枝条虽分而同本干知"之注释。

〔20〕中平之周：中周与外周长的平均值。中平，平均。

【译文】
假设有一块环田，中周长 92 步，外周长 122 步，环径 5 步。这里想与周三径一之率相应，所以说环径 5 步。根据中、外周，用我的方法处理它，环径应当是 $4\frac{122}{157}$ 步。　　淳风等按：依照密率，环径是 $4\frac{17}{22}$ 步。问：田的面积是多少？

答：2 亩 55 步$^2$。用我的方法，田的面积应当是 2 亩 $31\frac{23}{157}$ 步$^2$。　　淳风等按：依照密率，田的面积是 2 亩 $30\frac{15}{22}$ 步$^2$。

又假设有一块环田，中周长是 $62\frac{3}{4}$ 步，外周长是 $113\frac{1}{2}$ 步，环径

是 $12\frac{2}{3}$ 步。这块田是环形的但不满一周，所以环径为 $12\frac{2}{3}$ 步。如果根据上述周

长求环径，这一环径的误差在于太大，超过了周三径一之率，很粗疏。用我的方法，

环径应当是 $8\frac{51}{628}$ 步。 淳风等按：依照周三径一之率考察之，环径是 $8\frac{11}{24}$ 步。依

照密率，环径是 $8\frac{13}{176}$ 步。 问：田的面积是多少？

答：4 亩 $156\frac{1}{4}$ 步$^2$。用我的方法，田的面积应当是 2 亩 $232\frac{787}{5\,024}$

步$^2$。依周三径一之率，田的面积是 3 亩 $25\frac{25}{64}$ 步$^2$。 淳风等按：依照

密率，田的面积是 2 亩 $231\frac{717}{1\,408}$ 步$^2$。

术：中外周长相加，取其一半，乘以环径长，就是积步。这块
田被截割而得到的中平之周，就作为长。"中外周长相加，取其一半"，也是以
盈补虚。这里也可以使中、外周各自构成圆田，以中周减外周，由其余数就得
到环田的面积。

密率术：布置中、外周长的步数，分子、分母各置于下方，
分母互乘分子，将整数部分通分，纳入分子。以中周减外周，
取其余数的一半，增益到中周上。对环径亦通分，纳入分子。
以它乘周长，作为密实。周、径的分母相乘，作为法。实除
以法，就是积步；余数是积步中的分数。以亩法除之，就是
亩数。按：在此术中，将中、外周长步数相加，置于上方，分子、分母置于下
方。"分母互乘分子"，是因为中、外周长都有分数，所以通过互乘使它们的分
子相齐。分母相乘，是使它们的分母相同。分子相齐，分母相同，所以可以将
步数的整数部分通分，纳入分子。取中、外周长之和的一半，这是为了以盈补
虚，得中平之周。中平之周就是纵，环径就是广，所以广纵相乘就得到它们的
积。既然分子中融合了分母，还需把分母分离出去，所以要使周、径的分母相
乘而合起来除，就得到积步。如不尽，就用等数约之，命名一个分数。以亩数
除积步，便得到亩数。

# 九章筭术卷第二

魏刘徽注

唐朝议大夫行太史令上轻车都尉臣李淳风等奉敕注释

## 粟米[1] 以御交质变易[2]

粟米之法[3] 凡此诸率相与大通，其特相求[4]，各如本率。可约者约之。别术然也。

| | |
|---|---|
| 粟率五十 | 粝米三十[5] |
| 粺米二十七[6] | 糳米二十四[7] |
| 御米二十一[8] | 小䵂十三半[9] |
| 大䵂五十四[10] | 粝饭七十五 |
| 粺饭五十四 | 糳饭四十八 |
| 御饭四十二 | 菽[11]、荅[12]、麻[13]、麦各四十五 |
| 稻六十 | 豉六十三[14] |
| 飧九十[15] | 熟菽一百三半 |
| 糵一百七十五[16] | |

【注释】

〔1〕粟米：泛指谷类，粮食。李籍云："粟者，禾之未舂。米者，谷实之无壳。"粟，古代泛指谷类，又指谷子。下文粟率指后者之率。"粟米"作为一类数学问题是"九数"之二，明之后，常称作"粟布"。

〔2〕交质：互相以物品作抵押，即交易称量。方程章五雀六燕术

"交易质之"，即此义。质，评量，后引申为称，衡量。 变易：交易。
"交质"、"变易"后人都有使用，但笔者未查到刘徽之前的例句。

〔3〕粟米之法：这里是互换的标准，即各种粟米的率。法，标准。

〔4〕特：特地。

〔5〕粝米：糙米，有时省称为米。《九章算术》及其刘徽注、李淳风
等注释单言"米"，则指粝米。粝，李籍云："粗也。"指粗米，糙米。

〔6〕粺米：精米。李籍云："精于粝也。"《诗经·大雅·召旻》："彼
疏斯粺，胡不自替。"毛传："彼宜食疏，今反食精粺。"

〔7〕糳米：舂过的精米。李籍云："精于粺也。"糳，本义是舂。

〔8〕御米：供宫廷食用的米。李籍云："精于糳也。供王膳之米也。
蔡邕《独断》曰：'所进曰御。御者，进也。凡衣服加于身，饮食入于
口，皆曰御。'"

〔9〕小𪌦（zhí）：细麦屑。李籍云："细曰小𪌦。粗曰大𪌦。"《说
文》："𪌦，麦核屑也。"𪌦，麦屑。

〔10〕大𪌦：粗麦屑。

〔11〕菽：大豆。又，豆类的总称。

〔12〕荅：小豆。《说文》："荅，小尗也。""尗"同"菽"。

〔13〕麻：古代指大麻，亦指芝麻。《正字通》引《素问》云："麻麦
稷黍豆为五谷。"此指芝麻。

〔14〕豉（chǐ）：又音 shì，用煮熟的大豆发酵后制成的食品。《释
名·释饮食》："豉，嗜也。五味调和，须之而成，乃可甘嗜也。故齐人
谓豉，声如嗜也。"李籍云："盐豉也。《广雅》云'苦李作豉'。"

〔15〕飧（sūn）：熟食，夕食。李籍引《说文》曰："铺也。"《六书
故·工事》："飧，夕食也。古者夕则馂朝膳之余，故熟食曰飧。"

〔16〕糵：糯糵。李籍引《说文》曰："米芽。"


【译文】
**粟米**为了处理抵押交换问题

粟米之率这里的各种率都相互关联而广泛地通达。如果特地互相求取，则要
遵从各自的率。可以进行约简的，就约简之。其他的术也是这样。

| | |
|---|---|
| 粟率 50 | 粝米 27 |
| 粺米 27 | 糳米 24 |
| 御米 21 | 小𪌦 13 $\frac{1}{2}$ |

大䉽 54　　　　粝饭 75

粺饭 54　　　　糳饭 48

御饭 42　　　　菽、荅、麻、麦各 45

稻 60　　　　　豉 63

飧 90　　　　　熟菽 $103\frac{1}{2}$

蘖 175

今有此都术也[1]。凡九数以为篇名，可以广施诸率[2]，所谓告往而知来[3]，举一隅而三隅反者也[4]。诚能分诡数之纷杂[5]，通彼此之否塞[6]，因物成率[7]，审辨名分[8]，平其偏颇，齐其参差[9]，则终无不归于此术也[10]。术曰[11]：以所有数乘所求率为实[12]。以所有率为法[13]。少者多之始，一者数之母[14]，故为率者必等之于一[15]。据粟率五、粝率三，是粟五而为一，粝米三而为一也。欲化粟为米者，粟当先本是一[16]。一者，谓以五约之，令五而为一也。讫，乃以三乘之，令一而为三。如是，则率至于一[17]，以五为三矣。然先除后乘，或有余分，故术反之[18]。又完言之知[19]，粟五升为粝米三升；分言之知[20]，粟一斗为粝米五分斗之三。以五为母，三为子。以粟求粝米者，以子乘，其母报除也[21]。然则所求之率常为母也。　　臣淳风等谨按：宜云“所求之率常为子，所有之率常为母”，今乃云“所求之率常为母”知，脱错也[22]。实如法而一[23]。

今有粟一斗，欲为粝米。问：得几何？

　　荅曰：为粝米六升。

术曰：以粟求粝米，三之，五而一[24]。臣淳风等谨按：都术，以所求率乘所有数，以所有率为法。此术以粟求米，故粟为所有数。三是米率，故三为所求率。五为粟率，故五为所有率。粟率五十，米率三十，退位求之，故唯云三、五也。

今有粟二斗一升，欲为粺米。问：得几何？

苔曰：为粺米一斗一升五十分升之十七。

术曰：以粟求粺米，二十七之，五十而一。臣淳风等谨按：粺米之率二十有七，故直以二十七之，五十而一也。

今有粟四斗五升，欲为糳米。问：得几何？

苔曰：为糳米二斗一升五分升之三。

术曰：以粟求糳米，十二之，二十五而一〔25〕。臣淳风等谨按：糳米之率二十有四，以为率太繁，故因而半之，故半所求之率，以乘所有之数。所求之率既减半，所有之率亦减半。是故十二乘之，二十五而一也。

今有粟七斗九升，欲为御米。问：得几何？

苔曰：为御米三斗三升五十分升之九。

术曰：以粟求御米，二十一之，五十而一。

今有粟一斗，欲为小䉽。问：得几何？

苔曰：为小䉽二升一十分升之七。

术曰：以粟求小䉽，二十七之，百而一〔26〕。臣淳风等谨按：小䉽之率十三有半。半者二为母，以二通之，得二十七，为所求率。又以母二通其粟率，得一百，为所有率。凡本率有分者，须即乘除也。他皆放此。

今有粟九斗八升，欲为大䉽。问：得几何？

苔曰：为大䉽一十斗五升二十五分升之二十一。

术曰：以粟求大䉽，二十七之，二十五而一。臣淳风等谨按：大䉽之率五十有四，其可半，故二十七之，亦如粟求糳米，半其二率。

今有粟二斗三升，欲为粝饭。问：得几何？

答曰：为粝饭三斗四升半。

术曰：以粟求粝饭，三之，二而一[27]。臣淳风等谨按：粝饭之率七十有五。粟求粝饭，合以此数乘之。今以等数二十有五约其二率，所求之率得三，所有之率得二，故以三乘二除。

今有粟三斗六升，欲为粺饭。问：得几何？

答曰：为粺饭三斗八升二十五分升之二十二。

术曰：以粟求粺饭，二十七之，二十五而一。臣淳风等谨按：此术与大䴤多同。

今有粟八斗六升，欲为糳饭。问：得几何？

答曰：为糳饭八斗二升二十五分升之一十四。

术曰：以粟求糳饭，二十四之，二十五而一。臣淳风等谨按：糳饭率四十八。此亦半二率而乘除。

今有粟九斗八升，欲为御饭。问：得几何？

答曰：为御饭八斗二升二十五分升之八。

术曰：以粟求御饭，二十一之，二十五而一。臣淳风等谨按：此术半率，亦与糳饭多同。

今有粟三斗少半升[28]，欲为菽。问：得几何？

答曰：为菽二斗七升一十分升之三。

今有粟四斗一升太半升[29]，欲为荅。问：得几何？

答曰：为荅三斗七升半。

今有粟五斗太半升，欲为麻。问：得几何？

答曰：为麻四斗五升五分升之三。

今有粟一十斗八升五分升之二，欲为麦。问：得几何？

答曰：为麦九斗七升二十五分升之一十四。

术曰：以粟求菽、荅、麻、麦，皆九之，十而一[30]。

臣淳风等谨按：四术率并四十五，皆是为粟所求，俱合以此率乘其本粟。术欲从省，先以等数五约之，所求之率得九，所有之率得十。故九乘十除，义由于此。

今有粟七斗五升七分升之四，欲为稻。问：得几何？

荅曰：为稻九斗三十五分升之二十四。

术曰：以粟求稻，六之，五而一。臣淳风等谨按：稻率六十，亦约二率而乘除。

今有粟七斗八升，欲为豉。问：得几何？

荅曰：为豉九斗八升二十五分升之七。

术曰：以粟求豉，六十三之，五十而一。

今有粟五斗五升，欲为飧。问：得几何？

荅曰：为飧九斗九升。

术曰：以粟求飧，九之，五而一。臣淳风等谨按：飧率九十，退位，与求稻多同。

今有粟四斗，欲为熟菽。问：得几何？

荅曰：为熟菽八斗二升五分升之四。

术曰：以粟求熟菽，二百七之，百而一。臣淳风等谨按：熟菽之率一百三半。半者其母二，故以母二通之。所求之率既被二乘，所有之率随而俱长，故以二百七之，百而一。

今有粟二斗，欲为蘖。问：得几何？

荅曰：为蘖七斗。

术曰：以粟求蘖，七之，二而一[31]。臣淳风等谨按：蘖率一百七十有五，合以此数乘其本粟。术欲从省，先以等数二十五约之，所求之率得七，所有之率得二。故七乘二除。

今有粝米十五斗五升五分升之二，欲为粟。问：得几何？

  荅曰：为粟二十五斗九升。

  术曰：以粝米求粟，五之，三而一。臣淳风等谨按：上术以粟求米，故粟为所有数，三为所求率，五为所有率。今此以米求粟，故米为所有数，五为所求率，三为所有率。准都术求之[32]，各合其数。以下所有反求多同，皆准此[33]。

今有粺米二斗，欲为粟。问：得几何？

  荅曰：为粟三斗七升二十七分升之一。

  术曰：以粺米求粟，五十之，二十七而一。

今有繫米三斗少半升，欲为粟。问：得几何？

  荅曰：为粟六斗三升三十六分升之七。

  术曰：以繫米求粟，二十五之，十二而一[34]。

今有御米十四斗，欲为粟。问：得几何？

  荅曰：为粟三十三斗三升少半升。

  术曰：以御米求粟，五十之，二十一而一。

今有稻一十二斗六升一十五分升之一十四，欲为粟。问：得几何？

  荅曰：为粟一十斗五升九分升之七。

  术曰：以稻求粟，五之，六而一。

今有粝米一十九斗二升七分升之一，欲为粺米。问：得几何？

  荅曰：为粺米一十七斗二升一十四分升之一十三。

  术曰：以粝米求粺米，九之，十而一[35]。臣淳风等谨按：粺率二十七，合以此数乘粝米。术欲从省，先以等数三约之，所求之率得九，所有之率得十，故九乘而十除。

今有粝米六斗四升五分升之三，欲为粝饭。问：得几何？

    荅曰：为粝饭一十六斗一升半。

    术曰：以粝米求粝饭，五之，二而一[36]。臣淳风等谨按：粝饭之率七十有五，宜以本粝米乘此率数。术欲从省，先以等数十五约之，所求之率得五，所有之率得二。故五乘二除，义由于此。

今有粝饭七斗六升七分升之四，欲为飧。问：得几何？

    荅曰：为飧九斗一升三十五分升之三十一。

    术曰：以粝饭求飧，六之，五而一。臣淳风等谨按：飧率九十，为粝饭所求，宜以粝饭乘此率。术欲从省，先以等数十五约之，所求之率得六，所有之率得五。以此故六乘五除也。

今有菽一斗，欲为熟菽。问：得几何？

    荅曰：为熟菽二斗三升。

    术曰：以菽求熟菽，二十三之，十而一[37]。臣淳风等谨按：熟菽之率一百三半。因其有半，各以母二通之，宜以菽数乘此率。术欲从省，先以等数九约之，所求之率得一十一半，所有之率得五也[38]。

今有菽二斗，欲为豉。问：得几何？

    荅曰：为豉二斗八升。

    术曰：以菽求豉，七之，五而一[39]。臣淳风等谨按：豉率六十三，为菽所求，宜以菽乘此率。术欲从省，先以等数九约之，所求之率得七，而所有之率得五也。

今有麦八斗六升七分升之三，欲为小𪌀。问：得几何？

    荅曰：为小𪌀二斗五升一十四分升之一十三。

    术曰：以麦求小𪌀，三之，十而一。臣淳风等谨按：小䴷之率十三半，宜以母二通之，以乘本麦之数。术欲从省，先以等数九约之，所求之率得三，所有之率得十也。

今有麦一斗，欲为大䴷。问：得几何？

　　荅曰：为大䴷一斗二升。

　　术曰：以麦求大䴷，六之，五而一。臣淳风等谨按：大䴷之率五十有四，合以麦数乘此率。术欲从省，先以等数九约之，所求之率得六，所有之率得五也。

【注释】

　　〔1〕都术：总术，总的方法，普遍方法。都，总，总共，见卷一方田术李淳风等注释注〔18〕。

　　〔2〕诸：之于的合音。

　　〔3〕告往知来：根据已经发生的事情，可以推知事物未来的发展趋势。中国古代的一种思维方法。语出《论语·学而》："子曰：'赐也，始可与言《诗》已矣，告诸往而知来者。'"

　　〔4〕举一隅而三隅反：根据某一事物的性质，可以推知与它同类的事物的性质。中国古代的一种思维方法。语出《论语·述而》："子曰：'不愤不启，不悱不发，举一隅不以三隅反，则不复也。'"

　　〔5〕诚：如果，假如。　诡数：不同的数。诡，差别，不同。

　　〔6〕通彼此之否（pǐ）塞：通过"通分"等运算使各种阻隔不通的数量关系互相通达。否，闭塞。《周易·否》："否之匪人。"陆德明释文："否，闭也，塞也。"否塞，阻隔不通。

　　〔7〕物：这里指各种物品的数量。

　　〔8〕名分：地位，身份。《庄子·天下》："《易》以道阴阳，《春秋》以道名分。"也泛指物品的所属关系。《商君书·定分》："夫卖者满市，而盗不敢取，由名分已定也。"此谓各个物品在问题中的地位。

　　〔9〕平其偏颇，齐其参差：即"齐同"运算。偏颇，又作"偏陂"，本义是不公正。王符《潜夫论》："内偏颇于妻子，外僭惑于知友。"

　　〔10〕刘徽将《九章算术》大部分术文，200余个题目归结为今有术。

　　〔11〕今有术：即今之三率法，或称三项法（rule of three）。一般认为，此法源于印度。但印度婆罗门笈多才通晓此法（628），所使用的术

语的意义也与《九章算术》相近，参见钱宝琮主编《中国数学史》。

〔12〕所有数：今有术的重要概念，指现有物品的数量。　　　所求率：今有术的重要概念，指所求物品的率。

〔13〕所有率：今有术的重要概念，指现有物品的率。

〔14〕少者多之始，一者数之母：1 是数之母，在有理数范围之内无疑是正确的，但在实数内则不尽然。比如，边长为 1 的正方形，其对角线是 $\sqrt{2}$，1 似不能说是 $\sqrt{2}$ 之母，因为它们之间没有公度。这个命题显然是刘徽将《老子·第三十九章》的命题"无名天地之始，有名万物之母"与王弼说的"夫少者多之所贵也。寡者众之所宗也"（《周易略例·明象》）与"一，数之始而物之极也"（《老子注·第三十九章》）结合起来提出的。

〔15〕为率者必等之于一：某物率的确定，必须以 1 为标准。多少数量的某物能化为 1，则该物的率就是多少。对同一标准 1，粟 5 化为 1，粝米 3 化为 1，故粟率是 5，粝米率是 3。

〔16〕粟当先本是一：粟本来应当先成为 1。

〔17〕则率至于一：由率的本义，粟率 5 是说粟 5 为 1，粝率 3 是说粝米 3 为 1。从求粝米，粟数先除以粟率 5，就是粟 5 变成了 1，再乘以粝率 3，粝米 1 又变成了 3。如是，则率至于 1。

〔18〕余分：剩余的分数。由上可见，做到"率至于 1"的过程是先除后乘。实际上，此处既可以先乘后除，也可以先除后乘，即满足交换律：$(A \div a) \times b = (A \times b) \div a$。然而先除后乘，有时会除不尽，产生分数，运算繁琐，所以术文反过来，采取先乘后除。

〔19〕完言之：以整数表示之。此处即以整数 5 与 3 入算。"完言之"与下"分言之"对举。完，整数。　　　知：训"者"，见刘徽序"故枝条虽分而同本干知"之注释。

〔20〕分言之：以分数表示之。此处即以粟 1 斗与粝米 $\dfrac{3}{5}$ 斗入算。

知：亦训"者"，见刘徽序"故枝条虽分而同本干知"之注释。

〔21〕报除：回报以除。

〔22〕李淳风等所见到的刘徽注已有脱错。

〔23〕今有术就是：已知所有数 $A$、所有率 $a$ 和所求率 $b$，求所求数 $B$ 的公式为

$$B = Ab \div a 。 \qquad\qquad (2-1)$$

〔24〕三之，五而一：与下文"以粟求稻"问"六之，五而一"、"以

粟求飧"问"九之，五而一"、"以粝米求粟"问"五之，三而一"、"以稻求粟"问"五之，六而一"凡 5 处，因为有关的粟米之法都是 10 的倍数，故都是通过退位约简为率，得相与之率入算，而不必用 10 除，反映了十进位值制记数法的优越性。"三之，五而一"即乘以 3，除以 5，或说以 3 乘，以 5 除。这是今有术在以粟求米问题中的应用。余类此。

〔25〕十二之，二十五而一：与下文"以粟求大䵂"问"二十七之，二十五而一"、"以粟求粺饭"问"二十七之，二十五而一"、"以粟求糳饭"问"二十四之，二十五而一"、"以粟求御饭"问"二十一之，二十五而一"凡 5 处，都是将有关的粟米之法以等数 2 约简，得相与之率，再入算。

〔26〕二十七之，百而一：与下文"以粟求熟菽"问"二百七之，百而一"凡 2 处，因有关的粟米之法中有 $\frac{1}{2}$，故以 2 通之，化为整数，以相与之率入算。

〔27〕"以粟"三句：此处粟 50，粺饭 75，以等数 25 约简，得 2，3 为相与之率。

〔28〕少半：即 $\frac{1}{3}$。

〔29〕太半：即 $\frac{2}{3}$。

〔30〕粟 50，菽、荅、麻、麦 45，以等数 5 约简，得 10，9 为相与之率。

〔31〕粟 50，蘖 175，以等数 25 约简，得 2，7 为相与之率。

〔32〕准：依照，按照。北周宗懔《荆楚岁时记》："今寒食准节气是仲春之末。"

〔33〕准：仿效，效法。左思《咏史八首》之一："著论准《过秦》，作赋拟《子虚》。"

〔34〕此处亦将糳米率 24 与粟率 50 以等数 2 约简，得相与之率，再入算。

〔35〕粝米 30，粺米 27，以等数 3 约简，得 10，9 为相与之率。

〔36〕五之，二而一：与下文"以粝饭求飧"问"六之，五而一"凡两处，将有关的粟米之法以等数 15 约简，得相与之率。

〔37〕二十三之，十而一：与下文"以麦求小䵂"问"三之，十而一"凡两处，有关的粟米之法中有 $\frac{1}{2}$，故以 2 通之。所得的结果又有等

数 9，故以 9 约简，为相与之率，再入算。

〔38〕《九章算术》将菽率 45，熟菽率 $103\frac{1}{2}$ 化成 10 与 23，以相与之率入算，十分简省。唐中叶之后的乘除捷算法就是沿着这一方向发展的。李淳风等将其化成 5 与 $11\frac{1}{2}$ 入算，反不如《九章算术》简省。

〔39〕七之，五而一：与下文"以麦求大䵂"问"六之，五而一"凡两处，将有关的粟米之法以等数 9 约简，得相与之率。

**【译文】**

　　今有术：这是一种普遍方法。凡是用九数作为篇名的问题，都可以对它们广泛地施用率。这就是所谓告诉了过去的就能推知未来的，举出一个角，就能推论到其他三个角。如果能分辨各种不同的数的错综复杂，疏理它们彼此之间的闭塞之处，根据不同的物品构成各自的率，仔细地研究辨别它们的地位与关系，使偏颇的持平，参差不齐的相齐，那么就没有不归结到这一术的。术：以所有数乘所求率作为实，以所有率作为法。小是大的开始，1 是数的起源。所以建立率必须使它等于 1。根据粟率是 5，粝米率是 3，这是说粟 5 成为 1，粝米 3 成为 1。如果想把粟化成粝米，那么粟应当本身先变成 1。变成 1，是说用 5 约之，使 5 变为 1。完了，再以 3 乘之，使 1 变为 3。像这样，那么率就达到了 1，把粟 5 变成了粝米 3。然而，先作除法，后作乘法，有时会剩余分数，所以此术将运算程序反过来。又，如果以整数表示之，5 升粟变成 3 升粝米；以分数表示之，1 斗粟变成 $\frac{3}{5}$ 斗粝米，以 5 作为分母，3 作为分子。如果用粟求粝米，就用分子乘，用它的分母回报以除。那么，所求率永远作为分母。　淳风等按：应该说"所求率永远作为分子，所有率永远作为分母"。这里却说"所求率永远作为分母"，有脱错。实除以法。

假设有 1 斗粟，想换成粝米。问：得多少？

　　答：换成 6 升粝米。

　　术：由粟求粝米，乘以 3，除以 5。淳风等按：普遍方法：以所求率乘所有数作为实，以所有率作为法。此术由粟求粝米，所以粟为所有数；3 是粝米率，所以 3 是所求率；5 是粟率，所以 5 是所有率。粟率是 50，粝米率是 30。通过退一位约简之，所以只说 5 与 3 就够了。

假设有 2 斗 1 升粟，想换成粺米。问：得多少？

答：换成 1 斗 1 $\frac{17}{50}$ 升粺米。

术：由粟求粺米，乘以 27，除以 50。<small>淳风等按：粺米率是 27，所以直接乘以 27，除以 50。</small>

假设有 4 斗 5 升粟，想换成糳米。问：得多少？

答：换成 2 斗 1 $\frac{3}{5}$ 升糳米。

术：由粟求糳米，乘以 12，除以 25。<small>淳风等按：糳米率是 24，以它作为率太繁琐，所以取其一半。也就是取所求率的一半，以它乘所有数。所求率既然减半，所有率也应减半。这就是为什么乘以 12，除以 25。</small>

假设有 7 斗 9 升粟，想换成御米。问：得多少？

答：换成 3 斗 3 $\frac{9}{50}$ 升御米。

术：由粟求御米，乘以 21，除以 50。

假设有 1 斗粟，想换成小𪻶。问：得多少？

答：换成 2 $\frac{7}{10}$ 升小𪻶。

术：由粟求小𪻶，乘以 27，除以 100。<small>淳风等按：小𪻶率是 13 $\frac{1}{2}$。$\frac{1}{2}$ 是以 2 为分母。用 2 通分，得 27，作为所求率。又用分母 2 通其粟率，得 100，作为所有率。凡原来的率有分数的，必须做乘除化成整数。其他的都仿照此术。</small>

假设有 9 斗 8 升粟，想换成大𪻶。问：得多少？

答：换成 10 斗 5 $\frac{21}{25}$ 升大𪻶。

术：由粟求大𪻶，乘以 27，除以 25。<small>淳风等按：大𪻶率是 54，它可以被 2 除，所以乘以 27。这也像由粟求糳米那样，取二种率的一半。</small>

假设有 2 斗 3 升粟，想换成粝饭。问：得多少？

答：换成 3 斗 4 $\frac{1}{2}$ 升粝饭。

术：由粟求粝饭，乘以 3，除以 2。<small>淳风等按：粝饭率是 75，由粟求粝饭，应当用此数乘。现在用等数 25 约简这二种率，所求率得 3，所有率得 2。所以乘以 3，除以 2。</small>

假设有 3 斗 6 升粟，想换成粺饭。问：得多少？

答：换成 3 斗 8$\frac{22}{25}$升粺饭。

术：由粟求粺饭，乘以 27，除以 25。淳风等按：此术与求大䅯之术大体相同。

假设有 8 斗 6 升粟，想换成糳饭。问：得多少？

答：换成 8 斗 2$\frac{14}{25}$升糳饭。

术：由粟求糳饭，乘以 24，除以 25。淳风等按：糳饭率是 48。这也是取二率的一半再做乘除。

假设有 9 斗 8 升粟，想换成御饭。问：得多少？

答：换成 8 斗 2$\frac{8}{25}$升御饭。

术：由粟求御饭，乘以 21，除以 25。淳风等按：此术取二种率的一半，也与求糳饭之术大体相同。

假设有 3 斗$\frac{1}{3}$升粟，想换成菽。问：得多少？

答：换成 2 斗 7$\frac{3}{10}$升菽。

假设有 4 斗 1$\frac{2}{3}$升粟，想换成荅。问：得多少？

答：换成 3 斗 7$\frac{1}{2}$升荅。

假设有 5 斗$\frac{2}{3}$升粟，想换成麻。问：得多少？

答：换成 4 斗 5$\frac{3}{5}$升麻。

假设有 10 斗 8$\frac{2}{5}$升粟，想换成麦。问：得多少？

答：换成 9 斗 7$\frac{14}{25}$升麦。

术：由粟求菽、荅、麻、麦，皆乘以 9，除以 10。淳风等按：四种术中的率全是 45，都是由粟所求，所以都应当用此率乘本来的粟。想使术简省，先用等数 5 约简之，所求率得 9，所有率得 10。所以乘以 9，除以 10，其义理源于此。

假设有 7 斗 5 $\frac{4}{7}$ 升粟，想换成稻。问：得多少？

答：换成 9 斗 $\frac{24}{35}$ 升稻。

术：由粟求稻，乘以 6，除以 5。淳风等按：稻率是 60，也约简二种率再做乘除。

假设有 7 斗 8 升粟，想换成豉。问：得多少？

答：换成 9 斗 8 $\frac{7}{25}$ 升豉。

术：由粟求豉，乘以 63，除以 50。

假设有 5 斗 5 升粟，想换成飧。问：得多少？

答：换成 9 斗 9 升飧。

术：由粟求飧，乘以 9，除以 5。淳风等按：飧率是 90，退一位，与求稻的方式大体相同。

假设有 4 斗粟，想换成熟菽。问：得多少？

答：换成 8 斗 2 $\frac{4}{5}$ 升熟菽。

术：由粟求熟菽，乘以 207，除以 100。淳风等按：熟菽的率是 103 $\frac{1}{2}$。$\frac{1}{2}$ 的分母是 2，所以用分母 2 通分。既然所求率乘以 2，那么所有率应随着一道增加。所以乘以 207，除以 100。

假设有 2 斗粟，想换成蘖。问：得多少？

答：换成 7 斗蘖。

术：由粟求蘖，乘以 7，除以 2。淳风等按：蘖率是 175，应当用此数乘本来的粟。想使术简省，先用等数 25 约简之。所求率得 7，所有率得 2。所以乘以 7，除以 2。

假设有 15 斗 5 $\frac{2}{5}$ 升粝米，想换成粟。问：得多少？

答：换成 25 斗 9 升粟。

术：由粝米求粟，乘以 5，除以 3。淳风等按：前面的术由粟求粝米，所以粟为所有数，3 为所求率，5 为所有率。现在这里由粝米求粟，所以粝米为所有数，5为所求率，3为所有率。按照普遍方法求之，都符合各自的数。以下所有的逆运算都大体相同，皆按照这一方法。

假设有 2 斗粺米，想换成粟。问：得多少？

答：换成 3 斗 7 $\frac{1}{27}$ 升粟。

术：由粺米求粟，乘以 50，除以 27。

假设有 3 斗 $\frac{1}{3}$ 升糳米，想换成粟。问：得多少？

答：换成 6 斗 3 $\frac{7}{36}$ 升粟。

术：由糳米求粟，乘以 25，除以 12。

假设有 14 斗御米，想换成粟。问：得多少？

答：换成 33 斗 3 $\frac{1}{3}$ 升粟。

术：由御米求粟，乘以 50，除以 21。

假设有 12 斗 6 $\frac{14}{15}$ 升稻，想换成粟。问：得多少？

答：换成 10 斗 5 $\frac{7}{9}$ 升粟。

术：由稻求粟，乘以 5，除以 6。

假设有 19 斗 2 $\frac{1}{7}$ 升粝米，想换成粺米。问：得多少？

答：换成 17 斗 2 $\frac{13}{14}$ 升粺米。

术：由粝米求粺米，乘以 9，除以 10。淳风等按：粺米率27，应当用这一数乘粝米。想使术简省，就先用等数3约简之，所求率得9，所有率得10，所以乘以9，除以10。

假设有 6 斗 4 $\frac{3}{5}$ 升粝米，想换成粝饭。问：得多少？

答：换成 16 斗 1 $\frac{1}{2}$ 升粝饭。

术：由粝米求粝饭，乘以 5，除以 2。淳风等按：粝饭率是75，应当用本来的粝米乘这一率的数。想使术简省，先用等数 15 约简之，所求率得 5，所有率得 2。所以乘以 5，除以 2。其义理源于此。

假设有 7 斗 6$\frac{4}{7}$ 升粝饭，想换成飧。问：得多少？

答：换成 9 斗 1$\frac{31}{35}$ 升飧。

术：由粝饭求飧，乘以 6，除以 5。淳风等按：飧率是 90，从粝饭求飧，应当用粝饭乘这一率。想使术简省，先用等数 15 约简之，所求率得 6，所有率得 5。因此，乘以 6，除以 5。

假设有 1 斗菽，想换成熟菽。问：得多少？

答：换成 2 斗 3 升熟菽。

术：由菽求熟菽，乘以 23，除以 10。淳风等按：熟菽率 103$\frac{1}{2}$。因为它有 $\frac{1}{2}$，各用分母 2 通分。应当用菽数乘这一率，想使术简省，先用等数 9 约简之，所求率得 11$\frac{1}{2}$，所有率得 5。

假设有 2 斗菽，想换成豉。问：得多少？

答：换成 2 斗 8 升豉。

术：由菽求豉，乘以 7，除以 5。淳风等按：豉率是 63，从菽求豉，应当用菽率乘这一率。想使术简省，先用等数 9 约简之，所求率得 7，而所有率得 5。

假设有 8 斗 6$\frac{3}{7}$ 升麦，想换成小䴵。问：得多少？

答：换成 2 斗 5$\frac{13}{14}$ 升小䴵。

术：由麦求小䴵，乘以 3，除以 10。淳风等按：小䴵率是 13$\frac{1}{2}$，应当用分母 2 通分，用来乘麦本来的数。想使术简省，先用等数 9 约简之，所求率得 3，所有率得 10。

假设有 1 斗麦，想换成大䴵。问：得多少？

答：换成 1 斗 2 升大䴵。

术：由麦求大䴵，乘以 6，除以 5。淳风等按：大䴵率是 54，应当用麦的数量乘这一率。想使术简省，先用等数 9 约简之，所求率得 6，所有率得 5。

今有出钱一百六十，买瓴甓十八枚[1]。瓴甓，砖也。问：枚几何？

　　荅曰：一枚，八钱九分钱之八。

今有出钱一万三千五百，买竹二千三百五十个。问：个几何？

　　荅曰：一个，五钱四十七分钱之三十五。

　　经率[2]臣淳风等谨按：今有之义，以所求率乘所有数，合以瓴甓一枚乘钱一百六十为实。但以一乘不长[3]，故不复乘，是以径将所买之率与所出之钱为法、实也。　　此又按：今有之义，出钱为所有数，一枚为所求率，所买为所有率，而今有之，即得所求数。一乘不长，故不复乘。是以径将所买之率为法，以所出之钱为实。故实如法得一枚钱。不尽者，等数而命分。术曰：以所买率为法，所出钱数为实，实如法得一钱[4]。

今有出钱五千七百八十五，买漆一斛六斗七升太半升[5]。欲斗率之[6]，问：斗几何？

　　荅曰：一斗，三百四十五钱五百三分钱之一十五。

今有出钱七百二十，买缣一匹二丈一尺[7]。欲丈率之，问：丈几何？

　　荅曰：一丈，一百一十八钱六十一分钱之二。

今有出钱二千三百七十，买布九匹二丈七尺。欲匹率之，问：匹几何？

　　荅曰：一匹，二百四十四钱一百二十九分钱之一百二十四。

今有出钱一万三千六百七十，买丝一石二钧一十七斤<sup>[8]</sup>。欲石率之，问：石几何？

　　荅曰：一石，八千三百二十六钱一百九十七分钱之百七十八。

经率<sup>[9]</sup>此术犹经分。　　臣淳风等谨按：今有之义，钱为所求率，物为所有数，故以乘钱，又以分母乘之为实。实如法而一。有分者通之。所买通分内子为所有率，故以为法。得钱数。不尽而命分者，因法为母，实余为子。实见不满，故以命之<sup>[10]</sup>。

术曰：以所求率乘钱数为实，以所买率为法，实如法得一<sup>[11]</sup>

【注释】

〔1〕瓴甓（líng pì）：长方砖，又称瓴甋（dì）。《尔雅》："瓴甋谓之甓。"

〔2〕《九章算术》有两条"经率术"。此条是整数除法法则。

〔3〕一乘不长（zhǎng）：以 1 乘任何数，不改变其值。长，增长，进益。《周易·泰》："君子道长，小人道消也。"

〔4〕设所出钱、所买率、单价分别为 $A$，$a$，$B$，则

$$B = A \div a 。 \tag{2-2}$$

〔5〕斛：容量单位。1 斛为 10 斗。一斛六斗七升太半升：$16\frac{23}{30}$ 斗 $= \frac{503}{30}$ 斗。

〔6〕斗率之：求以斗为单位的价钱。下"丈率之"、"匹率之"、"石率之"、"斤率之"、"钧率之"、"两率之"、"铢率之"等同。

〔7〕缣：双丝织成的细绢。《说文解字》："缣，并丝缯也。"　　匹：长度度量单位，1 匹为 4 丈。一匹二丈一尺：$6\frac{1}{10}$ 丈。

〔8〕一石二钧一十七斤：197 斤 $= \frac{197}{100}$ 石。石，重量单位，1 石为 120

斤。钧，重量单位，1 钧为 30 斤。

〔9〕此条经率术是除数为分数的除法，与经分术相同。

〔10〕此条李注，南宋本、《大典》本必有舛误，诸家校勘均不合理，暂不翻译。

〔11〕此处出钱数为所有数，所买率就是所有率，斗（丈，匹，石）率之为所求率，则归结为今有术。

**【译文】**

假设出 160 钱，买 18 枚瓴甓。瓴甓是砖。问：1 枚瓴甓值多少钱？

$$答：1 枚瓴甓值 8\frac{8}{9} 钱。$$

假设出 13 500 钱，买 2 350 个竹。问：1 个竹值多少钱？

$$答：1 个竹值 5\frac{35}{47} 钱。$$

经率淳风等按：根据今有术的意义，用所求率乘所有数，应当用瓴甓 1 枚乘 160 钱作为实。但是用 1 来乘，并不增加，所以不再乘，因此直接把所买率与所出钱作为法与实。 又按：根据今有术的意义，出钱作为所有数，1 枚作为所求率，所买物作为所有率，对它施行今有术，就得到所求数。用 1 乘并不增加，所以不再乘。因此直接把所买物的率作为法，把所出的钱作为实。所以实除以法就得到 1 枚的钱数。除不尽的，就用等数约简之而命名一个分数。术：以所买率作为法，所出钱数作为实。实除以法，得 1 枚的钱数。

假设出 5 785 钱，买 1 斛 6 斗 7$\frac{2}{3}$升漆。想以斗为单位计价，问：每斗多少钱？

$$答：1 斗值 345\frac{15}{503} 钱。$$

假设出 720 钱，买 1 匹 2 丈 1 尺缣。想以丈为单位计价，问：每丈多少钱？

$$答：1 丈值 118\frac{2}{61} 钱。$$

假设出 2 370 钱，买 9 匹 2 丈 7 尺布。想以匹为单位计价，问：每匹多少钱？

答：1 匹值 $244\frac{124}{129}$ 钱。

假设出 13 670 钱，买 1 石 2 钧 17 斤丝。想以石为单位计价，问：每石多少钱？

答：1 石值 $8\,326\frac{178}{197}$ 钱。

经率此术如同经分术。术：以所求率乘出钱数作为实，以所买率作为法，实除以法。

今有出钱五百七十六，买竹七十八个。欲其大小率之[1]，问：各几何？

答曰：

其四十八个，个七钱；

其三十个，个八钱。

今有出钱一千一百二十，买丝一石二钧十八斤。欲其贵贱斤率之[2]，问：各几何？

答曰：

其二钧八斤，斤五钱；

其一石一十斤，斤六钱。

今有出钱一万三千九百七十，买丝一石二钧二十八斤三两五铢[3]。欲其贵贱石率之，问：各几何？

答曰：

其一钧九两一十二铢，石八千五十一钱；

其一石一钧二十七斤九两一十七铢，石八千五十二钱。

今有出钱一万三千九百七十，买丝一石二钧二十八斤三两五铢。欲其贵贱钧率之，问：各几何？

　　答曰：

　　其七斤一十两九铢，钧二千一十二钱；

　　其一石二钧二十斤八两二十铢，钧二千一十
　　三钱。

今有出钱一万三千九百七十，买丝一石二钧二十八斤三
两五铢。欲其贵贱斤率之，问：各几何？

　　答曰：

　　其一石二钧七斤十两四铢，斤六十七钱；

　　其二十斤九两一铢，斤六十八钱。

今有出钱一万三千九百七十，买丝一石二钧二十八斤三
两五铢。欲其贵贱两率之，问：各几何？

　　答曰：

　　其一石一钧一十七斤一十四两一铢，两四钱；

　　其一钧一十斤五两四铢，两五钱。

　　其率[4]"其率"知[5]，欲令无分[6]。按："出钱五百七十六，
买竹七十八个"，以除钱，得七，实余三十，是为三十个复可增
一钱。然则实余之数则是贵者之数[7]。故曰"实贵"也[8]。本
以七十八个为法，今以贵者减之，则其余悉是贱者之数。故曰
"法贱"也[9]。"其求石、钧、斤、两，以积铢各除法、实，各
得其积数，余各为铢"知，谓石、钧、斤、两积铢除实，以石、
钧、斤、两积铢除法，余各为铢，即合所问。术曰：各置所
买石、钧、斤、两以为法，以所率乘钱数为实，实
如法而一[10]。不满法者，反以实减法，法贱实
贵[11]。其求石、钧、斤、两，以积铢各除法、实，

各得其积数，余各为铢。

**【注释】**

〔1〕大小率之：按大小两种价格计算，此问实际上是按"大小个率之"。

〔2〕贵贱斤率之：以斤为单位，求物价，而贵贱差 1 钱。下"贵贱石（钧、斤、两）率之"同。

〔3〕自此以下 5 个题目的题设完全相同，只是设问依次为石、钧、斤、两、铢"率之"，成为不同的题目。前 4 题钱多物少，用"其率术"求解，而"铢率之"者，将所买丝化成以铢为单位，物多钱少，用"反其率术"求解。 两：重量单位，1 斤为 16 两。 铢：重量单位。1 两为 24 铢。《孙子算经》曰："称之所起，起于黍。十黍为一絫，十絫为一铢，二十四铢为一两，十六两为一斤，三十斤为一钧，四钧为一石。"李籍云："八铢为锱，二十四铢为两。"

〔4〕其率：揣度它们的率。其，表示揣度。《左传·成公三年》："子其怨我乎?"根据刘徽注"欲令无分"，显然要求整数解，而从答案看，还有贵贱单价之差是 1 的条件。设钱数为 $A$，共买物 $B$，$A > B$，如果贵物单价 $a$，买物 $m$，贱物单价 $b$，买物 $n$，则其率术是求满足

$$m + n = B$$
$$ma + nb = A$$
$$a - b = 1$$

的正整数解 $m$，$n$，$a$，$b$。

〔5〕"其率"知：与下文"'其求……余各为铢'知"之二"知"字，训"者"，见刘徽序"故枝条虽分而同本干知"之注释。

〔6〕欲令无分：是说要求没有零分的正整数解。

〔7〕实余之数则是贵者之数：实中的余数就是贵者的数量。以买竹为例，$576 \div 78 = 7$（钱），实剩余 30，则此 30 个每个增加 1 钱，为 8 钱。那么剩余的 30，就是贵的个数。

〔8〕实贵：由实的余数得到贵的数。比如在买竹问中，贵的个数 30，由"实余"产生，所以称为"实贵"。

〔9〕法贱：由法的余数得到贱的数。$78 - 30 = 48$（个），每个 7 钱。贱的个数 48，由"法余"产生，所以称为"法贱"。

〔10〕"各置所买"三句：其方法是 $A \div B = b + \dfrac{m}{B}$。

〔11〕"不满法者"三句：有不满法的余实，就以余实减法，法中的剩余就是贱的数量，实中的剩余就是贵的数量。亦即令 $a = b + 1$，$n = B - m$，则 $m$，$n$ 分别是贵的和贱的数量，$a$，$b$ 分别就是贵的价钱和贱的价钱。

【译文】

假设出 576 钱，买 78 个竹。想按大小计价，问：各多少钱？

答：其中 48 个，1 个值 7 钱；

其中 30 个，1 个值 8 钱。

假设出 1 120 钱，买 1 石 2 钧 18 斤丝。想按贵贱以斤为单位计价，问：各多少钱？

答：其中 2 钧 8 斤，1 斤值 5 钱；

其中 1 石 10 斤，1 斤值 6 钱。

假设出 13 970 钱，买 1 石 2 钧 28 斤 3 两 5 铢丝。想按贵贱以石为单位计价，问：各多少钱？

答：其中 1 钧 9 两 12 铢，1 石值 8 051 钱；

其中 1 石 1 钧 27 斤 9 两 17 铢，1 石值 8 052 钱。

假设出 13 970 钱，买 1 石 2 钧 28 斤 3 两 5 铢丝。想按贵贱以钧为单位计价，问：各多少钱？

答：其中 7 斤 10 两 9 铢，1 钧值 2 012 钱；

其中 1 石 2 钧 20 斤 8 两 20 铢，1 石值 2 013 钱。

假设出 13 970 钱，买 1 石 2 钧 28 斤 3 两 5 铢丝。想按贵贱以斤为单位计价，问：各多少钱？

答：其中 1 石 2 钧 7 斤 10 两 4 铢，1 斤值 67 钱；

其中 20 斤 9 两 1 铢，1 斤值 68 钱。

假设出 13 970 钱，买 1 石 2 钧 28 斤 3 两 5 铢丝。想按贵贱以两为单位计价，问：各多少钱？

答：其中 1 石 1 钧 17 斤 14 两 1 铢，1 两值 4 钱；

其中 1 钧 10 斤 5 两 4 铢，1 两值 5 钱。

其率 其率是想使答案没有分数。按：出 576 钱，买 78 个竹。用它除钱数，得到 7。实还剩余 30。这就是说，有 30 个，每个的价钱可再增加 1。那么，实中剩余的数量就是价钱贵的物品的数量，所以说"剩余的实是贵的数量"。本来以 78 作为法，现在以贵的数量减之，那么它的剩余就是价钱贱的物品的数量，所以说"剩余的法是贱的数量"。如果求石、钧、斤、两，就用积铢的数分别除剩余的法和实，依次得到石、钧、斤、两的数，每次余下的都是铢数，就符合所问问题的答案。术：布置所买的石、钧、斤、两作为法，以所要计价的单位乘钱数作为实，实除以法。不满法者，反过来用剩余的实减法，剩余的法是贱的数量，剩余的实是贵的数量。如果求石、钧、斤、两的数，就用积铢数分别除剩余的法和实，依次得到石、钧、斤、两的数，每次余下的都是铢数。

今有出钱一万三千九百七十，买丝一石二钧二十八斤三两五铢。欲其贵贱铢率之，问：各几何？

　　荅曰：

　　其一钧二十斤六两十一铢，五铢一钱；

　　其一石一钧七斤一十二两一十八铢，六铢一钱。

今有出钱六百二十，买羽二千一百翭[1]。翭，羽本也。数羽称其本，犹数草木称其根株。欲其贵贱率之，问：各几何？

　　荅曰：

　　其一千一百四十翭，三翭一钱；

　　其九百六十翭，四翭一钱。

今有出钱九百八十，买矢簳五千八百二十枚[2]。欲其贵贱率之，问：各几何？

　　荅曰：

　　其三百枚，五枚一钱；

　　其五千五百二十枚，六枚一钱。

反其率[3] 臣淳风等谨按："其率"者，钱多物少；"反其率"知[4]，钱少物多。多少相反，故曰反其率也。其率者，以物数为法，钱数为实；反之知，以钱数为法，物数为实。不满法知，实余也。当以余物化为钱矣。法为凡钱，而今以化钱减之，故以实减法。"法少"知，经分之所得〔5〕，故曰"法少"〔6〕；"实多"者，余分之所益，故曰"实多"〔7〕。乘实宜以多，乘法宜以少，故曰"各以其所得多少之数乘法、实，即物数"。"其求石、钧、斤、两，以积铢各除法、实，各得其数，余各为铢"者，谓之石、钧、斤、两积铢除实，石、钧、斤、两积铢除法，余各为铢，即合所问。**术曰：以钱数为法，所率为实，实如法而一**〔8〕。**不满法者，反以实减法，法少实多**〔9〕。**二物各以所得多少之数乘法、实，即物数**〔10〕。其率，按：出钱六百二十，买羽二千一百猴。反之，当二百四十钱，一钱四猴；其三百八十钱，一钱三猴。是钱有二价，物有贵贱。故以羽乘钱，反其率也。

**【注释】**

〔1〕羽：箭翎，装饰在箭杆的尾部，用以保持箭飞行的方向。《释名·释兵》：矢"其旁曰羽，如鸟羽也。鸟须羽而飞，箭须羽而前也"。猴（hóu）：羽根。

〔2〕簳（gàn）：李籍《音义》引作"干"，云："干，茎也。一本作'簳'。"李籍所说"一本"即南宋本的母本，他自己所用的抄本"簳"作"干"。

〔3〕反其率：与其率相反。盖其率术求单价贵贱差1，故以物数为法，钱数为实。反其率术亦是求两种单价，但要求1钱所买物的个数差1，故以钱数为法，物数为实。仍设钱数为$A$，共买物$B$，若$A<B$，如果贵物单价$a$，买物$m$，贱物单价$b$，买物$n$，则反其率术就是求

$$m+n=B$$
$$\frac{m}{a}+\frac{n}{b}=A$$
$$a-b=1$$

的正整数解 $m$, $n$, $a$, $b$。

〔4〕"反其率"知：与下文"反之知"、"不满法知"、"'法少'知"之四"知"字，训"者"，见刘徽序"故枝条虽分而同本干知"之注释。

〔5〕经分：《九章算术》中的分数除法，但李淳风等将其理解成"以人数分所分，故曰经分也"（见卷一经分术及其李淳风等注释），即包括整数除法在内的除法。比如在买羽问中，出钱 620，买羽 2 100 瓣。2 100÷620＝3，余 240。按照李淳风等的理解，3 由经分得到。

〔6〕故曰"法少"：从上文看不出为什么说"故曰'法少'"，李淳风等逻辑推理水平之低下可见一斑。

〔7〕故曰"实多"：从上文看不出为什么说"故曰'实多'"。

〔8〕"以钱数为法"三句：此即 $B \div A = b + \dfrac{p}{B}$，$p < A$。

〔9〕"不满法者"三句：有不满法的余实，就以余实减法，余法就是 1 钱买的少的钱数，余实就是 1 钱买的多的钱数。即余实 $p$ 是 1 钱买 $a = b+1$ 个的钱数。余法 $B-p$ 就是 1 钱买 $b$ 个的钱数。 比如买羽问中，由 2 100÷620＝3，余实 240，则 240 钱中每钱可增加 1 瓣，为 1 钱 4 瓣，就是"实多"。由法 620 钱中除去 1 钱 4 瓣的 240 钱，则 620－240＝380 钱，每钱 3 瓣，就是"法少"。

〔10〕"二物各以所得"二句：两种东西分别以 1 钱所买的多、少的数乘余实，得 $m = ap$ 就是 1 钱买的多的东西的数量，$n = b(B-p)$ 就是 1 钱买的少的东西的数量。 在买羽问中，240 钱中每钱 4 瓣，那么共 4×240＝960 瓣。 380 钱中每钱 3 瓣，共 3×380＝1 140 瓣。

**【译文】**
假设出 13 970 钱，买 1 石 2 钧 28 斤 3 两 5 铢丝。想按贵贱以铢为单位计价，问：各多少钱？

答：其中 1 钧 27 斤 6 两 11 铢，5 铢值 1 钱；
其中 1 石 1 钧 7 斤 12 两 18 铢，6 铢值 1 钱。
假设出 620 钱，买 2 100 瓣鸟羽。瓣，鸟羽的本。数鸟羽称本，就如同数草称根，数木称株一样。想按贵贱计价，问：各多少钱？

答：其中 1 140 瓣，3 瓣值 1 钱；
其中 960 瓣，4 瓣值 1 钱。
假设出 980 钱，买 5 820 枚箭杆。想按贵贱计价，问：各多少钱？

答：其中 300 枚，5 枚值 1 钱；

其中 5 520 枚，6 枚值 1 钱。

反其率淳风等按：其率术是出的钱数量大，而买的物品数量小；反其率术是出的钱数量小，而买的物品数量大；大与小的情况正好相反，所以叫作反其率术。其率，是以物数作为法，以钱数作为实；反过来，就以钱数作为法，以物数作为实。不满法的，就是实的余数。应当将余下的物品数量化为钱。法为总的钱数，而现在以余下的物品数量化成的钱减之，所以以实减法。"法少"，是由经分所得到的，所以叫作"法少"；"实多"，是余下的部分所增加的，所以作"实多"。乘实应该用多的，乘法应该用少的，所以说"分别用其所得多的与少的数量乘剩余的法、实，就得到贱与贵的物品的数量"。"如果求石、钧、斤、两的数量，就用它们化成铢的数量分别除法、实，分别得到它们的数量，余数分别作为铢"，这是说石、钧、斤、两化成铢的数量分别除实，石、钧、斤、两化成铢的数量分别除法，余数分别作为铢，就符合所问的问题。术：以出的钱数作为法，所买物品作为实，实除以法。不满法者，反过来用剩余的实减法。剩余的法是买的少的物品的数量，剩余的实是买的多的物品的数量。分别用所得到的买的多少二种物品数乘剩余的实与法，就得到贱与贵的物品的数量。按：其率术是出 620 钱买 2 100 籰鸟羽。反过来，应当是其中 240 钱，1 钱买 4 籰；其中 380 钱，1 钱买 3 籰。这是出钱有两个价钱，物品有贵有贱。所以用 1 钱买的鸟羽数乘钱数，这就是反其率术。

# 九章筹术卷第三

魏刘徽注

唐朝议大夫行太史令上轻车都尉臣李淳风等奉敕注释

**衰分**[1]以御贵贱禀税[2]

衰分衰分，差也[3]。术曰：各置列衰[4]；列衰，相与率也[5]。重叠，则可约[6]。副并为法[7]，以所分乘未并者各自为实[8]。法集而衰别[9]。数本一也。今以所分乘上别，以下集除之，一乘一除适足相消。故所分犹存，且各应率而别也。于今有术，列衰各为所求率，副并为所有率，所分为所有数[10]。　又以经分言之[11]，假令甲家三人，乙家二人，丙家一人，并六人，共分十二，为人得二也。欲复作逐家者[12]，则当列置人数，以一人所得乘之。今此术先乘而后除也[13]。实如法而一[14]。不满法者，以法命之[15]。

今有大夫[16]、不更[17]、簪袅[18]、上造[19]、公士[20]，凡五人，共猎得五鹿。欲以爵次分之[21]，问：各得几何？

答曰：

大夫得一鹿三分鹿之二；

不更得一鹿三分鹿之一；

簪袅得一鹿；

上造得三分鹿之二；

公士得三分鹿之一。

术曰：列置爵数，各自为衰。爵数者，谓大夫五，不更四，簪褭三，上造二，公士一也。《墨子·号令篇》以爵级为赐<sup>〔22〕</sup>，然则战国之初有此名也。今有术，列衰各为所求率，副并为所有率，今有鹿数为所有数，而今有之，即得。副并为法。以五鹿乘未并者各自为实。实如法得一鹿<sup>〔23〕</sup>。

今有牛、马、羊食人苗。苗主责之粟五斗。羊主曰："我羊食半马。"马主曰："我马食半牛。"今欲衰偿之<sup>〔24〕</sup>，问：各出几何？

答曰：

牛主出二斗八升七分升之四，

马主出一斗四升七分升之二，

羊主出七升七分升之一。

术曰：置牛四、马二、羊一，各自为列衰。副并为法。以五斗乘未并者各自为实。实如法得一斗<sup>〔25〕</sup>。臣淳风等谨按：此术问意，羊食半马，马食半牛，是谓四羊当一牛，二羊当一马。今术置羊一、马二、牛四者，通其率以为列衰。

今有甲持钱五百六十，乙持钱三百五十，丙持钱一百八十，凡三人俱出关<sup>〔26〕</sup>，关税百钱<sup>〔27〕</sup>。欲以钱数多少衰出之，问：各几何？

答曰：

甲出五十一钱一百九分钱之四十一，

乙出三十二钱一百九分钱之一十二，

丙出一十六钱一百九分钱之五十六。

术曰：各置钱数为列衰。副并为法。以百钱乘未并者，各自为实。实如法得一钱〔28〕。臣淳风等谨按：此术甲、乙、丙持钱数以为列衰，副并为所有率，未并者各为所求率，百钱为所有数，而今有之，即得。

今有女子善织〔29〕，日自倍〔30〕。五日织五尺，问：日织几何？

　　答曰：

　　初日织一寸三十一分寸之十九，

　　次日织三寸三十一分寸之七，

　　次日织六寸三十一分寸之十四，

　　次日织一尺二寸三十一分寸之二十八，

　　次日织二尺五寸三十一分寸之二十五。

术曰：置一、二、四、八、十六为列衰。副并为法。以五尺乘未并者，各自为实。实如法得一尺〔31〕。

今有北乡筭八千七百五十八〔32〕，西乡筭七千二百三十六，南乡筭八千三百五十六，凡三乡发徭三百七十八人〔33〕。欲以筭数多少衰出之，问：各几何？

　　答曰：

　　北乡遣一百三十五人一万二千一百七十五分人之一万一千六百三十七，

　　西乡遣一百一十二人一万二千一百七十五分人之四千四，

　　南乡遣一百二十九人一万二千一百七十五分人之八千七百九。

术曰：各置筭数为列衰。臣淳风等谨按：三乡筭数，约、可半者，为列衰。副并为法。以所发徭人数乘未并者，各自为实。实如法得一人[34]。按：此术，今有之义也。

今有禀粟[35]，大夫、不更、簪袅、上造、公士凡五人，一十五斗。今有大夫一人后来，亦当禀五斗。仓无粟，欲以衰出之，问：各几何？

　　　　答曰：

　　　　大夫出一斗四分斗之一，

　　　　不更出一斗，

　　　　簪袅出四分斗之三，

　　　　上造出四分斗之二，

　　　　公士出四分斗之一。

术曰：各置所禀粟斛斗数，爵次均之，以为列衰。副并，而加后来大夫亦五斗，得二十以为法。以五斗乘未并者，各自为实。实如法得一斗[36]。禀前"五人十五斗"者，大夫得五斗，不更得四斗，簪袅得三斗，上造得二斗，公士得一斗。欲令五人各依所得粟多少减与后来大夫，即与前来大夫同。据前来大夫已得五斗，故言"亦"也。各以所得斗数为衰，并得十五，而加后来大夫亦五斗，凡二十，为法也。是为六人共出五斗，后来大夫亦俱损折。今有术，副并为所有率，未并者各为所求率，五斗为所有数，而今有之，即得。

今有禀粟五斛，五人分之。欲令三人得三，二人得二，问：各几何？

　　　　答曰：

　　　　三人，人得一斛一斗五升十三分升之五，

　　　　二人，人得七斗六升十三分升之十二。

术曰：置三人，人三；二人，人二，为列衰。副并
为法。以五斛乘未并者各自为实。实如法得一斛<sup>[37]</sup>

**【注释】**

〔1〕衰（cuī）分：按一定的等级进行分配，即按比例分配。衰，由
大到小按一定等级递减。《管子·小匡》："相地而衰其政，则民不移矣。"
尹知章注："衰，差也。"李籍在引用尹知章注之后云："以差而平分，故
曰衰分。"衰分是"九数"之三，郑玄引郑众"九数"作"差分"，是为
衰分在先秦的名称。

〔2〕禀：赐人以谷。《说文解字》："禀，赐谷也。"　　税：本义是田
赋。引申为一切赋税。李籍云："供谷曰禀。或曰廪，非是。"知李籍看
到的抄本中有一本讹作"廪"。

〔3〕差（cī）：次第，等级。《孟子·滕文公上》："爱无差等，施由亲
始。"赵岐注："当同其恩爱，无有差次等级亲疏也。"

〔4〕列衰：列出的等级数，即各物品的分配比例，设为 $a_i$，$i = 1$，
2，…，$n$。

〔5〕计算中所使用的列衰都是相与率。

〔6〕重叠：重复叠加。这里实际上指有等数。如果有等数，可以
约简。

〔7〕副并为法：在旁边将列衰相加，作为法，即将 $\sum_{j=1}^{n} a_j$ 作为法。

〔8〕所分：被分配的总量，设为 $A$。　　未并者：没有相加的列
衰。这是将没有相加的列衰与被分配的总量相乘即 $a_i A$ 分别作为实，$i =$
1，2，…，$n$。

〔9〕法集而衰别：法 $\sum_{j=1}^{n} a_j$ 是列衰集中到一起，而列衰 $a_i$ 是有区
别的。

〔10〕刘徽将列衰 $a_i$ 作为所求率，副并 $\sum_{j=1}^{n} a_j$ 作为所有率，所分 $A$
作为所有数，从而将衰分术归结为今有术。

〔11〕经分：从以下的内容看，这里的经分指整数除法。

〔12〕逐家：一家一家依次（求之）。逐，依次，挨着次序。

〔13〕此术先乘而后除：指衰分术是先乘后除。盖其算理，应该先以
法除实，即 $A \div \sum_{j=1}^{n} a_j$，然后乘列衰：$(A \div \sum_{j=1}^{n} a_j) \times a_i$，$i = 1$，2…，

$n$，得到答案。然而先除可能出现分数，计算会繁琐，故采用交换律，先乘后除。

〔14〕设各份是 $A_i$，则

$$A_i = a_i A \div \sum_{j=1}^{n} a_j , \quad i=1，2，\cdots，n。 \qquad (3\text{-}1)$$

〔15〕以法命之：如果实有余数，便用法命名一个分数。

〔16〕大夫：官名，起自殷周。又，爵位名，据《汉书·百官公卿表》，秦汉分爵位二十级，大夫为第五级。此指后者。李籍云："夫，以智率人者也。大夫，则以智率人之大者也。"

〔17〕不更：爵位名。秦汉爵位之第四级。《汉书·百官公卿表》注："言不豫更卒之事也。"李籍云："次大夫，取其不与戍更。"

〔18〕簪袅（niǎo）：亦作簪褭。爵位名，秦汉爵位之第三级。《汉书·百官公卿表》注："以组带马曰褭。簪褭者，言饰此马也。"《后汉书·百官志》注引刘邵《爵制》："三爵曰簪袅，御驷马者。要袅，古之名马也。驾驷马者其形似簪，故曰簪袅也。"李籍云："次不更，取其缨冠乘马。"

〔19〕上造：爵位名，秦汉爵位之第二级。《汉书·百官公卿表》注："造，成也。言有成命于上也。"李籍云："次簪袅，取其为造士而居上。"

〔20〕公士：爵位名，秦汉爵位之第一级。《汉书·百官公卿表》注："言有爵命，异于士卒，故称公士也。"李籍云："次上造，取其为士而在公。"

〔21〕爵次：爵位的等级。"爵"本是商、周的酒器，又引申为贵族的等级。《周礼·天官·大宰》："以八柄诏王驭群臣，一曰爵，以驭其贵；二曰禄，以驭其富。"

〔22〕以爵级为赐：现存《墨子·号令篇》无此语。孙诒让《墨子间诂》认为此指"疾斗者，对二人赐上奉。而胜围城周里以上，封城将三十里地，为关内侯。辅将如令，赐上卿。丞，及吏比于丞者，赐爵五大夫。官吏豪杰与计坚守者十人，及城上吏比于五官者，皆赐公乘。男子有守者，爵人二级"。

〔23〕列衰为：大夫：不更：簪袅：上造：公士＝5：4：3：2：1。在旁边将列衰相加 5＋4＋3＋2＋1＝15 作为法。大夫得之实：5 鹿×5＝25 鹿；不更得之实：5 鹿×4＝20 鹿；簪袅得之实：5 鹿×3＝15 鹿；上造得之实：5 鹿×2＝10 鹿；公士得之实：5 鹿×1＝5 鹿。故大夫得：25 鹿÷15＝1 $\frac{2}{3}$ 鹿；不更得：20 鹿÷15＝1 $\frac{1}{3}$ 鹿；簪袅得：15 鹿÷15＝1

鹿；上造得：10 鹿 ÷ 15 = $\frac{2}{3}$ 鹿；公士得：5 鹿 ÷ 15 = $\frac{1}{3}$ 鹿。

〔24〕衰偿：按列衰赔偿。偿，偿还。李籍云："还也。"

〔25〕此谓羊食 = $\frac{1}{2}$ 马食，马食 = $\frac{1}{2}$ 牛食，故列衰为：牛：马：羊 = 4：2：1。在旁边将列衰相加 4＋2＋1＝7 作为法。牛食之实：5 斗 × 4 = 20 斗；马食之实：5 斗 × 2 = 10 斗；羊食之实：5 斗 × 1 = 5 斗。故牛主偿：20 斗 ÷ 7 = 2 $\frac{6}{7}$ 斗 = 2 斗 8 $\frac{4}{7}$ 升。马主偿：10 斗 ÷ 7 = 1 $\frac{3}{7}$ 斗 = 1 斗 4 $\frac{2}{7}$ 升。羊主偿：5 斗 ÷ 7 = $\frac{5}{7}$ 斗 = 7 $\frac{1}{7}$ 升。

〔26〕关：本义是门闩，引申为要塞，关口。《孟子·尽心下》："古之为关也，将以御暴。"

〔27〕关税：指关卡征收赋税。税，作动词，指征收或交纳赋税。

〔28〕此谓列衰为：甲：乙：丙 = 560：350：180。在旁边将列衰相加 560＋350＋180＝1 090 作为法。甲税之实：100 钱 × 560 = 56 000 钱；乙税之实：100 钱 × 350 = 35 000 钱；丙税之实：100 钱 × 180 = 18 000 钱。故甲出：56 000 ÷ 1 090 = 51 $\frac{41}{109}$ 钱。乙出：35 000 ÷ 1 090 = 32 $\frac{12}{109}$ 钱。丙出：18 000 ÷ 1 090 = 16 $\frac{56}{109}$ 钱。

〔29〕《筭数书》、《孙子算经》亦有此问。秦简《数》、《筭书》有类似的题目。

〔30〕日自倍：第二日是第一日的 2 倍。若第一日织 1 尺，则第二日织 1 尺 × 2 = 2 尺，第三日织 2 尺 × 2 = 4 尺，第四日织 4 尺 × 2 = 8 尺，第五日织 8 尺 × 2 = 16 尺。

〔31〕列衰为：第一日织：第二日织：第三日织：第四日织：第五日织 = 1：2：4：8：16。在旁边将列衰相加 1＋2＋4＋8＋16＝31 作为法。第一日织之实：5 尺 × 1 = 5 尺；第二日织之实：5 尺 × 2 = 10 尺；第三日织之实：5 尺 × 4 = 20 尺；第四日织之实：5 尺 × 8 = 40 尺；第五日织之实：5 尺 × 16 = 80 尺。故第一日织得：5 尺 ÷ 31 = $\frac{5}{31}$ 尺 = 1 $\frac{19}{31}$ 寸；第二日织得：10 尺 ÷ 31 = $\frac{10}{31}$ 尺 = 3 $\frac{7}{31}$ 寸；第三日织得：20 尺 ÷ 31 = $\frac{20}{31}$

尺 $=6\dfrac{14}{31}$ 寸；第四日织得： 40 尺 $\div 31=1\dfrac{9}{31}$ 尺 $=1$ 尺 $2\dfrac{28}{31}$ 寸；第五日

织得： 80 尺 $\div 31=2\dfrac{18}{31}$ 尺 $=2$ 尺 $5\dfrac{25}{31}$ 寸。

〔32〕筭：算赋，汉代的人丁税。《汉书·高帝纪》载，四年（前203）八月"初为筭赋"。如淳曰："《汉仪注》民年十五以至五十六出赋钱，人百二十为一筭，为治库兵车马。"李籍云："筭者，计口出钱。汉律：人出一筭。一筭百二十钱。贾人与奴婢倍筭。"

〔33〕徭：劳役。李籍云"役也"。

〔34〕列衰为：北乡：西乡：南乡 $=8\,758:7\,236:8\,356$。在旁边将列衰相加 $8\,758+7\,236+8\,356=24\,350$ 作为法。北乡徭之实：378 人 $\times 8\,758$；西乡徭之实：378 人 $\times 7\,236$；南乡徭之实：378 人 $\times 8\,356$。故北乡遣：378 人 $\times 8\,758\div 24\,350=135\dfrac{11\,637}{12\,175}$ 人。西乡遣：378 人 $\times 7\,236\div$

$24\,350=112\dfrac{4\,004}{12\,175}$ 人。南乡遣：378 人 $\times 8\,356\div 24\,350=129\dfrac{8\,709}{12\,175}$ 人。

〔35〕禀粟：赐人以谷曰禀。《汉书·文帝纪》元年诏曰："今闻吏禀当受鬻者，或以陈粟，岂称养老之意哉！"

〔36〕列衰为：大夫：大夫：不更：簪袅：上造：公士 $=5:5:4:3:2:1$。在旁边将列衰相加 $5+5+4+3+2+1=20$ 作为法。大夫出粟之实：5 斗 $\times 5=25$ 斗；不更出粟之实：5 斗 $\times 4=20$ 斗；簪袅出粟之实：5 斗 $\times 3=15$ 斗；上造出粟之实：5 斗 $\times 2=10$ 斗；公士出粟之实：5 斗 $\times 1=5$ 斗。故大夫出粟：25 斗 $\div 20=1\dfrac{1}{4}$ 斗；不更出粟：20 斗 $\div 20=1$ 斗；簪袅出粟：15 斗 $\div 20=\dfrac{3}{4}$ 斗；上造出粟：10 斗 $\div 20=\dfrac{2}{4}$ 斗；公士出粟：5 斗 $\div 20=\dfrac{1}{4}$ 斗。

〔37〕列衰为：$3:3:3:2:2$。在旁边将列衰相加 $3+3+3+2+2=13$ 作为法。三人组一人得粟之实：5 斛 $\times 3=15$ 斛，则一人得：15 斛 $\div$ $13=1\dfrac{2}{13}$ 斛 $=1$ 斛 1 斗 $5\dfrac{5}{13}$ 升；二人组一人得粟之实：5 斛 $\times 2=10$ 斛，则一人得粟 10 斛 $\div 13=\dfrac{10}{13}$ 斛 $=7$ 斗 $6\dfrac{12}{13}$ 升。

## 【译文】

**衰分** 为了处理物价贵贱、赐予谷物及赋税等问题

衰分衰分，就是按等级分配。术：分别布置列衰。列衰是相与之率。如果有重叠，就可以约简。在旁边将它们相加作为法。以所分的数量乘未相加的列衰，分别作为实。法是将列衰集合在一起，而列衰是各自的。这个所分的数量本来是一个整体，现在用所分的数量乘布置在上方的各自的列衰，用布置在下方的集合在一起的法除之，一乘一除恰好相消，所以所分的数量仍然存在，只是分别对应于各自的率而有所区别罢了。对于今有术，列衰分别是所求率，在旁边将它们相加的结果是所有率，所分的数量是所有数。 又用经分术来表述之：假设甲家有3人，乙家有2人，丙家有1人，相加为6人，共同分12，就是每人得到2。想再得到一家一家的数量，则应当列出各家的人数，以1人所得的数量乘之。现在此术是先作乘法而后作除法。实除以法。不满法者，用法命名一个分数。

假设大夫、不更、簪袅、上造、公士总计5人，共猎得5只鹿。想按爵位的等级分配，问：各得多少？

答：大夫得 $1\frac{2}{3}$ 只鹿，

不更得 $1\frac{1}{3}$ 只鹿，

簪袅得 1 只鹿，

上造得 $\frac{2}{3}$ 只鹿，

公士得 $\frac{1}{3}$ 只鹿。

术：列出爵位的等级，各自作为衰。爵位的级数，是说大夫是5，不更是4，簪袅是3，上造是2，公士是1。《墨子·号令篇》说按照爵位的等级进行赏赐，那么战国初期就有这些名号了。对于今有术，列衰各自作为所求率，在旁边将它们相加作为所有率，现猎得的鹿数作为所有数，对之施用今有术，就得到答案。在旁边将它们相加作为法。以5只鹿乘未相加的列衰作为实。实除以法，得到每人的鹿数。

假设牛、马、羊啃了人家的庄稼。庄稼的主人索要5斗粟作为赔偿。羊的主人说："我的羊啃的是马的一半。"马的主人说："我的马啃的是牛的一半。"现在想按照比例偿还，问：各出多少？

答：牛的主人出 2 斗 8$\frac{4}{7}$ 升，

马的主人出 1 斗 4$\frac{2}{7}$ 升，

羊的主人出 7$\frac{1}{7}$ 升。

术：布置牛 4、马 2、羊 1，各自作为列衰。在旁边将它们相加作为法。以 5 斗乘未相加的列衰各自作为实。实除以法，得每人赔偿的斗数。淳风等按：这一问题的意思是：羊啃的是马的一半，马啃的是牛的一半，这是说 4 只羊啃的相当于 1 头牛啃的，2 只羊啃的相当于 1 匹马啃的。现在术中布置羊 1，马 2，牛 4，这是使它们的率相通并以其作为列衰。

假设某甲带着 560 钱，某乙带着 350 钱，某丙带着 180 钱，3 人一道出关，关防征税 100 钱。想按照所带钱数多少分配税额，问：各出多少？

答：甲出 51$\frac{41}{109}$ 钱，

乙出 32$\frac{12}{109}$ 钱，

丙出 16$\frac{56}{109}$ 钱。

术：分别布置所带的钱数作为列衰。在旁边将它们相加作为法。用 100 钱乘未相加的列衰，各自作为实。实除以法，得到每人出的税钱。淳风等按：此术中以甲、乙、丙所带的钱数作为列衰，在旁边将它们相加，作为所有率，未相加的列衰分别作为所求率，100 钱作为所有数，应用今有术，就得到答案。

假设一女子善于纺织，每天都增加一倍，5 天共织了 5 尺。问：每天织多少？

答：第一天织 1$\frac{19}{31}$ 寸，

第二天织 3$\frac{7}{31}$ 寸，

第三天织 $6\frac{14}{31}$ 寸，

第四天织 1 尺 $2\frac{28}{31}$ 寸，

第五天织 2 尺 $5\frac{25}{31}$ 寸。

术：布置 1，2，3，4，5 作为列衰。在旁边将它们相加作为法。以 5 尺乘未相加的列衰，各自作为实。实除以法，得到每天织的尺数。

假设北乡的算赋是 8 758，西乡的算赋是 7 236，南乡的算赋是 8 356。三乡总共要派遣徭役 378 人。想按照各乡算赋数的多少分配，问：各乡派遣多少人？

答：北乡派遣 $135\frac{11\,637}{12\,175}$ 人，

西乡派遣 $112\frac{4\,004}{12\,175}$ 人，

南乡派遣 $129\frac{8\,709}{12\,175}$ 人。

术：分别布置各乡的算赋数作为列衰。淳风等按：三乡的算赋数，可约简，或可取其一半的，就约简或取其一半，作为列衰。在旁边将它们相加作为法。以所要派遣的徭役人数乘未相加的列衰，分别作为实。实除以法，得每乡派遣的徭役人数。按：此术有今有术的意义。

假设要发放粟米，大夫、不更、簪袅、上造、公士共 5 人，发放 15 斗。如果有另一个大夫来晚了，也应当发给他 5 斗。可是粮仓中已经没有粟米，想让各人按爵位等级拿出粟给他，问：各人出多少？

答：大夫拿出 $1\frac{1}{4}$ 斗，

不更拿出 1 斗，

簪袅拿出 $\frac{3}{4}$ 斗，

$$上造拿出 \frac{2}{4} 斗，$$

$$公士拿出 \frac{1}{4} 斗。$$

术：分别布置所发放的粟米的斗数，以爵位等级调节之，作为列衰。在旁边将它们相加，又加晚来的大夫的爵位数也是5斗，得到20，作为法。以5斗乘未相加的列衰，各自作为实。实除以法，便得到每人拿出的斗数。重新发放粟米之前，5人共15斗，这是大夫得5斗，不更得4斗，簪袅得3斗，上造得2斗，公士得1斗。想使5人各按照所得到的粟的多少减损并给晚来的大夫，使他与先来的大夫相同。根据先来的大夫已得到5斗，所以说晚来的大夫"也是5斗"。各以所得的斗数作为列衰，相加得15，又加晚来的大夫也是5斗，总共是20斗，作为法。这就成为6人共出5斗——晚来的大夫也一道减损。对于今有术，在旁边相加列衰作为所有率，未相加的列衰各为所求率，5斗作为所有数，应用今有术，就得到答案。

假设发放粟米5斛，5个人分配。想使3个人每人得3份，2个人每人得2份，问：各得多少？

答：3 个人，每人得 1 斛 1 斗 5 $\frac{5}{13}$ 升，

2 个人，每人得 7 斗 6 $\frac{12}{13}$ 升。

术：布置3个人，每人3；2个人，每人2，作为列衰。在旁边将它们相加，作为法。以5斛乘未相加的列衰，各自作为实。实除以法，得到每人得的斛数。

**返衰**[1] 以爵次言之，大夫五、不更四……欲令高爵得多者，当使大夫一人受五分，不更一人受四分……人数为母，分数为子。母同则子齐，齐即衰也。故上衰分宜以五、四……为列焉。今此令高爵出少，则当使大夫五人共出一人分，不更四人共出一人分……故谓之返衰[2]。人数不同，则分数不齐。当令母互乘子。母互乘子，则"动者为不动者衰"也[3]。亦可先同其母，各以分母约，其子为返衰[4]；副并为法；以所分乘未并

者，各自为实。实如法而一。术曰：列置衰而令相乘[5]，动者为不动者衰。

今有大夫、不更、簪袤、上造、公士凡五人，共出百钱。欲令高爵出少，以次渐多，问：各几何？

　　答曰：

　　大夫出八钱一百三十七分钱之一百四，

　　不更出一十钱一百三十七分钱之一百三十，

　　簪袤出一十四钱一百三十七分钱之八十二，

　　上造出二十一钱一百三十七分钱之一百二十三，

　　公士出四十三钱一百三十七分钱之一百九。

术曰：置爵数，各自为衰，而返衰之。副并为法。以百钱乘未并者，各自为实。实如法得一钱[6]。

今有甲持粟三升，乙持粝米三升，丙持粝饭三升。欲令合而分之，问：各几何？

　　答曰：

　　甲二升一十分升之七，

　　乙四升一十分升之五，

　　丙一升一十分升之八。

术曰：以粟率五十、粝米率三十、粝饭率七十五为衰，而返衰之。副并为法。以九升乘未并者，各自为实。实如法得一升[7]。按：此术，三人所持升数虽等，论其本率，精粗不同。米率虽少，令最得多；饭率虽多，返使得少。故令返之，使精得多而粗得少。于今有术，副并为所有率，未并者各为所求率，九升为所有数，而今有之，即得。

**【注释】**

〔1〕返衰：以列衰的倒数进行分配。

〔2〕使大夫五人共出一人分，不更四人共出一人分……：大夫 1 人出 $\frac{1}{5}$，不更 1 人出 $\frac{1}{4}$……大夫、不更、簪褭、上造、公士 5 人以 $\frac{1}{5}$，$\frac{1}{4}$，$\frac{1}{3}$，$\frac{1}{2}$，1 为列衰分配，所以称为返衰。

〔3〕根据刘徽注，《九章算术》返衰术给出公式

$$A_i = (Aa_1a_2\cdots a_{i-1}a_{i+1}\cdots a_n) \div \sum_{j=1}^{n} a_1a_2\cdots a_{j-1}a_{j+1}\cdots a_n,$$
$$i = 1, 2, \cdots, n。 \qquad (3-2)$$

显然，在求 $A_i$ 的时候，用不到以其衰 $a_i$ 乘所分 $A$，所以说"动者为不动者衰"。

〔4〕其子：指以分母约"同"的结果。同即公分母。

〔5〕列置衰而令相乘：就是布置列衰，使分母互乘分子。即得到 $a_1a_2\cdots a_{i-1}a_{i+1}$，$i = 1, 2, \cdots, n$ 为列衰。

〔6〕本来大夫，不更，簪褭，上造，公士的列衰为 5，4，3，2，1。返衰之，则以 $\frac{1}{5}$，$\frac{1}{4}$，$\frac{1}{3}$，$\frac{1}{2}$，1 为列衰。在旁边将它们相加，$\frac{1}{5} + \frac{1}{4} + \frac{1}{3} + \frac{1}{2} + 1 = \frac{137}{60}$ 作为法。大夫出钱之实 100 钱 $\times \frac{1}{5} = 20$ 钱；不更出钱之实 100 钱 $\times \frac{1}{4} = 25$ 钱；簪褭出钱之实 100 钱 $\times \frac{1}{3} = \frac{100}{3}$ 钱；上造出钱之实 100 钱 $\times \frac{1}{2} = 50$ 钱；公士出钱之实 100 钱 $\times 1 = 100$ 钱。故大夫出钱 20 钱 $\div \frac{137}{60} = 8\frac{104}{137}$ 钱；不更出钱 25 钱 $\div \frac{137}{60} = 10\frac{130}{137}$ 钱；簪褭出钱 $\frac{100}{3}$ 钱 $\div \frac{137}{60} = 14\frac{82}{137}$ 钱；上造出钱 50 钱 $\div \frac{137}{60} = 21\frac{123}{137}$ 钱；公士出钱 100 钱 $\div \frac{137}{60} = 43\frac{109}{137}$ 钱。

〔7〕本来甲、乙、丙的列衰为 50，30，75。返衰之，则以 $\frac{1}{50}$，

$\dfrac{1}{30}$，$\dfrac{1}{75}$ 为列衰。在旁边将它们相加，$\dfrac{1}{50}+\dfrac{1}{30}+\dfrac{1}{75}=\dfrac{1}{15}$ 作为法。甲所分

之实 9 升 $\times\dfrac{1}{50}=\dfrac{9}{50}$ 升；乙所分之实 9 升 $\times\dfrac{1}{30}=\dfrac{9}{30}$ 升；丙所分之实 9 升 $\times$

$\dfrac{1}{75}=\dfrac{3}{25}$ 升。故甲所分 $\dfrac{9}{50}$ 升 $\div\dfrac{1}{15}=2\dfrac{7}{10}$ 升；乙所分 $\dfrac{9}{30}$ 升 $\div\dfrac{1}{15}=4\dfrac{5}{10}$ 升；

丙所分 $\dfrac{3}{25}$ 升 $\div\dfrac{1}{15}=1\dfrac{8}{10}$ 升。

【译文】

返衰 以爵位等级表述之，大夫是5，不更是4……想使爵位高的得的多，应当使大夫1人接受5份，不更1人接受4份……人数作为分母，每人接受的份数作为分子。分母相同，则分子应该相齐，相齐就能作列衰。所以应用上面的衰分术应当以5，4……作为列衰。现在此处使爵位高的出的少，那么应当使大夫5个人共出1份，不更4个人共出1份……所以称之为返衰。人数不同，则份数不相齐。应当使分母互乘分子。分母互乘分子，就是变动了的为不变动的进行衰分。也可以先使它们的分母相同，以各自的分母除同，以它们的分子作为返衰术的列衰。在旁边将它们相加作为法。用所分的数量乘未相加的列衰，分别作为实。实除以法。术：布置列衰而使它们相乘，变动了的为不变动的进行衰分。

假设大夫、不更、簪衰、上造、公士5个人，共出100钱。想使爵位高的出的少，按顺序逐渐增加，问：各出多少？

答：大夫出 $8\dfrac{104}{137}$ 钱，

不更出 $10\dfrac{130}{137}$ 钱，

簪衰出 $14\dfrac{82}{137}$ 钱，

上造出 $21\dfrac{123}{137}$ 钱，

公士出 $43\dfrac{109}{137}$ 钱。

术：布置爵位等级数，各自作为衰，而对之施行返衰术。在

旁边将返衰相加作为法。用 100 钱乘未相加的返衰，各自作为实。实除以法，得每人出的钱数。

假设甲拿来 3 升粟，乙拿来 3 升粝米，丙拿来 3 升粝饭。想把它们混合起来重新分配，问：各得多少？

答：甲得 $2\frac{7}{10}$ 升，

乙得 $4\frac{5}{10}$ 升，

丙得 $1\frac{8}{10}$ 升。

术：以粟率 50，粝米率 30，粝饭率 75 作为列衰，而对之施行返衰术。在旁边将返衰相加作为法。以 9 升乘未相加的返衰，各自作为实。实除以法，得每人分得的升数。按：此术中，三个人所拿来的粟米的升数虽然相等，但是论到它们各自的率，却有精粗的不同。粝米率虽然小，却使得到的多；粝饭率虽然大，反而使得到的少，所以对之施行返衰术，使精的得的多而粗的得的少。对今有术，在旁边将返衰相加作为所有率，未相加的返衰各自作为所求率，9 升作为所有数，而应用今有术，即得到答案。

今有丝一斤[1]，价直二百四十。今有钱一千三百二十八，问：得丝几何？

答曰：五斤八两一十二铢五分铢之四。

术曰：以一斤价数为法，以一斤乘今有钱数为实，实如法得丝数。按：此术今有之义。以一斤价为所有率，一斤为所求率，今有钱为所有数，而今有之，即得。

今有丝一斤，价直三百四十五。今有丝七两一十二铢，问：得钱几何？

答曰：一百六十一钱三十二分钱之二十三。

术曰：以一斤铢数为法，以一斤价数乘七两一十二铢为实。实如法得钱数。臣淳风等谨按：此术亦今有之义。以丝一斤铢数为所有率，价钱为所求率，今有丝为所有数，而今有之，即得。

今有缣一丈，价直一百二十八。今有缣一匹九尺五寸，问：得钱几何？

答曰：六百三十三钱五分钱之三。

术曰：以一丈寸数为法，以价钱数乘今有缣寸数为实。实如法得钱数。臣淳风等谨按：此术亦今有之义。以缣一丈寸数为所有率，价钱为所求率，今有缣寸数为所有数，而今有之，即得。

今有布一匹，价直一百二十五。今有布二丈七尺，问：得钱几何？

答曰：八十四钱八分钱之三。

术曰：以一匹尺数为法，今有布尺数乘价钱为实，实如法得钱数。臣淳风等谨按：此术亦今有之义。以一匹尺数为所有率，价钱为所求率，今有布为所有数，今有之，即得。

今有素一匹一丈<sup>[2]</sup>，价直六百二十五。今有钱五百，问：得素几何？

答曰：得素一匹。

术曰：以价直为法，以一匹一丈尺数乘今有钱数为实。实如法得素数。臣淳风等谨按：此术亦今有之义。以价钱为所有率，五丈尺数为所求率，今有钱为所有数，今有之，即得。

今有与人丝一十四斤，约得缣一十斤。今与人丝四十五斤八两，问：得缣几何？

答曰：三十二斤八两。

术曰：以一十四斤两数为法，以一十斤乘今有丝两数为实。实如法得缣数。臣淳风等谨按：此术亦今有之义。以一十四斤两数为所有率，一十斤为所求率，今有丝为所有数，今有之，即得。

今有丝一斤，耗七两。今有丝二十三斤五两，问：耗几何？

荅曰：一百六十三两四铢半。

术曰：以一斤展十六两为法；以七两乘今有丝两数为实。实如法得耗数。臣淳风等谨按：此术亦今有之义。以一斤为十六两为所有率，七两为所求率，今有丝为所有数，而今有之，即得。

今有生丝三十斤，干之，耗三斤十二两。今有干丝一十二斤，问：生丝几何？

荅曰：一十三斤一十一两十铢七分铢之二。

术曰：置生丝两数，除耗数，余，以为法。余四百二十两，即干丝率。三十斤乘干丝两数为实。实如法得生丝数。凡所得率知[3]，细则俱细，粗则俱粗，两数相抱而已[4]。故品物不同，如上缣、丝之比，相与率焉。三十斤凡四百八十两，令生丝率四百八十两，令干丝率四百二十两，则其数相通。可俱为铢，可俱为两，可俱为斤，无所归滞也[5]。若然，宜以所有干丝斤数乘生丝两数为实。今以斤、两错互而亦同归者，使干丝以两数为率，生丝以斤数为率。譬之异类，亦各有一定之势[6]。　臣淳风等谨按：此术，置生丝两数，除耗数，余即干丝之率，于今有术为所有率；三十斤为所求率，干丝两数为所有数。凡所谓率者，细则俱细，粗则俱粗。今以斤乘两知，干丝即以两数为率，生丝即以斤数为率，譬之异物，各有一定之率也。

今有田一亩，收粟六升太半升。今有田一顷二十六亩一百五十九步，问：收粟几何？

　　荅曰：八斛四斗四升一十二分升之五。

　　术曰：以亩二百四十步为法，以六升太半升乘今有田积步为实，实如法得粟数。臣淳风等谨按：此术亦今有之义。以一亩步数为所有率，六升太半升为所求率，今有田积步为所有数，而今有之，即得。

今有取保一岁[7]，价钱二千五百。今先取一千二百，问：当作日几何？

　　荅曰：一百六十九日二十五分日之二十三。

　　术曰：以价钱为法，以一岁三百五十四日乘先取钱数为实。实如法得日数。臣淳风等谨按：此术亦今有之义。以价为所有率，一岁日数为所求率，取钱为所有数，而今有之，即得。

今有贷人千钱[8]，月息三十。今有贷人七百五十钱，九日归之，问：息几何？

　　荅曰：六钱四分钱之三。

　　术曰：以月三十日乘千钱为法；以三十日乘千钱为法者，得三万，是为贷人钱三万，一日息三十也。以息三十乘今所贷钱数，又以九日乘之，为实。实如法得一钱[9]。以九日乘今所贷钱为今一日所有钱，于今有术为所有数；息三十为所求率；三万钱为所有率。此又可以一月三十钱约息三十钱，为十分一日，以乘今一日所有钱为实；千钱为法。为率者，当等之于一也[10]。故三十日或可乘本，或可约息，皆所以等之也。

【注释】

〔1〕自此问起至卷末，不是衰分类问题，其体例亦与前不合，系张苍或耿寿昌增补的内容。它们都可以直接用今有术求解，但是与卷二今有术的例题有所不同。卷二的例题中，所有率与所求率都根据粟米之法，所有数都是粟米的斛斗数。这些问题却不然。比如此问中，其解法是："以一斤价数为法，以一斤乘今有钱数为实，实如法得丝数。"刘徽将其归结到今有术，今有钱 1 328 为所有数，丝 1 斤为所求率，丝 1 斤价钱 240 为所有率。以所有率即 1 斤价钱为法，以所求率即 1 斤丝乘所有数即今有钱数为实。所有率与所求率，分别是由钱数与重量得到的，不是同类的，而且今有钱数与 1 斤丝相乘作为实，两者也不是同类的，作为法的所有率与所有数是同类的。所以宋代起将这一类问题归于"异乘同除"类。

〔2〕素：本色的生帛。《礼记·杂记下》："纯以素，纰以五彩。"孔颖达疏："素，谓生帛。"

〔3〕凡所得率知：与下文"生丝"问刘徽注"今以斤乘两知"中，两"知"字，训"者"，见刘徽序"故枝条虽分而同本干知"之注释。

〔4〕相抱：互相转取也。抱，古通"捊"。许慎《说文解字》卷十二上："抱：捊，或从包。"又："'捊'，引取也。"刘安《淮南子·原道训》："扶摇捊抱，羊角而上。"高诱注："'扶'，攀也；'摇'，动也；'捊抱'，引戾也。扶摇直如羊角转如曲萦行而上也。"《文选·射雉赋》（潘岳）："戾翳旋把，萦随所历。"李善注："戾，转也。"因此，"抱"，转取也。刘徽在此提出了率的重要性质。

〔5〕这是将诸物化成同一单位，以导出诸物之率，是为率的一种最直观最常用的方式。

〔6〕譬之：谓把它比作。《论语·子张》："子贡曰：'譬之宫墙，赐之墙也及肩，窥见室家之好。'"此谓比方说是不同类的物品也可以形成率。

〔7〕保：佣工。《史记·季布栾布列传》："穷困，赁佣于齐，为酒人保。"李籍云："佣也。如所谓酒家保。"

〔8〕贷：李籍云："以物假人也。"《筭数书》亦有一"贷人千钱"的问题，但与此同类不同题。

〔9〕此即以今所贷钱×9 日为所有数，1 000 钱×30 日为所有率，月息为所求率，则所求数即所得息

所得息＝［（今所贷钱×9 日）×月息］÷（1 000 钱×30 日）。

〔10〕这是刘徽提出的另一种使用率，应用今有术求解的方式：以月息 30 钱÷30 日＝10 分／日为所求率，今所贷钱×9 日为所有数，1 000 钱为所有率。两者殊途同归。

## 【译文】

假设有 1 斤丝，价值是 240 钱。现有 1 328 钱，问：得到多少丝？

答：得 5 斤 8 两 12 $\frac{4}{5}$ 铢丝。

术：以 1 斤价钱作为法，以 1 斤乘现有钱数作为实，实除以法，得到丝数。此术具有今有术的意义。以 1 斤价钱作为所有率，1 斤作为所求率，现有钱数为所有数，应用今有术，即得到答案。

假设有 1 斤丝，价值是 345 钱。现有 7 两 12 铢丝，问：得到多少钱？

答：得 161 $\frac{23}{32}$ 钱。

术：以 1 斤的铢数作为法，以 1 斤的价钱乘 7 两 12 铢作为实。实除以法，得到钱数。淳风等按：此术也具有今有术的意义。以 1 斤的铢数作为所有率，1 斤的价钱为所求率，现有的丝数为所有数，应用今有术，即得到答案。

假设有 1 丈缣，价值是 128 钱。现有 1 匹 9 尺 5 寸缣，问：得到多少钱？

答：得 633 $\frac{3}{5}$ 钱。

术：以 1 丈的寸数作为法，以 1 丈的价钱数乘现有缣的寸数作为实。实除以法，得到钱数。淳风等按：此术也具有今有术的意义：以 1 丈缣的寸数为所有率，1 丈的价钱作为所求率，现有缣的寸数为所有数，应用今有术，即得到答案。

假设有 1 匹布，价值是 125 钱。现有 2 丈 7 尺布，问：得到多少钱？

答：得 84 $\frac{3}{8}$ 钱。

术：以 1 匹的尺数作为法，现有布的尺数乘价钱作为实。实除以法，得到钱数。淳风等按：此术也具有今有术的意义：以 1 匹的尺数作为所有率，1 匹的价钱作为所求率，现有布的尺数作为所有数，应用今有术，即得到答案。

假设有 1 匹 1 丈素，价钱是 625 钱。现有 500 钱，问：得多少素？

　　　　答：得 1 匹素。

术：以价值作为法，以 1 匹 1 丈的尺数乘现有钱数作为实。实除以法，得到素数。淳风等按：此术也具有今有术的意义。以价钱作为所有率，5 丈的尺数作为所求率，现有钱数作为所有数，应用今有术，即得到答案。

假设给人 14 斤丝，约定取得 10 斤缣。现给人 45 斤 8 两丝，问：得多少缣？

　　　　　　答：得 32 斤 8 两缣。

术：以 14 斤的两数作为法，以 10 斤乘现有丝的两数作为实。实除以法，得到缣数。淳风等按：此术也具有今有术的意义。以 14 斤的两数作为所有率，10 斤作为所求率，现有丝数作为所有数，应用今有术，即得到答案。

假设有 1 斤丝，损耗 7 两。现有 23 斤 5 两丝，问：损耗多少？

　　　　答：损耗 163 两 4 $\frac{1}{2}$ 铢。

术：将 1 斤展开，成为 16 两，作为法。以 7 两乘现有丝的两数作为实。实除以法，得损耗数。淳风等按：此术也具有今有术的意义。把 1 斤变成 16 两作为所有率，7 两作为所求率，现有丝数作为所有数，应用今有术，即得到答案。

假设 30 斤生丝，晒干之后，损耗 3 斤 12 两。现有干丝 12 斤，问：原来的生丝是多少？

　　　　答：原来的生丝是 13 斤 11 两 10 $\frac{2}{7}$ 铢。

术：布置生丝的两数，减去损耗数，以余数作为法。余数 420 两，就是干丝率。30 斤乘干丝的两数作为实。实除以法，得到生丝数。凡是所得到的率，要细小则都细小，要粗大则都粗大。两个数互相转取罢了。因此，不同的物品，譬如上面的缣与丝的比率，就是相与率。30 斤共有 480 两。使生丝率为 480 两，使干丝率为 420 两，则它们的数相通。可以都用铢，可以都用两，可以都用斤，没有什么地方有窒碍。如果这样，应该用所有的干丝斤数乘生丝的两数作为实。现在将斤、两错互——使干丝以两数形成率，生丝以斤数形成率，也得到同一结果的原因在于，比方说是不同的类，也各有一定的态势。　淳风等按：在此术中，布置生丝的两数，减去损耗的数，余数就是干丝率。对于今有术，这作为所有率，30 斤作为所求率，干丝的两数作为所有数。凡是称为率的，要细小则都细小，要粗大则都粗大。现在以斤乘两，是因为干丝以两数形成率，生丝以斤数形成率，比方说是不同的物品，都各有一定的率。

假设 1 亩田收获 $6\frac{2}{3}$ 升粟。现有 1 顷 26 亩 159 步田，问：收获多少粟？

答：收获 8 斛 4 斗 4 $\frac{5}{12}$ 升粟。

术：以 1 亩的步数 240 步$^2$ 作为法，以 $6\frac{2}{3}$ 升乘现有田的积步作为实。实除以法，得到粟数。淳风等按：此术也具有今有术的意义。以 1 亩的步数作为所有率，$6\frac{2}{3}$ 升作为所求率，现有田的积步作为所有数，应用今有术，即得答案。

假设雇工，一年的价钱是 2 500 钱。现在先领取 1 200 钱，问：应当工作多少天？

答：应当工作 $169\frac{23}{25}$ 天。

术：以价钱作为法，以一年 354 天乘先领取的钱数作为实。实除以法，得到日数。淳风等按：此术也具有今有术的意义。以价钱作为所有率，一年的天数作为所求率，领取的钱数作为所有数，应用今有术，即得到答案。

假设向别人借贷 1 000 钱，每月的利息是 30 钱。现在向别人借贷了 750 钱，9 天归还，问：利息是多少？

答：利息是 $6\frac{3}{4}$ 钱。

术：以一月 30 天乘 1 000 钱作为法，以 30 天乘 1 000 钱作为法，得到 30 000，这相当于向别人借贷 30 000 钱，一天的利息是 30 钱。以利息 30 钱乘现在所借贷的钱数，又以 9 天乘之，作为实。实除以法，便得到利息的钱数。以 9 天乘现在所借贷的钱数作为现在一日所有的钱，对于今有术，作为所有数，利息 30 钱作为所求率，30 000 钱作为所有率。这又可以用一月 30 天除利息 30 钱，得到一天 10 分。以它乘现在一日所有钱作为实。1 000 钱作为法。建立率，应当使它等于 1。所以，30 天有时可以用来乘本来的钱，有时可以用来除利息，都是用来使率等之于 1 的。

# 九章筭术卷第四

魏刘徽注

唐朝议大夫行太史令上轻车都尉臣李淳风等奉敕注释

**少广**[1] 以御积幂方圆

少广[2] 臣淳风等谨按：一亩之田，广一步，长二百四十步。今欲截取其从少，以益其广，故曰少广。术曰：置全步及分母子，以最下分母遍乘诸分子及全步，臣淳风等谨按：以分母乘全者，通其分也；以母乘子者，齐其子也。各以其母除其子，置之于左；命通分者，又以分母遍乘诸分子及已通者[3]，皆通而同之[4]，并之为法[5]。臣淳风等谨按：诸子悉通，故可并之为法。亦宜用合分术，列数尤多。若用乘则筭数至繁，故别制此术，从省约[6]。置所求步数，以全步积分乘之为实[7]。此以田广为法，一亩积步为实。法有分者，当同其母，齐其子，以同乘法实，而并齐于法[8]。今以分母乘全步及子，子如母而一[9]。并以并全法，则法、实俱长，意亦等也。故如法而一，得从步数。实如法而一，得从步。

今有田广一步半。求田一亩，问：从几何？

  荅曰：一百六十步。

  术曰：下有半，是二分之一。以一为二，半为一，并之得三，为法。置田二百四十步，亦以一为二乘之，为实。实如法得从步[10]。

今有田广一步半、三分步之一。求田一亩，问：从几何？

　　答曰：一百三十步一十一分步之一十。

术曰：下有三分，以一为六，半为三，三分之一为二，并之得一十一，以为法。置田二百四十步，亦以一为六乘之，为实。实如法得从步[11]。

今有田广一步半、三分步之一、四分步之一。求田一亩，问：从几何？

　　答曰：一百一十五步五分步之一。

术曰：下有四分，以一为一十二，半为六，三分之一为四，四分之一为三，并之得二十五，以为法。置田二百四十步，亦以一为一十二乘之，为实。实如法而一，得从步[12]。

今有田广一步半、三分步之一、四分步之一、五分步之一。求田一亩，问：从几何？

　　答曰：一百五步一百三十七分步之一十五。

术曰：下有五分，以一为六十，半为三十，三分之一为二十，四分之一为一十五，五分之一为一十二，并之得一百三十七，以为法。置田二百四十步，亦以一为六十乘之，为实。实如法得从步[13]。

今有田广一步半、三分步之一、四分步之一、五分步之一、六分步之一。求田一亩，问：从几何？

　　答曰：九十七步四十九分步之四十七。

术曰：下有六分，以一为一百二十，半为六十，三分之一为四十，四分之一为三十，五分之一为二十四，六分之一为二十，并之得二百九十四，以为法。置田二百四十步，亦以一为一百二十乘之，为实。实如法得从步〔14〕。

今有田广一步半、三分步之一、四分步之一、五分步之一、六分步之一、七分步之一。求田一亩，问：从几何？

答曰：九十二步一百二十一分步之六十八。

术曰：下有七分，以一为四百二十，半为二百一十，三分之一为一百四十，四分之一为一百五，五分之一为八十四，六分之一为七十，七分之一为六十，并之得一千八十九，以为法。置田二百四十步，亦以一为四百二十乘之，为实。实如法得从步〔15〕。

今有田广一步半、三分步之一、四分步之一、五分步之一、六分步之一、七分步之一、八分步之一。求田一亩，问：从几何？

答曰：八十八步七百六十一分步之二百三十二。

术曰：下有八分，以一为八百四十，半为四百二十，三分之一为二百八十，四分之一为二百一十，五分之一为一百六十八，六分之一为一百四十，七分之一为一百二十，八分之一为一百五，并之得二千二百八十三，以为法。置田二百四十步，亦以一为八百四十乘之，为实。实如法得从步〔16〕。

今有田广一步半、三分步之一、四分步之一、五分步之一、六分步之一、七分步之一、八分步之一、九分步之一。求田一亩，问：从几何？

答曰：八十四步七千一百二十九分步之五千九百六十四。

术曰：下有九分，以一为二千五百二十，半为一千二百六十，三分之一为八百四十，四分之一为六百三十，五分之一为五百四，六分之一为四百二十，七分之一为三百六十，八分之一为三百一十五，九分之一为二百八十，并之得七千一百二十九，以为法。置田二百四十步，亦以一为二千五百二十乘之，为实。实如法得从步[17]。

今有田广一步半、三分步之一、四分步之一、五分步之一、六分步之一、七分步之一、八分步之一、九分步之一、十分步之一。求田一亩，问：从几何？

答曰：八十一步七千三百八十一分步之六千九百三十九。

术曰：下有一十分，以一为二千五百二十，半为一千二百六十，三分之一为八百四十，四分之一为六百三十，五分之一为五百四，六分之一为四百二十，七分之一为三百六十，八分之一为三百一十五，九分之一为二百八十，十分之一为二百五十二，并之得七千三百八十一，以为法。置田二百四十步，亦以一为二千五百二十乘之，为实。实如法得从步[18]。

今有田广一步半、三分步之一、四分步之一、五分步之一、六分步之一、七分步之一、八分步之一、九分步之一、十分步之一、十一分步之一。求田一亩，问：从几何？

　　　　答曰：七十九步八万三千七百一十一分步之三万九千六百三十一。

　　术曰：下有一十一分，以一为二万七千七百二十，半为一万三千八百六十，三分之一为九千二百四十，四分之一为六千九百三十，五分之一为五千五百四十四，六分之一为四千六百二十，七分之一为三千九百六十，八分之一为三千四百六十五，九分之一为三千八十，一十分之一为二千七百七十二，一十一分之一为二千五百二十，并之得八万三千七百一十一，以为法。置田二百四十步，亦以一为二万七千七百二十乘之，为实。实如法得从步[19]。

今有田广一步半、三分步之一、四分步之一、五分步之一、六分步之一、七分步之一、八分步之一、九分步之一、十分步之一、十一分步之一、十二分步之一。求田一亩，问：从几何？

　　　　答曰：七十七步八万六千二十一分步之二万九千一百八十三。

　　术曰：下有一十二分，以一为八万三千一百六十，半为四万一千五百八十，三分之一为二万七千七百二十，四分之一为二万七百九十，五分之一为一万六千六百三十二，六分之一为一万三千八百六十，七分之一为一万一千八百八十，八分之一为一万三百九十五，九分之一为九千二百四十，一十分之一为八千三百一十六，十一分之一为七千五百六十，十二分之一为六千九百三十，并之得二十五万八千六十三，以为法。置田二百四十步，亦以一为八万三千一百六十乘之，为实。实如法得从步[20]。臣淳风等谨按：凡为术之意，约省为善。宜云："下有一十二分，以一为二万七千七百二十，半为一万三千八百六十，三分之一为九千二百四十，四分之一为六千九百三十，五分之一为五千五百四十四，六分之一为四千六百二十，七分之一为三千九百六十，八分之一为三千四百六十五，九分之一为三千八十，十分之一为二千七百七十二，十一分之一为二千五百二十，十二分之一为二千三百一十，并之得八万六千二十一，以为法。置田二百四十步，亦以一为二万七千七百二十乘之，以为实。实如法得从步。"其术亦得知，不繁也[21]。

【注释】

〔1〕少广：九数之一。根据少广术的例题中都是田地的广远小于纵，我们推断"少广"的本义是小广。李籍云"广少从多"，符合其本义。李籍又云"截从之多，益广之少，故曰少广"，似与前说抵牾。此源于李淳风等的注释"截取其从少，以益其广"。李淳风等的理解未必符合其本义。这种理解大约源于商周时人们通过截长补短，将不规则的田地化成正方形衡量其大小，如《墨子·非命上》云"古者汤封于亳，绝长继短，方地百里"，"昔者文王封于岐周，绝长继短，方地百里"。春秋以后，人们还有这种习惯，《孟子·滕文公上》云"今滕绝长补短，将五十里也"。李淳风等的理解符合开方术。传统的"少广"含有少广术、开方术，是面积以及体积问题的逆运算，就是已知面积或体积求其广的问题。北京大学藏秦简《筭书》之《陈起论数》篇载陈起答鲁久次曰："郦首者，筭之始也，少广者筭之市也，所求者毋不有也。"郦首即隶首。这是说隶首是数学的始祖，而少广就像是数学的市场，学数学者所需要的一切没有

不包括在其中的。为什么将少广提到这样的高度，个中原因有待探讨。

〔2〕秦简《数》、《筭书》、汉简《筭数书》中亦有少广术及其例题，唯少广术文字古朴，而例题则仅有 9 问，即到"下有十分"问为止。

〔3〕遍乘：普遍地乘。通常指以某数整个地乘一行的情形。方程章方程术"以右行上禾遍乘中行"，亦此义。

〔4〕通而同之：依次对各个分数通分，即"通"，再使分母相同，即"同"。数学史界，包括笔者在内，过去都认为"通而同之"是与"同而通之"等价的运算，实际上两者是有所不同的运算。"同而通之"在通分时必须使用，先通过诸分数的分母相乘使各分数的分母相同，然后使分母互乘子，使分数值不变，达到使各分数互相通达，这就是"通"。可以说是先同后通，故云"同而通之"。"通而同之"是先"通"再"同"。"同而通之"是先使各分数分母相同，然后进行一次通分；而"通而同之"则是要进行多次通分，才使得各分数分母相同。这里采纳了朱一文的意见。

〔5〕根据少广术的例题，都是已知田的面积为 1 亩，广为 $1 + \dfrac{1}{2} + \dfrac{1}{3} + \cdots + \dfrac{1}{n-1} + \dfrac{1}{n}$，$n = 2, 3, \cdots, 12$，求其纵。术文求其"法"的计算程序如下：将 $1, \dfrac{1}{2}, \dfrac{1}{3}, \cdots, \dfrac{1}{n-1}, \dfrac{1}{n}$ 自上而下排列，如左第 1 列，以最下分母 $n$ 乘第 1 列各数，成为第 2 列，再以最下分母 $n-1$ 乘第 2 列各数，成为第 3 列，如此继续下去，直到某列所有的数都成为整数为止，即

$$
\begin{array}{cccccc}
1 & n & n(n-1) & \cdots\cdots & n(n-1)\cdots \times 4 \times 3 & n(n-1)\cdots \times 3 \times 2 \\[2mm]
\dfrac{1}{2} & \dfrac{n}{2} & \dfrac{n(n-1)}{2} & \cdots\cdots & \dfrac{n(n-1)\cdots \times 4 \times 3}{2} & n(n-1)\cdots \times 4 \times 2 \\[2mm]
\dfrac{1}{3} & \dfrac{n}{3} & \dfrac{n(n-1)}{3} & \cdots\cdots & n(n-1)\cdots \times 5 \times 4 & n(n-1)\cdots \times 4 \times 2 \\[2mm]
\vdots & \vdots & \vdots & \vdots & \vdots & \vdots \\[2mm]
\dfrac{1}{n-1} & \dfrac{n}{n-1} & n & \cdots\cdots & n(n-2)(n-3)\cdots \times 4 \times 3 & n(n-2)(n-3)\cdots \times 3 \times 2 \\[2mm]
\dfrac{1}{n} & 1 & n-1 & \cdots\cdots & (n-1)(n-2)\cdots \times 4 \times 3 & (n-1)(n-2)\cdots \times 3 \times 2 \\
\end{array}
$$

因其中有"各以其母除其子"的程序，有时实际上用不到所有的分母乘，就可以将某行全部化成整数。将成为整数的这行所有的数相加，作为法。同时，该行最上这个数，就是第 1 列每个数所扩大的倍数，也就是 1 步

的积分。将它作为同。由于没有"可约者约之"的规定，它还不能称为求最小公倍数的完整程序。实际上，当 $n=6$，12 时，《九章算术》没有求出最小公倍数。但是，没有规定"可约者约之"，并不是说不可以"约之"，实际上，在 $n=5$，7，8，9，10，11 时，都做了约简，求出了诸分母的最小公倍数。

〔6〕李淳风等认为求解这类问题，既可以用少广术，也可以用合分术。但用合分术太繁琐，所以制定少广术，以求省约。

〔7〕置所求步数，以全步积分乘之为实：这是同，即 1 步的积分乘 1 亩的步数，作为实。"积分"就是分之积，"全步积分"是将 1 步化成分数后的积数。

〔8〕刘徽此处用合分术。

〔9〕以上三十五字，南宋本、《大典》本、杨辉本（典）均作大字，戴震辑录校勘本及四库本、聚珍版改作刘徽注，其后诸本从，是不妥的。今据南宋本、《大典》本、杨辉本（典）恢复大字。

〔10〕布置广的数值，以 2 遍乘，便可全部化为整数：

$$
\begin{array}{cc}
1 & 2 \\[6pt]
\dfrac{1}{2} & 1
\end{array}
$$

求出法：$2+1=3$。同是 2。因此纵 $=240$ 步 $\times 2 \div 3 = 160$ 步。

〔11〕布置广的数值，先后以 3，2 遍乘，便可全部化为整数：

$$
\begin{array}{ccc}
1 & 3 & 3 \times 2 \\[6pt]
\dfrac{1}{2} & \dfrac{3}{2} & 3 \\[6pt]
\dfrac{1}{3} & 1 & 2
\end{array}
$$

求出法：$6+3+2=11$。同是 6。因此纵 $=240$ 步 $\times 6 \div 11 = 130\dfrac{10}{11}$ 步。

〔12〕布置广的数值，先后以 4，3 遍乘，便可全部化为整数：

$$
\begin{array}{ccc}
1 & 4 & 4 \times 3 \\[6pt]
\dfrac{1}{2} & 2 & 2 \times 3 \\[6pt]
\dfrac{1}{3} & \dfrac{4}{3} & 4 \\[6pt]
\dfrac{1}{4} & 1 & 3
\end{array}
$$

求出法：12＋6＋4＋3＝25。同是 12。因此纵＝240 步×12÷25＝115 $\frac{1}{5}$ 步。此问中的同 12 是分母 2，3，4 的最小公倍数。

〔13〕布置广的数值，先后以 5，4，3 遍乘，便可全部化为整数：

| 1 | 5 | 5×4 | 5×4×3 |
|---|---|---|---|
| $\frac{1}{2}$ | $\frac{5}{2}$ | 5×2 | 5×2×3 |
| $\frac{1}{3}$ | $\frac{5}{3}$ | $\frac{5×4}{3}$ | 5×4 |
| $\frac{1}{4}$ | $\frac{5}{4}$ | 5 | 5×3 |
| $\frac{1}{5}$ | 1 | 4 | 4×3 |

求出法：60＋30＋20＋15＋12＝137。同是 60。因此纵＝240 步×60÷137＝105 $\frac{15}{137}$ 步。此问中的同 60 是分母 2，3，4，5 的最小公倍数。

〔14〕布置广的数值，先后以 6，5，4 遍乘，便可全部化为整数：

| 1 | 6 | 6×5 | 6×5×4 |
|---|---|---|---|
| $\frac{1}{2}$ | 3 | 3×5 | 3×5×4 |
| $\frac{1}{3}$ | 2 | 2×5 | 2×5×4 |
| $\frac{1}{4}$ | $\frac{6}{4}$ | $\frac{6×5}{4}$ | 6×5 |
| $\frac{1}{5}$ | $\frac{6}{5}$ | 6 | 6×4 |
| $\frac{1}{6}$ | 1 | 5 | 5×4 |

求出法：120＋60＋40＋30＋24＋20＝294。同是 120。因此纵＝240 步×120÷294＝97 $\frac{47}{49}$ 步。此问中的同 120 不是分母 2，3，4，5，6 的最小公倍数，因为没有将 $\frac{6}{4}$ 约简。

〔15〕布置广的数值，先后以 7，6，5，2 遍乘，便可全部化为整数：

| | 7 | 7×6 | 7×6×5 | 7×6×5×2 |
|---|---|---|---|---|
| 1 | 7 | 7×6 | 7×6×5 | 7×6×5×2 |
| $\frac{1}{2}$ | $\frac{7}{2}$ | 7×3 | 7×3×5 | 7×3×5×2 |
| $\frac{1}{3}$ | $\frac{7}{3}$ | 7×2 | 7×2×5 | 7×2×5×2 |
| $\frac{1}{4}$ | $\frac{7}{4}$ | $\frac{7×3}{2}$ | $\frac{7×3×5}{2}$ | 7×3×5 |
| $\frac{1}{5}$ | $\frac{7}{5}$ | $\frac{7×6}{5}$ | 7×6 | 7×6×2 |
| $\frac{1}{6}$ | $\frac{7}{6}$ | 7 | 7×5 | 7×5×2 |
| $\frac{1}{7}$ | 1 | 6 | 6×5 | 6×5×2 |

求出法：420＋210＋140＋105＋84＋70＋60＝1 089。同是 420。因此纵＝240 步×420÷1 089＝92$\frac{68}{121}$ 步。此问中的同 420 是分母 2，3，4，5，6，7 的最小公倍数。因为运算中将 $\frac{7×6}{4}$ 约简成 $\frac{7×3}{2}$。

〔16〕布置广的数值，先后以 8，7，3，5 遍乘，便可全部化为整数：

| | 8 | 8×7 | 8×7×3 | 8×7×3×5 |
|---|---|---|---|---|
| 1 | 8 | 8×7 | 8×7×3 | 8×7×3×5 |
| $\frac{1}{2}$ | 4 | 4×7 | 4×7×3 | 4×7×3×5 |
| $\frac{1}{3}$ | $\frac{8}{3}$ | $\frac{8×7}{3}$ | 8×7 | 8×7×5 |
| $\frac{1}{4}$ | 2 | 2×7 | 2×7×3 | 2×7×3×5 |
| $\frac{1}{5}$ | $\frac{8}{5}$ | $\frac{8×7}{5}$ | $\frac{8×7×3}{5}$ | 8×7×3 |
| $\frac{1}{6}$ | $\frac{8}{6}$ | $\frac{4×7}{3}$ | 4×7 | 4×7×5 |
| $\frac{1}{7}$ | $\frac{8}{7}$ | 8 | 8×3 | 8×3×5 |
| $\frac{1}{8}$ | 1 | 7 | 7×3 | 7×3×5 |

求出法：840＋420＋280＋210＋168＋140＋120＋105＝2 283。同是840。

因此纵＝240步×840÷2 283＝88$\frac{232}{761}$步。此问中的同840是分母2，3，

4，5，6，7，8的最小公倍数。因为运算中将$\frac{8}{6}$约简成$\frac{4}{3}$。

〔17〕布置广的数值，先后以9，8，7，5遍乘，便可全部化为整数：

| | | | | |
|---|---|---|---|---|
| 1 | 9 | 9×8 | 9×8×7 | 9×8×7×5 |
| $\frac{1}{2}$ | $\frac{9}{2}$ | 9×4 | 9×4×7 | 9×4×7×5 |
| $\frac{1}{3}$ | 3 | 3×8 | 3×8×7 | 3×8×7×5 |
| $\frac{1}{4}$ | $\frac{9}{4}$ | 9×2 | 9×2×7 | 9×2×7×5 |
| $\frac{1}{5}$ | $\frac{9}{5}$ | $\frac{9×8}{5}$ | $\frac{9×8×7}{5}$ | 9×8×7 |
| $\frac{1}{6}$ | $\frac{9}{6}$ | 3×4 | 3×4×7 | 3×4×7×5 |
| $\frac{1}{7}$ | $\frac{9}{7}$ | $\frac{9×8}{7}$ | 9×8 | 9×8×5 |
| $\frac{1}{8}$ | $\frac{9}{8}$ | 9 | 9×7 | 9×7×5 |
| $\frac{1}{9}$ | 1 | 8 | 8×7 | 8×7×5 |

求出法：2 520＋1 260＋840＋630＋504＋420＋360＋315＋280＝7 129。

同是2 520。因此纵＝240步×2 520÷7 129＝84$\frac{5\,964}{7\,129}$步。此问中的同

2 520是分母2，3，4，5，6，7，8，9的最小公倍数。因为运算中将$\frac{9}{6}$

约简成$\frac{3}{2}$。

〔18〕布置广的数值，先后以10，9，4，7遍乘，便可全部化为整数：

| | | | | |
|---|---|---|---|---|
| $1$ | $10$ | $10\times9$ | $10\times9\times4$ | $10\times9\times4\times7$ |
| $\dfrac{1}{2}$ | $5$ | $5\times9$ | $5\times9\times4$ | $5\times9\times4\times7$ |
| $\dfrac{1}{3}$ | $\dfrac{10}{3}$ | $10\times3$ | $10\times3\times4$ | $10\times3\times4\times7$ |
| $\dfrac{1}{4}$ | $\dfrac{10}{4}$ | $\dfrac{5\times9}{2}$ | $5\times9\times2$ | $5\times9\times2\times7$ |
| $\dfrac{1}{5}$ | $2$ | $2\times9$ | $2\times9\times4$ | $2\times9\times4\times7$ |
| $\dfrac{1}{6}$ | $\dfrac{10}{6}$ | $\dfrac{5\times9}{3}$ | $5\times3\times4$ | $5\times3\times4\times7$ |
| $\dfrac{1}{7}$ | $\dfrac{10}{7}$ | $\dfrac{10\times9}{7}$ | $\dfrac{10\times9\times4}{7}$ | $10\times9\times4$ |
| $\dfrac{1}{8}$ | $\dfrac{10}{8}$ | $\dfrac{5\times9}{4}$ | $5\times9$ | $5\times9\times7$ |
| $\dfrac{1}{9}$ | $\dfrac{10}{9}$ | $10$ | $10\times4$ | $10\times4\times7$ |
| $\dfrac{1}{10}$ | $1$ | $9$ | $9\times4$ | $9\times4\times7$ |

求出法: $2\,520+1\,260+840+630+504+420+360+315+280+252=7\,381$。同是 $2\,520$。因此纵 $=240$ 步 $\times\,2\,520\div7\,381=81\dfrac{6\,939}{7\,381}$ 步。此问中的同 $2\,520$ 是分母 $2$,$3$,$4$,$5$,$6$,$7$,$8$,$9$,$10$ 的最小公倍数。因为运算中将 $\dfrac{10}{8}$,$\dfrac{10}{6}$,$\dfrac{10}{4}$ 分别约简成 $\dfrac{5}{4}$,$\dfrac{5}{3}$,$\dfrac{5}{2}$。

〔19〕布置广的数值,先后以 $11$,$10$,$9$,$4$,$7$ 遍乘,便可全部化为整数:

| | | | | | |
|---|---|---|---|---|---|
| $1$ | $11$ | $11\times10$ | $11\times10\times9$ | $11\times10\times9\times4$ | $11\times10\times9\times4\times7$ |
| $\dfrac{1}{2}$ | $\dfrac{11}{2}$ | $11\times5$ | $11\times5\times9$ | $11\times5\times9\times4$ | $11\times5\times9\times4\times7$ |
| $\dfrac{1}{3}$ | $\dfrac{11}{3}$ | $\dfrac{11\times10}{3}$ | $11\times10\times3$ | $11\times10\times3\times4$ | $11\times10\times3\times4\times7$ |
| $\dfrac{1}{4}$ | $\dfrac{11}{4}$ | $\dfrac{11\times10}{4}$ | $\dfrac{11\times5\times9}{2}$ | $11\times5\times9\times2$ | $11\times5\times9\times2\times7$ |

| | | | | | |
|---|---|---|---|---|---|
| $\frac{1}{5}$ | $\frac{11}{5}$ | $\frac{11\times10}{5}$ | $11\times2\times9$ | $11\times2\times9\times4$ | $11\times2\times9\times4\times7$ |
| $\frac{1}{6}$ | $\frac{11}{6}$ | $\frac{11\times10}{6}$ | $11\times5\times3$ | $11\times5\times3\times4$ | $11\times5\times3\times4\times7$ |
| $\frac{1}{7}$ | $\frac{11}{7}$ | $\frac{11\times10}{7}$ | $\frac{11\times10\times9}{7}$ | $\frac{11\times10\times9\times4}{7}$ | $11\times10\times9\times4\times7$ |
| $\frac{1}{8}$ | $\frac{11}{8}$ | $\frac{11\times10}{8}$ | $\frac{11\times5\times9}{4}$ | $11\times5\times9$ | $11\times5\times9\times7$ |
| $\frac{1}{9}$ | $\frac{11}{9}$ | $\frac{11\times10}{9}$ | $11\times10$ | $11\times10\times4$ | $11\times10\times4\times7$ |
| $\frac{1}{10}$ | $\frac{11}{10}$ | $11$ | $11\times9$ | $11\times9\times4$ | $11\times9\times4\times7$ |
| $\frac{1}{11}$ | $1$ | $10$ | $10\times9$ | $10\times9\times4$ | $10\times9\times4\times7$ |

求出法：27 720＋13 860＋9 240＋6 930＋5 544＋4 620＋3 960＋3 465＋3 080＋2 772＋2 520＝83 711。同是 27 720。因此纵＝240 步×27 720÷83 711＝79 $\frac{39\,631}{83\,711}$ 步。此问中的同 27 720 是分母 2，3，4，5，6，7，8，9，10，11 的最小公倍数。因为运算中将 $\frac{10}{8}$，$\frac{10}{4}$ 分别约简成 $\frac{5}{4}$，$\frac{5}{2}$。

〔20〕布置广的数值，先后以 12，11，10，9，7 遍乘，便可全部化为整数：

| | | | | | |
|---|---|---|---|---|---|
| $1$ | $12$ | $12\times11$ | $12\times11\times10$ | $12\times11\times10\times9$ | $12\times11\times10\times9\times7$ |
| $\frac{1}{2}$ | $\frac{12}{2}$ | $6\times11$ | $6\times11\times10$ | $6\times11\times10\times9$ | $6\times11\times10\times9\times7$ |
| $\frac{1}{3}$ | $\frac{12}{3}$ | $4\times11$ | $4\times11\times10$ | $4\times11\times10\times9$ | $4\times11\times10\times9\times7$ |
| $\frac{1}{4}$ | $\frac{12}{4}$ | $3\times11$ | $3\times11\times10$ | $3\times11\times10\times9$ | $3\times11\times10\times9\times7$ |
| $\frac{1}{5}$ | $\frac{12}{5}$ | $\frac{12\times11}{5}$ | $12\times11\times2$ | $12\times11\times2\times9$ | $12\times11\times2\times9\times7$ |

| $\frac{1}{6}$ | $\frac{12}{6}$ | $2 \times 11$ | $2 \times 11 \times 10$ | $2 \times 11 \times 10 \times 9$ | $2 \times 11 \times 10 \times 9 \times 7$ |
|---|---|---|---|---|---|
| $\frac{1}{7}$ | $\frac{12}{7}$ | $\frac{12 \times 11}{7}$ | $\frac{12 \times 11 \times 10}{7}$ | $\frac{12 \times 11 \times 10 \times 9}{7}$ | $12 \times 11 \times 10 \times 9$ |
| $\frac{1}{8}$ | $\frac{12}{8}$ | $\frac{12 \times 11}{8}$ | $12 \times 11$ | $12 \times 11 \times 9$ | $12 \times 11 \times 9 \times 7$ |
| $\frac{1}{9}$ | $\frac{12}{9}$ | $\frac{12 \times 11}{9}$ | $\frac{12 \times 11 \times 10}{9}$ | $12 \times 11 \times 10$ | $12 \times 11 \times 10 \times 7$ |
| $\frac{1}{10}$ | $\frac{12}{10}$ | $\frac{12 \times 11}{10}$ | $12 \times 11$ | $12 \times 11 \times 9$ | $12 \times 11 \times 9 \times 7$ |
| $\frac{1}{11}$ | $\frac{12}{11}$ | $12$ | $12 \times 10$ | $12 \times 10 \times 9$ | $12 \times 10 \times 9 \times 7$ |
| $\frac{1}{12}$ | $1$ | $11$ | $11 \times 10$ | $11 \times 10 \times 9$ | $11 \times 10 \times 9 \times 7$ |

求出法:83 160＋41 580＋27 720＋20 790＋16 632＋13 860＋11 880＋10 395＋9 240＋8 316＋7 560＋6 930＝258 063。同是 83 160。因此纵＝240 步×83 160÷258 063＝77$\frac{29\,183}{86\,021}$ 步。此问中的同 83 160 不是分母 2,3,4,5,6,7,8,9,10,11,12 的最小公倍数。因为运算中没有将 $\frac{12}{8}$,$\frac{12}{9}$,$\frac{12}{10}$ 约简。

〔21〕李淳风等认为,只要先后以 12,11,10,3,7 遍乘,便可全部化为整数:

| $1$ | $12$ | $12 \times 11$ | $12 \times 11 \times 10$ | $12 \times 11 \times 10 \times 3$ | $12 \times 11 \times 10 \times 3 \times 7$ |
|---|---|---|---|---|---|
| $\frac{1}{2}$ | $\frac{12}{2}$ | $6 \times 11$ | $6 \times 11 \times 10$ | $6 \times 11 \times 10 \times 3$ | $6 \times 11 \times 10 \times 3 \times 7$ |
| $\frac{1}{3}$ | $\frac{12}{3}$ | $4 \times 11$ | $4 \times 11 \times 10$ | $4 \times 11 \times 10 \times 3$ | $4 \times 11 \times 10 \times 3 \times 7$ |
| $\frac{1}{4}$ | $\frac{12}{4}$ | $3 \times 11$ | $3 \times 11 \times 10$ | $3 \times 11 \times 10 \times 3$ | $3 \times 11 \times 10 \times 3 \times 7$ |
| $\frac{1}{5}$ | $\frac{12}{5}$ | $\frac{12 \times 11}{5}$ | $12 \times 11 \times 2$ | $12 \times 11 \times 2 \times 3$ | $12 \times 11 \times 2 \times 3 \times 7$ |
| $\frac{1}{6}$ | $\frac{12}{6}$ | $2 \times 11$ | $2 \times 11 \times 10$ | $2 \times 11 \times 10 \times 3$ | $2 \times 11 \times 10 \times 3 \times 7$ |

| | | | | | |
|---|---|---|---|---|---|
| $\dfrac{1}{7}$ | $\dfrac{12}{7}$ | $\dfrac{12\times11}{7}$ | $\dfrac{12\times11\times10}{7}$ | $\dfrac{12\times11\times10\times3}{7}$ | $12\times11\times10\times3$ |
| $\dfrac{1}{8}$ | $\dfrac{12}{8}$ | $\dfrac{3\times11}{2}$ | $3\times11\times5$ | $3\times11\times5\times3$ | $3\times11\times5\times3\times7$ |
| $\dfrac{1}{9}$ | $\dfrac{12}{9}$ | $\dfrac{4\times11}{3}$ | $\dfrac{4\times11\times10}{3}$ | $4\times11\times10$ | $4\times11\times10\times7$ |
| $\dfrac{1}{10}$ | $\dfrac{12}{10}$ | $\dfrac{6\times11}{5}$ | $6\times11\times2$ | $6\times11\times2\times3$ | $6\times11\times2\times3\times7$ |
| $\dfrac{1}{11}$ | $\dfrac{12}{11}$ | $12$ | $12\times10$ | $12\times10\times3$ | $12\times10\times3\times7$ |
| $\dfrac{1}{12}$ | $1$ | $11$ | $11\times10$ | $11\times10\times3$ | $11\times10\times3\times7$ |

**求出法：** $27\,720+13\,860+9\,240+6\,930+5\,544+4\,620+3\,960+3\,465+3\,080+2\,772+2\,520+2\,310=86\,021$。同是 27 720。因此纵 $=240$ 步 $\times 27\,720\div86\,021=77\dfrac{29\,183}{86\,021}$ 步。这里的同 27 720 是分母 2，3，4，5，6，7，8，9，10，11，12 的最小公倍数。因为运算中将 $\dfrac{12}{8}$，$\dfrac{12}{9}$，$\dfrac{12}{10}$ 约简成 $\dfrac{3}{2}$，$\dfrac{4}{3}$，$\dfrac{6}{5}$。

【译文】

**少广**为了处理积幂方圆问题

少广淳风等按：1 亩的田地，如果宽是 1 步，那么长就是 240 步。现在想从它的长截取一少部分，增益到宽上，所以叫作少广。**术：布置整步数及分母、分子，以最下面的分母普遍地乘各分子及整步数。**淳风等按：以分母乘整步数，是为了将它通分；以分母乘分子，是为了使分子相齐。**分别用分母除其分子，将它们布置在左边。使它们通分：又以分母普遍地乘各分子及已经通分的数，使它们统统通过通分而使分母相同。将它们相加作为法。**淳风等按：各分子都互相通达，所以可将它们相加作为法。使用合分术也是适宜的，不过这布列的数字太多，如果使用乘法，则计算的数字太繁琐。所以另外制定此术，遵从省约的原则。**布置所求的步数，以 1 整步的积分乘之，作为实。**这里把田的宽作为法，1 亩田的积步作为实。法中有分数者，应当使它们的分母相同，使它们的分子相齐，以同乘法与实，而将诸齐相加，作为法。现在依次用分母乘整步数及各分子，分子除以分母。皆加到整个法中，那么法与实同时增长，意思也是等同的。所以除以法，得到长的步数。实除以法，得到纵的步数。

假设田的宽是 1 步半。求 1 亩田，问：长是多少？

    答：长是 160 步。

术：下方有半，是 $\frac{1}{2}$。将 1 化为 2，半化为 1。相加得到 3，作为法。布置 1 亩田 240 步，也将 1 化为 2，乘之，作为实。实除以法，得长的步数。

假设田的宽是 1 步半与 $\frac{1}{3}$ 步。求 1 亩田，问：长是多少？

    答：长是 $130\frac{10}{11}$ 步。

术：下方有 3 分，将 1 化为 6，半化为 3，$\frac{1}{3}$ 化为 2。相加得到 11，作为法。布置 1 亩田 240 步，也将 1 化为 6，乘之，作为实。实除以法，得长的步数。

假设田的宽是 1 步半与 $\frac{1}{3}$ 步、$\frac{1}{4}$ 步。求 1 亩田，问：长是多少？

    答：长是 $115\frac{1}{5}$ 步。

术：下方有 4 分，将 1 化为 12，半化为 6，$\frac{1}{3}$ 化为 4，$\frac{1}{4}$ 化为 3。相加得到 25，作为法。布置 1 亩田 240 步，也将 1 化为 12，乘之，作为实。实除以法，得长的步数。

假设田的宽是 1 步半与 $\frac{1}{3}$ 步、$\frac{1}{4}$ 步、$\frac{1}{5}$ 步。求 1 亩田，问：长是多少？

    答：长是 $105\frac{15}{137}$ 步。

术：下方有 5 分，将 1 化为 60，半化为 30，$\frac{1}{3}$ 化为 20，$\frac{1}{4}$ 化

为 15，$\frac{1}{5}$ 化为 12。相加得到 137，作为法。布置 1 亩田 240

步，也将 1 化为 60，乘之，作为实。实除以法，得长的步数。

假设田的宽是 1 步半与 $\frac{1}{3}$ 步、$\frac{1}{4}$ 步、$\frac{1}{5}$ 步、$\frac{1}{6}$ 步。求 1 亩田，问：

长是多少？

答：长是 $97\frac{47}{49}$ 步。

术：下方有 6 分，将 1 化为 120，半化为 60，$\frac{1}{3}$ 化为 40，$\frac{1}{4}$

化为 30，$\frac{1}{5}$ 化为 24，$\frac{1}{6}$ 化为 20。相加得到 294，作为法。布

置 1 亩田 240 步，也将 1 化为 120，乘之，作为实。实除以

法，得长的步数。

假设田的宽是 1 步半与 $\frac{1}{3}$ 步、$\frac{1}{4}$ 步、$\frac{1}{5}$ 步、$\frac{1}{6}$ 步、$\frac{1}{7}$ 步。求 1 亩

田，问：长是多少？

答：长是 $92\frac{68}{121}$ 步。

术：下方有 7 分，将 1 化为 420，半化为 210，$\frac{1}{3}$ 化为 140，

$\frac{1}{4}$ 化为 105，$\frac{1}{5}$ 化为 84，$\frac{1}{6}$ 化为 70，$\frac{1}{7}$ 化为 60。相加得到

1 089，作为法。布置 1 亩田 240 步，也将 1 化为 420，乘之，

作为实。实除以法，得长的步数。

假设田的宽是 1 步半与 $\frac{1}{3}$ 步、$\frac{1}{4}$ 步、$\frac{1}{5}$ 步、$\frac{1}{6}$ 步、$\frac{1}{7}$ 步、$\frac{1}{8}$ 步。

求 1 亩田，问：长是多少？

答：长是 $88\frac{232}{761}$ 步。

术：下方有 8 分，将 1 化为 840，半化为 420，$\frac{1}{3}$ 化为 280，$\frac{1}{4}$ 化为 210，$\frac{1}{5}$ 化为 168，$\frac{1}{6}$ 化为 140，$\frac{1}{7}$ 化为 120，$\frac{1}{8}$ 化为 105。相加得到 2 283，作为法。布置 1 亩田 240 步，也将 1 化为 840，乘之，作为实。实除以法，得长的步数。

假设田的宽是 1 步半与 $\frac{1}{3}$ 步、$\frac{1}{4}$ 步、$\frac{1}{5}$ 步、$\frac{1}{6}$ 步、$\frac{1}{7}$ 步、$\frac{1}{8}$ 步、$\frac{1}{9}$ 步。求 1 亩田，问：长是多少？

答：长是 $84\frac{5\,964}{7\,129}$ 步。

术：下方有 9 分，将 1 化为 2 520，半化为 1 260，$\frac{1}{3}$ 化为 840，$\frac{1}{4}$ 化为 630，$\frac{1}{5}$ 化为 504，$\frac{1}{6}$ 化为 420，$\frac{1}{7}$ 化为 360，$\frac{1}{8}$ 化为 315，$\frac{1}{9}$ 化为 280。相加得到 7 129，作为法。布置 1 亩田 240 步，也将 1 化为 2 520，乘之，作为实。实除以法，得长的步数。

假设田的宽是 1 步半与 $\frac{1}{3}$ 步、$\frac{1}{4}$ 步、$\frac{1}{5}$ 步、$\frac{1}{6}$ 步、$\frac{1}{7}$ 步、$\frac{1}{8}$ 步、$\frac{1}{9}$ 步、$\frac{1}{10}$ 步。求 1 亩田，问：长是多少？

答：长是 $81\frac{6\,939}{7\,381}$ 步。

术：下方有 10 分，将 1 化为 2 520，半化为 1 260，$\frac{1}{3}$ 化为 840，$\frac{1}{4}$ 化为 630，$\frac{1}{5}$ 化为 504，$\frac{1}{6}$ 化为 420，$\frac{1}{7}$ 化为 360，$\frac{1}{8}$ 化为 315，$\frac{1}{9}$ 化为 280，$\frac{1}{10}$ 化为 252。相加得到 7 381，作为

法。布置 1 亩田 240 步，也将 1 化为 2 520，乘之，作为实。实除以法，得长的步数。

假设田的宽是 1 步半与 $\frac{1}{3}$ 步、$\frac{1}{4}$ 步、$\frac{1}{5}$ 步、$\frac{1}{6}$ 步、$\frac{1}{7}$ 步、$\frac{1}{8}$ 步、$\frac{1}{9}$ 步、$\frac{1}{10}$ 步、$\frac{1}{11}$ 步。求 1 亩田，问：长是多少？

答：长是 $79\frac{39\,631}{83\,711}$ 步。

术：下方有 11 分，将 1 化为 27 720，半化为 13 860，$\frac{1}{3}$ 化为 9 240，$\frac{1}{4}$ 化为 6 930，$\frac{1}{5}$ 化为 5 544，$\frac{1}{6}$ 化为 4 620，$\frac{1}{7}$ 化为 3 960，$\frac{1}{8}$ 化为 3 465，$\frac{1}{9}$ 化为 3 080，$\frac{1}{10}$ 化为 2 772，$\frac{1}{11}$ 化为 2 520。相加得到 83 711，作为法。布置 1 亩田 240 步，也将 1 化为 27 720，乘之，作为实。实除以法，得长的步数。

假设田的宽是 1 步半与 $\frac{1}{3}$ 步、$\frac{1}{4}$ 步、$\frac{1}{5}$ 步、$\frac{1}{6}$ 步、$\frac{1}{7}$ 步、$\frac{1}{8}$ 步、$\frac{1}{9}$ 步、$\frac{1}{10}$ 步、$\frac{1}{11}$ 步、$\frac{1}{12}$ 步。求 1 亩田，问：长是多少？

答：长是 $77\frac{29\,183}{86\,021}$ 步。

术：下方有 12 分，将 1 化为 83 160，半化为 41 580，$\frac{1}{3}$ 化为 27 720，$\frac{1}{4}$ 化为 20 790，$\frac{1}{5}$ 化为 16 632，$\frac{1}{6}$ 化为 13 860，$\frac{1}{7}$ 化为 11 880，$\frac{1}{8}$ 化为 10 395，$\frac{1}{9}$ 化为 9 240，$\frac{1}{10}$ 化为 8 316，$\frac{1}{11}$ 化为 7 560，$\frac{1}{12}$ 化为 6 930。相加得到 258 063，作为法。布置 1 亩田 240 步，也将 1 化为 83 160，乘之，作为实。实除以

法，得长的步数。淳风等按：凡是造术的思想，约省是最好的。此术应该是："下方有 12 分，将 1 化为 27 720，半化为 13 860，$\frac{1}{3}$ 化为 9 240，$\frac{1}{4}$ 化为 6 930，$\frac{1}{5}$ 化为 5 544，$\frac{1}{6}$ 化为 4 620，$\frac{1}{7}$ 化为 3 960，$\frac{1}{8}$ 化为 3 465，$\frac{1}{9}$ 化为 3 080，$\frac{1}{10}$ 化为 2 772，$\frac{1}{11}$ 化为 2 520，$\frac{1}{12}$ 化为 2 310。相加得到 86 021，作为法。布置 1 亩田 240 步，也将 1 化为 27 720，乘之，作为实。实除以法，得长的步数。"这种方法也得到答案，但是不繁琐。

今有积五万五千二百二十五步。问：为方几何[1]？

　　　　答曰：二百三十五步。

又有积二万五千二百八十一步。问：为方几何？

　　　　答曰：一百五十九步。

又有积七万一千八百二十四步。问：为方几何？

　　　　答曰：二百六十八步。

又有积五十六万四千七百五十二步四分步之一。问：为方几何？

　　　　答曰：七百五十一步半。

又有积三十九亿七千二百一十五万六百二十五步。问：为方几何？

　　　　答曰：六万三千二十五步。

　　开方[2]求方幂之一面也[3]。术曰[4]：置积为实[5]。借一筹[6]，步之，超一等[7]。言百之面十也，言万之面百也[8]。议所得[9]，以一乘所借一筹为法[10]，而以除[11]。先得黄甲之面，上下相命，是自乘而除也[12]。除已，倍法为定法[13]。倍之者，豫张两面朱幂定袤，以待复除，故曰定法[14]。其复除，折法而下[15]。欲除朱幂者，本当副置所得成方[16]，倍之为定法，以折、议、乘，而以除。如是当复步之而止，乃得相命，故使就上折下[17]。复置借筹，步之如初，以复议一乘之[18]，欲除朱幂之角黄乙之幂[19]，其意如初之所得也。所得副以加定法，以除[20]。以所得副从定法[21]。再以黄乙之面加定法者[22]，是则张两青幂之袤[23]。复除，折下如前[24]。若开之不尽者，为不可开[25]，当以面命之[26]。术或有以借筹加定法而命分者[27]，虽粗相近，不可用也。凡开积为方，方之自乘当还复其积分。令不加借筹而命分[28]，则常微少；其加借筹而命分，则又微多[29]。其数不可得而定。故惟以面命之，为不失耳。譬犹以三除十，以其余为三分之一，而复其数可举。不以面命之，加定法如前，求其微数[30]。微数无名者以为分子[31]。其一退以十为母，其再退以百为母[32]。退之弥下，其分弥细[33]，则朱幂虽有所弃之数[34]，不足言也[35]。若实有分者，通分内子为定实，乃开之[36]。讫，开其母，报除[37]。臣淳风等谨按：分母可开者，并通之积先合二母。既开之后，一母尚存，故开分母，求一母为法，以报除也。若母不可开者，又以母乘定实，乃开之。讫，令如母而一[38]。臣淳风等谨按：分母不可开者，本一母也。又以母乘之，乃合二母。既开之后，亦一母存焉。故令一母而一[39]，得全面也。　　又按：此术"开方"者，求方幂之面也[40]。"借一筹"者，假借一筹，空有列位之名，而无除积之实。方隅得面，是故借筹列之于下。"步之，超一等"者，方十自乘，其积有百，方百自乘，其积有万，故超位至百而言十，至万而言百。"议所得，以一乘所借筹为法，而以除"者，先得黄甲之面，以方为积者两相乘。故开方除之，还令两面上下相命，是自乘而除之。"除已，倍法为定法"者，实积未尽，当复更除，故豫张两面朱幂袤，以待复除，故曰定法。"其复除，折法而下"者，欲除朱幂，本当副置所得成方，倍之为定法，以折、议、乘之，而以除。如是当复步之而止，乃得相命，故使就上折之而下。"复置借算，步之如初，以复议一乘之，所得副以加定法，以定法除"者，欲除朱幂之角黄乙之幂。"以所得副从定法"者，再以黄乙之面加定法，是则张两青幂之袤，故如前开之，即合所问。

**【注释】**

〔1〕方：一边，一面。《诗经·秦风·蒹葭》："所谓伊人，在水一方。"此处指将给定的面积变成正方形后的边，即刘徽所说的"方幂之一面"。

〔2〕开方：《九章算术》中指求 $\sqrt{A}$ 的正根，即今之开平方。与现今仅将求二项方程 $x^n = A$，$n = 2$，3，… 的根称为开方不同，在中国古代，凡是求解一元方程 $a_1 x^n + a_2 x^{n-1} + \cdots + a_n x = A$，$n = 1$，2，3，… 的根，都称为"开方"，只不过根据开方式的不同情况，赋予不同的名称。如果 $n = 2$，当 $a_2 = 0$ 时称为开方，当 $a_2 \neq 0$ 时称为开带从方；如果 $n = 3$，称为开立方；如果 $n \geqslant 4$，则称开 $n - 1$ 乘方。到宋元时代，还根据 $a_2$，$a_3$，…，$a_n$ 的情况，又有具体的名称。甚至在元朱世杰《四元玉鉴》(1303) 中 $n = 1$ 时也称为开方，叫作"开无隅方"。

〔3〕面：边长。这是说开方就是求正方形面积的一边长。

〔4〕开方术：开方程序。《周髀算经》陈子答荣方问中就使用开方，但只说"开方除之"而未给出开方程序，说明开方术已是当时数学界的共识。《九章算术》的开方术是世界上现存最早的多位数开方程序。它后来不断在改进，发展为中国古代最为发达的数学分支。魏晋刘徽、《孙子算经》，南朝祖冲之，北宋贾宪、刘益，南宋秦九韶、杨辉，金元李冶、朱世杰等都为开方法的改进做出贡献。贾宪总结刘徽、《孙子算经》等的改进，提出"立成释锁法"，借助于"开方作法本源"即贾宪三角（中学数学教科书误为杨辉三角），将开方术推广到开任意高次方。"立成"是唐宋历算学家将数学与历法计算中常用的一些常数列成的算表，而"释锁"是将开方比喻为打开一把锁，贾宪三角就是立成释锁法的立成。《隋书·律历志》云祖冲之"开差幂、开差立，兼以正负参之"（"负"原作"员"，据钱宝琮校正），说明祖冲之很可能讨论了负系数二次、三次方

程，但是祖冲之的《缀术》因"学官莫能究其深奥，是故废而不理"而失传，隋唐至北宋初年的数学家只会解正系数方程。北宋数学家刘益撰《议古根源》，再次引入负系数方程，提出了减从术和益积术两种开方程序。贾宪创造增乘开方法，现今中学数学教科书中的综合除法的程序与之类似。秦九韶提出正负开方术，把以增乘开方法为主导的求一元高次方程正根的方法发展到十分完备的程度。14世纪阿拉伯地区的阿尔·卡西，19世纪欧洲的鲁菲尼和霍纳才创造同类的方法。

〔5〕实：被开方数。开方术是从除法转化而来的，除法中的"实"即被除数自然转化为被开方数。

〔6〕筹：算筹。算筹是明初以前中国数学的主要计算工具，它是什么时候产生的已不可考。《老子》说"善数不用筹策"，说明最迟在春秋时期人们已经普遍使用算筹。算筹采用位值制记数，分纵横两式，如图4－1（1）。《孙子算经》云："一从十横，百立千僵，千十相望，万百相当。"这是现存关于算筹记数法的最早记载。《夏侯阳算经》除上述文字外又补充道："满六已上，五在上方。六不积算，五不单张。"则更为完整。算筹通常用竹，也有用木、骨、石、金属等制成的。图4－1（2）

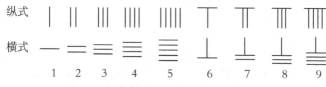

（1）算筹数字（采自钱宝琮主编《中国数学史》）

（2）陕西旬阳出土西汉算筹

图4－1　算筹

是 20 世纪 70 年代陕西旬阳县出土的西汉算筹，证实了《汉书·律历志》算筹"径一分（0.23 cm），长六寸（13.8 cm）"记载。为避免算筹滚动与布算面积过大，后来算筹逐渐变短，截面由圆变方。20 世纪 70 年代末石家庄东汉墓出土的算筹截面已变为方形，长度缩短为 8.9 cm 左右。算筹是当时世界上最方便的计算工具。将算筹纵横交错，并用空位表示○，可以表示任何自然数，也可以表示分数、小数、负数，高次方程和线性方程组，甚至多元高次方程组。算筹加之最先进的十进位值制记数法，是为中国古典数学长于计算的重要原因。中国古典数学的主要成就大都是借助于算筹完成的。借一算：又称借算，即借一枚算筹，表示未知数二次项的系数 1。既是"借"，完成运算后需要"还"。本来问题只给出面积，设为 $A$，通过"借一算"，变成开方式：

| 实 | $A$ |
|---|---|
| 法 | |
| 借算 | 1 |

它表示二项方程 $x^2 = A$。设被开方数为 $A = 10^{n-1}b_n + 10^{n-2}b_{n-1} + \cdots + 10b_2 + b_1$，开方式为：

| 实 | $b_n$ | $b_{n-1}$ | ······ | $b_2$ | $b_1$ |
|---|---|---|---|---|---|
| 法 | | | | | |
| 借算 | | | | 1 | |

〔7〕步之，超一等：将借算由右向左隔一位移一步，直到不能再移为止。由此确定开方得数（即根）的位数。开方式变成（设 $n$ 为奇数）：

| 实 | $b_n$ | $b_{n-1}$ | ······ | $b_2$ | $b_1$ |
|---|---|---|---|---|---|
| 法 | | | | | |
| 借算 | 1 | | | | |

这相当于作变换 $x = 10^{\frac{n-1}{2}} x_1$，方程变成 $10^{n-1} x_1^2 = A$。步，本义是行走，《说文解字》："步，行也。"这里引申为移动。超，隔一位。等，位。

〔8〕言百之面十：面积为百位数，其边长即根就是十位数。　　言万之面百：面积为万位数，其边长即根就是百位数。依此

类推。

〔9〕议所得：商议得到根的第一位得数，记为 $a_1$。

〔10〕一乘：一次方。这是说以借算 1 乘 $a_1$，得 $10^{n-1}a_1$ 作为法。此处的"法"的意义，与除法"实如法而一"中的法完全相同。

〔11〕以除：以法 $a_1$ 除实 $A$。此处"除"指除法，不是"减"。这就是为什么古代称开方为"开方除之"。显然，$a_1$ 的确定，须使 $10^{n-1}a_1$ 除实，其商的整数部分恰好是 $a_1$。其余数 $A_1 = 10^{n-1}b'_n + 10^{n-2}b_{n-1} + \cdots + 10b_2 + b_1$。其算式为：

| 议得 | | | | | | $a_1$ | | |
| 实 | $b'_n$ | | $b_{n-1}\cdots$ | | $b_{\frac{n+1}{2}}\cdots$ | | $b_2$ | $b_1$ |
| 法 | $a_1$ | | | | | | | |
| 借算 | 1 | | | | | | | |

"借算"在乘 $a_1$ 后，自动消失。

〔12〕除：除去，减。刘徽注此处的"除"与《九章算术》开方术中"除"训"除法"不同。这是刘徽对开方术作几何解释：如图 4-2，在以实即被开方数为面积的正方形中，求出第一位得数 $a_1$，就是从该正方形中除去以 $a_1$ 为边长的正方形黄甲，也就是说被开方数变成 $A - a_1^2$。

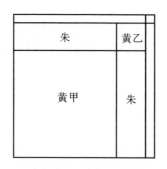

图 4-2 开方术的几何解释
（采自《古代世界数学泰斗刘徽》）

〔13〕除已：做完了除法。 定法：确定的法。此谓将法 $a_1$ 加倍作为继续开方的法，故称为定法。开方式变成

议得 $\qquad a_1$

实 $\quad b_n' \quad b_{n-1} \cdots \quad b_{\frac{n+1}{2}} \cdots \quad b_2 \quad b_1$

法 $\quad 2a_1$

〔14〕刘徽认为,将定法 $a_1$ 加倍,是为了预先显现黄甲两边外的两朱幂的长,以继续开方。朱幂的宽将是议得的第二位得数。　　豫张:预先展开。豫,通"预",预备,预先。　　朱幂:红色的面积,位于黄甲的侧边。　　袤:本指南北距离的长度。《说文解字》:"南北曰袤。"通常指长。李籍卷五音义云:"袤,长也。"

〔15〕复除:第二次除法。　　折法:通过退位将法缩小。李籍云:"折法,即退位也。"折,减损。李籍云:"折者,屈而有降意。"

〔16〕成方:已得到的方边,即 $a_1$。

〔17〕折:将成方 $a_1$ 缩小。　　议:商议第二位得数,记为 $a_2$。

乘:以议得的第二位得数乘。　　复:复置借算。　　步:将借算自右向左步之。　　就上折下:指将借算自上而下退位,亦即得出第一位得数后,刘徽不再将借算还掉,而是保留,将其退位,以求第二位得数。即得到开方式:

议得 $\qquad a_1$

实 $\quad b_n' \quad b_{n-1} \quad b_{n-2} \quad \cdots b_{\frac{n+1}{2}} \quad \cdots b_2 \quad b_1$

法 $\quad 2a_1$

借算 $\qquad 1$

〔18〕"复置借算"三句:《九章筭术》的方法是又一次在"实"的个位下布置借算,仍自右向左隔一位步之。以借算乘第二位得数,亦即:

议得 $\qquad a_1 \qquad a_2$

实 $\quad b_n' \quad b_{n-1} \quad b_{n-2} \quad \cdots b_{\frac{n+1}{2}} \quad b_{\frac{n-1}{2}} \quad \cdots b_2 \quad b_1$

法 $\quad 2a_1 \quad a_2$

借算 $\qquad 1$

〔19〕黄乙:是以第二位得数 $a_2$ 为边长的正方形,位于两朱幂的角隅。

〔20〕所得副以加定法，以除：在旁边将第二位得数 $a_2$ 加定法 $2a_1$，得 $2a_1 + a_2$，作为法，以法除余实，其商的整数部分恰好是 $a_2$。

〔21〕以所得副从定法：在旁边再将第二位得数 $a_2$ 加到定法 $2a_1 + a_2$ 上，得到 $2a_1 + 2a_2 = 2(a_1 + a_2)$。

〔22〕以黄乙之面加定法：其几何解释就是以黄乙的边长的 2 倍加定法。

〔23〕青幂：是以 $2(a_1 + a_2)$ 为长，以黄乙的边长 $a_2$ 为宽的两长方形。

〔24〕复除，折下如前：如果实中还有余数，就要再作除法，那么就像前面那样缩小退位。

〔25〕不可开：即开方不尽。

〔26〕以面命之：以面命名一个数。这里有无理数概念的萌芽。面，即 $\sqrt{A}$。有的学者认为"面"是明确的无理数概念，似有拔高之嫌。盖不管 $A$ 是不是完全平方数，$\sqrt{A}$ 都称为"面"。如刘徽说，开方是"求方幂之一面也"。

〔27〕或：有人，有的。　以借算加定法而命分：以余实作分子，以借算加定法作分母命名一个分数，即设根的整数部分为 $a$，$\dfrac{A - a^2}{2a + 1}$。当时有人将根的近似值表示成 $\sqrt{A} \approx a + \dfrac{A - a^2}{2a + 1}$。

〔28〕不加借算而命分：整数部分之外命名的分数为 $\dfrac{A - a^2}{2a}$。也有人将根的近似值表示成 $\sqrt{A} \approx a + \dfrac{A - a^2}{2a}$。

〔29〕此即 $a + \dfrac{A - a^2}{2a + 1} < \sqrt{A} < a + \dfrac{A - a^2}{2a}$。可以证明，这个不等式是正确的。

〔30〕微数：细微的数。这是按照上述的开方程序继续开方，求既定的名数以下的部分。实际上是以十进分数逼近无理根，如图 4-3。这是刘徽对开方术的重大贡献。比如原以寸为单位，那么求寸以下的以分、厘、毫等为单位的数就是求微数。

〔31〕无名：无名数单位，即当时的度量衡制度下所没有的单位。此谓以无名时的开方得数作为分子。

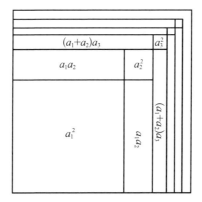

图 4 - 3　开方不尽求微数
（采自《古代世界数学泰斗刘徽》）

〔32〕一退：退一位。　　再退：退二位。无名时如果一退则求得的数以 10 为分母，再退则求得的数以 100 为分母。

〔33〕其分弥细：此谓开方时退得越多，分数就越细。

〔34〕所弃之数：所舍弃的数。

〔35〕不足言之：可以忽略不计。有的学者说求微数是取极限，似不妥当。刘徽明确指出有"所弃之数"，可见不是极限过程，只是极限思想在近似计算中的应用。

〔36〕"若实有分者"三句：如果被开方数有分数，设整数部分为 $A$，分数部分为 $\dfrac{B}{C}$。求出定实：$\sqrt{AC+B}$。

〔37〕开其母，报除：如果 $C$ 是完全平方数，设 $\sqrt{C}=c$，则

$$\sqrt{A\frac{B}{C}}=\frac{\sqrt{AC+B}}{\sqrt{C}}=\frac{\sqrt{AC+B}}{c}。$$

〔38〕如果 $C$ 不是完全平方数，《九章算术》的方法是：

$$\sqrt{A\frac{B}{C}}=\sqrt{\frac{AC+B}{C}}=\sqrt{\frac{(AC+B)C}{C^2}}=\frac{\sqrt{(AC+B)C}}{C}。$$

〔39〕令一母而一："令如一母而一"的省称，即以分母除。

〔40〕此是系统复述刘徽注。

**【译文】**

假设有面积 55 225 步²。问：变成正方形，边长是多少？

    答：235 步。

假设又有面积 25 281 步²。问：变成正方形，边长是多少？

    答：159 步。

假设又有面积 71 824 步²。问：变成正方形，边长是多少？

    答：268 步。

假设又有面积 564 752 $\frac{1}{4}$ 步²。问：变成正方形，边长是多少？

    答：751 $\frac{1}{2}$ 步。

假设又有面积 3 972 150 625 步²。问：变成正方形，边长是多少？

    答：63 025 步。

开方这是求正方形面积的一边长。术：布置面积作为实。借 1 算，将它向左移动，每隔一位移一步。这意味着百位数的边长是十位数，万位数的边长是百位数……商议所得的数，用它的一次方乘所借 1 算，作为法，而用来作除法。这是先得出黄色正方形甲的一边长。上、下相乘，这相当于将边长自乘而减实。作完除法，将法加倍，作为定法。"将法加倍"，是为了预先展开两块红色面积已经确定的长，以便准备作第二次除法，所以叫作定法。若要作第二次除法，应当缩小法，因此将它退位。如果要减去红色面积，本来应当在旁边布置所得到的已经确定的正方形的边长，将它加倍，作为定法，通过缩小定法，商议得数，乘借算等运算而用来作除法。如果这样，应当重新布置借算，并自右向左移动，到无法移动时而止，才能相乘。这太繁琐。所以使借算就在上面缩小而将它退位。再布置所借 1 算，向左移动，像开头作的那样。用第二次商议的得数的一次方乘所借 1 算。这是想减去位于两块红色面积形成的角隅处的黄色正方形乙的面积。它的意义如同对第一步的得数所做的那样。将第二位得数在旁边加入定法，用来作除法。将第二位得数在旁边纳入定法。再将黄色正方形乙的边长加入定法，是为了展开两块青色面积的长。如果再作除法，就像前面那样缩小退位。如果是开方不尽的，称为不可开方，应当用"面"命名一个数。各种方法中有的是用所借 1 算加定法来命名一个分数的，虽然大略近似，然而是不可使用的。凡是将某一面积开方成为正方形一边者，将该边的数自乘，应当仍然恢复它的积分。使定法不加借算 1 而命名一个分数，则分母必定稍微小了一点；使定法加借算 1 而命名一个分数，则分母又稍微大了一点；那么它的准确的数值是不能确定的。所以，只有以"面"命名一个数，才是没有缺失的。这好像以 3 除 10，其余数是 $\frac{1}{3}$。恢复它的本数是可以做到的。如果不以"面"命名一个数，像前面那样，继续加定法，求它的微数。微数中没有名数单位的，作为分子。如果退一位，就以 10 为分母，如果退二位，就以 100 为分母。越往下退位，它的分数单位就越细。那么，红色面积中虽然有被舍弃的数，是不值得考虑的。**如果实中有分数，就通分，纳入分子，作为定实，才对之开方。开方完毕，再对它的分母开方，回报以除。**淳风等按：如果分母是完全平方数，就是已通同的积，它含有二重分母。完成开方之后，仍存在一重分母。所以对分母开方，求出一重分母，作为法，以它回报以除法。**如果分母不是完全平方数，就用分母乘定实，才对它开方。完了，除以分母。**淳风等按：如果分母不是完全平方数，它本来是一重分母。又乘以分母，就合成了二重分母。完成开方之后，也是存在一重分母，所以除以一重分母，就得到整个边长。    又按：此术中"开方"就是求正幂的一边长。"借 1 算"是假借 1 枚算筹，徒然有列置数位的名义而没有用以除积的实际意义，只是从正方形的一个角隅得到边长，这就是为什么要借 1 算并布置到积的下方。"将它向左移动，每隔一位移一步"，是因为边长是十位数，自乘，它的面积中有百位数；边长是百位数，自乘，它的面积中有万位数……所以每隔一位移一步，到百位时就意味着边长是十位数，到万位时意味着边长是百位数。"商议所得的数，用它的一次方乘所借 1 算，作为法，而用来作除法"，这是先得出黄色正方形甲的一边长。以边长求面积是两边长相乘，所以开方除之。回过头来使两边长上、下相乘，这是将边长自乘而减实。"作完除法，将法加倍，作为定法"，这是因为作为实的面积未除尽，应当再除，所以预先展开两块红色面积的长，以便准备作第二次除法，所以叫作定法。"若要作第二次乘法，应当缩小法，因此将它退位"，这是如果要减去红色面积，本来应当在旁边布置所得到的已经确定的正方形的边长，将它加倍，作为定法，通过缩小定法，商议得数，乘借算等运算而用来作除法。如果这样，应当重新布置借算，并自右向左移动，到无法移动时而止，才能相乘。这太繁琐。所以使借算就在上面缩小而将它退位。"再布置所借 1 算，向左移动，像开头作的那样。将第二位得数在旁边加入定法，用来作除法"，这是想减去位于两块红色面积形成的角隅处的黄色正方形乙的面积。"将第二位得数在旁边纳入定法"，这是再将黄色正方形乙的边长加入定法，是为了展开两块青色正方形的长，所以像前面那样开方，就符合所问的问题。

今有积一千五百一十八步四分步之三。问：为圆周几何？

　　　　答曰：一百三十五步。于徽术，当周一百三十八步一十分步之一[1]。　　臣淳风等谨按：此依密率，为周一百三十八步五十分步之九[2]。

又有积三百步。问：为圆周几何？

　　　　答曰：六十步。于徽术，当周六十一步五十分步之十九[3]。　　臣淳风等谨依密率，为周六十一步一百分步之四十一[4]。

　　开圆术曰：置积步数，以十二乘之，以开方除之，即得周[5]。此术以周三径一为率，与旧圆田术相返覆也[6]。于徽术，以三百一十四乘积，如二十五而一，所得，开方除之，即周也[7]。开方除之，即径[8]。是为据见幂以求周，犹失之于微少[9]。其以二百乘积，一百五十七而一，开方除之，即径，犹失之于微多[10]。　　臣淳风等谨按：此注于徽术求周之法，其中不用"开方除之，即径"六字，今本有者，衍剩也。依密率，八十八乘之，七而一[11]。按周三径一之率，假令周六径二，半周半径相乘得幂三。周六自乘得三十六，俱以等数除，幂得一，周之数十二也。其积：本周自乘，合以一乘之，十二而一，得积三也。术为一乘不长，故以十二而一，得此积。今还元[12]，置此积三，以十二乘之者，复其本周自乘之数。凡物自乘，开方除之，复其本数。故开方除之，即周。

【注释】

　〔1〕刘徽依徽率 $\frac{157}{50}$ 计算，$L = \sqrt{\dfrac{S \times 314}{25}} = \sqrt{\dfrac{1\,518\frac{3}{4} \times 314}{25}}$ 步 =

$138\dfrac{1}{10}$ 步。

〔2〕李淳风等依密率 $\dfrac{22}{7}$ 计算，$L = \sqrt{\dfrac{S \times 88}{7}} = \sqrt{\dfrac{1\,518\dfrac{3}{4} \times 88}{7}}$ 步 = $138\dfrac{9}{50}$ 步。

〔3〕刘徽依徽率 $\dfrac{157}{50}$ 计算，$L = \sqrt{\dfrac{S \times 314}{25}} = \sqrt{\dfrac{300 \times 314}{25}}$ 步 = $61\dfrac{19}{50}$ 步。

〔4〕李淳风等依密率 $\dfrac{22}{7}$ 计算，$L = \sqrt{\dfrac{S \times 88}{7}} = \sqrt{\dfrac{300 \times 88}{7}}$ 步 = $61\dfrac{41}{100}$ 步。

〔5〕此即《九章筭术》的开圆术：$L = \sqrt{12S}$ 。

〔6〕此谓《九章筭术》的开圆术是方田章圆田又术 $S = \dfrac{1}{12}L^2$ 的逆运算。

〔7〕此即刘徽依徽率 $\dfrac{157}{50}$ 提出的开圆术：$L \approx \sqrt{\dfrac{S \times 314}{25}}$ 。

〔8〕李淳风等指出此六字系衍误。

〔9〕刘徽指出 $L \approx \sqrt{\dfrac{S \times 314}{25}}$，它是方田章刘徽注公式 $S = \dfrac{25}{314}L^2$ 的逆运算，并且 $\sqrt{\dfrac{S \times 314}{25}} < L$ 。

〔10〕刘徽指出 $d \approx \sqrt{\dfrac{S \times 200}{157}}$，它是方田章刘徽注公式 $S = \dfrac{157}{200}d^2$ 的逆运算，并且 $\sqrt{\dfrac{S \times 200}{157}} > d$ 。

〔11〕李淳风等依密率 $\dfrac{22}{7}$ 提出的开圆术：$L = \sqrt{\dfrac{S \times 88}{7}}$ 。

〔12〕元：通"原"。陈垣《校勘学释例》卷三："原免之'原'与元来之'元'异。自明以来，始以'原'为'元'。言版本学者辄以此为明刻元刻之分，因明刻或仍用'元'，而用'原'者断非元刻也。"

## 【译文】

假设有面积 $1518\frac{3}{4}$ 步 $^2$。问：变成圆，其周长是多少？

答：圆周长 135 步。用我的方法，周长应当是 $138\frac{1}{10}$ 步。 淳风

等按：依照密率，这周长应为 $138\frac{9}{50}$ 步。

假设又有面积 300 步 $^2$。问：变成圆，其周长是多少？

答：圆周长 60 步。用我的方法，周长应当是 $61\frac{19}{50}$ 步。 淳风等

按：依照密率，圆周长应为 $61\frac{41}{100}$ 步。

开圆术：布置面积的步数，乘以 12，对所得数作开方除法，就得到圆周长。此术以周三径一为率，与旧圆田术互为逆运算。用我的方法，以 314 乘面积，除以 25，对所得数作开方除法，就是圆周长。对它作开方除法，就是直径长。这是由圆的面积求周长，失误仍然在于稍微小了一点。如果以 200 乘面积，除以 157，对它作开方除法，就是直径长，失误在于稍微多了一点。 淳风等按：此注刘徽求周长的方法，其中用不到"对它作开方除法，就是直径长"诸字。现传本有这些字，是衍剩。依照密率，以 88 乘之，除以 7。按周 3 径 1 之率，假设周长是 6，那么直径就是 2。半周半径相乘，得到面积是 3。周长 6 自乘，得到面积是 36，全都以等数除面积，得到与一周长相应的系数是 12。它的积，本来的周长自乘，应当以 1 乘之，除以 12，得到面积 3。此术中因为用 1 乘不增加，所以除以 12，就得到这一面积。现在还原：布置这一面积 3，用 12 乘之，就恢复本来的周长自乘的数值。凡是一物的数量自乘，对它作开方除法，就恢复了它本来的数量。所以对它作开方除法，就是圆周长。

今有积一百八十六万八百六十七尺。此尺谓立方之尺也。凡物有高深而言积者，曰立方 $^{[1]}$。问：为立方几何？

答曰：一百二十三尺。

又有积一千九百五十三尺八分尺之一。问：为立方几何？

  答曰：一十二尺半。

又有积六万三千四百一尺五百一十二分尺之四百四十七。问：为立方几何[2]？

  答曰：三十九尺八分尺之七。

又有积一百九十三万七千五百四十一尺二十七分尺之一十七。问：为立方几何？

  答曰：一百二十四尺太半尺。

开立方立方适等，求其一面也[3]。术曰：置积为实。借一筭，步之，超二等[4]。言千之面十，言百万之面百[5]。议所得[6]，以再乘所借一筭为法[7]，而除之[8]。再乘者，亦求为方幂。以上议命而除之，则立方等也[9]。除已，三之为定法[10]。为当复除，故豫张三面，以定方幂为定法也[11]。复除，折而下[12]。复除者，三面方幂以皆自乘之数，须得折、议定其厚薄尔[13]。开平幂者，方百之面十；开立幂者，方千之面十。据定法已有成方之幂[14]，故复除当以千为百，折下一等也[15]。以三乘所得数，置中行[16]。设三廉之定长[17]。复借一筭，置下行[18]。欲以为隅方，立方等未有定数，且置一筭定其位[19]。步之，中超一，下超二等[20]。上方法，长自乘，而一折[21]；中廉法，但有长，故降一等[22]；下隅法，无面长，故又降一等也[23]。复置议，以一乘中[24]，为三廉备幂也[25]。再乘下[26]，令隅自乘，为方幂也[27]。皆副以加定法[28]。以定除[29]。三面、三廉、一隅皆已有幂，以上议命之而除去三幂之厚也[30]。

除已，倍下、并中，从定法〔31〕。凡再以中，三以下，加定法者，三廉各当以两面之幂连于两方之面，一隅连于三廉之端〔32〕，以待复除也。言不尽意〔33〕，解此要当以棋，乃得明耳〔34〕。复除，折下如前〔35〕。开之不尽者，亦为不可开。术亦有以定法命分者〔36〕，不如故幂开方，以微数为分也。若积有分者，通分内子为定实。定实乃开之〔37〕。讫，开其母以报除〔38〕。臣淳风等按：分母可开者，并通之积先合三母。既开之后一母尚存，故开分母，求一母为法，以报除也。若母不可开者，又以母再乘定实，乃开之。讫，令如母而一〔39〕。臣淳风等谨按：分母不可开者，本一母也。又以母再乘之，令合三母。既开之后，一母犹存，故令一母而一，得全面也。　　按〔40〕：开立方知〔41〕，立方适等，求其一面之数。"借一筭，步之，超二等"者，但立方求积〔42〕，方再自乘〔43〕，就积开之，故超二等，言千之面十，言百万之面百。"议所得，以再乘所借筭为法，而以除"知，求为方幂，以议命之而除，则立方等也。"除已，三之为定法"，为积未尽，当复更除，故豫张三面已定方幂为定法。"复除，折而下"知，三面方幂皆已有自乘之数，须得折、议定其厚薄。据开平方，百之面十，其开立方，即千之面十；而定法已有成方之幂，故复除之者，当以千为百，折下一等。"以三乘所得数，置中行"者，设三廉之定长。"复借一筭，置下行"者，欲以为隅方，立方等未有数，且置一筭定其位也。"步之，中超一，下超二"者，上方法长自乘而一折，中廉法但有长，故降一等，下隅法无面长，故又降一等。"复置议，以一乘中"者，为三廉备幂。"再乘下"，当令隅自乘为方幂。"皆副以加定法，以定法除"者，三面、三廉、一隅皆已有幂，以上议命之而除去三幂之厚。"除已，倍下、并中，从定法"者，三廉各当以两面之幂连于两方之面，一隅连于三廉之端，以待复除。其开之不尽者，折下如前。开方，即合所问。"有分者，通分内子"开之，"讫，开其母以报除"，可开者，以通之积，先合三母，既开之后，一母尚存。故开分母者，求一母为法，以报除。"若母不可开者，又以母再乘定实，乃开之。讫，令如母而一"，分母不可开者，本一母，又以母再乘，令合三母，既开之后，亦一母尚存。故令如母而一，得全面也。

【注释】

〔1〕刘徽给出了"立方"的定义。此处物有广、袤，是不言自明的，因此刘徽是说凡是某物有广、袤、高（或深），就叫作立方。

〔2〕此即求 $\sqrt[3]{63\,401\frac{447}{512}} = \frac{\sqrt[3]{32\,461\,759}}{8}$ 的根。下面的注释即以其分子 $\sqrt[3]{32\,461\,759}$ 为例。

〔3〕立方适等，求其一面：立方体的三边恰好相等，开立方就是求其一边长。

〔4〕借一算：借一枚算筹，表示未知数三次项的系数 1。本来问题只给出一个体积，设体积为 $A$，通过借一算，就将其变成一个开方式 $x^3 = A$。如图 4-4。以 $\sqrt[3]{32\,461\,759}$ 为例，就是求三次方程 $x^3 = 32\,461\,759$ 的根。其开方式为：

| | | | | | | | |
|---|---|---|---|---|---|---|---|
| 实 | 3 | 2 | 4 | 6 | 1 | 7 | 5 | 9 |
| 法 | | | | | | | | |
| 中行 | | | | | | | | |
| 借算 | | | | | | | 1 | |

步之，超二等：就是将借算自右向左隔二位移一步，到不能移而止。开方式变成：

| | | | | | | | |
|---|---|---|---|---|---|---|---|
| 议得 | | | | | | | | |
| 实 | 3 | 2 | 4 | 6 | 1 | 7 | 5 | 9 |
| 法 | | | | | | | | |
| 中行 | | | | | | | | |
| 借算 | 1 | | | | | | | |

移三步，说明根是三位数。这个开方式表示方程 $(10^2 x_1)^3 = 32\,461\,759$。

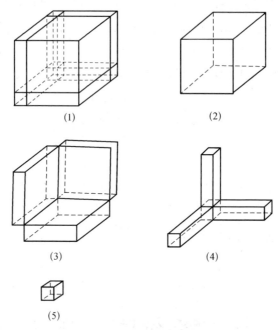

(1)  (2)

(3)  (4)

(5)

图 4 - 4　开立方的几何解释
（采自《古代世界数学泰斗刘徽》）

〔5〕言千之面十，言百万之面百：体积为千位数，其边长即根就是
十位数；体积为百万位数，其边长即根就是百位数。依此类推。

〔6〕议所得：也是商议根的第一位得数。记议得即根的第一位得数
为 $a_1$。

〔7〕以再乘所借一算为法：即以 $a_1^2 \times 1$ 作为法。这里的"法"也是
除法中的法。再乘，乘二次，相当于二次方。这里即以根的第一位得数
的平方乘，所以刘徽说"求为方幂"。

〔8〕除之：与开方术一样，此处的"除"也是指除法。$a_1$ 的确定，须
使其平方 $a_1^2$ 乘以借算 1，以其作为法，除实，其商的整数部分恰好是
$a_1$。在这个例题中，议得根的第一位得数 3，置于"议得"的百位数上，
使之以借算 1 乘 $3^2 = 9$，为法。以法除实，整数部分恰好亦得 3。余数是
5 461 759。借算同时消失。其算式为：

议得                   3

| 实 | 5 | 4 | 6 | 1 | 7 | 5 | 9 |
|---|---|---|---|---|---|---|---|
| 法 | 9 | | | | | | |

〔9〕以上议命而除之，则立方等：以议得 $a_1$ 乘以 $a_1$ 为边长的面积 $a_1^2$，得 $a_1^3$。这样就得到一个每边恰好相等其体积为 $a_1^3$ 的正方体。命，就是乘。除，是减。以 $a_1^3$ 减原体积 $A$，得余实 $A-a_1^3$。在这个例子中就是 $32\,461\,759 - 300^3 = 5\,461\,759$。在刘徽的几何解释中，原体积 $A$ 相当于正方体，如图 4-4（1），除去的 $a_1^3$ 相当于以 $a_1$ 为边长的正方体，如图 4-4（2）。

〔10〕除已，三之为定法：做完除法，以 3 乘法 $a_1^2$，得 $3a_1^2$ 作为定法。《九章算术》这里的"除"仍是"除法"。

〔11〕豫张三面，以定方幂为定法：刘徽认为，《九章算术》的方法是预先展开将要除去的三个扁平长方体（位于以 $a_1^3$ 为体积的正方体的三面之旁）的面 $a_1^2$，如图 4-4（3），所以以 $3a_1^2$ 为定法。

〔12〕折而下：将定法缩小，下降一位。开方式成为：

议得                   3

| 实 | 5 | 4 | 6 | 1 | 7 | 5 | 9 |
|---|---|---|---|---|---|---|---|
| 法 | 2 | 7 | | | | | |

〔13〕"三面方幂"二句：因为三个扁平长方体的面 $a_1^2$ 已经是 $a_1$ 的自乘，所以通过折、议确定这三个扁平的长方体的厚薄。议，议第二位得数，记为 $a_2$。

〔14〕成方：确定的方。方，方幂的简称。它就是"法"，或"法"的一部分，又称为"方法"。此后"方"或"方法"成为开方术中表示一次项系数的专用名词。在刘徽的几何解释中，三方就是以 $a_1^2$ 为面，以第二位得数为厚的扁平长方体，如图 4-4（3）。

〔15〕复除当以千为百，折下一等：刘徽认为，因为定法中已有 $a_1^2$，故在作第二次除法时将千作为百，这通过退一位实现。

〔16〕以三乘所得数，置中行：《九章算术》是将 $3a_1$ 布置于中行。这个例子中是将 $3 \times 3 = 9$ 布置在中行。

〔17〕三廉之定长：刘徽认为以 3 乘得数 $a_1$，称为三廉。这是将第一位得数 $a_1$ 预设为三廉的长。廉，本义是边，侧边。《仪礼·乡饮酒礼》："设席于堂廉东上。"郑玄注："侧边曰廉。"引申为棱。廉在继续开方中成为"法"的一部分，又称为"廉法"。在刘徽的几何解释中，三廉就是位

于除去的以 $a_1$ 为边长的正方体与三方之间的棱上，故名，如图 4 - 4 (4)。此后"廉"或"廉法"成为开方术中表示二次或二次以上直至次高次项系数的专用名词。

〔18〕复借一筹，置下行：《九章算术》在下行又布置借算。可见在得出第一位得数后"借算"自动消失，即被还掉。开方式变成：

| 议得 | | | | 3 | | |
|---|---|---|---|---|---|---|
| 实 | 5 | 4 | 6 | 1 | 7 | 5 | 9 |
| 法 | 2 | 7 | | | | |
| 中行 | | | | | | 9 |
| 借算 | | | | | | 1 |

〔19〕"欲以为隅方"三句：刘徽认为，借一算的目的是为了求位于隅角的小正方体的边长。该小正方体边长相等，但数值还没有确定，所以借一算，形成一个开方式。此后"隅"成为开方术中表示最高次项的系数的专门术语。

〔20〕"步之"三句：《九章算术》是自右向左，中行隔一位移一步，下行是隔二位移一步。在这个例题中，开方式变成：

| 议得 | | | | 3 | | |
|---|---|---|---|---|---|---|
| 实 | 5 | 4 | 6 | 1 | 7 | 5 | 9 |
| 法 | 2 | 7 | | | | |
| 中行 | | | 9 | | | |
| 借算 | | 1 | | | | |

此即减根方程：

$$(10^2 x_2)^3 + 3 \times 300 \times (10 x_2)^2 + 3 \times 300^2 \times 10 x_2 = 5\ 461\ 759。$$

〔21〕"上方法"三句："方法"中有长的自乘，即 $a_1^2$，故"一折"，即退一位。

〔22〕"中廉法"三句："廉法"中只有长 $a_1$，故降一等，即退二位。但，表示范围，只，仅。《史记·刘敬叔孙通列传》："匈奴匿其壮士、肥牛马，但见老弱及羸畜。"

〔23〕"下隅法"三句："隅法"没有长，故又降一等，即退四位。可见与开方术一样，刘徽不再还掉借算，中行自然与借算相应。其筹式原来应是：

| 议得 | | | | | 3 | | |
|---|---|---|---|---|---|---|---|
| 实 | 5 | 4 | 6 | 1 | 7 | 5 | 9 |
| 法 | 2 | 7 | | | | | |
| 中行 | | 9 | | | | | |
| 借算 | 1 | | | | | | |

通过法、廉、隅分别退位，得到

| 议得 | | | | | 3 | | |
|---|---|---|---|---|---|---|---|
| 实 | 5 | 4 | 6 | 1 | 7 | 5 | 9 |
| 法 | 2 | 7 | | | | | |
| 中行 | | | 9 | | | | |
| 借算 | | | | 1 | | | |

与注〔20〕同一开方式。

〔24〕复置议，以一乘中：《九章算术》议得根的第二位得数 $a_2$，以其一次方乘中行，得 $3a_1a_2$。

〔25〕为三廉备幂：刘徽认为这是为三个廉预先准备面积。在这个例子中 $a_2=10$，　$3a_1a_2=9\,000$。

〔26〕再乘下：《九章算术》以第二位得数的平方 $a_2^2$ 乘下行，仍为 $a_2^2$。

〔27〕令隅自乘，为方幂：刘徽认为这是使隅法自乘，成为一个小正方形的面积。在这个例子中，$a_2^2=100$。

〔28〕皆副以加定法：《九章算术》将乘得的中行 $3a_1a_2$、下行 $a_2^2$ 都加到定法上，得 $3a_1^2+3a_1a_2+a_2^2$。仍称为定法，这也体现出位值制。

〔29〕以定除：《九章算术》以定法除余实，其商的整数部分恰好为 $a_2$。在这个例子中 $3a_1^2+3a_1a_2+a_2^2=2\,700\,000+90\,000+1\,000=2\,791\,000$。算式是：

| 议得 | | | | | 3 | 1 | |
|---|---|---|---|---|---|---|---|
| 实 | 5 | 4 | 6 | 1 | 7 | 5 | 9 |
| 法 | 2 | 7 | 9 | 1 | | | |
| 中行 | | | 9 | | | | |
| 借算 | | | | | 1 | | |

〔30〕"三面"二句：刘徽认为，三个面、三个廉、一个隅都已具备了面积，以第二位得数乘之，从余实中除去，就相当于除去三个面积的

厚薄。刘徽注此处的"除"是减的意思。

〔31〕"除已"三句：完成除法之后，将下行加倍即 $2a_2^2$，加到中行，得 $3a_1a_2+3a_2^2$，都加到定法上，得 $3a_1^2+6a_1a_2+3a_2^2$。

〔32〕"凡再以中"五句：《九章算术》的做法相当于中行的 2 倍，下行的 3 倍，刘徽认为三廉中每个廉都以两个面与两个方相连，一隅位于三廉的端上。

〔33〕言不尽意：语言不可能穷尽其中的意思。语出《周易·系辞上》："子曰：'书不尽言，言不尽意。'然则圣人之意，其不可见乎？""言不尽意"与"言尽意"是魏晋时期玄学家的争论的论题之一。

〔34〕解此要（yào）当以棋，乃得明耳：解决这个问题关键是应当使用棋，才能明白。要，关键，纲要。《韩非子·扬权》："圣人执要，四方来效。"棋，中国古代的多面体模型。

〔35〕复除，折下如前：《九章算术》认为，如果继续作开方除法，应当如同前面那样将法退一位（刘徽则是法退一位，中行退二位，下行退三位）。在这个例子中，算式变为

| 议得 | | | | | | 3 | 1 |
|------|---|---|---|---|---|---|---|
| 实 | 2 | 6 | 7 | 0 | 7 | 5 | 9 |
| 法 | | 2 | 8 | 8 | 3 | | |
| 中行 | | | | | | 9 | 3 |
| 借算 | | | | | | | 1 |

〔36〕术亦有以定法命分者：各种方法中也有以定法命名一个分数的。设根的整数部分为 $a$，刘徽之前也有将根的近似值表示成 $\sqrt[3]{A}\approx a+\dfrac{A-a^3}{3a^2}$ 的。

〔37〕"若积有分者"三句：如果被开方数有分数，则将整数部分通分，纳入分子，作为定实，对定实开方。设被开方数的整数部分为 $A$，分数部分为 $\dfrac{B}{C}$。则以 $\sqrt[3]{AC+B}$ 为定实。

〔38〕开其母以报除：如果 $C$ 是完全立方数，设 $\sqrt[3]{C}=c$，《九章算术》的方法是：$\sqrt[3]{A\dfrac{B}{C}}=\dfrac{\sqrt[3]{AC+B}}{\sqrt[3]{C}}=\dfrac{\sqrt[3]{AC+B}}{c}$。

〔39〕"若母不可开者"五句：如果 $C$ 不是完全立方数，《九章算术》的方法是：

$$\sqrt[3]{A\dfrac{B}{C}}=\sqrt[3]{\dfrac{AC+B}{C}}=\sqrt[3]{\dfrac{(AC+B)C^2}{C^3}}=\dfrac{\sqrt[3]{(AC+B)C^2}}{C}\text{。}$$

〔40〕此是系统复述刘徽注和李淳风等注释。

〔41〕开立方知：与下文"议所得，以再乘所借算为法，而以除知"、"'复除，折而下'知"，此三"知"字训"者"，见刘徽序"故枝条虽分而同本干知"之注释。

〔42〕但：凡，凡是。

〔43〕方再自乘：指边长自乘 2 次，即其立方。方，边长。


【译文】

假设有体积 1 860 867 尺³。这里尺³是说立方之尺。凡是物体有高或深而讨论其体积，就叫作立方。问：变成正方体，它的边长是多少？

　　　答：123 尺³。

假设又有体积 1 953 $\dfrac{1}{8}$ 尺³。问：变成正方体，它的边长是多少？

　　　答：12 $\dfrac{1}{2}$ 尺³。

假设又有体积 63 401 $\dfrac{447}{512}$ 尺³。问：变成正方体，它的边长是多少？

　　　答：39 $\dfrac{7}{8}$ 尺³。

假设又有体积 1 937 541 $\dfrac{17}{27}$ 尺³。问：变成正方体，它的边长是多少？

　　　答：124 $\dfrac{2}{3}$ 尺³。

开立方正方体的各边恰好相等，求它的一边长。术：布置体积，作为实。借 1 算，将它向左移动，每隔二位移一步。这意味着千位数的边长是十位数，百万位数的边长是百位数。商议所得的数，以它的二次方乘所借 1 算，作为法，而以法除实。以二次方乘，只是正方形的面积。以位于上方的商议的数乘它而成为实，那么立方的边长就相等。作完除法，以 3 乘法，作为定法。为了能继续作除法，所以预先展开三面，以已经确定的正方形的面积作为定法。若要继续作除法，就将法缩小而退位。如果继续作除法，因为三面正方形的面积都是自乘之数，所以必须通过缩小法、商议所得的数来确定它们的厚薄。如果开正方形的面积，百位数的正方形的边长是十位数，如果开正方体的体积，千位数的正方体的边长是十位数。根据定法已有了确定的正方形的面积，所以继续作除法时应当把 10 000 变成 100，就是说将它退一位而缩小。以 3 乘商议所得到的数，布置在中行。列出三廉确定的长。又借 1 算，布置于下行。想以它建立位于隔角的正方体。该正方体的边长相等，但尚没有确定的数，姑且布置 1 算，以确定它的地位。将它们向左移动，中行隔一位移一步，下行隔二位移一步。位于上行的方法，是长的自乘，所以退一位；位于中行的廉法，只有长，所以再退一位；位于下行的隅法，没有面，也没有长，所以又退一位。布置第二次商议所得的数，以它的一次方乘中行，为三个廉法准备面积。以它的二次方乘下行，使隅的边长自乘，变成正方形的面积。都在旁边将它们加定法。以定法除余实。三个方面、三个廉、一个隅都已具备了面积。以在上方议得的数乘它们，减余实，这就除去了三种面积的厚。完成除法后，将下行加倍，加中行，都加入定法。凡是以中行的 2 倍、下行的 3 倍加定法，是因为三个廉应当分别以两个侧面的面积连接于两个方的侧面，一个隅的三个面连接于三个廉的顶端，为的是准备继续作除法。用语言无法表达全部的意思，解决这个问题关键是应当使用棋，才能把这个问题解释明白。如果继续作除法，就像前面那样缩小、退位。如果是开方不尽的，也称为不可开。各种方法中也有以定法命名一个分数的，不如用原来的体积继续开方，以微数作为分数。如果已给的体积中有分数，就通分，纳入分子，作为定实，对定实开立方。完了，对它的分母开立方，再以它作除法。淳风等按：如果分母是完全立方数，通分后的积已经对应于三重分母，完成开立方之后，仍存在一重分母。所以对分母开立方，求出一重分母作为法，用它作除法。如果分母不是完全立方数，就以分母的二次方乘定实，才对它开立方。完了，以分母除。淳风等按：分母不可开的数，本来是一重分母。又以分母的二次方乘之，使它合成三重分母。完成开方之后，一重分母仍然存在，所以除以一重分母，就得到整个边长。 按：开立方就是当立方的各边恰好相等，求它的一边长。"借 1 算，将它向左移动，每隔二位移一步"的原因是，凡求正方体的体积，都是边长自乘 2 次，然后就这个积开立方，所以要隔二位移一步，这意味着千位数的边长是十位数，百万位数的边长是百位数。"商议所得的数，以它的二次方乘所借 1 算，作为法，而以法除实"的原因是，求成为正方形的面积，以位于上方的商议所得的数乘它而减实，那么立方的长就相等。"作完除法，以 3 乘法，作为定法"是因为体积未除尽，应当继续作除法，所以预先展开三面，以已经确定的正方形的面积作为定法。"若要继续作除法，就将法缩小而退位"的原因是，三面正方形的面积都是自乘之数，所以必须通过缩小法、商议所得的数来确定它们的厚薄。根据开平方，百位数的边长是十位数，如果开立方，千位数的边长是十位数；而定法已有了确定的正方形的面积，所以继续作除法时应当把千位数变为百位数，就是将其退一位而缩小。"以 3 乘商议所得到的数，布置在中行"是列出三廉确定的长。"又借 1 算，布置于下行"，是想以它建立位于隔角的正方体，其边长相等，但尚没有确定的数，姑且布置 1 算以确定它的地位。"将它们向左移动，中行隔一位移一步，下行隔二位移一步"的原因是，位于上行的方形的法是长的自乘，所以退一位，位于中行的廉形的法只有长，所以再退一位，位于下行的隔形的法既没有面，也没有长，所以又退一位。"布置第二次商议所得的数，以它的一次方乘中行"，这是为三个廉形的法准备面积。"以它的二次方乘下行"，相当于使隔的边长自乘，变成正方形的面积。"都在旁边将它们加定法。以定法除余实"的原因是，三个面、三个廉、一个隔都已具备了面积，以在上方商议所得的数乘它们，减余实，这就除去了三种面积的厚。"完成除法后，将下行加倍，加中行，都加入定法"，是因为三个廉应当分别以两个侧面的面积连接于两个方的侧面，一个隔的三个面连接于三个廉的顶端，为的是准备继续作除法。如果是开方不尽的，就像前面那样缩小、退位。再开方，就符合问题的答案。"如果已给的体积中有分数，就通分，纳入分子"，对之开立方，"完了，对它的分母开立方，再以它作除法"，这是因为，如果分母是完全立方数，通分后的体积已经对应于三重分母。完成开立方之后，仍存在一重分母。所以对分母开立方，求出一重分母，作为法，再用它作除法。"如果分母不是完全立方数，就以分母的二次方乘定实，才对它开立方。完了，以分母除"，这是因为，分母不是完全立方数，本来是一重分母。又用分母的二次方乘之，使它合成了三重分母。完成开方之后，一重分母仍然存在，所以除以一重分母，就得到整个边长。

今有积四千五百尺。亦谓立方之尺也。问：为立圆径几何[1]？

　　答曰：二十尺。依密率[2]，立圆径二十尺，计积四千一百九十尺二十一分尺之一十[3]。

又有积一万六千四百四十八亿六千六百四十三万七千五百尺。问：为立圆径几何？

　　答曰：一万四千三百尺。依密率，为径一万四千六百四十三尺四分尺之三[4]。

开立圆术曰：置积尺数，以十六乘之，九而一，所得，开立方除之，即立圆径[5]。立圆，即丸也[6]。为术者盖依周三径一之率。令圆幂居方幂四分之三。圆囷居立方亦四分之三[7]。更令圆囷为方率十二，为丸率九，丸居圆囷又四分之三也[8]。置四分自乘得十六，三分自乘得九，故丸居立方十六分之九也[9]。故以十六乘积，九而一，得立方之积。丸径与立方等，故开立方而除，得径也[10]。然此意非也。何以验之？取立方棋八枚，皆令立方一寸，积之为立方二寸[11]。规之为圆囷，径二寸，高二寸[12]。又复横因之[13]，则其形有似牟合方盖矣[14]。八棋皆似阳马，然也[15]。按：合盖者，方率也，丸居其中，即圆率也[16]。推此言之，谓夫圆囷为方率，岂不阙哉[17]？以周三径一为圆率，则圆幂伤少[18]，令圆囷为方率，则丸积伤多，互相通补，是以九与十六之率偶与实相近，而丸犹伤多耳。观立方之内，合盖之外，虽衰杀有渐[19]，而多少不掩[20]。判合总结[21]，方圆相缠，浓纤诡互[22]，不可等正[23]。欲陋形措意[24]，惧失正理。敢不阙疑[25]，以俟能言者[26]。　　黄金方寸，重十六两；金丸径寸，重九两，率生于此，未曾验也[27]。《周官·考工记》[28]："栗氏为量[29]，改煎金锡则不耗。不耗然后权之[30]，权之然后准之[31]，准之然后量之[32]。"言炼金使极精，而后分之则可以为率也。令丸径自乘，三而一，开方除之，即丸中之立方也[33]。假令丸中立方五尺[34]，五尺为句，句自乘幂二十五尺。倍之得五十尺，以为弦幂，谓平面方五尺之弦也[35]。以此弦为股，亦以五尺为句，并句股幂得七十五尺，是为大弦幂。开方除之，则大弦可知也[36]。大弦则中立方之长邪[37]，邪即丸径也[38]。故中立方自乘之幂于丸径自乘之幂三分之一也[39]。令大弦还乘其幂，即丸外立方之积也[40]。大弦幂开之不尽，令其幂七十五再自乘之[41]。为面，命得外立方积[42]，四十二万一千八百七十五

尺之面<sup>[43]</sup>。又令中立方五尺自乘，又以方乘之，得积一百二十
五尺<sup>[44]</sup>。一百二十五尺自乘，为面，命得积，一万五千六百二
十五尺之面<sup>[45]</sup>。皆以六百二十五约之，外立方积六百七十五
尺之面，中立方积二十五尺之面也<sup>[46]</sup>。张衡筹又谓立方为质，
立圆为浑<sup>[47]</sup>。衡言质之与中外之浑<sup>[48]</sup>。六百七十五尺之面，
开方除之，不足一，谓外浑积二十六也<sup>[49]</sup>。内浑二十五之面，
谓积五尺也<sup>[50]</sup>。今徽令质言中浑，浑又言质，则二质相与之率
犹衡二浑相与之率也<sup>[51]</sup>。衡盖亦先二质之率推以言浑之率
也<sup>[52]</sup>。衡又言质六十四之面，浑二十五之面<sup>[53]</sup>。质复言浑，
谓居质八分之五也<sup>[54]</sup>。又云：方八之面，圆五之面<sup>[55]</sup>，圆浑
相推，知其复以圆囷为方率，浑为圆率也<sup>[56]</sup>，失之远矣。衡说
之自然欲协其阴阳奇耦之说而不顾疏密矣<sup>[57]</sup>。虽有文辞，斯
乱道破义，病也<sup>[58]</sup>。置外质积二十六，以九乘之，十六而一，
得积十四尺八分尺之五，即质中之浑也<sup>[59]</sup>。以分母乘全内子，
得一百一十七<sup>[60]</sup>；又置内质积五，以分母乘之，得四十<sup>[61]</sup>；
是为质居浑一百一十七分之四十<sup>[62]</sup>，而浑率犹为伤多也。假
令方二尺，方四面，并得八尺也，谓之方周。其中令圆径与方
等，亦二尺也。圆半径以乘圆周之半，即圆幂也。半方以乘方
周之半，即方幂也。然则方周知<sup>[63]</sup>，方幂之率；圆周知，圆
幂之率也。按：如衡术，方周率八之面，圆周率五之面也<sup>[64]</sup>。
令方周六十四尺之面，即圆周四十尺之面也<sup>[65]</sup>。又令径二尺
自乘，得径四尺之面<sup>[66]</sup>，是为圆周率十之面，而径率一之面
也<sup>[67]</sup>。衡亦以周三径一之率为非，是故更著此法。然增周太
多，过其实矣<sup>[68]</sup>。

【注释】

〔1〕立圆：球。《九章算术》时代将今之球称为"立圆"。

〔2〕密率：指 $\pi=\dfrac{22}{7}$。此处没有他处之"臣淳风等"诸字，盖李淳

风等使用过此率，但不能说凡使用此率的都是李淳风等。因此依密率 $\pi = \frac{22}{7}$ 计算球体积，未必是李淳风等所为。

〔3〕根据 $\pi = \frac{22}{7}$ 得出的球体积公式 $V = \frac{11}{21}d^3$（见下），以及直径 $d = 20$ 尺，此球体积为： $V = \frac{11}{21}d^3 = \frac{11}{21} \times (20 \text{ 尺})^3 = 4\,190\frac{10}{21}$ 尺$^3$。

〔4〕根据 $\pi = \frac{22}{7}$ 得出的球直径为 $14\,643\frac{3}{4}$ 尺。当时地面上不存在这么大的球，再一次表明《九章筭术》的题目并不全是实际应用题，而只是算法的例题。

〔5〕设球的直径、体积分别为 $d$，$V$，此即《九章筭术》求球直径的公式

$$d = \sqrt[3]{\frac{16}{9}V}\,。 \qquad\qquad (4-1)$$

刘徽证明这个公式是错误的。

〔6〕丸：球，小而圆的物体。《说文解字》："丸，圜，倾侧而转者。"

〔7〕圆囷（qūn）：圆柱体，《九章筭术》称为圆堢壔，卷五有圆堢壔问。囷，古代圆形的谷仓。《说文解字》："囷，廪之圜者。"圆囷居立方亦四分之三：设正方体体积为 $V_方$，其内切圆囷的体积为 $V_囷$，《九章筭术》时代认为 $V_方 : V_囷 = 4 : 3$。这是由 $V_方 : V_囷 = 4 : \pi$，取 $\pi = 3$ 得到的。如图 4-5（1）。

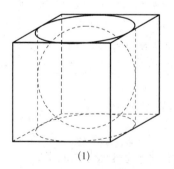
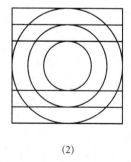

(1)　　　　　　　　　　　　(2)

图 4-5　球与外切圆柱体
（采自《古代世界数学泰斗刘徽》）

〔8〕为丸率九：日本三上义夫改为"丸为圆率九"。　丸居圆囷又四分之三：《九章算术》时代认为圆囷与内切球的关系为：$V_{囷}:V=4:3$。

〔9〕"四分自乘得十六"三句：4 分自乘得 16，3 分自乘得 9，因此球体积是其外切正方体体积的 $\dfrac{9}{16}$，亦即

$$V = \frac{9}{16} V_{方}。 \qquad (4-2)$$

以上是刘徽记载的《九章算术》时代推导球体积的方法。

〔10〕"丸径与立方等"三句：由于球直径等于其外切正方体的边长，故开立除之，得到球直径，即《九章算术》的公式（4-1）。

〔11〕立方一寸：边长为 1 寸的正方体。　立方二寸：边长为 2 寸的正方体。

〔12〕规之为圆囷：用规在正方体内作圆囷，即正方体之内切圆柱体。其底直径与高都是 2 寸。规，本义是画圆的工具，这里指用规切割。

〔13〕横因之：横着用规切割，即与切割出圆囷的方向垂直。因，因袭，沿袭。《论语·为政》："殷因于夏礼，所损益，可知也。"

〔14〕牟合方盖：两个相合的方盖。牟，加倍。《楚辞·招魂》："成枭而牟。"王逸注："倍胜为牟。"刘徽将两个全等的圆柱体正交，取其公共部分而得到牟合方盖，如图 4-6。

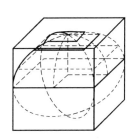

图 4-6　牟合方盖
（采自《古代世界数学泰斗刘徽》）

〔15〕圆然：像圆弧形的样子。

〔16〕设牟合方盖的体积为 $V_{盖}$，则：

$$V_{盖}:V=4:\pi。 \qquad (4-3)$$

〔17〕阙（què）：过失，弊病。《诗经·大雅·烝民》："衮职有阙，

维仲山甫补之。"郑玄笺："善补过也。"此谓 $V_圆 : V = 4 : \pi$ 不可能成立。

〔18〕伤：嫌，失之于。《汉语大词典》的例句是《北史·苏威传》："所修格令章程，并行于当世，颇伤烦碎，论者以为非简久之法。"比刘徽晚多矣。

〔19〕衰杀（shài）：衰减。杀，差（cī），差等。《礼记·文王世子》："其族食世降一等，亲亲之杀也。"郑玄注："杀，差也。"

〔20〕多少不掩：大小无法知道。掩，取，捕取，覆取。《方言》卷六："掩，取也。自关而东曰掩。"

〔21〕判合总结：分割并合汇聚。判，分割，分离。《左传·庄公三年》："纪季以酅入于齐，纪于是乎始判。"杜预注："判，分也。"总，汇聚。结，聚合，凝聚。

〔22〕浓纤诡互：浓密纤细互相错杂。浓，密，厚，多。诡互，奇异错杂。沈约《佛记序》："神涂诡互，难以臆辨。"此例句亦晚于刘徽矣。

〔23〕等正：齐等规范。等，本义是整齐的竹简。引申为同，等同，齐等。正，合规范，合标准。《论语·乡党》："割不正不食。"

〔24〕陋形：刘徽自谦之辞。陋，粗俗，鄙野。　措意：留意，在意，用心。《孔子家语·致思》："丈夫不以措意，遂渡而出。"

〔25〕敢不阙疑：岂敢不把疑惑搁置起来。阙疑，对疑难未解的问题不妄加评论。《论语·为政》："多闻阙疑，慎言其余，则寡尤。"刘宝楠正义："其义有未明，未安于心者，阙空之也。"

〔26〕俟：等待。《诗经·邶风·静女》："静女其姝，俟我于城隅。"郑玄笺："俟，待也。"　能言者：能解决这个问题的人。这位"能言者"就是约200年后的祖冲之父子，见下李淳风等注释。

〔27〕这是说，《九章筭术》所使用的 $V_方 : V = 16 : 9$ 是从边长为1寸的正方体的金块重16两，直径为1寸的金球重9两的测试中得到的。刘徽自己没有试验过。

〔28〕周官：即《周礼》，有春、夏、秋、冬四官。汉以后，冬官亡佚，人们遂以《考工记》充冬官，故云《周官·考工记》。《考工记》，是先秦的一部关于技术规范与手工业管理的重要著作，学术界多认为其成书于战国的齐国。

〔29〕㮚氏：《考工记》记载的管理冶铸的官员。李籍云："㮚氏，铸量之官也。"一作栗氏。

〔30〕权：本是秤锤，或秤。这里指称量。《孟子·梁惠王上》："权，然后知轻重。"

〔31〕准：本义是平，引申为测平的工具。《管子·水地》："准也者，五量之宗也。"进而引申为标准。《荀子·致使》："程者，物之准也。"这里是标准的意思。

〔32〕量：度量。以上文字引自《周礼·考工记》。

〔33〕这是由球的直径求其内接正方体的边长。如图4-7，设内接正方体的边长为 $a$，考虑以球的内接正方体的一面的两边为勾、股，以对角线为弦构成的勾股形，正方体底面的对角线 $c$，根据勾股术，则 $c^2 = a^2 + a^2 = 2a^2$。再考虑以内接正方体的一边 $a$ 为勾，以一面的对角线 $c$ 为股，以球直径 $d$ 为弦的勾股形，则弦为 $d = \sqrt{a^2 + 2a^2} = \sqrt{3}\,a$，故 $a = \dfrac{d}{\sqrt{3}} = \dfrac{\sqrt{3}}{3}d$。此弦下文称为大弦。

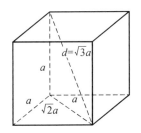

图4-7　球内接正方体
（采自《古代世界数学泰斗刘徽》）

〔34〕中立方：球的内接正方体。其边长为5尺。

〔35〕假设球的内接正方体的一边 $a$ 为5尺，则 $c^2 = 2 \times (5\text{尺})^2 = 50\text{尺}^2$，则弦 $c = \sqrt{50} = \sqrt{2} \times 5$ 尺。

〔36〕此谓 $d^2 = (5\text{尺})^2 + (\sqrt{2} \times 5\text{尺})^2 = 3(5\text{尺})^2 = 75\text{尺}^2$，大弦 $d = 5\sqrt{3}$ 尺。

〔37〕长邪：又称为"大弦"。即圆内接正方体的对角线，上述勾股形的大弦。

〔38〕邪即丸径：长邪就是球的直径。

〔39〕中立方自乘之幂于丸径自乘之幂三分之一：$a^2 = \dfrac{1}{3}d^2$。

〔40〕丸外立方：球的外切正方体，下常称为外立方。它的边长是大弦 $d$。以 $d$ 乘其幂 $d^2$，就得到以大弦即球直径为边长的正方体的体积，也就是球的外切正方体的体积：$V_{外} = d^3$。

〔41〕大弦幂开之不尽，令其幂七十五再自乘之：大弦之幂为 $d^2 = 3a^2 = 75\ 尺^2$，开方不尽。再自乘之，即 $d^2 d^2 d^2 = d^6 = (75\ 尺^2)^3$。

〔42〕为面，命得外立方积：建立大弦幂再自乘的面，就是球的外切正方体的体积。换言之，$d^6$ 的面就是 $\sqrt{d^6} = d^3$，因此，球的外切立方体的体积 $d^3$ 就是 $d^6$ 的面。

〔43〕四十二万一千八百七十五尺之面：球的外切正方体体积是 $(75\ 尺^2)^3 = 421\,875\ 尺^6$ 之面。此面显然以 $尺^3$ 为单位。

〔44〕"令中立方五尺自乘"三句：球的内接正方体的体积 $V_{内} = a^3 = (5\ 尺)^3 = 125\ 尺^3$。

〔45〕"一百二十五尺自乘"四句：将 $125\ 尺^3$ 自乘，建立它的面，就得到球的内接正方体的体积，它就是 $(125\ 尺^3)^2 = 15\,625\ 尺^6$ 之面。此面显然以 $尺^3$ 为单位。

〔46〕将 $421\,875\ 尺^6$ 与 $15\,625\ 尺^6$ 皆以等数 625 约之，则外切正方体的体积 $d^3$ 是 $675\ 尺^6$ 之面，内接正方体的体积 $a^3$ 就是 $25\ 尺^6$ 之面。

〔47〕张衡筭：是指张衡的一部数学著作，或就是《算网论》，还是泛指张衡的数学知识，不详。张衡（78—139），字平子，南阳（属河南省）人。东汉著名天文学家、数学家、文学家。崔瑗《河间相张平子碑》云他"天资睿哲，敏而好学"。公元 115 年、126 年两度为太史令，掌天时，星历。撰天文著作《灵宪》、《浑天仪注》和数学著作《算网论》，后者已佚。制造世界上第一台地震观测仪器候风地动仪。还撰《西京赋》、《东京赋》、《归田赋》、《四愁诗》等中国文学史上的名篇。　又谓立方为质，立圆为浑（hùn）：张衡又将正方体称为质，将球称为浑。

〔48〕衡言质之与中外之浑：张衡讨论了正方体（即质）与其外接球（即外浑）、内切球（中浑）体积的相与关系。外浑就是所讨论的球，中浑下称内浑。

〔49〕由于 $\sqrt{675\ 尺^6 + 1} = 26\ 尺^3$，张衡认为，$675\ 尺^6$ 的面不足 1 就是 $26\ 尺^3$，这是外浑即球的体积。

〔50〕内浑的体积 $V_{内浑}$ 是 $25\ 尺^6$ 的面，也就是 $5\ 尺^3$。

〔51〕"今徽令质言中浑"三句：现在我就正方体讨论它的内切球，就球又讨论它的内接正方体，那么两个正方体的相与之率等于两个球的相与之率，亦即

$$V_{外} : V_{内} = V : V_{内浑}。 \tag{4-4}$$

〔52〕衡盖亦先二质之率推以言浑之率：刘徽认为张衡是由二正方体

的体积之率推出二球的体积之率的。

〔53〕质六十四之面，浑二十五之面：张衡认为，质（正方体）的体积 $V_质$ 是 64 尺$^6$ 之面，即 8 尺$^3$，则浑（正方体的内切球）的体积 $V_浑$ 是 25 尺$^6$ 之面，即 5 尺$^3$。$V_质$ 即 $V_外$，$V_浑$ 即 $V$。

〔54〕质复言浑，谓居质八分之五：于是 $V_质 : V_浑 = V_外 : V = \sqrt{64} : \sqrt{25} = 8 : 5$。

〔55〕方八之面，圆五之面：张衡认为

$$S_方 : S = \sqrt{8} : \sqrt{5} 。 \qquad (4-5)$$

〔56〕以圆困为方率，浑为圆率：张衡仍认为 $V_{圆柱} : V_球 = 4 : \pi$，重复了《九章算术》时代的错误。

〔57〕自然：当然。刘徽将"自然"作副词用。《北史·裴叔业传》："咱应送家还都以安慰之，自然无患。"用作副词，却在刘徽之后矣。阴阳：见刘徽序注释。　　奇耦：指奇数、偶数，即单数、双数。人们常将其与阴阳八卦联系起来。《周易·系辞下》："阳卦奇，阴卦耦。"《孔子家语·执辔》："子夏问于孔子曰：'商问《易》之生人及万物鸟兽昆虫，各有奇耦，气分不同。'"认为人间万物皆有奇耦，陷入神秘主义。张衡未能免俗，因而受到刘徽的批评。

〔58〕乱道：败坏道术。乱，败坏，扰乱。《论语·卫灵公》："巧言乱德，小不忍则乱大谋。"　　破义：破坏义理。《淮南子·泰族训》："孔子曰：'小辨破言，小利破义，小艺破道。'"　　病：缺点，毛病。《庄子·让王》："学而不能行谓之病。"刘徽批评张衡败坏道术、破坏义理的错误，应该包括得出"方八之面，圆五之面"，及"复以圆困为方率，浑为圆率"等几点。

〔59〕此谓球的外切正方体（外质）体积是 26 尺$^3$，则由 26 尺$^3$ × $\frac{9}{16}$ = $14\frac{5}{8}$ 尺$^3$，得出球（内浑）的体积。由此可见张衡仍用《九章算术》错误的球体积公式。

〔60〕此谓将球的体积 $14\frac{5}{8}$ 尺$^3$ 的整数部分以分母 8 乘，纳入分子：

$$14\frac{5}{8} 尺^3 = \frac{117}{8} 尺^3 。$$

〔61〕由（4-4）式，球的内接正方体（内质）的体积是 5 尺$^3$。此谓以分母 8 乘 5 尺$^3$，则 5 尺$^3$ = $\frac{40}{8}$ 尺$^3$。

〔62〕张衡得出 $V : V_{内} = 117 : 40$。

〔63〕方周知：与下文"圆周知"，此二"知"，训"者"，见刘徽序"故枝条虽分而同本干知"之注释。

〔64〕"如衡术"三句：张衡认为，如果圆外切正方形周长的率是 8 的面，则圆周长的率是 5 的面。此即

$$L_{方} : L = \sqrt{8} : \sqrt{5}。 \qquad (4-6)$$

其中 $L_{方}$ 是圆外切正方形的周长，$L$ 是圆周长。由（4-5）式，这是显然的。

〔65〕令方周六十四尺之面，即圆周四十尺之面：假设正方形周长的率是 64 尺$^2$ 的面，则圆周长的率就是 40 尺$^2$ 的面。这是显然的：由 （4-6）式，若 $L_{方} = \sqrt{64}$，则 $L = \sqrt{40}$。

〔66〕令径二尺自乘，得径四尺之面：此谓若圆直径为 2 尺，将其自乘，直径是 4 尺$^2$ 之面，即 $2 = \sqrt{4}$。

〔67〕圆周率十之面，而径率一之面：如果圆周的率是 10 的面，则直径的率是 1 的面。此即 $L : d = \sqrt{10} : 1$，换言之，张衡求得圆周率为 $\sqrt{10}$。

〔68〕刘徽指出 $\pi < \sqrt{10}$，批评张衡的圆周率不准确。


**【译文】**

假设有体积 4 500 尺$^3$，也是说立方尺。问：变成球，它的直径是多少？

答：20 尺。依照密率，球的直径是 20 尺，计算出体积是 $4\,190\frac{10}{21}$尺$^3$。

假设又有体积 1 644 866 437 500 尺$^3$，问：变成球，它的直径是多少？

答：14 300 尺。依照密率，球的直径成为 $14\,643\frac{3}{4}$尺。

开立圆术：布置体积的尺数，乘以 16，除以 9，对所得的数作开立方除法，就是球的直径。立圆，就是球，设立此术的人原来是依照周 3 径 1 之率。使圆面积占据正方形面积的 $\frac{3}{4}$，那么圆柱亦占据正方体的 $\frac{3}{4}$。再使圆柱变为方率 12，那么球的率就是 9，球占据圆柱又是 $\frac{3}{4}$。布置 4

分，自乘得 16，3 分自乘得 9，所以球占据正方体的 $\frac{9}{16}$。所以用 16 乘体积，除以 9，便得到正方体的体积。球的直径与外切正方体的边长相等，所以作开立方除法，就得到球的直径。然而这种思路是错误的。为什么呢？取 8 枚正方体棋，使每个正方体的边长都是 1 寸，将它们拼积起来，成为边长为 2 寸的正方体。竖着用圆规分割它，变成圆柱体：直径是 2 寸，高也是 2 寸。又再横着使用上述方法分割，那么分割出来的形状就像一个牟合方盖。而 8 个棋都像阳马，只是呈圆弧形的样子。按：合盖的率是方率，那么球内切于其中，就是圆率。由此推论，说这圆柱体为方，难道不是错误的吗？以周 3 径 1 作为圆率，那圆面积少了一点；使圆柱体为方率，那球的体积多了一点。互相补偿，所以 9 与 16 之率恰与实际情况接近，而球的体积仍多了一点。考察正方体之内，合盖之外的部分，虽然是有规律地渐渐削割下来，然而它的大小无法搞清楚。它们分割成的几块互相聚合，方圆互相纠缠，彼此的厚薄互有差异，不是齐等规范的形状。想我的浅陋解决这个问题，又担心背离正确的数理。我岂敢不把疑惑搁置起来，等待有能力阐明这个问题的人呢？　　　　1 寸见方的黄金，重 16 两；直径 1 寸的金球，重 9 两。术文中的率来源于此，未曾被检验过。《周官·考工记》说："栗氏制造量器的时候，熔炼改铸金、锡而没有损耗；没有损耗，那么就称量之；称量之，那么就把它作为标准；把它作为标准，那么就度量之。"就是说，熔炼黄金使之极精，而后分别改铸成正方体与球，就可以确定它们的率。使球的直径自乘，除以 3，再对之作开方除法，就是球中内接正方体的边长。假设球中内接正方体每边长是 5 尺，5 尺作为勾。勾自乘得面积 25 尺$^2$。将之加倍，得 50 尺$^2$，作为弦方的面积，是说平面上正方形的边长 5 尺所对应的弦。把这个弦作为股，再把 5 尺作为勾。把勾方的面积与股方的面积相加，得到 75 尺$^2$，这就是大弦方的面积。对之作开方除法，就可以知道大弦的长。大弦就是球内接正方体的对角线。这条对角线就是球的直径。所以球内接正方体的边长自乘的面积，对于球直径自乘的面积是 $\frac{1}{3}$。使大弦又乘它自己的面积，就是球外切正方体的体积。对大弦方的面积开方不尽，于是使它的面积 75 再自乘，求它的面，便得到外切正方体体积即 421 875 尺$^6$ 之面。又使内接正方体的边长 5 尺自乘，再以边长乘之，得到积 125 尺$^3$。使 125 尺$^3$ 自乘，求它的面，便得到内接正方体的体积，即 15 625 尺$^6$ 的面。都用 625 约简，外切正方体体积是 675 尺$^6$ 的面，内接正方体的体积是 25 尺$^6$ 的面。《张衡算》却把正方体称为质，把球称为浑。张衡论述了质与其内切、外接浑的关系。675 尺$^6$ 的面，对之作开方除法，只差 1，外接浑的体积就是 26 尺$^3$；内切浑是 25 尺$^6$ 的面，是说其体积 5 尺$^3$。现在我就质讨论它的内切浑，就浑又讨论它的内接质，那么，两个质的相与之率，等于两个浑的相与之率。大约张衡也是先有二质的相与之率，由此推论出二浑的相与之率。张衡又说，质是 64 之面，浑是 25 之面。由质再说到浑，它占据质的 $\frac{5}{8}$。他又说，如果正方形是 8 的面，那么圆是 5 的面。圆与浑互相推求，知道他又把圆柱作为方率，把浑作为圆率，失误太大。张衡的说法当然是想协调阴阳、奇耦的学说而不顾及它是粗疏还是精密的。虽然他的言辞很有文采，这却是败坏了道术，破坏了义理，是错误的。布置外切质的体积 26 尺$^3$，乘以 9，除以 16，得到 $14\frac{5}{8}$ 尺$^3$，就是质中内切浑的体积。以分母乘整数部分，纳入分子，得 117。又布置内切质体积 5 尺$^3$，以分母乘之，得 40。这意味着质占据浑的 $\frac{40}{117}$，而浑的率的失误仍在于稍微多了一点。假设正方形每边长 2 尺，正方形有 4 边，加起来得 8 尺，称为正方形的周长。使其中内切圆的直径与正方形边长相等，也是 2 尺。以圆半径乘圆周长的一半，就是圆面积。以正方形边长的一半乘其周长的一半，就是正方形的面积。那么，正方形的周长就是正方形面积的率，圆周长就是圆面积的率。按：如果按照张衡的方法，正方形周长之率是 8 的面，圆周长之率是 5 的面。如果使正方形的周长是 64 的面，那么圆周长是 40 尺的面；又使直径 2 尺自乘，得到直径是 4 尺的面。这就是圆周率是 10 的面，而直径率是 1 的面。张衡也认为周 3 径 1 之率是错误的。正因为此，他重新撰述这种方法。然而周长增加太多，超过了它的准确值。


臣淳风等谨按：祖暅之谓刘徽[1]、张衡二人皆以圆囷为方率，丸为圆率[2]，乃设新法。祖暅之开立圆术曰："以二乘积，开立方除之，即立圆径[3]。其意何也？取立方棋一枚，令立枢于左后之下隅[4]，从规去其右上之廉[5]；又合而横规之，去其前上之廉[6]。于是立方之棋分而为四：规内棋一，谓之内棋[7]。规外棋三，谓之外棋[8]。规更合四棋[9]，复横断之[10]。以句股言之，令余高为句，内棋断上方为股，本方之数，其弦也[11]。句股之法：以句幂减弦幂，则余为股幂[12]。若令余高自乘，减本方之幂，余即内棋断上方之幂也[13]。本方之幂即此四棋之断上幂[14]。然则余高自乘，即外三棋之断上幂矣[15]。不问高卑，势皆然也[16]。然固有所归同而涂殊者尔[17]，而乃控远以演类，借况以析微[18]。按：阳马方高数参等者，倒而之[19]，横截去上，则高自乘与断上幂数亦等焉[20]。夫叠棋成立积，缘幂势既同，则积不容异[21]。由此观之，规之外三棋旁蹙为一，即一阳马也[22]。三分立方，则阳马居一，内棋居二可知矣[23]。合八小方成一大方，合八内棋成一合盖[24]。内棋居小方三分之二，则合盖居立方亦三分之二，较然验矣[25]。置三分之二，以圆幂率三乘之，如方幂率四而一，约而定之，以为丸率[26]。故曰丸居立方二分之一也[27]。"等数既密[28]，心亦昭晰[29]。张衡放旧，贻哂于后[30]；刘徽循故，未暇校新[31]。夫岂难哉？抑未之思也[32]。依密率，此立圆积，本以圆径再自乘，十一乘之，二十一而一，约此积[33]。今欲求其本积，故以二十一乘之，十一而一[34]。凡物再自乘，开立方除之，复其本数。故立方除之，即丸径也。

**【注释】**

〔1〕祖暅之：一作祖暅，字景烁，生卒年不详，南朝齐、梁数学家、天文学家，祖冲之之子。"究极精微，亦有巧思。入神之妙，般、倕无以过也。"聚精会神之时，雷霆不能入。有一次他走路思考问题，撞到仆射徐勉身上。徐勉唤他，方才醒悟。传为佳话。梁天监六年（507）治漏，撰《漏经》。又修乃父《大明历》，九年（510）得以颁行。尝作《浑天论》，造铜圭影表，撰《天文录》三十卷。位至大舟卿。《北史·信都芳传》云，南朝梁普通六年（525）祖暅之被北魏俘虏，在王子元延明家，"不为王所待。芳谏王礼遇之。暅后还，留诸法授芳，由是弥复精密"。又应元延明之约，撰《欹器》、《漏刻铭》。还朝后任南康太守。

〔2〕李淳风等无视刘徽纠正了前人"圆囷为方率，丸为圆率"的错误，首创牟合方盖，为祖暅之最后解决球体积问题指出了正确方向的巨大功绩，而将刘徽与张衡同等指责，又一次说明李淳风等数学水平之低下。

〔3〕"以二乘积"三句：此处取 $\pi=3$，则祖暅之给出

$$d = \sqrt[3]{2V}。$$

〔4〕立枢于左后之下隅：如图4-8（1），这是说以立方棋 $ABCDEFGO$ 的左后下角 $O$ 作为中心，引出两条转轴：纵轴 $OE$ 和横轴 $OG$，分割出牟合方盖的 $\frac{1}{8}$。枢，户枢，门的转轴或门臼。

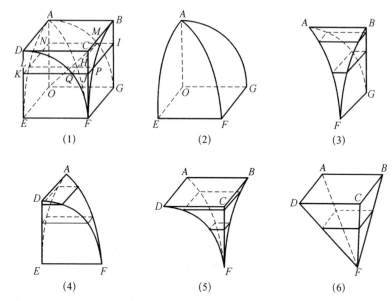

(1)　　　　　(2)　　　　　(3)

(4)　　　　　(5)　　　　　(6)

图4-8　牟合方盖求积
（采自《古代世界数学泰斗刘徽》）

〔5〕从规去其右上之廉：用规纵着切割，除去右上的廉。此指用以纵轴 $OE$ 为中心轴的圆柱面 $AGFD$ 从纵的方向对立方棋 $ABCDEFGO$ 进行分割，切除其右上廉 $ABCDFG$。规，本是圆规，引申为圆形，这里是动词。从规，是从纵的方向用规进行切割。

〔6〕又合而横规之，去其前上之廉：将被纵规切割的正方体拼合起来，用规横着切割，除去前上的廉。此指用以横轴 $OG$ 为中心轴的圆柱面 $ABFE$ 从横的方向对正方棋 $ABCDEFGO$ 进行分割，切除其前上廉 $ABCDEF$。横规，是从横的方向进行分割。

〔7〕"于是立方之棋分而为四"三句：正方体 $ABCDEFGO$ 通过纵规、横规，分割成4个棋。位于规内的，是1个，称为内棋。此即牟合方盖的 $\frac{1}{8}$：$AEFGO$，如图4-8 (2)。

〔8〕规外棋三，谓之外棋：规外面有3个棋，称为外棋。即牟合方盖之外的3部分：$ABFG$，$ADEF$，$ABCDF$，如图4-8 (3)，(4)，(5)。

〔9〕规更合四棋：沿着规将4个棋重新拼合在一起。规，指4个棋沿"规"处相合。

〔10〕横断之：用一平面横着截断正方棋。即在内棋的高 $OA$ 上任一点 $N$ 处用一平面 $NIJK$ 横截正方棋 $ABCDEFGO$。

〔11〕余高：剩余的高，即 $ON$。　　内棋断上方：内棋截面正方形的边长，即 $NM$。　　本方之数：本来的正方棋的边长，即球半径 $OA$。显然 $OM=OA$。考虑以余高 $ON$ 为勾（记为 $a$），内棋断上方 $NM$ 为股（记为 $b$），以球半径即本方之数 $OM$ 为弦（记为 $r$）的勾股形 $ONM$。

〔12〕此复述勾股术即勾股定理。

〔13〕"令余高自乘"三句：由勾股定理，$b^2=r^2-a^2$。

〔14〕本方之幂即此四棋之断上幂：本方的幂是四棋横截面处的面积之和。此即正方体 $ABCDEFGO$ 在 $N$ 处之横截面等于 $N$ 处牟合方盖的横截面积 $NMHL$ 和外三棋在 $N$ 处的横截面积 $MIPH$，$HPJQ$，$HQKL$ 之和。

〔15〕然则余高自乘，即外三棋之断上幂：那么，余高自乘等于外三棋横截面积之和。此即 $a^2$ 等于外三棋在 $N$ 处的横截面积 $MIPH$，$HPJQ$，$HQKL$ 之和。

〔16〕不问高卑，势皆然也：不论高低，其态势都是这样的。此谓以上的论述不论 $N$ 点的高低都是如此。

〔17〕固有：本来就有。《周易·益》："益用凶事，固有之也。"所归同而涂殊：殊涂同归，又作殊途同归。涂，通途。

〔18〕控远以演类：驾驭远的，以阐发同类的。控，本义是引弓，开弓。引申为驾驭，控制。《诗经·郑风·大叔于田》："抑磬控忌，抑纵送忌。"毛传："骋马曰磬，止马曰控。"演，推演，阐发。　　借况以析微：借宏大的以分析细微的。况，通"皇"。《荀子·非十二子》："成名况乎诸侯，莫不愿以为臣。"孙诒让《札迻》卷六："况与'皇'通。"皇，大。《诗经·大雅·皇矣》："皇矣上帝，临下有赫。"毛传："皇，大。"由"析微"可知，此"况"应指宏观的、大的情形。

〔19〕阳马方高数：阳马的正方形底的边长与高的数值实际上是其广、长、高的数值。　　参（sān）等：广、长、高三者相等。参，同三。《左传·隐公元年》："先王之制，大都不过参国之一。"杜预注："三分国城之一。"此谓取广、长、高相等的阳马，将其倒置。如图 4-8（6）。

〔20〕横截去上，则高自乘与断上幂数亦等焉：用一正方形横截此倒立的阳马，除去上部，则余高自乘等于其上方截断处的面积。设截断处距顶点为 $a$，截断处的正方形的边长也是 $a$，其面积为 $a^2$，则余高自乘 $a^2$ 与其相等。

〔21〕缘幂势既同，则积不容异：因为幂的态势都相同，所以它们的

体积不能不同。这就是著名的祖暅之原理：诸立体凡等高处截面积相等，则其体积必相等。它在西方称为卡瓦列利（B. Cavalieri，1598—1647）原理。缘，因为。班固《白虎通·丧服》："天子崩，赴告诸侯者何？缘臣子丧君，哀痛愤懑，无能不告语人者也。"既，副词，全，都。《左传·僖公二十二年》："楚人未既济。"

〔22〕规之外三棋旁蹙（cù）为一，即一阳马：规之外三棋在旁边聚合为一个立体，就是一个阳马。蹙，聚拢，皱缩。《孟子·梁惠王》："举疾首蹙頞而相告。"

〔23〕"三分立方"三句：将一个正方体分割成三等份，则阳马是 1 份，那么可以知道内棋占据 2 份。换言之，外三棋的体积之和与广、长、高为球半径 $r$ 的阳马的体积相等，即 $\frac{1}{3}r^3$，于是内棋 $AEFGO$ 的体积是 $\frac{2}{3}r^3$。

〔24〕合八小方成一大方，合八内棋成一合盖：将 8 个小正方体合成一个大正方体，将 8 个内棋合成一个牟合方盖。上面讨论了球的外切牟合方盖与外切正方体的 $\frac{1}{8}$，现在回到整个的牟合方盖和正方体。

〔25〕"内棋居小方三分之二"三句：由于内棋占据小正方体的 $\frac{2}{3}$，那么牟合方盖占据整个正方体也是 $\frac{2}{3}$，明显地被证明了。换言之，$V_{合盖}=\frac{2}{3}d^3$。较然，明显貌。《史记·刺客列传》："自曹沫至荆轲五人，此其义或成或不成，然其立意较然，不欺其志，名垂后世，其妄也哉！"

〔26〕约而定之，以为丸率：约简而确定之，将其作为球体积的率。此谓取 $\pi=3$，由 $V_{合盖}:V=4:3$，得到 $V=\frac{3}{4}V_{合盖}=\frac{3}{4}\times\frac{2}{3}d^3$。

〔27〕此谓 $V=\frac{1}{2}d^3$。

〔28〕等数既密：等到数值已经精确了。

〔29〕昭晰：明了，清楚，明显。何晏《景福殿赋》："虽离朱之至精，犹眩曜而不能昭晰也。"《说文解字》："'昭晰'，明也。"《广雅·释

诂四上》：昕，"明也"。

〔30〕放（fǎng）旧：模袭旧的方法。放，仿效，模袭。《书·尧典》："曰若稽古，帝尧放重力。"孔颖达疏："能放效上世之功。"　　贻哂（shěn）：贻笑，见笑。贻，遗留。哂，微笑。李籍《音义》引作"咍哂"，并云："上呼开切，下式忍切，笑也。"咍（hāi），嘲笑，嗤笑。按："贻"与"咍"不知孰是。

〔31〕校新：考察新的方法。校，考察，考核。李淳风等无视刘徽对《九章算术》开立圆术的批评，设计牟合方盖，指出解决球体积的正确方向的重大贡献，再次对刘徽无端指责。

〔32〕抑：只是。

〔33〕约此积：求得这个体积。约，求取，得。《商君书·修权》："夫废法度而好私议，则奸臣鬻权以约禄。"

〔34〕李淳风等依圆周率 $\frac{22}{7}$ 提出的球体积公式 $V=\frac{11}{21}d^3$。

**【译文】**

淳风等按：祖暅之因为刘徽、张衡两人都把圆柱作为正方形的率，把球作为圆率，于是创立新的方法。祖暅之开立圆术："以 2 乘体积，对之作开立方除法，就是球的直径。为什么是这样呢？取一枚正方体，将其左后下角取作枢纽，纵向沿着圆柱面切割去它的前上之廉，又把它们合起来，横向沿着圆柱面切割去它的右上之廉。于是正方棋分割成 4 个棋：圆柱体内 1 个棋，称为内棋；圆柱体外 3 个棋，称为外棋。沿着圆柱面重新把 4 个棋拼合起来，又横着切割它。用勾股定理考察这个横截面，将剩余的高作为勾，内棋的横截面的边长作为股，那么，原来正方形的边长就是弦。勾股法：以勾方的面积减弦方的面积，那么剩余的就是内棋的横截面之面积。原来正方形的面积就是此 4 棋之横截面积。那么，剩余的高自乘，就是外 3 棋的横截面积。不管横截之处是高还是低，其态势都是这样。而事情本来就有殊途同归的。于是引证远处的以推演同类的，借助大的以分析细微的。按：一个宽、长、高三度相等的阳马，将它倒立，横截去上部，那么它的高自乘与外 3 棋的横截面积的总和总是相等的。将棋积叠成不同的立体，循着每层的面积，审视其态势，如果每层的面积都相同，则其体积不能不相等。由此看来，圆柱外的 3 棋在旁边聚合成一个棋，就是一个阳马。将正方体分成 3 等份，那么由于阳马占据 1 份，便可知道内棋占据 2 份。将 8 个小正方体合成一个大正方体，将 8 个内棋合成一个合盖。由于内棋占据小正方体的 $\frac{2}{3}$，那么合盖占据大正方体也是 $\frac{2}{3}$，很明显地被证实了。布置 $\frac{2}{3}$，乘以圆幂率 3，除以正方形幂的率 4，约简而确定之，将其作为球体积的率。所以说，球占据正方形的 $\frac{1}{2}$ 。"等到数值已经精密了，思想就豁然开朗。张衡模袭旧的方法，给后人留下笑料。刘徽因循过去的思路，没有创造新的方法。这难道是困难的吗？只是没有深入思考罢了。依照密率，这球的体积，本来应当以球直径两次自乘，乘以 11，除以 21，便求得这个体积。今想求它本来的体积，所以乘以 21，除以 11。凡是一物的数量两次自乘，对之作开立方除法，就恢复其本来的数量。所以对之作开立方除法，就是球的直径。

# 九章筭术卷第五

魏刘徽注

唐朝议大夫行太史令上轻车都尉臣李淳风等奉敕注释

**商功**[1]以御功程积实[2]

今有穿地[3]，积一万尺。问：为坚、壤各几何[4]？

  荅曰：

  为坚七千五百尺；

  为壤一万二千五百尺。

  术曰：穿地四为壤五，壤谓息土[5]。为坚三，坚谓筑土。为墟四[6]。墟谓穿坑。此皆其常率。以穿地求壤，五之；求坚，三之；皆四而一[7]。今有术也。以壤求穿，四之；求坚，三之；皆五而一[8]。以坚求穿，四之；求壤，五之；皆三而一[9]。臣淳风等谨按：此术并今有之义也。重张穿地积一万尺，为所有数，坚率三、壤率五各为所求率，穿率四为所有率，而今有之，即得。

【注释】

  〔1〕商功：九数之一，其本义是商量土方工程量的分配。李籍云："商，度也。以度其功佣，故曰商功。"要计算工程量，首先要计算土方的体积，因此提出了若干多面体和圆体的体积公式。今天人们更重视其中立体的体积公式的内容。由体积公式派生出来的委粟问题也成为本章的重要内容，后来归于《永乐大典》的委粟类。

〔2〕功程积实：指土建工程及体积问题。功，谓一个劳力一日的工作。《汉纪·文帝纪》："冬则民既入，妇人同巷夜绩，女工一月得四十五功。"功程，谓需要投入较多人力物力营建的项目。积，体积。

〔3〕穿地：挖地。李籍云："掘地也。"穿，开凿，挖掘。

〔4〕坚：坚土，夯实的泥土。李籍云："坚为筑土。《诗》曰：'筑之登登。'"穿：坚＝4：3。 壤：松散的泥土，《书经·禹贡》："厥土惟白壤。"孔传："无块曰壤。"刘徽说是"息土"。穿：壤＝4：5。

〔5〕息土：犹息壤，沃土，利于生长农作物的土，亦即松散的泥土。《孔子家语·执辔》"息土之人美"，卢辩注："息土，谓衍沃之田。"息，本义是呼吸时进出的气，引申为滋生，生长。《周易·革》："水火相息。"王弼注："息者，生变之谓也。"孔颖达疏："息，生也。"

〔6〕墟：废址，故刘徽说"墟谓穿坑"。穿：墟＝4：4。

〔7〕此即 壤＝$\frac{5}{4}$×穿，坚＝$\frac{3}{4}$×穿。刘徽谓这是应用今有术。

〔8〕此即 穿＝$\frac{4}{5}$×壤，坚＝$\frac{3}{5}$×壤。

〔9〕此即 穿＝$\frac{4}{3}$×坚，壤＝$\frac{5}{3}$×坚。

【译文】

**商功** <sub></sub>为了处理工程的体积问题

假设挖出的泥土，其体积为 10 000 尺³。问：变成坚土、壤土各是多少？

答：
变成坚土 7 500 尺³；
变成壤土 12 500 尺³。

术：挖出的土是4，变成壤土是5。壤土是指肥沃的土。变成坚土是3。坚土是指夯土。变成墟土是4。墟土是指挖坑的土。这些都是它们的常率。由挖出的土求壤土，乘以5，求坚土，乘以3，都除以4。这是用今有术。由壤土求挖出的土，乘以4，求坚土，乘以3，都除以5。由坚土求挖出的土，乘以4，求壤土，乘以5，都除以3。淳风等按：这些方法都是今有术。重复布置挖出的土的体积10 000尺³，作为所有数。坚土率3、壤土率5各为所求率，挖出的土的率为所有率，用今有术求之，就得到了。

城[1]、垣[2]、堤[3]、沟[4]、堑[5]、渠[6]皆同术[7]。
术曰：并上下广而半之，损广补狭[8]。以高若深乘
之，又以袤乘之，即积尺[9]。按：此术"并上下广而半
之"者，以盈补虚，得中平之广[10]。"以高若深乘之"，得一头
之立幂[11]。"又以袤乘之"者，得立实之积[12]，故为积尺。
今有城，下广四丈，上广二丈，高五丈，袤一百二十六
丈五尺。问：积几何？
答曰：一百八十九万七千五百尺[13]。
今有垣，下广三尺，上广二尺，高一丈二尺，袤二十二
丈五尺八寸。问：积几何？
答曰：六千七百七十四尺[14]。
今有堤，下广二丈，上广八尺，高四尺，袤一十二丈七
尺。问：积几何？
答曰：七千一百一十二尺[15]。
冬程人功四百四十四尺[16]。问：用徒几何[17]？
答曰：一十六人一百一十一分人之二。
术曰：以积尺为实，程功尺数为法。实如法而一，
即用徒人数[18]。
今有沟，上广一丈五尺，下广一丈，深五尺，袤七丈。
问：积几何？
答曰：四千三百七十五尺[19]。
春程人功七百六十六尺[20]，并出土功五分之一，定
功六百一十二尺五分尺之四[21]。问：用徒几何？

答曰：七人三千六十四分人之四百二十七。

术曰：置本人功，去其五分之一，余为法。"去其五分之一"者，谓以四乘五除也[22]。以沟积尺为实。实如法而一，得用徒人数[23]。按：此术"置本人功，去其五分之一"者，谓以四乘之，五而一。除去出土之功，取其定功，乃通分内子以为法。以分母乘沟积尺为实者，法里有分，实里通之[24]，故实如法而一，即用徒人数。此以一人之积尺除其众尺，故用徒人数不尽者，等数约之而命分也。

今有堑，上广一丈六尺三寸，下广一丈，深六尺三寸，袤一十三丈二尺一寸。问：积几何？

答曰：一万九百四十三尺八寸[25]。八寸者，谓穿地方尺，深八寸。此积余有方尺中二分四厘五毫，弃之[26]。贵欲从易，非其常定也。

夏程人功八百七十一尺[27]，并出土功五分之一，沙砾水石之功作太半[28]，定功二百三十二尺一十五分尺之四[29]。问：用徒几何？

答曰：四十七人三千四百八十四分人之四百九。

术曰：置本人功，去其出土功五分之一，又去沙砾水石之功太半，余为法。以堑积尺为实。实如法而一，即用徒人数[30]。按：此术"置本人功，去其出土功五分之一"者，谓以四乘五除。"又去沙砾水石作太半"者，一乘三除，存其少半，取其定功，乃通分内子以为法。以分母乘积尺为实者，为法里有分，实里通之，故实如法而一，即用徒人数。不尽者，等数约之而命分也。

今有穿渠，上广一丈八尺，下广三尺六寸，深一丈八尺，袤五万一千八百二十四尺。问：积几何？

答曰：一千七万四千五百八十五尺六寸[31]。

秋程人功三百尺[32]。问：用徒几何？

答曰：三万三千五百八十二人，功内少一十四尺四寸[33]。

一千人先到，问：当受袤几何？

答曰：一百五十四丈三尺二寸八十一分寸之八。

术曰：以一人功尺数乘先到人数为实。以一千人一日功为实[34]。并渠上、下广而半之，以深乘之为法[35]。以渠广、深之立实为法[36]。实如法得袤尺[37]。

【注释】

〔1〕城：此指都邑四周用以防守的墙垣。

〔2〕垣：墙，矮墙。《说文》：“垣，墙也。”李籍云：“墉也。”

〔3〕堤：堤防，沿江河湖海用土石修筑的挡水工程。《韩非子·喻老》：“千丈之堤，以蝼蚁之穴溃。”李籍云：堤，“防也”。

〔4〕沟：田间水道。《周礼·考工记·匠人》：“九夫为井。井间广四尺，深四尺谓之沟。”李籍引《释名》曰：“田间之水曰沟。沟，搆也，纵横相交搆。”

〔5〕堑：坑，壕沟，护城河。《说文》：“堑，坑也。”《墨子·备城门》：“堑中深丈五，广比肩。”李籍云：“长于沟也。水之绕城者。”

〔6〕渠：人工开挖的壕沟，水道。《说文》：“渠，水所居。”王筠句读：“河者，天生；渠者，人凿之。”李籍云：“长于堑也。水之通运者。”

〔7〕城、垣、堤是地面上的土石工程，沟、堑、渠是地面下的水土工程，然而在数学上它们的形状完全相同：上、下两底是互相平行的长方形，它们的长相等而宽不等，两侧为相等的两长方形，两端为垂直于地面的全等的等腰梯形，如图5-1（1）。因而《九章筭术》说它们“同术”，即有同一求积公式。以下以“堑”代表这种多面体。

〔8〕损广补狭：减损长的，补益短的。因为堑的上下广不相等，故损广补狭，以求其平均值。如图5-1（2）。“损广补狭”，下条注称为“以盈补虚”，都是出入相补原理的不同表达方式。用语不同，反映了时代的差异，必有刘徽“采其所见”者。

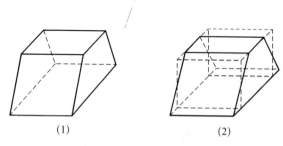

(1)                (2)

图 5-1   堑及其出入相补

（采自《古代世界数学泰斗刘徽》）

〔9〕若：或。     袤：李籍云"长也"。记堑的上、下广分别是 $a_1$，$a_2$，袤是 $b$，高或深是 $h$，则其体积

$$V = \frac{1}{2}(a_1 + a_2)bh。\tag{5-1}$$

〔10〕中平之广：广的平均值。中平，中等，平均。

〔11〕立幂：这里指直立的面积，与少广章开立方术刘徽注的"立幂"指体积，是不同的。

〔12〕立实：这里指直立的面积的实。按："立幂"、"立实"在少广章、商功章注文中凡数见，各有歧义。少广章开立方术刘徽注中，"立幂"与"平幂"相对应，前者指立方体体积，后者指平面面积。这里的"立实"与"立幂"相对应，深广相乘为立幂，又乘以袤，则为立实。下穿渠问注中有一"立实"，为深广之积。下穿地求广问术文分注中有两"立实"，皆为深、袤相乘之积。此两"立实"在下总注中皆作"立幂"。这种一实两名的情况很可能反映了时代的不同，即前者是刘徽前的名称，刘徽"采其所见"，写入注中，后者系刘徽使用的名称。

〔13〕由城体积公式（5-1），其体积

$$V = \frac{1}{2}(a_1 + a_2)bh = \frac{1}{2}(20 + 40) \times 1\,265 \times 50 = 1\,897\,500(尺^3)。$$

〔14〕由垣体积公式（5-1），其体积

$$V = \frac{1}{2}(a_1 + a_2)bh = \frac{1}{2}(2 + 3) \times 225\,\frac{4}{5} \times 12 = 6\,774(尺^3)。$$

〔15〕由堤体积公式（5-1），其体积

$$V = \frac{1}{2}(a_1 + a_2)bh = \frac{1}{2}(8 + 20) \times 127 \times 4 = 7\,112(尺^3)。$$

〔16〕冬程人功四百四十四尺：一人在冬季的标准工作量是 444 尺³。《晋书·律历志》："暨于秦汉乃以孟冬为岁首。"说明秦汉时期以冬季第一个月十月为岁首，故将冬程人功作为第一个程功问题。冬程人功，就是一人在冬季的程功，即标准工作量。程功，标准的工作量。

〔17〕徒：服徭役者。《周礼·天官·冢宰》："胥十有二人，徒百有二十人。"郑玄注："此民给徭役者。"

〔18〕《九章算术》的方法是：用徒人数 = 堤积尺 ÷ 冬程人功。

〔19〕由沟体积公式（5-1），其体积

$$V = \frac{1}{2}(a_1 + a_2)bh = \frac{1}{2}(10 + 15) \times 70 \times 5 = 4\,375(\text{尺}^3)。$$

〔20〕春程人功七百六十六尺：一人在春季的标准工作量是 766 尺³。春程人功，就是一人在春季的标准工作量。

〔21〕并：合并，吞并，兼。这里是说兼有，其中合并了出土功。

定功：确定的工作量。春季每人的标准工作量是 766 尺³，但挖沟时需要自己出土，占工作量的 $\frac{1}{5}$，因此确定的工作量是 766 尺³ $\times \left(1 - \frac{1}{5}\right) = 612\frac{4}{5}$ 尺³。

〔22〕实际的工作量是春程人功的 $1 - \frac{1}{5} = \frac{4}{5}$，因此定功为 766 尺³ $\times 4 \div 5 = 612\frac{4}{5}$ 尺³。

〔23〕《九章算术》的算法是：用徒人数 = 沟积尺 ÷ $\left[\text{春程人功} \times \left(1 - \frac{1}{5}\right)\right]$。

〔24〕法里有分，实里通之：当法有分数的时候，要用法的分母将实通分。设由法化成的假分数为 $\frac{m}{n}$，则用徒人数 $= V \div \frac{m}{n} = \frac{Vn}{n} \div \frac{m}{n} = \frac{Vn}{m}$。

〔25〕由堑体积公式（5-1），其体积

$$V = \frac{1}{2}(a_1 + a_2)bh = \frac{1}{2}\left(10 + 16\frac{3}{10}\right) \times 132\frac{1}{10} \times 6\frac{3}{10}$$
$$= 10\,943(\text{尺}^3)8\,245(\text{寸}^3)。$$

八寸，即 8 尺² 寸＝800 寸³。"八寸"实际上是表示长、宽各 1 尺，高 8 寸的长方体的体积。

〔26〕方尺中二分四厘五毫，弃之：2 尺² 分 4 尺² 厘 5 尺² 毫，相当于长、宽各 1 尺，高 2 分 4 厘 5 毫的长方体的体积，即 $24\frac{1}{2}$ 寸³。舍弃 $24\frac{1}{2}$ 寸³，以 10 943 尺³ 800 寸³ 作为堥的体积。

〔27〕夏程人功八百七十一尺：一人在夏季的标准工作量是 871 尺³。夏程人功，就是一人在夏季的标准工作量。

〔28〕此谓夏程人功中兼有出土功 $\frac{1}{5}$，沙砾水石功 $\frac{2}{3}$。砾：李籍引《释名》曰："小石曰砾。"

〔29〕定功为 871 尺³ $\times\left(1-\frac{1}{5}\right)\times\left(1-\frac{2}{3}\right)=232\frac{4}{15}$ 尺³。

〔30〕《九章算术》的算法是：用徒人数＝堥积尺 ÷ $\left[\right.$ 夏程人功 $\times$ $\left.\left(1-\frac{1}{5}\right)\times\left(1-\frac{2}{3}\right)\right]$。

〔31〕由穿渠体积公式（5-1），其体积

$$V=\frac{1}{2}(a_1+a_2)bh=\frac{1}{2}\left(3\frac{3}{5}+18\right)\times51\,824\times18$$
$$=10\,074\,585(尺^3)600(寸^3)。$$

〔32〕秋程人功三百尺：一人在秋季的标准工作量是 300 尺³。秋程人功，就是一人在秋季的标准工作量。

〔33〕用徒为 10 074 585 尺³ 600 寸³ ÷ 300 尺³/人，接近 33 582 人。若将穿渠的土方积加 14 尺³ 400 寸³，则（10 074 585 尺³ 600 寸³ ＋14 尺³ 400 寸³）÷ 300 尺³/人＝33 582 人。故云功内少 14 尺³ 400 寸³。

〔34〕此谓以 300 尺³ × 1 000＝300 000 尺³ 为实。

〔35〕此即以 $\frac{1}{2}(a_1+a_2)h=\frac{1}{2}\left(3\frac{3}{5}+18\right)\times18=\frac{972}{5}$ 尺² 为法。

〔36〕立实：这里指宽、深形成的直立的面积。

〔37〕此是公式（5-1）的逆运算：$b=V\div\frac{1}{2}(a_1+a_2)h=300\,000$

$尺^3 \div \dfrac{972}{5} 尺^2 = 1\,543 尺 2\dfrac{8}{81} 寸。$

## 【译文】

城、垣、堤、沟、堑、渠都使用同一术

术：将上、下宽相加，取其一半。这是减损宽广的，补益狭窄的。以高或深乘之，又以长乘之，就是体积的尺数。按：此术中"将上、下宽相加，取其一半"，这是以盈余的补益虚缺的，得到宽的平均值。"以高或深乘之"，就得到一头竖立的面积。"又以长乘之"，便得到立体的体积，所以就是体积的尺数。

假设有一堵城墙，下底宽是 4 丈，上顶宽是 2 丈，高是 5 丈，长是 126 丈 5 尺。问：它的体积是多少？

　　答：$1\,897\,500$ 尺$^3$。

假设有一堵垣，下底宽是 3 尺，上顶宽是 2 尺，高是 1 丈 2 尺，长是 22 丈 5 尺 8 寸。问：它的体积是多少？

　　答：$6\,774$ 尺$^3$。

假设有一段堤，下底宽是 2 丈，上顶宽是 8 尺，高是 4 尺，长是 12 丈 7 尺。问：它的体积是多少？

　　答：$7\,112$ 尺$^3$。

　假设冬季每人的标准工作量是 444 尺$^3$，问：用工多少？

　　答：$16\dfrac{2}{111}$ 人。

　　术：以体积的尺数作为实，每人的标准工作量作为法。实除以法，就是用工人数。

假设有一条沟，上宽是 1 丈 5 尺，下底宽是 1 丈，深是 5 尺，长是 7 丈。问：它的容积是多少？

　　答：$4\,375$ 尺$^3$。

　假设春季每人的标准工作量是 766 尺$^3$，其中包括出土的工作量 $\dfrac{1}{5}$。确定的工作量是 $612\dfrac{4}{5}$ 尺$^3$。问：用工多少？

　　答：$7\dfrac{427}{3\,064}$ 人。

术：布置一人本来的标准工作量，除去它的 $\frac{1}{5}$，余数作为法。

"除去它的 $\frac{1}{5}$"，就是乘以 4，除以 5。以沟的容积尺数作为实。实除以法，就是用工人数。按：此术中，"布置一人本来的标准工作量，除去它的 $\frac{1}{5}$"，就是乘以 4，除以 5。除去出土的工作量，留取一人确定的工作量。于是通分，纳入分子，作为法。用法的分母乘沟的体积尺数作为实，是因为如果法中有分数，就在实中将其通分。所以，实除以法，就是用工人数。这里用一人完成的土方体积尺数除众人完成的土方体积尺数，所以如果求出用工人数后还有剩余，就用等数约简之而命名一个分数。

假设有一道堑，上宽是 1 丈 6 尺 3 寸，下底宽是 1 丈，深是 6 尺 3 寸，长是 13 丈 2 尺 1 寸。问：它的容积是多少？

答：10 943 尺³800 寸³。这里"八寸"，是说挖地 1 方尺而深 8 寸。这一容积中还有余数为方尺中 2 分 4 厘 5 毫，将其舍去。处理问题时，贵在遵从简易的原则，没有一成不变的规矩。

假设夏季每人的标准工作量是 871 尺³，其中包括出土的工作量 $\frac{1}{5}$，沙砾水石的工作量 $\frac{2}{3}$。确定的工作量是 $232\frac{4}{15}$ 尺³。问：用工多少？

答：$47\frac{409}{3\,484}$ 人。

术：布置一人本来的标准工作量，除去出土的工作量即它的 $\frac{1}{5}$，又除去沙砾水石的工作量即它的 $\frac{2}{3}$，余数作为法。以堑的容积尺数作为实。实除以法，就是用工人数。按：此术中，"布置一人本来的标准工作量，除去它的 $\frac{1}{5}$"，就是乘以 4，除以 5。"又除去沙砾水石的工作量 $\frac{2}{3}$"，就是乘以 1，除以 3，存下其 $\frac{1}{3}$。留取一人确定的工作量，于是通分，纳入分子，作为法。用法的分母乘体积尺数作为实，是因为如果法中有分数，就在实中将其通分。所以，实除以法，就是用工人数。除不尽的，就用等数约简之而命名一个分数。

假设挖一条水渠，上宽是 1 丈 8 尺，下底宽是 3 尺 6 寸，深是 1 丈 8 尺，长是 51 824 尺。问：挖出的土方体积是多少？

答：10 074 585 尺³600 寸³。

假设秋季每人的标准工作量是 300 尺³，问：用工多少？

答：33 582 人，而总工作量中少了 14 尺³400 寸³。

如果 1 000 人先到，问：应当领受多长的渠？

答：154 丈 3 尺 2 $\frac{8}{81}$ 寸。

术：以一人标准工作量的体积尺数乘先到人数，作为实。以 1 000 人一天的工作量作为实。将水渠的上、下宽相加，取其一半，以深乘之，作为法。以水渠的宽与深形成的竖立的面积作为法。实除以法，就得到长度尺数。

今有方堢壔[1] 堢者[2]，堢城也。壔，音丁老切，又音纛[3]，谓以土拥木也。方一丈六尺，高一丈五尺。问：积几何？

荅曰：三千八百四十尺。

术曰：方自乘，以高乘之，即积尺[4]。

今有圆堢壔[5]，周四丈八尺，高一丈一尺。问：积几何？

荅曰：二千一百一十二尺。于徽术，当积二千一十七尺一百五十七分尺之一百三十一。　臣淳风等谨按：依密率，积二千一十六尺。

术曰：周自相乘，以高乘之，十二而一[6]。此章诸术亦以周三径一为率，皆非也。于徽术，当以周自乘，以高乘之，又以二十五乘之，三百一十四而一[7]。此之圆幂亦如圆田之幂也。求幂亦如圆田，而以高乘幂也。　臣淳风等谨按：依密率，以七乘之，八十八而一[8]。

【注释】

〔1〕方堢壔：即今之正方柱体，如图 5 - 2。壔，土堡。

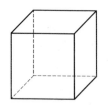

图 5-2 方堢壔
(采自《古代世界数学泰斗刘徽》)

〔2〕壔：李籍云："小城也。"

〔3〕纛（dào）：古代用雉尾或牦牛尾做的舞具，帝王车上的饰物，亦作仪仗、军队中的大旗。

〔4〕设方堢壔每边长为 $a$，高 $h$，则其体积

$$V = a^2 h。 \tag{5-2}$$

将此例题的数值代入，得该方堢壔的体积为

$$V = a^2 h = 16^2 \times 15 = 3\,840(尺^3)。$$

〔5〕圆堢壔：即今之圆柱体，如图 5-3。

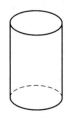

图 5-3 圆堢壔
(采自《古代世界数学泰斗刘徽》)

〔6〕设圆堢壔的底周长为 $L$，高 $h$，则其体积

$$V = \frac{1}{12}L^2 h。 \tag{5-3-1}$$

〔7〕刘徽以徽术将（5-3-1）式修正为

$$V = \frac{25}{314}L^2 h。 \tag{5-3-2}$$

〔8〕李淳风等将（5-3-1）式修正为

$$V = \frac{7}{88}L^2 h \text{。} \qquad\qquad (5-3-3)$$

【译文】

假设有一方堢埿，堢是堢城，埿，音丁老切，又音纛，是说用土围裹着一根木桩。它的底是边长1丈6尺的正方形，高是1丈5尺。问：其体积是多少？

答：3 840尺$^3$。

术：底面边长自乘，以高乘之，就是体积尺数。

假设有一圆堢埿，底面圆周长是4丈8尺，高是1丈1尺。问：其体积是多少？

答：2 112尺$^3$。用我的徽术，体积应当是 2 017 $\frac{131}{157}$尺$^3$。　　淳风等

按：依照密率，体积是2 016尺$^3$。

术：底面圆周长自乘，以高乘之，除以12。此章中各术也都以周3径1作为率，都是错误的。用我的徽术，应当以底面圆周长自乘，以高乘之，又以25乘之，除以314。此处之圆面积也如同圆田之面积。因此求它的幂也如圆田，然后以高乘面积。　　臣淳风等按：依照密率，以7乘之，除以88。

今有方亭[1]，下方五丈，上方四丈，高五丈。问：积几何？

答曰：一十万一千六百六十六尺太半尺。

术曰：上、下方相乘，又各自乘，并之，以高乘之，三而一[2]。此章有堑堵、阳马，皆合而成立方，盖说筹者乃立棋三品[3]，以效高深之积[4]。假令方亭，上方一尺，下方三尺，高一尺[5]。其用棋也，中央立方一，四面堑堵四，四角阳马四[6]。上、下方相乘为三尺，以高乘之，约积三尺[7]，是为得中央立方一，四面堑堵各一[8]。下方自乘为九，以高乘之，得积九尺[9]，是为中央立方一，四面堑堵各二，四角阳马

各三也<sup>[10]</sup>。上方自乘，以高乘之，得积一尺，又为中央立方一<sup>[11]</sup>。凡三品棋皆一而为三<sup>[12]</sup>。故三而一，得积尺<sup>[13]</sup>。用棋之数：立方三，堑堵、阳马各十二，凡二十七，棋十三<sup>[14]</sup>。更差次之<sup>[15]</sup>，而成方亭者三，验矣<sup>[16]</sup>。　为术又可令方差自乘，以高乘之，三而一，即四阳马也<sup>[17]</sup>。上下方相乘，以高乘之，即中央立方及四面堑堵也<sup>[18]</sup>。并之，以为方亭积数也<sup>[19]</sup>。

今有圆亭<sup>[20]</sup>，下周三丈，上周二丈，高一丈。问：积几何？

荅曰：五百二十七尺九分尺之七。于徽术，当积五百四尺四百七十一分尺之一百一十六也。　按密率<sup>[21]</sup>，为积五百三尺三十三分尺之二十六。

术曰：上、下周相乘，又各自乘，并之，以高乘之，三十六而一<sup>[22]</sup>。此术周三径一之义，合以三除上、下周，各为上、下径，以相乘；又各自乘，并，以高乘之，三而一，为方亭之积<sup>[23]</sup>。假令三约上、下周，俱不尽，还通之，即各为上、下径。令上、下径相乘，又各自乘，并，以高乘之，为三方亭之积分<sup>[24]</sup>。此合分母三相乘得九，为法，除之<sup>[25]</sup>。又三而一，得方亭之积<sup>[26]</sup>。从方亭求圆亭之积，亦犹方幂中求圆幂<sup>[27]</sup>。乃令圆率三乘之，方率四而一，得圆亭之积<sup>[28]</sup>。前求方亭之积，乃以三而一，今求圆亭之积<sup>[29]</sup>，亦合三乘之<sup>[30]</sup>。二母既同，故相准折<sup>[31]</sup>。惟以方幂四乘分母九，得三十六，而连除之<sup>[32]</sup>。于徽术，当上、下周相乘，又各自乘，并，以高乘之，又二十五乘之，九百四十二而一<sup>[33]</sup>。此圆亭四角圆杀<sup>[34]</sup>，比于方亭，二百分之一百五十七<sup>[35]</sup>。为术之意，先作方亭，三而一，则此据上、下径为之者，当又以一百五十七乘之，六百而一也<sup>[36]</sup>。今据周为之，若于圆堢壔，又以二十五乘之，三百一十四而一，则先得三圆亭矣<sup>[37]</sup>。故以三百一十四为九百四十二而一，并除之。　臣淳风等谨按：依密率，以七乘之，二百六十四而一[38]。

**【注释】**

〔1〕方亭：即今之正四锥台，或方台，如图 5 - 4。李籍云："方亭者，其积之形如亭之方者。"亭，本是古代设在路旁供行人休息、食宿的处所。《说文解字》："亭，民所安定也。"李籍引《释名》曰："亭，停也。人所停集也。"

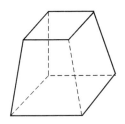

图 5 - 4　方亭
（采自《古代世界数学泰斗刘徽》）

〔2〕设方亭的上底边长为 $a_1$，下底边长为 $a_2$，高 $h$，则其体积公式为

$$V = \frac{1}{3}(a_1 a_2 + a_1^2 + a_2^2)h。 \qquad (5 - 4 - 1)$$

〔3〕说筹者：研究数学的学者。这里主要指刘徽之前的数学家。

棋三品：即三品棋，是指广、长、高均为 1 尺的正方体、堑堵、阳马，如图 5 - 5，是为《九章算术》、秦汉数学简牍时代直到刘徽之前人们推导多面体体积公式所使用的三种基本立体模型。品，种类。

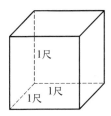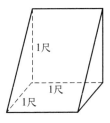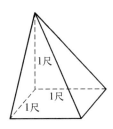

图 5 - 5　三品棋
（采自译注本《九章算术》）

〔4〕以效高深之积：以三品棋推证由高、深形成的多面体体积。效，通校（jiào），考核，考查。《庄子·列御寇》："彼将任我以事，而校我以功，吾是以惊。"又作验证，证明。《淮南子·脩务训》："哭者，悲之效也。"高诱注："效，验也。"

〔5〕"假令方亭"四句：假设方亭的上底边长 1 尺，下底边长 3 尺，高 1 尺，如图 5-6（1）。这是一枚标准型方亭。此下是刘徽记述的《九章算术》时代利用三品棋以棋验法推导（5-4-1）式的方法。

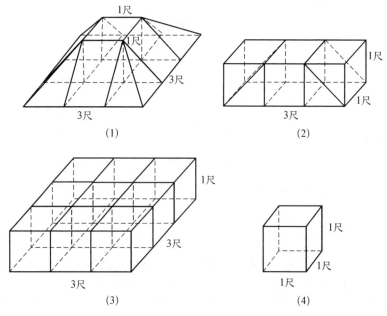

图 5-6　方亭之棋验法
（采自译注本《九章算术》）

〔6〕标准型方亭含有三品棋的个数是位于中央的 1 个立方体，位于四面的 4 个堑堵，位于四角的 4 个阳马。

〔7〕这里构造第一个长方体，宽是标准型方亭上底边长 1 尺，长是其下底边长 3 尺，高是其高 1 尺，如图 5-6（2）。约积三尺：得到其体积是 $a_1a_2h = 1 \times 3 \times 1 = 3$（尺$^3$）。约，求取，见少广章开立圆术李淳风等注释的注解〔33〕。

〔8〕第一个长方体含有中央正方体 1 个，四面堑堵各 1 个。

〔9〕再构造第二个长方体，实际上是一个方柱体，底的边长是标准

型方亭下底边长 3 尺，高是其高 1 尺，如图 5 - 6（3），其体积是 $a_2^2h = 3^2 \times 1 = 9$（尺$^3$）。

〔10〕第二个长方体含有中央正方体 1 个，四面堑堵各 2 个，四角阳马各 3 个。

〔11〕再构造第三个长方体，实际上是以标准方亭的上底边长 1 尺为边长的正方体，如图 5 - 6（4），其体积是 $a_1^2h = 1^2 \times 1 = 1$（尺$^3$），它就是 1 个中央正方体。

〔12〕凡三品棋皆一而为三：所构造的三个长方体共有中央立方体 3 个，四面堑堵 12 个，四角阳马 12 个，与标准方亭所含中央立方 1 个、四面堑堵 4 个、四角阳马 4 个相比较，构成标准方亭的三品棋 1 个都变成了 3 个。三个长方体的体积总共是 $(a_1a_2 + a_1^2 + a_2^2)h$。

〔13〕故三而一，得积尺：所以除以 3，就得（5 - 4 - 1）式，这就是一个标准方亭的体积。

〔14〕此谓三个长方体的三品棋分别是 3 个正方棋，12 个堑堵棋，12 个阳马棋，总数是 27 个，可以合成 13 个正方棋。此取法国林力娜（K. Chemla）的意见。

〔15〕更差（cī）次之：将这 13 个正方棋按照一定的类别和次序重新组合。差次，是指等级次序。《史记·商君列传》："明尊卑爵秩等级，各以差次名田宅。"

〔16〕此 13 个立方棋重新构成 3 个标准型方亭，又验证了（5 - 4 - 1）式。这就是关于方亭的棋验法。显然，这种方法只适应于标准型方亭，因为对一般的方亭，尽管可以构造三个长方体，但其中所含的 3 个立方体、12 个堑堵、12 个阳马，因为都不是三品棋，其广、袤、高不相等，无法重新组合成三个方亭。

〔17〕这是刘徽在证明了阳马的体积公式（见下阳马术刘徽注）之后，以有限分割求和法推导方亭的体积公式。如图 5 - 7，将方亭分解成中央 1 个长方体（实际上是一个方柱体），四面 4 个堑堵，四角 4 个阳马。每个阳马的底面是以 $\frac{1}{2}(a_2 - a_1)$ 为边长的正方形，由阳马体积公式，其体积是 $\frac{1}{3}\left[\frac{1}{2}(a_2 - a_1)\right]^2h$，4 个阳马的体积是 $\frac{1}{3}(a_2 - a_1)^2h$。

〔18〕中央长方体的底面是以 $a_1$ 为边长的正方形，其体积是 $a_1^2h$。每个堑堵的底面的长是 $a_1$，宽是 $\frac{1}{2}(a_2 - a_1)$，由堑堵体积公式（见下堑堵

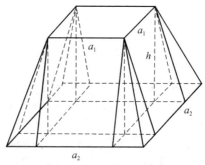

图 5-7 方亭的有限分割求和法
（采自译注本《九章算术》）

术），其体积是 $\frac{1}{2} \times \frac{1}{2} a_1(a_2 - a_1)h$，4 个堑堵的体积是 $a_1(a_2 - a_1)h$。中央长方体与 4 个堑堵的体积之和是 $a_1^2 h + a_1(a_2 - a_1)h = a_1 a_2 h$。

〔19〕将四角 4 阳马、中央长方体、四面 4 堑堵的体积相加，便得到方亭的体积

$$V = \frac{1}{3}(a_2 - a_1)^2 h + a_1 a_2 h_{\circ} \qquad (5-4-2)$$

〔20〕圆亭：即今之圆台，如图 5-8（1）。

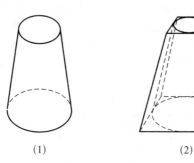

(1)        (2)

图 5-8 圆亭
（采自译注本《九章算术》）

〔21〕按密率：此注之作者难以定论，南宋本、杨辉本不具作者，戴震辑录本作淳风等注。参见开立圆术例题 1 注释〔2〕。

〔22〕设圆亭的上底边长为 $L_1$，下底边长为 $L_2$，高 $h$，则其体积公式为

$$V = \frac{1}{36}(L_1 L_2 + L_1^2 + L_2^2)h。 \tag{5-5-1}$$

〔23〕这是以周 3 径 1 之率，作圆亭的外切方亭，此方亭的上、下底的边长分别为 $\frac{L_1}{3}$，$\frac{L_2}{3}$，由公式（5-4-1）便求出此方亭的体积

$$\frac{1}{3}\left[\frac{L_1}{3}\cdot\frac{L_2}{3}+\left(\frac{L_1}{3}\right)^2+\left(\frac{L_2}{3}\right)^2\right]h。$$

〔24〕此谓在 $\frac{L_1}{3}$，$\frac{L_2}{3}$ 不可除尽的情况下，计算 $(L_1 L_2 + L_1^2 + L_2^2)h$，它是 3 个以圆亭上周 $L_1$，下周 $L_2$ 分别为上、下底边长的大方亭的体积。

〔25〕计算大方亭时没有以 3 除周长，故计算 3 个外切方亭的体积时需以 $3^2 = 9$ 除之。这种做法在后来的数学著作中称为"寄母"。

〔26〕圆亭的一个外切方亭的体积是 $\frac{1}{3}\cdot\frac{1}{9}(L_1 L_2 + L_1^2 + L_2^2)h$。

〔27〕从方亭求圆亭之积，亦犹方幂中求圆幂：记圆幂为 $S_圆$，方幂为 $S_方$，圆亭体积为 $V_{圆亭}$，方亭体积为 $V_{方亭}$，此即

$$V_{方亭} : V_{圆亭} = S_方 : S_圆。 \tag{5-6}$$

是为祖暅之原理发展过程中的一个应用。

〔28〕此即 $V_{圆亭} = \frac{S_圆}{S_方}V_{方亭} = \frac{3}{4}V_{方亭}$。 $\tag{5-7-1}$

〔29〕三而一：由于方亭体积公式（5-4-1）有系数 $\frac{1}{3}$，故以 3 除之。

〔30〕三：指相对于方率 4 之圆率 3，即 $\pi = 3$。

〔31〕准折：恰好抵消。先"三而一"，后"三乘之"，故互相抵消。

〔32〕此谓只以 $3^2 \times 4 = 36$ 一并除即可，即由 $\frac{3}{4}\times\frac{1}{3}\times\frac{1}{9}(L_1 L_2 + L_1^2 + L_2^2)h$ 得到（5-5-1）式。

〔33〕刘徽以徽术将（5-5-1）修正为

$$V = \frac{25}{942}(L_1 L_2 + L_1^2 + L_2^2)h。 \tag{5-5-2}$$

〔34〕杀（shài）：差（cī），差等，见卷四开立圆术刘徽注第一段注解〔19〕。

〔35〕刘徽将（5-7-1）式修正为

$$V_{圆亭} = \frac{157}{200} V_{方亭}。 \tag{5-7-2}$$

〔36〕设圆亭的上、下底的直径分别为 $d_1$，$d_2$，刘徽认为其外切方亭的体积为

$$V = \frac{157}{600}(d_1 d_2 + d_1^2 + d_2^2)h。 \tag{5-5-3}$$

〔37〕根据圆堢壔的体积公式（5-3-2），3 个圆亭的体积应为 $\frac{25}{314}(L_1 L_2 + L_1^2 + L_2^2)h$。

〔38〕李淳风等将（5-5-1）修正为

$$V = \frac{7}{264}(L_1 L_2 + L_1^2 + L_2^2)h。 \tag{5-5-4}$$

**【译文】**

假设有一个方亭，下底面是边长为 5 丈的正方形，上底面是边长为 4 丈的正方形，高是 5 丈。问：其体积是多少？

答：$101\,666\frac{2}{3}$ 尺$^3$。

术：上、下底面的边长相乘，又各自乘，将它们相加，以高乘之，除以 3。此章有堑堵、阳马等立体，都可以拼合成立方体。所以治算学的人就设立三品棋，为的是推证以高深形成的立体体积。假设一个方亭，上底是边长为 1 尺的正方形，下底是边长为 3 尺的正方形，高是 1 尺。它所使用的棋：中央 1 个正方体，四面 4 个堑堵，四角 4 个阳马。上、下的边长相乘，得到 3 尺$^2$，以高乘之，求得体积 3 尺$^3$。这就得到中央的 1 个正方体，四面各 1 个堑堵。下底边长自乘得 9 尺$^3$，以高乘之，得到体积 9 尺$^3$。这就是中央的 1 个正方体，四面各 2 个堑堵，四角各 3 个阳马。上底边长自乘，以高乘之，得到体积 1 尺$^3$，又为中央的 1 个正方体。那么，凡是三品棋，1 个都变成了 3 个。所以除以 3，便得到方亭的体积尺数。用三品棋的数目：正方体 3 个，堑堵、阳马各 12 个，共 27 个，能合成 13 个正方棋。重新按一定顺序将它们组

合，可成为3个方亭，这就推验了方亭的体积公式。　　造术又可以使上、下两底边长的差自乘，以高乘之，除以3，就是四角四阳马的体积；上、下底边长相乘，以高乘之，就是中央一个长方体与四面四个堑堵的体积。两者相加，就是方亭的体积尺数。

假设有一个圆亭，下底周长是3丈，上底周长是2丈，高是1丈。问：其体积是多少？

答：$527\dfrac{7}{9}$ 尺$^3$。用我的徽术，体积应当是 $504\dfrac{116}{471}$尺$^3$。　　依照密率，体积是 $503\dfrac{26}{33}$尺$^3$

术：上、下底周长相乘，又各自乘，将它们相加，以高乘之，除以36。此术依照周3径1之义，应当以3除上、下底的周长，分别作为上、下底的直径。将它们相乘，又各自乘，相加，以高乘之，除以3，就成为圆亭的外切方亭的体积。如果以3约上、下底的周长，都约不尽，就回头将它们通分，将它们分别作为上、下底的直径。使上、下底的直径相乘，又各自乘，相加，以高乘之，就是3个方亭体积的积分。这里还应当以分母3相乘得9，作为法，除之。再除以3，就得到一个方亭的体积。从方亭求圆亭的体积，也如同从正方形的面积中求其内切圆的面积。于是乘以圆率3，除以方率4，就得到圆亭的体积。前面求方亭的体积是除以3。现在求圆亭的体积，又应当乘以3。二数既然相同，所以恰好互相抵消，只以正方形的面积4乘分母9，得36而合起来除之。用我的徽术，应当将上、下底的周长相乘，又各自乘，相加，以高乘之，又乘以25，除以942。这里的圆亭的四个角收缩成圆，它与方亭相比，是 $\dfrac{157}{200}$。造术的意思是：先作一个方亭，除以3。如果这是根据上、下底的周长作的方亭，应当又乘以157，除以600。现在是根据圆亭上、下底的周长作的方亭，如同对圆堢壔那样，乘以25，除以314。那么就先得到了3个圆亭。所以将除以314变为除以942，就是用3与314一并除。　　淳风等按：依照密率，乘以7，除以264。

今有方锥[1]，下方二丈七尺，高二丈九尺。问：积几何？

答曰：七千四十七尺。

术曰：下方自乘，以高乘之，三而一[2]。按：此术假令方锥下方二尺，高一尺，即四阳马[3]。如术为之，用十二阳

马，成三方锥[4]，故三而一，得方锥也。

今有圆锥[5]，下周三丈五尺，高五丈一尺。问：积几何？

答曰：一千七百三十五尺一十二分尺之五。于徽术，当积一千六百五十八尺三百一十四分尺之十三。

依密率[6]，为积一千六百五十六尺八十八分尺之四十七。

术曰：下周自乘，以高乘之，三十六而一[7]。按：此术圆锥下周以为方锥下方。方锥下方今自乘，以高乘之，令三而一，得大方锥之积[8]。大锥方之积合十二圆矣[9]。今求一圆，复合十二除之，故令三乘十二得三十六，而连除[10]。于徽术，当下周自乘，以高乘之，又以二十五乘之，九百四十二而一[11]。圆锥比于方锥，亦二百分之一百五十七[12]。命径自乘者，亦当以一百五十七乘之，六百而一。其说如圆亭也[13]。

臣淳风等谨按：依密率，以七乘之，二百六十四而一[14]。

【注释】

〔1〕方锥：如图5-9。李籍云："方锥者，其积之形如锥之方者。"

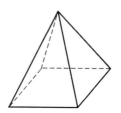

图5-9　方锥
（采自《古代世界数学泰斗刘徽》）

〔2〕设方锥的下方为 $a$，高为 $h$，则其体积为

$$V = \frac{1}{3}a^2 h。$$　　　　　　　(5-8)

〔3〕这是刘徽记述的《九章算术》时代以棋验法推导（5-8）式的方法。取一个标准型方锥：下底边长2尺，高1尺。它可以分解为4个

阳马棋，如图 5 - 10（1）。

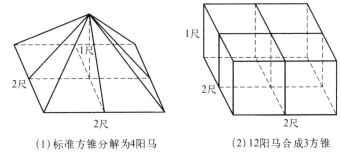

（1）标准方锥分解为4阳马  （2）12阳马合成3方锥

图 5 - 10 方锥之棋验法
（采自译注本《九章算术》）

〔4〕取 12 个阳马棋，可以合成 4 个正方棋，它可以重新拼合成 3 个标准方锥。如图 5 - 10（2）。

〔5〕圆锥：如图 5 - 11。

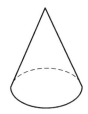

图 5 - 11 圆锥
（采自《古代世界数学泰斗刘徽》）

〔6〕依密率：此注作者亦难定论，参见圆亭问注释。

〔7〕设圆锥的下底周长为 $L$，高为 $h$，则其体积为

$$V = \frac{1}{36} L^2 h。 \qquad (5 - 9 - 1)$$

〔8〕这是取圆锥下周长 $L$ 为下底边长，作一大方锥，如图 5 - 12。其体积为

$$V = \frac{1}{3} L^2 h。 \qquad (5 - 10)$$

〔9〕此谓以周 3 径 1 为率，大方锥下底的面积 $L^2$ 恰为 12 个圆锥底

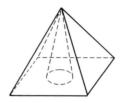

图 5 - 12　圆锥与大方锥
（采自译注本《九章算术》）

面的圆，见图 5 - 12。　　　　大锥：大方锥之省称。　　　方：下方。

〔10〕这里实际上是通过比较圆锥与大方锥的底面积由后者的体积推导前者的体积，亦为祖暅之原理发展过程中的一个应用。设 $L^2 = S_{大圆}$，圆锥的底面积为 $S_{圆}$，由于 $S_{大圆} : S_{圆} = 12 : 1$，故圆锥体积为 $V = \dfrac{1}{12} \times \dfrac{1}{3} L^2 h = \dfrac{1}{36} L^2 h$，此即（5 - 9 - 1）式。

〔11〕刘徽以徽术将（5 - 9 - 1）修正为

$$V = \frac{25}{942} L^2 h。 \qquad\qquad (5 - 9 - 2)$$

〔12〕设圆锥体积为 $V_{圆锥}$，外切方锥体积为 $V_{方锥}$，如图 5 - 13，刘徽认为

$$V_{圆锥} = \frac{157}{200} V_{方锥}。 \qquad\qquad (5 - 11 - 1)$$

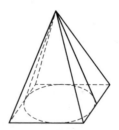

图 5 - 13　圆锥与外切方锥
（采自译注本《九章算术》）

〔13〕设圆锥下底的直径为 $d$，刘徽认为其外切方锥的体积为

$$V = \frac{157}{600} d^2 h。 \qquad\qquad (5 - 11 - 2)$$

〔14〕李淳风等将（5 - 9 - 1）修正为

$$V = \frac{7}{264}L^2 h。 \qquad\qquad (5 - 9 - 3)$$

【译文】

假设有一个方锥，下底是边长为 2 丈 7 尺的正方形，高是 2 丈 9 尺。问：其体积是多少？

答：7 047 尺³。

术：下底边长自乘，以高乘之，除以 3。按：此术中假设方锥下底的边长是 2 尺，高是 1 尺，即可分解成 4 个阳马。如方亭术那样处理这个问题：用 12 个阳马可以合成 3 个方锥，所以除以 3，便得到方锥的体积。

假设有一个圆锥，下底周长 3 丈 5 尺，高是 5 丈 1 尺。问：其体积是多少？

答：$1\,735\frac{5}{12}$ 尺³。用我的徽术，体积应当是 $1\,658\frac{13}{314}$ 尺³。 依照

密率，体积是 $1\,656\frac{47}{88}$ 尺³。

术：下底周长自乘，以高乘之，除以 36。按：此术中以圆锥的下底周长作为方锥下底的边长。现方锥下底的边长自乘，以高乘之，除以 3，得到大方锥的体积。大方锥的底面积折合 12 个圆锥的底圆。现在求一个圆，又应当除以 12。所以使 3 乘以 12，得 36 而合起来除。用我的徽术，应当将下底的周长自乘，以高乘之，又乘以 25，除以 942。圆锥与方锥的体积相比，也是 $\frac{157}{200}$。如果使圆锥下底的直径自乘，也应当乘以 157，除以 600，其原理如同圆亭术。 淳风等按：依照密率，乘以 7，除以 264。

今有堑堵[1]，下广二丈，袤一十八丈六尺，高二丈五尺。问：积几何？

答曰：四万六千五百尺。

术曰：广、袤相乘，以高乘之，二而一[2]。邪解立方得两堑堵[3]。虽复随方[4]，亦为堑堵，故二而一[5]。此则合所规棋[6]。推其物体，盖为堑上叠也[7]。其形如城，而无上

广[8]，与所规棋形异而同实[9]。未闻所以名之为堑堵之说也[10]。

【注释】

〔1〕堑堵：如图 5 - 14 所示。

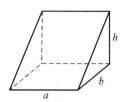

图 5 - 14　堑堵
(采自译注本《九章算术》)

〔2〕设堑堵的广、袤、高分别为 $a$，$b$，$h$，则其体积为

$$V = \frac{1}{2}abh \text{。} \tag{5-12}$$

〔3〕此谓沿正方体相对两棱将其斜剖开，便得到两堑堵。

〔4〕随（tuǒ）方：即椭方，长方体。随，音义同"椭"，古此二字相通。《淮南子·齐俗训》："窥面于盘水则员，于杯则随。面形不变，其故有所员、有所随者，所自窥之异也。"吕大临曰："'随'当读'椭'，圜而长也。"《群书治要》引作"于杯，水即椭"。

〔5〕此谓将随方斜剖，也得到两堑堵，如图 5 - 15，因此容易得出(5 - 12)式。

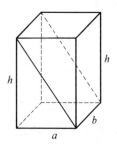

图 5 - 15　邪解随方为二堑堵

〔6〕所规棋：所规定的棋，即《九章算术》中的堑堵。

〔7〕叠：堆积。此谓推究其形状，大体像叠在堑上的物体，如图5-16。刘徽提出了另一种形状的堑堵。

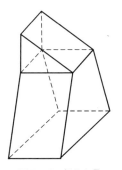

图5-16　堑上之叠
（采自译注本《九章算术》）

〔8〕叠在堑上的堑堵就是城的上广为零的情形。

〔9〕这种多面体与所规定的棋，形状稍有不同，而其体积公式是相同的。

〔10〕此谓没有听说过将其称作堑堵的原因。这再次表明刘徽具有知之为知之，不知为不知的高贵品质。

【译文】

假设有一道堑堵，下宽是2丈，长是18丈6尺，高是2丈5尺。问：其体积是多少？

答：46 500 尺³。

术：宽与长相乘，以高乘之，除以2。将一个正方体斜着剖开，就得到2个堑堵。更进一步，即使是一个长方体被剖开，也得到2个堑堵。所以除以2。这与所规定的棋吻合。推断它的形状，大体是叠在堑上的那块物体。它的形状像城，但是没有上宽。与所规定的棋形状稍异而体积公式相同，没有听说将其叫作堑堵的原因。

今有阳马[1]，广五尺，袤七尺，高八尺。问：积几何？

荅曰：九十三尺少半尺。

术曰：广、袤相乘，以高乘之，三而一[2]。按：此术阳马之形，方锥一隅也[3]。今谓四柱屋隅为阳马[4]。假令广、袤各一尺，高一尺，相乘之，得立方积一尺。邪解立方得两堑堵，邪解堑堵，其一为阳马，一为鳖腝[5]，阳马居二，鳖腝居一，不易之率也[6]。合两鳖腝成一阳马[7]，合三阳马而成一立方，故三而一[8]。验之以棋，其形露矣[9]。悉割阳马，凡为六鳖腝[10]。观其割分，则体势互通，盖易了也[11]。　其棋或脩短，或广狭，立方不等者[12]，亦割分以为六鳖腝[13]。其形不悉相似，然见数同，积实均也[14]。鳖腝殊形，阳马异体[15]。然阳马异体，则不可纯合[16]。不纯合，则难为之矣[17]。何则？按：邪解方棋以为堑堵者[18]，必当以半为分，邪解堑堵以为阳马者，亦必当以半为分，一从一横耳[19]。设为阳马为分内，鳖腝为分外[20]。棋虽或随脩短广狭，犹有此分常率知，殊形异体，亦同也者，以此而已[21]。其使鳖腝广、袤、高各二尺[22]，用堑堵、鳖腝之棋各二，皆用赤棋[23]。又使阳马之广、袤、高各二尺[24]，用立方之棋一，堑堵、阳马之棋各二，皆用黑棋[25]。棋之赤、黑，接为堑堵，广、袤、高各二尺[26]。于是中效其广、袤，又中分其高[27]。令赤、黑堑堵各自适当一方[28]，高一尺、方一尺，每二分鳖腝，则一阳马也[29]。其余两端各积本体，合成一方焉[30]。是为别种而方者率居三，通其体而方者率居一[31]。虽方随棋改，而固有常然之势也[32]。按：余数具而可知者有一、二分之别，即一、二之为率定矣[33]。其于理也岂虚矣[34]？若为数而穷之，置余广、袤、高之数各半之，则四分之三又可知也[35]。半之弥少，其余弥细[36]。至细曰微，微则无形[37]。由是言之，安取余哉[38]？数而求穷之者，谓以情推，不用筹算[39]。鳖腝之物，不同器用[40]，阳马之形，或随脩短广狭。然不有鳖腝，无以审阳马之数，不有阳马，无以知锥亭之类[41]，功实之主也[42]。

今有鳖臑，下广五尺，无袤；上袤四尺，无广；高七尺。问：积几何？

答曰：二十三尺少半尺。

术曰：广、袤相乘，以高乘之，六而一[43]。按：此术臑者，臂骨也。或曰半阳马，其形有似鳖肘，故以名云。中破阳马得两鳖臑，之见数即阳马之半数。数同而实据半，故云六而一，即得。

【注释】

〔1〕阳马：本是房屋四角承短椽的长桁条，其顶端刻有马形，故名。何晏《景福殿赋》："承以阳马，接以员方。"李善注云："阳马，四阿长桁也。马融《梁将军西第赋》曰：'腾极受檐，阳马承阿。'"椽（chuán），放在檩上架着屋顶的木条。桁（héng），檩。阿（ē），屋栋。张协《七命》："阴虹负檐，阳马承阿。"吕向注："马为阳物，谓刻作其象负荷檐梁之势，承接木石之曲。"它实际上是一棱垂直于底面，且垂足在底面一角的直角四棱锥，如图 5-17 所示。

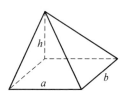

图 5-17　阳马
（采自译注本《九章算术》）

〔2〕设阳马的广、袤、高分别为 $a$，$b$，$h$，则其体积为

$$V = \frac{1}{3}abh。\qquad (5-13)$$

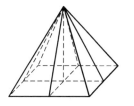

图 5-18　四阳马合为一方锥
（采自译注本《九章算术》）

〔3〕此谓 4 个阳马合成一个方锥，所以阳马的形状居于方锥的一角，如图 5-18。

〔4〕四柱屋隅为阳马：四柱屋屋角的部件

为阳马。沈康身认为"柱"通"注"。四注屋隅是阳马,见图 5-19。

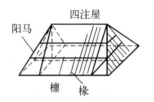

图 5-19　四注屋隅
（采自沈康身《九章算术导读》）

〔5〕"邪解堑堵"三句:斜解一个堑堵,得到一个阳马与一个鳖臑,如图 5-20。鳖臑,有下广无下袤,有上袤无上广,有高的四面体,实际上它的四面都是勾股形,其形状如图 5-21(1)。臑,通臑。李籍云:"'臑',或作'臑',非是。"似不妥。《玉篇》:"'臑',那到切,臂节也。"《唐韵》、《广韵》同。

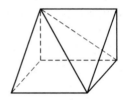

图 5-20　邪解堑堵得一阳马一鳖臑
（采自译注本《九章算术》）

〔6〕这是著名的刘徽原理:在一个堑堵中,阳马与鳖臑的体积之比恒为 2:1。此原理尽管是在广、长、高相等的堑堵、阳马、鳖臑的情况下提出的,但刘徽在下面说:"棋虽或随脩短广狭,犹有此分常率知,殊形异体,亦同也者。"可见它对任意情况都是适应的。记阳马体积为 $V_{阳马}$,鳖臑体积为 $V_{鳖臑}$,此即:

$$V_{阳马} : V_{鳖臑} = 2 : 1 \qquad (5-14)$$

是为刘徽多面体理论的基础。

〔7〕此谓两个鳖臑合成一个阳马,如图 5-21(2)。

〔8〕此谓三个阳马合成一个正方体,如图 5-21(3),因此正方体体积除以 3 就是一个阳马的体积。

〔9〕此谓使用棋验法,(5-14)很明显是成立的。　　　形:形势、态势。《孙子兵法·虚实》:"夫兵形象水。"孟氏注:"兵之形势如水流,

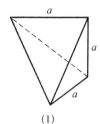 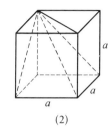 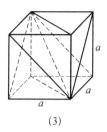

(1)　　　　　　(2)　　　　　　(3)

图 5-21　鳖臑、阳马与立方
（采自《古代世界数学泰斗刘徽》）

迟速之势无常也。"　　露：显露。

〔10〕此谓每个阳马都分解成两个鳖臑，则一个正方体分解成六个鳖臑，如图 5-21（3）。　　悉：全，都。《书经·汤誓》："格尔众庶，悉听朕言。"

〔11〕体势互通：指两立体的全等或对称，其体积当然相等。因此一个阳马的体积是正方体的 $\frac{1}{3}$，即（5-13）式；一个鳖臑的体积是正方体的 $\frac{1}{6}$，即下一问的（5-15）式。以上这是棋验法。

〔12〕刘徽由此开始在阳马或脩短或广狭，广、长、高不相等即 $a \neq b \neq h$ 的情形下讨论刘徽原理。

〔13〕记广、长、高不相等的长方体为 $ABCDEFGH$，当然，它可以分解为三个阳马 $AHEFG$，$ABGFC$，$ADCFE$，如图 5-22（1），或六个鳖臑 $AHEF$，$AHGF$，$ABGF$，$ABCF$，$ADCF$，$ADEF$，如图 5-22（2）。

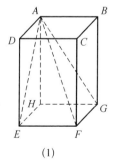 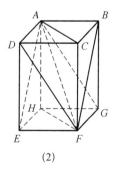

(1)　　　　　　　(2)

图 5-22　长方体分解为阳马和鳖臑
（采自译注本《九章算术》）

〔14〕"其形不悉相似"三句：这三个阳马既不全等，也不对称，六个鳖腝两两对称，却三三不全等。然而只要它们三度的数组相同，则其体积分别相等。相似，相类，相像。《周易·系辞上》："与天地相似，故不违。"见（xiàn）数，显现的数。这里指广、袤、高这三度显现的数值。均，等，同。《玉篇》："均，等也。"《国语·楚语下》："君王均之，群臣惧矣。"韦昭注："均，同也。"

〔15〕刘徽进一步说明阳马、鳖腝的形状分别不同。

〔16〕然阳马异体，则不可纯合：然而这样分割出的阳马有不同的形态，那就不可能完全重合。

〔17〕不纯合，则难为之矣：不完全重合，那么使用上述方法是困难的。换言之，在广、长、高不相等的情况下，用棋验法难以解决这个问题。

〔18〕方棋：指"随方棋"，即"椭方棋"。将随方棋分割成两个堑堵。

〔19〕一从一横耳：此时分割出来的阳马，一个是横的，则另一个就是纵的。将三个阳马的底面放置于一个平面，使其高在同一直线上，垂足重合，如图 5‐23。显然，若将阳马 $ABGFC$ 看成纵的，则 $AHEFC$ 或 $ADCFE$ 就是横的。既然一纵一横，就不可能全等或对称。

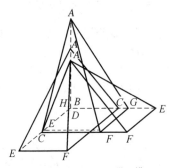

图 5‐23　阳马一纵一横
（采自《古代世界数学泰斗刘徽》）

〔20〕设为阳马为分内，鳖腝为分外：此谓将堑堵分割成一个阳马，一个鳖腝。以阳马为分内，鳖腝为分外。为，训"以"。王引之《经传释词》卷二："'为'，犹'以'也。"

〔21〕此谓在棋是由随方产生，出现脩短广狭的情况下，堑堵中的阳马与鳖腝仍然满足（5‐14）式。换言之，在阳马、鳖腝殊形异体的情况下，它们的体积公式与非殊形异体的情况完全相同。随，通椭（tuǒ）。

参见堑堵问注释。知，训"者"，其说见刘徽序"故枝条虽分而同本干知"之注释。

〔22〕刘徽取一个广、袤、高各2尺的鳖腝。刘徽从这里开始了刘徽原理的证明。他仍使用广、长、高相等的棋，这可能受他手头棋的限制。下面将看到，这并不影响论述的一般性。因此，以下的图均按一般情形绘制。

〔23〕用堑堵、鳖腝之棋各二，皆用赤棋：将鳖腝分割成广、袤、高各1尺的2个堑堵棋Ⅱ'，Ⅲ'，2个鳖腝棋Ⅳ'，Ⅴ'，都用赤色，如图5-24（1）。赤：浅红色。《礼记·月令》：天子"乘朱路，驾赤骝"。孔颖达疏："色浅曰赤，色深曰朱。"亦泛指红色。

〔24〕又使阳马之广、袤、高各二尺：又取一个广、袤、高各2尺的阳马。

〔25〕"用立方之棋一"三句：将阳马分割成广、袤、高各1尺的1个立方棋Ⅰ，2个堑堵棋Ⅱ，Ⅲ，2个阳马棋Ⅳ，Ⅴ，都用黑色，如图5-24（2）。

〔26〕"棋之赤、黑"三句：将赤鳖腝与黑阳马拼接成广、长、高各2尺的堑堵。

〔27〕中欼（bān）其广、袤，又中分其高：从中间分割堑堵的广和袤，又从中间分割堑堵的高。这相当于用三个互相垂直的平面平分堑堵的广、袤、高，如图5-24（3）。堑堵总共分割成1个立方棋Ⅰ，4个堑堵棋Ⅱ，Ⅲ，Ⅱ'，Ⅲ'，2个阳马棋Ⅳ，Ⅴ，2个鳖腝棋Ⅳ'，Ⅴ'。欼，又音bīn，分。《说文解字》："欼，分也。"

〔28〕令赤、黑堑堵各自适当一方：将赤堑堵与黑堑堵恰好分别合成一个立方体。此谓将赤堑堵Ⅱ'与黑堑堵Ⅱ恰好合成立方体Ⅱ-Ⅱ'，如图5-24（4），赤堑堵Ⅲ'与黑堑堵Ⅲ恰好合成立方体Ⅲ-Ⅲ'，如图5-24（5），共2个立方体。刘徽所用的棋是正方体，但实际上是长方体。就字面而言，"令赤黑堑堵各自适当一方"还有另一种解释，即两个赤堑堵Ⅱ'，Ⅲ'拼在一起，两个黑堑堵Ⅱ，Ⅲ拼在一起。这在广、袤、高相等的情况下可以拼接成正方体。然而在 $a \neq b \neq h$ 时，两个赤堑堵Ⅱ'，Ⅲ'与两个黑堑堵Ⅱ，Ⅲ都无法分别拼接成立方，如图5-25。日本三上义夫提出了以上两种可能性，但是他倾向于后者，见三上义夫《關孝和の業績と京阪の算家並に支那の演算法との關係とぴ比較》，《東洋學報》，第20—22卷（1932—1935）。丹麦华道安则主张后者，见 D. B. Wagner: *An Early Chinese Derivation of the Volume of a Pyramid: Liu Hui*，*Third Century A. D.*，*Historia Mathematica*，6（1979）。

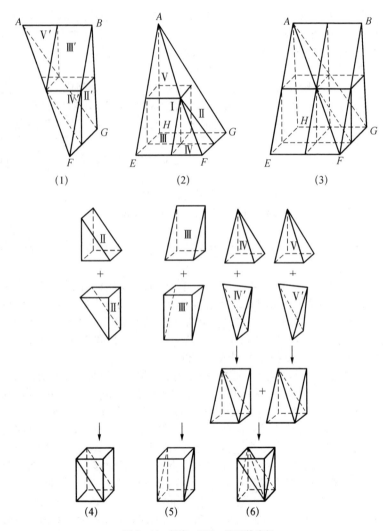

图 5-24　堑堵、阳马、鳖腰的分割
（采自译注本《九章算术》）

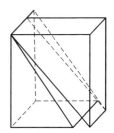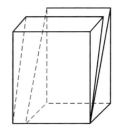

图 5-25　赤赤堑堵黑黑堑堵无法拼合
（采自《古代世界数学泰斗刘徽》）

〔29〕每二分鳖腝，则一阳马：赤、黑堑堵合成的立方Ⅱ-Ⅱ′，Ⅲ-Ⅲ′与阳马中的立方Ⅰ共三个立方，其中在赤鳖腝的每2份，相当于在黑阳马的1份。换言之，在这3个立方中，在黑阳马中与在赤鳖腝中的体积之比为2∶1。

〔30〕其余两端各积本体，合成一方焉：余下的两端，先各自拼合，再合成一个立方体（实际上仍是长方体）。此谓原堑堵中除去立方和4个堑堵后所剩余的2个堑堵，分别由阳马Ⅳ和鳖腝Ⅳ′，阳马Ⅴ和鳖腝Ⅴ′构成，即Ⅳ-Ⅳ′，Ⅴ-Ⅴ′，如图5-24-（6）。而这两个堑堵Ⅳ-Ⅳ′，Ⅴ-Ⅴ′又可以合成第四个立方体（Ⅳ-Ⅳ′）-（Ⅴ-Ⅴ′），如图5-24（6）。

〔31〕是为别种而方者率居三，通其体而方者率居一：这就是说，与原堑堵不同类型的立方体所占的率是3，而与原堑堵结构相似的立方体所占的率是1。别种，与原堑堵不同类型即结构不同的部分，即立方棋Ⅰ，和立方Ⅱ-Ⅱ′，Ⅲ-Ⅲ′，共3个立方体。通其体：是说与原堑堵通体，即与原堑堵相似的部分，即立方体（Ⅳ-Ⅳ′）-（Ⅴ-Ⅴ′）。因此，与原堑堵结构不同的部分拼合成的立方的率是3，与原堑堵相似的部分拼合成的立方的率是1。

〔32〕虽方随棋改，而固有常然之势：虽然正方体变成随方，即长方体，棋也改变了，仍然有恒定的态势，即仍然是"别种而方者率居三，通其体而方者率居一"。随，通椭。常然，常态。《庄子·骈拇》："天下有常然。常然者，曲者不以钩，直者不以绳，圆者不以规，方者不以矩。"

〔33〕余数具而可知者有一、二分之别，即一、二之为率定矣：如果能证明在第四个立方中能完全知道阳马与鳖腝的体积之比的部分为2∶1，则在整个堑堵中阳马与鳖腝的体积之比为2∶1就是确定无疑的了。这显然是数学归纳法的雏形。余数，指第四个立方体。具，完全，

尽。《史记·项羽本纪》："良乃入，具告沛公。"

〔34〕其于理也岂虚矣：这在数理上难道是虚假的吗？虚，虚假，不真实。

〔35〕"若为数而穷之"三句：若要从数学上穷尽它，就取堑堵剩余部分的广、长、高，平分之，那么又可以知道其中的 $\frac{3}{4}$ 以 1，2 作为率。换言之，在第四个立方（Ⅳ-Ⅳ′）-（Ⅴ-Ⅴ′）中，由于两个堑堵Ⅳ-Ⅳ′和Ⅴ-Ⅴ′与原堑堵完全相似，所以可以重复刚才的分割，从而证明在其 $\frac{3}{4}$ 中即原堑堵的 $\frac{1}{4} \times \frac{3}{4}$ 中，属于阳马的和属于鳖腝的体积之比为 2：1。

〔36〕半之弥少，其余弥细：平分的部分越小，剩余的部分就越细。

〔37〕至细曰微，微则无形：非常细就叫作微，微就不再有形体。《庄子·秋水》中河伯曰"至精无形"，北海若曰"夫精粗者，期于有形者也；无形者，数之所不能分也；不可围者，数之所不能穷也"。《淮南子·要略》："至微之论无形也。"刘徽的"微则无形"的思想似受到《庄子》、《淮南子》的影响。另外，刘徽这里"微则无形"的思想与割圆术（卷一圆田术注）"不可割"是一致的。无形则数不能分，当然不可割。

〔38〕由是言之，安取余哉：由此说来，哪里还有剩余呢？上述这个过程可以无限地继续下去，不知道其体积之比的部分越来越小，最后达到无形，没有任何剩余的地步。换言之，在整个堑堵中证明了（5-14）式，从而用无穷小分割方法和极限思想完成了刘徽原理的证明。

〔39〕"数而求穷之者"三句：对于数学中无穷的问题，就要按数理进行推断，不能用筹算。在当时的数学水平下，尚没有无穷分割的数学表达式，故云"不用筹算"。

〔40〕鳖腝之物，不同器用：鳖腝这种物体，不同于器皿用具。《九章算术》中的诸立体，都是各种器用或土方工程的抽象，惟有鳖腝这种多面体，现实中没有任何原型。它是多面体分割的产物，是多面体理论的需要。

〔41〕锥亭之类：即方锥、方亭、刍甍、刍童、羡除等多面体。刘徽在严格证明了鳖腝、阳马的体积公式之后，将锥亭之类分割成若干个长方体、堑堵、阳马、鳖腝，求其体积之和，从而解决它们的体积问题。

〔42〕功实之主：解决程功实问题的根本。主，事物的根本。刘徽将鳖腝看成多面体体积的"功实之主"的结论与现今数学将四面体看作多面体分割的最小单元的思想完全一致。刘徽在此总结了鳖腝在多面体体积理论中的核心作用。像在前面方亭、方锥等术中已经看到的及后面

羡除、刍甍、刍童等锥亭之类中将要看到的那样，刘徽是将多面体分割成长方体、堑堵、阳马、鳖腝，求它们的体积之和以解决它们的求积问题的，而阳马、鳖腝的体积公式的证明必须使用无穷小分割方法，这就把多面体体积理论建立在无穷小分割基础之上。近代数学大师高斯（Gauss，1777—1855）曾提出一个猜想：多面体体积的解决不借助于无穷小分割是不是不可能的？这一猜想构成了希尔伯特（Hilbert，1861—1943）《数学问题》（1900）第三问题的基础。他的学生德恩作了肯定的回答。这与刘徽的思想不谋而合。

〔43〕记下广、上袤、高分别为 $a$，$b$，$h$，则鳖腝的体积公式是

$$V = \frac{1}{6}abh。\tag{5-15}$$

**【译文】**

假设有一个阳马，底宽是5尺，长是7尺，高是8尺。问：其体积是多少？

答：$93\frac{1}{3}$ 尺$^3$。

术：宽与长相乘，以高乘之，除以3。按：此术中阳马的形状是方锥的一个角隅。今天把四注屋的一个角隅称作阳马。假设阳马底的宽、长都是1尺，高是1尺。将它们相乘，得到正方体的体积1尺$^3$。将一个正方体斜着剖开，得到2个堑堵；将一个堑堵斜着剖开，其中一个是阳马，一个是鳖腝。阳马占2份，鳖腝占1份，这是永远不变的率。两个鳖腝合成一个阳马，三个阳马合成一个正方体，所以阳马的体积是正方体的$\frac{1}{3}$。用棋来验证，其态势很明显。剖开上述所有的阳马，总共为六个鳖腝。考察分割的各个部分，其形体态势都是互相通达的，因此其体积公式是容易得到的。　如果这里的棋或长或短，或宽或窄，是宽、长、高不等的长方体，也分割成6个鳖腝，它们的形状就不完全相同。然而只要它们所显现的宽、长、高的数组是相同的，则它们的体积就是相等的。这些鳖腝有不同的形状，这些阳马也有不同的体态。然而这样阳马有不同的体态，那就不可能完全重合；不能完全重合，那么使用上述的方法是困难的。为什么呢？将长方体棋斜着剖开，成为堑堵，一定分成两份；将堑堵棋斜着剖开，也必定分成两份。这些阳马一个是纵的，另一个就会是横的。假设将阳马看作分割的内部，将鳖腝看作分割的外部，即使是棋有时是长方体，或长或短，或宽或窄，仍然有这种分割的不变的率的话，那么不同形状的鳖腝，不同体态的阳马，其体积公式仍然分别相同，如此罢了。如果使鳖腝

的宽、长、高各 2 尺，那么用堑堵棋、鳖腝棋各 2 个，都用红棋。又使阳马的宽、长、高各 2 尺，那么用立方棋 1 个，堑堵棋、阳马棋各 2 个，都用黑棋。红鳖腝与黑阳马拼合成一个堑堵，它的宽、长、高各是 2 尺。于是就相当于从中间平分了堑堵的宽与长，又平分了它的高。使红堑堵与黑堑堵恰好分别拼合成立方体，高是 1 尺，底方也是 1 尺。那么这些立方体中，在原鳖腝中的 2 份，相当于原阳马中的 1 份。余下的两端，先各自拼合，再拼合成一个立方体。这就是说，与原堑堵结构不同的立方体所占的率是 3，而与原堑堵结构相似的立方体所占的率是 1。即使是立方体变成了长方体，棋的形状发生了改变，这个结论必定具有恒定不变的态势。按：如果余下的立体中，能列举出来并且可以知道其体积的部分属于鳖腝的与属于阳马的有 1，2 的分别，那么在整个堑堵中，1 与 2 作为鳖腝与阳马的率就是完全确定了，这在数理上难道是虚假的吗？若要从数学上穷尽它，那就取堑堵剩余部分的宽、长、高平分之，那么又可以知道其中的 $\frac{3}{4}$ 以 1，2 作为率。平分的部分越小，剩余的部分就越细。非常细就叫作微，微就不再有形体。由此说来，哪里还会有剩余呢？对于数学中无限的问题，就要按数理进行推断，不能用筹算。鳖腝这种物体，不同于一般的器皿用具；阳马的形状，有时底是长方形，或长或短，或宽或窄。然而，如果没有鳖腝，就没有办法考察阳马的体积，如果没有阳马，就没有办法知道锥亭之类的体积，这是解决程功积实问题的根本。

假设有一个鳖腝，下宽是 5 尺，没有长，上长是 4 尺，没有宽，高是 7 尺。问：其体积是多少？

答：$23\frac{1}{3}$ 尺³。

术：下宽与上长相乘，以高乘之，除以 6。按：此术中，腝就是臂骨。有人说，半个阳马，其形状有点像鳖肘，所以叫这个名字。从中间平分阳马，得到两个鳖腝，它的体积是阳马的半数。宽、长、高都与阳马相同而其体积是其一半，所以除以 6，即得。

今有羡除[1]，下广六尺，上广一丈，深三尺；末广八尺，无深；袤七尺。问：积几何？

荅曰：八十四尺。

术曰：并三广，以深乘之，又以袤乘之，六而一[2]。按：此术羡除，实隧道也。其所穿地，上平下邪，似两鳖腝夹一堑堵，即羡除之形[3]。假令用此棋：上广三尺，深一尺，下广一尺；末广一尺，无深；袤一尺[4]。下广、末广皆堑堵[5]；上广者，两鳖腰与一堑堵相连之广也[6]。以深、袤乘，得积五尺。鳖腰居二，堑堵居三，其于本棋，皆一为六[7]，故六而一[8]。合四阳马以为方锥[9]。邪画方锥之底，亦令为中方[10]。就中方削而上合，全为中方锥之半[11]。于是阳马之棋悉中解矣[12]。中锥离而为四鳖腰焉[13]。故外锥之半亦为四鳖腰[14]。虽背正异形，与常所谓鳖腰参不相似，实则同也[15]。所云夹堑堵者，中锥之鳖腰也[16]。凡堑堵上袤短者，连阳马也[17]。下袤短者，与鳖腰连也[18]。上、下两袤相等知，亦与鳖腰连也[19]。并三广，以高、袤乘，六而一，皆其积也[20]。今此羡除之广，即堑堵之袤也[21]。　　按：此本是三广不等，即与鳖腰连者[22]。别而言之[23]：中央堑堵广六尺，高三尺，袤七尺[24]。末广之两旁，各一小鳖腰，皆与堑堵等[25]。令小鳖腰居里，大鳖腰居表[26]，则大鳖腰皆出随方锥[27]，下广二尺，袤六尺，高七尺[28]。分取其半，则为袤三尺[29]。以高、广乘之，三而一，即半锥之积也[30]。邪解半锥得此两大鳖腰[31]。求其积，亦当六而一，合于常率矣[32]。按：阳马之棋两邪，棋底方，当其方也，不问旁、角而割之，相半可知也[33]。推此上连无成不方，故方锥与阳马同实[34]。角而割之者，相半之势[35]。此大、小鳖腰可知更相表里，但体有背正也[36]。

## 【注释】

〔1〕羡（yán）除：一种楔形体，有五个面，其中三个面是等腰梯形，两个侧面是三角形，其长所在的平面与高所在的平面垂直，如图5-26所示。这是三广不相等的情形。也有两广相等的情形，此时只有两个面是等腰梯形，另一个面是长方形。羡，通延，墓道。《史记·卫康叔世家》："共伯入釐侯羡自杀。"司马贞索隐："羡，音延。延，墓道。"李籍云："羡，延也；除，道也。羡除乃隧道也。"

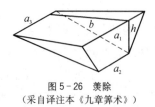

图 5 - 26　羡除
（采自译注本《九章算术》）

〔2〕记羡除的上广、下广、末广、袤、深分别为 $a_1$，$a_2$，$a_3$，$b$，$h$，则其体积为

$$V = \frac{1}{6}(a_1 + a_2 + a_3)bh。 \qquad (5-16)$$

〔3〕自此，刘徽注先讨论有两广相等的羡除。首先是下、末两广相等的羡除，如图 5 - 27 （1），是两个鳖腝夹着一个堑堵。这里堑堵就是《九章算术》给出者，而鳖腝却不同于《九章算术》给出者，而是三棱垂直于一点的四面体，如图 5 - 27 （2）。

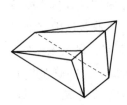
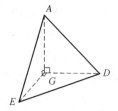

（1）下末两广相等的羡除　　（2）三棱垂直于一点的鳖腝

图 5 - 27　下末两广相等的羡除
（采自译注本《九章算术》）

〔4〕这是刘徽记述的以棋验法推导下、末两广相等的羡除的体积公式的方法。先构造一个标准型下、末两广相等的羡除，上广 3 尺，下、末两广及袤、深均为 1 尺。它可以分解为中间一个广、长、高皆为 1 尺的堑堵，及其两侧的广、长、高皆为 1 尺的鳖腝，如图 5 - 28 （1）。

〔5〕在这种羡除中，下广、末广都是堑堵的广。

〔6〕这里羡除的上广是堑堵与夹堑堵的两鳖腝相连的广。

〔7〕这里构造 3 个立方体：一个是广 3 尺，深 1 尺，长 1 尺的长方体，其体积是 3 尺$^3$，含有 2 个堑堵，12 个鳖腝；另外 2 个都是广、深、长皆为 1 尺的正方体，体积为 1 尺$^3$，各含有 2 个堑堵，共为 2 尺$^3$，4 个堑堵，如图 5 - 28 （2）。这 3 个立方体合起来共 5 尺$^3$，6 个

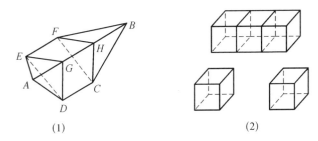

(1)                    (2)

图 5-28　下末两广相等的标准型羡除
（采自译注本《九章算术》）

堑堵，12 个鳖臑，所以说标准型羡除中的堑堵、鳖臑"皆一为六"。

〔8〕构造的 3 个立体的体积就是（上广＋下广＋末广）×长×深，所以除以 6 就是（5-16）式。

〔9〕合四阳马以为方锥：将 4 个阳马拼合在一起就成为方锥。盖在上述推导下、末两广相等的羡除体积的棋验法中，一个正方体是无法分割成夹堑堵的 6 个鳖臑的。说 2 鳖臑，"一为六"变成 12 个鳖臑，大约是人们的猜想。刘徽认为，必须求出形如图 5-27（2）的鳖臑的体积。因此，他取 4 个阳马 $ABCDE$，$ABEFG$，$ABGHI$，$ABIJC$，每一个皆为底广 $a$，长 $b$，高 $h$，合成一个方锥 $ADFHJ$，底广 $2a$，长 $2b$，高 $h$，如图 5-29。依据方锥体积公式（5-12），此方锥的体积为 $\dfrac{4}{3}abh$。

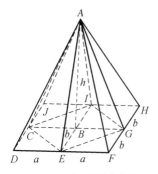

图 5-29　合四阳马为方锥
（采自译注本《九章算术》）

〔10〕邪画方锥之底，亦令为中方：斜着分割方锥的底，就形成一个中间的正方形。这相当于连接方锥底面每边的中点 $C$，$E$，$G$，$I$，就得到中方 $CEGI$。

〔11〕就中方削而上合，全为中方锥之半（piàn）：从这个中间正方形 $CEGI$ 向上削至方锥 $ADFHJ$ 的顶点 $A$，得到的鳖腝全都是中方锥的一片。半，片也。《汉书·李陵传》："令军士持二升糒，一半冰。"如淳曰："'半'读曰'片'。"中锥 $ACEGI$ 的体积显然是 $\frac{2}{3}abh$。

〔12〕阳马之棋悉中解矣：合成方锥的四个阳马都从中间被剖分。

〔13〕中锥离而为四鳖腝焉：中锥 $ACEGI$ 被分割为全等的 4 个鳖腝 $ABCE$，$ABEG$，$ABGI$，$ABIC$。因此每一个的体积当然是中方锥的 $\frac{1}{4}$，即 $\frac{1}{4} \times \frac{2}{3}abh = \frac{1}{6}abh$，与《九章算术》的鳖腝体积公式（5-15）相同。

〔14〕外锥之半（piàn）亦为四鳖腝：外锥的片也成为 4 个鳖腝。方锥 $ADFHJ$ 分割出中锥 $ACEGI$ 后剩余的部分，称为外锥，它的每一片也都是鳖腝，也是 4 个，即 $ACDE$，$AEFG$，$AGHI$，$AIJC$。

〔15〕"背正异形"三句：中锥的 4 个鳖腝与外锥的 4 个鳖腝背正相对，形状不同，与通常的鳖腝的广、袤、高三度不相等，它们的体积公式却相同。盖外锥的体积也是 $\frac{2}{3}abh$，每一个鳖腝的体积当然也是 $\frac{1}{6}abh$。

〔16〕夹堑堵者，中锥之鳖腝：夹堑堵的鳖腝就是从中锥分离出来的鳖腝。求堑堵和两鳖腝的体积之和，就得到下、末两广相等的羡除的体积公式，即（5-16）式。

〔17〕凡堑堵上袤短者，连阳马：凡是堑堵的上长比羡除的上广短的羡除，由一个堑堵及两侧的阳马组成，如图 5-30（1）（2）。显然，这两种羡除在数学上没有什么不同。自此刘徽讨论两广相等的另外几种羡除。

〔18〕下袤短者，与鳖腝连：凡是堑堵的下长短于羡除下广的羡除，由一堑堵及两侧的两鳖腝组成，如图 5-30（3）。

〔19〕上、下两袤相等知，亦与鳖腝连：凡是堑堵的上、下两长

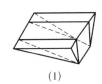   

(1)       (2)       (3)       (4)

图 5-30　两广相等的其他羡除
（采自译注本《九章算术》）

与羡除的上、下广相等的羡除，由一个堑堵及两侧的鳖腲组成，如图 5-30（4）。知，训"者"，其说见刘徽序"故枝条虽分而同本干知"之注释。

〔20〕这几种羡除的体积公式都是（5-16）式。

〔21〕在上述讨论中，羡除的广与堑堵的长在同一直线上。

〔22〕此谓三广不等的羡除，其分割出的堑堵与鳖腲相连，如图 5-31 所示。实际上羡除 ABCDEF 由于是按《九章算术》例题所绘，上广 10 尺，末广 8 尺，下广 6 尺，三广之尺数呈等差，仍是一个特殊的羡除。不过刘徽的处理方法具有一般性。

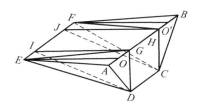

图 5-31　三广不等的羡除
（采自《古代世界数学泰斗刘徽》）

〔23〕别而言之：将羡除分割开分别表述之。别，分解，分剖。《说文解字》："别，分解也。"这是将羡除分解为中央堑堵 GHCDIJ，末广两旁的两小鳖腲 GDEI，HCFJ，外侧两大鳖腲 GDAE，HCBF。

〔24〕中央堑堵 GHCDIJ 的广 GH 为 6 尺，高 GD 为 3 尺，长 GI 为 7 尺。

〔25〕"末广之两旁"三句：堑堵末广两旁的两小鳖腲与堑堵的高与袤分别相等。两小鳖腲 GDEI，HCFJ 的广是 IE，为 1 尺，高 GD 为 3 尺，长 GI 为 7 尺，与堑堵相同。两小鳖腲的形状与《九章算术》的相同，无疑可以用（5-15）式求其体积。

〔26〕此谓两小鳖腝 GDEI，HCFJ 居于内侧，两大鳖腝 GDAE，HCBF 居于外侧。

〔27〕大鳖腝皆出随方锥：两大鳖腝皆从椭方锥中分离出来。随方锥，即椭方锥，是底面为长方形的方锥。然而这种大鳖腝是没有讨论过的形状，是不是用（5-15）求积，尚未知。刘徽认为，需要将大鳖腝从随方锥中分割出来，以考察它的体积。以下就是分割的方法。

〔28〕刘徽构造一个椭方锥，如图 5-32，记作 EMNCD，下广 DM 为 3 尺，长 CD 为 6 尺，高 EO 为 7 尺。

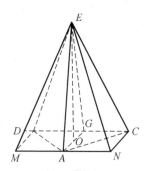

图 5-32　大鳖腝之分解
（采自《古代世界数学泰斗刘徽》）

〔29〕分取其半，则为袤三尺：此谓用平面 EAG 平分椭方锥，得到两个半椭方锥 EAGCN，EAGDM，此半椭方锥的长 CG＝DG 为 3 尺。

〔30〕记半椭方锥的广 CN 为 $a$，长 CG 为 $b$，高 EO 为 $h$，则其体积为 $\frac{1}{3}abh$。

〔31〕邪解半锥得此两大鳖腝：用平面 EAC，EAD 分别分割半椭方锥 EAGCN 和 EAGDM，得到鳖腝 GCAE 和 GDAE，就是上述的两大鳖腝。

〔32〕"求其积"三句：求大鳖腝的体积，也应当除以 6，符合通常的率。大鳖腝 GCAE 或 GDAE 的体积应该是半随方锥 EAGCN 或 EAGDM 体积的一半，即 $\frac{1}{6}abh$，也是（5-15）式，所以说"合于常率"。大鳖腝的体积为什么是半椭方锥的一半呢？下面就是刘徽的

证明方法。

〔33〕不问旁、角而割之，相半可知：这是刘徽提出一个命题：对一个长方形，不管是用对角线还是用对边中点的连线分割之，都将其面积平分，如图 5 - 33。

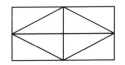

图 5 - 33　不问旁、角而割之
（采自《古代世界数学泰斗刘徽》）

〔34〕推此上连无成不方，故方锥与阳马同实：将这一结论由底向上推广，所连接出的方锥与阳马的各层没有一层不是相等的方形，所以它们的体积相等。成，训"重（chóng）"，层。《周礼·秋官·司寇》："将合诸侯，则令为坛三成。"郑玄注："三成，三重也。"刘徽在这里提出了一个重要原理：如果同底等高的方锥与阳马没有一层不是相等的方形，则它们的体积相等，如图 5 - 34。可见刘徽已经掌握了祖暅之原理的本质。这里还有一个不言自明的推论：一个立体，如果每一层都被同一平面所平分，则整个立体被该平面所平分。

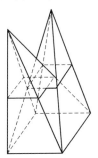

图 5 - 34　方锥与阳马同实
（采自《古代世界数学泰斗刘徽》）

〔35〕角而割之者，相半之势：对一长方形从对角分割，是将其平分的态势。用平面 $EAC$，$EAD$ 分别分割半椭方锥 $EAGCN$ 和 $EAGDM$，就是对每一层"角而割之"。因此，两半椭方锥的体积分别被平面 $EAC$，$EAD$ 所平分。所以大鳖腝的体积是半椭方锥的 $\frac{1}{2}$。

〔36〕此大、小鳖腴可知更相表里，但体有背正也：这里的大鳖腴、小鳖腴互为表里，但形状有反有正。半椭方锥除去大鳖腴，其剩余部分分别是 $NCAE$ 和 $MDAE$，是另一种形状的大鳖腴，其求积公式也是 $\frac{1}{6}abh$。所以大、小鳖腴互为表里。在这个注中，刘徽讨论了几种特殊情形的鳖腴，证明它们都用（5-15）式求积，接近于提出任何四面体都可以用（5-15）式求积。

【译文】

假设有一条羡除，一端下宽是 6 尺，上宽是 1 丈，深是 3 尺；末端宽是 8 尺，没有深；长是 7 尺。问：其体积是多少？

答：84 尺$^3$。

术：将三个宽相加，以深乘之，又以长乘之，除以 6。按：此术中羡除实际上是一条隧道。如果所挖的地上面是平的，下面是斜面，好像两个鳖腴夹着一个堑堵，就是羡除的形状。假设使用这样的棋：一端上宽是 3 尺，深是 1 尺，下宽是 1 尺，末端宽是 1 尺，没有深，长是 1 尺。一端的下宽与末端的宽都是堑堵的宽；一端的上宽是两个鳖腴与一个堑堵相连的宽。以深、长乘三个宽之和，得到体积 5 尺$^3$，鳖腴占据 2 份，堑堵占据 3 份。对原来的棋，它们都由 1 个变成了 6 个，所以要除以 6。将 4 个阳马拼合成 1 个方锥。斜着分割方锥的底，就形成一个中间正方形。从这个中间正方形向上到方锥的顶点剖开，得到的全都是中方锥的一片。于是阳马之棋全被从中间剖开了，中间方锥分离成 4 个鳖腴。那么外锥的一片片也是 4 个鳖腴。虽然这些鳖腴一反一正，形状不同，与通常说的鳖腴的三度都不相等，它们的求积公式却是相同的。所说的夹堑堵的，就是从中间方锥分离出来的鳖腴。凡是堑堵的长比羡除的上宽短的，两侧就与阳马相连；堑堵的长比羡除的下宽短的，两侧就与鳖腴相连；堑堵的长与羡除的上、下宽相等的，两侧也与鳖腴相连。使三个宽相加，以高、长乘之，除以 6，都得到羡除的体积。这里所说的羡除的宽，在堑堵的长的位置上。　　按：这一问题中本来是三宽不相等的即与鳖腴相连的羡除。将其分解进行讨论：位于中央的堑堵，宽是 6 尺，高是 3 尺，长是 7 尺。羡除末端宽的两旁，各有一小鳖腴。它的宽、长皆与堑堵的相等。使小鳖腴居于里面，大鳖腴居于表面。大鳖腴都可以从长方锥中分离出来。长方锥的下底宽是 2 尺，长是 6 尺，高是 7 尺。分取它的一半，那么长变成 3 尺。以高、宽乘之，除以 3，就是半长方锥的体积。斜着剖开两个半长方锥，就得到两大鳖腴。求它的体积，也应该除以 6，符合鳖腴通常的率。按：阳马棋有两个斜面，棋的底是长方形。对长方形，不管是从两旁分割它，还是从对角分割它，都将其平分成二等分。将这一结论由底向上推广，所连接出的方锥与阳马的各层没有一层不是相等的方形，所以它们的体积相等。从对角分割，是平分的态势。所以大鳖臑的体积是半长方锥的 $\frac{1}{2}$，是正确的。这里的大鳖臑、小鳖臑互为表里，但形状有反有正。


今有刍甍[1]，下广三丈，袤四丈；上袤二丈，无广；高一丈。问：积几何？

　　答曰：五千尺。

术曰：倍下袤，上袤从之，以广乘之，又以高乘之，六而一[2]。推明义理者[3]：旧说云[4]，凡积刍有上下广曰童[5]，甍谓其屋盖之茨也[6]。是故甍之下广、袤与童之上广、袤等[7]。正斩方亭两边，合之即刍甍之形也[8]。假令下广二尺，袤三尺；上袤一尺，无广；高一尺[9]。其用棋也，中央堑堵二，两端阳马各二[10]。倍下袤，上袤从之，为七尺，以广乘之，得幂十四尺[11]，阳马之幂各居二，堑堵之幂各居三[12]。以高乘之，得积十四尺[13]。其于本棋也，皆一而为六[14]，故六而一，即得[15]。亦可令上、下袤差乘广，以高乘之，三而一，即四阳马也[16]；下广乘之上袤而半之，高乘之，即二堑堵[17]；并之，以为甍积也[18]。


**【注释】**

〔1〕刍甍：其本义是形如屋脊的草垛，是一种底面为长方形而上方只有长，无广，上长短于下长的楔形体，如图 5-35。刍，指喂牲口的草。甍，屋脊。《说文解字》："甍，屋栋也。"

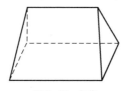

**图 5-35　刍甍**
（采自《古代世界数学泰斗刘徽》）

〔2〕记刍甍的下广为 $a$，上长 $b_1$，下长 $b_2$，高 $h$，则其体积公式为

$$V = \frac{1}{6}(2b_2 + b_1)ah。 \qquad (5-17-1)$$

〔3〕推明义理：阐明其涵义。推明，阐明。《新唐书·柳冕传》："乃上表乞代，且推明朝觐之意。"义理，经义名理，涵义。《汉书·刘歆传》："初《左氏传》古字古言，学者传训故而已，及歆治《左氏》，引传文以解经，转相发明，由是章句义理备矣。"

〔4〕旧说：指前代数学家的说法。

〔5〕凡积刍有上下广曰童：垛成的草垛上不仅有长，而且有广，叫作童。童，山无草木，牛羊无角，人秃顶，皆曰童。《管子·侈靡》："山不童而用赡。"

〔6〕茨：是用茅草、芦苇搭盖的屋顶。李籍云："刍甍之形似屋盖上苫也。"     苫：用茅草编成的覆盖物。

〔7〕此谓用一个平行于刍甍底面的平面切割刍甍，下为刍童，上仍为刍甍，所以说，刍甍的下广、长与刍童的上广、长相等。

〔8〕此谓以垂直于底面的两个平面从方亭上底的两对边切割方亭，切割下的两侧合起来就是刍甍，如图5-36。以上从各种角度界定刍甍。

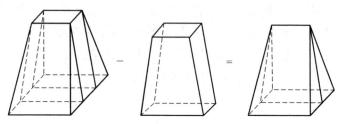

图5-36　方亭两边合为刍甍
（采自沈康身《九章算术导读》）

〔9〕以下是刘徽记述的《九章算术》时代推导刍甍体积公式（5-17-1）的棋验法。先构造一个标准型刍甍：下广2尺，长3尺，上长1尺，高1尺。

〔10〕将标准型刍甍分解为三品棋，可以分解为2个中央堑堵，两端各2个阳马，共4个阳马，如图5-37（1）。

〔11〕"倍下袤"五句：此谓构造一个长方形：长为标准型刍甍下长3尺的2倍加上长1尺，即7尺，广是刍甍的广2尺，如图5-37（2）。得到面积14尺²。

〔12〕阳马之幂各居二，堑堵之幂各居三：此谓在这个长方形中，1 个阳马占据 2 尺²，1 个堑堵占据 3 尺²。换言之，4 个阳马共占据 8 尺²，2 个堑堵共占据 6 尺²，共 14 尺²。

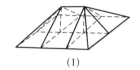

(1)

| 堑堵 | 堑堵 | 堑堵 | 阳马 | 阳马 | 阳马 | 阳马 |
|---|---|---|---|---|---|---|
| 堑堵 | 堑堵 | 堑堵 | 阳马 | 阳马 | 阳马 | 阳马 |

(2)

(3)      (4)    (5)

图 5 - 37　刍甍之棋验法
（采自译注本《九章算术》）

〔13〕此谓以高 1 尺乘 14 尺²，得 14 尺³，就形成了长 7 尺，广 2 尺，高 1 尺的长方体，如图 5 - 37（3）。

〔14〕其于本棋也，皆一而为六：这个长方体中的堑堵、阳马对于标准型刍甍，1 个都变成了 6 个。这是因为一个正方体可以分解为 2 个堑堵，如图 5 - 37（4），或 3 个阳马，如图 5 - 37（5），那么 2 个堑堵占据的 6 尺³，共分解为 12 个堑堵；4 个阳马占据的 8 尺³，共分解为 24 个阳马；标准型刍甍中的堑堵、阳马都是 1 个变成了 6 个。实际上图 5 - 37（3）的长方体可以重新拼合成 6 个标准型刍甍。

〔15〕故六而一，即得：所以除以 6，就得到标准型刍甍的体积，即（5 - 17 - 1）式。同样，这种棋验法对一般刍甍并不适用。

〔16〕刘徽在这里提出了将刍甍分解为中央 2 个堑堵、四角 4 个阳马求其体积之和解决其体积问题的方法，如图 5 - 38。一个阳马的广是

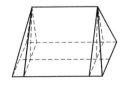

图 5 - 38　刍甍之有限分割求和法
（采自译注本《九章算术》）

$\frac{1}{2}a$，长是$\frac{1}{2}(b_2-b_1)$，高是$h$，则根据公式(5-13)，一个阳马的体积

是$\frac{1}{3}\left[\frac{1}{2}a\times\frac{1}{2}(b_2-b_1)h\right]$，四角4个阳马的体积是$\frac{1}{3}(b_2-b_1)ah$。

〔17〕一个堑堵的广为$\frac{1}{2}a$，长$b_1$，高$h$，根据公式(5-12)，其体积

是$\frac{1}{2}\left(\frac{1}{2}ab_1h\right)$，两个中央堑堵的体积是$\frac{1}{2}ab_1h$。之，训"以"，裴学海

《古书虚字集释》卷九："'之'，犹'以'也。"

〔18〕所以刘徽给出刍甍新的体积公式

$$V=\frac{1}{3}a(b_2-b_1)h+\frac{1}{2}ab_1h。 \qquad (5-17-2)$$

【译文】

假设有一座刍甍，下底宽是3丈，长是4丈；上长是2丈，没有宽；高是1丈。问：其体积是多少？

答：5 000 尺$^3$。

术：将下长加倍，加上长，以宽乘之，又以高乘之，除以6。

先把它的涵义推明白：旧的说法是，凡是堆积刍草，有上顶宽与下底宽，就叫作童。甍是指用茅草做成的屋脊。所以刍甍下底的宽、长与刍童上顶的宽、长相等。从正面切割下方亭的两边，合起来，就是刍甍的形状。假设一个刍甍，下底宽是2尺，长是3尺，上长是1尺，没有宽，高是1尺。它所使用的棋：中央有2个堑堵，两端各有2个阳马。将上长加倍，加上长，得7尺。以下底宽乘之，得到面积14尺$^2$。每个阳马的面积占据2尺$^2$，每个堑堵的面积占据3尺$^2$。再以高乘之，得体积14尺$^3$。它们对于本来的棋，1个都变成了6个。所以除以6，就得到刍甍的体积。也可以使刍甍的下长与上长之差乘下底宽，再以高乘之，除以3，就是4个阳马的体积；下底的宽乘上顶的长，取其一半，再以高乘之，就是2个堑堵的体积。两者相加，就得刍甍的体积。

刍童[1]、曲池[2]、盘池[3]、冥谷[4]皆同术。

术曰：倍上袤，下袤从之；亦倍下袤，上袤从之；各以其广乘之；并，以高若深乘之，皆六而一[5]。

按：此术假令刍童上广一尺，袤二尺；下广三尺，袤四尺；高一尺[6]。其用棋也，中央立方二，四面堑堵六，四角阳马四[7]。倍下袤为八，上袤从之，为十。以高、广乘之，得积三十尺[8]。是为得中央立方各三，两端堑堵各四，两旁堑堵各六，四角阳马亦各六[9]。后倍上袤，下袤从之，为八。以高、广乘之，得积八尺[10]。是为得中央立方亦各三，两端堑堵各二[11]。并两旁，三品棋皆一而为六[12]，故六而一，即得[13]。　　为术又可令上、下广、袤差相乘，以高乘之，三而一，亦四阳马[14]；上、下广、袤互相乘，并而半之，以高乘之，即四面六堑堵与二立方[15]；并之，为刍童积[16]。　　又可令上、下广、袤互相乘而半之，上、下广、袤又各自乘，并，以高乘之，三而一，即得也[17]。其曲池者，并上中、外周而半之，以为上袤；亦并下中、外周而半之，以为下袤[18]。此池环而不通匝，形如盘蛇而曲之。亦云周者，谓如委谷依垣之周耳[19]。引而伸之，周为袤。求袤之意，环田也[20]。

今有刍童，下广二丈，袤三丈；上广三丈，袤四丈；高三丈。问：积几何？

　　荅曰：二万六千五百尺。

今有曲池，上中周二丈，外周四丈，广一丈；下中周一丈四尺，外周二丈四尺，广五尺；深一丈。问：积几何？

　　荅曰：一千八百八十三尺三寸少半寸。

今有盘池，上广六丈，袤八丈；下广四丈，袤六丈；深二丈。问：积几何？

　　荅曰：七万六百六十六尺太半尺。

负土往来七十步[21]；其二十步上下棚、除[22]，棚、除二当平道五〔23〕，踟蹰之间十加一〔24〕，载输之间三十步〔25〕，定一返一百四十步〔26〕。土笼积一尺六寸〔27〕。秋程人功行五十九里半〔28〕。问：人到积尺及用徒各几何〔29〕？

答曰：

人到二百四尺。

用徒三百四十六人一百五十三分人之六十二。

术曰：以一笼积尺乘程行步数，为实。往来上下棚、除二当平道五。棚，阁，除，邪道，有上下之难，故使二当五也。置定往来步数，十加一，及载输之间三十步以为法。除之，所得即一人所到尺〔30〕。按：此术棚，阁，除，邪道，有上下之难，故使二当五。置定往来步数，十加一，及载输之间三十步，是为往来一返凡用一百四十步。于今有术为所有行率，笼积一尺六寸为所求到土率，程五十九里半为所有数，而今有之，即人到尺数。"以所到约积尺，即用徒人数"者，此一人之积除其众积尺，故得用徒人数〔31〕。　为术又可令往来一返所用之步约程行为返数，乘笼积为一人所到〔32〕。以此术与今有术相返覆，则乘除之或先后，意各有所在而同归耳〔33〕。以所到约积尺，即用徒人数〔34〕。

今有冥谷，上广二丈，袤七丈；下广八尺，袤四丈；深六丈五尺。问：积几何？

答曰：五万二千尺。

载土往来二百步〔35〕，载输之间一里，程行五十八里。六人共车，车载三十四尺七寸〔36〕。问：人到积尺及用徒各几何？

答曰：

人到二百一尺五十分尺之十三。

用徒二百五十八人一万六十三分人之三千七百
四十六。

术曰：以一车积尺乘程行步数，为实。置今往来步
数，加载输之间一里，以车六人乘之，为法。除
之，所得即一人所到尺[37]。按：此术今有之义。以载输
及往来并得五百步[38]，为所有行率，车载三十四尺七寸为所
求到土率，程行五十八里，通之为步[39]，为所有数。而今有
之，所得则一车所到[40]。欲得人到者，当以六人除之，即
得[41]。术有分，故亦更令乘法而并除者，亦用以车尺数以为一
人到土率，六人乘五百步为行率也[42]。　　又亦可五百步为
行率[43]，令六人约车积尺数为一人到土率，以负土术入
之[44]。入之者[45]，亦可求返数也[46]。要取其会通而已。术
恐有分，故令乘法而并除[47]。"以所到约积尺，即用徒人数"
者，以一人所到积尺除其众积，故得用徒人数也。以所到约
积尺，即用徒人数[48]。

**【注释】**

〔1〕刍童：本义是平顶草垛，如图 5 - 39。也是地面上的土方工程，
西汉帝王陵皆为刍童形。然而《九章筭术》和秦汉数学简牍关于刍童的
例题皆是上大下小。李籍云："如倒置研石。"

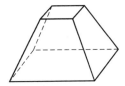

图 5 - 39　刍童、盘池、冥谷
（采自《古代世界数学泰斗刘徽》）

〔2〕曲池：是曲折回绕的水池。实际上是曲面体，此处曲池的上下底皆为圆环，如图 5-40，显然是规范的曲池。

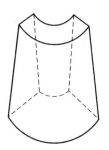

图 5-40　曲池
（采自《古代世界数学泰斗刘徽》）

〔3〕盘池：是盘状的水池，地下的水土工程，在数学上与刍童相同，如图 5-39。

〔4〕冥谷：是墓穴，地下的土方工程。李籍云："如正置砑石。"在数学上亦与刍童相同，如图 5-39。

〔5〕若：或。记刍童的上广、长分别为 $a_1$，$b_1$，下广、长分别为 $a_2$，$b_2$，高 $h$，则其体积公式为

$$V = \frac{1}{6}\big[(2b_1 + b_2)a_1 + (2b_2 + b_1)a_2\big]h。 \qquad (5\text{-}18\text{-}1)$$

〔6〕以下是刘徽记述的《九章算术》时代以棋验法推导刍童的体积公式（5-18-1）的方法。首先构造一个标准型刍童：上广 1 尺，长 2 尺，下广 3 尺，长 4 尺，高 1 尺。如图 5-41（1）。

〔7〕将标准型刍童分解为三品棋：2 个中央正方体，6 个四面堑堵，4 个四角阳马。

〔8〕构造第一个长方体：其长为标准型刍童下长 4 尺的 2 倍加上长 2 尺，即 10 尺；广为其下广 3 尺，高为其高 1 尺。其体积为 30 尺³。如图 5-41（2）。

〔9〕标准型刍童中的 2 个中央正方体每 1 个在第一个长方体中变成了 3 个，共 6 个，即图 5-41（2）中标 I 者；刍童中的 4 个两旁堑堵 1 个变成了 6 个，共 24 个，即标 II 者；刍童中的 2 个两端堑堵 1 个变成了 4 个，共 8 个，即标 III 者；刍童中的 4 个四角阳马 1 个变成了 6 个，共 24 个，即标 IV 者。正方体 II，III，IV 分解成堑堵、阳马的方法分别如

图 5 - 41（4），（5），（6）所示。

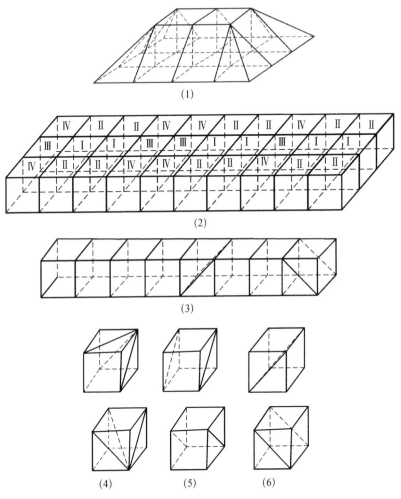

(1)

(2)

(3)

(4)　　　(5)　　　(6)

图 5 - 41　刍童之棋验法
（采自译注本《九章算术》）

〔10〕再构造第二个长方体：长为标准型刍童上长 2 尺的 2 倍加下长 4
尺，即 8 尺；广为刍童的上广 1 尺，高为刍童的高 1 尺，如图 5 - 41（3）。
其体积为 8 尺$^3$。

〔11〕标准型刍童中的 2 个中央正方体 1 个在第二个长方体中变成了

3 个，共 6 个；刍童中的 2 个两端堑堵 1 个变成了 2 个，共 4 个。

〔12〕并两旁，三品棋皆一而为六：将两个长方体相加，三品棋 1 个都变成了 6 个。旁，通方。《庄子·人间世》："其可以为舟者旁十数。"俞樾平议："旁读为方，古字通用。"两个长方体所含正方棋、堑堵棋、阳马棋这三品棋的数目如下

|  | 中央立方 | 两端堑堵 | 两旁堑堵 | 四角阳马 |
|---|---|---|---|---|
| 标准型刍童 | 2 | 2 | 4 | 4 |
| 第一长方体 | 6 | 8 | 24 | 24 |
| 第二长方体 | 6 | 4 | 0 | 0 |
| 总　　计 | 12 | 12 | 24 | 24 |
| 与标准型刍童之比 | 6∶1 | 6∶1 | 6∶1 | 6∶1 |

标准型刍童中的三品棋 1 个都变成了 6 个。

〔13〕此谓除以 6，就得到标准型刍童的体积，即（5-18-1）式。同样，这种棋验法对一般刍童并不适用。

〔14〕刘徽在这里使用了有限分割求和法，即将刍童分解为中央 2 个立方体、四面 6 个堑堵、四角 4 个阳马，求其体积之和以解决其体积问题，如图 5-42。一个阳马的广是 $\frac{1}{2}(a_2-a_1)$，长是 $\frac{1}{2}(b_2-b_1)$，高是 $h$，则根据公式（5-13），一个阳马的体积是 $\frac{1}{3}\left[\frac{1}{2}(a_2-a_1)\times\frac{1}{2}(b_2-b_1)h\right]$，四角 4 个阳马的体积是 $\frac{1}{3}(a_2-a_1)(b_2-b_1)h$。

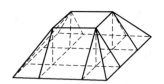

图 5-42　刍童之有限分割求和法
（采自译注本《九章算术》）

〔15〕一个端堑堵的广是 $a_1$，长是 $\frac{1}{2}(b_2-b_1)$，高是 $h$，则根据公式（5-12），一个端堑堵的体积是 $\frac{1}{2}\left[a_1\times\frac{1}{2}(b_2-b_1)h\right]$。2 个端堑堵的

体积是 $\frac{1}{2}a_1(b_2-b_1)h$。一个旁壍堵的广是 $\frac{1}{2}(a_2-a_1)$，长是 $\frac{1}{2}b_1$，高

是 $h$，则根据公式（5-12），一个旁壍堵的体积是 $\frac{1}{2}\left[\frac{1}{2}(a_2-a_1)\times\right.$

$\left.\frac{1}{2}b_1h\right]$。4 个旁壍堵的体积是 $\frac{1}{2}(a_2-a_1)b_1h$。中央 2 立方的体积是

$a_1b_1h$。那么四面 6 壍堵和中央 2 立方的体积是

$$\frac{1}{2}a_1(b_2-b_1)h+\frac{1}{2}(a_2-a_1)b_1h+a_1b_1h=\frac{1}{2}(a_2b_1+a_1b_2)h。$$

〔16〕刘徽求中央 2 立方、四面 6 壍堵和四角 4 阳马的体积之和，便得到刍童的体积公式

$$V=\frac{1}{3}(a_2-a_1)(b_2-b_1)h+\frac{1}{2}(a_2b_1+a_1b_2)h。$$

$$(5\text{-}18\text{-}2)$$

显然，其中分割成 2 个中央立方和 4 个旁壍堵是没有必要的，只要分割成 1 个中央长方体和 2 个旁壍堵就够了。之所以如此分割，大约是受到手头棋的限制，如同刘徽原理的证明中使用广、长、高均为 1 尺棋那样。

〔17〕刘徽给出刍童的另一体积公式

$$V=\frac{1}{3}\left[\frac{1}{2}(a_1b_2+a_2b_1)+(a_2b_2+a_1b_1)\right]h。 \quad (5\text{-}18\text{-}3)$$

〔18〕记曲池的上中、外周分别为 $l_1$，$L_1$，下中、外周为 $l_2$，$L_2$，则令 $b_1=\frac{1}{2}(l_1+L_1)$，$b_2=\frac{1}{2}(l_2+L_2)$，利用（5-18-1）求其体积。

〔19〕此谓曲池之周像委谷依垣那样不通匝。

〔20〕像环田那样引而伸之，展为梯形，如图 1-21。

〔21〕以下是附属于盘池问的题目。这是说挖一盘池，负土距离 70 步。　　负土：背土。《淮南子·齐俗训》："故伊尹之兴土功也，脩胫者使之跖锸，强脊者使之负土。"高诱注："脊强者负重。"

〔22〕棚：下文刘徽注曰："棚，阁。"阁就是楼阁，也作栈道。除：台阶，阶梯。下文刘徽注曰："除，邪道。"

〔23〕上下棚、除二当平道五：在棚、除行进 2，相当于在平道行进 5。那么 20 步就相当于 20 步 $\times\frac{5}{2}$＝50 步。行进的路程相当于（70 步－20

步）$+20$ 步 $\times \dfrac{5}{2}=50$ 步 $+50$ 步 $=100$ 步。

〔24〕踟蹰：徘徊。李籍云："行不进也。"　　　十加一：行进 10 步加
1 步，则行进的路程相当于 $100$ 步 $+100$ 步 $\times \dfrac{1}{10}=110$ 步。

〔25〕载输：装卸。装卸之间相当于 30 步。

〔26〕此谓定一返为：110 步 $+30$ 步 $=140$ 步。

〔27〕笼：盛土器，土筐。《说文解字》："笼，举土器也。"　　　积一
尺六寸：其体积是 $1$ 尺$^3 600$ 寸$^3$。

〔28〕秋程人功行五十九里半：秋季 1 个劳动力的标准工作量为一天
背负容积为 $1$ 尺$^3 600$ 寸$^3$ 的土笼行 $59 \dfrac{1}{2}$ 里。

〔29〕人到积尺：即每人每天运到的土方尺数。

〔30〕《九章算术》的方法是

　　　人到积尺＝(土笼积尺 × 程行步数)÷定往返步数

$$=\left(1 \text{ 尺}^3 600 \text{ 寸}^3 \times 59 \dfrac{1}{2} \text{ 里}\right) \div 140 \text{ 步} = 204 \text{ 尺}^3 \text{。}$$

〔31〕以 1 人所运到的积尺数除众人共同运到的积尺数，就得用徒人
数。刘徽将其归结为今有术，140 步为所有率，土笼容积 $1$ 尺$^3 600$ 寸$^3$ 为
所求率，程行 $59 \dfrac{1}{2}$ 里为所有数。

〔32〕刘徽提出的又一方法

　　　人到积尺＝(程行步数÷定往返步数) × 土笼积尺

$$=\left(59 \dfrac{1}{2} \text{ 里} \div 140 \text{ 步}\right) \times 1 \text{ 尺}^3 600 \text{ 寸}^3 = 204 \text{ 尺}^3 \text{。}$$

其中程行步数÷定往返步数是一人每天往返次数。

〔33〕刘徽的方法是先除后乘，与《九章算术》的先乘后除不同，意
在提供不同的思路。一般说来，刘徽是主张先乘后除的。

〔34〕《九章算术》给出

　　　用徒人数＝盘池积尺÷人到积尺

$$=70 \, 666 \dfrac{2}{3} \text{ 尺}^3 \div 204 \text{ 尺}^3 / \text{人} = 346 \dfrac{62}{153} \text{ 人。}$$

〔35〕载土：用车辆运输土石。

〔36〕一辆车运载的土方是 34 尺$^3$700 寸$^3$。

〔37〕《九章算术》的方法是

人到积尺＝（一车积尺 × 程行步数）÷［（往来步数＋1 里）× 6］

$$=（34 尺^3700 寸^3 × 58 里）÷［（200 步＋300 步）× 6］=201\frac{13}{50} 尺^3。$$

〔38〕载输之间 1 里＝300 步，往来 200 步，故为 500 步。

〔39〕1 里为 300 步，58 里为 17 400 步。

〔40〕刘徽认为《九章算术》的方法是利用今有术先求出一天的一车到积尺

车到积尺＝（一车积尺 × 程行步数）÷（往来步数＋1 里）

$$=（34 尺^3700 寸^3 × 58 里）÷（200 步＋300 步）$$

其中往来步数及载输共 500 步为所有率，车载即一车积尺 34 尺$^3$700 寸$^3$为所求率，一天标准输送路程 58 里为所有数。

〔41〕6 人共一车，车到积尺除以 6，就是人到积尺。

〔42〕一般说来，先求出车到积尺会有分数，再除以 6，更繁琐。于是以一车积尺数作为一人到土率，以 6 乘 500 步作为行率，变成了以 6 乘法而一并除。

〔43〕亦可：这是刘徽提出的第二种思路。

〔44〕负土：南宋本、《大典》本讹作"载土"，李潢校正，钱校本、译注本、《传世藏书》本、《算经十书》本从。汇校本及其增补版恢复原文。今按：载土术与负土术的区别是前者以"一车所到"入算，后者以"一人所到"入算。刘徽在注解了载土术之后提出另外一种思路，即以 6 人约"车积尺数"为一人到土率，应该采纳负土术。

〔45〕入之者：假设采纳负土术。者，假设之辞，见裴学海《古书虚字集释》卷九。

〔46〕亦可先求返数：即由"程行步数÷（往来步数＋1 里）"求出每辆车一天往返的次数。这是刘徽提出的又一方法

车到积尺＝［程行步数÷（往来步数＋1 里）］× 土笼积尺

$$=（58 里÷500 步）× 34 尺^3700 寸^3 =201\frac{13}{50} 尺^3。$$

〔47〕术恐有分，故令乘法而并除：先求出每辆车一天的往返次数，方法虽然亦正确，但先做除法，难免有分数，所以《九章算术》采取乘

法而并除的方式。

〔48〕《九章算术》给出

用徒人数＝冥谷积尺÷人到积尺

$$=52\,000\,尺^3÷201\frac{13}{50}\,尺^3/人=258\frac{3\,746}{10\,063}\,人。$$

**【译文】**

刍童、曲池、盘池、冥谷都用同一术。

术：将上长加倍，加下长，又将下长加倍，加上长，分别以各自的宽乘之。将它们相加，以高或深乘之，除以6。按：此术中，假设刍童的上顶宽是1尺，长是2尺；下底宽是3尺，长是4尺，高是1尺。它所使用的棋：中央有2个正方体，四面有6个堑堵，四角有4个阳马。将下长加倍，得8，加上长，得10，以高、下底宽乘之，得体积30尺³。这就成为：中央的正方体1个变成了3个，两端的堑堵1个变成了4个，两旁的堑堵1个变成了6个，四角的阳马1个变成了6个。然后将上长加倍，加下长，得8。以高、上宽乘之，得体积8尺³。这就成为：中央的正方体1个也变成了3个，两端堑堵1个变成了2个。将两个长方体相加，三品棋1个都变成了6个。所以除以6，就得到刍童的体积。　　造术又可以使刍童的上、下宽的差与上、下长的差相乘，以高乘之，除以3，就是4个阳马的体积；下宽乘上长与上宽乘下长相加，取其一半，以高乘之，就是四面6个堑堵与中央2个立方的体积；两者相加，就得刍童的体积。　　又可以使上宽乘下长，下宽乘上长，均取其一半；上宽、长相乘，下宽、长相乘；将它们相加，以高乘之，除以3，就得到刍童的体积。如果是曲池，就将上中、外周相加，取其一半，作为上长；又将下中、外周相加，取其一半，作为下长。这种曲池是圆环形的但不连通，形状像盘起来的蛇那样弯曲。也称为周，是说像把谷物堆放在墙边那样的周。将它伸直，周就成为长。求长的意思如同环田。

假设有一刍童，下宽是2丈，长是3丈；上宽是3丈，长是4丈；高是3丈。问：其体积是多少？

答：26 500尺³。

假设有一曲池，上中周是2丈，外周是4丈，宽是1丈；下中周是1丈4尺，外周是2丈4尺，宽是5尺；深是1丈。问：其体积是多少？

答：1 883尺³3$\frac{1}{3}$寸³。

假设有一盘池，上宽是6丈，长是8丈；下宽是4丈，长是6丈；深是2丈。问：其体积是多少？

答：$70\,666\dfrac{2}{3}$ 尺³。

如果背负土筐一个往返是70步。其中有20步是上下的棚、除。在棚、除上行走2相当于平地5，徘徊的时间10加1，装卸的时间相当于30步。因此，一个往返确定走140步。土笼的容积是1尺³600寸³。秋天一人每天标准运送$59\dfrac{1}{2}$里。问：一人一天运到的土方尺数及用工人数各多少？

答：

一人运到土方204尺³；

用工 $346\dfrac{62}{153}$ 人。

术：以一土筐容积尺数乘一人每天的标准运送步数，作为实。往来上下要走棚、除，2相当于平地5。棚是栈道，除是台阶，有上下的困难，所以2相当于5。布置运送一个往返确定走的步数，每10加1，再加装卸时间的30步，作为法。实除以法，所得就是1人每天所运到的土方尺数。按：此术中棚是栈道，除是台阶，有上下的困难，所以2相当于5。布置运送一个往返确定走的步数，每10加1，再加装卸的时间30步，这是说往来运送一次共走140步。对今有术来说，它是所有率即行率，土筐容积1尺³600寸³是所求率即到土率，一人每天标准运送的$59\dfrac{1}{2}$里是所有数。应用今有术，就得到一人每天所运到的土方尺数。"以一人每天所运到的土方尺数除盘池容积尺数，就是用工人数"，这是因为以一人运到的土方尺数，去除众人应该运送的土方尺数，就得到用工人数。 造术又可以：以往来一次所用的步数除一人标准运送的步数，作为往返次数。以它乘土筐容积，为一人所运送到的土方尺数。以此术与今有术相比较，一个是先乘后除，一个是先除后乘，各自有不同的思路，却有同一个结果。以一人每天所运到的土方尺数除盘池容积尺数，就是用工人数。

假设有一冥谷，上宽是2丈，长是7丈；下宽是8尺，长是4丈；深是6丈5尺。问：其体积是多少？

答：52 000尺³。

如果装运土石一个往返是200步，装卸的时间相当于1里。一辆车每天标准运送 58 里。6 个人共一辆车，每辆车装载 34 尺$^3$700 寸$^3$。问：一人一天运到的土方尺数及用工人数各多少？

答：

一人运到土方 $201\frac{13}{50}$ 尺$^3$，

用工 $258\frac{3\,746}{10\,063}$ 人。

术：以一辆车装载尺数乘一辆车每天标准运送里数，作为实。布置运送一个往返的步数，加装卸时间所相当的 1 里，以每辆车的 6 人乘之，作为法。实除以法，所得就是 1 人每天所运到的土方尺数。按：此术有今有术的意义。以装卸及往返的步数相加，得 500 步，作为所有率即行率，每辆车所装载 34 尺$^3$700 寸$^3$ 作为所求率，一辆车每天标准运送的 58 里，换算成步数，作为所有数。应用今有术，所得到的就是一车每天所运到的土方尺数。如果想得到一人运送的土方尺数，应当用 6 除之，即得。此术中会有分数，所以也可以变换成乘法而一并除的方法：以一辆车的装载尺数作为一人运到的土方率，6 人乘 500 步作为所有率，即行率。　又可以：以 500 步作为所有率，即行率，用 6 人除一辆车的装载尺数作为一人运到的土方率，采用负土术。假设采用负土术，也可以求出往返的次数。关键在于要融会通达。此术中因恐先会出现分数，所以采取乘法而一并除。"以一人每天所运到的土方尺数除冥谷的容积尺数，就是用工人数"，这是因为以一人运到的土方尺数，去除众人应该运送的土方尺数，就得到用工人数。以一人每天所运到的土方尺数除冥谷容积尺数，就是用工人数。

今有委粟平地$^{[1]}$，下周一十二丈，高二丈。问：积及为粟几何？

荅曰：

积八千尺。于徽术，当积七千六百四十三尺一百五十七分尺之四十九。　臣淳风等谨依密率，为积七千六百三十六尺十一分尺之四。

为粟二千九百六十二斛二十七分斛之二十六。

于徽术，当粟二千八百三十斛一千四百一十三分斛之一千

二百一十。　臣淳风等谨依密率，为粟二千八百二十八
斛九十九分斛之二十八。

今有委菽依垣[2]，下周三丈，高七尺。问：积及为菽各
几何？

答曰：

积三百五十尺。依徽术，当积三百三十四尺四百七十
一分尺之一百八十六也。　臣淳风等谨依密率，为积三
百三十四尺十一分尺之一。

为菽一百四十四斛二百四十三分斛之八。依徽
术，当菽一百三十七斛一万二千七百一十七分斛之七千七
百七十一。　臣淳风等谨依密率，为菽一百三十七斛八
百九十一分斛之四百三十三。

今有委米依垣内角[3]，下周八尺，高五尺。问：积及为
米各几何？

答曰：

积三十五尺九分尺之五。于徽术，当积三十三尺四
百七十一分尺之四百五十七。　臣淳风等谨依密率，当
积三十三尺三十三分尺之三十一。

为米二十一斛七百二十九分斛之六百九十一。
于徽术，当米二十斛三万八千一百五十一分斛之三万六千
九百八十。　臣淳风等谨依密率，为米二十斛二千六百
七十三分斛之二千五百四十。

委粟术曰：下周自乘，以高乘之，三十六而一[4]。
此犹圆锥也。于徽术，亦当下周自乘，以高乘之，又以二十五
乘之，九百四十二而一也[5]。其依垣者，居圆锥之半也。
十八而一[6]。于徽术，当令此下周自乘，以高乘之，又以二

十五乘之，四百七十一而一[7]。依垣之周，半于全周。其自乘之幂居全周自乘之幂四分之一，故半全周之法以为法也。**其依垣内角者**，角，隅也，居圆锥四分之一也。**九而一**[8]。于徽术，当令此下周自乘而倍之，以高乘之，又以二十五乘之，四百七十一而一[9]。依隅之周半于依垣。其自乘之幂居依垣自乘之幂四分之一，当半依垣之法以为法。法不可半，故倍其实。又此术亦用周三径一之率[10]。假令以三除周，得径。若不尽，通分内子，即为径之积分。令自乘，以高乘之，为三方锥之积分。母自相乘，得九，为法，又当三而一，约方锥之积[11]。从方锥中求圆锥之积，亦犹方幂求圆幂。乃当三乘之，四而一，得圆锥之积。前求方锥积，乃合三而一，今求圆锥之积，复合三乘之。二母既同，故相准折。惟以四乘分母九，得三十六而连除，圆锥之积[12]。其圆锥之积与平地聚粟同，故三十六而一。　　臣淳风等谨依密率，以七乘之，其平地者，二百六十四而一；依垣者，一百三十二而一；依隅者，六十六而一也[13]。

【注释】

〔1〕委粟：堆放谷物。委，累积，堆积。《公羊传·桓公十四年》："御廪者何？粢盛委之所藏也。"何休注："委，积也。"委粟平地，得圆锥形，如图 5 - 11。

〔2〕委菽依垣：得半圆锥形，如图 5 - 43。

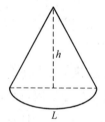

图 5 - 43　委粟依垣
（采自译注本《九章算术》）

〔3〕委米依垣内角：得圆锥的 $\frac{1}{4}$，如图 5 - 44。

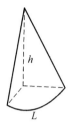

图 5 - 44　委粟依垣内角
（采自译注本《九章算术》）

〔4〕委粟平地的体积公式同 5 - 9 - 1 式。

〔5〕刘徽的修正公式同 5 - 9 - 2 式。

〔6〕半圆锥的体积公式为 $V = \frac{1}{18}L^2h$，其中 $L$ 是圆周的 $\frac{1}{2}$。

〔7〕刘徽以徽术 $\pi = \frac{157}{50}$ 修正的半圆锥的体积公式为 $V = \frac{25}{471}L^2h$，其中 $L$ 是圆周的 $\frac{1}{2}$。

〔8〕四分之一圆锥的体积公式为 $V = \frac{1}{9}L^2h$，其中 $L$ 是圆周的 $\frac{1}{4}$。

〔9〕刘徽以徽术 $\pi = \frac{157}{50}$ 修正的四分之一圆锥的体积公式为 $V = \frac{50}{471}L^2h$，其中 $L$ 是圆周的 $\frac{1}{4}$。

〔10〕对"又此术"以下的理解请参阅圆亭术注相应的部分。

〔11〕约方锥之积：得方锥之积。约，求取。见卷四开立圆术李淳风等注释注解。

〔12〕圆锥之积：得圆锥的体积。前省"得"字。

〔13〕李淳风等以密率 $\pi = \frac{22}{7}$ 将《九章算术》的公式分别修正为 $V = \frac{7}{264}L^2h$，$V = \frac{7}{132}L^2h$，$V = \frac{7}{66}L^2h$。

## 【译文】

假设在平地上堆积粟，下周长是 12 丈，高是 2 丈。问：其体积及粟的数量各是多少？

答：

体积是 8 000 尺³。依据我的徽术，体积应当是 7 643 $\frac{49}{157}$ 尺³。　淳

风等按：依照密率，体积是 7 636 $\frac{4}{11}$ 尺³。

粟是 2 962 $\frac{26}{27}$ 斛。依据我的徽术，粟应当是 2 830 $\frac{1\,210}{1\,413}$ 斛。　淳风

等按：依照密率，粟是 2 828 $\frac{28}{99}$ 斛。

假设靠墙一侧堆积菽，下周长是 3 丈，高是 7 尺。问：其体积及菽的数量各是多少？

答：

体积是 350 尺³。依据我的徽术，体积应当是 334 $\frac{186}{471}$ 尺³。　淳风

等按：依照密率，体积是 334 $\frac{1}{11}$ 尺³。

菽是 144 $\frac{8}{243}$ 斛。依据我的徽术，菽应当是 137 $\frac{7\,771}{12\,717}$ 斛。　淳风

等按：依照密率，菽是 137 $\frac{433}{891}$ 斛。

假设靠墙内角堆积米，下周长是 8 尺；高是 5 尺。问：其体积及米的数量各是多少？

答：

体积是 35 $\frac{5}{9}$ 尺³。依据我的徽术，体积应当是 33 $\frac{457}{471}$ 尺³。　淳风

等按：依照密率，体积是 33 $\frac{31}{33}$ 尺³。

米是 21 $\frac{691}{729}$ 斛。依据我的徽术，米应当是 20 $\frac{36\,980}{38\,151}$ 斛。　淳风等

按：依照密率，米是 20 $\frac{2\,540}{2\,673}$ 斛。

委粟术：下周长自乘，以高乘之，除以 36。此如同圆锥术。依据我

的徽术，应当以下周长自乘，以高乘之，又以 25 乘之，除以 942。如果是靠墙一侧，占据圆锥的 $\frac{1}{2}$。除以 18。依据我的徽术，应当以下周长自乘，以高乘之，又以 25 乘之，除以 471。靠墙一侧的周长是整个周长的 $\frac{1}{2}$。它的周长自乘之面积占据整个周长自乘之面积的 $\frac{1}{4}$，所以以整个周长的情形中的法的 $\frac{1}{2}$ 作为法。如果是靠墙的内角，角是隅角，占据圆锥的 $\frac{1}{4}$。除以 9。依据我的徽术，应当以下周长自乘，加倍，以高乘之，又以 25 乘之，除以 471。靠墙内角是靠墙一侧的 $\frac{1}{2}$。它的周长自乘之面积占据靠墙一侧周长自乘之面积的 $\frac{1}{4}$，应当以靠墙一侧情形中的法的 $\frac{1}{2}$ 作为法。前者的法无法取 $\frac{1}{2}$，所以将实加倍。又，此术也是用周 3 径 1 之率。假设以 3 除下周长，得到直径。如果除不尽，就通分，纳入分子，便是直径的积分。将直径自乘，以高乘之，是三个外切方锥的积分。分母相乘，得 9，作为法，又应当除以 3，求一个方锥的体积积分。从方锥求内切圆锥的体积，也如同从正方形之面积求内切圆之面积。于是应当用 3 乘之，除以 4，得到内切圆锥的体积。前面求方锥的体积，应当除以 3；现在求圆锥的体积，又应当以 3 乘；两个数既然相同，所以恰好互相抵消，只以 4 乘分母 9，得 36 而合起来除，就是内切圆锥的体积。圆锥的体积与平地堆积粟的形状相同，所以只除以 36。　　　淳风等按：依照密率，以 7 乘之，如果堆积于平地，除以 264；如果堆积于靠墙一侧，除以 132；如果堆积于靠墙的内角，除以 66。


程粟一斛积二尺七寸[1]；二尺七寸者，谓方一尺，深二尺七寸，凡积二千七百寸。其米一斛积一尺六寸五分寸之一[2]；谓积一千六百二十寸[3]。其菽、荅、麻、麦一斛皆二尺四寸十分寸之三[4]。谓积二千四百三十寸。此为以精粗为率，而不等其概也[5]。粟率五，米率三，故米一斛于粟一斛，五分之三[6]；菽、荅、麻、麦亦如本率云[7]。故谓此三量器为概，而皆不合于今斛[8]。当今大司农斛圆径一尺三寸五分五厘，正深一尺[9]。于徽术，为积一千四百四十一寸，排成余分，又有十分寸之三[10]。王莽铜斛于今尺为深九寸五分五厘，径一尺三寸六分八厘七毫。以徽术计之，于今斛为容九斗七升四合有奇[11]。《周官·考工记》："桌氏为量，深一尺，内方一尺，而圆外，其实一鬴[12]。"于徽术，此圆积一千五百七十寸[13]。《左氏传》曰："齐旧四量：豆、区、釜、钟。四升曰豆，各自其四，以登于釜。釜十则钟[14]。"钟六斛四斗；釜六斗四升，方一尺，深一尺，其积一千寸[15]。若此方积容六斗四升[16]，则通外圆积成旁，容十斗四合一龠五分龠之三也[17]。以数相乘之[18]，则斛之制：方一尺而圆其外，庣旁一厘七毫，幂一百五十六寸四分寸之一，深一尺，积一千五百六十二寸半，容十斗[19]。王莽铜斛与《汉书·律历志》所论斛同。

**【注释】**

〔1〕程粟一斛积二尺七寸：1 标准粟斛的容积是 2 尺$^3$7 尺$^2$ 寸，即 2 尺$^3$700 寸$^3$，或 2 700 寸$^3$。

〔2〕米一斛积一尺六寸五分寸之一：1 标准米斛的容积是 1 尺$^3$6$\frac{1}{5}$尺$^2$ 寸。

〔3〕积一千六百二十寸：1 标准米斛的容积也是 1 620 寸$^3$。

〔4〕菽、荅、麻、麦一斛皆二尺四寸十分寸之三：1 标准菽、荅、麻、麦斛的容积都是 2 尺$^3$4$\frac{3}{10}$尺$^2$ 寸，或 2 430 寸$^3$。

〔5〕概：古代称量谷物时用以刮平斗斛的器具。《礼记·月令》："正权概。"郑玄注："概，平斗斛者。"此处引申为标准量器的容积。一标准粟斛，一标准米斛，一标准菽、荅、麻、麦斛，尽管都是 1 斛，其容积却不相等。

〔6〕米一斛于粟一斛，五分之三：是说由粟率 5，米率 3，所以一标准米斛 1 尺$^3$6$\frac{1}{5}$尺$^2$ 寸是一标准粟斛 2 尺$^3$700 寸$^3$ 的 $\frac{3}{5}$。

〔7〕此谓一标准菽、荅、麻、麦斛的容积 2 尺$^3$4$\frac{3}{10}$尺$^2$ 寸与一标准

粟斛 2 尺³ 700 寸³ 亦如其本来的率，即粟率 10，而菽、荅、麻、麦率 9。

〔8〕三量器：指粟斛，米斛，和菽、荅、麻、麦斛，与现今之斛制当然不同。

〔9〕当今大司农斛：即魏大司农斛，呈圆柱形，底径 $d = 1$ 尺 3 寸 5 分 5 厘，深 1 尺。

〔10〕以徽术计算，大司农斛底周长 $L = \dfrac{157}{50}d = \dfrac{157}{50} \times 1$ 尺 3 寸 5 分 5 厘 $= 4$ 尺 2 寸 5 分 4 厘 7 毫。由公式(1-8-1)，底面积 $S = \dfrac{1}{2}Lr = \dfrac{1}{2} \times$ 4 尺 2 寸 5 分 4 厘 7 毫 $\times \left(\dfrac{1}{2} \times 1$ 尺 3 寸 3 分 5 厘$\right) = 144$ 寸² 12 分² 80 厘²，故容积 $V = Sh = 1\,441\dfrac{3}{10}$ 寸³。

〔11〕以徽术计算，王莽铜斛底周长 $L = \dfrac{157}{50}d = \dfrac{157}{50} \times 1$ 尺 3 寸 6 分 8 厘 7 毫 $= 4$ 尺 2 寸 9 分 7 厘 7 毫。由公式(5-3-2)，王莽铜斛的容积 $V = \dfrac{25}{314}L^2h = \dfrac{25}{314} \times (4$ 尺 2 寸 9 分 7 厘 7 毫$)^2 \times 9$ 寸 5 分 5 厘 $= 1\,404\dfrac{4}{10}$ 寸³。合成魏斛为 $1\,404\dfrac{4}{10}$ 寸³ $\times 10$ 斗 $\div 1\,441\dfrac{3}{10}$ 寸³ $= 9$ 斗 7 升 4 $\dfrac{4}{10}$ 合。故刘徽说"于今斛为容九斗七升四合有奇"。

〔12〕桌氏为量：桌氏制造量器。桌氏量是底为边长 1 尺的正方形的外接圆，深 1 尺的圆柱形，如图 5-45。

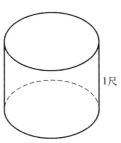

1尺

图 5-45　桌氏量示意图
（采自译注本《九章算术》）

〔13〕显然，桌氏量的底径 $d = \sqrt{2}$ 尺，以徽术计算，桌氏量底周长

$L = \dfrac{157}{50}d = \dfrac{157}{50} \times \sqrt{2}$ 尺。由公式（5-3-2），桌氏量的容积 $V = \dfrac{25}{314}L^2 h =$

$\dfrac{25}{314} \times \left(\dfrac{157}{50} \times \sqrt{2} \text{ 尺}\right)^2 \times 1$ 尺 = 1 570 寸$^3$。

〔14〕此谓齐国的四种量器的进位制：4 升叫作豆，4 豆叫作区（ōu），4 区叫作釜。釜即鬴。10 鬴就是钟。

〔15〕釜的形制是：底方 1 尺，深 1 尺，容积是 1 000 寸$^3$。

〔16〕六斗四升：釜的容积是 6 斗 4 升。

〔17〕以釜的外接圆柱体作为量器，以徽术计算，其容积是 1 570 寸$^3$，则容 10 斗 4 合 $1\dfrac{3}{5}$ 龠。

〔18〕乘：计算。《周官・天官・宰夫》："乘其财用之出入。"

〔19〕庣旁：量器的截面中假设的边长 1 尺的正方形的对角线超过外圆周的部分，如图 5-46。若要上述量器变成容积是 10 斗的斛，则此斛的容积应为 $V = 1\,000$ 寸$^3 \times 10$ 斗 $\div 6$ 斗 4 升 $= 1\,562\dfrac{1}{2}$ 寸$^3$，底面积为 $S = 156\dfrac{1}{4}$ 寸$^2$。因此，底的直径 $d = \sqrt{\dfrac{200}{157}S} = 1$ 尺 4 寸 1 分 8 毫。它与边长 1 尺的正方形的对角线 $\sqrt{2}$ 尺相差 $\sqrt{2} - d = 1$ 尺 4 寸 1 分 4 厘 2 毫 - 1 尺 4 寸 1 分 8 毫 = 3 厘 4 毫。故庣旁 1 厘 7 毫。这里的庣旁与王莽铜斛之庣旁相反，在那里是正方形的对角线不满圆周的部分。参见卷一圆田术刘徽注相关注释。汇校本云：此段所列数值，以徽率周一百五十七、径五十入算，皆合。然《隋书・律历志》云："祖冲之以算术考之，积凡一千五百六十二寸半。方尺而圆其外，减旁一厘八毫，其径一尺四寸一分四毫七秒二忽有奇，而深尺，即古斛之制也。"以徽率周三千九百二十七、径一千二百五十入算，相合；然以祖率周三百五十五、径一百一十三入算，则不合，知《隋书・律历志》此"祖冲之"三字系衍文。《晋书・律历志》与此同样文字中则无"祖冲之"三字，可为佐证。《九章算术注》与《隋书・律历志》、《晋书・律历志》实际上是记载了刘徽用他求得的两个圆周率对王莽铜斛的两次校验。

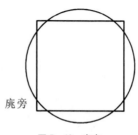

图 5-46 庣旁
（采自《古代世界数学泰斗刘徽》）

## 【译文】

一标准粟斛的容积是 2 尺³700 寸³；2 尺³700 寸³，是说 1 尺见方，深 2 尺 7 寸，容积总共是 2 700 寸³。一标准米斛的容积是 1 尺³6 $\frac{1}{5}$ 尺² 寸；是说容积 1 620 寸³。一标准菽、荅、麻、麦斛的容积是 2 尺³ 4 $\frac{3}{10}$ 尺² 寸，是说容积 2 430 寸³。这里是以精粗建立率，而每斛的容积不相等。粟率是 5，米率是 3。所以 1 斛米相对于 1 斛粟而言，容积是其 $\frac{3}{5}$。菽、荅、麻、麦也遵从自己的率。所以说以此三种量器作为标准，但都不符合现在的斛。今大司农斛的圆径是 1 尺 3 寸 5 分 5 厘，垂直深 1 尺。根据我的徽术，容积是 1 441 寸³。列出剩余的分数，还有 $\frac{3}{10}$ 尺² 寸。依据现在的尺度，王莽铜斛的深是 9 寸 5 分 5 厘，直径是 1 尺 3 寸 6 分 8 厘 7 毫。用我的徽术计算，容积合今天的斛是 9 斗 7 升 4 合，还有奇零。《周官·考工记》说："栗氏制作量器，它的深是 1 尺，底面是一个边长为 1 尺的正方形的外接圆，其容积是 1 鬴。"依据我的徽术，这里的圆面积是 1 570 寸²。《左氏传》说："齐国旧有四种量器：豆、区、釜、钟。4 升是 1 豆，豆、区各以 4 进，便得到釜，10 釜就是 1 钟。"1 钟是 6 斛 4 斗。1 釜是 6 斗 4 升，它的底面是 1 尺见方，深是 1 尺，容积是 1 000 寸³。如果这一方斛的容积是 6 斗 4 升，那么，作其底的外接圆，成为一个量器，容积便是 10 斗 4 合 1 $\frac{3}{5}$ 龠。用这些数值计算，则斛的形制：底面是与边长 1 尺的正方形相切割的圆，庣旁是 1 厘 7 毫。圆面积是 156 $\frac{1}{4}$ 寸²，深是 1 尺，容积是 1 562 $\frac{1}{2}$ 寸³，容量是 10 斗。王莽铜斛与《汉书·律历志》所论述的斛相同。

今有穿地，袤一丈六尺，深一丈，上广六尺，为垣积五百七十六尺。问：穿地下广几何？

答曰：三尺五分尺之三。

术曰：置垣积尺，四之为实。穿地四为坚三。垣，坚也。以坚求穿地，当四之，三而一也。以深、袤相乘，为深袤之立实也。又以三之，为法[1]。以深、袤乘之立实除垣积，则坑广[2]。又"三之"者，与坚率并除之。**所得，倍之。坑有两广，先并而半之，即为广狭之中平。令先得其中平，故又倍之知[3]，两广全也。减上广，余即下广[4]。** 按：此术穿地四，为坚三。垣，即坚也。今以坚求穿地，当四乘之，三而一。"深、袤相乘"者，为深袤立幂。以深袤立幂除积，即坑广。又"三之，为法"，与坚率并除。"所得倍之"者，为坑有两广，先并而半之，为中平之广。今此得中平之广，故倍之还为两广并。故"减上广，余即下广"也。

## 【注释】

〔1〕"四之为实"，"又以三之，为法"：是穿地为垣是由穿土变坚土，其比率为穿 4 为坚 3。

〔2〕此即 $a = \dfrac{V}{bh}$，其中 $a$ 即穿坑的中平之广，或先假定挖的坑是长方体。

〔3〕知：训"者"，见刘徽序"故板条虽分而同本干知"之注释。

〔4〕如不考虑穿地 4 变坚土 3 的因素，此问实际上是（5-1）式的逆运算，即已知穿地的上广 $a_1$，袤 $b$，深 $h$，体积 $V$，求下广 $a_2$

$$a_2 = \frac{2V}{bh} - a_1 。$$

## 【译文】

假设挖一个坑，长是 1 丈 6 尺，深 1 丈，上宽 6 尺，筑成垣，其体积是 576 尺$^3$。问：所挖坑的下宽是多少？

答：$3\dfrac{3}{5}$ 尺$^3$。

术：**布置垣的体积尺数，乘以 4，作为实。** 挖出的土是 4，成为坚土是 3。垣，是坚土。由坚土求挖出的土，应当乘以 4，除以 3。**以挖的坑的深、长相乘，** 成为深与长形成的直立的面积。**又乘以 3，作为法。** 以深、长形成的直立的面积除垣的体积，就是坑的宽。"又乘以 3"的原因，是与坚土的率一并除。**将所得的结果加倍。** 挖的坑有上、下两宽，先将它们相加，取其一半，就是宽窄的平均值。使首先得出其平均值，而又加倍的原因，是得到上下两宽的全部。减去上宽，余数就是下宽。按：此术中挖出的土4，成为坚土是3。垣，是坚土。今由坚土求挖出的土，应当乘以4，除以3。"以挖的坑的深、长相乘"，是成为深与长形成的直立的面积。以深与长形成的直立的面积除垣的体积，就是挖的坑的宽。"又乘以3，作为法"的原因，是与坚土的率一并除。"将所得的结果加倍"，是因为挖的坑有上、下两宽，先将它们相加，取其一半，就是其平均值。现在得到其平均值，所以将其加倍，还原为上、下两宽之和。所以"减去上宽，余数就是下宽"。

今有仓，广三丈，袤四丈五尺，容粟一万斛。问：高几何？

　　答曰：二丈。

　　术曰：置粟一万斛积尺为实[1]。广、袤相乘为法。实如法而一，得高尺[2]。以广、袤之幂除积，故得高。

　　按：此术本以广、袤相乘，以高乘之，得此积[3]。今还元[4]，置此广、袤相乘为法，除之，故得高也。

【注释】

　　[1] 一万斛积尺：由委粟术，"程粟一斛积二尺七寸"，即一斛标准粟的容积是 2 700 寸$^3$，1 万斛的积尺为 27 000 尺$^3$。

　　[2] 这是已知长方体体积$V$，广$a$，长$b$，求高$h$：$h = \dfrac{V}{ab}$。显然它是长方体体积公式

$$V = abh \qquad\qquad (5-19)$$

的逆运算。方堢壔体积公式（5-2）是（5-19）式$b = a$的情形。

　　[3] 此即（5-19）式。

　　[4] 元：通"原"。参见卷四开圆术注释[12]。

【译文】

假设有一座粮仓，宽是 3 丈，长是 4 丈 5 尺，容积是 10 000 斛粟。问：其高是多少？

　　　　答：2 丈。

　　术曰：布置 10 000 斛粟的积尺数作为实。粮仓的宽长相乘作

为法。实除以法，便得到高的尺数。以宽与长形成的面积除体积，就得到高。按：此术中本来以宽、长相乘，又以高乘之，就得到这个体积。现在还原，就布置此宽、长相乘，作为法，除体积，所以得到高。

今有圆囷，圆囷，廪也[1]，亦云圆囤也。高一丈三尺三寸少半寸，容米二千斛[2]。问：周几何？

答曰：五丈四尺。于徽术，当周五丈五尺二寸二十分寸之九。 臣淳风等谨按：密率，为周五丈五尺一百分尺之二十七。

术曰：置米积尺，此积犹圆堢壔之积。以十二乘之，令高而一，所得，开方除之，即周[3]。于徽术，当置米积尺，以三百一十四乘之，为实。二十五乘囷高，为法。所得，开方除之，即周也[4]。此亦据见幂以求周，失之于微少也[5]。晋武库中有汉时王莽所作铜斛。其篆书字题斛旁云：律嘉量斛，方一尺而圆其外，庞旁九厘五毫，幂一百六十二寸，深一尺，积一千六百二十寸，容十斗[6]。及斛底云：律嘉量斗，方尺而圜其外，庞旁九厘五毫，幂一尺六寸二分，深一寸，积一百六十二寸，容一斗[7]。合、龠皆有文字。升居斛旁，合、龠在斛耳上。后有赞文，与今《律历志》同，亦魏晋所常用[8]。今粗疏王莽铜斛文字尺寸分数[9]，然不尽得升、合、勺之文字。

按：此术本周自相乘，以高乘之，十二而一，得此积[10]。今还元，置此积，以十二乘之，令高而一，即复本周自乘之数[11]。凡物自乘，开方除之，复其本数。故开方除之，即得也。 臣淳风等谨依密率，以八十八乘之，为实，七乘囷高为法，实如法而一。开方除之，即周也[12]。

**【注释】**

〔1〕圆囷：即圆柱体，亦即《九章算术》的圆堢壔，其体积公式为 (5-3-1)。见卷四开立圆术刘徽注之注解〔7〕。 廪：粮仓，仓库。

《说文解字》："廩，廦也。"邢昺疏："廩，廦，皆困仓之别名。"李籍云："仓圆曰困。"

〔2〕容米二千斛：由委粟术，"米一斛积一尺六寸五分寸之一"，即一标准米斛的容积是 1 620 寸³，2 000 斛米的积尺为 3 240 尺³。

〔3〕此即已知圆困的体积 $V$，高 $h$，求底周 $L$

$$L = \sqrt{\frac{12V}{h}} \,. \qquad (5-20-1)$$

它显然是（5-3-1）式的逆运算。

〔4〕刘徽将开方式（5-20-1）修正为

$$L = \sqrt{\frac{314V}{25h}} \,. \qquad (5-20-2)$$

〔5〕由于徽术 $\frac{157}{50}$ 是不足近似值，故由（5-20-2）求出的周长略嫌微小。

〔6〕刘徽所引与传世王莽铜斛斛铭略有出入。原器斛铭为："律嘉量斛，方尺而圜其外，庞旁九厘五豪，冥百六十二寸，深尺，积千六百二十寸，容十斗。"（见文物出版社：《中国古代度量衡图集》）《隋书·律历志》所引斛铭，"圜"作"圆"，"豪"作"毫"，"冥"作"幂"，"千"作"一千"。

〔7〕刘徽所引与传世王莽铜斛斗铭略有出入。原器斛铭为："律嘉量斗，方尺而圜其外，庞旁九厘五豪，冥百六十二寸，深寸，积百六十二寸，容一斗。"

〔8〕赞文：指王莽铜斛正面之总铭，凡八十一字，如下："黄帝初祖，德币于虞，虞帝始祖，德币于新。岁在大梁，龙集戊辰。戊辰直定，天命有民。据土德受，正号即真。改正建丑，长寿隆崇。同律度量衡，稽当前人。龙在己巳，岁次实沈。初班天下，万国永遵。子子孙孙，享传亿年。"正史"律历志"记载此总铭的只有《隋书》。其《律历志》为李淳风等人所撰。故注文"与今律历志同，亦魏晋所常用"两句断非唐初以前所为，或此两句为唐人旁注"赞文"以上文字，阑入正文，或自"晋武库中"以下一百三十一字，为唐人所作，疑即李淳风等注释，阑入刘注。

〔9〕今粗疏：现在粗略地疏解。"粗疏"是南宋本、《大典》本、杨辉本原文，戴震整理的微波榭本讹作"祖疏"，李潢据此说刘注中涉及王莽铜斛的几段文字是祖冲之撰，刘徽所求出的第二个圆周率近似值 $\frac{3\,927}{1\,250}$

是祖冲之所创。20 世纪 50 年代中国数学史界还就此展开了一次大辩论。

〔10〕此即圆柱体体积公式（5-3-1）。

〔11〕此即 $L^2 = \dfrac{12V}{h}$。

〔12〕此为李淳风等以 $\pi = \dfrac{22}{7}$ 对《九章筭术》方法的修正

$$L = \sqrt{\dfrac{88V}{7h}}。$$

【译文】

假设有一座圆囷，圆囷，就是仓廪，也称为圆囤。高是 1 丈 3 尺 3 $\dfrac{1}{3}$ 寸，容积是 2 000 斛米。问：其圆周长是多少？

答：5 丈 4 尺。对于我的徽术，圆周应当是 5 丈 5 尺 2 $\dfrac{9}{20}$ 寸。 淳

风等按：依照密率，周长是 5 丈 5 $\dfrac{27}{100}$ 尺。

术：布置米的容积尺数，这一容积如同圆堢壔的体积。乘以 12，除以高，对所得到的结果作开平方除法，就是圆囷的周长。依据我的徽术，应当布置米的容积尺数，乘以 314，作为实。以 25 乘圆囷的高，作为法。对所得到的结果作开平方除法，就是其周长。这也是根据已有的面积求圆周长，误差稍微小了一点。 晋武库中有汉朝王莽所作的铜斛。斛的侧面有篆体字说：律嘉量斛，里面相当于有方 1 尺的正方形而外面是圆形，其庣旁为 9 厘 5 毫，其面积是 162 寸$^2$，深是 1 尺，容积是 1 620 寸$^3$，容量是 10 斗。而斛旁说：律嘉量斗，里面相当于有方 1 尺的正方形而外面是圆形，其庣旁为 9 厘 5 毫，其面积是 162 寸$^2$，深是 1 寸，容积是 162 寸$^3$，容量是 1 斗。合、龠旁边都有文字。升量位于斛的旁边，合量和龠量位于斛的耳朵上。斛的后面有赞文，与今天的《律历志》相同，也是魏晋时期所常用的。现在粗略地叙述了王莽铜斛的文字、尺、寸、分数，然没有完全得到升、合、勺的文字。 按：此术中本来是圆周自相乘，以高乘之，除以 12，就得到圆囷的体积。现在还原，布置此圆囷的体积，乘以 12，除以高，就恢复了本来的圆周自乘之数。——凡是一物的数量自乘，对之作开方除法，就恢复了其本数。所以对此作开方除法，即得到周长。 淳风等按：依照密率，乘以 88，作为实。以七乘囷的高作为法。实除以法，对其结果作开方除法，即周长。

# 九章筭术卷第六

魏刘徽注

唐朝议大夫行太史令上轻车都尉臣李淳风等奉敕注释

## 均输[1] 以御远近劳费[2]

今有均输粟[3]：甲县一万户，行道八日；乙县九千五百户，行道十日；丙县一万二千三百五十户，行道十三日；丁县一万二千二百户，行道二十日，各到输所。凡四县赋当输二十五万斛，用车一万乘[4]。欲以道里远近、户数多少衰出之[5]。问：粟、车各几何？

  荅曰：

  甲县粟八万三千一百斛，车三千三百二十四乘。

  乙县粟六万三千一百七十五斛，车二千五百二十七乘。

  丙县粟六万三千一百七十五斛，车二千五百二十七乘。

  丁县粟四万五百五十斛，车一千六百二十二乘。

术曰：令县户数各如其本行道日数而一，以为衰[6]。

按：此均输，犹均运也。令户率出车，以行道日数为均，发粟为输。据甲行道八日，因使八户共出一车；乙行道十日，因使十户共出一车……计其在道，则皆户一日出一车[7]，故可为均平之率也。　　　臣淳风等谨按：县户有多少之差，行道有远近之异。欲其均等，故各令行道日数约户为衰。行道多者少其户，行道少者多其户。故各令约户为衰。以八日约除甲县，得一百二十五，乙、丙各九十五，丁六十一。于今有术，副并为所有率，未并者各为所求率，以赋粟车数为所有数，而今有之，各得车数[8]。一旬除乙，十三除丙，各得九十五；二旬除丁，得六十一也。甲衰一百二十五，乙、丙衰各九十五，丁衰六十一[9]，副并为法[10]。以赋粟车数乘未并者，各自为实[11]。衰分，科率[12]。实如法得一车[13]。各置所当出车，以其行道日数乘之，如户数而一，得率：户用车二日四十七分日之三十一，故谓之均[14]。求此户以率，当各计车之衰分也[15]。有分者，上下辈之。辈，配也。车、牛、人之数不可分裂。推少就多，均赋之宜[16]。今按：甲分既少，宜从于乙。满法除之，有余从丙。丁分又少，亦宜就丙，除适尽。加乙、丙各一，上下辈益，以少从多也[17]。以二十五斛乘车数，即粟数[18]。

## 【注释】

〔1〕均输：中国古代处理合理负担的重要数学方法，九数之一。李籍云："均，平也。输，委也。以均平其输委，故曰均输。"均输法源于何时，尚不能确定。1983 年底湖北江陵张家山汉墓出土《筭数书》竹简的同时，出土了均输律，否定了均输源于桑弘羊均输法的成说。《盐铁论·本议篇》载贤良文学们批评桑弘羊的均输法时说："盖古之均输，所以齐劳逸而便贡输，非以为利而贾万物也。"可见先秦已有均输法。《九章筭术》中的均输问题与此庶几相近，而与桑弘羊的均输法有所不同。《周礼·地官·司徒》云："均人掌均地政，均地守，均地职，均人民牛马车辇之力政。"郑玄注："政，读为征。地征谓地守、地职之税也。地守，衡虞之属；地职，农圃之属。力政，人民则治城郭涂巷沟渠，牛马车辇则转委积之属。"实际上都是讨论合理负担的均输问题。因此，九数中的均输类起源于先秦是无疑的。不过，《九章筭术》的均输章 28 个问

题中，只有前 4 个问题是典型的均输问题，后 24 个问题是算术难题，大约是西汉张苍、耿寿昌整理《九章筭术》时补充进去的。

〔2〕劳费：李籍云："耗也。"

〔3〕此问是向各县征调粟米时徭役的均等负担问题。

〔4〕乘（shèng）：车辆，或指四马一车。《左传·隐公元年》："缮甲兵，具卒乘。"杜预注："步曰卒，车曰乘。"《庄子·列御寇》："王悦之，益车百乘。"成玄英疏："乘，驷马也。"也指配有一定数量士兵的兵车。李籍云："数车曰乘。一本作'量'。"知李籍时代还有一作"量"的抄本。疑"量"系"辆"的假借字。

〔5〕要求各县按距离远近和户数多少确定的比例出粟和车。

〔6〕记各县行道日数为 $a_i$，户数为 $b_i$，则 $\dfrac{b_i}{a_i}$，$i=1$，2，3，4，就是各县出车与出粟的列衰。

〔7〕以行道日数除户数，就使每户一日出一车，所以可以做到各户负担均等。

〔8〕李淳风等将其归结为今有术：副并 $\sum\limits_{i=1}^{4}\dfrac{b_i}{a_i}$ 为所有率，未并者 $\dfrac{b_i}{a_i}$ 各为所求率，$i=1$，2，3，4，以赋粟车数 $A$ 为所有数。

〔9〕甲衰 $\dfrac{b_1}{a_1}=\dfrac{10\,000}{8}=1\,250$，乙衰 $\dfrac{b_2}{a_2}=\dfrac{9\,500}{10}=950$，丙衰 $\dfrac{b_3}{a_3}=\dfrac{12\,350}{13}=950$，丁衰 $\dfrac{b_4}{a_4}=\dfrac{12\,200}{20}=610$。它们有公约数 10，故分别以 10 约简，得 125，95，95，61 为甲、乙、丙、丁之列衰。

〔10〕副并：在旁边相加。副，见卷一约分术注释〔13〕。此谓在旁边将列衰相加，得 $\sum\limits_{i=1}^{4}\dfrac{b_i}{a_i}=125+95+95+61=376$ 作为法。

〔11〕未并者：未相加的，此谓以赋粟车数乘未相加的列衰 $A\times\dfrac{b_i}{a_i}$ 各自为实：甲县实 $A\times\dfrac{b_1}{a_1}=10\,000\times125=1\,250\,000$，乙县实 $A\times\dfrac{b_2}{a_2}=10\,000\times95=950\,000$，丙县实与乙县实相同，丁县实 $A\times\dfrac{b_4}{a_4}=10\,000\times61=610\,000$。

〔12〕衰分，科率：列衰，征税的率。此谓以赋粟车数 $A$ 乘未相加的列衰 $\dfrac{b_i}{a_i}$，得 $A \times \dfrac{b_i}{a_i}$，就是征调车数的率。科，课税，征税。

〔13〕记各县出车数为 $A_i$，$i=1$，2，3，4，则

$$A_i = \left(A \times \frac{b_i}{a_i}\right) \div \sum_{i=1}^{4} \frac{b_i}{a_i}, \quad i=1,\ 2,\ 3,\ 4。 \qquad (6-1)$$

于是

$$甲县出车\ A_1 = 1\,250\,000 \div 376 = 3\,324\frac{22}{47}(乘)，$$

$$乙县、丙县各出车\ A_2 = A_3 = 950\,000 \div 376 = 2\,526\frac{28}{47}(乘)，$$

$$丁县出车\ A_4 = 610\,000 \div 376 = 1\,622\frac{16}{47}(乘)。$$

〔14〕户用车二日四十七分日之三十一，故谓之均：每户用车都是 $2\dfrac{31}{47}$ 日，所以称之为均。此谓以 $A_i \times \dfrac{b_i}{a_i} = \left[\left(A \times \dfrac{b_i}{a_i}\right) \div \sum\limits_{i=1}^{4} \dfrac{b_i}{a_i}\right] \times \dfrac{a_i}{b_i} = \dfrac{A}{\sum\limits_{i=1}^{4} \dfrac{b_i}{a_i}}$ 为户率。户率都是 $2\dfrac{31}{47}$ 日，所以实现了均等负担。

〔15〕求此户以率，当各计车之衰分：用率来求该户的出车数，应当计算各自车数的衰分。

〔16〕均输诸术提出车、牛、人数不可以是分数，必须搭配成整数。这与商功章的人数可以是分数不同，既反映了两者编纂时代不同，也反映了均输诸术的实用性更强。搭配的原则是分数小的，并到分数大的。

〔17〕甲、乙、丙、丁四县出车的奇零部分依次是 $\dfrac{22}{47}$，$\dfrac{28}{47}$，$\dfrac{28}{47}$，$\dfrac{16}{47}$。将甲、丁县的奇零部分并入乙、丙二县，则四县出车依次是：3 324，2 526，2 526，1 622。

〔18〕250 000 斛，用车 10 000 乘，则 1 乘车运送 25 斛。故以 25 斛乘各县出车数，即得各县出粟数。

## 【译文】

**均输** <sub></sub>为了处理远近劳费的问题

假设要均等地输送粟：甲县有 10 000 户，需在路上走 8 日；乙县有 9 500 户，需在路上走 10 日；丙县有 12 350 户，需在路上走 13 日；丁县有 12 200 户，需在路上走 20 日，才能分别将粟输送到输所。四县的赋共应当输送粟 250 000 斛，用 10 000 乘车。欲根据道里的远近、户数的多少按比例出粟与车。问：各县所输送的粟、所用的车各是多少？

答：

甲县输粟 83 100 斛，用车 3 324 乘。

乙县输粟 63 175 斛，用车 2 527 乘。

丙县输粟 63 175 斛，用车 2 527 乘。

丁县输粟 40 550 斛，用车 1 622 乘。

术：布置各县的户数，分别除以它们各自需在路上走的日数，作为衰。按：此处均输，就是均等输送。使每户按户率出车，就以需在路上走的日数实现均等，而以各县发送粟作为输。根据甲县需在路上走 8 日，所以就使 8 户共出一车；乙县需在路上走 10 日，所以就使 10 户共出一车……计算它们在路上的劳费，则都是 1 户 1 日出 1 车，所以可以用来实现均平之率。

淳风等按：各县的户数有多少的差别，走的路有远近的不同。欲使它们的劳费均等，就分别用需在路上走的日数除各自的户数作为列衰——需在路上走的日数多的就减少其户数，需在路上走的日数少的就增加其户数。所以分别以走的日数除户数作为列衰。以 8 日除甲县户数，得 125，乙、丙县各 95，丁县 61。对于今有术，在旁边将它们相加作为所有率，没有相加的各自作为所求率，以输送作为赋税的粟所共用的车数作为所有数，应用今有术，分别得到各县所用的车数。——以 10 日除乙县的户数，13 除丙县的户数，各自得到 95；以 20 日除丁县的户数，得到 61。甲县的衰是 125，乙、丙县的衰各是 95，丁县的衰 61，在旁边将它们相加，作为法。以输送作为赋税的粟所共用的车数分别乘未相加的衰，各自作为实。衰分，就是分配缴纳的赋税的率。实除以法，得到各县所应出的车数。分别布置各县所应当出的车数，以各自需在路上走的日数乘之，除以各自的户数，得到率：每户用车为 $2\frac{31}{47}$ 日，所以叫作均等。用率来求该户的出车数，应当计算各自出车数的衰分。如果出现分数，就将它们上下辈之。辈，就是搭配。车、牛、人的数量不可有分数。就将少的加到多的上，这是使赋税均等的权宜做法。今按：甲县的分数部分既然少，加到乙上比较适宜。满了法就做除法，其余数加到丙上。丁县的分数部分又少，也加到丙上比较适宜，恰好除尽。给乙、丙县各加1，上下搭配增益，就是以少的加到多的上。以25斛乘各自出的车数，即是各县所输送的粟数。

今有均输卒[1]：甲县一千二百人，薄塞[2]；乙县一千五百五十人，行道一日；丙县一千二百八十人，行道二日；丁县九百九十人，行道三日；戊县一千七百五十人，行道五日。凡五县，赋输卒一月一千二百人。欲以远近、人数多少衰出之。问：县各几何？

答曰：

甲县二百二十九人。

乙县二百八十六人。

丙县二百二十八人。

丁县一百七十一人。

戊县二百八十六人。

术曰：令县卒各如其居所及行道日数而一，以为衰[3]。按：此亦以日数为均，发卒为输。甲无行道日，但以居所三十日为率。言欲为均平之率者，当使甲三十人而出一人，乙三十一人而出一人[4]……"出一人"者，计役则皆一人一日，是以可为均平之率[5]。甲衰四，乙衰五，丙衰四，丁衰三，戊衰五[6]，副并为法[7]。以人数乘未并者各自为实[8]。实如法而一[9]。为衰，于今有术，副并为所有率，未并者各为所求率，以赋卒人数为所有数[10]。此术以别[11]，考则意同。以广异闻，故存之也[12]。各置所当出人数，以其居所及行道日数乘之，如县人数而一，得率：人役五日七分日之五[13]。有分者，上下辈之。辈，配也。今按：

丁分最少，宜就戊除。不从乙者，丁近戊故也。满法除之，有
余从乙。丙分又少，亦就乙除。有余从甲，除之适尽。从甲、
丙二分，其数正等。二者于乙远近皆同，不以甲从乙者，方以
下从上也[14]。

**【注释】**

〔1〕此问是向各县征调兵役的均等负担问题。

〔2〕薄塞：接近边境。薄，接近，迫近。李籍云："迫也。"又云：
"薄，或作博，非是。"知当时还有一误作"博"的抄本。塞，边塞。李
籍云："边也。"

〔3〕记各县行道日数为 $a_i$，人数为 $b_i$，则 $\dfrac{b_i}{30+a_i}$，$i=1,2,3,4,$
5，就是各县出卒的列衰。其中 30 为一个月的日数。

〔4〕1 月 30 日，甲无行道日，1 人赋 30 日；乙行道 1 日，1 人赋 30
日＋1 日＝31 日；丙行道 2 日，1 人赋 30 日＋2 日＝32 日；丁行道 3 日，
1 人赋 30 日＋3 日＝33 日；戊行道 5 日，1 人赋 30 日＋5 日＝35 日。为
了得到均平之率，应当使甲、乙、丙、丁、戊各县分别 30 人，31 人，
32 人，33 人，35 人而出 1 人。

〔5〕计役则皆一人一日，是以可为均平之率：此以日数实现均等负
担，使每人服役 1 日。

〔6〕甲县衰 $\dfrac{b_1}{30+a_1}=\dfrac{1200}{30}=40$，乙县衰 $\dfrac{b_2}{30+a_2}=\dfrac{1550}{30+1}=50$，丙县
衰 $\dfrac{b_3}{30+a_3}=\dfrac{1\,280}{30+2}=40$，丁县衰 $\dfrac{b_4}{30+a_4}=\dfrac{990}{30+3}=30$，戊县衰 $\dfrac{b_5}{30+a_5}=$
$\dfrac{1\,750}{30+5}=50$。它们有公约数 10，故分别以 10 约简，得 4，5，4，3，5
为甲、乙、丙、丁、戊县之衰。

〔7〕在旁边将列衰相加，得 $\displaystyle\sum_{i=1}^{5}\dfrac{b_i}{30+a_i}=4+5+4+3+5=21$ 作
为法。

〔8〕以人数乘未相加的列衰，得 $A\times\dfrac{b_i}{30+a_i}$ 各自为实。甲县之实

$A \times \dfrac{b_1}{30+a_1} = 1\,200 \times 4 = 4\,800$，乙县之实 $A \times \dfrac{b_2}{30+a_2} = 1\,200 \times 5 = 6\,000$，

丙县之实 $A \times \dfrac{b_2}{30+a_2} = 1\,200 \times 4 = 4\,800$，丁县之实 $A \times \dfrac{b_4}{30+a_4} =$

$1\,200 \times 3 = 3\,600$，戊县之实 $A \times \dfrac{b_5}{30+a_5} = 1\,200 \times 5 = 6\,000$。

〔9〕记各县出卒数为 $A_i$，$i = 1$，2，3，4，5，则

$$A_i = \left( A \times \frac{b_i}{30+a_i} \right) \div \sum_{j=1}^{5} \frac{b_j}{30+a_j}，\quad i = 1，2，3，4，5。$$

$$(6-2)$$

于是

甲县出卒 $A_1 = 4\,800 \div 21 = 228\dfrac{4}{7}$（人），丙县与甲县同，

乙县出卒 $A_2 = 6\,000 \div 21 = 285\dfrac{5}{7}$（人），戊县与乙县同，

丁县出卒 $A_4 = 3\,600 \div 21 = 171\dfrac{3}{7}$（人）。

〔10〕刘徽将其归结为今有术，副并 $\sum\limits_{i=1}^{5} \dfrac{b_i}{30+a_i}$ 为所有率，未并者

$\dfrac{b_i}{30+a_i}$ 各为所求率，$i = 1$，2，3，4，5，以出卒数 $A$ 为所有数。

〔11〕以：古通"似"。汉初简帛中"似"常作"以"。《马王堆汉墓帛书·阴阳十一脉灸经》甲本"要以折"，"以"即"似"。

〔12〕刘徽在这里意在提供不同的思路，以"广异闻"。

〔13〕此谓以 $A_i \times \dfrac{b_i}{30+a_i} = \left[ \left( A \times \dfrac{b_i}{30+a_i} \right) \div \sum\limits_{i=1}^{5} \dfrac{b_i}{30+a_i} \right] \times \dfrac{30+a_i}{b_i} =$

$\dfrac{A}{\sum\limits_{i=1}^{5} \dfrac{b_i}{30+a_i}}$ 为率。率都是 $5\dfrac{5}{7}$ 日，所以实现了均等负担。

〔14〕为了使车、牛、人之数都是整数，将答案进行调整的原则，除了上一问的以少从多外，还有以下从上，舍远就近。甲、乙、丙、丁、

戊五县出卒的奇零部分依次是 $\frac{4}{7}$，$\frac{5}{7}$，$\frac{4}{7}$，$\frac{3}{7}$，$\frac{5}{7}$。丁县的奇零部分

最少，就近加到戊县上，而不先加到较远的乙县上。戊县加 $\frac{3}{7}$，得到 1

人之后余 $\frac{1}{7}$，加到乙县上。其次是甲、丙县最少，根据以下从上的原

则，将丙县的 $\frac{4}{7}$ 加到乙县上，得到 1 人之后余 $\frac{3}{7}$，加到甲县上，适尽。

于是各县出卒人数依次是甲县 229 人，乙县 286 人，丙县 228 人，丁县

171 人，戊县 286 人。


## 【译文】

假设要均等地输送兵卒：甲县有兵卒 1 200 人，逼近边塞；乙县有
兵卒 1 550 人，需在路上走 1 日；丙县有 1 280 人，需在路上走 2
日；丁县有 990 人，需在路上走 3 日；戊县有兵卒 1 750 人，需在
路上走 5 日。五县共应派出 1 200 人，戍边一个月作为兵赋。欲根
据道路的远近、兵卒的多少按比例派出。问：各县应派出多少
兵卒？

      答：

      甲县 229 人。

      乙县 286 人。

      丙县 228 人。

      丁县 171 人。

      戊县 286 人。

      术：布置各县的兵卒数，分别除以在居所及需在路上走的日
数，作为列衰。按：这里也是以日数实现均等，派遣兵卒作为输送的赋。
甲县没有路上走的日数，只是以在居所的 30 日计算它的率。说欲得到均平之
率，应当使甲县每 30 人而派出 1 人，乙县每 31 人而派出 1 人……而如果"那
么多人派出 1 人"，计算他们的劳役，则都是每 1 人服役 1 日，因此可以作为均
平之率。甲县的衰是 4，乙县的衰是 5，丙县的衰是 4，丁县的
衰是 3，戊县的衰是 5，在旁边将它们相加作为法。以总的兵
卒数乘未相加的衰，各自作为实。实除以法，就是各县派出
的兵卒数。算出它们的列衰，对于今有术，在旁边将它们相加，作为所有

率，未相加的各为所求率，以赋卒的人数作为所有数。此术与上术好像有差别，考察起来它们的意思是相同的。为了扩充见识，所以保存下来。分别布置各县所应当派出的兵卒数，乘以他们在居所及需在路上走的日数，除以各县的兵卒数，便得到率：每人服役为 $5\frac{5}{7}$ 日。如果算出的兵卒数有分数，就将它们上下辈之。辈，就是搭配。今按：丁县兵卒数的分数最少，将它加到戊县的兵卒数上，做除法是适宜的。不先加到乙县上，是丁县距离戊县近的缘故。满了法就做除法，如果有余数就加到乙县。丙县的分数又少，也加到乙县，做除法。有余数就加到甲县上，做除法，恰好除尽。甲、丙二县的分数，数值正好相等。二者与乙县的远近也都相同，不将甲县的分数加乙县上的原因，正是以下从上。

今有均赋粟[1]：甲县二万五百二十户，粟一斛二十钱，自输其县；乙县一万二千三百一十二户，粟一斛一十钱，至输所二百里；丙县七千一百八十二户，粟一斛一十二钱，至输所一百五十里；丁县一万三千三百三十八户，粟一斛一十七钱，至输所二百五十里；戊县五千一百三十户，粟一斛一十三钱，至输所一百五十里。凡五县赋输粟一万斛。一车载二十五斛，与僦一里一钱[2]。欲以县户赋粟，令费劳等。问：县各粟几何？

答曰：

甲县三千五百七十一斛二千八百七十三分斛之五百一十七。

乙县二千三百八十斛二千八百七十三分斛之二千二百六十。

丙县一千三百八十八斛二千八百七十三分斛之二千二百七十六。

丁县一千七百一十九斛二千八百七十三分斛之

一千三百一十三。

戊县九百三十九斛二千八百七十三分斛之二千
二百五十三。

术曰：以一里僦价乘至输所里，此以出钱为均也。问者
曰："一车载二十五斛，与僦一里一钱。"一钱，即一里僦价也。
以乘里数者，欲知僦一车到输所所用钱也。甲自输其县，则无
取僦价也。以一车二十五斛除之，欲知僦一斛所用钱。
加以斛粟价，则致一斛之费[3]。加以斛之价于一斛僦
直，即凡输粟取僦钱也。甲一斛之费二十，乙、丙各十八，丁
二十七，戊十九也[4]。各以约其户数，为衰[5]。言使甲
二十户共出一斛，乙、丙十八户共出一斛……计其所费，则皆
户一钱，故可为均赋之率也[6]。计经赋之率，既有户筭之率，
亦有远近贵贱之率。此二率者，各自相与通[7]。通则甲二十，
乙十二，丙七，丁十三，戊五[8]。一斛之费谓之钱率。钱率约
户率者，则钱为母，户为子。子不齐，令母互乘为齐，则衰
也[9]。若其不然，以一斛之费约户数，取衰。并有分，当通分
内子约之，于筭甚繁[10]。此一章皆相与通功共率，略相依
似[11]。以上二率、下一率亦可放此，从其简易而已[12]。
又以分言之[13]，使甲一户出二十分斛之一，乙一户出十八分
斛之一……各以户数乘之，亦可得一县凡所当输，俱为衰
也[14]。乘之者，乘其子，母报除之。以此观之，则以一斛之费
约户数者，其意不异矣[15]。然则可置一斛之费而返衰之，约
户，以乘户率为衰也[16]。合分注曰："母除为率，率乘子为
齐。"返衰注曰："先同其母，各以分母约，其子为返衰。"以施
其率，为筭既约，且不妨处下也[17]。甲衰一千二十六，
乙衰六百八十四，丙衰三百九十九，丁衰四百九十
四，戊衰二百七十[18]，副并为法[19]。所赋粟乘未

并者，各自为实[20]。实如法得一[21]。各置所当出粟，以其一斛之费乘之，如户数而一，得率：户出三钱二千八百七十三分钱之一千三百八十一[22]。按：此以出钱为均。问者曰："一车载二十五斛，与僦一里一钱。"一钱即一里僦价也。以乘里数者，欲知僦一车到输所用钱。甲自输其县，则无取僦之价。"以一车二十五斛除之"者，欲知僦一斛所用钱。加一斛之价于一斛僦直，即凡输粟取僦钱。甲一斛之费二十，乙、丙各十八，丁二十七，戊一十九。"各以约其户，为衰"：甲衰一千二十六，乙衰六百八十四，丙衰三百九十九，丁衰四百九十四，戊衰二百七十。言使甲二十户共出一斛，乙、丙十八户共出一斛……计其所费，则皆户一钱，故可为均赋之率也。于今有术，副并为所有率，未并者各为所求率，赋粟一万斛为所有数。此今有衰分之义也[23]。

【注释】

〔1〕此问是向各县征收粟作为赋税的均等负担问题。

〔2〕僦（jiù）：租赁，雇。《史记·平准书》："天下赋输或不偿其僦费。"司马贞索隐："服虔云：'雇载云僦。'言所输物不足偿其雇载之费也。"

〔3〕此谓

致 1 斛之费 ＝（1 里僦价 × 里数）÷ 1 车斛数 ＋ 1 斛粟价。（6 - 3）

〔4〕由（6 - 3）式求出各县致 1 斛之费：甲县致 1 斛之费 ＝（1×0）÷ 25 ＋ 20 ＝ 20（钱），乙县致 1 斛之费 ＝（1×200）÷ 25 ＋ 10 ＝ 18（钱），丙县致 1 斛之费 ＝（1×150）÷ 25 ＋ 12 ＝ 18（钱），丁县致 1 斛之费 ＝（1×250）÷ 25 ＋ 17 ＝ 27（钱），戊县致 1 斛之费 ＝（1×150）÷ 25 ＋ 13 ＝ 19（钱）。

〔5〕记各县致 1 斛之费为 $a_i$，户数为 $b_i$，则 $\dfrac{b_i}{a_i}$，$i = 1$，2，3，4，5，就是各县出粟的列衰。

〔6〕此以钱数实现均等负担。因为甲、乙、丙等县的致 1 斛之费分别是 20，18，18……所以依次使 20 户，18 户，18 户……共出 1 斛，就

使每户出 1 钱，可以做到负担均等。

〔7〕此问的复杂性在于，既要考虑户算之率，又要考虑道里远近，粟价贵贱的因素，使这几个因素互相通达。

〔8〕各县的户数 20 520，12 312，7 182，13 338，5 130。它们有公约数 1 026，可以约简为户率 20，12，7，13，5。

〔9〕"钱率约户率者"六句：钱率约户率就得到列衰，如果其中有分数，就通过齐同形成列衰。此处先以各县致 1 斛之费分别约户率，得到 $\dfrac{20}{20}$，$\dfrac{12}{18}$，$\dfrac{7}{18}$，$\dfrac{13}{27}$，$\dfrac{5}{19}$，为列衰。通过齐同，化成 1 026，684，399，494，270。

〔10〕此谓如果不使用户率，直接以各县致 1 斛之费约户数，以 $\dfrac{20\,520}{20}$，$\dfrac{12\,312}{18}$，$\dfrac{7\,182}{18}$，$\dfrac{13\,338}{27}$，$\dfrac{5\,130}{19}$ 作为列衰，则非常繁琐。

〔11〕这一章的共性是通功共率。这大约是张苍、耿寿昌等将此章后 24 问这些非均输问题编入均输章的原因。

〔12〕指上 2 问，下 1 问的率亦可仿此。

〔13〕以分言之：以分数表示。上面是从甲县 20 户共出 1 斛，乙、丙县各是 18 户共出 1 斛……计算的，都是以整数表示。下面以分数表示之，则甲县 1 户出 $\dfrac{1}{20}$ 斛，乙县 1 户出 $\dfrac{1}{18}$ 斛……

〔14〕俱为衰：则各县 1 户出的斛数，分别以户数乘之，亦可得到列衰。

〔15〕此谓这种方法与致 1 斛之费约户数，实质上是相同的。

〔16〕"然则可置一斛之费而返衰之"三句：那么可以布置缴纳 1 斛的费用而对其应用返衰术，因为要以各县缴纳 1 斛的费用除户数，所以分别乘各县的户率作为衰。按：由衰分术（3-1），各县出粟

$$A_i = \left(A \times \dfrac{b_i}{a_i}\right) \div \sum_{j=1}^{n} \dfrac{b_j}{a_j} = (Ab_i a_1 a_2 \cdots a_{i-1} a_{i+1} \cdots a_n)$$
$$\div \sum_{j=1}^{n} b_j a_1 a_2 \cdots a_{j-1} a_{j+1} \cdots a_n, \ i = 1,2,3,4,5.$$

与返衰术（3-2）相比较，这是以 $b_i a_1 a_2 \cdots a_{i-1} a_{i+1} \cdots a_n$，$i = 1,2,3,4$，5 为列衰，显然是以 $b_i$ 乘 $a_1 a_2 \cdots a_{i-1} a_{i+1} \cdots a_n$。

〔17〕处下：处理下面的问题。处，处置，处理。

〔18〕甲衰 $\dfrac{b_1}{a_1}=\dfrac{20\,520}{20}=1\,026$，乙衰 $\dfrac{b_2}{a_2}=\dfrac{12\,312}{18}=684$，丙衰 $\dfrac{b_3}{a_3}=$ $\dfrac{7\,182}{18}=399$，丁衰 $\dfrac{b_4}{a_4}=\dfrac{13\,338}{27}=494$，戊县衰 $\dfrac{b_5}{a_5}=\dfrac{5\,130}{19}=270$，故分别以 $1\,026$，$684$，$399$，$494$，$270$ 为甲、乙、丙、丁、戊县之衰。

〔19〕在旁边将列衰相加，得 $\displaystyle\sum_{i=1}^{5}\dfrac{b_i}{a_i}=1\,026+684+399+494+270=2\,873$ 作为法。

〔20〕以所赋粟乘未并者，各自为实：即 $A\times\dfrac{b_i}{a_i}$，$i=1，2，3，4，5$，分别为各县的实：

$$\text{甲县之实 } A\times\dfrac{b_1}{a_1}=10\,000\times1\,026=10\,260\,000\text{（斛）}，$$

$$\text{乙县之实 } A\times\dfrac{b_2}{a_2}=10\,000\times684=6\,840\,000\text{（斛）}$$

$$\text{丙县之实 } A\times\dfrac{b_2}{a_2}=10\,000\times399=3\,990\,000\text{（斛）}，$$

$$\text{丁县之实 } A\times\dfrac{b_4}{a_4}=10\,000\times494=4\,940\,000\text{（斛）}，$$

$$\text{戊县之实 } A\times\dfrac{b_5}{a_5}=10\,000\times270=2\,700\,000\text{（斛）}。$$

〔21〕记各县出粟数为 $A_i$，$i=1，2，3，4，5$，则

$$A_i=\left(A\times\dfrac{b_i}{a_i}\right)\div\sum_{j=1}^{5}\dfrac{b_j}{30+a_j}，\quad i=1，2，3，4，5。\qquad(6-4)$$

于是

$$\text{甲县出粟 } A_1=10\,260\,000\div2\,873=3\,571\dfrac{517}{2\,873}\text{（斛）}，$$

$$\text{乙县出粟 } A_2=6\,840\,000\div2\,873=2\,380\dfrac{2\,260}{2\,873}\text{（斛）}，$$

$$\text{丙县出粟 } A_3=3\,990\,000\div2\,873=1\,388\dfrac{2\,276}{2\,873}\text{（斛）}，$$

丁县出粟 $A_4 = 4\,940\,000 \div 2\,873 = 1\,719\dfrac{1\,313}{2\,873}$（斛），

戊县出粟 $A_5 = 2\,700\,000 \div 2\,873 = 939\dfrac{2253}{2\,873}$（斛）。

〔22〕此谓以 $A_i \times \dfrac{b_i}{a_i} = \left[\left(A \times \dfrac{b_i}{a_i}\right) \div \sum\limits_{j=1}^{5} \dfrac{b_j}{a_j}\right] \times \dfrac{a_i}{b_i} = A \div \sum\limits_{j=1}^{5} \dfrac{b_j}{a_j}$ 为

率。率都是 $3\dfrac{1\,381}{2\,873}$ 钱，所以实现了均等负担。

〔23〕刘徽将其归结为今有术：副并 $\sum\limits_{i=1}^{5} \dfrac{b_i}{a_i}$ 为所有率，未并者 $\dfrac{b_i}{a_i}$ 各为

所求率，$i = 1$，2，3，4，5，以出粟数 $A$ 为所有数。

【译文】

假设要均等地缴纳粟作为赋税：甲县有 20 520 户，1 斛粟值 20 钱，自己输送到本县；乙县有 12 312 户，1 斛粟值 10 钱，至输所 200 里；丙县有 7 182 户，1 斛粟值 12 钱，至输所 150 里；丁县有 13 338 户，1 斛粟值 17 钱，至输所 250 里；戊县有 5 130 户，1 斛粟值 13 钱，至输所 150 里。五县共输送 10 000 斛粟作为赋税。1 辆车装载 25 斛，给的租赁价是 1 里 1 钱。欲根据各县的户数缴纳粟作为赋，使它们的费劳均等。问：各县缴纳的粟是多少？

答：

甲县缴纳 $3\,571\dfrac{517}{2\,873}$ 斛。

乙县缴纳 $2\,380\dfrac{2\,260}{2\,873}$ 斛。

丙县缴纳 $1\,388\dfrac{2\,276}{2\,873}$ 斛。

丁县缴纳 $1\,719\dfrac{1\,313}{2\,873}$ 斛。

戊县缴纳 $939\dfrac{2\,253}{2\,873}$ 斛。

术：以 1 里的租赁价分别乘各县至输所的里数，这里是以出钱实现均等。提问的人说："1 辆车装载 25 斛，给的租赁价是 1 里 1 钱。"1 钱，就是 1 里的租赁价。以它乘里数，是欲知租赁 1 辆车运到输所所用的钱。甲县自己输送到本县，则就没有租赁价。除以 1 辆车装载的 25 斛，想知道租赁车辆运 1 斛所用的钱。加上各县 1 斛粟的价钱，就是各县运送 1 斛粟的费用。各县 1 斛粟的价钱加租赁车辆运 1 斛所用的钱，就是该县缴纳 1 斛粟所需的总钱数。甲县缴纳 1 斛的费用是 20 钱，乙县、丙县各 18 钱，丁县 27 钱，戊县 19 钱。分别以它们除各县的户数，作为列衰。这意味着使甲县 20 户共出 1 斛，乙县、丙县 18 户共出 1 斛……计算它们所承担的费用，则都是每户 1 钱，所以可以用来建立使赋税均等的率。考虑分配赋税的率，既有每户算赋的率，也有道里远近，粟价贵贱的率。各县的这二种率要分别相与通达。要通达，就将甲县的户率化成 20，乙县 12，丙县 7，丁县 13，戊县 5。缴纳 1 斛的费用称为钱率。如果以钱率除户率，则钱率就是分母，户率就是分子。分子不齐，就令分母互乘分子作为齐，就是列衰。如果不这样做，就以缴纳 1 斛的费用除户数，拿来作为列衰。兼有分数的，还应当将其通分，纳入分子，再约简，计算非常繁琐。这一章的问题都是相与通达，有共通的率，大体相似。上两个问题，下一个问题的率也可以仿照此，遵从简易的原则就是了。又以分数表示之，使甲县 1 户出 $\frac{1}{20}$，乙县 1 户出 $\frac{1}{18}$ 斛……各以它们的户数乘之，也可以得到一县所当缴纳的粟的率，都作为衰。各以它们的户数乘，就是乘它们的分子，再分母回报以除。由此看来，则与以各县缴纳 1 斛的费用除其户数，其意思没有什么不同。这样一来，可以布置缴纳 1 斛的费用而对其应用返衰术，因为要以各县缴纳 1 斛的费用除户数，所以分别乘各县的户率作为衰。合分术注说："可以用分母乘众分母之积作为率，用率分别乘各分子作为齐。"返衰注说："可以先使它们的分母相同，以各自的分母除同，以它们的分子作为返衰术的列衰。"以这样的方法施行它们的率，作为算法既约简，又不妨碍处理下面的问题。甲县的衰是 1 026，乙县的衰是 684，丙县的衰是 399，丁县的衰是 494，戊县的衰是 270，在旁边将它们相加，作为法。以作为赋税的总粟数分别乘未相加的列衰，各自作为实。实除以法，便得到各县缴纳的粟数。分别布置各县所当缴纳的粟数，各以缴纳 1 斛的费用乘之，除以本县的户数，就得到率：每户缴纳 $3\frac{1\,381}{2\,873}$ 钱。按：这里是以出钱实现均等。提问的人说："1 辆车装载 25 斛，给的租赁价是 1 里 1 钱。"1 钱，就是 1 里的租赁价。以它乘里数，是想知道租赁 1 辆车运到输所所用的钱。甲县自己输送到本县，则就没有租赁价。"除以 1 辆车装载的 25 斛"，想知道租赁车辆运 1 斛所用的钱。各县 1 斛粟的价钱加租赁车辆运 1 斛所用的钱，就是该县缴纳 1 斛粟所需的总钱数。

甲县缴纳 1 斛的费用是 20 钱，乙县、丙县各 18 钱，丁县 27 钱，戊县 19 钱。"分别以它们除各县的户数，作为列衰"：甲县的衰是 1 026，乙县的衰是 684，丙县的衰是 399，丁县的衰是 494，戊县的衰是 270。这意味着使甲县 20 户共出 1 斛，乙县、丙县 18 户共出 1 斛……计算它们所承担的费用，则都是每户 1 钱，所以可以用来建立使赋税均等的率。对于今有术，在旁边将列衰相加作为所有率，未相加的列衰各为所求率，作为赋税缴纳的总粟数 10 000 斛作为所有数。这里是今有术、衰分术的意义。

今有均赋粟[1]：甲县四万二千筭，粟一斛二十，自输其县；乙县三万四千二百七十二筭，粟一斛一十八，佣价一日一十钱，到输所七十里；丙县一万九千三百二十八筭，粟一斛一十六，佣价一日五钱，到输所一百四十里；丁县一万七千七百筭，粟一斛一十四，佣价一日五钱，到输所一百七十五里；戊县二万三千四十筭，粟一斛一十二，佣价一日五钱，到输所二百一十里；己县一万九千一百三十六筭，粟一斛一十，佣价一日五钱，到输所二百八十里。凡六县赋粟六万斛，皆输甲县。六人共车，车载二十五斛，重车日行五十里，空车日行七十里，载输之间各一日。粟有贵贱，佣各别价，以筭出钱，令费劳等。问：县各粟几何？

答曰：

甲县一万八千九百四十七斛一百三十三分斛之四十九。

乙县一万八百二十七斛一百三十三分斛之九。

丙县七千二百一十八斛一百三十三分斛之六。

丁县六千七百六十六斛一百三十三分斛之一百二十二。

戊县九千二十二斛一百三十三分斛之七十四。

己县七千二百一十八斛一百三十三分斛之六。

术曰：以车程行空、重相乘为法[2]，并空、重，以乘道里，各自为实[3]，实如法得一日[4]。按：此术重往空还，一输再行道也。置空行一里，用七十分日之一；重行一里，用五十分日之一。齐而同之，空、重行一里之路，往返用一百七十五分日之六[5]。完言之者[6]，一百七十五里之路，往返用六日也。故并空、重者，齐其子也；空、重相乘者，同其母也[7]。于今有术，至输所里为所有数，六为所求率，一百七十五为所有率，而今有之，即各得输所用日也[8]。加载输各一日，故得凡日也[9]。而以六人乘之，欲知致一车用人也[10]。又以佣价乘之，欲知致车人佣直几钱[11]。以二十五斛除之，欲知致一斛之佣直也[12]。加一斛粟价，即致一斛之费[13]。加一斛之价于致一斛之佣直，即凡输一斛粟取佣所用钱。各以约其筹数为衰[14]，今按：甲衰四十二，乙衰二十四，丙衰十六，丁衰十五，戊衰二十，己衰十六[15]。于今有术，副并为所有率。未并者各自为所求率，所赋粟为所有数[16]。此今有衰分之义也。副并为法[17]。以所赋粟乘未并者，各自为实[18]。实如法得一斛[19]。各置所当出粟，以其一斛之费乘之，如筹数而一，得率，筹出九钱一百三十三分钱之三[20]。又载输之间各一日者，即二日也。

【注释】

〔1〕此问亦是向各县征收粟作为赋税的均等负担问题。不过此问征收的对象是算，而不是户或人，同时还考虑了空车返回的因素。

〔2〕记空、重行里数分别为 $m_1$，$m_2$，则法为 $m_1 m_2$。

〔3〕记各县到输所的道里为 $l_i$，则 $(m_1 + m_2) l_i$，$i = 1$，2，3，4，

5，6，为实。

〔4〕记各县到输所所用日数为 $t_i$，则

$$t_i = (m_1 + m_2)l_i \div (m_1 m_2)，\quad i = 1，2，3，4，5，6。$$

$$(6-5-1)$$

得到甲、乙、丙、丁、戊、己六县到输所所用日数，分别为 $0，2\frac{2}{5}$，

$4\frac{4}{5}，6，7\frac{1}{5}，9\frac{3}{5}$ 日。

〔5〕以上是"分言之"，空车日行 70 里，故行 1 里用 $\frac{1}{70}$ 日；重车日

行 50 里，故行 1 里用 $\frac{1}{50}$ 日；空、重车行 1 里用 $\frac{1}{70} + \frac{1}{50}$ 日。应用齐同

术，得

$$\frac{1}{70} + \frac{1}{50} = \frac{50}{3\,500} + \frac{70}{3\,500} = \frac{120}{3\,500} = \frac{6}{175}（日）。$$

〔6〕完言之：以整数表示之。此谓 175 里路，一辆车重往空还，往返用 6 日。完，完全，整个，引申为整数。这里是与"分言之"相对。

〔7〕空、重车一日所行相加 $m_1 + m_2$ 是使分子相齐。空、重车一日所行相乘 $m_1 m_2$ 是使分母相同。

〔8〕此是以今有术解释《九章算术》求各县到输所用日的算法。甲、乙、丙、丁、戊、己六县至输所的里数 0，70，140，175，210，280 里分别作为所有数，6 为所求率，175 为所有率。各县到输所用日（6-5-1）式化简为：

$$t_i = l_i \times 6 \div 175。\quad i = 1，2，3，4，5，6。\quad (6-5-2)$$

由（6-5-2）式，甲县到输所用日 $t_1 = 0$，乙县到输所用日 $t_2 = 70 \times 6 \div$ $175 = 2\frac{2}{5}$（日），丙县到输所用日 $t_3 = 140 \times 6 \div 175 = 4\frac{4}{5}$（日），丁县到输所用日 $t_4 = 175 \times 6 \div 175 = 6$（日），戊县到输所用日 $t_5 = 210 \times 6 \div 175 =$ $7\frac{1}{5}$（日），己县到输所用日 $t_6 = 280 \times 6 \div 175 = 9\frac{3}{5}$（日）。

〔9〕加"载输各一日"，即 2 日，则各县到输所总日数为 $t_i + 2$ 日：

甲、乙、丙、丁、戊、己县到输所的总日数依次是 2，$4\frac{2}{5}$，$6\frac{4}{5}$，8，$9\frac{1}{5}$，$11\frac{3}{5}$ 日。

〔10〕由于 6 人一辆车，所以 $(t_i+2)\times 6$ 为运送 1 车所用人数。

〔11〕记某县 1 人 1 日的佣价为 $p_i$ 钱，则运送 1 车所用人数乘佣价，得 $(t_i+2)\times 6p_i$ 钱，$i=2$，3，4，5，6，就是缴纳 1 车到输所的佣价。其中 $p_2=10$ 钱，$p_3=5$ 钱，$p_4=5$ 钱，$p_5=5$ 钱，$p_6=5$ 钱。

〔12〕除以 25，得 $\frac{1}{25}(t_i+2)\times 6p_i$，就是缴纳 1 斛到输所的佣价。

〔13〕记某县 1 斛粟价为 $q_i$ 钱，$q_1=20$ 钱，$q_2=18$ 钱，$q_3=16$ 钱，$q_4=14$ 钱，$q_5=12$ 钱，$q_6=10$ 钱。则某县缴纳 1 斛到输所的佣价加该县 1 斛粟价，得 $a_i=\frac{1}{25}(t_i+2)\times 6p_i+q_i$，$i=1$，2，3，4，5，6，就是该县缴纳 1 斛的费用：

$$甲县\ a_1=\frac{1}{25}(t_1+2)\times 6p_1+q_1=20(钱)，$$

$$乙县\ a_2=\frac{1}{25}(t_2+2)\times 6p_2+q_2=\frac{1}{25}\times 4\frac{2}{5}\times 6\times 10+18=\frac{714}{25}(钱)，$$

$$丙县\ a_3=\frac{1}{25}(t_3+2)\times 6p_3+q_3=\frac{1}{25}\times 6\frac{4}{5}\times 6\times 5+16=\frac{604}{25}(钱)，$$

$$丁县\ a_4=\frac{1}{25}(t_4+2)\times 6p_4+q_4=\frac{1}{25}\times 8\times 6\times 5+14=\frac{590}{25}(钱)，$$

$$戊县\ a_5=\frac{1}{25}(t_5+2)\times 6p_5+q_5=\frac{1}{25}\times 9\frac{1}{5}\times 6\times 5+12=\frac{576}{25}(钱)，$$

$$己县\ a_6=\frac{1}{25}(t_6+2)\times 6p_6+q_6=\frac{1}{25}\times 11\frac{3}{5}\times 6\times 5+10=\frac{598}{25}(钱)。$$

〔14〕记各县算数为 $b_i$，$i=1$，2，3，4，5，6，$b_1=42\,000$ 算，$b_2=34\,272$ 算，$b_3=19\,328$ 算，$b_4=17\,700$ 算，$b_5=23\,040$ 算，$b_6=19\,136$ 算。以各县缴纳 1 斛的费用除该县算数，$\dfrac{b_i}{a_i}$，就是各县的列衰。

〔15〕各县的列衰是：

$$甲县衰\frac{b_1}{a_1}=\frac{42\,000}{20}=2\,100,\qquad 乙县衰\frac{b_2}{a_2}=\frac{34\,272}{\dfrac{714}{25}}=1\,200,$$

$$丙县衰\frac{b_3}{a_3}=\frac{19\,328}{\dfrac{604}{25}}=800,\qquad 丁县衰\frac{b_4}{a_4}=\frac{17\,700}{\dfrac{590}{25}}=750,$$

$$戊县衰\frac{b_1}{a_1}=\frac{23\,040}{\dfrac{576}{25}}=1\,000,\qquad 己县衰\frac{b_2}{a_2}=\frac{19\,136}{\dfrac{598}{25}}=800。$$

上述列衰有等数 50，约去，列衰变成：

甲县衰　42，　　　　乙县衰　24，　　　　丙县衰　16，

丁县衰　15，　　　　戊县衰　20，　　　　己县衰　16。

〔16〕刘徽将其归结为今有术：副并 $\sum\limits_{i=1}^{6}\dfrac{b_i}{a_i}$ 为所有率，未并者 $\dfrac{b_i}{a_i}$ 各为所求率，$i=1$，2，3，4，5，6，以赋粟数 $A$ 为所有数。

〔17〕将列衰在旁边相加：$42+24+16+15+20+16=133$，作为法。

〔18〕以所赋粟数乘各县未相加的列衰，分别作为各县的实：

甲县之实　60 000 斛 $\times 42=2\,520\,000$ 斛，

乙县之实　60 000 斛 $\times 24=1\,440\,000$ 斛，

丙县之实　60 000 斛 $\times 16=960\,000$ 斛，

丁县之实　60 000 斛 $\times 15=900\,000$ 斛，

戊县之实　60 000 斛 $\times 20=1\,200\,000$ 斛，

己县之实　60 000 斛 $\times 16=960\,000$ 斛。

〔19〕记各县出粟数为 $A_i$，则

$$A_i=\left[A\times\frac{b_i}{\dfrac{1}{25}(t_i+2)\times 6p_i+q_i}\right]\div\sum_{j=1}^{6}\frac{b_j}{\dfrac{1}{25}(t_j+2)\times 6p_j+q_j}$$

$$= \left(A \times \frac{b_i}{a_i}\right) \div \sum_{j=1}^{6} \frac{b_j}{a_j}\text{。} \quad i=1,\ 2,\ 3,\ 4,\ 5,\ 6\text{。} \qquad (6-6)$$

于是：

$$\text{甲县出粟 } A_1 = 2\,520\,000 \div 133 = 18\,947\frac{49}{133}\text{（斛）,}$$

$$\text{乙县出粟 } A_2 = 1\,440\,000 \div 133 = 10\,827\frac{9}{133}\text{（斛）,}$$

$$\text{丙县出粟 } A_3 = 960\,000 \div 133 = 7\,218\frac{6}{133}\text{（斛）,}$$

$$\text{丁县出粟 } A_4 = 900\,000 \div 133 = 6\,766\frac{122}{133}\text{（斛）,}$$

$$\text{戊县出粟 } A_5 = 1\,200\,000 \div 133 = 9\,022\frac{74}{133}\text{（斛）,}$$

$$\text{己县出粟 } A_6 = 960\,000 \div 133 = 7\,218\frac{6}{133}\text{（斛）。}$$

〔20〕此谓以 $A_i \times \dfrac{b_i}{a_i} = \left[\left(A \times \dfrac{b_i}{a_i}\right) \div \sum\limits_{j=1}^{6}\dfrac{b_j}{a_j}\right] \times \dfrac{a_i}{b_i} = \dfrac{A}{\sum\limits_{j=1}^{6}\dfrac{b_j}{a_j}}$ 为率。率

都是 1 算出钱 $9\dfrac{3}{133}$，所以实现了均等负担。

【译文】

假设要均等地缴纳粟作为赋税：甲县 42 000 算，一斛粟值 20 钱，输送到本县；乙县 34 272 算，一斛粟值 18 钱，雇工价 1 日 10 钱，到输所 70 里；丙县 19 328 算，一斛粟值 16 钱，雇工价一日 5 钱，到输所 140 里；丁县 17 700 算，一斛粟值 14 钱，雇工价一日 5 钱，到输所 175 里；戊县 23 040 算，一斛粟值 12 钱，雇工价一日 5 钱，到输所 210 里；己县 19 136 算，一斛粟值 10 钱，雇工价一日 5 钱，到输所 280 里。六个县共缴纳 60 000 斛粟作为赋税，都输送到甲县。6 个人共同驾一辆车，每辆车载重 25 斛，载重的车每日行 50 里，放空的车每日行 70 里，装卸的时间各 1 日。粟有

贵有贱，雇工各有不同的价钱，按算缴纳钱，使他们的费劳均等。
问：各县缴纳的粟是多少？

答：

甲县出粟 18 947 $\frac{49}{133}$ 斛，

乙县出粟 10 827 $\frac{9}{133}$ 斛，

丙县出粟 7 218 $\frac{6}{133}$ 斛，

丁县出粟 6 766 $\frac{122}{133}$ 斛，

戊县出粟 9 022 $\frac{74}{133}$ 斛，

己县出粟 7 218 $\frac{6}{133}$ 斛。

术：以放空的车与载重的车每日行的标准里数相乘，作为法，两者相加，以乘各县到输所的里数，各自作为实，实除以法，得各县到输所的日数。按：此术中载重的车前往，放空的车返回，运输一次要在道上行两次。布置放空的车行 1 里所用的 $\frac{1}{70}$ 日；载重的车行 1 里所用的 $\frac{1}{50}$ 日，将它们齐同，放空的车与载重的车行 1 里的路，往返用 $\frac{6}{175}$ 日。如果用整数表示之，175 里的路程，往返用 6 日。所以将放空的车与载重的车每日行的标准里数相加，是使它们的分子相齐；两者相乘，是使它们的分母相同。对于今有术，各县到输所的里数作为所有数，6 作为所求率，175 作为所有率，应用今有术，就分别得到各县到输所所用的日数。加装卸的时间各 1 日，所以得到各县分别用的总日数。而以 6 人乘之，想知道输送 1 车到输所所用的人数。又以各县的雇工价分别乘之，想知道输送 1 车到输所雇工的钱数。除以 25 斛，想知道输送 1 斛到输所雇工的钱数。加 1 斛粟的价钱，则就是输送 1 斛到输所的费用。加 1 斛粟的价钱于输送 1 斛到输所雇工的钱数，则就是各县缴纳 1 斛粟所需的粟价与雇工用的总钱数。各以它们除该县的算数作为列衰，今按：甲县的列衰是 42，乙县的列衰是 24，丙县的列衰是 16，丁县的列衰是 15，戊县的列衰是 20，己县的列衰是 16。对于今有术，在旁边将列衰相加作为所有率。未相加的各自作为所求率，作为赋税缴纳的总粟数作为所有数。这是今有术、衰分术的意义。在旁边将它们相加，作为法。以作为赋税缴纳的总粟数乘未相加的，各自作为实。实除以法，得到各县所应缴纳的粟的斛数。分别布置各县所应当出的粟数，以其缴纳 1 斛的费用乘之，分别除以各县的算数，得到率：每算出 $9\frac{3}{133}$ 钱。又装卸的时间各 1 日，就是 2 日。

今有粟七斗，三人分舂之，一人为粝米，一人为粺米，一人为糳米，令米数等。问：取粟、为米各几何？

　　荅曰：

　　粝米取粟二斗一百二十一分斗之一十。

　　粺米取粟二斗一百二十一分斗之三十八。

　　糳米取粟二斗一百二十一分斗之七十三。

　　为米各一斗六百五分斗之一百五十一。

　　术曰：列置粝米三十，粺米二十七，糳米二十四，而返衰之。此先约三率：粝为十，粺为九，糳为八。欲令米等者，其取粟：粝率十分之一，粺率九分之一，糳率八分之一[1]。当齐其子，故曰返衰也[2]。　　臣淳风等谨按：米有精粗之异，粟有多少之差。据率，粺、糳少而粝多，用粟，则粺、糳多而粝少。米若依本率之分，粟当倍率[3]，故今返衰之，使精取多而粗得少。副并为法[4]。以七斗乘未并者，各自为取粟实。实如法得一斗[5]。于今有术，副并为所有率，未并者各为所求率，粟七斗为所有数，而今有之，故各得取粟也。若求米等者，以本率各乘定所取粟为实，以粟率五十为法，实如法得一斗[6]。若径求为米等数者，置粝米三，用粟五；粺米二十七，用粟五十；糳米十二，用粟二十五。齐其粟，同其米。并齐为法。以七斗乘同为实。

所得，即为米斗数〔7〕。

**【注释】**

〔1〕粝米率为10，粺米率为9，糳米率为8。欲所取的粟舂出的米相等，那么粝米取粟率为 $\dfrac{1}{10}$，粺米取粟率为 $\dfrac{1}{9}$，糳米取粟率为 $\dfrac{1}{8}$。

〔2〕分别以 $\dfrac{1}{10}$，$\dfrac{1}{9}$，$\dfrac{1}{8}$ 为列衰，所以应用返衰术。这需要将列衰应用齐同术，化成 $\dfrac{36}{360}$，$\dfrac{40}{360}$，$\dfrac{45}{360}$。

〔3〕此谓依本率，粺米率、糳米率少而粝米率多，求舂出同等数量的米所用的粟，则粺米、糳米少而粝米多。各种米若按照本率分配，则取粟就背离了各自的率。 倍：背离，背弃。《墨子·非儒》："倍本弃事而安怠傲。"

〔4〕副并为法：在旁边将返衰相加作为法，即以 $\dfrac{36}{360} + \dfrac{40}{360} + \dfrac{45}{360} = \dfrac{121}{360}$ 作为法。

〔5〕此先用返衰术求出粝米、粺米、糳米的取粟数

$$舂粝米取粟 = \left(7\,斗 \times \dfrac{1}{10}\right) \div \dfrac{121}{360} = 2\,\dfrac{10}{121}\,斗，$$

$$舂粺米取粟 = \left(7\,斗 \times \dfrac{1}{9}\right) \div \dfrac{121}{360} = 2\,\dfrac{38}{121}\,斗，$$

$$舂糳米取粟 = \left(7\,斗 \times \dfrac{1}{8}\right) \div \dfrac{121}{360} = 2\,\dfrac{73}{121}\,斗。$$

〔6〕再求舂出的米数

$$为米 = 舂粝米取粟 \times \dfrac{3}{5} = 1\,\dfrac{151}{605}\,斗。$$

〔7〕此为刘徽提出的直接求舂出的米的方法

$$为米 = 7\,斗 \div \left(\dfrac{5}{3} + \dfrac{50}{27} + \dfrac{25}{12}\right) = 1\,\dfrac{151}{605}\,斗。$$

【译文】

假设有粟 7 斗，由 3 人分别舂之：一人舂成粝米，一人舂成粺米，一人舂成糳米，使舂出的米数相等。问：各人所取的粟、舂成的米是多少？

答：

舂粝米者取粟 $2\frac{10}{121}$ 斗，

舂粺米者取粟 $2\frac{38}{121}$ 斗，

舂糳米者取粟 $2\frac{73}{121}$ 斗；

各舂出米 $1\frac{151}{605}$ 斗。

术：布列粝米 30，粺米 27，糳米 24，而对之使用返衰术。此处先约简三个率：粝米为 10，粺米为 9，糳米为 8。如果想使舂出的米数相等，则它们所取的粟：舂成粝米的率是 $\frac{1}{10}$，舂成粺米的率是 $\frac{1}{9}$，舂成糳米的率是 $\frac{1}{8}$，应当使它们的分子相齐，所以叫作返衰术。　　淳风等按：各种米有精粗的不同，所取的粟就有多少的差别。根据它们的本率，粺米、糳米少而粝米多，而所用的粟，则舂成粺米、糳米者取的多而舂成粝米者取的少。如果各种米依照它们的本率分配，则粟就背离了它们的率，所以现在对之应用返衰术，使舂出精米者取的粟多，而舂出粗米者取的粟少。在旁边将列衰相加作为法。以 7 斗乘未相加者，各自作为所取粟的实。实除以法，得到各人所取粟的斗数。对于今有术，在旁边将列衰相加作为所有率，未相加者各自作为所求率，7 斗粟作为所有数，而应用今有术，所以分别得到所取的粟。如果求相等的米数，以各自的本率分别乘已经确定的所取的粟数，作为实，以粟率 50 作为法，实除以法，得到米的斗数。如果要直接求舂成的各种米相等的数量，就布置粝米 3，用粟是 5；粺米 27，用粟是 50；糳米 12，用粟是 25。使它们的粟相齐，又使它们的米数相同。将齐相加作为法。以 7 斗乘同，作为实。实除以法，所得就是舂成的米的斗数。

**今有人当禀粟二斛。仓无粟，欲与米一、菽二，以当所**

禀粟。问：各几何？

答曰：

米五斗一升七分升之三，

菽一斛二升七分升之六。

术曰：置米一、菽二，求为粟之数。并之，得三、九分之八，以为法。亦置米一、菽二，而以粟二斛乘之，各自为实。实如法得一斛[1]。臣淳风等谨按：置粟率五，乘米一，米率三除之，得一、三分之二，即是米一之粟也；粟率十，以乘菽二，菽率九除之，得二、九分之二，即是菽二之粟也。并全，得三；齐子，并之，得二十四；同母，得二十七，约之，得九分之八。故云"并之，得三、九分之八"。米一、菽二当粟三、九分之八，此其粟率也[2]。于今有术，米一、菽二皆为所求率，当粟三、九分之八为所有率，粟二斛为所有数。凡言率者，当相与通之，则为米九、菽十八，当粟三十五也。亦有置米一、菽二，求其为粟之率，以为列衰。副并为法。以粟乘列衰为实。所得即米一、菽二所求粟也。以米、菽本率而今有之，即合所问[3]。

【注释】

〔1〕《九章算术》这里的方法实际上是衰分术的推广：列衰是1，2，但法不是列衰相加 $1+2$，而是米 1 化为粟的 $1\frac{2}{3}$ 与菽 2 化为粟的 $2\frac{2}{9}$ 之和：$1\frac{2}{3}+2\frac{2}{9}=3\frac{8}{9}$。因此米数 $=(20\text{斗}\times1)\div3\frac{8}{9}=5\frac{1}{7}$ 斗，菽数 $=(20\text{斗}\times2)\div3\frac{8}{9}=10\frac{2}{7}$ 斗。

〔2〕此是李淳风等提出的解法：用衰分术先分别求出米1，菽2相当的粟：米 1 相当的粟 $=\left(20\text{斗}\times1\frac{2}{3}\right)\div3\frac{8}{9}=\frac{60}{7}$ 斗，菽 2 相当的粟 $=$

$$\left(20\ 斗 \times 2\frac{2}{9}\right) \div 3\frac{8}{9} = \frac{80}{7}\ 斗。$$

〔3〕李淳风等用今有术求出所出的米、菽数：米数 $= \frac{60}{7}$ 斗 $\times \frac{3}{5} =$ $5\frac{1}{7}$ 斗，菽数 $= \frac{80}{7}$ 斗 $\times \frac{9}{10} = 10\frac{2}{7}$ 斗。显然李淳风等的方法不如原术简捷。

**【译文】**

假设应当赐给人 2 斛粟。但是粮仓里没有粟了，想给他 1 份米、2 份菽，当作赐给他的粟。问：给他的米、菽各多少？

　　答：

　　　给米 5 斗 $1\frac{3}{7}$ 升，

　　　给菽 1 斛 $2\frac{6}{7}$ 升。

术：布置米 1、菽 2，求出它们变成粟的数量。将它们相加，得到 $3\frac{8}{9}$，作为法。又布置米 1、菽 2，而以 2 斛粟乘之，各自作为实。实除以法，得米、菽的斛数。淳风等按：布置粟率 5，乘米 1，以米率 3 除之，得到 $1\frac{2}{3}$，就是与米 1 相当的粟；布置粟率 10，乘菽 2，以菽率 9 除之，得到 $2\frac{2}{9}$，就是与菽 2 相当的粟。将整数部分相加，得 3；使分数的分子相齐，相加，得 24；使它们的分母相同，得 27，约简之，得 $\frac{8}{9}$。所以说"将它们相加，得到 $3\frac{8}{9}$"。米 1、菽 2 相当于粟 $3\frac{8}{9}$，这就是粟的率。

对于今有术，米 1、菽 2 皆作为所求率，相当于粟的 $3\frac{8}{9}$ 作为所有率，粟 2 斛作为所有数。凡是说到率，都应当互相通达，则成为米 9、菽 18，相当于粟 35。也可以布置米 1、菽 2，求它变为粟的率，作为列衰。在旁边将它们相加，作为法。以粟数乘列衰，作为实。实除以法，所得就是米 1、菽 2 所求出的粟。以米、菽的本率而应用今有术，即符合问题的要求。

今有取佣，负盐二斛，行一百里，与钱四十。今负盐一斛七斗三升少半升，行八十里。问：与钱几何？

答曰：二十七钱一十五分钱之一十一。

术曰：置盐二斛升数，以一百里乘之为法。按：此术以负盐二斛升数乘所行一百里，得二万里，是为负盐一升行二万里，得钱四十。于今有术，为所有率。以四十钱乘今负盐升数，又以八十里乘之，为实。实如法得一钱[1]。以今负盐升数乘所行里，今负盐一升凡所行里也。于今有术以所有数[2]，四十钱为所求率也。衰分章"贷人千钱"与此同[3]。

【注释】

〔1〕《九章算术》的解法是

（40 钱 × 今负盐升数 × 80 里）÷（2 斛升数 × 100 里）

$$= \left(40\ 钱 \times 173\frac{1}{3}\ 升 \times 80\ 里\right) \div (200\ 升 \times 100\ 里) = 27\frac{11}{15}\ 钱。$$

〔2〕以：训"为"。

〔3〕刘徽认为负盐 2 斛行 100 里，得 40 钱，相当于负盐 1 升行 20 000 里得 40 钱。而衰分章"贷人千钱"问中，贷人 1 000 钱 30 日，得息 30 钱，相当于贷人 30 000 钱 1 日，得息 30 钱。所以刘徽说两者相同。

【译文】

假设雇工，背负 2 斛盐，走 100 里，付给 40 钱。现在背负 1 斛 7 斗 3$\frac{1}{3}$升盐，走 80 里。问：付给多少钱？

答：27$\frac{11}{15}$钱。

术：布置 2 斛盐的升数，以 100 里乘之，作为法。按：此术中以所背负的 2 斛盐的升数乘所走的 100 里，得 20 000 里，这相当于背负 1 升盐走

20 000 里，得到 40 钱。对于今有术，它作为所有率。以 40 钱乘现在所背负的盐的升数，又以 80 里乘之，作为实。实除以法，就得到所付给的钱。以现在所背负的盐的升数乘所走的里数，就是现在背负 1 升盐所走的总里数。对于今有术，就是所有数，40 钱就是所求率。衰分章的"贷人千钱"问与此相同。

今有负笼，重一石，行百步，五十返。今负笼重一石一十七斤，行七十六步。问：返几何？

　　荅曰：五十七返二千六百三分返之一千六百二十九。

　　术曰：以今所行步数乘今笼重斤数为法。此法谓负一斤一返所行之积步也。故笼重斤数乘故步，又以返数乘之，为实。实如法得一返[1]。按：此法，负一斤一返所行之积步；此实者，一斤一日所行之积步。故以一返之课除终日之程，即是返数也。　　臣淳风等谨按：此术，所行步多者，得返少；所行步少者，得返多。然则故所行者，今返率也。故令所得返乘今返之率[2]，为实，而以故返之率为法，今有术也。按：此负笼又有轻重，于是为术者因令重者得返少，轻者得返多。故又因其率以乘法、实者，重今有之义也。然此意非也。按：此笼虽轻而行有限，笼过重则人力遗，力有遗而术无穷，人行有限而笼轻重不等。使其有限之力随彼无穷之变，故知此术率乖理也。若故所行有空行返数，设以问者，当因其所负以为返率，则今返之数可得而知也。假令空行一日六十里，负重一斛，行四十里。减重一斗进二里半，负重二斗以下[3]，与空行同。今负笼重六斗，往还行一百步。问：返几何？荅曰：一百五十返。术曰：置重行率，加十里，以里法通之，为实。以一返之步为法。实如法而一，即得也。

**【注释】**

〔1〕《九章筭术》的算法是

返数＝(故笼重斤数×故步数×返数)÷(今行步数×今笼重斤数)。

〔2〕所得返：指"故所得返"。

〔3〕二斗以下：少于等于二斗。按：《晋书·食货志》云："男女十六已上至六十为正丁，十五已下至十三、六十一已上至六十五为次丁，十二已下、六十六已上为老小，不事。"显然，这里亦就整数论之，十六以上、六十一以上、六十六以上均含十六、六十一、六十六，十五以下、十二以下均含十五、十二。李淳风参加了《晋书》的编写。毫无疑问，在李淳风时代，"二斗以下"应指小于等于三斗。

**【译文】**

假设有人背负着竹筐，重 1 石，走 100 步，50 次往返。现在背负的竹筐重 1 石 17 斤，走 76 步。问：往返多少次？

答：往返 $57\frac{1\,629}{2\,603}$ 次。

术：以现在所走的步数乘现在的竹筐重的斤数，作为法。此处的法是说背负 1 斤 1 次往返所走的步数。以原来的竹筐重的斤数乘原来走的步数，又以往返的次数乘之，作为实。实除以法，得到现在往返的次数。按：此处的法是背负 1 斤 1 次往返所走的步数；此处的实是背负 1 斤一日所走的步数。所以以一次往返的步数除一日的路程，就是往返的次数。 淳风等按：此术中，如果所要走的步数多，得到的往返次数就少；所要走的步数少，得到的往返次数就多。那么原来所走的步数，就是现在往返次数的率。所以使原来得到的往返次数乘现在的往返次数的率，作为实，而以原来的往返次数的率作为法，这是今有术。按：这里背负的竹筐又有轻重，于是造术的人就令竹筐重者得到的往返次数少，竹筐轻者得到的往返次数多。所以又根据它们的率乘法与实，这是重今有术的意义。然而这种思路是错误的。按：这里的竹筐即使很轻，而背负着它走的路也是有限的。竹筐即使很重，而人的力量总得有剩余。人的力量有剩余，那么答案就是无穷的。人走的路是有限的，而竹筐的轻重不等。使人们有限的力量的往返次数随着竹筐轻重作无穷的变化，所以知道此术之率是违背数理的。如果原来所走的往返次数有空手的，假设以此提问，则应当根据有背负重物的情况建立往返次数的率，那么现在往返次数是可以知道的。假设空手一日走 60 里，背负 1 斛的重物，走 40 里。重量每减 1 斗，就递增 $2\frac{1}{2}$ 里，背负重物在 2 斗以下，与空手走相同。现在背负

的竹筐重 6 斗，往返走 100 步。问：一日往返多少次？答：往返 150 次。术：布
置背负重物走的率，加 10 里，以里法通之，作为实。以 1 次往返的步数作为
法。实除以法，就得到答案。


今有乘传委输〔1〕，空车日行七十里，重车日行五十里。
今载太仓粟输上林〔2〕，五日三返。问：太仓去上林
几何？

　　荅曰：四十八里一十八分里之一十一。

术曰：并空、重里数，以三返乘之，为法。令空、
重相乘，又以五日乘之，为实。实如法得一里〔3〕。
此亦如上术〔4〕，率：一百七十五里之路，往返用六日也。于今
有术，则五日为所有数，一百七十五里为所求率，六日为所有
率。以此所得，则三返之路。今求一返，当以三约之，因令乘
法而并除也〔5〕。　　　　为术亦可各置空、重行一里用日之率，以
为列衰。副并为法。以五日乘列衰为实。实如法，所得即各空、
重行日数也。各以一日所行以乘，为凡日所行。三返约之，为
上林去太仓之数〔6〕。　　　　按〔7〕：此术重往空还，一输再还道。
置空行一里，七十分日之一，重行一里用五十分日之一。齐而
同之，空、重行一里之路，往返用一百七十五分日之六〔8〕。完
言之者〔9〕，一百七十五里之路，往返用六日。故"并空、重"
者，并齐也；"空、重相乘"者，同其母也。于今有术，五日为
所有数，一百七十五为所求率，六为所有率。以此所得，则三
返之路。今求一返者，当以三约之。故令乘法而并除，亦当约
之也。


【注释】

　　〔1〕乘传（zhuàn）：乘坐驿车。乘，乘坐。戴震辑录本作"程"，汇
校本及其增补版、《九章筭术新校》从。杨辉本作"乘"，两通。然"乘"

义较长。今依杨辉本。传，驿站或驿站的马车。《左传·成公五年》："梁山崩，晋侯以传召伯宗。"杜预注："传，驿。"李籍云："传，邮。"

委（wèi）输：转运。亦指转运的物资。睡虎地秦墓竹简《效律》："上节（即）发委输。"《汉书·食货志》："置平准于京师，都受天下委输。"

〔2〕太仓：古代设在京城中的大粮仓。《史记·平准书》："太仓之粟，陈陈相因。"　　上林：指上林苑，秦汉宫苑，《史记·秦始皇本纪》：秦始皇三十五年，"乃营作朝宫渭南上林苑中。"戴震误认为汉武帝时才有上林苑，云"苍在汉初，何缘预载？"否定张苍删补《九章算术》，便是根据这个问题。

〔3〕《九章算术》的算法是

$$太仓去上林距离 = （空行里数 \times 重行里数 \times 5） \div$$
$$[（空行里数 + 重行里数） \times 3]。$$

〔4〕上术：指上面的"均赋粟"问，即本章的第 4 问。

〔5〕自此注开头至此，是刘徽以今有术阐释《九章算术》的解法，先求出 5 日所行的距离，而 5 日共 3 返，故除以 3，得 1 返的里程，即太仓到上林的距离。

〔6〕自"为术亦可"至此，刘徽又以衰分术求解，由此求出 5 日中空行与重行分别所用的日数，即空行日数 $= \left(\frac{1}{70} \times 5\right) \div \left(\frac{1}{70} + \frac{1}{50}\right) = 2\frac{1}{12}$ 日，重行日数 $= \left(\frac{1}{50} \times 5\right) \div \left(\frac{1}{70} + \frac{1}{50}\right) = 2\frac{11}{12}$ 日。分别以空行、重行 1 日的里数乘之，得空行、重行 3 返的里数。除以 3，得 1 返的里数，即太仓到上林的距离。

〔7〕自此至此注之末，是刘徽进一步解释今有术中所有率、所求率的来源。将这段文字与刘徽在本章凫雁类问题注解中提出的两种齐同方式相对照，不难发现，它与凫雁类注的第二种齐同方式，即同其距离之分，齐其日行，完全一致。可见其为刘徽注是无可怀疑的。

〔8〕这是以分数表示，所谓"分言之"，空车行 1 里用 $\frac{1}{70}$ 日，重车行 1 里用 $\frac{1}{50}$ 日。齐而同之，空、重车行 1 里用 $\frac{6}{175}$ 日。

〔9〕完言之：以整数表示之。就是空、重车行 175 里往返用 6 日。

【译文】

假设由驿乘运送货物,空车每日走 70 里,重车每日走 50 里。现在装载太仓的粟输送到上林苑,5 日往返 3 次。问:太仓到上林的距离是多少?

答:$48\frac{11}{18}$ 里。

术:将空车、重车每日走的里数相加,以往返次数 3 乘之,作为法。使空车、重车每日走的里数相乘,又以 5 日乘之,作为实。实除以法,得到里数。此术也如上术那样,率:175 里的路程,往返用 6 日。对于今有术,就是 5 日为所有数,175 里为所求率,6 日为所有率。由此所得到的,是 3 次往返的路程。现在求 1 次往返的路程,应当以 3 除之,所以以 3 乘法而一并除。 造术亦可以分别布置空车、重车走 1 里所用的日数之率,作为列衰。在旁边将它们相加作为法。以 5 日乘列衰作为实。实除以法,所得就是空车、重车分别所走的日数。各以空车、重车 1 日所走的里数乘之,就是 1 日所走的总里数。以往返次数 3 除之,就是上林苑到太仓的距离数。 按:此术中重车前往,空车返回,一次输送要在路上走二次。布置空车走 1 里所用的 $\frac{1}{70}$ 日,重车走 1 里所用的 $\frac{1}{50}$ 日。将它们齐同,空车、重车走 1 里的路程,往返 1 次用 $\frac{6}{175}$ 日。以整数表示之,175 里的路程,往返 1 次用 6 日。所以"将空车、重车每日走的里数相加",就是将所齐的分子相加。"使空车、重车每日走的里数相乘",就是使它们的分母相同。对于今有术,5 日为所有数,175 为所求率,6 为所有率。由此所得到的,是往返 3 次的路程。现在求往返 1 次的路程,应当以 3 除之。所以以 3 乘法而一并除,这也相当于以 3 除之。

今有络丝一斤为练丝一十二两[1],练丝一斤为青丝一斤一十二铢[2]。今有青丝一斤,问:本络丝几何?

荅曰:一斤四两一十六铢三十三分铢之一十六。

术曰:以练丝十二两乘青丝一斤一十二铢为法。以青丝一斤铢数乘练丝一斤两数,又以络丝一斤乘,为实。实如法得一斤[3]。按:练丝一斤为青丝一斤十二

铢，此练率三百八十四，青率三百九十六也[4]。又，络丝一斤
为练丝十二两，此络率十六，练率十二也[5]。置今有青丝一
斤，以练率三百八十四乘之，为实，实如青丝率三百九十六而
一。所得，青丝一斤，练丝之数也[6]。又以络率十六乘之，所
得为实，以练率十二为法，所得，即练丝用络丝之数也[7]。是
谓重今有也[8]。虽各有率，不问中间[9]。故令后实乘前实，后
法乘前法而并除也[10]。故以练丝两数为实，青丝铢数为
法[11]。　　一曰[12]：又置络丝一斤两数与练丝十二两，约之，
络得四，练得三，此其相与之率[13]。又置练丝一斤铢数与青丝
一斤一十二铢，约之，练得三十二，青得三十三，亦其相与之
率[14]。齐其青丝、络丝，同其二练，络得一百二十八，青得九
十九，练得九十六，即三率悉通矣[15]。今有青丝一斤为所有
数，络丝一百二十八为所求率，青丝九十九为所有率[16]。为率
之意犹此，但不先约诸率耳[17]。凡率错互不通者，皆积齐同用
之[18]。放此，虽四五转不异也[19]。言"同其二练"者，以明
三率之相与通耳，于术无以异也。　　又一术[20]：今有青丝一
斤铢数乘练丝一斤两数，为实，以青丝一斤一十二铢为法，所
得，即用练丝两数。以络丝一斤乘，所得为实，以练丝十二两
为法，所得即用络丝斤数也[21]。

【注释】

〔1〕络：粗絮。　　练：煮熟的生丝或其织品练过的布帛，一般指
白绢。

〔2〕青丝：青色的丝线，通常指蓝色丝线。青，颜色，有绿色、蓝
色、黑色甚至白色等不同的含义。

〔3〕《九章算术》的方法是

络丝＝[（青丝 384 铢×练丝 16 两）×络丝 1 斤]

÷（练丝 12 两×青丝 396 铢）＝1 斤 4 两 16 $\frac{16}{33}$ 铢。

〔4〕刘徽先求出练、青丝的率关系： 练：青 = 384：396

〔5〕刘徽又求出络、练丝的率关系： 络：练 = 16：12。

〔6〕所得，青丝一斤，练丝之数： 刘徽应用今有术，求出青丝 1 斤用练丝数 = 青丝 1 斤 × 384 ÷ 396。"练丝之数"前省"得"字。

〔7〕刘徽又一次应用今有术，求出练丝用络丝数 = 用练丝数 × 16 ÷ 12。

〔8〕重今有：双重今有术。因为两次应用今有术，故名。显然它与《九章算术》的方法是不同的。

〔9〕虽各有率，不问中间：虽然诸物各自有率，但是没有问中间的物品。

〔10〕故令后实乘前实，后法乘前法而并除：所以使后面的实乘前面的实，后面的法乘前面的法而一并除。将两次今有术连接起来，就是

用络丝数 = 用练丝数 × 16 ÷ 12 = （青丝 1 斤 × 384 ÷ 396）× 16 ÷ 12
= （青丝 1 斤 × 384 × 16）÷（396 × 12）。

最后一个等号后面是将上述两次今有术中的两个实相乘作为实，两个法相乘作为法。

〔11〕故以练丝两数为实，青丝铢数为法：所以练丝以两数形成实，青丝以铢数形成法。

〔12〕一曰：一种方法说。这是刘徽提出"三率悉通"的方法。

〔13〕刘徽先求出络丝与练丝的相与之率，即络：练 = 16：12 = 4：3。

〔14〕刘徽又求出青丝与练丝的相与之率，即青：练 = 396：384 = 33：32。

〔15〕三率悉通：通过齐其青丝、络丝，同其二练丝，使络丝、练丝、青丝三率都互相通达。即使二练丝同于 96，青丝与其相齐，得 99，络丝与其相齐，得 128，则

络：练：青 = 128：96：99。

〔16〕刘徽一次应用今有术，直接由青丝求出络丝

络丝 = 青丝 1 斤 × 128 ÷ 99 = 1 斤 4 两 16 $\frac{16}{33}$ 铢。

〔17〕为率之意犹此，但不先约诸率耳：前面（注文的第一段）形成率的意图也是这样，但不先约简诸率而已。

〔18〕皆积齐同用之：都可以多次应用齐同术。积，多，多次。《周礼·地官·遗人》："掌邦之委积，以待施惠。"郑玄注："少曰委，多曰积。"

〔19〕虽四五转不异也：即使是四五次转换，也没有什么不同。

〔20〕又一术：又一种方法。这是对《九章算术》术文的阐释。

〔21〕这是先求出青丝1斤用练丝的两数

练丝两数 =（青丝1斤铢数×练丝1斤两数）÷青丝1斤12铢。

再求出练丝所用络丝数

络丝 =（用练丝两数×络丝1斤）÷练丝12两

　　　=〔（青丝1斤铢数×练丝1斤两数）×络丝1斤〕÷

　　　（练丝12两×青丝1斤12铢）。

## 【译文】

假设1斤络丝练出12两练丝，1斤练丝练出1斤12铢青丝。现在有1斤青丝，问：络丝原来有多少？

答：1斤4两16$\frac{16}{33}$铢。

术：以练丝12两乘青丝1斤12铢，作为法。以青丝1斤的铢数乘练丝1斤的两数，又以络丝1斤乘之，作为实。实除以法，就得到络丝的斤数。按：1斤练丝练出1斤12铢青丝，这就是练丝率为384，青丝率为396。又，1斤络丝练出12两练丝，这就是络丝率为16，练丝率为12。布置现有的1斤青丝，以练丝率384乘之，作为实，实除以青丝率396。所得到的就是1斤青丝所用的练丝之数。又以络丝率16乘之，以所得作为实，以练丝率12作为法，所得到的就是练丝所用的络丝之数。这称为重今有术。虽然诸物各自都有率，但是没有问中间的物品。所以使后面的实乘前面的实，后面的法乘前面的法而一并除。所以练丝以两数形成实，青丝以铢数形成法。　　一术：又布置络丝1斤的两数与练丝12两，将之约简，络丝得4，练丝得3，这就是它们的相与之率。又布置络丝1斤的铢数与青丝1斤12铢，将之约简，练丝得32，青丝得33，也是它们的相与之率。使其中的青丝率、络丝率分别相齐，使其中练丝的二种率相同，得到络丝率128，青丝率99，练丝率96，则三种率都互相通达了。以现有的青丝1斤作为所有数，络丝率128作为所求率，青丝率99作为所有率。前面形成率的意图也是这样，但不先约简诸率而已。凡是诸率错互不相通达的，都可以多次应用齐术。仿照这种做法，即使是转换五次，也没有什么不同。说"使其中练丝的二种率相同"，是为了明确三种率的相与通达，对于各种术没有不同。　　又一术：现有青丝1斤的铢数乘练丝1斤的两数，作为实，以青丝1斤12铢作为法，实除以法，所得到的就是用练丝的两数。以络丝1斤乘之，所得作为实，以练丝12两作为法，实除以法，所得到的就是用络丝的斤数。

今有恶粟二十斗[1]，春之，得粝米九斗。今欲求粺米一十斗，问：恶粟几何？

　　　　荅曰：二十四斗六升八十一分升之七十四。

术曰：置粝米九斗，以九乘之，为法。亦置粺米十斗，以十乘之，又以恶粟二十斗乘之，为实。实如法得一斗[2]。按：此术置今有求粺米十斗，以粝米率十乘之，如粺率九而一，即粺化为粝[3]。又以恶粟率二十乘之，如粝率九而一，即粝亦化为恶粟矣[4]。此亦重今有之义。为术之意，犹络丝也。虽各有率，不问中间。故令后实乘前实，后法乘前法，而并除之也。

【注释】

〔1〕恶粟：劣等的粟。恶，劣等。李籍云："不善也。"

〔2〕《九章算术》的方法是

恶粟＝[（粺米 10 斗 × 10）× 恶粟 20 斗]÷（粝米 9 斗 × 9）

　　　＝24 斗 6 $\frac{74}{81}$ 升。

〔3〕刘徽先应用今有术由 10 斗粺米求出粝米。即粝米＝10 斗 × 10 ÷ 9 ＝ $\frac{100}{9}$ 斗。

〔4〕刘徽又应用今有术由 $\frac{100}{9}$ 斗粝米求出恶粟。即恶粟＝ $\frac{100}{9}$ 斗 × 20 ÷ 9 ＝ $\frac{100}{9}$ ＝ $\frac{2\,000}{81}$ 斗 ＝ 24 斗 6 $\frac{74}{81}$ 升。

【译文】

假设有 20 斗粗劣的粟，春成粝米，得到 9 斗。现在想得到 10 斗粺米，问：需要粗劣的粟多少？

答：24 斗 6 $\frac{74}{81}$ 升。

术：布置 9 斗粝米，乘以 9，作为法。又布置 10 斗粺米，乘以 10，又乘以 20 斗粗劣的粟，作为实。实除以法，就得到粗劣粟的斗数。按：此术中，布置现在想得到的 10 斗粺米，乘以粝米率 10，除以粺米率 9，则粺米化为了粝米。又乘以恶粟率 20，除以粝米率 9，则粝米也化为了粗劣的粟。这也是重今有术的意义。造术的意图，如同络丝问。虽然各自都有率，却不考虑中间的物品。所以使后面的实乘前面的实，后面的法乘前面的法而一并除。

今有善行者行一百步，不善行者行六十步。今不善行者先行一百步，善行者追之。问：几何步及之？

答曰：二百五十步。

术曰：置善行者一百步，减不善行者六十步，余四十步，以为法。以善行者之一百步乘不善行者先行一百步[1]，为实。实如法得一步[2]。按：此术以六十步减一百步，余四十步，即不善行者先行率也；善行者行一百步，追及率。约之，追及率得五，先行率得二。于今有术，不善行者先行一百步为所有数，五为所求率，二为所有率，而今有之，得追及步也[3]。

今有不善行者先行一十里，善行者追之一百里，先至不善行者二十里。问：善行者几何里及之？

答曰：三十三里少半里。

术曰：置不善行者先行一十里，以善行者先至二十里增之，以为法。以不善行者先行一十里乘善行者一百里，为实。实如法得一里[4]。按：此术不善行者既先行一十里，后不及二十里，并之，得三十里也，谓之先行率。

善行者一百里为追及率。约之，先行率得三，三为所有率，而
今有之，即得也[5]。其意如上术也。

今有兔先走一百步[6]，犬追之二百五十步，不及三十步
而止。问：犬不止，复行几何步及之？

荅曰：一百七步七分步之一。

术曰：置兔先走一百步，以犬走不及三十步减之，
余为法。以不及三十步乘犬追步数，为实。实如法
得一步[7]。按：此术以不及三十步减先走一百步，余七十步，
为兔先走率。犬行二百五十步为追及率。约之，先走率得七，
追及率得二十五。于今有术，不及三十步为所有数，二十五为
所求率，七为所有率，而今有之，即得也[8]。

**【注释】**

〔1〕此下三问都是追及问题，都比较简单，我们作为一组。

〔2〕《九章筭术》的方法是

追及之步数＝（善行者 100 步×不善行者先行 100 步）
÷（善行者 100 步－不善行者 60 步）＝250 步。

〔3〕刘徽求出不善行者的先行率和善行者的追及率，分别作为所求
率与所有率，不善行者先行 100 步作为所有数，以今有术解此问，则先
行率是善行者与不善行者的单位时间的行程之差 100 步－60 步＝40 步，
追及率就是善行者的行程 100 步，因此追及率∶先行率＝100 步∶40 步＝
5∶2，于是

追及之步数＝不善行者先行 100 步×5÷2＝250 步。

〔4〕《九章筭术》的方法是

追及里数＝（不善行者先行 10 里×善行者追之 100 里）
÷（不善行者先行 10 里＋善行者先至 20 里）＝33$\frac{1}{3}$里。

〔5〕刘徽求出不善行者的先行率和善行者的追及率，分别作为所有

率与所求率，不善行者先行 10 里作为所有数，以今有术解此问，则先行率是不善行者先行 10 里与后不及 20 里之和 10 里＋20 里＝30 里，追及率就是善行者追之 100 里，因此追及率：先行率＝100 里：30 里＝10：3，于是

$$追及里数＝不善行者先行 10 里 \times 10 \div 3 = 33 \frac{1}{3} 里。$$

〔6〕走：跑。《韩非子·五蠹》："兔走触株，折颈而死。"而"行"则是今之"走"。《墨子·公输》："行十日十夜而至于郢。"

〔7〕《九章算术》的方法是

$$复行步数＝（犬追 250 步 \times 不及 30 步）$$
$$\div（兔先走 100 步－不及 30 步）= 107 \frac{1}{7} 步。$$

〔8〕刘徽求出兔的先走率和犬的追及率，分别作为所有率与所求率，犬不及 30 作为所有数，以今有术解此问，则先走率是兔走 100 步与不及 30 步之差 100 步－30 步＝70 步，追及率就是犬行 250 步，因此追及率：先走率＝250 步：70 步＝25：7，于是

$$复行步数＝不及 30 步 \times 25 \div 7 = 107 \frac{1}{7} 步。$$

按：王孝通《缉古算术》第一问注云："今按：《九章》均输篇有犬追兔术，与此相似。彼问：犬走一百步，兔走七十步。令兔先走七十五步，犬始追之，问：几何步追及？

答曰：二百五十步追及。

彼术曰：以兔走减犬走，余者为法。又以犬走乘兔先走为实。实如法而一，即得追及步数。"

**【译文】**
假设善于行走者走 100 步，不善于行走者走 60 步。现在不善于行走者先走了 100 步，善于行走者才追赶他。问：走多少步才能追上他？

答：250 步。

术曰：布置善于行走者走的 100 步，减去不善于行走者走的

60 步，余 40 步，作为法。以善于行走者走的 100 步乘不善于行走者先走的 100 步，作为实。实除以法，得到追及的步数。

按：此术中以 60 步减 100 步，余 40 步，就是不善于行走者的先行率；善于行走者走的 100 步，就是追及率。约简之，追及率得 5，先行率得 2。对于今有术，不善于行走者先走的 100 步作为所有数，5 作为所求率，2 作为所有率，而对其应用今有术，便得到追及的步数。

假设不善于行走者先走 10 里，善于行走者追赶了 100 里，比不善于行走者先到 20 里。问：善于行走者走多少里才能追上他？

答：33 $\frac{1}{3}$ 里。

术：布置不善于行走者先走的 10 里，加上善于行走者先到的 20 里，作为法。以不善于行走者先走的 10 里乘善于行走者走的 100 里，作为实。实除以法，得到追上的里数。按：此术中不善于行走者已先走了 10 里，后来又比善行走者落后 20 里，将它们相加，得到 30 里，称为先行率。善于行走者的 100 里作为追及率。约简它们，先行率得 3，3 作为所有率，而对之应用今有术，就得到追上的里数。其思路如同上一术。

假设野兔先跑 100 步，狗追赶了 250 步，差 30 步没有追上而停止了。问：如果狗不停止，再追多少步能追上？

答：107 $\frac{1}{7}$ 步。

术：布置野兔先跑的 100 步，以狗追的差 30 步减之，余数作为法。以差的 30 步乘狗追的步数，作为实。实除以法，得到为了追上应再跑的步数。按：此术中以狗差的 30 步减野兔先跑的 100 步，余数是 70 步，作为野兔的先跑的率。狗追的 250 步作为追及率。约简它们，先跑的率得 7，追及率得 25。对于今有术，差的 30 步作为所有数，25 作为所求率，7 作为所有率，而对之应用今有术，就得到再追的步数。

今有人持金十二斤出关。关税之，十分而取一。今关取金二斤，偿钱五千。问：金一斤值钱几何？

荅曰：六千二百五十。

术曰：以一十乘二斤，以十二斤减之，余为法。以一十乘五千，为实。实如法得一钱[1]。按：此术置十二斤，以一乘之，十而一，得一斤五分斤之一，即所当税者也。减二斤，余即关取盈金。以盈除所偿钱，即金直也[2]。今术既以十二斤为所税，则是以十为母，故以十乘二斤及所偿钱，通其率。于今有术，五千钱为所有数，十为所求率，八为所有率，而今有之，即得也[3]。

【注释】

〔1〕《九章算术》的方法是

1 斤金值钱 ＝（偿钱 5 000 钱 × 10）
÷（关取 2 斤 × 10 － 持金 12 斤）＝ 6 250 钱。

〔2〕此为刘徽提出的新方法，应当向关卡缴税的金为 12 斤 × $\frac{1}{10}$，关卡多取的金为关取 2 斤 － 税金 12 斤 × $\frac{1}{10}$，因此

1 斤金值钱 ＝ 偿钱 5 000 钱 ÷ $\left(关取 2 斤 － 税金 12 斤 × \frac{1}{10}\right)$ ＝ 6 250 钱。

〔3〕刘徽以今有术解此问，应当缴税 12 斤 × $\frac{1}{10}$ ＝ $\frac{12}{10}$，多缴 2 － $\frac{12}{10}$ ＝ $\frac{8}{10}$，所以偿钱 5 000 钱为所有数，10 为所求率，8 为所有率，即

1 斤金值钱 ＝ 偿钱 5 000 钱 × 10 ÷ 8 ＝ 6 250 钱。

【译文】

假设有人带着 12 斤金出关卡。关卡对之征税，税率是 $\frac{1}{10}$。现在关卡收取 2 斤金，而偿还 5 000 钱。问：1 斤金值多少钱？

答：6 250 钱。

术：以 10 乘 2 斤，以 12 斤减之，余数作为法。以 10 乘 5 000

钱，作为实。实除以法，得 1 斤金值的钱。按：此术中布置 12 斤，乘以 1，除以 10，得 $1\frac{1}{5}$ 斤，就是作为税款应当缴纳的金。以它减 2 斤，余数就是关卡多取的金。以多取的金除关卡所偿还的钱，就是 1 斤金所值的钱。现在术文既然以 12 斤为所应当缴税的金，则是以 10 作为分母，所以以 10 乘 2 斤及所偿还的钱，通达它们的率。对于今有术，5 000 钱为所有数，10 为所求率，8 为所有率，而对之应用今有术，便得到 1 斤金所值的价钱。

今有客马，日行三百里。客去忘持衣。日已三分之一，主人乃觉。持衣追及与之而还；至家视日四分之三。问：主人马不休，日行几何？

　　荅曰：七百八十里。

　　术曰：置四分日之三，除三分日之一，按：此术"置四分日之三，除三分日之一"者，除，其减也[1]。减之余，有十二分之五，即是主人追客还用日率也[2]。半其余，以为法[3]。去其还，存其往。率之者，子不可半，故倍母，二十四分之五，是为主人与客均行用日之率也[4]。副置法，增三分日之一。法二十四分之五者，主人往追用日之分也。三分之一者，客去主人未觉之前独行用日之分也。并连此数得二十四分日之十三，则主人追及前用日之分也。是为客人与主人均行用日率也[5]。然则主人用日率者，客马行率也；客用日率者，主人马行率也。母同则子齐，是为客马行率五，主人马行率十三。于今有术，三百里为所有数，十三为所求率，五为所有率，而今有之，即得也[6]。以三百里乘之，为实[7]。实如法，得主人马一日行[8]。欲知主人追客所行里者，以三百里乘客用日分子十三，以母二十四而一[9]，得一百六十二里半。以此乘客马与主人均行日分母二十四，如客马与主人均行用日分子五而一，亦得主人马一日行七百八十里也[10]。

【注释】

〔1〕除：在《九章算术》及其刘徽注中有二义：一是除法之除，一是减。　其：裴学海《古书虚字集释》卷五："'其'，犹'为'也。"

〔2〕刘徽以今有术解此问。从 $\frac{1}{3}$ 日时主人发觉客人忘持衣到主人追客还的 $\frac{3}{4}$ 日，用日为 $\frac{3}{4}-\frac{1}{3}=\frac{5}{12}$，是主人追客还用日率。

〔3〕《九章算术》以 $\frac{1}{2}\times\frac{5}{12}=\frac{5}{24}$ 作为法。

〔4〕刘徽认为作为率，分子不能再除以 2，所以将分母加倍。$\frac{5}{24}$ 是主人与客人共同行走的用日率，也就是主人追客用日率。

〔5〕刘徽认为，$\frac{5}{24}$ 加主人发觉前的 $\frac{1}{3}$，$\frac{5}{24}+\frac{1}{3}=\frac{13}{24}$ 是主人追及前客人用日率。因此

$$主人用日率：客人用日率=\frac{5}{24}:\frac{13}{24}=5:13。$$

〔6〕刘徽指出，主人用日率就是客马行率，客用日率就是主马行率，亦即主马行率：客马行率＝13：5。主马行率为所有率，客马行率为所求率，300 里作为所有数。应用今有术，则

$$主马日行里=300 里\times5\div13=780 里。$$

〔7〕《九章算术》以 300 里乘 $\left(\frac{5}{24}+\frac{1}{3}\right)$ 作为实。

〔8〕《九章算术》的方法是

$$主马日行里=300 里\times\left[\frac{1}{2}\left(\frac{3}{4}-\frac{1}{3}\right)+\frac{1}{3}\right]\div\frac{1}{2}\left(\frac{3}{4}-\frac{1}{3}\right)=780 里。$$

〔9〕以：训"如"。

〔10〕刘徽给出求主马日行里的另一种方法。先求出主人追客所行里，也就是主人追上客人之前客人所行里。客人用日 $\frac{13}{24}$ 日，日行 300 里，故所行里为 $300 里\times\frac{13}{24}=162\frac{1}{2}$ 里。主人行 $162\frac{1}{2}$ 里用 $\frac{5}{24}$ 日，所以

$$主马日行里 = 162\frac{1}{2}里 \div \frac{5}{24} = 162\frac{1}{2}里 \times 24 \div 5 = 780里。$$

**【译文】**

假设客人的马每日行走 300 里。客人离去时忘记拿自己的衣服。已经过了 $\frac{1}{3}$ 日的时候，主人才发觉。主人拿着衣服追上客人，给了他衣服，回到家望望太阳，已过了 $\frac{3}{4}$ 日。问：如果主人的马不休息，一日行走多少里？

答：780 里。

术：布置 $\frac{3}{4}$ 日，除 $\frac{1}{3}$ 日，按：此术中，"布置 $\frac{3}{4}$ 日，除 $\frac{1}{3}$ 日"——除，就是减。减的余数是 $\frac{5}{12}$，就是主人追上客人及返回家的用日率。**取其余数的 $\frac{1}{2}$，作为法。**这是减去主人返回家的时间，留下他追赶的时间。谈到率，分子不可以再取其半，所以将分母加倍，成为 $\frac{5}{24}$，这就是主人与客人的马同时行走所用日之率。**在旁边布置法，加 $\frac{1}{3}$。**法是 $\frac{5}{24}$，这是主人追及客人所用日之分数。$\frac{1}{3}$ 是客人走了主人未发觉之前单独行走用日之分数。将此二数相加，得 $\frac{13}{24}$ 日，则就是主人追上之前用日之分数。这是客人与主人同时行走的用日率。那么主人的用日率，就是客人马的行率；客人的用日率，就是主人马的行率。分母相同就要使分子相齐。这就是客人马的行率 5，主人马的行率 13。对于今有术，300 里为所有数，13 为所求率，5 为所有率，而对之应用今有术，即得到主人马一日行走的里数。**以 300 里乘之，作为实。实除以法，得到主人马一日行走的里数。**如果想知道主人追上客人所行走的里数，就以 300 里乘客人用日的分子 13，除以分母 24，得 $162\frac{1}{2}$ 里。以此乘客人与主人的马同时行走日的分母 24，除以客人与主人的马同时行走用日的分子 5，也得到主人的马行走一日为 780 里。

今有金箠〔1〕，长五尺。斩本一尺，重四斤；斩末一尺，重二斤。问：次一尺各重几何？

　　荅曰：

　　末一尺重二斤，

　　次一尺重二斤八两，

　　次一尺重三斤，

　　次一尺重三斤八两，

　　次一尺重四斤。

术曰：令末重减本重，余，即差率也。又置本重，以四间乘之，为下第一衰。副置，以差率减之，每尺各自为衰〔2〕。按：此术五尺有四间者，有四差也。今本末相减，余即四差之凡数也。以四约之，即得每尺之差，以差数减本重，余即次尺之重也。为术所置，如是而已〔3〕。今此率以四为母，故令母乘本为衰，通其率也〔4〕。亦可置末重，以四间乘之，为上第一衰。以差重率加之，为次下衰也〔5〕。副置下第一衰，以为法。以本重四斤遍乘列衰，各自为实。实如法得一斤〔6〕。以下第一衰为法，以本重乘其分母之数，而又返此率乘本重，为实。一乘一除，势无损益，故惟本存焉〔7〕。众衰相推为率，则其余可知也。亦可副置末衰为法，而以末重二斤乘列衰为实〔8〕。此虽迂回，然是其旧，故就新而言之也〔9〕。

【注释】

〔1〕箠：马鞭，杖，刑杖。司马迁《报任少卿书》："关木索被箠楚受辱。"李善注引《汉书》曰："箠长五尺。"李籍云：箠，"策也。"

〔2〕《九章算术》先求出各尺重的列衰。记各尺重 $a_i$，$i = 1$，2，3，4，5，$a_1 - a_5$ 称为差率，则列衰就是

$$a_1 : a_2 : a_3 : a_4 : a_5 = 4a_1 : [4a_1 - (a_1 - a_5)] :$$
$$[4a_1 - 2(a_1 - a_5)] : [4a_1 - 3(a_1 - a_5)] : 4a_5 。$$

其中 $a_1 = 4$ 斤，$a_5 = 2$ 斤，$a_1 - a_5 = 2$ 斤，所以列衰为

$$a_1 : a_2 : a_3 : a_4 : a_5 = 16 : 14 : 12 : 10 : 8 。$$

〔3〕刘徽提出更简单的方法，$a_1 - a_5$ 是各尺重的总差数，$\frac{1}{4}(a_1 -$

$a_5)$ 是相邻两尺重之差，即公差。记各尺重 $A_i$，$i = 1$，2，3，4，5，

那么各尺重依次是 $A_1 = a_1$，$A_2 = a_1 - \frac{1}{4}(a_1 - a_5)$，$A_3 = a_1 - \frac{2}{4}(a_1 -$

$a_5)$，$A_4 = a_1 - \frac{3}{4}(a_1 - a_5)$，$A_5 = a_5$。将 $a_1 = 4$ 斤，$a_5 = 2$ 斤代入，

即得到答案。

〔4〕刘徽指出，《九章算术》的方法就是上述方法中以分母 4 将各数
通之，求出列衰。

〔5〕此谓从末重开始，逐次以重量的差率加之，就得到下面各尺的
衰。这与《九章算术》从本重开始减差率求各尺的衰不同。差重率：重
量的差率。

〔6〕《九章算术》在求出各尺的列衰之后，以第一衰 $4a_1$ 作为法，以
本重 $a_1$ 乘诸列衰，作为实，实除以法，即求出各尺重。即

$$A_i = a_1 a_i \div 4a_1 ， \qquad i = 1，2，3，4，5 。$$

〔7〕在《九章算术》的方法中，对本重而言，以第一衰为法，法与
衰相等，故一乘一除无损益，仍是本重。

〔8〕刘徽认为，亦可从末重开始计算，以末衰 $a_5$ 为法，以末重 $a_5$ 乘
列衰，作为实。

〔9〕刘徽总结他的注，指出《九章算术》的方法迂回曲折，所以提
出新的方法。

【译文】

假设有一根金箠，长 5 尺。斩下本 1 尺，重 4 斤；斩下末 1 尺，
重 2 斤。问：每 1 尺的重量各是多少？

答：

末1尺重量2斤，

下1尺重量2斤8两，

下1尺重量3斤，

下1尺重量3斤8两，

本1尺重量4斤。

术曰：使末1尺的重量减本1尺的重量，余数就是差率。又布置本1尺的重量，以间隔4乘之，作为下第一衰。将它布置在旁边，逐次以差率减之，就得到每尺各自的衰。按：此术中，5尺有4个间隔，就是有4个差。现在将本末的重量相减，余数就是4个差的总数。以4除之，就得到每尺之差，以这个差数减本1尺的重量，余数就是下1尺的重量。造术的意图，不过如此而已。现在此率以4为分母，所以使分母乘本1尺的重量作为衰，是为了将它们的率通达。也可以布置末1尺的重量，以间隔4乘之，作为上第一衰。逐次以重量的差率加之，就得到下面每尺的衰。在旁边布置下第一衰，作为法。以本1尺的重量4斤乘全部列衰，各自作为实。实除以法，就得到各尺的斤数。以下第一衰作为法，以本1尺的重量乘它的分母，而反过来以此率乘本1尺的重量，作为实。一乘一除，其态势既不减小也不增加，所以只有原本的数保存下来。以诸衰互相推求作为率，则其余各尺的重量可以知道。也可以在旁边布置末1尺的衰作为法，而以末1尺的重量2斤乘列衰作为实。这种方法虽然迂回，然而是原来的，所以用新的方法表示之。


今有五人分五钱，令上二人所得与下三人等。问：各得几何？

苔曰：

甲得一钱六分钱之二，

乙得一钱六分钱之一，

丙得一钱，

丁得六分钱之五，

戊得六分钱之四。

术曰：置钱，锥行衰[1]。按：此术锥行者，谓如立锥：初一、次二、次三、次四、次五，各均为一列者也。并上二人为九，并下三人为六。六少于九，三。数不得等，但以五、四、三、二、一为率也。以三均加焉〔2〕。副并为法。以所分钱乘未并者，各自为实。实如法得一钱〔3〕。此问者，令上二人与下三人等。上、下部差一人，其差三。均加上部，则得二三；均加下部，则得三三。上、下部犹差一人，差得三。以通于本率，即上、下部等也。于今有术，副并为所有率，未并者各为所求率，五钱为所有数，而今有之，即得等耳。假令七人分七钱，欲令上二人与下五人等，则上、下部差三人。并上部为十三，下部为十五。下多上少，下不足减上，当以上、下列差而后均减，乃合所问耳〔4〕。　　此可放下术，令上二人分二钱半为上率，令下三人分二钱半为下率，上、下二率以少减多，余为实。置二人、三人各半之，减五人，余为法，实如法得一钱〔5〕，即衰相去也。下衰率六分之五者，丁所得钱数也〔6〕。

**【注释】**

〔1〕锥行（háng）衰：就是排列成锥形的列衰。李籍云："锥行衰者，下多上少，如立锥之形。"行，行列。

〔2〕此谓排列成锥形的列衰，先设它们是5，4，3，2，1。上2人的和是9，下3人的和是6，不相等。下3人之和少3，而人数多1。因此，每个都加上3，以8，7，6，5，4作为列衰，便做到上2人与下3人的列衰之和相等。

〔3〕《九章算术》以衰分术求解。即列衰相加8＋7＋6＋5＋4＝30作为法，则甲分得钱＝5钱×8÷30＝$1\frac{2}{6}$钱，乙分得钱＝5钱×7÷30＝$1\frac{1}{6}$钱，丙分得钱＝5钱×6÷30＝1钱，丁分得钱＝5钱×5÷30＝$\frac{5}{6}$钱，戊分得钱＝5钱×4÷30＝$\frac{4}{6}$钱。

〔4〕刘徽在此举出一个与《九章算术》的例题相反的例子：按锥行

衰，下部之和多于上部之和。刘徽提出以列差均减求列衰的方法。"列差"就是上、下部之和的差除以上、下部项数之差。设上部之和为 $S_1$，项数为 $m_1$，下部之和为 $S_2$，项数为 $m_2$，则列差为 $\dfrac{S_1-S_2}{m_1-m_2}$。实际上这是一个普遍方法，对任何锥行衰的情况，以 $\dfrac{S_1-S_2}{m_1-m_2}$ 均减，都可以使上、下部相等。

〔5〕刘徽在此用下九节竹问的方法求出各人钱数之差。设总钱数为 $S$，上部 $m_1$ 人，下部 $m_2$ 人，则相邻二人钱数之差为 $\left| \dfrac{S}{2} \div m_1 - \dfrac{S}{2} \div m_2 \right| \div \dfrac{m_1+m_2}{2} = \dfrac{S\,|m_1-m_2|}{mn\,|m_1+m_2|}$。五人分五钱问中二人钱数之差是 $\dfrac{1}{6}$。

〔6〕丁在下 3 人中居中，所得应是下 3 人的平均数，因此应分 $2\dfrac{1}{2}$ 钱 $\div 3 = \dfrac{5}{6}$ 钱。

【译文】
假设有 5 个人分配 5 钱，使上部 2 人所分得的钱与下部 3 人的相等。问：各分得多少钱？

答：

甲分得 $1\dfrac{2}{6}$ 钱，

乙分得 $1\dfrac{1}{6}$ 钱，

丙分得 1 钱，

丁分得 $\dfrac{5}{6}$ 钱，

戊分得 $\dfrac{4}{6}$ 钱。

术：布置钱数，按锥形将诸衰排列成一行。按：此术中，按锥形排列成一行，是说像锥形那样立起来：自下而上是 1，2，3，4，5，都均匀地排成一列。将上部 2 人的衰相加为 9，将下部 3 人的衰相加为 6。6 比 9 少 3。诸衰的数值不能相等，就以 5，4，3，2，1 建立率。以 3 均等地加诸衰。在旁边将它们相加作为法。以所分的钱乘未相加的衰，各自作为实。实分别除以法，得到各人分得的钱数。提问的人要使上二人分得的钱与下 3 人的相等。现在上、下部相差 1 人，两者诸衰之和相差 3。将差 3 均等地加到上部诸衰上，即加 2 个 3；均等地加到下部诸衰上，即加 3 个 3。上、下部还是差 1 人，诸衰之差仍然得 3。以 3 使原来的率相通，则上、下部诸衰之和相等。对于今有术，在旁边将它们相加为所有率，没有相加的衰各自作为所求率，5 钱作为所有数，而对之应用今有术，就得到上 2 人与下 3 人分得的钱相等的结果。假设 7 个人分配 7 钱，想使上部 2 人分得的钱与下部 5 人的相等，则上、下部相差 3 人。将上部诸衰相加为 13，下部诸衰相加为 15。下部的多，上部的少，下部的不能减上部的，应当求出上、下部的列差而后均等地减诸衰，才符合所提出的问题。　　　此也可以仿照下面九节竹问的术：使上部 2 人分 $2\frac{1}{2}$ 钱，作为上率，使下部 3 人分 $2\frac{1}{2}$ 钱作为下率，上、下二率以少减多，余数作为实。布置 2 人、3 人，各取其 $\frac{1}{2}$，以减 5 人，余数作为法，实除以法，得钱数，就是诸衰的公差。下部诸衰的平率 $\frac{5}{6}$，就是丁所分得的钱数。

今有竹九节，下三节容四升，上四节容三升。问：中间二节欲均容[1]，各多少？

答曰：

下初一升六十六分升之二十九，

次一升六十六分升之二十二，

次一升六十六分升之一十五，

次一升六十六分升之八，

次一升六十六分升之一，

次六十六分升之六十，

次六十六分升之五十三，

次六十六分升之四十六，

次六十六分升之三十九。

术曰：以下三节分四升为下率[2]，以上四节分三升为上率[3]。此二率者，各其平率也[4]。上、下率以少减多，余为实[5]。按：此上、下节各分所容为率者，各其平率。"上、下以少减多"者，余为中间五节半之凡差，故以为实也[6]。置四节、三节，各半之，以减九节，余为法。实如法得一升，即衰相去也[7]。按：此术法者，上、下节所容已定之节，中间相去节数也。实者，中间五节半之凡差也。故实如法而一，则每节之差也。下率一升少半升者，下第二节容也[8]。一升少半升者，下三节通分四升之平率。平率即为中分节之容也。

【注释】

〔1〕均容：即各节自下而上均匀递减。这实际上是一个等差数列的问题。

〔2〕下率：下三节所容的平均值，即 4 升 ÷ 3 = $\frac{4}{3}$ 升。

〔3〕上率：上四节所容的平均值，即 3 升 ÷ 4 = $\frac{3}{4}$ 升。

〔4〕刘徽认为下率 $\frac{4}{3}$ 升是下 3 节容积的平均值，即中间一节也就是下第二节的容积；上率 $\frac{3}{4}$ 升是上 4 节容积的平均值，即上第一节半至第二节半的容积，所以刘徽称为"平率"或简称"平"。

〔5〕《九章算术》以 $\frac{4}{3}$ 升 − $\frac{3}{4}$ 升 = $\frac{7}{12}$ 升 作为实。

〔6〕刘徽认为 $\frac{4}{3}$ 升 − $\frac{3}{4}$ 升 = $\frac{7}{12}$ 升是中间 9 节 − $\left(\frac{4}{2}+\frac{3}{2}\right)$ 节 = $5\frac{1}{2}$

节的总差，所以作为实。

〔7〕《九章算术》以 9 节 $-\left(\dfrac{4}{2}+\dfrac{3}{2}\right)$ 节 $=\dfrac{11}{2}$ 节 $=5\dfrac{1}{2}$ 节作为法。实

除以法，即 $\dfrac{7}{12}$ 升 $\div\dfrac{11}{2}=\dfrac{7}{66}$ 升，就是相去衰，即各节容积之差，也就是这个等差数列的公差。

〔8〕下率 $\dfrac{4}{3}$ 升是下第二节的容积，由此利用各节的相去衰 $\dfrac{7}{66}$ 升即可求出各节的容积。

【译文】

假设有一支竹，共 9 节，下 3 节的容积是 4 升，上 4 节的容积是 3 升。问：如果想使中间 2 节的容积均匀递减，各节的容积是多少？

答：

下第一节是 $1\dfrac{29}{66}$ 升，

次一节是 $1\dfrac{22}{66}$ 升，

次一节是 $1\dfrac{15}{66}$ 升，

次一节是 $1\dfrac{8}{66}$ 升，

次一节是 $1\dfrac{1}{66}$ 升，

次一节是 $\dfrac{60}{66}$ 升，

次一节是 $\dfrac{53}{66}$ 升，

次一节是 $\dfrac{46}{66}$ 升，

次一节是 $\dfrac{39}{66}$ 升。

术：以下 3 节平分 4 升，作为下率，以上 4 节平分 3 升，作为
上率。此二率分别是上 4 节、下 3 节的平均率。上率、下率以少减多，
余数作为实。按：此处上 4 节、下 3 节分别平分其容积所形成的率，各是它
们的平均率。"上率、下率以少减多"，余数就是中间 $5\frac{1}{2}$ 节之总差，所以作为

实。布置 4 节、3 节，各取其 $\frac{1}{2}$，以它们减 9 节，余数作为

法。实除以法，求得的升数，就是诸衰之差。按：此术中，法就是
上 4 节、下 3 节中其容积已经确定的节之中间相距的节数，实就是中间 $5\frac{1}{2}$ 节

之总差。所以实除以法，就是每节之差。下率 $1\frac{1}{3}$ 升就是下第二节的

容积。$1\frac{1}{3}$ 升是下 3 节一起分 4 升之平均率。平均率就是中间这一节的容积。


今有凫起南海[1]，七日至北海；雁起北海，九日至南
海。今凫、雁俱起，问：何日相逢？

　　答曰：三日十六分日之十五。

　　术曰：并日数为法，日数相乘为实，实如法得一
日[2]。按：此术置凫七日一至，雁九日一至。齐其至，同其
日，定六十三日凫九至，雁七至。今凫、雁俱起而问相逢者，
是为共至。并齐以除同，即得相逢日。故"并日数为法"者，
并齐之意；"日数相乘为实"者，犹以同为实也[3]。　　一曰：
凫飞日行七分至之一，雁飞日行九分至之一，齐而同之，凫飞
定日行六十三分至之九，雁飞定日行六十三分至之七。是南北
海相去六十三分，凫日行九分，雁日行七分也。并凫、雁一日
所行，以除南北相去，而得相逢日也[4]。

今有甲发长安，五日至齐[5]；乙发齐，七日至长安。今
乙发已先二日，甲乃发长安。问：几何日相逢？

苔曰：二日十二分日之一。

术曰：并五日、七日以为法。按：此术"并五日、七日为法"者，犹并齐为法。置甲五日一至、乙七日一至，齐而同之，定三十五日甲七至，乙五至。并之为十二至者，用三十五日也。谓甲、乙与发之率耳。然则日化为至，当除日，故以为法也[6]。以乙先发二日减七日，"减七日"者，言甲、乙俱发，今以发为始发之端，于本道里则余分也。余，以乘甲日数为实。七者，长安去齐之率也，五者，后发相去之率也。今问后发，故舍七用五。以乘甲五日，为二十五日。言甲七至，乙五至，更相去，用此二十五日也[7]。实如法得一日[8]。一日甲行五分至之一，乙行七分至之一。齐而同之，甲定日行三十五分至之七，乙定日行三十五分至之五。是为齐去长安三十五分，甲日行七分，乙日行五分也。今乙先行发二日，已行十分，余，相去二十五分。故减乙二日，余，令相乘，为二十五分[9]。

今有一人一日为牝瓦三十八枚，一人一日为牡瓦七十六枚[10]。今令一人一日作瓦，牝、牡相半。问：成瓦几何？

苔曰：二十五枚少半枚。

术曰：并牝、牡为法，牝、牡相乘为实，实如法得一枚[11]。此意亦与凫雁同术。牝、牡瓦相并，犹如凫雁日飞相并也。按：此术，"并牝、牡为法"者，并齐之意；"牝、牡相乘为实"者，犹以同为实也。故实如法即得也。

今有一人一日矫矢五十，一人一日羽矢三十，一人一日筈矢十五[12]。今令一人一日自矫、羽、筈，问：成矢几何？

苔曰：八矢少半矢。

术曰：矫矢五十，用徒一人；羽矢五十，用徒一人

太半人；筈矢五十，用徒三人少半人。并之，得六
人，以为法。以五十矢为实。实如法得一矢[13]。
按：此术言成矢五十，用徒六人，一日工也。此同工共作，犹
凫、雁共至之类，亦以同为实，并齐为法[14]。　　可令矢互乘
一人为齐，矢相乘为同[15]。今先令同于五十矢，矢同则徒齐，
其归一也[16]。——以此术为凫雁者，当雁飞九日而一至，凫飞
九日而一至七分至之二，并之，得二至七分至之二，以为法。
以九日为实[17]。——实如法而一，得一人日成矢之数也[18]。

今有假田[19]，初假之岁三亩一钱，明年四亩一钱，后
年五亩一钱。凡三岁得一百。问：田几何？

　　答曰：一顷二十七亩四十七分亩之三十一。

术曰：置亩数及钱数。令亩数互乘钱数，并以为
法。亩数相乘，又以百钱乘之，为实。实如法得一
亩[20]。按：此术令亩互乘钱者，齐其钱；亩数相乘者，同其
亩，同于六十。则初假之岁得钱二十，明年得钱十五，后年得
钱十二也。凡三岁得钱一百为所有数，同亩为所求率，四十七
钱为所有率，今有之，即得也。齐其钱，同其亩，亦如凫雁术
也。于今有术，百钱为所有数，同亩为所求率，并齐为所有
率[21]。　　臣淳风等按：假田六十亩，初岁得钱二十，明年得
钱十五，后年得钱十二，并之得钱四十七，是为得田六十亩三
岁所假。于今有术，百钱为所有数，六十亩为所求率，四十七
为所有率，而今有之，即合问也。

今有程耕[22]，一人一日发七亩[23]，一人一日耕三亩，
一人一日耰种五亩[24]。今令一人一日自发、耕、耰种
之，问：治田几何？

　　答曰：一亩一百一十四步七十一分步之六十六。

术曰：置发、耕、耰亩数。令互乘人数，并，以为法。亩数相乘为实。实如法得一亩[25]。此犹凫雁术也。　　臣淳风等谨按：此术亦发、耕、耰种亩数互乘人者[26]，齐其人；亩数相乘者，同其亩。故并齐为法，以同为实。计田一百五亩，发用十五人，耕用三十五人，种用二十一人，并之，得七十一工。治得一百五亩，故以为实。而一人一日所治，故以人数为法除之，即得也。

今有池，五渠注之。其一渠开之，少半日一满；次，一日一满；次，二日半一满；次，三日一满；次，五日一满。今皆决之，问：几何日满池？

　　荅曰：七十四分日之十五。

术曰：各置渠一日满池之数，并，以为法。按：此术其一渠少半日满者，是一日三满也；次，一日一满；次，二日半满者，是一日五分满之二也；次，三日满者，是一日三分满之一也；次，五日满者，是一日五分满之一也；并之，得四满十五分满之十四也[27]。以一日为实。实如法得一日[28]。此犹矫矢之术也。先令同于一日，日同则满齐[29]。自凫雁至此，其为同齐有二术焉，可随率宜也[30]。

其一术：各置日数及满数。令日互相乘满，并，以为法。日数相乘为实。实如法得一日[31]。亦如凫雁术也。按：此其一渠少半日满池者，是一日三满池也；次，一日一满；次，二日半满者，是五日再满；次，三日一满；次，五日一满。此谓列置日数于右行，及满数于左行。以日互乘满者，齐其满；日数相乘者，同其日。满齐而日同，故并齐以除同，即得也。

【注释】

〔1〕凫（fú）：野鸭。刘徽认为此问及下长安至齐、牝牡二瓦、矫矢、假田、程耕、五渠共池等 7 问都是凫雁类问题，我们合为一组。

〔2〕《九章算术》的方法是

$$相逢日＝日数之积÷日数之和。$$

将题设代入，得到相逢日 ＝(7 日×9 日)÷(7 日＋9 日)＝$3\frac{15}{16}$ 日。

〔3〕刘徽以齐同原理阐释此题解法。他认为有两种齐同方式。这里是齐其至，同其日的方式：同其日为 63 日，齐其至为凫 9 至，雁 7 至，那么 63 日共 9＋7 ＝ 16 至。所以一至即凫雁相逢日 ＝ 63 日÷16 ＝ $3\frac{15}{16}$ 日。

〔4〕这是刘徽提出第二种齐同方式，即同其距离之分，齐其日行。凫日行 $\frac{1}{7}$ 至，雁日行 $\frac{1}{9}$ 至。将南北海距离分成 63 份，则凫日行 $\frac{9}{63}$ 至，雁日行 $\frac{7}{63}$ 至。换言之，凫日行 9 份，雁日行 7 份。因此凫、雁一日共飞(9＋7) 份，所以相逢日＝63 份÷(9＋7) 份／日＝$3\frac{15}{16}$ 日。

〔5〕长安：古地名。秦离宫。汉高祖七年始都于此。故城在今西安市西北。　齐：古诸侯国名。周武王封太公望于齐，都营丘，即临淄。

〔6〕刘徽以"齐其至，同其日"的方式阐释此问的解法，即由于甲 5 日 1 至，乙 7 日 1 至，同其日为 35 日，齐其至为甲 7 至，乙 5 至，共为 12 至。所以作为法。

〔7〕刘徽指出，由于乙先发 2 日，问题变成(7－2)×5 日＝25 日，12 至。

〔8〕《九章算术》的方法是，以(5＋7) 日作为法，以(7－2) 日×5 日作为实，于是

$$相逢日＝(7－2) 日×5 日÷(5＋7) 日＝2\frac{1}{12} 日。$$

〔9〕刘徽又以"同其距离之分，齐其日行"的方式阐释此问的解法，即长安至齐为 35 份，甲 1 日行 $\frac{7}{35}$ 至，乙 1 日行 $\frac{5}{35}$ 至。换言之，甲 1 日行

7 份，乙 1 日行 5 份，甲、乙 1 日共行（7＋5）份。乙先发 2 日，走 10 份，故余 25 份。

〔10〕牝（pìn）：本意是鸟兽的雌性，转指器物的凹入部分。牝瓦又称为板瓦、雌瓦、阴瓦。　　牡：本意是鸟兽的雄性，转指器物的凸起部分。牡瓦又称为筒瓦、雄瓦、阳瓦。

〔11〕《九章算术》的方法是

$$枚数 ＝（牝瓦数 × 牡瓦数）÷（牝瓦数 ＋ 牡瓦数）。$$

〔12〕这是指为箭安装箭翎。　　矫：本义是一种揉箭使直的箝子，引申为使弯曲的物体变直。李籍引《说文解字》云："揉箭，箝也。"又云：矫，"俗作挢"。　　笙（kuò）：本义是箭的尾部扣弦处，引申为安装箭尾。又作"栝"。　　羽：本义是鸟的长毛，引申为箭翎，装饰在箭杆的尾部，用以保持方向。

〔13〕《九章算术》的方法是

$$成矢数 ＝ 50 矢 ÷ \left(1 + 1\frac{2}{3} + 3\frac{1}{3}\right) = 8\frac{1}{3} 矢。$$

〔14〕刘徽用齐同原理阐释此问的解法：同其矢，齐其徒。矢同于 50，则用徒分别是，矫矢 1 人，羽矢 $1\frac{2}{3}$ 人，笙矢 $3\frac{1}{3}$ 人。

〔15〕刘徽认为，也可以以 $50 × 30 × 15$ 矢作为同，用徒人数分别是矫矢 $30 × 15$ 人，羽矢 $50 × 15$ 人，笙矢 $50 × 30$ 人，作为齐。

〔16〕刘徽指出，两种齐同方式，本质是一样的。

〔17〕此处插入用此术的方法解凫雁问如何求得法、实的方法：同其日是同于 9 日，作为实；齐其至，雁 9 日而 1 至，凫 9 日而 $1\frac{2}{7}$ 至，则 $\left(1 + 1\frac{2}{7}\right)$ 作为法。因此

$$相逢日 ＝ 9 日 ÷ \left(1 + 1\frac{2}{7}\right) = 3\frac{15}{16} 日。$$

〔18〕实如法而一，得一人成矢之数也：其中之法、实指上文"亦以同为实，并齐为法，可令矢互乘一人为齐，矢相乘为同"。

〔19〕假田：指汉代租给贫民垦殖的土地。《汉书·食货志》："豪民侵陵，分田劫假。"颜师古注："假亦谓贫人赁富人之田也。"假，雇赁，

租赁。李籍云：假，"借也"。

〔20〕《九章算术》的方法是设第一、二、三年分别假 $a_1$，$a_2$，$a_3$ 亩 1 钱，则

亩数 = 100 钱 × $a_1 a_2 a_3$ ÷（1 钱 × $a_2 a_3$ + 1 钱 × $a_1 a_3$ + 1 钱 × $a_1 a_2$）。

〔21〕刘徽以今有术阐释此题的解法：首先利用齐同原理，同其亩，齐其钱。同其亩即 $a_1 a_2 a_3$，为所求率；齐其钱，第一年为 $a_2 a_3$，第二年为 $a_1 a_3$，第三年为 $a_1 a_2$，相加，以 $a_2 a_3 + a_1 a_3 + a_1 a_2$ 作为所有率。

〔22〕程耕：标准的耕作量。李籍云：耕，"犁也。《诗》曰：'亦服尔耕。'"

〔23〕发：开发，开垦。李籍云：发，"伐也。《诗》曰：'骏发尔私。'"

〔24〕耰（yōu）：古代用以破碎土块，平整田地的农具。这里指播种后用耰平土，覆盖种子。李籍云："覆种也。《孟子》曰：'播种而耰之。'"

〔25〕《九章算术》的方法是，设 1 人 1 日程耕发、耕、耰的亩数分别是 $a_1$，$a_2$，$a_3$ 亩，则

$$亩数 = a_1 a_2 a_3 ÷ (1 × a_2 a_3 + 1 × a_1 a_3 + 1 × a_1 a_2)。$$

〔26〕亦：通"以"。见裴学海《古书虚字集释》卷三。

〔27〕将各渠 1 日满池次数相加，作为法，即刘徽云，一渠 1 日满 3 次，二渠 1 日满 1 次，三渠 1 日满 $\frac{2}{5}$ 次，四渠 1 日满 $\frac{1}{3}$ 次，五渠 1 日满 $\frac{1}{5}$ 次，共 1 日满 $4\frac{14}{15}$ 次，作为法。

〔28〕《九章算术》的方法是，以 1 日作为实，则

$$日数 = 1 日 ÷ 4\frac{14}{15} = \frac{15}{74} 日。$$

〔29〕刘徽以齐同原理阐释此问的解法：像矫矢术一样，同其日，齐其满。

〔30〕刘徽总结凫雁问至此诸问，它们都有两种齐同方式，人们可以根据需要灵活运用。

〔31〕这是《九章算术》对这种问题提出的另一种解法：设五渠 $b_i$ 满的日数分别是 $a_i$，$i = 1$，2，3，4，5，布置日数及满数（原为竖排，今改横排）：

$$a_1 \quad\quad a_2 \quad\quad a_3 \quad\quad a_4 \quad\quad a_5$$
$$b_1 \quad\quad b_2 \quad\quad b_3 \quad\quad b_4 \quad\quad b_5$$

则日数$= a_1 a_2 a_3 a_4 a_5 \div (b_1 a_2 a_3 a_4 a_5 + b_2 a_1 a_3 a_4 a_5$
$$+ b_3 a_1 a_2 a_4 a_5 + b_4 a_1 a_2 a_3 a_5 + b_5 a_1 a_2 a_3 a_4)。$$

在这里给出的题目中，$a_1 = \dfrac{1}{3}$，$a_2 = 1$，$a_3 = 2\dfrac{1}{2}$，$a_4 = 3$，$a_5 = 5$，而 $b_1 = b_2 = b_3 = b_4 = b_5 = 1$，代入上式，得

$$日数 = \left( \frac{1}{3} \times 1 \times 2\frac{1}{2} \times 3 \times 5 \right) \div \left[ \left( 1 \times 1 \times 2\frac{1}{2} \times 3 \times 5 \right. \right.$$
$$+ 1 \times \frac{1}{3} \times 2\frac{1}{2} \times 3 \times 5 + 1 \times \frac{1}{3} \times 1 \times 3 \times 5$$
$$\left. \left. + 1 \times \frac{1}{3} \times 1 \times 2\frac{1}{2} \times 5 + 1 \times \frac{1}{3} \times 1 \times 2\frac{1}{2} \times 3 \right) \right]$$
$$= \frac{15}{74}（日）。$$

【译文】

假设有一只野鸭自南海起飞，7 日至北海；一只大雁自北海起飞，9 日至南海。如果野鸭、大雁同时起飞，问：它们多少日相逢？

答：$3\dfrac{15}{16}$ 日。

术：将日数相加，作为法，使日数相乘，作为实，实除以法，得到相逢的日数。按：此术中，布置野鸭 7 日飞至 1 次，大雁 9 日飞至 1 次。将它们飞至的次数相齐，使其用的日数相同，则确定 63 日中野鸭飞至 9 次，大雁飞至 7 次。如果野鸭、大雁同时起飞而问它们相逢的日数，这就是同时飞至。将齐相加，以除同，就得到相逢的日数。所以"将日数相加，作为法"，这是将齐相加的意思；"使日数相乘，作为实"，仍然是以同作为实。

一术说：野鸭 1 日飞行全程的 $\dfrac{1}{7}$，大雁 1 日飞行全程的 $\dfrac{1}{9}$，将它们齐同，确定野鸭 1 日飞行全程的 $\dfrac{9}{63}$，大雁 1 日飞行全程的 $\dfrac{7}{63}$。这就是南北海距离 63 份，野鸭 1 日飞行 9 份，大雁 1 日飞行 7 份。将野鸭、大雁 1 日所飞行的份数相加，以它除南、北海的距离，就得到它们相逢的日数。

假设甲自长安出发，5 日至齐；乙自齐出发，7 日至长安。如果乙先出发已经 2 日，甲才自长安出发。问：多少日相逢？

> 答：$2\dfrac{1}{12}$ 日。

术：将 5 日、7 日相加，作为法。按：此术中，"将 5 日、7 日相加，作为法"，仍然是将齐相加，作为法。布置甲 5 日到达 1 次，乙 7 日到达 1 次，将它们齐同，确定 35 日中甲到达 7 次，乙到达 5 次。将它们相加，为到达 12 次，用 35。这是说甲、乙一日出发的率。那么日数化为到达的次数，应当除以日数，所以以它作为法。以乙先出发的 2 日减 7 日，"减 7 日"，是说甲、乙同时出发，现在以同时出发为始发的开端，对于原本的道路里数就是余数。以其余数乘甲自长安到达齐的日数，作为实。7 是长安至齐的距离之率，5 是甲后来自长安出发时乙相距之率。现在就甲后来自长安出发提问，所以舍去 7 而用 5。以 5 乘甲自长安到达齐的日数 5，为 25 日。所以说甲到达 7 次，乙到达 5 次，再考虑甲乙相距，就是用此 25 日。实除以法，便得到相逢的日数。甲 1 日行走全程的 $\dfrac{1}{5}$，乙 1 日行走全程的 $\dfrac{1}{7}$。将它们齐同，确定甲 1 日行走全程的 $\dfrac{7}{35}$，乙 1 日行走全程的 $\dfrac{5}{35}$。这就是齐到长安的全程 35 份，甲 1 日行走 7 份，乙 1 日行走 5 份。现在乙先行出发 2 日，已行走 10 份，余数是相距 25 份。所以减去乙走的 2 日，使其余数相乘，为 25 份。

假设一人 1 日制造牝瓦 38 枚，一人 1 日制造牡瓦 76 枚。现在使一人造瓦 1 日，牝瓦、牡瓦各一半。问：制成多少瓦？

> 答：$25\dfrac{1}{3}$ 枚。

术：将一人 1 日制的牝瓦、牡瓦数相加，作为法，牝瓦、牡瓦数相乘，作为实，实除以法，得到枚数。此问的思路也与野鸭大雁的术文相同。牝瓦、牡瓦数相加，如同野鸭、大雁飞行的日数相加。按：此术中，"将一人 1 日制的牝瓦、牡瓦数相加，作为法"，是将齐相加之意；"牝瓦、牡瓦数相乘，作为实"，仍然是以同作为实。所以实除以法，就得到成瓦数。

假设 1 人 1 日矫正箭 50 支，1 人 1 日装箭翎 30 支，1 人 1 日装箭尾 15 支。现在使 1 人 1 日自己矫正、装箭翎、装箭尾，问：1 日做成多少支箭？

> 答：$8\dfrac{1}{3}$ 支箭。

术：矫正箭 50 支，用工 1 人；装箭翎 50 支，用工 $1\frac{2}{3}$ 人；装箭尾 50 支，用 $3\frac{1}{3}$ 人。将它们相加，得到 6 人，作为法。以 50 支箭作为实。实除以法，得到成箭数。按：此术说成箭 50 支，用工 6 人，是 1 日的工。这是同工共作类的问题，如同野鸭、大雁共同到达之类，也是以同作为实，将齐相加作为法。 又可以使矫正、装箭翎、装箭尾的支数互乘 1 人，作为齐，箭的支数相乘作为同。现在先将它们同于 50 支箭，箭的支数相同，则用工数应该分别与之相齐，其归宿是一样的。——如果以此术处理野鸭大雁问题，应当是大雁飞 9 日而到达 1 次，野鸭飞 9 日而到达 $1\frac{2}{7}$ 次。两者相加，得到 $2\frac{2}{7}$ 次，以它作为法。以 9 日作为实。——实除以法，得 1 人 1 日成箭之数。

假设出租田地，第一年 3 亩 1 钱，第二年 4 亩 1 钱，第三年 5 亩 1 钱。三年共得 100 钱。问：出租的田是多少？

答：1 顷 $27\frac{31}{47}$ 亩。

术：布置各年的亩数及钱数。使亩数互乘钱数，将它们相加，作为法。各年的亩数相乘，又以 100 钱乘之，作为实。实除以法，得出租田地的亩数。按：此术中，使亩数互乘钱数，是齐各年的钱；亩数相乘，是使它们的亩数相同，它们都同于 60。则第一年得 20 钱，第二年得 15 钱，第三年得 12 钱。三年共得到的 100 钱作为所有数，相同的亩数作为所求率，47 钱作为所有率，对其应用今有术，就得到田地的亩数。齐各年的钱数，使它们的亩数相同，亦如同野鸭大雁。对于今有术，100 钱作为所有数，使它们的亩数相同作为所求率，将齐相加作为所有率。 淳风等按：出租田地 60 亩，第一年得到 20 钱，第二年得到 15 钱，后年得到 12 钱，将它们相加，得到 47 钱，这就是得 60 亩田地，是三年所出租的。对于今有术，100 钱为所有数，60 亩为所求率，47 钱为所有率，而对之应用今有术，即符合问题。

假设按标准量耕作，1 人 1 日开垦 7 亩地，1 人 1 日耕 3 亩地，1 人 1 日播种 5 亩地。现在使 1 人 1 日自己开垦、耕地、播种之，问：整治的田地是多少？

答：1 亩 $114\frac{66}{71}$ 步。

术：布置开垦、耕地、播种的亩数。使之互乘人数，相加，作为法。开垦、耕地、播种的亩数相乘，作为实。实除以法，得整治的亩数。此问如同野鸭大雁之术。 淳风等按：此术中也用开垦、耕地、播种的亩数互乘人数，是为了使人相齐；开垦、耕地、播种的亩数相乘，是为了使亩数相同。所以将齐相加作为法，以同作为实。总计田地是 105 亩，开垦用 15 人，耕地用 35 人，播种用 21 人，将它们相加，得 71 工。整治了 105 亩，所以作为实。而要求 1 人 1 日所整治的亩数，所以以人数作为法除之，即得。

假设有一水池，五条水渠向里注水。如果开启第一条渠，$\frac{1}{3}$ 日就注满 1 池；开启第二条渠，1 日就注满 1 池；开启第三条渠，$2\frac{1}{2}$ 日就注满 1 池；开启第四条渠，3 日就注满 1 池；开启第五条渠，5 日就注满 1 池。现在同时打开五条渠，问：多少日注满水池？

答：$\frac{15}{74}$ 日。

术：分别布置各渠 1 日注满水池之数，相加，作为法。按：此术中，其第一条渠 $\frac{1}{3}$ 日就注满 1 池，就是 1 日注满 3 池；第二条渠 1 日注满 1 池；第三条渠 $2\frac{1}{2}$ 日就注满 1 池，就是 1 日注满 $\frac{2}{5}$ 池；第四条渠 3 日就注满 1 池，就是 1 日注满 $\frac{1}{3}$ 池；第五条渠 5 日就注满 1 池，就是 1 日注满 $\frac{1}{5}$ 池；将它们相加，得 $4\frac{14}{15}$ 池。以 1 日作为实。实除以法，得到日数。此问如同矫正箭之术。先使它们同于 1 日，日数相同，则满池之数要分别与之相齐。自野鸭大雁问至此问，它们施行齐同的方式都有二种，可以根据计算的需要选择适宜的方式。

另一术：分别布置日数及注满水池之数。使日数互相乘满池之数，相加，作为法。日数相乘作为实。实除以法，得到日数。也如同野鸭大雁之术。按：此术中，其第一条渠 $\frac{1}{3}$ 日就注满 1 池，就是 1 日注满 3 池；第二条渠 1 日注满 1 池；第三条渠 $2\frac{1}{2}$ 日就注满 1 池，就是 5 日注满 2 池；第四条渠 3 日注满 1 池；第五条渠 5 日注满 1 池。这是说在右行布列日数，在左行布列满池之数。以日数互乘满池之数，是使满池之数分别与日数相齐；日数相乘，是使日数相同。满池之数分别与日数相齐，而日数相同，所以将齐相加，以它除同，就得到五渠共同注满一池的日数。

今有人持米出三关[1]，外关三而取一，中关五而取一，内关七而取一，余米五斗。问：本持米几何？

答曰：十斗九升八分升之三。

术曰：置米五斗，以所税者三之，五之，七之，为实。以余不税者二、四、六相互乘为法。实如法得一斗[2]。此亦重今有也[3]。"所税者"，谓今所当税之。定三、五、七皆为所求率[4]，二、四、六皆为所有率。置今有余米五斗，以七乘之，六而一，即内关未税之本米也[5]。又以五乘之，四而一，即中关未税之本米也[6]。又以三乘之，二而一，即外关未税之本米也[7]。今从末求本，不问中间，故令中率转相乘而同之，亦如络丝术[8]。　又一术[9]"外关三而取一"，则其余本米三分之二也。求外关所税之余，则当置一，二分乘之，三而一。欲知中关，以四乘之，五而一。欲知内关，以六乘之，七而一。凡余分者，乘其母子，以三、五、七相乘得一百五，为分母，二、四、六相乘得四十八，为分子。约而言之，则是余米于本所持三十五分之十六也。于今有术，余米五斗为所有数，分母三十五为所求率，分子十六为所有率也[10]。

今有人持金出五关，前关二而税一，次关三而税一，次关四而税一，次关五而税一，次关六而税一。并五关所税，适重一斤。问：本持金几何？

答曰：一斤三两四铢五分铢之四。

术曰：置一斤，通所税者以乘之，为实。亦通其不税者，以减所通，余为法。实如法得一斤[11]。此意犹上术也。置一斤，"通所税者"，谓令二、三、四、五、六相乘为分母，七百二十也。"通其所不税者"，谓令所税之余一、二、三、四、五相乘为分子，一百二十也。约而言之，是为余金于本所持六分之一也。以子减母，凡五关所税六分之五也。于今有术，所税一斤为所有数，分母六为所求率，分子五为所有率。此亦重今有之义[12]。　　又，虽各有率，不问中间，故令中率转相乘而连除之，即得也。置一以为持金之本率，以税率乘之、除之，则其率亦成积分也[13]。

【注释】

〔1〕此问及下一问都是持物出关问题，我们并为一组。

〔2〕《九章算术》的方法是

$$本持米 = 5 \text{斗} \times 3 \times 5 \times 7 \div (2 \times 4 \times 6) = 19\frac{3}{8} \text{升}。$$

〔3〕重今有：重今有术。

〔4〕定：确定。

〔5〕这是第一次应用今有术：5 斗为所有数，7 为所求率，6 为所有率，求内关未税之米。

〔6〕这是第二次应用今有术：内关未税之米为所有数，5 为所求率，4 为所有率，求中关未税之米。

〔7〕这是第三次应用今有术：中关未税之米为所有数，3 为所求率，2 为所有率，求外关未税之米。

〔8〕刘徽以三重今有术解此问，亦如络丝问。

〔9〕又一术：刘徽提出的又一种方法。

〔10〕这是刘徽提出的从外关开始计算，求出所余 5 斗占本持米的比率。外关所税之余为 $\frac{1 \times 2}{3}$，中关所税之余为 $\frac{1 \times 2 \times 4}{3 \times 5}$，内关所税之余为 $\frac{1 \times 2 \times 4 \times 6}{3 \times 5 \times 7} = \frac{48}{105} = \frac{16}{35}$。即所余 5 斗为本持米的 $\frac{16}{35}$，5 斗为所有数，35 为所求率，16 为所有率，应用今有术，得

$$本持米 = 5 \text{斗} \times 35 \div 16 = 10 \text{斗} 9\frac{3}{8} \text{升}。$$

〔11〕《九章算术》的方法是：设五关所税者分别是 $a_i$，不税者为

$b_i$，$i=1$，2，3，4，5，则

本持金$=(1$斤$\times a_1 a_2 a_3 a_4 a_5)\div(a_1 a_2 a_3 a_4 a_5 - b_1 b_2 b_3 b_4 b_5)$。

〔12〕如同上术，刘徽求出五关所税 1 斤占本持金的比率：所税者 2，3，4，5，6 相乘，得 720，为分母；所不税者 1，2，3，4，5 相乘，得 120，为分子。将其约简，剩余的金为本持金的 $\frac{1}{6}$。因此，所税者 1 斤为本持金的 $\frac{5}{6}$。然后，应用今有术，便求出本持金。

〔13〕此谓本持金率为 1，税率为 $\frac{5}{6}$，由五关所税 1 斤，应用今有术求出本持金。

## 【译文】

假设有人带着米出三个关卡，外关 3 份而征税 1 份，中关 5 份而征税 1 份，内关 7 份而征税 1 份，还剩余 5 斗米。问：本来带的米是多少？

答：10 斗 9 $\frac{3}{8}$ 升。

术：布置米 5 斗，以所征税者 3，5，7 乘之，作为实。以剩余不征税者 2，4，6 互相乘，作为法。实除以法，得米的斗数。这也是重今有术的意义。"所征税者"，是说现在所应当征税的部分。确定 3，5，7 皆为所求率，2，4，6 皆为所有率。布置现有的剩余的米 5 斗，以 7 乘之，除以 6，就是内关未征税时本来的米。又以 5 乘之，除以 4，就是中关未征税时本来的米。又以 3 乘之，除以 2，就是外关未征税时本来的米。现在从末求本，不考虑中间的，所以使中率辗转相乘而使它们通同之，也如同络丝术。　又一术"外关 3 份而征税 1 份"，则它的剩余是本来带的米的 $\frac{2}{3}$。求外关征税的剩余，则应当布置 1，以 2 分乘之，除以 3。想知道中关征税后的剩余，以 4 乘之，除以 5。想知道中关征税后的剩余，以 6 乘之，除以 7。求总的剩余所占的分数，则使分母、分子分别相乘，以 3，5，7 相乘，得到 105，作为分母，2，4，6 相乘，得到 48，作为分子。约简地表示之，则是剩余的米是本来所带的米的 $\frac{16}{35}$。对于今有术，剩余的米 5 斗为所有数，分母 35 为所求率，分子 16 为所有率。

假设有人带着金出五个关卡，前关 2 份而征税 1 份，第二关 3 份

而征税 1 份，第三关 4 份而征税 1 份，第四关 5 份而征税 1 份，第五关 6 份而征税 1 份。五关所征税之和恰好重 1 斤。问：本来带的金是多少？

答：1 斤 3 两 4 $\frac{4}{5}$ 铢。

术曰：布置 1 斤，通所应征税者，以其乘之，作为实。亦通其不应征税者，用以减通所应征税者，剩余作为法。实除以法，得到本来带的斤数。此术的思路如同上一术。布置 1 斤，"通所应征税者"，是说使 2，3，4，5，6 相乘作为分母，即 720。"连通所不应征税者"，是说使征税后剩余的 1，2，3，4，5 相乘作为分子，即 120。约简地表示之，这就是剩余的金是本来所带的金的 $\frac{1}{6}$。以分子减分母，五关所征的税总计为 $\frac{5}{6}$。对于今有术，所征的税 1 斤为所有数，分母 6 为所求率，分子 5 为所有率。这也是重今有术的意义。    又，虽然都有各自的率，却不考虑中间的，所以使中率辗转相乘而连除之，即得其结果。布置 1，以作为所带金的本率，以其税率乘之、除之，则它的率也是分数的积累。

# 九章筭术卷第七

魏刘徽注

唐朝议大夫行太史令上轻车都尉臣李淳风等奉敕注释

## 盈不足[1] 以御隐杂互见

今有共买物，人出八，盈三；人出七，不足四。问：人数、物价各几何[2]？

  荅曰：

   七人，

   物价五十三[3]。

今有共买鸡，人出九，盈一十一；人出六，不足十六。问：人数、鸡价各几何？

  荅曰：

   九人，

   鸡价七十[4]。

今有共买琎[5]，人出半，盈四；人出少半，不足三。问：人数、琎价各几何？

  荅曰：

   四十二人，

   琎价十七[6]。

  注云[7]："若两设有分者，齐其子，同其母。"此问两设俱见零

分，故齐其子，同其母。又云[8]："令下维乘上，讫，以同约
之。"不可约，故以乘，同之[9]。

今有共买牛，七家共出一百九十，不足三百三十；九家
共出二百七十，盈三十。问：家数、牛价各几何？

> 荅曰：
>
> 一百二十六家，
>
> 牛价三千七百五十[10]。

按此术并盈、不足者，为众家之差，故以为实。置所出率，各
以家数除之，各得一家所出率；以少减多者，得一家之差。以
除，即家数[11]。以多率乘之，减盈，故得牛价也[12]。

盈不足术曰：置所出率，盈、不足各居其下。按：盈
者，谓之朓[13]，不足者，谓之朒[14]，所出率谓之假令。令
维乘所出率[15]，并，以为实。并盈、不足为法。
实如法而一[16]。盈、朒维乘两设者欲为同齐之意[17]。据
"共买物，人出八，盈三；人出七，不足四"，齐其假令，同其
盈、朒，盈、朒俱十二。通计齐则不盈不朒之正数，故可并之
为实，并盈、不足为法[18]。齐之三十二者，是四假令，有盈十
二。齐之二十一者，是三假令，亦朒十二。并七假令合为一实，
故并三、四为法。有分者，通之[19]。若两设有分者，齐其
子，同其母。令下维乘上，讫，以同约之。盈、不足相与
同其买物者[20]，置所出率，以少减多，余，以约
法、实[21]。实为物价，法为人数[22]。所出率以少减多
者，余谓之设差，以为少设[23]。则并盈、朒，是为定实。故以
少设约定实，则法，为人数，适足之实故为物价[24]。盈、朒当
与少设相通。不可遍约，亦当分母乘，设差为约法、实。

其一术曰：并盈、不足为实。以所出率以少减多，

余为法。实如法得一[25]。以所出率乘之，减盈、增不足即物价[26]。此术意谓盈不足为众人之差，以所出率以少减多，余为一人之差。以一人之差约众人之差，故得人数也。

**【注释】**

〔1〕盈不足：中国古典数学的重要科目，"九数"之一，现今称之为盈亏类问题。秦汉数学简牍及郑玄引郑众"九数"作"赢不足"。李籍云："盈者，满也。不足者，虚也。满、虚相推，以求其适，故曰盈不足。"

〔2〕此问是设人出 8，记为 $a_1$，盈 3，记为 $b_1$；人出 7，记为 $a_2$，不足 4，记为 $b_2$；求人数、物价。这是盈不足问题的标准表述。连同以下 3 问，都是盈不足术的例题，我们合为一组。

〔3〕将题设代入盈不足术公式（7－3），得人数 $= \dfrac{b_1 + b_2}{|a_1 - a_2|} = \dfrac{3+4}{8-7} = 7$（人），代入（7－2），得物价 $= \dfrac{a_1 b_2 + a_2 b_1}{|a_1 - a_2|} = \dfrac{8 \times 4 + 7 \times 3}{8-7} = 53$（钱）。

〔4〕此问是设人出 9，记为 $a_1$，盈 11，记为 $b_1$；人出 6，记为 $a_2$，不足 16，记为 $b_2$；求人数、鸡价。将其代入公式（7－3），得人数 $= \dfrac{b_1 + b_2}{|a_1 - a_2|} = \dfrac{11+16}{9-6} = 9$（人），代入（7－2），得鸡价 $= \dfrac{a_1 b_2 + a_2 b_1}{|a_1 - a_2|} = \dfrac{9 \times 16 + 6 \times 11}{9-6} = 70$（钱）。

〔5〕珢：美石。《说文解字》卷一：珢，"石之似玉者"。"珢"字下，杨辉本有小字："一云准。"李籍云："一本作准。"可见李籍、杨辉都看到不同的《九章算术》抄本。准，古代定律数之乐器，状如瑟。汉京房（前 77—前 37）作，事见《晋书·律历志上》。

〔6〕此问是设人出 $\dfrac{1}{2}$，记为 $a_1$，盈 4，记为 $b_1$；人出 $\dfrac{1}{3}$，记为 $a_2$，不足 3，记为 $b_2$；求人数、珢价。将其代入公式（7－3），得人数 $=$

$$\frac{b_1+b_2}{|a_1-a_2|}=\frac{4+3}{\dfrac{1}{2}-\dfrac{1}{3}}=\frac{7}{\dfrac{3}{6}-\dfrac{2}{6}}=42(人)，代入（7-2），得瑊价=$$

$$\frac{a_1b_2+a_2b_1}{|a_1-a_2|}=\frac{\dfrac{1}{2}\times3+\dfrac{1}{3}\times4}{\dfrac{1}{2}-\dfrac{1}{3}}=\frac{\dfrac{9}{6}+\dfrac{8}{6}}{\dfrac{3}{6}-\dfrac{2}{6}}=\frac{\dfrac{17}{6}}{\dfrac{1}{6}}=17(钱)。此处用到刘$$

徽注中"注云"，"又云"的处理方法。

〔7〕注云：此为刘徽引盈不足术自注。

〔8〕又云：此亦为刘徽引盈不足术自注。

〔9〕不可约，故以乘，同之：自"又云令下维乘上"至此，继续讨论两设俱见零分的情形。将有零分的两设齐同，并以盈、朒维乘后，可以以同（即两设齐同后的公分母）约之，化成整数的情形；也可能以同约之不尽，即不可约，则以同（即两设齐同后的公分母，注中省去）乘两设及盈、朒，化成整数的情形，这是又一"同"的运算，故称"同之"。

〔10〕此问是设9家（记为$m_1$）共出270（记为$n_1$），则一家出$\dfrac{n_1}{m_1}=\dfrac{270}{9}=30$，记为$a_1$，盈30，记为$b_1$；7家（记为$m_2$）共出190（记为$n_2$），则一家出$\dfrac{n_2}{m_2}=\dfrac{190}{7}$，记为$a_2$，不足330，记为$b_2$；求家数、牛价。将其代入公式（7-3），得家数$=\dfrac{b_1+b_2}{|a_1-a_2|}=\dfrac{30+330}{30-\dfrac{190}{7}}=\dfrac{360}{\dfrac{210}{7}-\dfrac{190}{7}}=$

126（家），代入（7-2），得牛价$=\dfrac{a_1b_2+a_2b_1}{|a_1-a_2|}=\dfrac{30\times330+\dfrac{190}{7}\times30}{30-\dfrac{190}{7}}=$

$$\frac{\dfrac{69\,300}{7}+\dfrac{5\,700}{7}}{\dfrac{210}{7}-\dfrac{190}{7}}=\frac{\dfrac{75\,000}{7}}{\dfrac{20}{7}}=3\,750(钱)。$$

〔11〕此谓盈与不足相加 $b_1 + b_2$ 为各家之差，所以作为实。$a_1 = \dfrac{n_1}{m_1}$，$a_2 = \dfrac{n_2}{m_2}$ 为一家所出率，则 $\left| \dfrac{n_1}{m_1} - \dfrac{n_2}{m_2} \right|$ 为一家所出之差，作为法。实际以法，就得家数。

〔12〕此谓牛价＝家数 $\times a_1 - b_1 = 126 \times 30 - 30 = 3\,750$（钱）。这是用盈不足术之其一术的方法。

〔13〕朓（tiǎo）：本义是夏历月底月亮在西方出现。《说文解字》："朓，晦而月见西方谓之朓。"引申为盈，有余。

〔14〕朒（nǜ）：本义是夏历月初月亮在东方出现。《说文解字》："朒，朔而月见东方谓之缩朓。"李籍云：朒，"不足也。或作朏，非是"。朏（fěi），夏历月初未胜之明，也指夏历每月初三。《说文解字》："朏，月未胜之明。"又引《周书》曰："丙午朏。"徐灏笺："月朔初生明，至初三乃可见，故曰三日曰朏。"引申为不足。李籍云朏"非是"，则不妥。朏、朒都可以引申为不足。杨辉本作"朏"，其母本当是李籍所见另一抄本。

〔15〕维乘：交叉相乘，即杨辉所说的"四维而乘"，亦即杨辉所说的"互乘"。维，连结。《周礼·夏官·大司马》："建牧立监，以维邦国。"郑玄注："维，犹连结也。"此谓以盈、不足与两所出率交叉连结即相乘。

〔16〕《九章筭术》的方法是，设出 $a_1$，盈 $b_1$，出 $a_2$，不足 $b_2$，则

| $a_1$ 所出 | $a_2$ 所出 | $a_1 b_2$ | $a_2 b_1$ | $a_1 b_2 + a_2 b_1$ 实 |
| --- | --- | --- | --- | --- |
| $b_1$ 盈 | $b_2$ 不足 | $b_1$ | $b_2$ | $b_1 + b_2$ 法 |

《九章筭术》提出以 $a_1 b_2 + a_2 b_1$ 作为实，以 $b_1 + b_2$ 作为法，那么不盈不朒之正数就是

$$\text{不盈不朒之正数} = \frac{a_1 b_2 + a_2 b_1}{b_1 + b_2}。 \tag{7-1}$$

用盈不足术解决一般数学问题便需要用（7-1）式。

〔17〕盈、朒维乘两设者欲为同齐之意：将盈、朒与两设交叉相乘，是想做到齐同的意思，即以盈、朒分别乘对方的整行，使盈、朒相同，同时使所出分别与盈、朒相齐。即

| $a_1$ 所出 | $a_2$ 所出 | $a_1 b_2$ | $a_2 b_1$ 齐 |
| --- | --- | --- | --- |
| $b_1$ 盈 | $b_2$ 朒 | $b_1 b_2$ | $b_1 b_2$ 同 |

〔18〕"通计齐则不盈不朒之正数"三句：谓既然盈、朒已经相同，那么齐之后的所出就是既不盈，也不朒，因此可以将齐之后的所出相加作为实，将盈、朒相加作为法。

〔19〕有分者，通之：如果有分数，就通分。

〔20〕盈、不足相与同其买物者：如果使盈、不足相与通同，共同买东西的问题。

〔21〕以少减多，余，以约法、实：此谓求 $|a_1-a_2|$，然后以 $|a_1-a_2|$ 除法与实。约，除。

〔22〕此是《九章筭术》为共买物类问题而提出的术文，它表示

$$物价 = \frac{a_1 b_2 + a_2 b_1}{|a_1-a_2|}, \tag{7-2}$$

$$人数 = \frac{b_1 + b_2}{|a_1-a_2|}。 \tag{7-3}$$

这一运算也体现出位值制。

〔23〕"所出率以少减多者"三句：此谓将 $|a_1-a_2|$ 称为设差，也就是少设。

〔24〕"以少设约定实"四句：以少设的数量去除确定的实，即法，得到人数；去除适足之实，就得到物价。则，训"即"。此处以少设约定实与上"并盈、朒，是为定实"相应，定实即是法，以少设约定实即是约法。

〔25〕此亦是《九章筭术》为共买物类问题提出的方法。即（7-3）式。初版于"一"下衍"人"字，系误从石研斋抄杨辉本。今据《九章筭术新校》校删。

〔26〕此即

$$物价 = \frac{b_1 + b_2}{a_1 - a_2} \times a_1 - b_1 = \frac{b_1 + b_2}{a_1 - a_2} \times a_2 + b_2。$$

【译文】

**盈不足**为了处理隐杂互见的问题

假设共同买东西，如果每人出 8 钱，盈余 3 钱；每人出 7 钱，不足 4 钱。问：人数、物价各多少？

答：

人数是 7 人，

物价是 53 钱。

假设共同买鸡，如果每人出 9 钱，盈余 11 钱；每人出 6 钱，不足 16 钱。问：人数、鸡价各多少？

答：

人数是 9 人，

鸡价是 70 钱。

假设共同买琎，如果每人出 $\frac{1}{2}$ 钱，盈余 4 钱；每人出 $\frac{1}{3}$ 钱，不足 3 钱。问：人数、琎价各多少？

答：

人数是 42 人，

琎价是 17 钱。

注云："如果两个假设中有分数，则使它们的分子相齐，使它们的分母相同。"这个问题中两个假设都出现分数，所以要使它们的分子相齐，使它们的分母相同。注又云："使下行与上行交叉相乘，完了，以同约简之。"如果不可约简，就反过来以分母乘，使盈、朒相同。

假设共同买牛，如果 7 家共出 190 钱，不足 330 钱；9 家共出 270 钱，盈余 30 钱。问：家数、牛价各多少？

答：

126 家，

牛价 3 750 钱。

按：此术中，盈与不足相加，是所有家所出钱之差，所以作为实。布置所出率，分别以家数除之，各得每一家的所出率。以少减多，得一家所出钱之差。以它除之，就是家数。以所出率之多者乘之，减去盈，就得到牛价。

盈不足术：布置所出率，将盈与不足分别布置在它们的下面。

按：盈称之为朓，不足称之为朒，所出率称之为假令。使盈、不足与所出率交叉相乘，相加，作为实。将盈与不足相加，作为法。实除以法，即得。使盈、朒与两假令交叉相乘，是为了同齐的意思。根据"共同买东西，如果每人出 8 钱，盈余 3 钱；每人出 7 钱，不足 4 钱"，若使它们的假令相齐，使它们的盈、朒相同，则盈、朒都是 12。通同之后计算齐，则就是既不盈也不朒的准确之数，所以可将它们相加，作为实；将盈、不足相加，作为法。将假令 8 通过齐变成 32，是 4 次假令，有盈 12。将假令 7 通过齐变成 21，是 3 次假令，朒也是 12。将 7 次假令合并成一个实，所以将 3 与 4 相加，作为法。如果有分数，就将它们通分。如果两个假令中有分数，应当使它们的分子相齐，使它们的分母相同。使下行的盈、不足与上行的假令交叉相乘。完了，以同约简它们。如果使盈、不足相与通同，共同买东西的问题，就布置所出率，以小减大，用余数除法与实。除实就得到物价，除法就得到人数。所出率中以小减大，其余数称为设差。将它看作少设的数量，那么将盈与朒相加，这就是确定的实。所以用少设的数量去除确定的实，即法，得到人数，去除适足之实，就得到物价。盈、朒应当与少设的数量相通。如果出现少设的数量不能都除尽的情形，也应当用分母乘，用设差去除法、实。

其一术：将盈与不足相加，作为实。所出率以小减大，以余数作为法。实除以法，得到人数。以所出率分别乘人数，或减去盈，或加上不足，就是物价。此术的思路是：盈与不足之和是众人所出钱数的差额，所出率以小减大，余数为一人所出钱数的差额。以一人的差额除众人的差额，所以得到人数。

今有共买金，人出四百，盈三千四百；人出三百，盈一百。问：人数、金价各几何？

　　　　答曰：

　　　　三十三人，

　　　　金价九千八百[1]。

今有共买羊，人出五，不足四十五；人出七，不足三。问：人数、羊价各几何？

　　　　答曰：

　　　　二十一人，

　　　　羊价一百五十[2]。

　　两盈、两不足术曰：置所出率，盈、不足各居其下。令维乘所出率，以少减多，余为实。两盈、两不足以少减多，余为法。实如法而一[3]。有分者，通之。两盈、两不足相与同其买物者，置所出率，以少减多，余，以约法、实，实为物价，法为人数[4]。按：此术两不足者，两设皆不足于正数。其所以变化，犹两盈。而或有势同而情违者。当其为实，俱令不足维乘相减，则遗其所不足焉。故其余所以为实者，无胸数以损焉。盖出而有余两盈，两设皆逾于正数。假令与共买物，人出八，盈三；人出九，盈十。齐其假令，同其两盈。两盈俱三十。举齐则兼去[5]。其余所以为实者，无盈数。两盈以少减多，余为法。齐之八十者，是十假令，而凡盈三十者，是十，以三之[6]；齐之二十七者，是三假令，而凡盈三十者，是三，以十之[7]。今假令两盈共十、三，以三减十，余七为一实[8]。故令以三减十，余七为法。所出率以少减多，余谓之设差。因设差为少设，则两盈之差是为定实。故以少设约法得人数，约实即得金数[9]。

其一术曰：置所出率，以少减多，余为法。两盈、两不足以少减多，余为实。实如法而一，得人数。以所出率乘之，减盈、增不足，即物价[10]。"置所出率，以少减多"，得一人之差。两盈、两不足相减，为众人之差。故以一人之差除之，得人数。以所出率乘之，减盈、增不足，即物价。

【注释】

〔1〕这是两盈的问题。设人出 400，记为 $a_1$，盈 3 400，记为 $b_1$；人出 300，记为 $a_2$，盈 100，记为 $b_2$；求人数、金价。将其代入公式(7-6)，得人数 $=\dfrac{|b_1-b_2|}{|a_1-a_2|}=\dfrac{3\,400-100}{400-300}=33$(人)，代入(7-5)，得金价 $=\dfrac{|a_1b_2-a_2b_1|}{|a_1-a_2|}=\dfrac{|400\times100-300\times3\,400|}{400-300}=9\,800$(钱)。

〔2〕这是两不足的问题。设人出 5，记为 $a_1$，不足 45，记为 $b_1$；人出 7，记为 $a_2$，不足 3，记为 $b_2$；求人数、羊价。将其代入公式(7-6)，

得人数 $= \dfrac{\mid b_1 - b_2 \mid}{\mid a_1 - a_2 \mid} = \dfrac{45 - 3}{\mid 5 - 7 \mid} = 21$（人），代入（7－5），得羊价 $=$

$\dfrac{\mid a_1 b_2 - a_2 b_1 \mid}{\mid a_1 - a_2 \mid} = \dfrac{\mid 5 \times 3 - 7 \times 45 \mid}{\mid 5 - 7 \mid} = 150$（钱）。

〔3〕此亦为解决可以化为两盈、两不足的一般算术问题而设，但是《九章算术》没有这类问题。设出 $a_1$，盈（或不足）$b_1$，出 $a_2$，盈（或不足）$b_2$，《九章算术》提出以 $\mid a_1 b_2 - a_2 b_1 \mid$ 作为实，以 $\mid b_1 - b_2 \mid$ 作为法，那么不盈不朒之正数就是

$$不盈不朒之正数 = \dfrac{\mid a_1 b_2 - a_2 b_1 \mid}{\mid b_1 - b_2 \mid}。 \qquad (7-4)$$

〔4〕此是为共买物类问题而设的术文，即

$$物价 = \dfrac{\mid a_1 b_2 - a_2 b_1 \mid}{\mid a_1 - a_2 \mid}, \qquad (7-5)$$

$$人数 = \dfrac{\mid b_1 - b_2 \mid}{\mid a_1 - a_2 \mid}。 \qquad (7-6)$$

〔5〕举齐则兼去：实现了齐，那么两盈都可以消去。

〔6〕是十，以三乘之：是 10 用 3 乘得到的。

〔7〕是三，以十乘之：是 3 用 10 乘得到的。

〔8〕"今假令两盈共十、三"三句：现在由假令得到的两盈是 10 与 3，以 3 减 10，余数 7 成为一份实。自"齐之八十者"至"余七为一实"系以例说明何以"两盈以少减多，余为法"。

〔9〕以少设约法得人数，约实即得金数：以假令所少的除法就得到人数，除实就得到金数。以上是刘徽以齐同原理，并将共买物问改成两盈的问题为例，阐释了《九章算术》解法的正确性。

〔10〕此亦为共买物类问题而设的方法，求人数的方法同上。求物价的方法：若是两盈的情形，则

$$物价 = \dfrac{\mid b_1 - b_2 \mid}{\mid a_1 - a_2 \mid} \times a_1 - b_1 = \dfrac{\mid b_1 - b_2 \mid}{\mid a_1 - a_2 \mid} \times a_2 - b_2,$$

若是两不足的情形，则

$$物价 = \dfrac{\mid b_1 - b_2 \mid}{\mid a_1 - a_2 \mid} \times a_1 + b_1 = \dfrac{\mid b_1 - b_2 \mid}{\mid a_1 - a_2 \mid} \times a_2 + b_2。$$

【译文】

假设共同买金，如果每人出 400 钱，盈余 3 400 钱；每人出 300 钱，盈余 100 钱。问：人数、金价各多少？

　　　答：

　　　33 人，

　　　金价 9 800 钱。

假设共同买羊，如果每人出 5 钱，不足 45 钱；每人出 7 钱，不足 3 钱。问：人数、羊价各多少？

　　　答：

　　　21 人，

　　　羊价 150 钱。

两盈、两不足术：布置所出率，将两盈或两不足分别布置在它们的下面。使两盈或两不足与所出率交叉相乘，以小减大，余数作为实。两盈或两不足以小减大，余数作为法。实除以法，即得。如果有分数，就将它们通分。如果使两盈或两不足相与通同，共同买东西的问题，布置所出率，以小减大，用其余数除法、实。除实得到物价，除法得到人数。按：此术中的两不足，就是两次假令的结果皆小于准确的数。对之进行变换的原因，如同两盈的情形。而有时会出现态势相同而情理相反的情形。如果要将两次假令变为实，那就使两不足与它们交叉相乘，然后相减，那么留下的是其不足的部分。所以它的余数成为实的原因，就是此处没有不足的数进行减损。原来所出的结果都有余，就是两盈，即两次假令皆大于准确的数。假令共同买东西，如果每人出 8 钱，盈余 3 钱；每人出 9 钱，盈余 10 钱。使两假令相齐，使两盈相同。两盈都变成 30 钱。实现了齐那么两盈都可以消去。将齐的余数用来作为实的原因，是没有盈余的数。两盈以小减大，余数作为法。将假令 8 通过齐变成 80，是 10 次假令，而总共盈 30，是 10 用 3 乘得到的；将假令 9 通过齐变成 27，是 3 次假令，而总共盈 30，是 3 用 10 乘得到的。现在由假令得到的两盈是 10 与 3，以 3 减 10，余数 7 成为一份实。所以以 3 减 10，余数 7 作为法。所出率以小减大，其余数称之为设差。因为设差就是假令所少的，则两盈之差就是定实。故以假令所少的除法就得到人数，除实就得到金数。

其一术：布置所出率，以小减大，余数作为法。两盈或两不足以小减大，余数作为实。实除以法，得到人数。分别用所出率乘人数，减去盈余，或加上不足，就是物价。"布置所出率，以小减大"，就是一人所出之差。两盈或两不足相减，是众人所出之差。所以以一人所出之差除众人所出之差，便得到人数。以所出率乘人数，减去盈余，或加上不足，就是物价。

今有共买犬，人出五，不足九十；人出五十，适足[1]。
问：人数、犬价各几何？

　　答曰：

　　二人，

　　犬价一百[2]。

今有共买豕，人出一百，盈一百；人出九十，适足。
问：人数、豕价各几何？

　　答曰：

　　一十人，

　　豕价九百[3]。

　　盈适足、不足适足术曰：以盈及不足之数为实。置
所出率，以少减多，余为法，实如法得一[4]。其求
物价者，以适足乘人数，得物价[5]。此术意谓以所出
率，"以少减多"者，余是一人不足之差。不足数为众人之差。
以一人差约之，故得人之数也。"以盈及不足数为实"者，数单
见，即众人差，故以为实。所出率以少减多，即一人差，故以
为法。以除众人差得人数。以适足乘人数，即得物价也。

【注释】
　　〔1〕适足：李籍云："恰也。"
　　〔2〕这是不足适足的问题。设人出5，记为$a_1$，不足90，记为$b$；人
出50，记为$a_2$，适足；求人数、犬价。将其代入公式(7-7)，得人数＝
$\frac{b}{|a_1-a_2|}=\frac{90}{|5-50|}=2$(人)，代入(7-8)，得犬价＝$\frac{b}{|a_1-a_2|}\times$
$a_2=\frac{90}{|5-50|}\times50=100$(钱)。

〔3〕这是盈适足的问题。设人出 100，记为 $a_1$，盈 100，记为 $b$；人出 90，记为 $a_2$，适足；求人数、豕价。将其代入公式(7-7)，得人数 = $\dfrac{b}{|a_1 - a_2|} = \dfrac{100}{|100 - 90|} = 10$（人），代入(7-8)，得犬价 = $\dfrac{b}{|a_1 - a_2|} \times$ $a_2 = \dfrac{100}{|100 - 90|} \times 90 = 900$（钱）。

〔4〕设所出 $a_1$，盈或不足 $b$，出 $a_2$，适足，则《九章筭术》求人数的方法是

$$人数 = \frac{b}{|a_1 - a_2|}。 \tag{7-7}$$

〔5〕《九章筭术》求物价的方法是

$$物价 = \frac{b}{|a_1 - a_2|} \times a_2。 \tag{7-8}$$

【译文】

假设共同买狗，每人出 5 钱，不足 90 钱；每人出 50 钱，适足。问：人数、狗价各多少？

　　答：

　　2 人，

　　狗价 100 钱。

假设共同买猪，每人出 100 钱，盈余 100 钱；每人出 90 钱，适足。问：人数、猪价各多少？

　　答：

　　10 人，

　　猪价 900。

　　盈适足、不足适足术：以盈或不足之数作为实。布置所出率，以小减大，余数作为法，实除以法，得人数。如果求物价，便以对应于适足的所出率乘人数，就得到物价。此术的思路是说，所出率"以小减大"，那么余数就是一人的不足之差。而不足数是众人所出之差。以一人差除之，所以得到人数。"以盈或不足之数作为实"，是因为只出现这一个数，就是众人所出之差，所以以它作为实。所出率以小减大，是一人所出差，所以作为法。以它除众人所出之差，得人数。以对应于适足的所出率乘人数，即得到物价。

今有米在十斗桶中，不知其数。满中添粟而舂之，得米
七斗。问：故米几何？

答曰：二斗五升。

术曰：以盈不足术求之。假令故米二斗，不足二
升；令之三斗，有余二升[1]。按：桶受一斛，若使故米
二斗，须添粟八斗以满之。八斗得粝米四斗八升，课于七斗，
是为不足二升。若使故米三斗，须添粟七斗以满之。七斗得粝
米四斗二升，课于七斗，是为有余二升。以盈、不足维乘假令
之数者，欲为齐同之意。为齐同者，齐其假令，同其盈、朒。
通计齐即不盈不朒之正数，故可以并之为实，并盈、不足为法。
实如法，即得故米斗数，乃不盈不朒之正数也。

今有垣高九尺。瓜生其上，蔓日长七寸[2]；瓠生其下[3]，
蔓日长一尺。问：几何日相逢？瓜、瓠各长几何？

答曰：

五日十七分日之五，

瓜长三尺七寸一十七分寸之一，

瓠长五尺二寸一十七分寸之一十六。

术曰：假令五日，不足五寸；令之六日，有余一尺
二寸[4]。按："假令五日，不足五寸"者，瓜生五日，下垂蔓
三尺五寸；瓠生五日，上延蔓五尺。课于九尺之垣，是为不足
五寸。"令之六日，有余一尺二寸"者，若使瓜生六日，下垂蔓
四尺二寸；瓠生六日，上延蔓六尺。课于九尺之垣，是为有余
一尺二寸。以盈、不足维乘假令之数者，欲为齐同之意。齐其
假令，同其盈、朒。通计齐，即不盈不朒之正数，故可并以为
实，并盈、不足为法。实如法而一，即设差不盈不朒之正数，
即得日数。以瓜、瓠一日之长乘之，故各得其长之数也。

**【注释】**

〔1〕将假令故米2斗，不足2升，假令3斗，盈2升代入盈不足术求不盈不朒之正数的公式（7-1），得

$$米斗数 = \frac{2斗 \times 2升 + 3斗 \times 2升}{2升 + 2升} = 2\frac{1}{2}斗。$$

〔2〕蔓（wàn）：细长而不能直立的茎，木本曰藤，草本曰蔓。李籍云："瓜蔓也。"

〔3〕瓠（hù）：蔬菜名，一年生草本，茎蔓生。结实呈长条状者称为瓠瓜，可入菜；呈短颈大腹者就是葫芦。

〔4〕此谓将假令5日，不足5寸，假令6日，盈12寸代入盈不足术求不盈不朒之正数的公式（7-1），得

$$日数 = \frac{5日 \times 12寸 + 6日 \times 5寸}{5寸 + 12寸} = 5\frac{5}{17}日。$$

**【译文】**

假设有米在容积为10斗的桶中，不知道其数量。把桶中添满粟，然后舂成米，得到7斗米。问：原有的米是多少？

答：2斗5升。

术曰：以盈不足术求解之。假令原来的米是2斗，那么不足2升；假令是3斗，则盈余2升。按：此桶能容纳1斛米，如果假令原来的米是2斗，必须添8斗粟才能盛满它。8斗粟能得到4斗8升粝米，与7斗米相比较，是不足2升。如果使原来的米是3斗，必须添7斗粟才能盛满它。7斗粟能得到4斗2升粝米，与7斗米相比较，是有盈余2升。以盈、不足与假令之数交叉相乘，是想使其符合齐同的意义。所谓齐同，就是使假令相齐，使其盈、朒相同。整个地考虑齐，则就是既不盈也不朒之准确的数，所以可以将它们相加，作为实，将盈、不足相加作为法。实除以法，就得到原来的米的斗数，正是既不盈也不朒之准确的数。

假设有一堵墙，高9尺。一株瓜生在墙顶，它的蔓每日向下长7寸；又有一株瓠生在墙根，它的蔓每日向上长1尺。问：它们多少日后相逢？瓜与瓠的蔓各长多少？

答：

$5\frac{5}{17}$日相逢，

瓜蔓长 3 尺 7 $\frac{1}{17}$ 寸，

瓠蔓长 5 尺 2 $\frac{16}{17}$ 寸。

术：假令 5 日相逢，不足 5 寸；假令 6 日相逢，盈余 1 尺 2 寸。按："假令 5 日相逢，不足 5 寸"，是因为瓜生长 5 日，向下垂伸的蔓是 3 尺 5 寸；瓠生长 5 日，向上延伸的蔓是 5 尺。与 9 尺高的墙相比较，这就是不足 5 寸。"假令 6 日相逢，盈余 1 尺 2 寸"，是因为如果使瓜生长 6 日，向下垂伸的蔓是 4 尺 2 寸；瓠生长 6 日，向上延伸的蔓是 6 尺。与 9 尺高的墙相比较，这就是盈余 1 尺 2 寸。以盈、不足与假令之数交叉相乘，是想使其符合齐同的意义。就是使假令相齐，使其盈、朒相同。整个地考虑齐，则就是既不盈也不朒之准确的数，所以可以将它们相加，作为实，将盈、不足相加作为法。实除以法，就得到相逢日数。以瓜、瓠一日所长的尺寸乘日数，就分别得到它们所长的尺寸。

今有蒲生一日[1]，长三尺；莞生一日[2]，长一尺。蒲生日自半；莞生日自倍。问：几何日而长等？

答曰：

二日十三分日之六，

各长四尺八寸一十三分寸之六。

术曰：假令二日，不足一尺五寸；令之三日，有余一尺七寸半[3]。按："假令二日，不足一尺五寸"者，蒲生二日，长四尺五寸，莞生二日，长三尺，是为未相及一尺五寸，故曰不足。"令之三日，有余一尺七寸半"者，蒲增前七寸半，莞增前四尺，是为过一尺七寸半，故曰有余。以盈、不足乘除之，又以后一日所长各乘日分子，如日分母而一者，各得日分子之长也。故各增二日定长，即得其数[4]。

【注释】

〔1〕蒲：香蒲，又称蒲草，多年生水草，叶狭长，可以编制蒲席、蒲包、扇子。《说文解字》："蒲，水艸也，可以作席。"

〔2〕莞（guān）：蒲草类水生植物，俗名水葱。《说文解字》："莞，艸也，可以作席。"也指莞草编的席子。

〔3〕将假令 2 日，不足 15 寸，假令 3 日，盈 $17\frac{1}{2}$ 寸代入盈不足术求不盈不朒之正数的公式（7-1），得到

$$日数 = \frac{2\ 日 \times 17\frac{1}{2}\ 寸 + 3\ 日 \times 15\ 寸}{15\ 寸 + 17\frac{1}{2}\ 寸} = 2\frac{6}{13}\ 日。$$

然而这个解是不准确的。由题设，蒲、莞皆以等比级数生长。设生长 $x$ 日，则蒲长为 $\left(3 - 3 \times \frac{1}{2^x}\right) \div \left(1 - \frac{1}{2}\right)$，莞长 $(1 - 2^x) \div (1 - 2)$。若要它们相等，$x$ 应满足方程

$$\left(3 - 3 \times \frac{1}{2^x}\right) \div \left(1 - \frac{1}{2}\right) = (1 - 2^x) \div (1 - 2)。$$

整理得 $\quad\quad\quad\quad (2^x)^2 - 7 \times 2^x + 6 = 0$

分解得 $\quad\quad\quad\quad (2^x - 1)(2^x - 6) = 0。$

于是 $\quad\quad\quad\quad\quad\quad 2^x = 1,$

$$2^x = 6。$$

第一式的解 $x = 0$，不合题意，舍去。对第二式两端取对数，

$$\lg 2^x = \lg 6,$$

得

$$x = 1 + \frac{\lg 3}{\lg 2}。$$

然而《九章算术》和刘徽都未认识到盈不足术对非线性问题只能给出近似解，不能得出精确解。不过，由于盈不足术实际上是一种线性插值方法，它对求解一些复杂的不容易计算其实根的方程，仍不失为一种有效的求解根的近似值的方法。如图 7-1，钱宝琮指出：在现在

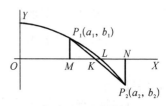

图 7-1 盈不足术
（采自钱宝琮《中国数学史话》）

的高等数学教科书中，这种求方程实根的方法叫作"假借法"，也叫"弦位法"。我们不要数典忘祖，这个方法应该叫作"盈不足术"。

〔4〕以莞的生长为例，2 日莞生长 $1+2=3$（尺）。第三日全天应当生长 4 尺，那么 $\frac{6}{13}$ 日应当生长 4 尺 $\times \frac{6}{13}$。故 $2\frac{6}{13}$ 日生长 3 尺 $+$ 4 尺 $\times \frac{6}{13} =$ 4 尺 8 $\frac{6}{13}$ 寸。

【译文】

假设有一株蒲，第一日生长 3 尺；一株莞第一日生长 1 尺。蒲的生长，后一日是前一日的 $\frac{1}{2}$；莞的生长，后一日是前一日的 2 倍。问：过多少日而它们的长才能相等？

答：

过 $2\frac{6}{13}$ 日其长相等，

各长 4 尺 8 $\frac{6}{13}$ 寸。

术：假令 2 日它们的长相等，则不足 1 尺 5 寸；假令 3 日，则有盈余 1 尺 7 $\frac{1}{2}$ 寸。按："假令 2 日它们的长相等，则不足 1 尺 5 寸"，是因为蒲长 2 日，长是 4 尺 5 寸，莞生长 2 日，长是 3 尺，这是莞与蒲相差 1 尺 5 寸，所以说"不足"。"假令 3 日，则有盈余 1 尺 7 $\frac{1}{2}$ 寸"，是因为蒲比前一日增长了 7 $\frac{1}{2}$ 寸，莞比前一日增长了 4 尺，这就是莞超过蒲 1 尺 7 $\frac{1}{2}$ 寸，所以说"有盈余"。以盈不足术对之做乘除运算，即得日数。又以第三日蒲、莞所长的长度分别乘日数的分子，除以日数的分母，就分别得到第三日的分子所长的长度。所以各增加前二日所长的长度，就得到它们的长度数。

今有醇酒一斗，直钱五十；行酒一斗[1]，直钱一十。今将钱三十，得酒二斗。问：醇、行酒各得几何？

答曰：

醇酒二升半，

行酒一斗七升半。

术曰：假令醇酒五升，行酒一斗五升，有余一十；令之醇酒二升，行酒一斗八升，不足二[2]。据醇酒五升，直钱二十五；行酒一斗五升，直钱一十五。课于三十，是为有余十。据醇酒二升，直钱一十；行酒一斗八升，直钱一十八。课于三十，是为不足二。以盈不足术求之。此问已有重设及其齐同之意也[3]。

今有大器五、小器一，容三斛；大器一、小器五，容二斛。问：大、小器各容几何？

答曰：

大器容二十四分斛之十三，

小器容二十四分斛之七。

术曰：假令大器五斗，小器亦五斗，盈一十斗；令之大器五斗五升，小器二斗五升，不足二斗[4]。按：大器容五斗，大器五容二斛五斗，以减三斛，余五斗，即小器一所容，故曰小器亦五斗。小器五容二斛五斗，大器一，合为三斛。课于两斛，乃多十斗。令之大器五斗五升，大器五合容二斛七斗五升，以减三斛，余二斗五升，即小器一所容，故曰小器二斗五升。大器一容五斗五升，小器五合容一斛二斗五升，合为一斛八斗。课于二斛，少二斗。故曰不足二斗。以盈、不足维乘除之。

【注释】

〔1〕醇酒：酒味醇厚的美酒。李籍云："厚酒也。" 　行（háng）酒：指劣质酒。李籍云："市酒也。"行，质量差。

〔2〕利用一种酒，比如醇酒进行假令，如果醇酒 5 升（则行酒 1 斗 5 升），盈余 10 钱，如果醇酒 2 升（则行酒 1 斗 8 升），不足 2 钱，代入盈不足术求不盈不朒之正数的公式（7‑1），得

$$醇酒数 = \frac{5\,升 \times 2\,钱 + 2\,升 \times 10\,钱}{2\,钱 + 10\,钱} = 2\frac{1}{2}\,升。$$

$$行酒数 = 2\,斗 - 2\frac{1}{2}\,升 = 1\,斗\,7\frac{1}{2}\,升。$$

〔3〕重设：双重假设。

〔4〕利用一种器，比如大器进行假令，如果大器容 5 斗（则小器亦容 5 斗），盈余 10 斗，如果大器容 5 斗 5 升（则小器容 2 斗 5 升），不足 2 斗，代入盈不足术求不盈不朒之正数的公式（7‑1），得

$$大器所容 = \frac{5\,斗 \times 2\,斗 + 5\frac{1}{2}\,斗 \times 10\,斗}{10\,斗 + 2\,斗} = \frac{13}{24}\,斛。$$

则小器所容 $= 3\,斛 - \frac{13}{24}\,斛 \times 5 = \frac{7}{24}\,斛$。此亦有双重假设之意。


【译文】

假设 1 斗醇酒值 50 钱，1 斗行酒值 10 钱。现在用 30 钱买得 2 斗酒。问：醇酒、行酒各得多少？

答：

醇酒 $2\frac{1}{2}$ 升，

行酒 $1\,斗\,7\frac{1}{2}$ 升。

术：假令买得醇酒 5 升，那么行酒就是 1 斗 5 升，则有盈余 10 钱；假令买得醇酒 2 升，那么行酒就是 1 斗 8 升，则不足 2 钱。根据醇酒 5 升，值 25 钱；行酒是 1 斗 5 升，值 15 钱。与 30 钱相比较，这就是有盈余 10 钱。根据醇酒 2 升，值 10 钱；行酒 1 斗 8 升，值 18 钱。与 30 钱相比较，这就是有不足 2 钱。以盈不足术求之。此问已经有双重假设及其齐同的思想。

假设有 5 个大容器、1 个小容器，容积共 3 斛；1 个大容器、5 个

小容器，容积共 2 斛。问：大、小容器的容积各是多少？

答：

大容器的容积是 $\frac{13}{24}$ 斛，

小容器的容积是 $\frac{7}{24}$ 斛。

术：假令 1 个大容器的容积是 5 斗，那么 1 个小容器的容积也是 5 斗，则盈余 10 斗；假令 1 个大容器的容积是 5 斗 5 升，那么 1 个小容器的容积是 2 斗 5 升，则不足 2 斗。按：1 个大容器的容积是 5 斗，5 个大容器的容积就是 2 斛 5 斗，以减 3 斛，盈余 5 斗，这就是 1 个小容器的容积，所以说 1 个小容器的容积也是 5 斗。5 个小容器的容积是 2 斛 5 斗，与 1 个大容器合起来是 3 斛。与 2 斛相比较，就是多 10 斗。假令 1 个大容器的容积是 5 斗 5 升，5 个大容器的容积合起来就是 2 斛 7 斗 5 升，以减 3 斛，剩余 2 斗 5 升，这就是 1 个小容器的容积，所以说 1 个小容器的容积是 2 斗 5 升。1 个大容器的容积是 5 斗 5 升，5 个小容器的容积共是 1 斛 2 斗 5 升，合起来是 1 斛 8 斗。与 2 斛相比较，就是少 2 斗。所以说不足 2 斗。以盈、不足作交叉相乘，并作除法，即得容积。

今有漆三得油四，油四和漆五[1]。今有漆三斗，欲令分以易油，还自和余漆。问：出漆、得油、和漆各几何？

荅曰：

出漆一斗一升四分升之一，

得油一斗五升，

和漆一斗八升四分升之三。

术曰：假令出漆九升，不足六升；令之出漆一斗二升，有余二升[2]。按：此术三斗之漆，出九升，得油一斗二升，可和漆一斗五升[3]。余有二斗一升，则六升无油可和，故曰不足六升。令之出漆一斗二升，则易得油一斗六升，可和漆二斗[4]。于三斗之中已出一斗二升，余有一斗八升。见在油合和得漆二斗，则是有余二升。以盈、不足维乘之，为实，并盈、不足为法。实如法而一，得出漆升数。求油及和漆者，四、五各为所求率，四、三各为所有率，而今有之，即得也[5]。

**【注释】**

〔1〕油：指桐油，用油桐的果实榨出的油，与漆调和，成为油漆，家具的涂料。　　和（hé）：调和。

〔2〕将假令出漆 9 升，不足 6 升，出漆 1 斗 2 升，有盈余 2 升，代入盈不足术求不盈不朒之正数的公式（7-1），得

$$出漆数 = \frac{9升 \times 2升 + 12升 \times 6升}{6升 + 2升} = 11\frac{1}{4}升。$$

〔3〕由今有术，9 升漆易得油 =9 升×4÷3=12 升。而再由今有术，12 升油能和漆 =12 升×5÷4=15 升。

〔4〕由今有术，1 斗 2 升漆易得油 =12 升×4÷3=16 升。而再由今有术，16 升油能和漆 =16 升×5÷4=20 升。

〔5〕应用今有术，由出漆 $11\frac{1}{4}$ 升，求出易得的油：$11\frac{1}{4}$ 升×4÷3=15 升。再由易得的油 15 升，应用今有术，求出所和的漆：15 升×5÷4=$18\frac{3}{4}$ 升。

**【译文】**

假设 3 份漆可以换得 4 份油，4 份油可以调和 5 份漆。现在有 3 斗漆，想从其中分出一部分换油，使换得的油恰好能调和剩余的漆。问：分出的漆、换得的油、调和的漆各多少？

答：

分出的漆 1 斗 $1\frac{1}{4}$ 升，

换得的油 1 斗 5 升，

调和的漆 1 斗 $8\frac{3}{4}$ 升。

术：假令分出的漆是 9 升，则不足 6 升；假令分出的漆是 1 斗

2升，则有盈余2升。按：此术在3斗的漆中分出9升，换得的油是1斗2升，它可调和1斗5升漆。剩余的漆有2斗1升，就是说有6升漆没有油可以调和，所以说不足6升。假令分出的漆是1斗2升，则换得的油是1斗6升，它可以调和2斗漆。在3斗漆之中已分出1斗2升，还剩余1斗8升。现在的油能调和的漆是2斗，就是说剩余2升漆。以盈、不足与假令交叉相乘，作为实，将盈、不足相加作为法。实际以法，而得到分出的漆的升数。如果要求换得的油及所调和的漆，则以4，5分别作为所求率，4，3各为所有率，而应用今有术，即得到结果。

今有玉方一寸，重七两；石方一寸，重六两。今有石立方三寸，中有玉，并重十一斤。问：玉、石重各几何？

　　　　答曰：

　　　　玉一十四寸，重六斤二两，

　　　　石一十三寸，重四斤一十四两。

术曰：假令皆玉，多十三两；令之皆石，不足一十四两。不足为玉，多为石。各以一寸之重乘之，得玉、石之积重[1]。立方三寸是一面之方，计积二十七寸[2]。玉方一寸重七两，石方一寸重六两，是为玉、石重差一两。假令皆玉，合有一百八十九两。课于一十一斤，有余一十三两。玉重而石轻，故有此多。即二十七寸之中有十三寸，寸损一两，则以为石重，故言多为石。言多之数出于石以为玉。假令皆石，合有一百六十二两。课于十一斤，少十四两。故曰不足。此不足即以重为轻，故令减少数于石重[3]，即二十七寸之中有十四寸，寸增一两也。

【注释】

　　〔1〕此问实际上没有用到盈不足术，将其编入此章，大约是编者的疏忽。

　　〔2〕立方三寸：是指以3寸为边长的正方体，其体积是27寸$^3$。

　　〔3〕石重：指以玉为石后石之总重，亦即玉石并重。

**【译文】**

假设一块 1 寸见方的玉,重是 7 两;1 寸见方的石头,重是 6 两。现在有一块 3 寸见方的石头,中间有玉,总重是 11 斤。问:其中玉和石头的重量各是多少?

　　答:

　　玉是 14 寸$^3$,重 6 斤 2 两,

　　石是 13 寸$^3$,重 4 斤 14 两。

术:假令这块石头都是玉,就多 13 两;假令都是石头,则不足 14 两。那么不足的数就是玉的体积,多的数就是石头的体积。各以它们 1 寸$^3$ 的重量乘之,便分别得到玉和石头的重量。3 寸见方的立方是说一边长 3 寸,计算其体积是 27 寸$^3$。1 寸见方的玉重 7 两,1 寸见方的石头重 6 两,就是说 1 寸见方的玉与石头的重量之差是 1 两。假令这块石头都是玉,应该有 189 两重。与 11 斤相比较,有盈余 13 两。玉比较重而石头比较轻,所以才有此盈余。就是说 27 寸$^3$ 之中有 13 寸$^3$,如果每寸$^3$减损 1 两,就成为石头的重量,所以说多的数就是石头的体积。所说的多的数出自把石头当作了玉。假令这块石头都是石头,应该有 162 两。与 11 斤相比较,少了 14 两。所以说不足。这个不足就是把重的作为轻的造成的,因而从石头的总重中减去少了的数,就是 27 寸$^3$ 之中有 14 寸$^3$,每寸$^3$增加 1 两。

今有善田一亩,价三百;恶田七亩[1],价五百。今并买一顷,价钱一万。问:善、恶田各几何?

　　荅曰:

　　善田一十二亩半,

　　恶田八十七亩半。

术曰:假令善田二十亩,恶田八十亩,多一千七百一十四钱七分钱之二;令之善田一十亩,恶田九十亩,不足五百七十一钱七分钱之三[2]。按:善田二十亩,直钱六千;恶田八十亩,直钱五千七百一十四、七分钱之二。课于一万,是多一千七百一十四、七分钱之二。令之善田十亩,直钱三千,恶田九十亩,直钱六千四百二十八、七分钱

之四。课于一万,是为不足五百七十一、七分钱之三。以盈不足术求之也。

**【注释】**

〔1〕善田:良田。　　恶田:又称为"恶地",贫瘠的田地。李籍云:恶,"不善也"。

〔2〕此亦有双重假设之意。将两假令,比如假令善田 20 亩(则恶田 80 亩),盈余 1 714 $\frac{2}{7}$ 钱,假令善田 10 亩(则恶田 90 亩),不足 571 $\frac{3}{7}$ 钱代入盈不足术求不盈不朒的正数的公式(7 - 1),得

$$善田 = \frac{20\ 亩 \times 571\frac{3}{7}\ 钱 + 10\ 亩 \times 1\ 714\frac{2}{7}\ 钱}{1\ 714\frac{2}{7}\ 钱 + 571\frac{3}{7}\ 钱} = 12\frac{1}{2}\ 亩。$$

因此恶田 = 100 亩 - 12 $\frac{1}{2}$ 亩 = 87 $\frac{1}{2}$ 亩。

**【译文】**

假设 1 亩良田,价是 300 钱;7 亩劣田,价是 500 钱。现在共买 1 顷田,价钱是 10 000 钱。问:良田、劣田各多少?

答:

良田是 12 $\frac{1}{2}$ 亩,

劣田是 87 $\frac{1}{2}$ 亩。

术:假令良田是 20 亩,那么劣田是 80 亩,则价钱多了 1 714 $\frac{2}{7}$ 钱;假令良田是 10 亩,那么劣田是 90 亩,则价钱不足 571 $\frac{3}{7}$ 钱。按:良田 20 亩,值钱 6 000 钱;劣田 80 亩,值钱 5 714 $\frac{2}{7}$ 钱。与 10 000 钱相比较,这就是多了 1 714 $\frac{2}{7}$ 钱。假令良田 10 亩,值钱 3 000,劣

田 90 亩，值钱 6 428 $\frac{4}{7}$ 钱。与 10 000 钱相比较，这就是不足 571 $\frac{3}{7}$ 钱。以盈不足术求解之。

今有黄金九枚，白银一十一枚，称之重，适等。交易其一，金轻十三两。问：金、银一枚各重几何？

　　荅曰：

　　金重二斤三两一十八铢，

　　银重一斤一十三两六铢。

术曰：假令黄金三斤，白银二斤一十一分斤之五，不足四十九，于右行。令之黄金二斤，白银一斤一十一分斤之七，多一十五，于左行。以分母各乘其行内之数，以盈、不足维乘所出率，并，以为实。并盈、不足为法。实如法，得黄金重[1]。分母乘法以除，得银重[2]。约之得分也。按：此术假令黄金九，白银一十一，俱重二十七斤。金，九约之，得三斤；银，一十一约之，得二斤一十一分斤之五，各为金、银一枚重数。就金重二十七斤之中减一金之重，以益银，银重二十七斤之中减一银之重，以益金，则金重二十六斤一十一分斤之五，银重二十七斤一十一分斤之六。以少减多，则金轻一十七两一十一分两之五。课于一十三两，多四两一十一分两之五。通分内子言之，是为不足四十九[3]。又令之黄金九，一枚重二斤，九枚重一十八斤，白银一十一，亦合重一十八斤也。乃以一十一除之，得一枚一斤一十一分斤之七，为银一枚之重数。今就金重一十八斤之中减一枚金，以益银，复减一枚银，以益金，则金重一十七斤一十一分斤之七，银重一十八斤一十一分斤之四。以少减多，即金轻一十一分斤之八。课于一十三两，少一两一十一分

两之四。通分内子言之，是为多一十五[4]。以盈不足为之，如
法，得金重[5]。"分母乘法以除"者，为银两分母故同之[6]。
须通法而后乃除得银重。余皆约之者，术省故也。

【注释】

〔1〕《九章筭术》的方法是

| | 左行 | 右行 | | | 左行 | 右行 |
|---|---|---|---|---|---|---|
| 黄金 | 2 | 3 | | 黄金 | 2 | 3 |
| 白银 | $1\frac{7}{11}$ | $2\frac{5}{11}$ | 或 | 白银 | $\frac{18}{11}$ | $\frac{27}{11}$ |
| 盈不足 | 15 | 49 | | 盈不足 | 15 | 49 |

将黄金3斤，不足49，黄金2斤，盈余15代入盈不足术求不盈不朒之正
数的公式（7-1），得

$$黄金重 = \frac{3斤 \times 15 + 2斤 \times 49}{15 + 49} = 2\frac{15}{64}斤。$$

〔2〕将白银$\frac{27}{11}$斤，不足49，白银$\frac{18}{11}$斤，盈余15代入盈不足术求不
盈不朒之正数的公式（7-1），得

$$白银重 = \frac{27斤 \times 15 + 18斤 \times 49}{(15+49) \times 11} = 1\frac{53}{64}斤。$$

〔3〕这是刘徽阐释《九章筭术》术文"不足四十九"的来源。假令
9枚金，或11枚白银，其重量都是27斤。换言之，1枚金重3斤，1枚
银重$\frac{27}{11}$斤。在9枚金重的27斤中减去1枚金重，加1枚银重，则金重 =
$27斤 - 3斤 + \frac{27}{11}斤 = 26\frac{5}{11}斤$；在11枚银重的27斤中减去1枚银重，加
1枚金重，则银重 = $27斤 - \frac{27}{11}斤 + 3斤 = 27\frac{6}{11}斤$。以小减大，金这边
轻 = $27\frac{6}{11}斤 - 26\frac{5}{11}斤 = 1\frac{1}{11}斤 = 17\frac{5}{11}两$，与题设中的金这边轻13两
相比较，$17\frac{5}{11}两 - 13两 = 4\frac{5}{11}两$，通分内子，为$\frac{49}{11}$，所以说不足

为 49。

〔4〕这是刘徽阐释《九章算术》术文"多一十五"的来源：假令 9 枚黄金，1 枚重 2 斤，9 枚重 18 斤。11 枚白银，也重 18 斤，1 枚重 $\frac{18}{11}$ 斤 $=1\frac{7}{11}$ 斤。在 9 枚金重的 18 斤中减去 1 枚金重，加 1 枚银重，则金重 $=18$ 斤 $-2$ 斤 $+1\frac{7}{11}$ 斤 $=17\frac{7}{11}$ 斤；在 11 枚银重的 18 斤中减去 1 枚银重，加 1 枚金重，则银重 $=18$ 斤 $-1\frac{7}{11}$ 斤 $+2$ 斤 $=18\frac{4}{11}$ 斤。以小减大，金这边轻 $=18\frac{4}{11}$ 斤 $-17\frac{7}{11}$ 斤 $=\frac{8}{11}$ 斤 $=11\frac{7}{11}$ 两，与题设中的金这边轻 13 两相比较，13 两 $-11\frac{7}{11}$ 两 $=1\frac{4}{11}$ 两，通分内子，为 $\frac{15}{11}$ 两，所以说多 15。

〔5〕"以盈不足为之"三句：以盈不足术解决之，如法计算，便得到 1 枚黄金的重量。

〔6〕"分母乘法以除"者，为银两分母故同之："以分母乘法，以除实"，是因为所出白银的两分母本来是相同的。


【译文】

假设有 9 枚黄金，11 枚白银，称它们的重量，恰好相等。交换其一枚，黄金这边轻 13 两。问：1 枚黄金、1 枚白银各重多少？

　　答：

　　1 枚黄金重 2 斤 3 两 18 铢，

　　1 枚白银重 1 斤 13 两 6 铢。

术：假令 1 枚黄金重 3 斤，1 枚白银重 $2\frac{5}{11}$ 斤，不足是 49，布置于右行。假令 1 枚黄金重 2 斤，1 枚白银重 $1\frac{7}{11}$ 斤，多是 15，布置于左行。以分母分别乘各自行内之数，以盈、不足与所出率交叉相乘，相加，作为实。将盈、不足相加，作为法。实除以法，得 1 枚黄金的重量。以分母乘法，以除实，便得到 1 枚白银的重量。将它们约简，得到分数。按：此术中假令9枚黄金，11枚白银，重量都是27斤。黄金的重量，以9约之，得3斤；白银的重量，以11约之，得$2\frac{5}{11}$斤，分别是1枚黄金、白银的重量数。在黄金的重量27斤之中减去1枚黄金的重量，再加1枚白银的重量，在白银的重量27斤之中减去1枚白银的重量，再加1枚黄金的重量，就是黄金这边重$26\frac{5}{11}$斤，白银这边重$27\frac{6}{11}$斤。以小减大，那么黄金这边轻$17\frac{5}{11}$两。与13两相比较，多了$4\frac{5}{11}$两。通过通分纳入分子表示之，这就是不足49。又假令9枚黄金，1枚重2斤，9枚重18斤，11枚白银总重也应该是18斤。于是以11除之，得到1枚$1\frac{7}{11}$斤，为1枚白银的重量数。现在在黄金的重量18斤之中减去1枚黄金的重量，增加到白银的重量上，再从白银的重量中减去1枚白银的重量，增加到黄金的重量上，就是黄金这边重$17\frac{7}{11}$斤，白银这边重$18\frac{4}{11}$斤。以小减大，就是黄金这边轻$\frac{8}{11}$斤。与13两相比较，少了$1\frac{4}{11}$两。通过通分纳入分子表示之，这就是多15。以盈不足术解决之，如法计算，便得到1枚黄金的重量。"以分母乘法，以除实"，是因为所出白银的两分母本来是相同的，必须使法相通之后才能除实，得到1枚白银的重量。其余的都要约简，是要方法简省的缘故。

今有良马与驽马发长安[1]，至齐。齐去长安三千里。良马初日行一百九十三里，日增一十三里，驽马初日行九十七里，日减半里。良马先至齐，复还迎驽马。问：几何日相逢及各行几何？

答曰：

一十五日一百九十一分日之一百三十五而相逢，

良马行四千五百三十四里一百九十一分里之四十六，

驽马行一千四百六十五里一百九十一分里之一百四十五。

术曰：假令十五日，不足三百三十七里半。令之十六日，多一百四十里。以盈、不足维乘假令之数，并而为实。并盈、不足为法。实如法而一，得日数。不尽者，以等数除之而命分[2]。　　求良马行者：十四乘益疾里数而半之，加良马初日之行里数，以乘十五日，得良马十五日之凡行[3]。又以十五乘益疾里数，加良马初日之行[4]。以乘日分子，如日分母而一。所得，加前良马凡行里数，即得[5]。其不尽而命分。　　求驽马行者：以十四乘半里，又半之，以减驽马初日之行里数，以乘十五日，得驽马十五日之凡行[6]。又以十五日乘半里，以减驽马初日之行[7]。余，以乘日分子，如日分母而一。所得，加前里，即驽马定行里数[8]。其奇半里者，为半法，以半法增残分，即得。其不尽者而命分[9]。按：令十五日，不足三百三十七里半者，据良马十五日凡行四千二百六十里，除先去齐三千里，定还迎驽马一千二百六十里。驽马十五日凡行一千四百二里半。并良、驽二马所行，得二千六百六十二里半。课于三千里，少三百三十七里半，故曰不足。令之十六日，多一百四十里者，据良马十六日凡行四千六百四十八里，除先去齐三千里，定还迎驽马一千六百四十八里。驽马十六日凡行一千四百九十二里。并良、驽二马所行，得三千一百四十里。课于三千里，余有一百四十里，故谓之多也。以盈不足之。"实如法而一，得日数"者，即设差不盈不朒之正数。以二马初日所行里乘十五日，为一十五日平行数[10]。求初末益疾减迟之数者，并一与十四，以十四乘而半之，为中平之积[11]；又令益疾减迟里数乘之，各为减益之中平

里，故各减益平行数，得一十五日定行里[12]。若求后一日，以
十六日之定行里数乘日分子，如日分母而一，各得日分子之定
行里数。故各并十五日定行里，即得。其驽马奇半里者，法为
全里之分，故破半里为半法，以增残分，即合所问也。

【注释】

〔1〕驽马：能力低下的马。驽，李籍引《字林》曰：“骀也。”骀
(tái)，劣马。

〔2〕假令 16 日相逢，盈 140 里，假令 15 日，不足 $337\frac{1}{2}$ 里，将其
代入盈不足术之不盈不朒之正数公式（7-1），得

$$相逢日数 = \frac{15\,日 \times 140\,里 + 16\,日 \times 337\frac{1}{2}\,里}{337\frac{1}{2}\,里 + 140\,里} = 15\frac{135}{191}\,日。$$

然而，此问亦非线性问题，答案也是近似的。由下文所给出的等差数列
求和公式（7-7），设良、驽二马 $n$ 日相逢，则良马所行为

$$S_n = \left[193 + \frac{(n-1) \times 13}{2}\right]n。$$

驽马所行为

$$S'_n = \left[97 - \frac{(n-1) \times \frac{1}{2}}{2}\right]n。$$

依题设

$$S_n + S'_n = \left[193 + \frac{(n-1) \times 13}{2}\right]n + \left[97 - \frac{(n-1) \times \frac{1}{2}}{2}\right]n$$
$$= 6\,000。$$

整理得

$$5n^2 + 227n = 4\,800，$$

$$n = \frac{1}{10}(\sqrt{147\,529} - 227)$$

为相逢日。

〔3〕设良马日疾里数为 $d$，第 $n$ 日所行为 $a_n$，《九章算术》计算良马 15 日所行里数为

$$S_{15} = \left(a_1 + \frac{14d}{2}\right) \times 15 = \left(193 + \frac{14 \times 13}{2}\right) \times 15 = 4\,260(\text{里})。$$

《九章算术》实际上使用了等差数列求和公式：

$$S_n = \left[a_1 + \frac{(n-1)d}{2}\right]n。 \qquad (7\text{-}9)$$

这是中国数学史上第一次有记载的等差数列求和公式。

〔4〕又以十五乘益疾里数，加良马初日之行：此给出了良马在第 16 日所行里数，则

$$a_{16} = a_1 + 15 \times d = 193 + 15 \times 13 = 388(\text{里})。$$

这里实际上使用了等差数列的通项公式

$$a_n = a_1 + nd。$$

这是中国数学史上第一次有记载的等差数列通项公式。

〔5〕《九章算术》先计算出良马在第 16 日的 $\frac{135}{191}$ 中所行为 388 里 $\times$ $\frac{135}{191} = 274\frac{46}{191}$ 里。良马在 $15\frac{135}{191}$ 日中共行 4\,260 里 $+274\frac{46}{191}$ 里 $= 4\,534\frac{46}{191}$ 里。

〔6〕设驽马日减里数为 $e$，第 $n$ 日所行为 $b_n$，《九章算术》计算驽马 15 日所行里数为

$$S'_{15} = \left(b_1 - \frac{14e}{2}\right) \times 15 = \left(97 - \frac{14 \times \frac{1}{2}}{2}\right) \times 15 = 1\,402\frac{1}{2}(\text{里})。$$

〔7〕此得驽马第 16 日所行里数

$$b_{16} = b_1 + 15 \times e = 97 - 15 \times \frac{1}{2} = 89\frac{1}{2}(里)。$$

〔8〕驽马在第 16 日的 $\frac{135}{191}$ 中所行为 $89\frac{1}{2}$ 里 $\times \frac{135}{191} = 63\frac{99}{382}$ 里，那么驽马在 $15\frac{135}{191}$ 日中共行 $1\,402\frac{1}{2}$ 里 + $63\frac{99}{382}$ 里 = $1\,465\frac{145}{191}$ 里。

〔9〕其不尽者而命分：如果除不尽，就以法作分母命名一个分数。

〔10〕平行：匀速行进。平，齐一，均等。《诗经·小雅·伐木》："神之听之，终和且平。"郑玄笺："平，齐等也。"

〔11〕求初末益疾减迟之数：就是求从第 1 日到最后 1 日增加的或减少的里数。疾，急速。　　中平之积：各项平均值之和，即 $\frac{n(n-1)}{2}$，实际上是自然数列 1，2，3，…… $n-1$ 之和。这是中国数学史上第一次出现此公式，即后来宋元时期的茭草形垛的求积公式。中平，平均。见卷一圭田术注释〔8〕。

〔12〕刘徽给出了等差数列前 $n$ 项之和公式的另一形式

$$S_n = a_1 n + \frac{[1+(n-1)](n-1)}{2}d = a_1 n + \frac{n(n-1)}{2}d。$$

【译文】

假设有良马与劣马自长安出发到齐。齐距长安有 3 000 里。良马第 1 日走 193 里，每日增加 13 里，劣马第 1 日走 97 里，每日减少 $\frac{1}{2}$ 里。良马先到达齐，又回头迎接劣马。问：它们几日相逢及各走多少？

答：

$15\frac{135}{191}$ 日相逢，

良马走 $4\,534\frac{46}{191}$ 里，

劣马走 $1\,465\frac{145}{191}$ 里。

术：假令它们 15 日相逢，不足 337$\frac{1}{2}$里。假令 16 日相逢，多了 140 里。以盈、不足与假令之数交叉相乘，相加而作为实。将盈、不足相加作为法。实除以法，而得到相逢日数。如果除不尽，就以等数约简之而命名一个分数。　　求良马走的里数：以 14 乘每日增加的里数而除以 2，加良马第 1 日所走的里数，以 15 日乘之，便得到良马 15 日走的总里数。又以 15 乘每日增加的里数，加良马第 1 日所走的里数。以此乘第 16 日的分子，除以第 16 日的分母。所得的结果，加良马前面走的总里数，就得到良马所走的确定里数。如果除不尽就命名一个分数。　　求劣马走的里数：以 14 乘$\frac{1}{2}$里，又除以 2，以减劣马第 1 日所走的里数，以此乘 15 日，便得到劣马 15 日走的总里数。又以 15 日乘$\frac{1}{2}$里，以此减劣马第 1 日所走的里数。以其余数乘第 16 日的分子，除以第 16 日的分母。所得的结果，加劣马前面走的总里数，就是劣马所走的确定里数。其奇零是$\frac{1}{2}$里的，就以 2 作为法，将以 2 为法的分数加到剩余的分数上，即得到结果。如果除不尽，就命名一个分数。按，"假令它们 15 日相逢，不足 337$\frac{1}{2}$里"，这是因为，根据良马 15 日所总共走 4 260 里，减去它先到齐的 3 000 里，那么回头迎接劣马一定是 1 260 里。劣马 15 日总共走 1 402$\frac{1}{2}$里。良、劣二马所走的里数相加，得到 2 662$\frac{1}{2}$里。与 3 000 里相比较，少了 337$\frac{1}{2}$里，所以说不足。"假令 16 日相逢，多了 140 里"，这是因为，根据良马 16 日总共走 4 648 里，减去它先到齐的 3 000 里，那么回头迎接劣马一定是 1 648 里。劣马 16 日总共走 1 492 里。将良、劣二马所走的里数相加，得到 3 140 里。与 3 000 里相比较，有盈余 140 里，所以叫作多。以盈不足术求解之。"实除以法，而得到相逢日数"，就是把本来有设差的数变成了不盈不朒的准确的数。以良、劣二马第 1 日所走的里数乘 15 日，就是 15 日按匀速所走的里数。如果求从第 1 日到最后 1 日增加的或减少的里数，就将 1 与 14 相加，以 14 乘之而除以 2，就是各项平均值之和。又以每日增加或减少的里数乘之，各为增加或减少的中平里数，所以，将它分别与按匀速所走的里数相加或相减，就得到 15 日所走的确定的里数。如果求最后一日到某时刻所走的里数，则以第 16 日所走的确定的里数乘第 16 日的分子，除以该日的分母，就分别得到在该日分子内所走的确定的里数。故分别与 15 日所走的确定的里数相加，即得到良、劣二马所走的里数。当劣马所走里数有 $\frac{1}{2}$ 里的奇零时，法是由 1 整里的分数产生的，所以以 2 破开 1 里，以 2 作为法，增加到剩余产生的分数上，即符合所问的问题。

今有人持钱之蜀贾[1]，利：十，三[2]。初返，归一万四千；次返，归一万三千；次返，归一万二千；次返，归一万一千；后返，归一万。凡五返归钱，本利俱尽。问：本持钱及利各几何？

    荅曰：

    本三万四百六十八钱三十七万一千二百九十三分钱之八万四千八百七十六，

    利二万九千五百三十一钱三十七万一千二百九十三分钱之二十八万六千四百一十七。

    术曰：假令本钱三万，不足一千七百三十八钱半；令之四万，多三万五千三百九十钱八分[3]。按：假令本钱三万，并利为三万九千，除初返归留，余，加利为三万二千五百；除二返归留，余，又加利为二万五千三百五十；除第三返归留，余，又加利为一万七千三百五十五；除第四返归留，余，又加利为八千二百六十一钱半；除第五返归留，合一万钱，不足一千七百三十八钱半[4]。若使本钱四万，并利为五万二千，除初返归留，余，加利为四万九千四百；除第二返归留，余，又加为利四万七千三百二十，除第三返归留，余，又加利为四万五千九百一十六；除第四返归留，余，又加利为四万五千三百九十钱八分；除第五返归留，合一万，余三万五千三百九十钱八分，故曰多[5]。　　又术：置后返归一万，以十乘之，十三而一，即后所持之本。加一万一千，又以十乘之，十三而一，即第四返之本。加一万二千，又以十乘之，十三而一，即第三返之本。加一万三千，又以十乘之，十三而一，即第二返之本。加一万四千，又以十乘之，十三而一，即初持之本[6]。并五返之钱以减之，即利也[7]。

**【注释】**

〔1〕之蜀贾（gǔ）：到蜀地做买卖。贾，做买卖。《说文解字》："贾，市也。"《韩非子·五蠹》："长袖善舞，多钱善贾。"李籍云："贾，一本作'价'。"知李籍时代还有一将"贾"讹作"价"的抄本。

〔2〕利：十，三：即 $\frac{3}{10}$ 的利息，本利之和 $=$ 本钱 $\times \left(1+\frac{3}{10}\right)$。

〔3〕将假令本钱为 30 000 钱，不足 $1\,738\frac{1}{2}$ 钱，假令本钱为 40 000 钱，盈余 $35\,390\frac{4}{5}$ 钱代入盈不足术求不盈不朒的正数的公式（7-1），则

$$\text{本钱}=\frac{30\,000\text{ 钱}\times 35\,390\frac{4}{5}\text{ 钱}+40\,000\text{ 钱}\times 1\,738\frac{1}{2}\text{ 钱}}{35\,390\frac{4}{5}\text{ 钱}+1\,738\frac{1}{2}\text{ 钱}}$$

$$=30\,468\frac{84\,876}{371\,293}\text{ 钱}。$$

〔4〕假令本钱是 30 000 钱，初返本利为 30 000 钱 $\times \left(1+\frac{3}{10}\right)=39\,000$ 钱。归留 14 000 钱，余 25 000 钱。二返本利为 25 000 钱 $\times \left(1+\frac{3}{10}\right)=$ 32 500 钱。归留 13 000 钱，余 19 500 钱。三返本利为 19 500 钱 $\times \left(1+\frac{3}{10}\right)=25\,350$ 钱。归留 12 000 钱，余 13 350 钱。四返本利为 13 350

钱 $\times\left(1+\dfrac{3}{10}\right)=17\,355$ 钱。归留 $11\,000$ 钱，余 $6\,355$ 钱。五返本利为 $6\,355$

钱 $\times\left(1+\dfrac{3}{10}\right)=8\,261\dfrac{1}{2}$ 钱。除去第五返归留 $10\,000$ 钱，$8\,261\dfrac{1}{2}$ 钱 $-$

$10\,000$ 钱 $=-1\,738\dfrac{1}{2}$ 钱，所以说不足 $1\,738\dfrac{1}{2}$ 钱。

〔5〕假令本钱是 $40\,000$ 钱，初返本利为 $40\,000$ 钱 $\times\left(1+\dfrac{3}{10}\right)=52\,000$

钱。归留 $14\,000$ 钱，余 $38\,000$ 钱。二返本利为 $38\,000$ 钱 $\times\left(1+\dfrac{3}{10}\right)=$

$49\,400$ 钱。归留 $13\,000$ 钱，余 $36\,400$ 钱。三返本利为 $36\,400$ 钱 $\times$

$\left(1+\dfrac{3}{10}\right)=47\,320$ 钱。归留 $12\,000$ 钱，余 $35\,320$ 钱。四返本利为 $35\,320$

钱 $\times\left(1+\dfrac{3}{10}\right)=45\,916$ 钱。归留 $11\,000$ 钱，余 $34\,916$ 钱。五返本利为

$34\,916$ 钱 $\times\left(1+\dfrac{3}{10}\right)=45\,390\dfrac{8}{10}$ 钱。除去第五返归留 $10\,000$ 钱，

$45\,390\dfrac{8}{10}$ 钱 $-10\,000$ 钱 $=35\,390\dfrac{8}{10}$ 钱，所以说盈余 $35\,390\dfrac{8}{10}$ 钱。

〔6〕刘徽提出的又术，不应用盈不足术，而是由第五返归留 $10\,000$
钱开始，5 次应用今有术求解：第五次所持本钱 $=10\,000$ 钱 $\times 10\div 13=$

$7\,692\dfrac{4}{13}$ 钱。第四次所持本钱 $=\left(7\,692\dfrac{4}{13}\text{ 钱}+11\,000\text{ 钱}\right)\times 10\div 13=$

$14\,378\dfrac{118}{169}$ 钱。第三次所持本钱 $=\left(14\,378\dfrac{118}{169}\text{ 钱}+12\,000\text{ 钱}\right)\times 10\div$

$13=20\,291\dfrac{673}{2\,197}$ 钱。第二次所持本钱 $=\left(20\,291\dfrac{673}{2\,197}\text{ 钱}+13\,000\text{ 钱}\right)\times$

$10\div 13=25\,608\dfrac{19\,912}{28\,561}$ 钱。第一次所持本钱 $=\left(25\,608\dfrac{19\,912}{28\,561}\text{ 钱}+14\,000\right.$

$\left.\text{钱}\right)\times 10\div 13=30\,468\dfrac{84\,876}{371\,293}$ 钱。

〔7〕刘徽提出的求利息的方法是

利息 $=(14\,000$ 钱 $+13\,000$ 钱 $+12\,000$ 钱 $+11\,000$ 钱

$$+10\ 000\ 钱)-30\ 468\ \frac{84\ 876}{371\ 293}\ 钱$$

$$=29\ 531\ \frac{286\ 417}{371\ 293}\ 钱。$$

【译文】

假设有人带着钱到蜀地做买卖，利润是：每10，可得3。第一次返回留下 14 000 钱，第二次返回留下 13 000 钱，第三次返回留下 12 000 钱，第四次返回留下 11 000 钱，最后一次返回留下 10 000 钱。第五次返回留下钱之后，本、利俱尽。问：原本带的钱及利润各多少？

答：

本钱是 $30\ 468\ \frac{84\ 876}{371\ 293}$ 钱，

利润是 $29\ 531\ \frac{286\ 417}{371\ 293}$ 钱。

术：假令本钱是 30 000 钱，则不足是 $1\ 738\ \frac{1}{2}$ 钱；假令本钱是 40 000 钱，则多了 $35\ 390\ \frac{8}{10}$ 钱。按：假令本钱是 30 000 钱，加利润为 39 000 钱，减去第一次返回留下的钱，余数加利润为 32 500 钱；减去第二次返回留下的钱，余数又加利润为 25 350 钱；减去第三次返回留下的钱，余数又加利润为 17 355 钱；减去第四次返回留下的钱，余数又加利润为 $8\ 261\ \frac{1}{2}$ 钱；减去第五次返回留下的钱，应当为 10 000 钱，则不足 $1\ 738\ \frac{1}{2}$ 钱。若本钱为 40 000 钱，加利润为 52 000 钱，减去第一次返回留下的钱，余数加利润为 49 400 钱；减去第二次返回留下的钱，余数又加利润为 47 320 钱；减去第三次返回留下的钱，余数又加利润为 45 916 钱；减去第四次返回留下的钱，余数又加利润为 $45\ 390\ \frac{8}{10}$ 钱；减去第五次返回留下的钱，应当为 10 000 钱，盈余是 $35\ 390\ \frac{8}{10}$ 钱，所以叫作多。 又术：布置最后一次返回留下的 10 000 钱，乘以 10，除以 13，就是最后一次所带的本钱。加 11 000 钱，又乘以 10，除以 13，就是第四次所带的本钱。加 12 000 钱，又乘以 10，除以 13，就是第三次所带的本钱。

加 13 000 钱，又乘以 10，除以 13，就是第二次所带的本钱。加 14 000 钱，又乘以 10，除以 13，就是初次所带的本钱。将五次返回所留下的钱相加，以此减之，就是利润。

今有垣厚五尺，两鼠对穿。大鼠日一尺，小鼠亦日一尺。大鼠日自倍[1]，小鼠日自半[2]。问：几何日相逢？各穿几何？

　　　　答曰：

　　　　二日一十七分日之二。

　　　　大鼠穿三尺四寸十七分寸之一十二，

　　　　小鼠穿一尺五寸十七分寸之五。

　　　　术曰：假令二日，不足五寸；令之三日，有余三尺七寸半[3]。大鼠日倍，二日合穿三尺；小鼠日自半，合穿一尺五寸，并大鼠所穿，合四尺五寸。课于垣厚五尺，是为不足五寸。令之三日，大鼠穿得七尺，小鼠穿得一尺七寸半，并之，以减垣厚五尺，有余三尺七寸半。以盈不足术求之，即得。以后一日所穿乘日分子，如日分母而一，即各得日分子之中所穿。故各增二日定穿，即合所问也。

【注释】

　　〔1〕日自倍：后一日所穿是前一日的 2 倍，则各日所穿是以 2 为公比的递升等比数列。

　　〔2〕日自半：后一日所穿是前一日的 $\frac{1}{2}$ 倍，则各日所穿是以 $\frac{1}{2}$ 为公比的递减等比数列。

　　〔3〕将假令 2 日，不足 5 寸，假令 3 日，盈余 37 $\frac{1}{2}$ 寸代入盈不足术求不盈不胁的正数的公式（7 - 1），则

$$相逢日数 = \frac{3\,日 \times 5\,寸 + 2\,日 \times 37\frac{1}{2}\,寸}{5\,寸 + 37\frac{1}{2}\,寸} = 2\frac{2}{17}\,日。$$

然此亦为近似解。求其准确解的方法是：设二鼠 $n$ 日相逢，则大小鼠所穿分别为

$$S_n = \frac{1\,尺 \times (1 - 2^n)}{1 - 2} = (2^n - 1)\,尺，$$

$$S'_n = \frac{1\,尺 \times \left[1 - \left(\frac{1}{2}\right)^n\right]}{1 - \frac{1}{2}} = 2 \times \frac{2^n - 1}{2^n}\,尺。$$

由题设

$$(2^n - 1)\,尺 + 2 \times \frac{2^n - 1}{2^n}\,尺 = 5\,尺。$$

整理得

$$2^{2n} - 4 \times 2^n - 2 = 0，$$

于是

$$n = \frac{\lg(2 + \sqrt{6})}{\lg 2}。$$

【译文】

假设有一堵墙，5尺厚，两只老鼠相对穿洞。大老鼠第一日穿1尺，小老鼠第一日也穿1尺。大老鼠每日比前一日加倍，小老鼠每日比前一日减半。问：它们几日相逢？各穿多长？

答：

$2\frac{2}{17}$ 日相逢，

大老鼠穿 3 尺 4 $\frac{12}{17}$ 寸，

小老鼠穿 1 尺 5 $\frac{5}{17}$ 寸。

术：假令两只老鼠 2 日相逢，不足 5 寸；假令 3 日相逢，有盈余 3 尺 7 $\frac{1}{2}$ 寸。大老鼠每日比前一日加倍，2 日应当穿 3 尺；小老鼠每日比前一日减半，那么 2 日应当穿 1 尺 5 寸。加上大老鼠所穿的，总共应当是 4 尺 5 寸。与墙厚 5 尺相比较，这就是不足 5 寸。假令 3 日相逢，大老鼠穿得 7 尺，小老鼠穿得 1 尺 7 $\frac{1}{2}$ 尺。两者相加，以减墙厚 5 尺，有盈余 3 尺 7 $\frac{1}{2}$ 寸。以盈不足术求解之，即得相逢日数。以最后一日两只老鼠所穿的长度分别乘该日的分子，除以该日的分母，各得两只老鼠该日的分子之中所穿的长度。所以，以它们分别加 2 日所穿的长度，就符合所问的问题。

# 九章筭术卷第八

唐朝议大夫行太史令上轻车都尉臣李淳风等奉敕注释

**方程**[1] 以御错糅正负[2]

今有上禾三秉[3]，中禾二秉，下禾一秉，实三十九斗；上禾二秉，中禾三秉，下禾一秉，实三十四斗；上禾一秉，中禾二秉，下禾三秉，实二十六斗。问：上、中、下禾实一秉各几何？

　　荅曰：

　　　上禾一秉九斗四分斗之一，

　　　中禾一秉四斗四分斗之一，

　　　下禾一秉二斗四分斗之三。

　　**方程程**，课程也。群物总杂，各列有数，总言其实。令每行为率[4]，二物者再程，三物者三程，皆如物数程之，并列为行，故谓之方程[5]。行之左右无所同存，且为有所据而言耳[6]。此都术也，以空言难晓，故特系之禾以决之[7]。术曰：置上禾三秉，中禾二秉，下禾一秉，实三十九斗于右方。中、左禾列如右方[8]。又列中、左行如右行也[9]。右行上禾遍乘中行，而以直除[10]。为术之意，令少行减多行，返覆相减，则头位必先尽。上无一位，则此行亦阙一物矣。然而举率以相减，不害余数之课也[11]。若消去头位，则下去一物之实。如是叠令左右行相减[12]，审其正负，则可得而知。先令右行上禾乘中行，为齐同之意。为齐同者，谓中行直减右行也[13]。从简易虽不言齐同，以齐同之意观之，其义然矣[14]。又乘其次，亦以直除。复去左行首[15]。然以中行中禾不尽者遍乘左行，而以直除。亦令两行相去行之中禾也[16]。左方下禾不尽者，上为法，下为实。实即下禾之实[17]。上、中禾皆去，故余数是下禾实，非但一秉。欲约众秉之实，当以禾秉数为法。列此，以下禾之秉数乘两行，以直除，则下禾之位皆决矣[18]。各以其余一位之秉除其下实。即计数矣，用筹繁而不省[19]。所以别为法，约也。然犹不如自用其旧，广异法也[20]。求中禾，以法乘中行下实，而除下禾之实[21]。此谓中两禾实[22]，下禾一秉实数先见，将中秉求中禾[23]，其列实以减下实[24]。而左方下禾虽去一秉，以法为母，于率不通[25]。故先以法乘，其通而同之[26]。俱令法为母，而除下禾实[27]。以下禾先见之实令乘下禾秉数，即得下禾一位之列实[28]。减于下实，则其数是中禾之实也[29]。余，如中禾秉数而一，即中禾之实[30]。余，中禾一位之实也。故以一位秉数约之，乃得一秉之实也。求上禾，亦以法乘右行下实，而除下禾、中禾之实[31]。此右行三禾共实，合三位之实，故以二位秉数约之，乃得一秉之实[32]。今中、下禾之实，其数并见，令乘右行之禾秉以减之，故亦如前，各求列实，以减下实也。余，如上禾秉数而一，即上禾之实[33]。实皆如法，各得一斗[34]。三实同用。不满法者，以法命之。母、实皆当约之。

【注释】

〔1〕方程：中国古典数学的重要科目，"九数"之一，即今之线性方

程组解法，与今之"方程"的含义不同。今之方程古代称为开方。1859
年李善兰（1811—1882）与传教士伟烈亚力（A. Wylie，1815—1887）
合译棣么甘（De Morgen，1806—1871）的《代数学》时，将 equation
译作"方程"，1872 年华蘅芳（1833—1902）与传教士傅兰雅
（J. Fryer，1839—?）合译华里司（William Wallace，1768—1843）的
《代数术》时将 equation 译作"方程式"。华蘅芳在《学算笔谈》（1896）
等著作中"方程"与"方程式"并用，前者仍是《九章算术》本义，后
者指 equation。1934 年数学名词委员会确定用"方程（式）"表示
equation，用"线性方程组"表示中国古代的"方程"。1950 年傅钟孙力
主去掉"式"字，1956 年科学出版社出版的《数学名词》去掉了"式"
字，最终改变了"方程"的本义。

〔2〕错糅（róu）：就是交错混杂。糅，本义是杂饭，引申为混杂，
混合。《仪礼·乡射礼》："旌各以其物，无物，则以白羽与朱羽糅杠。"
郑玄注："糅，杂也。"

〔3〕禾：粟，今之小米。《说文解字》："禾，嘉谷也。"又指庄稼的
茎秆。《说文解字》："稼，禾之秀实为稼，茎节为禾。"这里应该是带谷
穗的谷秸。　　秉：禾束，禾把。《诗经·小雅·大田》："彼有遗秉，此
有滞穗。"毛传："秉，把也。"李籍云："一禾为秉。"

〔4〕令每行为率：此谓每一个数量关系构成一个有顺序的整体，并
投入运算，类似于今之线性方程组中之行向量的概念。行，古代竖置为
行，横置为列，与今相反。因此古代方程的一行，仍是今之线性方程组
的一行。只不过古代的行是自右向左排列。

〔5〕此为刘徽关于方程的定义。自宋以来，直到 20 世纪，关于方程
的含义多有误解，比如将"方"理解成方形，方阵，正，比，比方等；
将"程"理解成式、表达式等。这都是望文生义。方程：本义是并而程
之。方，并也。《说文解字》："方，并船也。像两舟，省总头形。"程，
本义是度量名，引申为事务的标准。《荀子·致仕》："程者，物之准也。"
《九章算术》"冬（春、夏、秋）程人功"、"程功"、"程行"、"程粟"等
皆指标准度量。因此，方程就是并而程之，即将诸物之间的几个数量关
系并列起来，考察其度量标准。一个数量关系排成有顺序的一行，像一
枝竹或木棍。将它们一行行并列起来，恰似一条竹筏或木筏，这正是方
程的形状。显然，刘徽的定义完全符合《九章算术》方程的本义。李籍
云："方者，左右也。程者，课率也。左右课率，总统群物，故曰方程。"
李籍的说法接近本义。《仪礼·大射礼》："左右曰方。"郑玄注："方，出
旁也。"应该是由"并"引申出来的。

〔6〕行之左右无所同存，且为有所据而言耳：此谓方程中没有等价的行，同时，每一行都是有根据的。前者符合现代线性方程组有解的条件。

〔7〕刘徽认为，方程术是"都术"，即普遍方法。但是，由于方程术太复杂，只好借助于禾来阐释。　　决：古多作"決"。本义是开凿壅塞，疏通水道，引申为解决问题。

〔8〕这是列出方程，如图 8-1（1），设 $x$，$y$，$z$ 分别表示上、中、下禾一秉之实，它相当于线性方程组

$$3x + 2y + z = 39$$
$$2x + 3y + z = 34$$
$$x + 2y + 3z = 26。$$

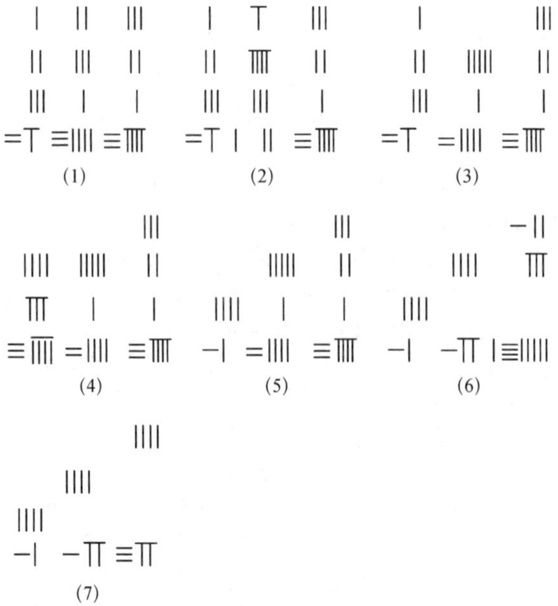

图 8-1

〔9〕又列中、左行如右行也：各本均窜于"术曰"之前，今校正。

〔10〕遍乘：整个地乘，普遍地乘。遍，普遍地。　　直除：面对面相减，两行对减。直，当，临。《仪礼·士冠礼》："直东序西面。"贾公彦疏："直，当也。谓当堂上东序墙也。"除，减。此是以右行上禾系数

3 乘整个中行，如图 8 - 1（2）。然后以右行与中行对减，两度减，中行上禾的系数变为 0，如图 8 - 1（3）。它相当于线性方程组

$$3x + 2y + z = 39$$
$$5y + z = 24$$
$$x + 2y + 3z = 26。$$

〔11〕举率以相减，不害余数之课也：方程整个的行互相减，不影响方程的解。刘徽在此提出了方程术消元的理论基础。刘徽对此没有证明，显然认为这是一条不证自明的公理。刘徽"令每行为率"，则举率就是整行。

〔12〕叠：重复，重叠。《玉篇》："叠，重也，累也。"

〔13〕为齐同者，谓中行直减右行也：为了做到齐同，就是说应当从中行对减去右行。

〔14〕以齐同之意观之，其义然矣：不过以齐同的意图考察之，其意义确实是这样。刘徽以齐同原理阐释方程术的消元法。他"令每行为率"，因此便可以将率的三种等量变换"乘以散之，约以聚之，齐同以通之"施用于方程。以某数乘整行，如上述以右行的上禾系数 3 乘中行，就是乘以散之。同样，如果一行中诸系数和常数项有等数，可以约去，就是约以聚之。而消元的过程就是齐同以通之。也就是说，以右行首项系数乘整个中行，就是使中行其他项与其首项相齐；而从中行直减右行，直到使中行首项系数化为 0，实际上减去的右行首项系数的总数量与中行首项相同，就是同。后来李淳风等在《张丘建算经注释》中称为"同齐者，谓同行首，齐诸下"。对其他行、其他项亦如此。

〔15〕此是以右行上禾系数 3 乘整个左行，以右行直减左行，使左行上禾系数也化为 0，如图 8 - 1（4）。它相当于线性方程组

$$3x + 2y + z = 39$$
$$5y + z = 24$$
$$4y + 8z = 39。$$

〔16〕这是以中行中禾系数 5 乘左行整行，以中行直减左行，4 度减，则左行中禾系数亦化为 0。

〔17〕左行下禾系数为 36，实为 99。下禾系数与实有等数 9，以其约简，下禾系数为 4，作为法，实为 11。实只是下禾的实。如图 8 - 1（5），它相当于线性方程组

$$3x + 2y + z = 39$$

$$5y + z = 24$$

$$4z = 11。$$

〔18〕皆决：皆去。决，训"绝"。此处刘徽仍用直除法由左行下禾系数消去中、右行的下禾系数，如图 8 - 1（6）所示。它相当于线性方程组

$$12x + 8y \qquad = 145$$

$$4y \qquad = 17$$

$$4z = 11。$$

同样，再用中行中禾的系数消去右行中禾的系数，如图 8 - 1（7）。它相当于线性方程组

$$4x \qquad\qquad = 37$$

$$4y \qquad = 17$$

$$4z = 11。$$

显然，这是一种将直除法进行到底的方法，与《九章算术》的方法（见下）有所不同。

〔19〕即计数矣，用算繁而不省：那么统计用算的次数，运算太繁琐而不简省。即，训"则"。数，用算的次数。

〔20〕然犹不如自用其旧，广异法也：然而这种方法还不如仍用其旧法，不过，这是为了扩充不同的方法。

〔21〕"求中禾"三句：《九章算术》为了求中禾，以左行的法（即下禾的系数）乘中行的下实，减去左行下禾的实。记直除后中行的实为 $B'$，中禾系数为 $b_2'$，下禾系数为 $b_3'$，左行的法（即下禾的系数）为 $C_3'$，下实为 $C'$，则得 $B'b_3' - C'b_3'$。在此问中即取 $24 \times 4 - 11 \times 1 = 85$。

〔22〕中两禾实：即中行的中、下两种禾之实。中，谓中行。此下是刘徽解释《九章算术》的方法。

〔23〕下禾一秉实数先见（xiàn），将中秉求中禾：1 捆下等禾的实数已先显现出来了，那么就中等禾的捆数求中等禾的实。见，显现。中秉，指中禾秉数。

〔24〕其列实以减下实：就用它（下禾）的列实去减中行下方的实。此处"列实"指下禾的列实，即左行下禾的实乘中行的下禾秉数。此问中即是 $11 \times 1$。其，它的。

〔25〕"左方下禾虽去一秉"三句：虽可以减去左行 1 捆下等禾的实，可是以法作为分母，对于率不能通达。此谓由左行可以求出下禾一秉之实，减中行、右行，可是那样做会出现以法为分母的分数，于率不通。

〔26〕其通而同之：使其通达而做到同。"通而同之"系汉、魏关于齐同术的术语，它是通过"通"而做到"同"，与方田章等处的"同而通之"通过"同"做到"通"不同。

〔27〕俱令法为母，而除下禾实：都以左行的法作为分母，而减去下等禾的实。

〔28〕以下禾先见之实令乘下禾秉数，即得下禾一位之列实：以左行下等禾先显现的实乘中行下等禾的捆数，就得到下禾一位的列实。

〔29〕减于下实，则其数是中禾之实也：以它去减中行下方的实，则其余数就是中等禾之实。

〔30〕余，如中禾秉数而一，即中禾之实：中禾之余实除以中行的中禾的秉数，即 $\dfrac{B'c'_3 - C'b'_3}{b'_2} = B''$ 就是中禾之实（仍以左行之法 $C'_3$ 为法）。记右行实为 $A_1$，右行之上、中、下禾系数为 $a_1$，$a_2$，$a_3$，即得 $Ac'_3 - C'a_3 - B''a_2$。此问中即以 $(24 \times 4 - 11 \times 1) \div 5 = 17$ 为中禾之实，以 4 为法。

〔31〕"求上禾"三句：如果求上禾，《九章算术》亦以左行之法乘右行下实，减去左行下禾之实乘右行下禾秉数，再减去中行中禾之实乘右行中禾秉数。此问中即 $39 \times 4 - 11 \times 1 - 17 \times 2$。

〔32〕乃得一秉之实：就得到 1 秉一种禾的实。

〔33〕余，如上禾秉数而一，即上禾之实：其余数，除以上等禾的捆数，就是 1 捆上等禾之实。余，指以左行之法乘右行下实，减去左行下禾实乘右行下禾秉数，再减去中行中禾之实乘右行中禾秉数之余数。它除以右行上禾之秉数，即 $\dfrac{Ac'_3 - C'a_3 - B''a_2}{a_1}$，就是上禾之实，仍以左行之法为法。在此问中就是 $(39 \times 4 - 11 \times 1 - 17 \times 2) \div 3 = 37$，仍以 4 为法。亦得到形如图 8-1（7）的方程。《九章算术》在消去中、左行的首项及左行的中项之后，没有再用直除法，而是采用类似于今之代入法的方法求解。刘徽认为这种方法比一直使用直除法简约。

〔34〕实皆如法，各得一斗：这就是实皆除以法，分别得 1 捆的斗数。亦即得到 1 秉上禾之实 $x = 9\dfrac{1}{4}$ 斗，1 秉中禾之实 $y = 4\dfrac{1}{4}$ 斗，1 秉

下禾之实 $z = 2\dfrac{3}{4}$ 斗。

## 【译文】

**方程**处理交错混杂及正负问题

假设有 3 捆上等禾，2 捆中等禾，1 捆下等禾，共 39 斗实；2 捆上等禾，3 捆中等禾，1 捆下等禾，共 34 斗实；1 捆上等禾，2 捆中等禾，3 捆下等禾，共 26 斗实。问：1 捆上等禾、1 捆中等禾、1 捆下等禾的实各是多少？

答：

1 捆上等禾 $9\dfrac{1}{4}$ 斗，

1 捆中等禾 $4\dfrac{1}{4}$ 斗，

1 捆下等禾 $2\dfrac{3}{4}$ 斗。

方程程，就是求解其标准。各种物品混杂在一起，各列都有不同的数，总的表示出它们的实。使每行作为率，两个物品有两程，三个物品有三程，程的多少都与物品的种数相等。把各列并起来，就成为行，所以叫作方程。某行的左右不能有等价的行，而且都是有所根据而表示出来的。这是一种普遍方法，因为太抽象的表示难以使人通晓，所以特地将它与禾联系起来以解决之。术：在右行布置 3 捆上等禾，2 捆中等禾，1 捆下等禾，共 39 斗实。中行、左行的禾也如右行那样列出。又像右行那样列出中行、左行。以右行的上等禾的捆数乘整个中行，而以右行与之对减。造术的意图是，数值小的行减数值大的行，反复相减，则头位必定首先减尽。上面没有了这一位，则此行就去掉了一种物品。然而用整个的行互相减，其余数不影响方程的解。若消去了这一行的头位，则下面也去掉一种物品的实。像这样，反复使左右相减，考察它们的正负，就可以知道它们的结果。先使右行上等禾的捆数乘整个中行，意图是要让它们齐同。为了做到齐同，就是说应当从中行对减去右行。遵从简易的原则，虽然不叫作齐同，不过以齐同的意图考察之，其意义确实是这样。又以右行上等禾的捆数乘下一行，亦以右行对减。再消去左行头一位。然后以中行的中等禾没有减尽的捆数乘整个左行，而以中行对减。又使中、左两行相消除去左行的中等禾。左行的下等禾没有减尽的，上方的作为法，下方的作为实。这里的实就是下等禾之实。左行的上等禾、中等禾皆消去了，所以余数就是下等禾之实，但不是 1 捆的。想约去众多的捆的实，应当以下等禾的捆数作为法。列出这一行，以下等禾的捆数乘另外两行，以左行对减，则这二行下等禾位置上的数就都被消去了。分别各行余下的一种禾的捆数除下方的实。那么统计用算的次数，运算太繁琐而不简省。创造别的方法，是为了约简。然而这种方法还不如仍用它旧法，不过，这是为了扩充不同的方法。如果要求中等禾的实，就以左行的法乘中行下方的实，而减去下等禾之实。这是说中行有中等、下等两种禾的实，而 1 捆下等禾的实数已先显现出来了，那么就中等禾的捆数求中等禾的实，就用下禾的列实去减中行下方的实。——而虽可以减去左行 1 捆下等禾的实，可是以法作为分母，对于率不能通达。所以先以左行的法乘中行下方的实，使其通达而做到同。都以左行的法作为分母，而减去下等禾之实。以左行下等禾先显现的实乘中行下等禾的捆数，就得到下等禾一位的列实。以它去减中行下方的实，则其余数就是中等禾之实。它的余数，除以中等禾的捆数，就是 1 捆中等禾的实。余数是中等禾这一种物品的实。所以以它的捆数除之，就得到 1 捆中等禾的实。如果要求上等禾的实，也以左行的法乘右行下方的实，而减去下等禾、中等禾的实。这右行是三种禾共有的实，是三种物品的实之和，所以去掉二物品的捆数，就得到一种的实。现在中等禾、下等禾的实，它们的数量都显现出来了，便以它们乘右行中相应的禾的捆数，以减下方的实，所以也像前面那样，分别求出中等禾、下等禾的列实，以它们减下方的实。其余数，除以上等禾的捆数，就是 1 捆上等禾之实。这就是实皆除以法，分别得 1 捆的斗数。三个实被同样地使用。如果实有不满法的部分，就以法命名一个分数。分母、分子都应当约简。


今有上禾七秉，损实一斗，益之下禾二秉，而实一十斗；下禾八秉，益实一斗，与上禾二秉，而实一十斗[1]。问：上、下禾实一秉各几何？

　　荅曰：

　　上禾一秉实一斗五十二分斗之一十八，

　　下禾一秉实五十二分斗之四十一。

　　术曰：如方程。损之曰益，益之曰损[2]。问者之辞虽[3]？今按：实云上禾七秉、下禾二秉，实一十一斗；上禾二秉、下禾八秉，实九斗也[4]。"损之曰益"，言损一斗，余当一十斗。今欲全其实,当加所损也。"益之曰损",言益实以一斗,乃满一十斗。今欲知本实,当减所加,即得也。**损实一斗者,其实过一十斗也;益实一斗者,其实不满一十斗也**。重谕损益数者,各以损益之数损益之也。

【注释】

〔1〕设 $x$, $y$ 分别表示上、下禾一秉之实,题设相当于给出关系

$$(7x - 1) + 2y = 10$$
$$2x + (8y + 1) = 10。$$

〔2〕损之曰益,益之曰损:在此处减损某量,也就是说在彼处增益同一个量,在此处增益某量,也就是说在彼处减损同一个量。损益是建立方程的一种重要方法。损之曰益,是说关系式一端减损某量,相当于另一端增益同一量。益之曰损,是说关系式一端增益某量,相当于另一端减损同一量。虽然《九章算术》没有赋予其"损益术"之名,但从许多题目声明"损益之"来看,它与正负术等术文具有同等的功能。损益之说本是先秦哲学家的一种辩证思想。《周易·损》:"损下益上,其道上行。"《老子·四十二章》:"物或损之而益,或益之而损。"其他学者也经常用到"损益"。《九章算术》的编纂者借用"损益"这一术语,仍是增减的意思,与《老子》之说十分接近,当然其含义稍有不同。一般认为,代数"algebra"来自阿拉伯文 al jabr,是因为花拉子米(Al-Khowârizmî,约 783—约 850)写了一部代数著作《算法与代数学》(*al-Kitāb al-mukhta sarfi hisab al-jabr wa al-muquābala*,直译为《还原与对消计算概要》)。Al jabr 在阿拉伯文中的意思是"还原"或"移项",解方程时将负项由一端移到另一端,变成正项,就是"还原";wa'l muquābalah 是"对消",即将两端相同的项消去或合并同类项。(D. E. Smith, *History of Mathematics*, vol. Ⅱ, Dover Publications, P. 382,1925)显然,《九章算术》使用还原与合并同类项,要比花拉子米早一千年左右。

〔3〕问者之辞虽:提问者的话是什么意思呢? 虽,古与"谁"通用,训为"何"。

〔4〕刘徽指出,通过损益,其线性方程组就是

$$7x + 2y = 11$$
$$2x + 8y = 9。$$

**【译文】**

假设有 7 捆上等禾，如果它的实减损 1 斗，又增益 2 捆下等禾，而实共是 10 斗；有 8 捆下等禾，如果它的实增益 1 斗，与 2 捆上等禾，而实也共是 10 斗。问：1 捆上等禾、下等禾的实各是多少？

答：

1 捆上等禾的实 $1\frac{18}{52}$ 斗，

1 捆下等禾的实 $\frac{41}{52}$ 斗。

术曰：如同方程术那样求解。在此处减损某量，也就是说在彼处增益同一个量，在此处增益某量，也就是说在彼处减损同一个量。提问者的话是什么意思呢？今按：这实际上是说，7 捆上等禾、2 捆下等禾，实是 11 斗；2 捆上等禾、8 捆下等禾，实是 9 斗。"在此处减损某量，也就是说在彼处增益同一个量"，是说实减损 1 斗，余数应当是 10 斗。今想求它的整个实，应当加所减损的数量。"在此处增益某量，也就是说在彼处减损同一个量"，是说实增益 1 斗，才满 10 斗。今想知道本来的实，应当减去所增加的数量，就得到了。"它的实减损 1 斗"，就是它的实超过 10 斗的部分；"它的实增益 1 斗"，就是它的实不满 10 斗的部分。再一次申明减损增益的数量，就是各以减损增益的数量对之减损增益。

今有上禾二秉，中禾三秉，下禾四秉，实皆不满斗。上取中、中取下、下取上各一秉而实满斗[1]。问：上、中、下禾实一秉各几何？

答曰：

上禾一秉实二十五分斗之九，

中禾一秉实二十五分斗之七，

下禾一秉实二十五分斗之四。

术曰：如方程。各置所取。置上禾二秉为右行之上，中禾三秉为中行之中，下禾四秉为左行之下。所取一秉及实一斗各从其位。诸行相借取之物，皆依此例。以正负术入之[2]。

正负术曰[3]：今两筭得失相反，要令正、负以名之[4]。正筭赤，负筭黑。否则以邪、正为异[5]。方程自有赤、黑相取，法、实数相推求之术，而其并、减之势不得广通，故使赤、黑相消夺之[6]。于筭或减或益，同行异位殊为二品，各有并、减之差见于下焉[7]。著此二条[8]，特系之禾以成此二条之意。故赤、黑相杂足以定上下之程，减、益虽殊足以通左右之数，差、实虽分足以应同异之率[9]。然则其正无人以负之[10]，负无人以正之[11]，其率不妄也[12]。**同名相除**[13]，此谓以赤除赤，以黑除黑。行求相减者[14]，为去头位也[15]。然则头位同名者当用此条；头位异名者当用下条[16]。**异名相益**[17]，益行减行，当各以其类矣[18]。其异名者，非其类也。非其类者，犹无对也，非所得减也[19]。故赤用黑对则除，黑[20]，无对则除，黑[21]；黑用赤对则除，赤[22]，无对则除，赤[23]；赤、黑并于本数。此为相益之[24]，皆所以为消、夺。消、夺之与减、益成一实也[25]。术本取要，必除行首，至于他位，不嫌多少，故或令相减，或令相并，理无同异而一也[26]。**正无人负之**[27]，**负无人正之**[28]。无人，为无对也。无所得减，则使消夺者居位也。其当以列实或减下实[29]，而行中正、负杂者亦用此条[30]。此条者，同名减实、异名益实，正无人负之，负无人正之也。 **其异名相除**[31]，**同名相益**[32]，**正无人正之**[33]，**负无人负之**[34]。此条"异名相除"为例，故亦与上条互取。凡正负所以记其同异，使二品互相取而已矣[35]。言负者未必负于少，言正者未必正于多[36]。故每一行之中虽复赤、黑异筭无伤。然则可得使头位常相与异名[37]。此条之实兼通矣，遂以二条返覆一率。观其每与上下互相取位，则随筭而言耳，犹一术也[38]。又，本设诸行，欲因成数以相去耳[39]，故其多少无限，令上下相命而已。若以正、负相减，如数有旧增法者，每行可均之，不但数物左右之也[40]。

**【注释】**

〔1〕设 $x$，$y$，$z$ 分别表示上、中、下禾一秉之实，它相当于线性方程组

$$2x + y \quad\ = 1$$
$$3y + z = 1$$
$$x \quad\ + 4z = 1。$$

其筹式如图 8 - 2（1）。

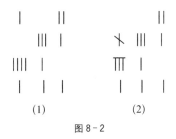

（1）　　　　　（2）

图 8 - 2

〔2〕以正负术入之：将正负术纳入其解法。入，纳入。此问的方程在消去左行上禾的系数时，其中会出现 $0 - 1 = -1$ 的运算，从而变成

$$2x + y \quad\ = 1$$
$$3y + z = 1$$
$$-y + 8z = 1。$$

其筹式如图 8 - 2（2），所以要将正负术纳入此术的解法。

〔3〕正负术：即正负数加减法则。《九章算术》中负数的引入及正负数加减法则的提出，都是世界上最早的，超前其他文化传统几百年甚至上千年。

〔4〕这是刘徽的正负数定义。它表示，正数与负数是互相依存的，相对的。正数相对于负数而言为正数，负数相对于正数而言为负数。因此，正数与负数可以互相转化，已经摆脱了以盈为正，以欠为负的素朴观念。

〔5〕正筹赤，负算黑：这是正负数的算筹表示法。不过学术界在理

解上尚有不同意见。有的学者认为是整个算筹涂成红色或黑色，有的学者认为只是在算筹上有红色或黑色的标记。"以邪正为异"，有的学者认为是指邪置、正置，有的学者认为指正算的截面为正三角形（有三廉），负算的截面为正方形（有四廉）。宋元时期常在算筹上置一邪筹表示负数。本书亦以这种方式表示负数，如图8 - 2（2）左行的丨，就表示 -1。

〔6〕消夺：指相消与夺位两种运算。相消是以某数消减另一个数。如果将该数相消化为0，则就是夺，即夺其位。

〔7〕"于筹或减或益"三句：对于算数有的减损，有的增益，它们在同一行的不同位置上完全表示两种不同的物品，它们各有加，有减，其和差显现于下方。益，增益，加。见，显现。刘徽在此说明为什么必须建立正负术，即赤、黑相消夺之术。

〔8〕二条：指正负数加法法则与正负数减法法则。

〔9〕赤、黑相杂：指方程的一行中正负数相杂。     减、益虽殊：指方程中左右行相对的正负数相加减。     差、实虽分：指各行中诸未知数的系数与实的关系。刘徽在此说明正负术在这三种情况中的应用。这里的"率"指计算方法。"率"的本义是标准，引申为按标准计算，计算方法。《隋书·律历志》在谈到数学方法时说："夫所谓率者，有九流焉。"

〔10〕正无人以负之：正的算数如果无偶，就变成负的。无人，就是"无偶"。人，偶，伴侣。《庄子·大宗师》："彼方且与造物者为人，而游乎天地之一气。"王先谦集解引王引之云："为人，犹言为偶。""无人"系《大典》本、杨辉本之原文，不误。杨辉本"卖牛羊"问在"一法"之"无人"下注："古本误刻'无人'者，非。"所谓"古本"即北宋贾宪的《黄帝九章筹经细草》，它是杨辉本的底本。宋景昌据此认为"杨氏亦从'入'"。戴震辑录校勘本改"人"作"入"。钱宝琮认定戴震此处参考过《永乐大典》中所引杨辉本。此后诸本均改作"入"。汪莱、李潢不同意戴震的意见。汪莱云："'无人'，'人'不误。'无人'谓有空位也。"李潢云："'入'字原本作'人'，孔刻改为'入'，非是。"李潢本"于经、注作'入'，仍微波榭本也。'说'中作'人'，遵原本也。"然此后各本均从戴校。今恢复《大典》本、杨辉本原文。下"无人"均同，恕不再注。以，训"则"。

〔11〕负无人以正之：负的算数如果无偶，就变成正的。

〔12〕率：这里亦指计算方法。

〔13〕同名相除：相减的两个数如果符号相同，则它们的数值相减。这是《九章筹术》提出的正负数减法法则。名，名分，指称，此处即今

之正负号。同名，同号。除，这里是减的意思。此谓符号相同的数相减，即刘徽所说的"以赤除赤"，"以黑除黑"，则它们的数值（这里是绝对值）相减。即

$$(\pm a)-(\pm b)=\pm(a-b), \qquad a>b,$$
$$(\pm a)-(\pm b)=\mp(b-a), \qquad a<b.$$

〔14〕相减：这里指相加减，偏词复义。

〔15〕为去头位：为的是消去头位。《九章筭术》的直除法只是消去某行的头位。

〔16〕此条：指正负数减法法则中的"同名相除"。　下条：指下文正负数减法法则中的"异名相益"。

〔17〕异名相益：相减的两个数如果符号不同，则它们的数值相加。异名，即不同号。这里是说，符号不同的数相减，即以赤除黑，或以黑除赤，则它们的数值（这里是绝对值）相加。即

$$(\pm a)-(\mp b)=\pm(a+b).$$

〔18〕益行减行，当各以其类矣：两行相加或相减，都应当分别依据它们的类别。其类，它们的类别。这里指同号、异号。

〔19〕"非其类者"三句：不是它那一类的，就好像是没有对减的数，则就不可以相减了。无对，没有相对的数。这是说在建立正负数加减法则之前正负数是无法相加减的。

〔20〕故赤用黑对则除，黑：红算数如果用黑算数作对减的数，则得黑算数。此即

$$(-a)-(+b)=-(a+b).$$

〔21〕无对则除，黑：如果红算数没有与之对减的数，也得黑算数，即

$$0-(+a)=-a.$$

〔22〕黑用赤对则除，赤：黑算数如果用红算数对减，则得红算数，即

$$(+a)-(-b)=+(a+b).$$

〔23〕无对则除，赤：　如果黑算数没有与之对减的数，也得红算数，即

$$0-(-a)=a.$$

〔24〕之：语气词。

〔25〕消夺之与减益成一实：此谓通过消夺减益化成一种物品的实。

〔26〕刘徽在此又一次强调，《九章算术》的直除法是消去某行有效数字的头位，而其他位或者相减，或者相加，都是同一个道理。而：训"乃"。王引之《经传释词》卷七："'而'，犹'乃'也。"

〔27〕正无人负之：《九章算术》的术文是说，正数没有与之对减的数，则为负数。即

$$0-(+a)=-a, \qquad a>0。$$

〔28〕负无人正之：《九章算术》的术文是说，负数没有与之对减的数，则为正数。即

$$0-(-a)=+a, \qquad a>0。$$

以上两种情形都是刘徽所说的"消夺者居位"。

〔29〕或：与"有"通，训"而"，见裴学海《古书虚字集释》卷二。

〔30〕此条：指正负数减法法则。

〔31〕其异名相除：如果两者是异号的，则它们的数值（这里是绝对值）相减。即

$$(\pm a)+(\mp b)=\pm(a-b), \qquad a>b。$$

自此起是《九章算术》提出的正负数加法法则。

〔32〕同名相益：如果相加的两者是同号的，则它们的数值（这里是绝对值）相加。即

$$(\pm a)+(\pm b)=\pm(a+b)。$$

〔33〕正无人正之：如果正数没有与之相加的，则为正数。即

$$0+(+a)=+a, \qquad a>0。$$

〔34〕负无人负之：如果负数没有与之相加的，则为负数。即

$$0+(-a)=-a, \qquad a>0。$$

〔35〕使二品互相取而已：只是使二种物品互取而已。

〔36〕刘徽在此再一次阐明正数与负数是相对的，就其绝对值而言，正的未必就大，负的未必就小。

〔37〕刘徽指出，在一行中，赤算统统变成黑算，黑算统统变成赤算，其数量关系不变。因此，可以将用来消元的两行的头位变成互相异号，以使它们相加。

〔38〕刘徽认为，由于正数与负数是相对而言的，并且减一正数相当于加一负数，减一负数相当于加一正数，那么，正负数的加减法则可合为一术。即

$$(\pm a) - (\pm b) = (\pm a) + (\mp b) = \pm(a-b)。$$

〔39〕成数：指每行都有确定之数，故可相减。成，训"定"，犹如开方术"成方"之"成"。

〔40〕"如数有旧增（céng）法者"三句：如一行诸数中有原来的法的重叠，那么这一行可以自行调节，不只是对各物品的数量利用左右行相消。换言之，如果某行的诸数中有公因子，可以用它约简，不只是左右行相消。增，训"层"。刘向《说苑·反质》："宫室台阁，连属增累。"增法，重叠的法。均，调和，调节。《诗经·小雅·皇皇者华》："我马维骃，六辔既均。"毛传："均，调也。"

## 【译文】

假设有 2 捆上等禾，3 捆中等禾，4 捆下等禾，它们各自的实都不满 1 斗。如果上等禾借取中等禾、中等禾借取下等禾、下等禾借取上等禾各 1 捆，则它们的实恰好都满 1 斗。问：1 捆上等禾、中等禾、下等禾的实各是多少？

答：

1 捆上等禾的实是 $\frac{9}{25}$ 斗，

1 捆中等禾的实是 $\frac{7}{25}$ 斗，

1 捆下等禾的实是 $\frac{4}{25}$ 斗。

术：如同方程术那样求解。分别布置所借取的数量。布置上等禾的捆数 2 为右行的上位，中等禾的捆数 3 为中行的中位，下等禾的捆数 4 为左行的下位。每行所借取的 1 捆及实 1 斗都遵从自己的位置。凡是各行之间有互相借取物品的问题，皆依照此例。将正负术纳入之。

正负术：如果两个算数所表示的得与失是相反的，必须引入正负数以命名之。正的算数用红筹，负的算数用黑筹。否则就用邪筹与正筹区别它们。方程术自有红算数与黑算数互相借取，法与实的数值互相推求的方法，然而它们相加、相减的态势不能广泛通达，所以使红算数与黑算数互相消减、夺位。对于算数，

有的减损，有的增益，它们在同一行的不同位置上，完全表示两种不同的物品，它们各有加、有减，其和、差显现于下方的位置上。于是，撰著这二条法则，并且特地将它们与禾联系起来，为的是阐明此二条的意义。因此红算数与黑算数虽然互相错杂，却足以确定上下的程式，相减、相加虽然不同却足以使左右行之数互相通达，差与实虽然有区别，却足以适应于同号异号的计算。那么在减法运算中正的算数如果无偶，就变成负的，负的算数如果无偶，就变成正的，其计算方法并不是虚妄的。**相减的两个数如果符号相同，则它们的数值相减**，这是说以红算数减红算数，以黑算数减黑算数。诸行中要求相加减，为的是消去它的头位。那么两行的头位如果是同号的，应当用此条；头位如果是异号的，应当用下条。**相减的两个数如果符号不相同，则它们的数值相加**，不管是两行相加，还是相减，都应当分别依据它们的类别。如果是与它符号不同的，就不是它那一类的。不是它那一类的，就好像是没有对减的数，则就不可以相减了。红算数如果用黑算数作对减的数，则得黑算数，如果没有对减的数，也得黑算数；黑算数如果用红算数对减，则得红算数，如果没有对减的数，也得红算数；红算数与黑算数都是原本的数相加。这里是两者相增益，都是用来消减、夺位。消减、夺位与减损、增益使之成为一种物品的实。一种术最根本的是要抓住其关键。方程术中必定要消去某一行的首位，至于其他位，不管是多少，所以有时是它们相减，有时是它们相加，不论符号是相同还是不同，原理都是一样的。**正数如果无偶，就变成负的，负数如果无偶，就变成正的。**无偶，就是没有与之对减的数。没有能够被减的，则就使用来消减的数居于这个位置。那些应当以列实去减下方的实，以及一行中正负数相错杂，也应当应用这一条。这一条就是，同符号的就减实、不同符号的就加实，正数如果无偶就变成负数，负数如果无偶就变成正数。 **相加的两个数如果符号不相同，则它们的数值相减，相加的两个数如果符号相同，则它们的数值相加，正数如果无偶就是正数，负数如果无偶就是负数。**这一条以"相加的两个数如果符号不相同，则它们的数值相减"为例，所以也与上一条互取。凡是正负数所以记出它们的同号异号，只是使二种物品互取而已。表示成负的，负的其数值未必就小，表示成正的，正的其数值未必就大。所以每一行之中即使将红算与黑算互易其符号，也没有什么障碍。那么可以使两行的头位取成互相不同的符号。这些条文的实质全都是相通的，于是以上二条翻来覆去都是同一种运算。考察它们在一行中上下互相选取的符号，则总是根据运算的需要而表示出来，仍然是同一种方法。又，设置诸行，本意是想凭借已有的数互相消减，所以不管行数是多少，使上下相命就可以了。若用正负数相减，如一行诸数中有原来的法的重叠，那么这一行可以自行调节，不只是对各物品的数量利用左右行相消。

今有上禾五秉，损实一斗一升，当下禾七秉；上禾七秉，损实二斗五升，当下禾五秉[1]。问：上、下禾实一秉各几何？

答曰：

上禾一秉五升，

下禾一秉二升。

术曰：如方程。置上禾五秉正，下禾七秉负，损实一斗一升正[2]。言上禾五秉之实多，减其一斗一升，余，是与下禾七秉相当数也。故互其筭，令相折除，以一斗一升为差[3]。为差者，上禾之余实也。次置上禾七秉正，下禾五秉负，损实二斗五升正[4]。以正负术入之。按：正负之术本设列行，物程之数不限多少，必令与实上、下相次，而以每行各自为率。然而或减或益，同行异位殊为二品，各自并、减之差见于下也[5]。

今有上禾六秉，损实一斗八升，当下禾一十秉；下禾一十五秉，损实五升，当上禾五秉[6]。问：上、下禾实一秉各几何？

答曰：

上禾一秉实八升，

下禾一秉实三升。

术曰：如方程。置上禾六秉正，下禾一十秉负，损实一斗八升正。次[7]，上禾五秉负，下禾一十五秉正，损实五升正[8]。以正负术入之。言上禾六秉之实多，减损其一斗八升，余，是与下禾十秉相当之数。故亦互其筭，而以一斗八升为差实。差实者，上禾之余实也。

今有上禾三秉，益实六斗，当下禾一十秉；下禾五秉，益实一斗，当上禾二秉[9]。问：上、下禾实一秉各几何？

　　荅曰：

　　上禾一秉实八斗，

　　下禾一秉实三斗。

　　术曰：如方程。置上禾三秉正，下禾一十秉负，益实六斗负。次置上禾二秉负，下禾五秉正，益实一斗负[10]。以正负术入之。言上禾三秉之实少，益其六斗，然后于下禾十秉相当也[11]。故亦互其筭，而以六斗为差实。差实者，下禾之余实。


【注释】

　　〔1〕设 $x$，$y$ 分别表示上、下禾一秉之实，《九章算术》的题设相当于给出关系

$$5x - 11 = 7y$$

$$7x - 25 = 5y。$$

此下 3 问都是常数项和未知数项的损益问题，合为一组。

　　〔2〕《九章算术》列出方程的右行，相当于

$$5x - 7y = 11。$$

未知数的系数有负数。

　　〔3〕互其筭：交换算数，即损益。

　　〔4〕《九章算术》列出方程的左行，相当于

$$7x - 5y = 25。$$

　　〔5〕各自并、减之差见（xiàn）于下也：各自有加有减，其和差显现于下方。见，显现。

　　〔6〕设 $x$，$y$ 分别表示上、下禾一秉之实，《九章算术》的题设相当于给出关系

$$6x - 18 = 10y$$
$$15y - 5 = 5x。$$

〔7〕次：即"次置"。

〔8〕《九章筭术》得出方程，相当于

$$6x - 10y = 18$$
$$-5x + 15y = 5。$$

两个未知数的系数都有负数。

〔9〕设 $x$，$y$ 分别表示上、下禾一秉之实，《九章筭术》的题设相当于给出关系

$$3x + 6 = 10y$$
$$5y + 1 = 2x。$$

〔10〕《九章筭术》得出方程，相当于

$$3x - 10y = -6$$
$$-2x + 5y = -1。$$

此不仅两个未知数都有负系数，而且实亦为负数。

〔11〕于下禾十秉相当：与 10 秉下禾相当。于，训"与"。裴学海《古书虚字集释》卷一："'于'，犹'与'也。"

【译文】

假设有 5 捆上等禾，将它的实减损 1 斗 1 升，等于 7 捆下等禾；7 捆上等禾，将它的实减损 2 斗 5 升，等于 5 捆下等禾。问：1 捆上等禾、下等禾的实各是多少？

答：

1 捆上等禾的实是 5 升，

1 捆下等禾的实是 2 升。

术：如同方程术那样求解。布置上等禾的捆数 5，是正的，下等禾的捆数 7，是负的，减损的实 1 斗 1 升，是正的。这是说 5 捆上等禾的实多，减损它 1 斗 1 升，余数就与 7 捆下等禾的实相等。所以互相置换算数，使它们互相折消，以 1 斗 1 升作为差。成为这个差的，就是上等禾余下的实。其次布置 7 捆上等禾，是正的，5 捆下等禾，是负

的，减损的实 2 斗 5 升，是正的。将正负术纳入之。按：应用正负术，本来设置各列各行，需要求解的物品个数不管多少，必须使它们与实上下一一排列，而以每行各自作为率。然而有的减损，有的增益，它们在同一行不同位置完全表示二种不同的物品，各自有加有减，其和差显现于下方。

假设有 6 捆上等禾，将它的实减损 1 斗 8 升，与 10 捆下等禾的实相等；15 捆下等禾，将它的实减损 5 升，与 5 捆上等禾的实相等。问：1 捆上等禾、下等禾的实各是多少？

　　答：

　　1 捆上等禾的实是 8 升，

　　1 捆下等禾的实是 3 升。

　　术曰：如同方程术那样求解。布置上等禾的捆数 6，是正的，下等禾的捆数 10，是负的，所减损的实 1 斗 8 升，是正的。接着，布置上等禾的捆数 5，是负的，下等禾的捆数 15，是正的，所减损的实 5 升，是正的。将正负术纳入之。这是说 6 捆上等禾的实多，减损它 1 斗 8 升，余数与 10 捆下等禾的实相等。所以也互相置换算数，而以 1 斗 8 升作为差实。差实就是上等禾余下的实。

假设有 3 捆上等禾，将它的实增益 6 斗，与 10 捆下等禾的实相等；5 捆下等禾，将它的实增益 1 斗，与 2 捆上等禾的实相等。问：1 捆上等禾、下等禾的实各是多少？

　　答：

　　1 捆上等禾的实是 8 斗，

　　1 捆下等禾的实是 3 斗。

　　术：如同方程术那样求解。布置上等禾的捆数 3，是正的，下等禾的捆数 10，是负的，增益的实 6 斗，是负的。接着布置上等禾的捆数 2，是负的，下等禾的捆数 5，是正的，增益的实 1 斗，是负的。将正负术纳入之。这是说 3 捆上等禾的实少，给它增益 6 斗，然后与 10 捆下等禾的实相等。所以也互相置换算数，而以 6 斗作为差实。差实就是下等禾余下的实。

今有牛五、羊二，直金十两；牛二、羊五，直金八两[1]。问：牛、羊各直金几何？

　　荅曰：

牛一直金一两二十一分两之一十三，

羊一直金二十一分两之二十。

术曰：如方程。假令为同齐，头位为牛，当相乘。右行
定[2]，更置牛十、羊四，直金二十两；左行牛十、羊二十五，
直金四十两[3]。牛数等同，金多二十两者，羊差二十一使之然
也。以少行减多行，则牛数尽，惟羊与直金之数见，可得而知
也[4]。以小推大，虽四、五行不异也[5]。

**【注释】**

〔1〕设 $x$，$y$ 分别表示牛、羊直金，题设给出的方程图 8 - 3（1），
相当于线性方程组

$$5x + 2y = 10$$

$$2x + 5y = 8。$$

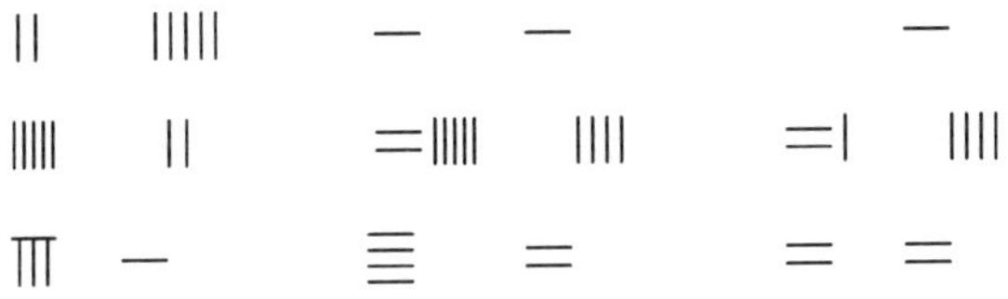

（1）　　　　　（2）　　　　　（3）

图 8 - 3

〔2〕相乘：指头位互相乘，以做到齐同。这是刘徽创造的解线性方
程组的互乘相消法。

〔3〕"更置牛十、羊四"四句：此谓通过齐同运算，右行由"牛五、
羊二，直金十两"变换成"牛十、羊四，直金二十两"，左行由"牛二、
羊五，直金八两"变成"牛十、羊二十五，直金四十两"，得到如图 8 -
3（2）的方程，它相当于

$$10x + 4y = 20$$

$$10x + 25y = 40。$$

〔4〕以少行减多行，即以右行减左行，得方程如图 8 - 3（3），它相

当于

$$10x + 4y = 20$$

$$21y = 20。$$

因此 1 只羊直金 $y = \dfrac{20}{21}$ 两。

〔5〕刘徽认为，这一方法可以推广到任意多行的方程。可惜，刘徽的这一创造长期未引起数学家的重视。直到北宋贾宪《黄帝九章筭经细草》才大量使用互乘相消法，同时也使用直除法。南宋秦九韶《数书九章》才废止直除法，完全使用互乘相消法。

【译文】
假设有 5 头牛、2 只羊，值 10 两金；2 头牛、5 只羊，值 8 两金。问：1 头牛、1 只羊各值多少金？

答：

1 头牛值 $1\dfrac{13}{21}$ 两金，

1 只羊值 $\dfrac{20}{21}$ 两金。

术：如同方程术那样求解。假令作齐同变换，两行的头位是牛，应当互相乘。右行就确定了，重新布置牛的头数 10，羊的只数 4，值金数 20 两；左行牛的头数 10，羊的只数 25，值金数 40 两。两行牛的头数相等，那么金多 20 两，是羊多了 21 只造成的。以数值少的行减多的行，则牛的头数减尽，只有羊的只数与所值的金数显现出来，因此可以知道一只羊所值的金的两数。以小推大，即使是四、五行的方程也没有什么不同。

今有卖牛二、羊五，以买一十三豕，有余钱一千；卖牛三、豕三，以买九羊，钱适足；卖六羊、八豕，以买五牛，钱不足六百[1]。问：牛、羊、豕价各几何？

荅曰：

牛价一千二百，

羊价五百，

豕价三百。

术曰：如方程。置牛二、羊五正，豕一十三负，余钱数正；次，牛三正，羊九负，豕三正；次，五牛负，六羊正，八豕正，不足钱负[2]。以正负术入之。此中行买、卖相折，钱适足，故但互买、卖筹而已[3]。故下无钱直也。设欲以此行如方程法，先令二牛遍乘中行，而以右行直除之。是故终于下实虚缺矣，故注曰"正无实负，负无实正"，方为类也[4]。方将以别实加适足之数与实物作实。

盈不足章"黄金白银"与此相当。"假令黄金九、白银一十一，称之重适等。交易其一，金轻十三两。问：金、银一枚各重几何？"与此同。

【注释】

〔1〕设牛、羊、豕价分别是 $x$，$y$，$z$，《九章算术》的题设相当于关系式

$$2x + 5y = 13z + 1\,000$$
$$3x + 3z = 9y$$
$$6y + 8z = 5x - 600。$$

〔2〕《九章算术》列出方程，如图 8 - 4（1），它相当于线性方程组

$$2x + 5y - 13z = 1\,000$$
$$3x - 9y + 3z = 0$$
$$-5x + 6y + 8z = -600。$$

〔3〕故但互买、卖筹而已：所以只是互相置换买卖的算数即可。故但，所以只是。

〔4〕故注：旧注。刘徽此处所引，当然是前人的旧注。

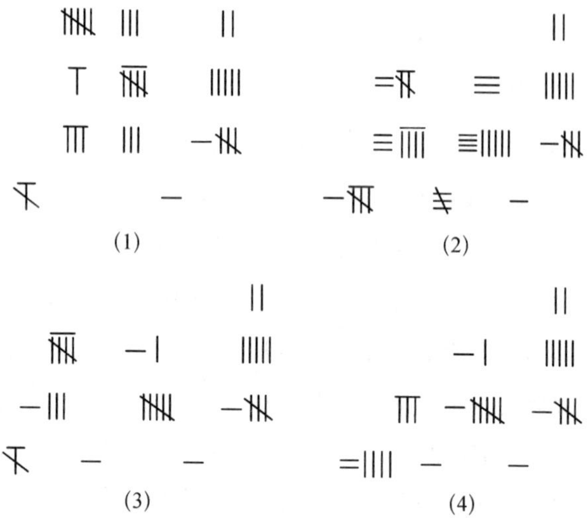

(1)        (2)

(3)        (4)

图 8-4

【译文】

假设卖了 2 头牛、5 只羊，用来买 13 头猪，还剩余 1 000 钱；卖了 3 头牛、3 头猪，用来买 9 只羊，钱恰好足够；卖了 6 只羊、8 头猪，用来买 5 头牛，不足 600 钱。问：1 头牛、1 只羊、1 头猪的价格各是多少？

答：

1 头牛的价格是 1 200 钱，

1 只羊的价格是 500 钱，

1 头猪的价格是 300 钱。

术：如同方程术那样求解。布置牛的头数 2、羊的只数 5，都是正的，猪的头数 13，是负的，余钱数是正的；接着布置牛的头数 3，是正的，羊的只数 9，是负的，猪的头数 3，是正的；再布置牛的头数 5，是负的，羊的只数 6，是正的，猪的头数 8，是正的，不足的钱是负的。将正负术纳入之。这里中行的买卖互相折算，钱恰好足够，所以只是互相置换买卖的算数即可。因而下方没有值的钱数。如果想把方程的解法用于这一行，须先使牛的头数 2 整个地乘中行，而用右行与之对减。中行下方的实既然虚缺，那么旧注说"正的没有实被减，就是负的，负的没有实被减，就是正的"，就是为了这一类问题。将用别的实加适足的数，以实物作为实。

盈不足章的黄金白银问题与此相似。"假设有9枚黄金，11枚白银，称它们的重量，恰好相等。交换其一枚，黄金这边轻13两。问：1枚黄金、1枚白银各重多少?"与此相同。

今有五雀六燕[1]，集称之衡[2]，雀俱重，燕俱轻。一雀一燕交而处，衡适平[3]。并雀、燕重一斤。问：雀、燕一枚各重几何?

答曰：

雀重一两一十九分两之一十三，

燕重一两一十九分两之五。

术曰：如方程。交易质之[4]，各重八两[5]。此四雀一燕与一雀五燕衡适平。并重一斤，故各八两。列两行程数。左行头位其数有一者，令右行遍除[6]。亦可令于左行，而取其法、实于左。左行数多，以右行取其数。左头位减尽，中、下位筹当燕与实。右行不动，左上空。中法，下实，即每枚当重宜可知也[7]。按：此四雀一燕与一雀五燕其重等，是三雀四燕重相当，雀率重四，燕率重三也。诸再程之率皆可异术求也[8]，即其数也。

【注释】

〔1〕成语"五雀六燕"即由此衍化而成，喻双方分量相等，如五雀六燕，铢两悉称。亦省作"五雀"。清赵翼《哭汪文端师》诗："乙鸿精鉴别，五雀定衡铨。"

〔2〕称（chēng）：称量。李籍云："正斤两也。"　衡：衡器，秤。李籍云："权衡也。"

〔3〕《艺文类聚》卷九十二鸟部下于"燕"字云："《九章筭术》曰：'五雀六燕，飞集衡，衡适平。'"文字与此稍异。

〔4〕质：称，衡量。《汉语大字典》、《汉语大词典》此释义均以《九章筭术》此问为例句。疑"称量"之义由"质"训评断、评量引申而来。

《周礼·夏官·马质》："马质掌质马。"贾公彦疏："质，平也。"笔者故乡山东胶州至今说称量某物为"质质"，当是古语。

〔5〕《九章算术》实际上给出形如图 8 - 5（1）的方程。设 1 只雀、燕的重量分别为 $x$，$y$，它相当于线性方程组

$$4x + y = 8$$
$$x + 5y = 8。$$

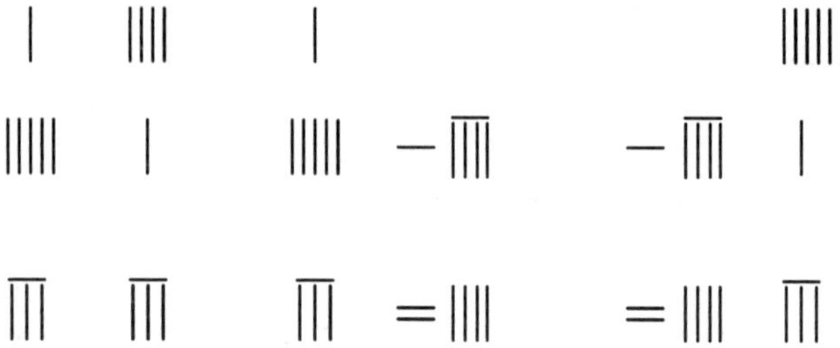

（1）　　　　　　　（2）　　　　　　　（3）

图 8 - 5

〔6〕由于左行头位为 1，令从右行四度减去左行，右行头位化为 0，下位为 −19，实为 −24。整行乘以 −1，如图 8 - 5（2）所示，即得 1 只燕的重量。

〔7〕此是消去方程左行头位的程序。因为左行燕的只数多，所以求燕的重量可以用此行，在此行求燕的法与实。以右行的头位 4 乘左行整行，减去右行，左行头位为 0，法为 19，实为 24。如图 8 - 5（3）所示。

〔8〕异术：实际上就是刘徽在麻麦问提出的方程新术。由原方程即图 8 - 5（1）中的两行相减，下方的实变为 0，雀的系数为 3，燕的系数为 −4，也就是 3 雀相当于 4 燕，于是

雀：燕 = 4：3，　　或　　$x : y = 4 : 3$。

任取一行，比如右行，用今有术将雀化为燕，即

$$4 \times \frac{4}{3}y + y = 8。$$

于是　　　　　　　$$y = \frac{24}{19} = 1\frac{5}{19}（两）。$$

**【译文】**

假设有 5 只麻雀、6 只燕子,分别在衡上称量之,麻雀重,燕子轻。将 1 只麻雀、1 只燕子交换,衡恰好平衡。麻雀与燕子合起来共重 1 斤。问:1 只麻雀、1 只燕子各重多少?

答:

1 只麻雀重 $1\frac{13}{19}$ 两,

1 只燕子重 $1\frac{5}{19}$ 两。

术:如同方程术那样求解。将 1 只麻雀与 1 只燕子交换,再称量它们,各重 8 两。这里 4 只麻雀、1 只燕子与 1 只麻雀、5 只燕子恰好使衡平衡。它们合起来重 1 斤,所以各重为 8 两。列出两行用以求解的数。左行头位的数为 1,使左行整个地去减右行。也可使右行与左行对减,而在左行取得法与实。左行的下位与实的数值大,以右行消减它的数。左行的头位减尽,中位与下位应当是燕与实的算数。右行不动,左行上位空。中位是法,下位是实,那么每 1 只燕子的重量应当是可以知道的。按:此 4 只麻雀、1 只燕子与 1 只麻雀、5 只燕子,它们的重量相等,这就是 3 只麻雀与 4 只燕子的重量相当,所以麻雀重的率是 4,燕子重的率是 3。各种求若干率的问题都可以用特殊的方法解决,就得到其数值。


今有甲、乙二人持钱不知其数。甲得乙半而钱五十,乙得甲太半而亦钱五十[1]。问:甲、乙持钱各几何?

答曰:

甲持三十七钱半,

乙持二十五钱。

术曰:如方程。损益之[2]。此问者言一甲、半乙而五十,太半甲、一乙亦五十也。各以分母乘其全,内子,行定:二甲、一乙而钱一百;二甲、三乙而钱一百五十[3]。于是乃如方程。

诸物有分者放此[4]。

今有二马、一牛价过一万,如半马之价;一马、二牛价不满一万，如半牛之价[5]。问：牛、马价各几何？

  荅曰：

   马价五千四百五十四钱一十一分钱之六，

   牛价一千八百一十八钱一十一分钱之二。

  术曰：如方程。损益之。此一马半与一牛价直一万也，二牛半与一马亦直一万也[6]。"一马半与一牛直钱一万"，通分内子，右行为三马、二牛，直钱二万。"二牛半与一马直钱一万"，通分内子，左行为二马、五牛，直钱二万也[7]。

【注释】

 〔1〕设甲、乙持钱分别是 $x$，$y$，《九章算术》的题设相当于给出关系式

$$x + \frac{1}{2}y = 50$$

$$\frac{2}{3}x + y = 50。$$

此问与下问都是通过损益得到分数系数方程组，合为一组。

 〔2〕损益之：此处的"损益"与第 2 问的意义及其他有关问题的用法有所不同，是指将分数系数通过通分损益成整数系数。

 〔3〕刘徽指出其方程相当于线性方程组

$$2x + y = 100$$

$$2x + 3y = 150。$$

 〔4〕放：训"仿"。此问是《九章算术》第一个分数系数方程，故刘徽指出其他有关分数系数的方程，仿此处理。

 〔5〕设马、牛之价分别是 $x$，$y$，《九章算术》的题设相当于给出关系式

$$(2x + y) - 10\,000 = \frac{1}{2}x$$

$$10\,000 - (x + 2y) = \frac{1}{2}y。$$

〔6〕损益之，得出

$$1\frac{1}{2}x + y = 10\,000$$

$$x + 2\frac{1}{2}y = 10\,000。$$

这里既有未知数和常数项的互其算，又有未知数的合并同类项。

〔7〕刘徽说，通过通分纳子，将方程化成

$$3x + 2y = 20\,000$$

$$2x + 5y = 20\,000。$$

## 【译文】

假设甲、乙二人带着钱，不知是多少。如果甲得到乙的钱数的 $\frac{1}{2}$，就有 50 钱，乙得到甲的钱数的 $\frac{2}{3}$，也就有 50 钱。问：甲、乙各带了多少钱？

　　答：

甲带了 $37\frac{1}{2}$ 钱，

乙带了 25 钱。

术：如同方程术那样求解。先对之减损增益。这一问题是说，1 份甲带的钱与 $\frac{1}{2}$ 份乙带的钱而共有 50 钱，$\frac{2}{3}$ 份甲带的钱与 1 份乙带的钱也共有 50 钱。各以分母乘其整数部分，纳入分子，确定两行为：甲的份数 2、乙的份数 1 而共有 100 钱，甲的份数 2、乙的份数 3 而共有 150 钱。于是就如同方程术那样求解。各种物品有分数的都仿照此问。

假设有 2 匹马、1 头牛，它们的价钱超过 10 000 钱的部分，如同 1 匹马的价钱的 $\frac{1}{2}$；1 匹马、2 头牛，它们的价钱不满 10 000 钱的部分，如同 1 头牛的价钱的 $\frac{1}{2}$。问：1 头牛、1 匹马的价钱各是多少？

答：

1 匹马的价钱是 $5\ 454\frac{6}{11}$ 钱，

1 头牛的价钱是 $1\ 818\frac{2}{11}$ 钱。

术：如同方程术那样求解。先对之减损增益。这里 $1\frac{1}{2}$ 匹马与 1 头牛的价钱值 10 000 钱，$2\frac{1}{2}$ 头牛与 1 匹马的价钱也是 10 000 钱。"$1\frac{1}{2}$ 匹马与 1 头牛的价钱值 10 000 钱"，通分纳子，右行为：马的匹数 3、牛的头数 2，值钱 20 000 钱。"$2\frac{1}{2}$ 头牛与 1 匹马的价钱也是 10 000 钱"，通分纳子，左行为：马的匹数 2、牛的头数 5，值钱 20 000 钱。


今有武马一匹[1]，中马二匹，下马三匹，皆载四十石至坂[2]，皆不能上。武马借中马一匹，中马借下马一匹，下马借武马一匹，乃皆上[3]。问：武、中、下马一匹各力引几何[4]？

答曰：

武马一匹力引二十二石七分石之六，

中马一匹力引一十七石七分石之一，

下马一匹力引五石七分石之五。

术曰：如方程。各置所借。以正负术入之[5]。

【注释】

〔1〕武马：上等马。李籍云："武马，戎马也。戎马言武马者，犹《曲礼》谓戎车为武车也。取其健猛而善行也。"

〔2〕坂（bǎn）：斜坡。《说文解字》："坂，坡者曰坂。"李籍云："不平也。"

〔3〕借：李籍云："从人假物也。"设 1 匹武马、中马、下马之力引

分别是 $x$，$y$，$z$，《九章算术》给出的方程相当于线性方程组

$$x + y = 40$$
$$2y + z = 40$$
$$x + 3z = 40。$$

〔4〕力引：拉力，牵引力。引，本义是拉弓，开弓。引申为牵引，拉。李籍云："引，重也。《易》曰：'引重致远。'"

〔5〕此问的方程是已经讨论过的类型，刘徽没有注。

**【译文】**

假设有 1 匹上等马，2 匹中等马，3 匹下等马，分别载 40 石的物品至一陡坡，都上不去。这匹上等马借 1 匹中等马，这些中等马借 1 匹下等马，这些下等马借 1 匹上等马，于是都能上去。问：1 匹上等马、中等马、下等马的拉力各是多少？

答：

1 匹上等马的拉力 $22\frac{6}{7}$ 石，

1 匹中等马的拉力 $17\frac{1}{7}$ 石，

1 匹下等马的拉力 $5\frac{5}{7}$ 石。

术：如同方程术那样求解。分别布置所借的 1 匹马。将正负术纳入之。

今有五家共井，甲二绠不足[1]，如乙一绠；乙三绠不足，以丙一绠；丙四绠不足，以丁一绠；丁五绠不足，以戊一绠；戊六绠不足，以甲一绠。如各得所不足一绠，皆逮[2]。问：井深、绠长各几何？

荅曰：

井深七丈二尺一寸，

甲绠长二丈六尺五寸，

乙绠长一丈九尺一寸，
丙绠长一丈四尺八寸，
丁绠长一丈二尺九寸，
戊绠长七尺六寸。

术曰：如方程[3]。以正负术入之。此率初如方程为之，
名各一逮井。其后，法得七百二十一，实七十六，是为七百二
十一绠而七十六逮井，并用逮之数。以法除实者，而戊一绠逮
井之数定，逮七百二十一分之七十六[4]。是故七百二十一为井
深，七十六为戊绠之长，举率以言之[5]。

**【注释】**

〔1〕绠：汲水用的绳索。《说文解字》："绠，汲井缠也。"李籍云：
绠，"汲水索"。

〔2〕逮（dài）：及，及至。《说文解字》："逮，及也。"设甲、乙、
丙、丁、戊绠长与井深分别是 $x$，$y$，$z$，$u$，$v$，$w$，《九章算术》的
题设相当于给出线性方程组

$$2x + y = w$$
$$3y + z = w$$
$$4z + u = w$$
$$5u + v = w$$
$$6v + x = w。$$

〔3〕《九章算术》依方程术求解。然而此方程 6 个未知数，只能列出
5 行，实际上是一个不定问题，有无穷多组解。《九章算术》的编纂者未
认识到这一点。

〔4〕刘徽求出戊 1 绠逮井之数是井深的 $\dfrac{76}{721}$。

〔5〕刘徽指出，以 721 为井深，76 为戊绠长，129 为丁绠长……是
"举率以言之"。这是在中国数学史上第一次明确指出不定方程问题。事
实上，上述方程经过消元，可以化成：

$$721x = 265w$$
$$721y = 191w$$
$$721z = 148w$$
$$721u = 129w$$
$$721v = 76w。$$

这实际上给出了

$$x : y : z : u : v : w = 265 : 191 : 148 : 129 : 76 : 721。$$

显然，只要令 $w = 721n$，$n = 1$，2，3，$\cdots$，都会给出满足题设的 $x$，$y$，$z$，$u$，$v$，$w$ 的值。《九章算术》只是把其中的最小一组正整数解作为定解。


## 【译文】

假设有五家共同使用一口井，甲家的 2 根井绳不如井的深度，如同乙家的 1 根井绳；乙家的 3 根井绳不如井的深度，如同丙家的 1 根井绳；丙家的 4 根井绳不如井的深度，如同丁家的 1 根井绳；丁家的 5 根井绳不如井的深度，如同戊家的 1 根井绳；戊家的 6 根井绳不如井的深度，如同甲家的 1 根井绳。如果各家分别得到所不足的那一根井绳，都恰好及至井底。问：井深及各家的井绳长度是多少？

答：

井深是 7 丈 2 尺 1 寸，

甲家的井绳长是 2 丈 6 尺 5 寸，

乙家的井绳长是 1 丈 9 尺 1 寸，

丙家的井绳长是 1 丈 4 尺 8 寸，

丁家的井绳长是 1 丈 2 尺 9 寸，

戊家的井绳长是 7 尺 6 寸。

术：如同方程术那样求解。将正负术纳入之。这些率最初是如方程术那样求解出来的，指的是各达到一次井深。其后，得到法是 721，实是 76。这就是 721 根戊家的井绳而能 76 次达到井底，这是合并了达到井底的次数。如果以法除实，那么就确定了戊家 1 根井绳达到井底的数，达到井深的 $\frac{76}{721}$。所以把 721 作为井深，76 作为戊家 1 根井绳之长，这只是用率将它们表示出来。

今有白禾二步、青禾三步、黄禾四步、黑禾五步，实各
不满斗。白取青、黄，青取黄、黑，黄取黑、白，黑取
白、青各一步，而实满斗[1]。问：白、青、黄、黑禾实
一步各几何？

答曰：

白禾一步实一百一十一分斗之三十三，

青禾一步实一百一十一分斗之二十八，

黄禾一步实一百一十一分斗之一十七，

黑禾一步实一百一十一分斗之一十。

术曰：如方程。各置所取。以正负术入之。

今有甲禾二秉、乙禾三秉、丙禾四秉，重皆过于石：甲
二重如乙一，乙三重如丙一，丙四重如甲一[2]。问：
甲、乙、丙禾一秉各重几何？

答曰：

甲禾一秉重二十三分石之一十七，

乙禾一秉重二十三分石之一十一，

丙禾一秉重二十三分石之一十。

术曰：如方程。置重过于石之物为负[3]。此问者言甲
禾二秉之重过于一石也。其过者何云[4]？如乙一秉重矣。互言
其筭[5]，令相折除，而一以石为之差实[6]。差实者，如甲禾余
实，故置筭相与同也。以正负术入之。此入，头位异名相
除者，正无人正之，负无人负之也。

今有令一人[7]、吏五人[8]、从者一十人[9]，食鸡一十；
令一十人、吏一人、从者五人，食鸡八；令五人、吏一
十人、从者一人，食鸡六[10]。问：令、吏、从者食鸡各

几何？

> 荅曰：

> 令一人食一百二十二分鸡之四十五，

> 吏一人食一百二十二分鸡之四十一，

> 从者一人食一百二十二分鸡之九十七。

术曰：如方程。以正负术入之。

今有五羊、四犬、三鸡、二兔直钱一千四百九十六；四羊、二犬、六鸡、三兔直钱一千一百七十五；三羊、一犬、七鸡、五兔直钱九百五十八；二羊、三犬、五鸡、一兔直钱八百六十一〔11〕。问：羊、犬、鸡、兔价各几何？

> 荅曰：

> 羊价一百七十七，

> 犬价一百二十一，

> 鸡价二十三，

> 兔价二十九。

术曰：如方程。以正负术入之。

**【注释】**

〔1〕设 1 步白禾、青禾、黄禾、黑禾之实分别是 $x$，$y$，$z$，$u$，《九章算术》的题设相当于给出线性方程组

$$2x + y + z = 1$$
$$3y + z + u = 1$$
$$x + 4z + u = 1$$
$$x + y + 5u = 1。$$

消元中会产生负数，所以纳入正负术。这也是已经讨论过的情形，刘徽

未出注。此问及以下三问都比较简单，合为一组。

〔2〕甲二重如乙一：是说 2 秉甲禾超过 1 石的重量与 1 秉乙禾的重量相等。《九章算术》给出关系式

$$2x - 1 = y$$

$$3y - 1 = z$$

$$4z - 1 = x。$$

〔3〕重过于石之物：指与某种禾的重量超过 1 石的部分相当的那种物品。《九章算术》列出方程，相当于线性方程组

$$2x - y = 1$$

$$3y - z = 1$$

$$-x + 4z = 1。$$

〔4〕其过者何云：那超过的部分是什么呢？

〔5〕互言其筭：互相置换它们的算数。

〔6〕而一以石为之差实：谓二甲减一乙，三乙减一丙，四丙减一甲，差实都是一石也。一，都，一概。《诗·邶风·北门》："王事适我，政事一埤益我。"朱熹注："一，犹皆也。"

〔7〕令：官名，古代政府某机构的长官，如尚书令、大司农令等。也专指县级行政长官。

〔8〕吏：古代官员的通称。《说文解字》："吏，治人者也。"汉以后特指官府中的小官和差役。

〔9〕从：随从。李籍云："随也。"

〔10〕设令、吏、从者 1 人食鸡分别是 $x$，$y$，$z$，《九章算术》给出的方程相当于线性方程组

$$x + 5y + 10z = 10$$

$$10x + y + 5z = 8$$

$$5x + 10y + z = 6。$$

此亦为已经讨论过的类型，刘徽未出注。

〔11〕设羊、犬、鸡、兔 1 只的价钱分别是 $x$，$y$，$z$，$u$，《九章算术》给出的方程相当于线性方程组

$$5x + 4y + 3z + 2u = 1\,496$$
$$4x + 2y + 6z + 3u = 1\,175$$
$$3x + y + 7z + 5u = 958$$
$$2x + 3y + 5z + u = 861。$$

此亦为已经讨论过的类型，刘徽未出注。

【译文】

假设有2步白禾、3步青禾、4步黄禾、5步黑禾，各种禾的实都不满1斗。2步白禾取青禾、黄禾各1步，3步青禾取黄禾、黑禾各1步，4步黄禾取黑禾、白禾各1步，5步黑禾取白禾、青禾各1步，而它们的实都满1斗。问：1步白禾、青禾、黄禾、黑禾的实各是多少？

答：

1步白禾的实是 $\dfrac{33}{111}$ 斗，

1步青禾的实是 $\dfrac{28}{111}$ 斗，

1步黄禾的实是 $\dfrac{17}{111}$ 斗，

1步黑禾的实是 $\dfrac{10}{111}$ 斗。

术：如同方程术那样求解。分别布置所取的数量。将正负术纳入之。

假设有2捆甲等禾，3捆乙等禾，4捆丙等禾，它们的重量都超过1石：2捆甲等禾超过1石的恰好是1捆乙等禾的重量，3捆乙等禾超过1石的恰好是1捆丙等禾的重量，4捆丙等禾超过1石的恰好是1捆甲等禾的重量。问：1捆甲等禾、乙等禾、丙等禾各重多少？

答：

1捆甲等禾重 $\dfrac{17}{23}$ 石，

$$1 捆乙等禾重 \frac{11}{23} 石,$$

$$1 捆丙等禾重 \frac{10}{23} 石。$$

术：如同方程术那样求解。布置与重量超过 1 石的部分相当的那种物品，为负的。这个问题是说，2 捆甲等禾的重量超过 1 石。那超过的部分是什么呢？就如同 1 捆乙等禾的重量。互相置换它们的算数，使其互相折算，那么都以 1 石作为差实。差实，如同甲等禾余下的实，所以布置的算数都是相同的。将正负术纳入之。这里的"纳入"就是，头位的两个数如果符号不相同，则它们的数值相减，正数如果无偶就是正数，负数如果无偶就是负数。

假设有 1 位县令、5 位官吏、10 位随从，吃了 10 只鸡；10 位县令、1 位官吏、5 位随从，吃了 8 只鸡；5 位县令、10 位官吏、1 位随从，吃了 6 只鸡。问：1 位县令、1 位官吏、1 位随从，各吃多少只鸡？

答：

$$1 位县令吃了 \frac{45}{122} 只鸡,$$

$$1 位官吏吃了 \frac{41}{122} 只鸡,$$

$$1 位随从吃了 \frac{97}{122} 只鸡。$$

术：如同方程术那样求解。将正负术纳入之。

假设有 5 只羊、4 条狗、3 只鸡、2 只兔子值钱 1 496 钱；4 只羊、2 条狗、6 只鸡、3 只兔子值钱 1 175 钱；3 只羊、1 条狗、7 只鸡、5 只兔子值钱 958 钱；2 只羊、3 条狗、5 只鸡、1 只兔子值钱 861 钱。问：1 只羊、1 条狗、1 只鸡、1 只兔子价钱各是多少？

答：

1 只羊的价钱是 177 钱，

1 条狗的价钱是 121 钱，

1 只鸡的价钱是 23 钱，

1 只兔子的价钱是 29 钱。

术曰：如同方程术那样求解。将正负术纳入之。

今有麻九斗、麦七斗、菽三斗、荅二斗、黍五斗，直钱
一百四十；麻七斗、麦六斗、菽四斗、荅五斗、黍三
斗，直钱一百二十八；麻三斗、麦五斗、菽七斗、荅六
斗、黍四斗，直钱一百一十六；麻二斗、麦五斗、菽三
斗、荅九斗、黍四斗，直钱一百一十二；麻一斗、麦三
斗、菽二斗、荅八斗、黍五斗，直钱九十五[1]。问：一
斗直几何？

> 荅曰：
> 麻一斗七钱，
> 麦一斗四钱，
> 菽一斗三钱，
> 荅一斗五钱，
> 黍一斗六钱。

术曰：如方程。以正负术入之。此麻麦与均输、少广之
章重衰、积分皆为大事[2]。其拙于精理徒按本术者，或用筹而
布毡，方好烦而喜误，曾不知其非，反欲以多为贵。故其筹也，
莫不暗于设通而专于一端[3]。至于此类，苟务其成，然或失
之，不可谓要约[4]。更有异术者，庖丁解牛[5]，游刃理间，故
能历久其刃如新。夫数，犹刃也，易简用之则动中庖丁之理。
故能和神爱刃，速而寡尤。凡《九章》为大事，按法皆不尽一
百筹也[6]。虽布筹不多，然足以筹多。世人多以方程为难，或
尽布筹之象在缀正负而已，未暇以论其设动无方。斯胶柱调瑟
之类[7]。聊复恢演，为作新术[8]，著之于此，将亦启导疑意。
网罗道精[9]，岂传之空言？记其施用之例，著策之数，每举一
隅焉[10]。

方程新术曰：以正负术入之。令左、右相减，先去下实，又转

去物位，则其求一行二物正、负相借者，是其相当之率[11]。又令二物与他行互相去取，转其二物相借之数，即皆相当之率也。各据二物相当之率，对易其数，即各当之率也[12]。更置成行及其下实[13]，各以其物本率今有之，求其所同，并以为法。其当相并而行中正负杂者，同名相从，异名相消，余以为法。以下置为实[14]。实如法，即合所问也[15]。一物各以本率今有之，即皆合所问也[16]。率不通者，齐之[17]。

其一术曰[18]：置群物通率为列衰[19]。更置成行群物之数，各以其率乘之，并以为法。其当相并而行中正负杂者，同名相从，异名相消，余为法。以成行下实乘列衰，各自为实。实如法而一，即得[20]。

以旧术为之[21]，凡应置五行[22]。今欲要约。先置第三行，减以第四行[23]，又减第五行[24]；次置第二行，以第二行减第一行[25]，又减第四行[26]，去其头位；余，可半[27]；次置右行及第二行，去其头位[28]；次以右行去第四行头位[29]；次以左行去第二行头位[30]；次以第五行去第一行头位[31]；次以第二行去第四行头位；余，可半[32]；以右行去第二行头位[33]；以第二行去第四行头位[34]。余，约之为法、实，实如法而一，得六，即有黍价[35]。以法治第二行，得荅价[36]，右行得菽价[37]，左行得麦价[38]，第三行麻价[39]。如此凡用七十七筹[40]。

以新术为此[41]：先以第四行减第三行[42]。次以第三行去右行及第二行、第四行下位[43]。又以减左行下位，不足减乃止[44]。次以左行减第三行下位[45]。次以第三行去左行下位。讫，废去第三行[46]。次以第四行去左行下位，又以减右行下位[47]。次以右行去第二行及第四行下位[48]。次以第二行减第四行及左行头位[49]。次以第四行减左行菽位，不足减乃止[50]。次以左行减第二行头位，余，可再半[51]。次以第四行去左行及第二行头位〔52〕。次以第二行去左行头位。余，约之，上得五，下得三，是菽五当荅三〔53〕。次以左行去第二行菽位，又以减第四行及右行菽位，不足减乃止〔54〕。次以右行减第二行头位，不足减乃止〔55〕。次以第二行去右行头位〔56〕。次以左行去右行头位。余，上得六，下得五。是为荅六当黍五〔57〕。次以左行去右行荅位。余，约之，上为二，下为一〔58〕。次以右行去第二行下位〔59〕，以第二行去第四行下位，又以减左行下位〔60〕。次，左行去第二行下位。余，上得三，下得四。是为麦三当菽四〔61〕。次以第二行减第四行下位。次以第四行去第二行下位。余，上得四，下得七，是为麻四当麦七〔62〕。是为相当之率举矣〔63〕。据麻四当麦七，即麻价率七而麦价率四〔64〕；又麦三当菽四，即为麦价率四而菽价率三〔65〕；又菽五当荅三，即为菽价率三而荅价率五〔66〕；又荅六当黍五，即荅价率五而黍价率六〔67〕；而率通矣〔68〕。更置第三行，以第四行减之，余有麻一斗、菽四斗正，荅三斗负，下实四正〔69〕。求其同为麻之数，以菽率三、荅率五各乘其斗数，如麻率七而一，菽得一斗七分斗之五正，荅得二斗七分斗之一负。则菽、荅化为麻〔70〕，以并之，令同名相从，异名相消，余得定麻七分斗之四，以为法。置四为实，而分母乘之，实得二十八，而分子化为法矣。以法除得七，即麻一斗之价〔71〕。置麦率四、菽率三、荅率五、黍率六，皆以麻乘之，各自为实。以麻率七为法，所得即各为价〔72〕。亦可使置本行实与物同通之，各以本率今有之，求其本率所得〔73〕，并，以为法〔74〕。如此，即无正负之异矣〔75〕，择异同而已〔76〕。 又可以一术为之〔77〕：置五行通率，为麻七、麦四、菽三、荅五、黍六以为列衰〔78〕。成行麻一斗、菽四斗正，荅三斗负〔79〕，各以其率乘之，讫，令同名相从，异名相消，余为法。又置下实乘列衰，所得各为实〔80〕。此可以置约法，则不复乘列衰，各以列衰为价〔81〕。如此则凡用一百二十四筹也〔82〕。

**【注释】**

〔1〕设 1 斗麻、麦、菽、荅、黍的实分别是 $x$，$y$，$z$，$u$，$v$，《九章筭术》给出的方程相当于线性方程组

$$9x + 7y + 3z + 2u + 5v = 140$$
$$7x + 6y + 4z + 5u + 3v = 128$$
$$3x + 5y + 7z + 6u + 4v = 116$$
$$2x + 5y + 3z + 9u + 4v = 112$$
$$x + 3y + 2z + 8u + 5v = 95。$$

〔2〕重衰：指均输章用连锁比例求解的各个问题的方法。　　积分：指少广章开方及开立方问题。

〔3〕暗于设通：不通晓全面而通达。暗，不通晓，不明白，不了解。

〔4〕约（yào）：要领，关键。《孟子·公孙丑上》："然而孟施舍守约也。"焦循正义曰："约之训为要，于众道之中得其大，是得其要也。"

〔5〕庖（páo）丁解牛：是《庄子·养生主》中的一则寓言，云"庖丁为文惠君解牛，手之所触，肩之所倚，足之所履，膝之所踦，砉然向然，奏刀騞然，莫不中音"。文惠君曰："善哉！技盖至此乎？"庖丁对曰："臣之所好者，道也，进乎技矣。……方今之时，臣以神遇而不以目视，官知止而神欲行。……今臣之刀十九年矣，所解数千牛矣，而刀刃若新发于硎。彼节者有间，而刀刃者无厚。以无厚入有间，恢恢乎其于游刃必有余地矣，是以十九年而刀刃若新发于硎。"庖，厨房。又作厨师，如越俎代庖。

〔6〕不尽：不能穷尽。尽，完，竭。

〔7〕胶柱调瑟：如果用胶黏住瑟的弦柱，就无法调节音调，以比喻拘泥不知变通。又作"胶柱鼓瑟"。瑟，古代的拨弦乐器，如图 8-6，

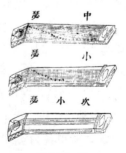

图 8-6 瑟
（采自明王圻《三才图会》）

春秋时已流行。形似古琴，但无徽位，通常 25 弦，每弦一柱，鼓瑟者转动弦柱，以调节乐音。

〔8〕聊复恢演，为作新术：姑且展开演算，为之创造新的方法。聊，姑且，暂且，勉强。《诗经·桧风·素冠》："我心伤悲兮，聊与子同归兮。"郑玄笺："聊，犹且也。"复，助词。聊复，姑且。南朝刘义庆《世说新语》有"未能免俗，聊复尔耳"之语，在刘徽之后矣。恢，张布，展开。不过李籍云：恢，"大也"。演，演算。不过李籍云：演，"广也"。刘徽提出的方程新术包括两种程序，一种是以今有术求解，即方程新术本术。一种以衰分术求解。

〔9〕网罗：搜罗。  道精：道理的精髓。

〔10〕每举一隅：举一反三。此实际上是方程新术的序，阐发了刘徽关于数学方法的精辟见解。

〔11〕其求一行二物正、负相借者，是其相当之率：由此求出一行中两种物品以正、负表示的互相借取的数，就是它们的相当之率。其，训"以"。相当之率，与相与之率相反的率关系。对易相当之率的两数，就变成相与之率。比如某行消成

$$bx - ay = 0 \qquad a > 0, b > 0$$

那么 $b$，$a$ 分别是 $x$，$y$ 的相当之率，则

$$x : y = a : b$$

$a$，$b$ 就是 $x$，$y$ 的相与之率。各行的相与之率，通过通而同之，就求出了所有未知数的相与之率。

〔12〕各当之率：即相与之率。自"令左右行相减"至此，是方程新术的第一步，即求诸未知数的相与之率。其方法就是将方程的每一行都消去下实，再消去某些未知数，使每一行只剩两个未知数，所谓"一行二物正、负相借者"，得出诸未知数的相当之率。根据相当之率，对易其数，成为相与之率。

〔13〕更置成行及其下实：重新布置所确定的一行及其下方的实。成，训"定"。成行，指所确定的一行。

〔14〕以下置为实：以下方所布置的数作为实。

〔15〕这是方程新术的第二步：求一个未知数的值。选定成行，即上述确定的一行，利用诸未知数的相与之率，借助今有术，将各未知数化成同一个未知数。各项系数相加，作为法。以成行之下实作为实。实除以法，即得该未知数之值。设诸未知数为 $x_1$，$x_2$，$\cdots$，$x_n$，已求出诸

未知数的相与之率

$$x_1 : x_2 : \cdots : x_n = m_1 : m_2 : \cdots : m_n,$$

成行为

$$a_1 x_1 + a_2 x_2 + \cdots + a_n x_n = A。$$

若先求 $x_j$，则由今有术，$x_i = \dfrac{m_i x_j}{m_j}$，$i = 1$，$2$，$\cdots$，$n$，$i \neq j$。由此，成行化为

$$a_1 \frac{m_1}{m_j} x_j + a_2 \frac{m_2}{m_j} x_j + \cdots + a_n \frac{m_n}{m_j} x_j = A,$$

或

$$\left( a_1 \frac{m_1}{m_j} + a_2 \frac{m_2}{m_j} + \cdots + a_n \frac{m_n}{m_j} \right) x_j = A。$$

于是 $A$ 作为实，$a_1 \dfrac{m_1}{m_j} + a_2 \dfrac{m_2}{m_j} + \cdots + a_n \dfrac{m_n}{m_j} = \sum\limits_{i=1}^{n} a_i \dfrac{m_i}{m_j}$ 作为法，则

$$x_j = A \div \sum_{i=1}^{n} a_i \frac{m_i}{m_j}。$$

成行是相消过程中确定的一行，亦可使用相消前方程的任意一行。当然，使用成行会简单一点。

〔16〕这是方程新术的第三步，即求其他未知数的值 $x_i = \dfrac{m_i x_j}{m_j}$，$i = 1$，$2$，$\cdots$，$n$，$i \neq j$。

〔17〕率不通者，齐之：第一步所求出的诸未知数的两两相与之率不一定互相通达，便使用齐同术，使诸率悉通。

〔18〕其一术：是方程新术的另一种方法。即在求出诸未知数的相与之率后，以其为列衰，用衰分术求解。

〔19〕通率：诸未知数的相与之率。通率在应用衰分术时作为列衰。

〔20〕刘徽的其一术是：在成行中，以诸未知数之率乘各自的系数，相加，得 $\sum\limits_{i=1}^{n} a_i m_i$，作为法。以未知数之率乘下实，得 $A m_j$，$j = 1$，$2$，$\cdots$，$n$，作为实。则

$$x_j = A m_j \div \sum_{i=1}^{n} a_i m_i, \quad j = 1, 2, \cdots, n。$$

〔21〕旧术：这里的"旧术"不是《九章算术》的方程术，而是刘徽将直除法进行到底的那种方法。参见方程术刘徽注。

〔22〕行、列仍按古代的意义，而以阿拉伯数字记算筹数字，则此5行方程如图8-7（1）。此为1算。

| | | | | |
|---|---|---|---|---|
| 1 | 2 | 3 | 7 | 9 |
| 3 | 5 | 5 | 6 | 7 |
| 2 | 3 | 7 | 4 | 3 |
| 8 | 9 | 6 | 5 | 2 |
| 5 | 4 | 4 | 3 | 5 |
| 95 | 112 | 116 | 128 | 140 |

（1）

| | | | | |
|---|---|---|---|---|
| 0 | 2 | 1 | 7 | 9 |
| 3 | 5 | 0 | 6 | 7 |
| −2 | 3 | 4 | 4 | 3 |
| 11 | 9 | −3 | 5 | 2 |
| 5 | 4 | 0 | 3 | 5 |
| 91 | 112 | 4 | 128 | 140 |

（2）

| | | | | |
|---|---|---|---|---|
| 0 | 0 | 1 | 7 | 2 |
| 3 | 2 | 0 | 6 | 1 |
| −2 | 2 | 4 | 4 | −1 |
| 11 | 6 | −3 | 5 | −3 |
| 5 | 1 | 0 | 3 | 2 |
| 91 | 50 | 4 | 128 | 12 |

（3）

| | | | | |
|---|---|---|---|---|
| 0 | 0 | 1 | 0 | 0 |
| 3 | 2 | 0 | 6 | 1 |
| −2 | 2 | 4 | −24 | −9 |
| 11 | 6 | −3 | 26 | 3 |
| 5 | 1 | 0 | 3 | 2 |
| 91 | 50 | 4 | 100 | 4 |

（4）

| | | | | |
|---|---|---|---|---|
| 0 | 0 | 1 | 0 | 0 |
| 3 | 0 | 0 | 6 | 1 |
| −2 | 20 | 4 | −24 | −9 |
| 11 | 0 | −3 | 26 | 3 |
| 5 | −3 | 0 | 3 | 2 |
| 91 | 42 | 4 | 100 | 4 |

（5）

| | | | | |
|---|---|---|---|---|
| 0 | 0 | 1 | 0 | 0 |
| 3 | 0 | 0 | 0 | 1 |
| −2 | 20 | 4 | −20 | −9 |
| 11 | 0 | −3 | 4 | 3 |
| 5 | −3 | 0 | −7 | 2 |
| 91 | 42 | 4 | −82 | 4 |

（6）

| | | | | |
|---|---|---|---|---|
| 0 | 0 | 1 | 0 | 0 |
| 3 | 0 | 0 | 0 | 0 |
| −2 | 20 | 4 | −20 | −25 |
| 11 | 0 | −3 | 4 | −2 |
| 5 | −2 | 0 | −7 | 1 |
| 91 | 42 | 4 | −82 | −79 |

（7）

| | | | | |
|---|---|---|---|---|
| 0 | 0 | 1 | 0 | 0 |
| 3 | 0 | 0 | 0 | 0 |
| −2 | 0 | 4 | −20 | −25 |
| 11 | 2 | −3 | 4 | −2 |
| 5 | −5 | 0 | −7 | 1 |
| 91 | −20 | 4 | −82 | −79 |

（8）

| | | | | |
|---|---|---|---|---|
| 0 | 0 | 1 | 0 | 0 |
| 3 | 0 | 0 | 0 | 0 |
| −2 | 0 | 4 | 0 | −25 |
| 11 | 2 | −3 | 28 | −2 |
| 5 | −5 | 0 | −39 | 1 |
| 91 | −20 | 4 | −94 | −79 |

(9)

| | | | | |
|---|---|---|---|---|
| 0 | 0 | 1 | 0 | 0 |
| 3 | 0 | 0 | 0 | 0 |
| −2 | 0 | 4 | 0 | −25 |
| 11 | 0 | −3 | 28 | −2 |
| 5 | 62 | 0 | −39 | 1 |
| 91 | 372 | 4 | −94 | −79 |

(10)

图 8 - 7

〔23〕先置第三行，减以第四行：以第 4 行减第 3 行。

〔24〕又减第五行：又去减第 5 行。由于位值制，这里是以第 3 行减去第 4 行后新的第 3 行去减第 5 行，第 5 行头位变为 0，其方程如图 8 - 7（2）。此共 3 算。

〔25〕次置第二行，以第二行减第一行：再布置第 2 行，以第 2 行减第 1 行。

〔26〕又减第四行：这里仍然是以第 2 行减第 1 行之后新的第 1 行减第 4 行。

〔27〕去其头位；余，可半：消去第 4 行的头位；剩余的整行，可以被 2 整除，便除以 2。如图 8 - 7（3）。以上共 4 算。

〔28〕次置右行及第二行，去其头位：此谓布置右行及第 2 行，分别以第 3 行二度减、七度减，其头位均变为 0，如图 8 - 7（4）。此共 11 算。

〔29〕次以右行去第四行头位：此谓布置第 4 行，以右行二度减第 4 行，第 4 行头位变为 0（头位均就有效数字而言），如图 8 - 7（5）。此共 3 算。

〔30〕次以左行去第二行头位：此谓布置第 2 行，以左行二度减第 2 行，第 2 行头位变为 0，如图 8 - 7（6）。此共 3 算。

〔31〕次以第五行去第一行头位：此谓布置第 1 行，以第 5 行头位 3 遍乘第 1 行，减去第 5 行，第 1 行头位变为 0，如图 8 - 7（7）所示。此共 3 算。

〔32〕次以第二行去第四行头位；余，可半：此谓布置第 4 行，将第 2 行加于第 4 行，并整行除以 2。第 4 行头位变为 0。如图 8 - 7（8）。此共 3 算。

〔33〕以右行去第二行头位：此谓布置第 2 行，以右行头位 25 遍乘第 2 行，二十度减右行，第 2 行头位变为 0。如图 8 - 7（9）所示。此共

21 算。

〔34〕以第二行去第四行头位：此谓布置第 4 行，以第 2 行头位遍乘第 4 行，二度减第 2 行，则第 4 行头位变为 0。第 4 行仅有黍的系数及下实。如图 8 - 7（10）。此共 4 算。

〔35〕此谓以等数 62 约间第 4 行，作为法、实。实除以法，得 1 斗黍为 6 钱。此共 2 算。

〔36〕将黍价 1 斗 6 钱代入第 2 行，减实，约简，得 1 斗苔为 5 钱。此共 3 算。

〔37〕这里将黍、苔价代入右行，从实中减去，约简，得 1 斗菽为 3 钱。此共 5 算。

〔38〕这里将黍、苔、菽价代入左行，从实中减去，约简，得 1 斗麦为 4 钱。此共 7 算。

〔39〕将菽、苔价代入第 3 行，从实中减去，得 1 斗麻为 7 钱。此共 4 算。

〔40〕一算即一次运算，如布算，以某数乘或除某一整行，行与行的一度减，实除以法，等等，都是一次运算。以上共 77 次运算。

〔41〕这是刘徽用方程新术解麻麦问的细草。

〔42〕在图 8 - 7（1）中，使第 4 行减第 3 行，其结果如图 8 - 8（1）所示。

| 1 | 2 | 1 | 7 | 9 | | 1 | −26 | 1 | −25 | −26 |
|---|---|---|---|---|---|---|---|---|---|---|
| 3 | 5 | 0 | 6 | 7 | | 3 | 5 | 0 | 6 | 7 |
| 2 | 3 | 4 | 4 | 3 | | 2 | −109 | 4 | −124 | −137 |
| 8 | 9 | −3 | 5 | 2 | | 8 | 93 | −3 | 101 | 107 |
| 5 | 4 | 0 | 3 | 5 | | 5 | 4 | 0 | 3 | 5 |
| 95 | 112 | 4 | 128 | 140 | | 95 | 0 | 4 | 0 | 0 |
| | | （1） | | | | | | （2） | | |
| −22 | −26 | 1 | −25 | −26 | | −22 | −26 | 23 | −25 | −26 |
| 3 | 5 | 0 | 6 | 7 | | 3 | 5 | −3 | 6 | 7 |
| −90 | −109 | 4 | −124 | −137 | | −90 | −109 | 94 | −124 | −137 |
| 77 | 93 | −3 | 101 | 107 | | 77 | 93 | −80 | 101 | 107 |
| 5 | 4 | 0 | 3 | 5 | | 5 | 4 | −5 | 3 | 5 |
| 3 | 0 | 4 | 0 | 0 | | 3 | 0 | 1 | 0 | 0 |
| | | （3） | | | | | | （4） | | |

| | | | |
|---:|---:|---:|---:|
| −91 | −26 | −25 | −26 |
| 12 | 5 | 6 | 7 |
| −372 | −109 | −124 | −28 |
| 317 | 93 | 101 | 107 |
| 20 | 4 | 3 | 5 |
| 0 | 0 | 0 | 0 |

(5)

| | | | |
|---:|---:|---:|---:|
| 39 | −26 | −25 | 0 |
| −13 | 5 | 6 | 2 |
| 173 | −109 | −124 | −28 |
| −148 | 93 | 101 | 14 |
| 0 | 4 | 3 | 1 |
| 0 | 0 | 0 | 0 |

(6)

| | | | |
|---:|---:|---:|---:|
| −39 | −26 | −25 | 0 |
| −13 | −3 | 0 | 2 |
| 173 | 3 | −40 | −28 |
| −148 | 37 | 59 | 14 |
| 0 | 0 | 0 | 1 |
| 0 | 0 | 0 | 0 |

(7)

| | | | |
|---:|---:|---:|---:|
| 14 | −1 | −25 | 0 |
| −13 | 5 | 6 | 2 |
| 133 | 43 | −40 | −28 |
| −89 | −22 | 59 | 14 |
| 0 | 0 | 0 | 1 |
| 0 | 0 | 0 | 0 |

(8)

| | | | |
|---:|---:|---:|---:|
| 17 | −1 | −25 | 0 |
| −4 | −3 | 0 | 2 |
| 4 | 43 | −40 | −28 |
| −23 | −22 | 59 | 14 |
| 0 | 0 | 0 | 1 |
| 0 | 0 | 0 | 0 |

(9)

| | | | |
|---:|---:|---:|---:|
| 17 | −1 | −2 | 0 |
| −4 | −3 | −1 | 2 |
| 4 | 43 | −9 | −28 |
| −23 | −22 | 9 | 14 |
| 0 | 0 | 0 | 1 |
| 0 | 0 | 0 | 0 |

(10)

| | | | |
|---:|---:|---:|---:|
| 0 | −1 | 0 | 0 |
| −55 | −3 | 5 | 2 |
| 735 | 43 | −95 | −28 |
| −397 | −22 | 53 | 14 |
| 0 | 0 | 0 | 1 |
| 0 | 0 | 0 | 0 |

(11)

| | | | |
|---:|---:|---:|---:|
| 0 | −1 | 0 | 0 |
| 0 | −3 | 5 | 2 |
| −5 | 43 | −95 | −28 |
| 3 | −22 | 53 | 14 |
| 0 | 0 | 0 | 1 |
| 0 | 0 | 0 | 0 |

(12)

| | | | |
|---:|---:|---:|---:|
| 0 | −1 | 0 | 0 |
| 0 | −3 | 5 | 2 |
| −5 | 3 | 0 | −3 |
| 3 | 2 | −4 | −1 |
| 0 | 0 | 0 | 1 |
| 0 | 0 | 0 | 0 |

(13)

| | | | |
|---:|---:|---:|---:|
| 0 | −1 | 0 | 0 |
| 0 | −3 | 1 | 2 |
| −5 | 3 | 6 | −3 |
| 3 | 2 | −2 | −1 |
| 0 | 0 | −2 | 1 |
| 0 | 0 | 0 | 0 |

(14)

```
 0  -1   0    0          0  -1   0    0
 0  -3   1    0          0  -3   1    0
-5   3   6  -15         -5   3   6    0
 3   2  -2    3          3   2  -2   -6
 0   0  -2    5          0   0  -2    5
 0   0   0    0          0   0   0    0
       (15)                    (16)

 0  -1   0    0          0  -1   0    0
 0  -3   1    0          0  -3   1    0
-5   3   6   -2         -5   3   2   -2
 3   2  -2    0          3   2  -2    0
 0   0  -2    1          0   0   0    1
 0   0   0    0          0   0   0    0
       (17)                    (18)

 0  -1   0    0          0  -1   0    0
 1  -2   1    0          1  -2  -3    0
-3   5   2   -2         -3   5   4   -2
 1   0  -2    0          1   0   0    0
 0   0   0    1          0   0   0    1
 0   0   0    0          0   0   0    0
       (19)                    (20)

 0  -1   4    0
 1   1  -7    0
-3   1   0   -2
 1   0   0    0
 0   0   0    1
 0   0   0    0
       (21)
```

图 8-8

〔43〕以第 3 行减右行、第 2 行、第 4 行，直到它们的下位（实）变为 0，如图 8-8（2）所示。

〔44〕又以第 3 行减左行，以消减左行下位（实），直到不足减为止，其方程如图 8-8（3）所示。

〔45〕以左行减第 3 行，以消减其下位，如图 8-8（4）所示。

〔46〕以第 3 行减左行，直到其下位变为 0。然后废去第 3 行，其余四行的下位变为 0，如图 8‐8（5）所示。以下的程序是消去物位。

〔47〕以第 4 行（仍是原来的序号）减左行，直到其下位变为 0；又以第 4 行减右行，消减其下位；如图 8‐8（6）。

〔48〕以右行减第 2 行、第 4 行，直到其下位变为 0，如图 8‐8（7）。

〔49〕以第 2 行减第 4 行、左行，以消减其头位，如图 8‐8（8）。

〔50〕以第 4 行减左行，以消减其菽位（第 3 位），直到不足减为止，如图 8‐8（9）所示。

〔51〕以左行加第 2 行，以消减其头位（绝对值）。剩余的第 2 行整行，除以 4。如图 8‐8（10）所示。

〔52〕以第 4 行加左行，减第 2 行，直到其头位变为 0，如图 8‐8（11）。

〔53〕以第 2 行加左行，直到其头位变为 0。左行之剩余，上为 −310，下为 186，以等数 62 约简，上为 −5，下为 3。这表示菽 5 相当于荅 3。如图 8‐8（12）所示。

〔54〕以左行减第 2 行，直到其菽位变为 0。又以左行加第 4 行，减右行，直到菽位不足减为止，如图 8‐8（13）所示。

〔55〕以右行减第 2 行，直到头位不足减为止，如图 8‐8（14）所示。

〔56〕以第 2 行减右行，直到头位变为 0，如图 8‐8（15）所示。

〔57〕以左行减右行，直到头位变为 0。上为 −6，下为 5。这表示荅 6 相当于黍 5，如图 8‐8（16）所示。

〔58〕以左行加右行，直到荅位变为 0。右行上为 −10，下为 5，以等数 5 约简，上为 −2，下为 1，如图 8‐8（17）所示。

〔59〕以右行加第 2 行，直到其下位变为 0，如图 8‐8（18）所示。

〔60〕以第 2 行加第 4 行，其下位变为 0。又以第 2 行加左行，消减其下位，如图 8‐8（19）所示。

〔61〕以左行加第 2 行，直到其下位变为 0。上得 −3，下得 4。这表示麦 3 相当于菽 4，如图 8‐8（20）所示。

〔62〕以第 2 行减第 4 行，消减其下位。以第 4 行减第 2 行，直到其下位变为 0。第 2 行上为 4，下为 −7。这表示麻 4 相当于麦 7。如图 8‐8（21）所示。

〔63〕诸物的相当之率：麻 4 相当于麦 7，麦 3 相当于菽 4，菽 5 相当于荅 3，荅 6 相当于黍 5。

〔64〕此由麻 4 相当于麦 7 得出：麻∶麦 ＝7∶4。

〔65〕此由麦 3 相当于菽 4 得出：麦∶菽＝4∶3。

〔66〕此由菽 5 相当于荅 3 得出：菽∶荅＝3∶5。

〔67〕此由荅 6 相当于黍 5 得出：荅∶黍＝5∶6。

〔68〕由于麻与麦，麦与菽，菽与荅，荅与黍的四组率中，麦、菽、荅的率已分别相等，故不必再进行齐同，直接得出

$$麻∶麦∶菽∶荅∶黍 = 7∶4∶3∶5∶6，$$

或 $$x∶y∶z∶u∶v = 7∶4∶3∶5∶6。$$

〔69〕此谓重新布置第 3 行，以第 4 行减第 3 行，得到图 8－7（11）中的第 3 行，它相当于

$$x + 4z - 3u = 4。$$

〔70〕欲先求 1 斗麻（$x$）之价，需根据菽（$z$）、荅（$u$）与麻的相与之率，求菽、荅同为麻之数，即将 $z，u$ 化为 $x$，得

$$x + 4 \times \frac{3}{7}x - 3 \times \frac{5}{7}x = 4。$$

〔71〕由上条注释得到

$$\left(1 + 4 \times \frac{3}{7} - 3 \times \frac{5}{7}\right)x = 4，$$

$$\frac{4}{7}x = 4，$$

所以 1 斗麻之价 $x = 7$。

〔72〕这是说根据已得到的麻价，利用已求出的麻、麦、菽、荅、黍各价的相与率，援引今有术，求出麦、菽、荅、黍诸价

$$1 斗麦之价 \ y = \frac{4}{7}x = \frac{4}{7} \times 7 = 4，$$

$$1 斗菽之价 \ z = \frac{3}{7}x = 3，$$

$$1 斗荅之价 \ u = \frac{5}{7}x = 5，$$

$$1 斗黍之价 \ v = \frac{6}{7}x = 6。$$

〔73〕此谓也可以布置本来的行,将诸物与实同而通之,求其本率所对应的结果。这里"本行"不是用两行对减所得到的行,而是指原方程的任一行,比如左行,它相当于

$$x + 3y + 2z + 8u + 5v = 95。$$

由诸未知数的相与之率,利用今有术,将其化成同一未知数,比如 $x$,则

$$x + 3 \times \frac{4}{7}x + 2 \times \frac{3}{7}x + 8 \times \frac{5}{7}x + 5 \times \frac{6}{7}x = 95。$$

〔74〕于是

$$\left(1 + 3 \times \frac{4}{7} + 2 \times \frac{3}{7} + 8 \times \frac{5}{7} + 5 \times \frac{6}{7}\right)x = 95,$$

$$\frac{95}{7}x = 95。$$

以 $\frac{95}{7}$ 作为法,求出 $x$,即麻价 7。

〔75〕无正负之异:没有正负数的加减问题。

〔76〕择异同而已:只是选择所同于的谷物罢了。

〔77〕此是以上述"其一术"解麻麦问的细草,它归结到衰分术。

〔78〕以麻、麦、菽、苔、黍的相与之率作为列衰。即

$$m_1 : m_2 : m_3 : m_4 : m_5 = 7 : 4 : 3 : 5 : 6。$$

〔79〕这里以第 4 行减第 3 行,得到图 8-7(11)中的第 3 行为成行,它相当于

$$x + 4z - 3u = 4。$$

〔80〕这里法为 $\sum_{i=1}^{n} a_i m_i = 1 \times 7 + 4 \times 3 - 3 \times 5 = 4$;诸未知数的实为

$$麻的实 Am_1 = 4 \times 7,$$

$$麦的实 Am_2 = 4 \times 4,$$

$$菽的实 Am_3 = 4 \times 3,$$

苫的实 $Am_4 = 4 \times 5$，

麻的实 $Am_5 = 4 \times 6$。

〔81〕各以列衰为价：分别以列衰作为价格。此术用衰分术求解。一般情况下，以下实乘列衰各为实，成行中的系数分别以列衰乘之，并为法，实如法，各得所求。然此问恰巧"下实"与"法"相等，可以约法，故不必以下实乘列衰，径以列衰作为所求数即可。

〔82〕刘徽认为，以方程新术计算，需 124 算，比使用方程旧术的 77 算多。刘徽提出方程新术的意图在于说明同一类数学问题，可以用不同的方法解决。


【译文】

假设有 9 斗麻、7 斗小麦、3 斗菽、2 斗苫、5 斗黍，值 140 钱；7 斗麻、6 斗小麦、4 斗菽、5 斗苫、3 斗黍，值 128 钱；3 斗麻、5 斗小麦、7 斗菽、6 斗苫、4 斗黍，值 116 钱；2 斗麻、5 斗小麦、3 斗菽、9 斗苫、4 斗黍，值 112 钱；1 斗麻、3 斗小麦、2 斗菽、8 斗苫、5 斗黍，值 95 钱。问：1 斗麻、小麦、菽、苫、黍各值多少钱？

答：

1 斗麻值 7 钱，

1 斗小麦值 4 钱，

1 斗菽值 3 钱，

1 斗苫值 5 钱，

1 斗黍值 6 钱。

术：如同方程术那样求解。将正负术纳入之。此麻麦问与均输章的重衰、少广章的积分等都是重要问题。那些对数理的精髓认识肤浅，只知道按本来方法做的人，有时为了布置算数而铺下毡毯，正是喜好烦琐而导致错误，竟然不知道这样做不好，反而想以布算多为贵。所以他们都不通晓全面而通达的知识而拘泥于一孔之见。至于此类做法，即使努力使其成功，然而有时会产生失误，不能说是抓住了关键。更有一种新异的方法，就像是庖丁解牛，使刀刃在牛的肌理间游动，所以能历经很久其刀刃却像新的一样。数学方法，就好像是刀刃，遵从易简的原则使用之，就常常正合于庖丁解牛的道理。所以只要能和谐精神，爱护刀刃，就会做得迅速而错误极少。凡是《九章算术》中成为大的问题，按方法都不足 100 步计算。虽然布算不多，然足以计算很复杂的问题。世间的人大都把方程术看得很难，或者认为布算之象只不过在点缀正负数而已，没有花时间讨论它们的无穷变换。这是胶柱调瑟那样的事情。我姑且展示演算，为之创作新术，撰著于此，只不过是想启发开导疑惑之处。搜罗数理的精髓，岂能只说空话？我记述其施用的例子，运算的方法，在这里只举其一隅而已。

方程新术：将正负术纳入之。使左、右相减，先消去下方的实，又转而消去某些位置上的物品，则由此求出某一行中二种物品以正、负表示的互相借取的数，就是它们的相当之率。又使此二种物品的系数与其他行互相借取，转而求出那些行的二种物品的互相借取之数，则全都是相当之率。分别根据二种物品的相当之率，对易其数，那么就是它们分别对应的率。重新布置那确定的一行及其下方的实，分别以各种物品的本率应用今有术，求出各物同为某物的数，相加，作为法。如果其中应当相加而行中正负数相混杂的，那么同一符号的就相加，不同符号的就相消，余数作为法。以下方布置的数作为实。实除以法，便应该是所问的那种物品的数量。每一种物品各以其本率应用今有术，便都应该是所问的物品的数量。其中如果有互相不通达的率，就使它们相齐。

其一术曰：布置所有物品的通率，作为列衰。重新布置那确定的一行各个物品之数，各以其率乘之，相加，作为法。如果其中有应当相加而行中正负数相混杂的，那么同一符号的就相加，不同符号的就相消，余数作为法。以确定的这行下方的实乘列衰，各自作为实。实除以法，即得到答案。

用旧的方程术求解之，共应该布置五行。现在想抓住问题的关键，并使之简约。先布置第三行，减去第四行，又减第五行；再布置第二行，以第二行减第一行，又减第四行，消去它的头位；剩余的整行，可以被2整除；再布置右行及第二行，消去它们的头位，再以右行消去第四行的头位；再以左行消去第二行的头位；再以第五行去第一行的头位；再以第二行消去第四行的头位；剩余的整行，可以被2整除；以右行消去第二行的头位；以第二行消去第四行的头位。剩余的整行，约简，作为法、实，实除以法，得6，就是1斗黍的价钱。分别以法处理，第二行得到1斗苔的价钱，右行得到1斗菽的价钱，左行得到1斗麦的价钱，第三行得到1斗麻的价钱。这样做，共用了77步运算。

以方程新术解决这个问题：先以第四行减第三行。再以第三行消去右行及第二行、第四行的下位。又以第三行消减左行，直到其下位不足减才停止。再以左行减第三行，消减其下位。再以第三行消去左行的下位。完了，废去第三行。再以第四行消去左行的下位，又以第四行减右行，消减其下位。再以右行消去第二行及第四行的下位。再以第二行减第四行及左行，消减它们的头位。再以第四行减左行，直到其菽位不足减才停止。再以左行减第二行，消减其头位，其剩余的行，可以两次被2整除。再以第四行加左行，减第二行，消去它们的头位。再以第二行加左行，消去其头位。余数，约简之，上方得到5，下方得到3，这就是菽5相当于苔3。再以左行减第二行，消去其菽位，又以左行加第四行，减右行，消减其菽位，直到不足减才停止。再以右行减第二行，直到其头位不足减才停止。再以第二行消去右行的头位。再以左行消去右行的头位。

余数，上方得到 6，下方得到 5。这就是荅 6 相当于黍 5。再以左行加右行，消去其荅位。余数，约简之，上方为 2，下方为 1。再以右行加第二行，消去其下位，再第二行加第四行，消去其下位，又以第二行加左行，消减其下位。再以左行加第二行，消去其下位。余数，上方得到 3，下方得到 4。这就是麦 3 相当于菽 4。再以第二行减第四行，消减其下位。再以第四行减第二行，消去其下位。余数，上方得到 4，下方得到 7。这就是麻 4 相当于麦 7。这样，各种谷物的相当之率都列举出来了。根据麻 4 相当于麦 7，就是麻价率是 7 而麦价率是 4；又根据麦 3 相当于菽 4，就是麦价率是 4 而菽价率是 3；又根据菽 5 相当于荅 3，就是菽价率是 3 而荅价率是 5；又根据荅 6 相当于黍 5，就是荅价率是 5 而黍价率是 6；因而诸率都互相通达了。重新布置第三行，以第四行减之，余有 1 斗麻、4 斗菽，都是正的，3 斗荅，是负的，下方的实 4，是正的。求出它们同为麻的数，就以菽率 3、荅率 5 各乘菽、荅的斗数，除以麻率 7，得到菽为 $1\frac{5}{7}$ 斗，是正的，得到荅为 $2\frac{1}{7}$ 斗，是负。那么菽、荅都化成了麻，将它们相加，使同一符号的相加，不同符号的相消，那么确定麻的余数是 $\frac{4}{7}$ 斗，作为法。布置 4 作为实，而以分母乘之，得到实为 28，而分子化为法。以法除，得到 7，就是 1 斗麻的价钱。布置麦率 4、菽率 3、荅率 5、黍率 6，皆以 1 斗麻的价钱乘之，各自作为实。以麻率 7 作为法，实除以法，所得就是各种谷物的价钱。也可以布置原来某一行的实与诸谷物的斗数，将它们同而通之，分别以其本率，应用今有术，求其本率所相应的某谷物的数，相加，作为法。这样做，就没有正负数的差异了，只是选择它们所同于的谷物罢了。　　又可以用另一术求解它：布置五行的通率，就是麻 7、麦 4、菽 3、荅 5、黍 6，作为列衰。取确定的一行：1 斗麻、4 斗菽，是正的，3 斗荅，是负的，分别以它们各自的率乘之。完了，使它们符号相同的就相加，符号不同的就相消，余数作为法。又布置下方的实乘列衰，所得分别作为实。而在这一问题中，下方布置的实可以与法互约，则不再乘列衰，分别以列衰作为 1 斗的价钱。这样做，共用了 124 步运算。

# 九章筭术卷第九

魏刘徽注

唐朝议大夫行太史令上轻车都尉臣李淳风等奉敕注释

## 句股[1] 以御高深广远

今有句三尺[2]，股四尺[3]，问：为弦几何[4]？

　　　　荅曰：五尺。

今有弦五尺，句三尺，问：为股几何？

　　　　荅曰：四尺。

今有股四尺，弦五尺，问：为句几何？

　　　　荅曰：三尺。

　　句股短面曰句，长面曰股，相与结角曰弦。句短其股，股短其弦[5]。将以施于诸率，故先具此术以见其原也[6]。术曰：句股各自乘，并，而开方除之，即弦[7]。句自乘为朱方，股自乘为青方[8]，令出入相补，各从其类[9]，因就其余不移动也，合成弦方之幂[10]。开方除之，即弦也。

　　又，股自乘，以减弦自乘，其余，开方除之，即句[11]。臣淳风等谨按：此术以句、股幂合成弦幂[12]。句方于内，则句短于股。令股自乘，以减弦自乘，余者即句幂也。故开方除之，即句也。

　　又，句自乘，以减弦自乘，其余，开方除之，即股[13]。

句、股幂合以成弦幂，令去其一，则余在者皆可得而知之。

今有圆材径二尺五寸，欲为方版[14]，令厚七寸。问：广几何？

答曰：二尺四寸。

术曰：令径二尺五寸自乘，以七寸自乘减之，其余，开方除之，即广[15]。此以圆径二尺五寸为弦，版厚七寸为句，所求广为股也[16]。

今有木长二丈，围之三尺。葛生其下，缠木七周，上与木齐[17]。问：葛长几何？

答曰：二丈九尺。

术曰：以七周乘围为股，木长为句，为之求弦。弦者，葛之长[18]。据围广，求从为木长者其形葛卷裹袤[19]。以笔管青线宛转，有似葛之缠木。解而观之，则每周之间自有相间成句股弦[20]。则其间葛长，弦。七周乘围，并合众句以为一句；木长而股，短，术云木长谓之股，言之倒[21]。句与股求弦，亦无围，弦之自乘幂出上第一图[22]。句、股幂合为弦幂，明矣。然二幂之数谓倒在于弦幂之中而已，可更相表里，居里者则成方幂，其居表者则成矩幂[23]。二表里形讹而数均[24]。

又按：此图句幂之矩青，卷白表[25]，是其幂以股弦差为广，股弦并为袤，而股幂方其里[26]。股幂之矩青，卷白表[27]，是其幂以句弦差为广，句弦并为袤，而句幂方其里[28]。是故差之与并，用除之，短、长互相乘也[29]。

【注释】

〔1〕句股：中国古典数学的重要科目，由先秦"九数"中的"旁要"发展而来。据《周髀算经》，勾股知识在中国起源很早，起码可以追溯到公元前 11 世纪的商高。商高答周公问曰："句广三，股脩四，径隅五。"公元前 5 世纪陈子答荣方问中已有勾股术的抽象完整的表述。贾宪《黄帝九章筭经细草》将勾股容方解法称为勾股旁要法，我们由此推测，"旁

要”除了测望城邑等一次测望问题外，还应当包括勾股术、勾股容方、勾股容圆等内容。郑玄引郑众注“九数”曰：“今有句股、重差也。”由此并根据《九章算术》体例和内容的分析，可以知道，勾股问题，特别是解勾股形的内容在汉代得到了大发展，并形成了一个科目。它与“旁要”有关，但在深度、广度和难度上都超过了后者。张苍、耿寿昌整理《九章算术》，将其补充到原有的“旁要”卷，并将其改称“句股”。

〔2〕句：勾股形中较短的直角边，故刘徽说“短面曰句”。赵爽《周髀算经注》云：“横者谓之广。句亦广。广，短也。”

〔3〕股：勾股形中较长的直角边，故刘徽说“长面曰股”。赵爽《周髀算经注》云：“从者谓之脩。股亦脩。脩，长也。”

〔4〕弦：勾股形中的斜边，故刘徽说“相与结角曰弦”。赵爽《周髀算经注》云：“径，直；隅，角也。亦谓之弦。”

〔5〕相与结角：谓与勾、股分别结成角的那条线。勾股形如图 9-1 (1)。刘徽提出了勾股形中勾、股、弦的定义。设勾、股、弦分别为 $a$，$b$，$c$，刘徽给出了勾、股、弦的关系，$a < b < c$。

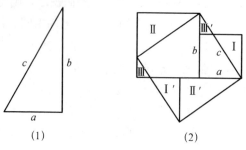

图 9-1　勾股术的出入相补
（采自《古代世界数学泰斗刘徽》）

〔6〕刘徽指出了勾股术在勾股章中的地位。原：系杨辉本原文，《九章算术新校》从。本书初版依戴震辑录本作“源”。“原”系“源”之古字。今依《新校》本。

〔7〕《九章算术》勾股术给出勾股定理

$$\sqrt{a^2 + b^2} = c。$$ (9-1-1)

〔8〕《九章算术》与刘徽时代常给图形涂上朱、青、黄等不同的颜色。这里勾方为朱方，股方为青方，但并不是固定的。下文勾股容方、勾股容圆中朱、青分别表示位于勾、股上的小勾股形。

〔9〕出入相补，各从其类：这就是著名的出入相补原理。它在卷一圭田等术刘徽注中被称为以盈补虚，在卷五城垣等术刘徽注中被称为损广补狭。参见卷一圭田术注〔6〕。

〔10〕这是刘徽记述的使用出入相补原理对勾股术的证明。由于文字过于简括，如何出入相补，历来说法不一，有人统计，有 30 余种不同方式。图 9-1（2）的出入相补方式见之于李潢《九章算术细草图说》。分别作以勾、股、弦为边长的正方形，并将勾方、股方、弦方进行分割，将勾方中的Ⅰ，股方中的Ⅱ，Ⅲ分别移到弦方中的Ⅰ′，Ⅱ′，Ⅲ′，其余部分不移动，则勾方与股方恰好合成弦方。因此 $a^2 + b^2 = c^2$。

〔11〕此是勾股定理的另一种形式

$$\sqrt{c^2 - b^2} = a。 \qquad (9-1-2)$$

〔12〕此即 $a^2 + b^2 = c^2$。

〔13〕此是勾股定理的第三种形式

$$\sqrt{c^2 - a^2} = b。 \qquad (9-1-3)$$

〔14〕版：木板。后作"板"。此问与下问都是勾股术的直接应用，我们合为一组。

〔15〕此即应用公式（9-1-2），广 $= \sqrt{25^2 - 7^2} = 24$(寸)。

〔16〕此谓版厚、版广和圆材的直径构成一个勾股形的勾、股、弦，设分别为 $a$，$b$，$c$，则由勾股又术(9-1-2)，版广为 $b = \sqrt{c^2 - a^2}$。如图 9-2。这就证明了《九章算术》解法的正确性。由直径作为勾股形的弦可以看出，《九章算术》的作者已经通晓圆的一个重要性质：圆径所对的圆周角必定是直角。

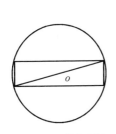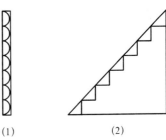

(1)　　　　　(2)

图 9-2　圆材为方版　　　图 9-3　葛缠木
（采自译注本《九章算术》）（采自译注本《九章算术》）

〔17〕葛缠木的情形如图 9-3（1）所示。

〔18〕《九章算术》将葛缠木问题化成勾股问题，即木长作为勾，木之周长乘缠木周数作为股，葛长作为弦。此问亦为勾股术的直接应用，故与上一问合为一组。

〔19〕据围广，求从为木长者其形葛卷裹衺：根据围的广，求纵为木长而其形状如裹卷该木的葛的长。

〔20〕此谓将缠木之葛展成平面，则每一周都成为一个小勾股形。小勾股形的弦是葛长的一部分，如图 9-3（2）。

〔21〕此谓将每个小勾股形的勾、股分别平移到首、末两个小勾股形的勾、股所在的直线上，与葛长所展成的线段形成一个大勾股形。在勾股形中，一般将横的直角边称作勾，赵爽说："横者谓之广，句亦广。"纵的直角边称作股，赵爽说："从者谓之脩，股亦脩。"以纵、横而论，"七周乘围"就是"并合众句以为一句"，为 21 尺，是横的，应该作为勾。木长 20 尺是纵的，应该作为股。然而这样勾长，股短，与"短面曰句，长面曰股"的规定相反，所以说"言之倒"。故术文以七周乘围为股，木长为勾。

〔22〕此谓在此问这种青线宛转若干周而展成的勾股问题中，勾与股求弦，如同"无围"的情形。弦幂亦出自第一图，即本章第一问已佚的图，故下文云"句、股幂合为弦幂，明矣"。

〔23〕刘徽进一步指出，勾幂与股幂合成弦幂时互为表里。或者股幂呈正方形，居里，勾幂呈折矩形，居表，如图 9-4（1）；或者勾幂呈正方形，居里，股幂呈折矩形，居表，如图 9-4（2）。

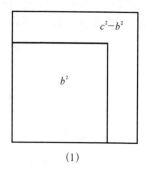 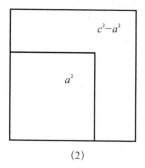

（1）　　　　　　　　　　　　（2）

图 9-4　股方勾矩与勾方股矩
（采自《古代世界数学泰斗刘徽》）

〔24〕二表里形讹而数均：此谓勾幂（或股幂）居里与居表形状不同，而面积却相等。

〔25〕此图句幂之矩青，卷白表：此图中句幂之矩呈青色，卷曲在白色的股方表面。按：在勾股章中，"朱"不一定表示句幂，"青"也不一定表示股幂。本章有几处用朱幂、青幂表示勾股形的面积，亦有用青幂表示句矩者。

〔26〕"是其幂以股弦差为广"三句：此谓句幂之矩的广为股弦差 $c-b$，长为股弦并 $c+b$，股幂是正方形，在句幂之矩的里面，如图 9 - 4（1）。

〔27〕股幂之矩青，卷白表：股幂之矩呈青色，卷曲在白色的句方表面。

〔28〕"是其幂以句弦差为广"三句：此谓股幂之矩的广为句弦差 $c-a$，长为句弦并 $c+a$，句幂是正方形，在股幂之矩的里面，如图 9 - 4（2）。

〔29〕此谓由于句（或股）矩之幂是短（股弦差或句弦差）、长（股弦并或句弦并）互相乘，所以句（或股）弦差与句（或股）弦并的关系用除法表示出来，亦即句（或股）弦差与句（或股）弦并的关系就是用其中之一除短长互相乘：

$$c-a = \frac{(c-a)(c+a)}{c+a} = \frac{c^2-a^2}{c+a}, \qquad (9\text{-}2\text{-}1)$$

$$c+a = \frac{(c-a)(c+a)}{c-a} = \frac{c^2-a^2}{c-a}, \qquad (9\text{-}2\text{-}2)$$

$$c-b = \frac{(c-b)(c+b)}{c+b} = \frac{c^2-b^2}{c+b}, \qquad (9\text{-}2\text{-}3)$$

$$c+b = \frac{(c-b)(c+b)}{c-b} = \frac{c^2-b^2}{c-b}。 \qquad (9\text{-}2\text{-}4)$$

【译文】

**勾股**为了处理有关高深广远的问题

假设勾股形中句是 3 尺，股是 4 尺，问：相应的弦是多少？

答：5 尺。

假设勾股形中弦是 5 尺，句是 3 尺，问：相应的股是多少？

答：4 尺。

假设勾股形中股是 4 尺，弦是 5 尺，问：相应的句是多少？

答：3 尺。

勾股 在勾股形中，短边叫作勾，长边叫作股，与勾、股分别形成一个角的边叫作弦。勾比股短，股比弦短。将要把勾股术实施于各种率中，所以先提出此术，为的是展现其源头。术：勾、股各自乘，相加，而对之作开方除法，就得到弦。勾自乘为红色的正方形，股自乘为青色的正方形，现在使它们按照自己的类别进行出入相补，而使其余的部分不移动，就合成以弦为边长的正方形之面积。对之作开方除法，就得到弦。

又，股自乘，以它减弦自乘，对其余数作开方除法，就得到勾。淳风等按：此术中以勾方之面积与股方之面积合成弦方之面积。勾所形成的正方形在股所形成的正方形的里面，就是勾比股短。使股自乘，以它减弦自乘，其剩余的部分就是勾方之面积。所以对之作开方除法，就得到勾。

又，勾自乘，以它减弦自乘，对其余数作开方除法，就得到股。勾方之面积与股方之面积合以成弦方之面积，现在去掉其中之一，则余下的那个都是可以知道的。

假设有一圆形木材，其截面的直径是2尺5寸，想把它锯成一块方板，使它的厚为7寸。问：它的宽是多少？

答：2尺4寸。

术：使直径2尺5寸自乘，以7寸自乘减之，对其余数作开方除法，就得到它的宽。这里以圆的直径2尺5寸作为弦，方板的厚7寸作为勾，所要求的方板的宽就是股。

假设有一株树长是2丈，一围的周长是3尺。有一株葛生在它的根部，缠绕树干共7周，其上与树干顶端相齐。问：葛长是多少？

答：2丈9尺。

术：以7周乘围作为股，树长作为勾，求它们所对应的弦。弦就是葛的长。根据一围的周长，求长为树长而其形状如裹卷该树的葛的长。取一支笔管，用青线宛转缠绕之，就像葛缠绕树。把它解开而观察之，则每一周之间各自间隔成勾股弦。那么其间隔中葛的长，就是弦。7周乘围的周长，就是合并各个勾股形的勾作为一个勾；树长作为股，却比勾短，所以如果术文说树长叫作股，就把勾、股说颠倒了。由勾与股求弦，如同没有围的情形，弦自乘得到的面积也出自上面第一图。那么勾方之面积与股方之面积合成弦方之面积，是很明显的。这样，勾、股二方之面积倒互于弦方之面积之中罢了，它们在弦方之面积中互相为表里，位于里面的就成为正方形的面积，那位于表面的就成为折矩形的面积。二组位于表、里的面积的形状不同而数值却相等。

又按：此图中勾方之面积的折矩是青色的，卷曲在白色的股方之面积的表面，则它的面积以股弦差作为宽，以股弦和作为长，而股方之面积呈正方形，居于它的里面。股方之面积的折矩是青色的，卷曲在白色的勾方之面积的表面，则它的面积以勾弦差作为宽，以勾弦和作为长，而勾方之面积呈正方形，居于它的里面。因此，勾弦或股弦的差与和，就是用其中之一除短、长互相乘。

今有池方一丈，葭生其中央[1]，出水一尺。引葭赴岸，适与岸齐。问：水深、葭长各几何[2]？

　　答曰：

　　水深一丈二尺，

　　葭长一丈三尺。

术曰：半池方自乘，此以池方半之，得五尺为勾，水深为股，葭长为弦。以勾、弦见股[3]，故令勾自乘，先见矩幂也[4]。以出水一尺自乘，减之[5]，出水者，股弦差。减此差幂于矩幂则除之[6]。余，倍出水除之，即得水深[7]。差为矩幂之广[8]，水深是股。令此幂得出水一尺为长，故为矩而得葭长也[9]。加出水数，得葭长[10]。臣淳风等谨按：此葭本出水一尺，既见水深，故加出水尺数而得葭长也。

今有立木，系索其末，委地三尺[11]。引索却行，去本八尺而索尽。问：索长几何？

　　答曰：一丈二尺六分尺之一。

术曰：以去本自乘，此以去本八尺为勾，所求索者，弦也[12]。引而索尽、开门去阃者，勾及股弦差同一术[13]。去本自乘者，先张矩幂[14]。令如委数而一。委地者，股弦差也。以除矩幂，即是股弦并也[15]。所得，加委地数而半之，即索长[16]。子不可半者，倍其母。加差者并[17]，则两长，故又半之。其减差者并，而半之得木长也。

今有垣高一丈。倚木于垣，上与垣齐。引木却行一尺，其木至地。问：木长几何？

答曰：五丈五寸。

术曰：以垣高一十尺自乘，如却行尺数而一。所得，以加却行尺数而半之，即木长数[18]。此以垣高一丈为句，所求倚木者为弦，引却行一尺为股弦差[19]。为术之意与系索问同也。

今有圆材埋在壁中，不知大小。以锯锯之，深一寸，锯道长一尺[20]。问：径几何？

答曰：材径二尺六寸。

术曰：半锯道自乘，此术以锯道一尺为句，材径为弦，锯深一寸为股弦差之一半，锯道长是半也[21]。　臣淳风等谨按：下锯深得一寸为半股弦差，注云为股弦差者，锯道也[22]。如深寸而一，以深寸增之，即材径[23]。亦以半增之，如上术，本当半之，今此皆同半差，不复半也[24]。

今有开门去阃一尺[25]，不合二寸。问：门广几何？

答曰：一丈一寸。

术曰：以去阃一尺自乘，所得，以不合二寸半之而一。所得，增不合之半，即得门广[26]。此去阃一尺为句，半门广为弦，不合二寸以半之，得一寸为股弦差，求弦[27]。故当半之。今次以两弦为广数，故不复半之也。

【注释】

〔1〕葭（jiā）：初生的芦苇。《说文解字》："葭，苇之未秀者。"

〔2〕20世纪，许多中学数学课外读物中有所谓印度莲花问题，实际上是此"引葭赴岸"问的改写，只不过将芦苇换成莲花，却晚出1 000多年。数典不能忘祖，中国的课外读物，宜以此题为例。见图9－5（1）。以下五问，刘徽都归结为已知勾和股弦差求股、弦的问题，我们归为一组。

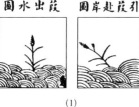 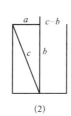 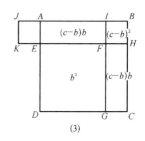

图 9-5 引葭赴岸

[（1）采自杨辉本　（2）（3）采自《古代世界数学泰斗刘徽》]

〔3〕以句、弦见股：此句意谓在弦方中通过勾、弦的变换表示出股。见，显现。

〔4〕刘徽认为池方之半、水深、葭长构成一个勾股形，我们记其勾即池方之半为 $a$，股即水深为 $b$，弦即葭长为 $c$，如图 9-5（2）。要以勾、弦表示出股，所以先将 $a^2$ 表示成矩幂 $a^2 = c^2 - b^2$，如图 9-5（3）。这实际上是已知勾与股弦差求股、弦的问题。

〔5〕出水就是 $c-b$，《九章算术》的术文表示 $a^2 - (c-b)^2 = 2b(c-b)$。

〔6〕减此差幂于矩幂则除之：从勾的折矩幂减去这个差的幂才能除。注释〔5〕是由以下变换得到的。即

$$a^2 - (c-b)^2 = (c^2 - b^2) - (c-b)^2 = (c+b)(c-b) - (c-b)^2$$
$$= (c-b)[(c+b) - (c-b)] = 2b(c-b)。$$

这样才能作除法。

〔7〕因此水深为

$$b = \frac{a^2 - (c-b)^2}{2(c-b)}。 \qquad (9-3-1)$$

〔8〕差为矩幂之广：股弦差是勾的折矩幂的广。

〔9〕令此幂得出水一尺为长，故为矩而得葭长也：使这个幂得到露出水面的 1 尺，作为长，所以将它变成折矩，就得到芦苇的长。此幂，从上下文看系指勾矩幂，而不是股弦差幂与勾自乘幂之差。将勾矩幂的长即股弦和增加股弦差，则此幂变成长为两弦、宽为股弦差的矩形，再变成矩幂，就得到弦，即葭长，见图 9-6。刘徽注是说，勾矩之幂 $a^2$ 加上面积 $(c-b)^2$，总面积为

$$a^2 + (c-b)^2 = (c^2-b^2) + (c-b)^2 = (c+b)(c-b) + (c-b)^2$$
$$= (c-b)[(c+b) + (c-b)] = 2c(c-b)。$$

因而

$$c = \frac{a^2 + (c-b)^2}{2(c-b)}。 \qquad (9-3-2)$$

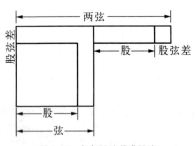

图9-6 勾与股弦差求股弦
（采自译注本《九章算术》）

〔10〕《九章算术》的术文实际上是

$$c = b + (c-b)。$$

〔11〕委（wěi）地：抛在地上。委，抛弃。

〔12〕刘徽注认为，《九章算术》的解法是将去本、立木、索长组成一个勾股形，分别为勾股形的勾、股、弦。如图9-7（1）。

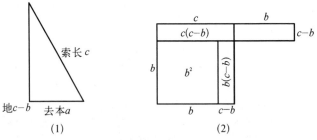

图9-7 系索
（采自译注本《九章算术》）

〔13〕"引而索尽"三句：牵引着绳索到其尽头、开门离开门槛，都是已知勾及股弦差的问题，用同一种术解决。

〔14〕与注释〔4〕一样，先将 $a^2$ 表示成矩幂 $a^2 = c^2 - b^2$，如图 9 - 7（2）。

〔15〕此谓

$$c + b = \frac{a^2}{c-b} = \frac{c^2 - b^2}{c-b}。$$

即（9 - 2 - 4）式。

〔16〕由于 $(c+b) + (c-b) = 2c$，故

$$c = \frac{1}{2}[(c+b) + (c-b)] = \frac{1}{2}\left[\frac{a^2}{c-b} + (c-b)\right]。$$

与（9 - 3 - 2）等价。

〔17〕加差者并：与下文"其减差者并"中两"者"字，训"于"，"者"、"诸"互文，"诸"、"于"亦互文，见裴学海《古书虚字集释》卷九。

〔18〕设木长为 $c$，垣高为 $a$，却行尺数为 $c - b$，则木长为

$$c = \frac{1}{2}\left[\frac{a^2}{c-b} + (c-b)\right]。$$

即（9 - 3 - 2）式。

〔19〕刘徽注认为垣高、木长分别是勾股形的勾和弦，则却行就是股弦差。如图 9 - 8。

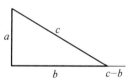

图 9 - 8　倚木于垣
（采自译注本《九章算术》）

〔20〕方田章弧田术刘徽注将其称为勾股锯圆材，如图 9 - 9（1）。

〔21〕如图 9 - 9（2），记圆心为 $O$，锯道深为 $DE$。刘徽认为锯道 $BC$ 与圆材直径 $AB$ 分别是勾股形 $ABC$ 的勾与弦，分别记为 $a$，$c$。考虑勾股形 $OBE$，由于 $BE = \frac{1}{2}a$，$OB = \frac{1}{2}c$，故 $OE = \frac{1}{2}b$。于是锯道深 $DE = OD - OE = \frac{1}{2}(c-b)$。既然考虑锯道深的一半，那么其锯道也只考虑其一半即 $\frac{1}{2}a$。　　是：训"则"。

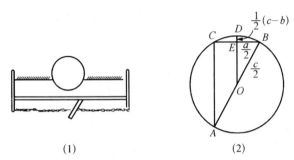

(1)                                         (2)

图9-9  勾股锯圆材

[（1）采自杨辉本    （2）采自译注本《九章筭术》]

〔22〕戴震、李潢、钱宝琮等都认为李淳风注文字有错误。因不知原意所在，无可校改，今不译。

〔23〕《九章筭术》实际上应用了公式

$$c = \frac{\left(\frac{1}{2}a\right)^2}{\frac{1}{2}(c-b)} + \frac{1}{2}(c-b)。$$

它可以化成（9-3-2）式。

〔24〕此谓本来如同上面诸术那样，此术求弦的最后一步应该"半之"，可是这里勾 $a$，股弦差 $c-b$ 都取其一半了，所以不必再"半之"。"不"字前，初版依汇校本衍"故"字，今依《新校》本校删。

〔25〕开门去阃（kǔn）："门"有两扉。《玉篇·户部》："一扉曰户，两扉曰门。"阃，门橛，门限，门槛。"开门去阃"形如图9-10（1）。

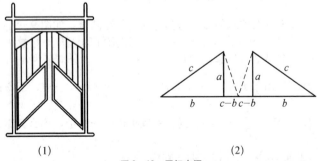

(1)                                         (2)

图9-10  开门去阃

[（1）采自杨辉本    （2）采自译注本《九章筭术》]

〔26〕记去阘为 $a$，不合为 $c-b$，《九章算术》实际上使用公式（9‐3‐2）。

〔27〕刘徽注认为去阘、开门之后的门广之半是勾股形的勾与弦，不合之半为股弦差 $c-b$。这是已知勾与股弦差求弦。

## 【译文】

假设有一水池，1 丈见方，一株芦苇生长在它的中央，露出水面 1 尺。把芦苇扯向岸边，顶端恰好与岸相齐。问：水深、芦苇的长各是多少？

　　答：
　　水深是 1 丈 2 尺，
　　芦苇长是 1 丈 3 尺。

术：将水池边长的 $\frac{1}{2}$ 自乘，这里取水池边长的 $\frac{1}{2}$，得到 5 尺，作为勾，水深作为股，芦苇的长作为弦。以勾、弦展现出股，所以使勾自乘，先显现勾的折矩的面积。以露出水面的 1 尺自乘，减之，芦苇露出水面的长度就是股弦差。从勾的折矩的面积减去这个差的面积才能除。其余数，以露出水面的长度的 2 倍除之，就得到水深。股弦差是勾的折矩的面积的宽，水深就是股。使这个面积得到露出水面的 1 尺，作为长，所以将它变成折矩，就得到芦苇的长。加芦苇露出水面的数，就得到芦苇的长。臣淳风等按：这里芦苇本来露出水面 1 尺，既然已经显现出水深，所以加露出水面的尺数而得到芦苇的长度。

假设有一根竖立的木柱，在它的顶端系一条绳索，那么在地上堆积了 3 尺长。牵引着绳索向后倒退，到距离木柱根部 8 尺时恰好是绳索的尽头。问：绳索的长是多少？

　　答：1 丈 2 $\frac{1}{6}$ 尺。

术：以到木柱根部的距离自乘，这里以到木柱根部的距离 8 尺作为勾，所求绳索的长，就是弦。牵引绳索到其尽头、开门离开门槛，都是已知勾与股弦差的问题，用同一种术解决。以到木柱根部的距离自乘，是先展显勾的折矩的面积。以地上堆积的绳索的长除之。在地上堆积的长，就是股弦差。以除勾的折矩的面积，就是股弦和。所得的结果，加堆积在地上的长，除以 2，就是绳索的长。如果分子是不可以除以 2 的，就将分母加倍。在股弦和上加股弦差，则是绳索长的 2 倍，所以又除以 2。在股弦和上减股弦差，也除以 2，便得到木柱的长。

假设有一堵垣，高 1 丈。一根木柱倚在垣上，上端与垣顶相齐。拖着木向后倒退 1 尺，这根木柱就全部落在地上。问：木柱的长是多少？

答：5 丈 5 寸。

术：以垣高 10 尺自乘，除以向后倒退的尺数。以所得到的结果加向后倒退的尺数，除以 2，就是木柱的长。这里以垣高 1 丈作为勾，所求的倚在垣上的木柱作为弦，以拖着向后倒退 1 尺作为股弦差。造术的意图与在木柱顶端系绳索的问题相同。

假设有一圆形木材埋在墙壁中，不知道它的大小。用锯锯之，如果深达到 1 寸，则锯道长是 1 尺。问：木材的直径是多少？

答：木材的直径是 2 尺 6 寸。

术：锯道长的 $\frac{1}{2}$ 自乘，此术中以锯道长 1 尺作为勾，木材的直径作为弦，锯道深 1 寸是股弦差的 $\frac{1}{2}$，锯道长也应取其 $\frac{1}{2}$。除以锯道深 1 寸，加上锯道深 1 寸，就是木材的直径。也以股弦差的 $\frac{1}{2}$ 加之。如同上面诸术，本来应当取其 $\frac{1}{2}$，现在这里所有的因子都取了 $\frac{1}{2}$，所以就不再取其 $\frac{1}{2}$。

假设打开两扇门，距门槛 1 尺，没有合上的宽度是 2 寸。问：门的宽是多少？

答：1 丈 1 寸。

术：以到门槛的距离 1 尺自乘，其所得除以没有合上的宽度 2 寸的 $\frac{1}{2}$。其所得加没有合上的宽度 2 寸的 $\frac{1}{2}$，就得到门的宽。

这里以到门槛的距离 1 尺作为勾，门宽的 $\frac{1}{2}$ 作为弦，取没有合上的宽度 2 寸的 $\frac{1}{2}$，得到 1 寸作为股弦差，以求弦。本来应当取其 $\frac{1}{2}$。现在以两弦作为门宽的数，所以不再取其 $\frac{1}{2}$。

今有户高多于广六尺八寸，两隅相去适一丈。问：户高、广各几何[1]？

　　答曰：

　　广二尺八寸，

　　高九尺六寸。

术曰：令一丈自乘为实。半相多，令自乘，倍之，减实，半其余。以开方除之。所得，减相多之半，即户广；加相多之半，即户高[2]。令户广为句，高为股，两隅相去一丈为弦，高多于广六尺八寸为句股差[3]。按图为位，弦幂适满万寸。倍之，减句股差幂，开方除之。其所得即高广并数[4]。以差减并而半之，即户广；加相多之数，即户高也[5]。今此术先求其半[6]。一丈自乘为朱幂四、黄幂一。半差自乘，又倍之，为黄幂四分之二[7]。减实，半其余，有朱幂二、黄幂四分之一[8]。其于大方者四分之一[9]。故开方除之，得高广并数半[10]。减差半，得广[11]；加，得户高[12]。

又按：此图幂：句股相并幂而加其差幂，亦减弦幂，为积[13]。盖先见其弦，然后知其句与股。今适等，自乘，亦各为方，合为弦幂[14]。令半相多而自乘，倍之，又半并自乘，倍之，亦合为弦幂[15]。而差数无者，此各自乘之，而与相乘数，各为门实[16]。及股长句短，同原而分流焉[17]。假令句、股各五，弦幂五十，开方除之，得七尺，有余一，不尽[18]。假令弦十，其幂有百，半之为句、股二幂，各得五十[19]，当亦不可开。故曰：圆三、径一，方五、斜七，虽不正得尽理，亦可言相近耳[20]。其句股合而自相乘之幂者，令弦自乘，倍之，为两弦幂，以减之[21]。其余，开方除之，为句股差[22]。加于合而半，为股[23]；减差于合而半之，为句[24]。句、股、弦即高、广、袤。其出此图也，其倍弦为袤[25]。令矩句即为幂，得广即句股差[26]。其矩句之幂，倍句为从法，开之亦句股差[27]。以句股差幂减弦幂，半其余，差为从法，开方除之，即句也[28]。

【注释】

〔1〕《九章筭术》户高多于广问实际上应用了已知弦与勾股差求勾、股的公式。如图 9 - 11（1）。

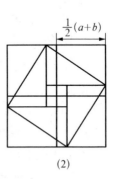

图 9 - 11　户高多于广

［（1）采自杨辉本　　（2）采自《古代世界数学泰斗刘徽》］

〔2〕记两隅相去为 $c$，相多为 $b-a$，则《九章筭术》实际上使用了公式

$$a = \sqrt{\frac{c^2 - 2\left(\frac{b-a}{2}\right)^2}{2}} - \frac{b-a}{2}, \qquad (9-4-1)$$

$$b = \sqrt{\frac{c^2 - 2\left(\frac{b-a}{2}\right)^2}{2}} + \frac{b-a}{2}。 \qquad (9-4-2)$$

便求出门广和高

$$户广 = \sqrt{\frac{(1\,丈)^2 - 2\left(\frac{6\,尺\,8\,寸}{2}\right)^2}{2}} - \frac{6\,尺\,8\,寸}{2} = 2\,尺\,8\,寸,$$

$$户高 = \sqrt{\frac{(1\,丈)^2 - 2\left(\frac{6\,尺\,8\,寸}{2}\right)^2}{2}} + \frac{6\,尺\,8\,寸}{2} = 9\,尺\,6\,寸。$$

〔3〕刘徽注认为户广、户高、两隅相去形成一个勾股形，其勾、股、弦分别记为 $a$，$b$，$c$，则高多于广就是勾股差 $b-a$。

〔4〕如图 9-12 (1)，刘徽注作以弦 $c$ 为边长的正方形，弦幂 $c^2$。将其分解为 4 个以 $a$，$b$ 为勾、股的勾股形，称为朱幂，及一个以勾股差 $b-a$ 为边长的小正方形，称为黄方。显然

$$c^2 = 4 \times \frac{1}{2}ab + (b-a)^2 \text{。}$$

取 2 个弦幂，其面积为 $2c^2$。将一个弦幂的黄方除去，而将 4 个剩余的朱幂拼补到另一个弦幂上，则成为一个以勾股并 $a+b$ 为边长的大正方形，如图 9-12 (2) 所示。其面积为

$$(a+b)^2 = 2c^2 - (b-a)^2$$

于是

$$b+a = \sqrt{2c^2 - (b-a)^2} \text{。} \tag{9-5}$$

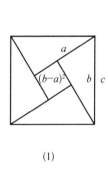
(1)

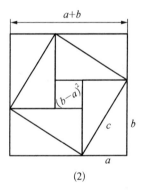
(2)

图 9-12　由勾股差与弦求勾股的推导
〔(1) 采自译注本《九章算本》　(2) 采自《古代世界数学泰斗刘徽》〕

〔5〕此谓

$$a = \frac{1}{2}[(b+a) - (b-a)] = \frac{1}{2}[\sqrt{2c^2 - (b-a)^2} - (b-a)],$$
$$\tag{9-4-3}$$

$$b = \frac{1}{2}[(b+a) + (b-a)] = \frac{1}{2}[\sqrt{2c^2 - (b-a)^2} + (b-a)] \text{。}$$
$$\tag{9-4-4}$$

这是对《九章算术》所使用的公式的改进。赵爽也有同样的公式，可见此亦非刘徽所首创，而是他"采其所见"者，写入自己的注。(9-4-3)(9-4-4) 后来发展为勾股数组的一个通解公式：设 $c : (b-a) = p : q$，则 $a : b : c = \frac{1}{2}(\sqrt{2p^2 - q^2} - q) : \frac{1}{2}(\sqrt{2p^2 - q} + q) : p$ 可以构造出任何一个勾股形。南宋秦九韶借助它构造了《数书九章》(1247)"遥度圆城"问的 10 次方程。见拙文《学习〈数书九章〉札记》(《郭书春数学史自选集》下册)。

〔6〕以下是刘徽记载的对《九章算术》所使用的公式的证明，当然也是采其所见者。

〔7〕如图 9-12 (1)，一个弦幂由 4 个朱幂及 1 个黄幂组成，而 $\left[\frac{1}{2}(b-a)\right]^2$ 是黄幂的 $\frac{1}{4}$，$2\left[\frac{1}{2}(b-a)\right]^2$ 为黄幂的 $\frac{2}{4}$。

〔8〕此谓从弦幂 $c^2$ 中除去 $2\left[\frac{1}{2}(b-a)\right]^2$，则余 4 个朱幂，$\frac{1}{2}$ 个黄幂。取其 $\frac{1}{2}$，即 $\dfrac{c^2 - 2\left[\frac{1}{2}(b-a)\right]^2}{2}$，则有 2 个朱幂，$\frac{1}{4}$ 个黄幂。

〔9〕此谓 2 个朱幂、$\frac{1}{4}$ 个黄幂恰好是以 $(a+b)$ 为边长的正方形的 $\frac{1}{4}$，即

$$\frac{1}{4}(b+a)^2 = \frac{c^2 - 2\left[\frac{1}{2}(b-a)\right]^2}{2}。$$

〔10〕此谓对上式作开方除法，得

$$\frac{1}{2}(b+a) = \sqrt{\frac{c^2 - 2\left[\frac{1}{2}(b-a)\right]^2}{2}}。$$

〔11〕减差半，得广：此谓 $a = \frac{1}{2}(b+a) - \frac{1}{2}(b-a) = \sqrt{\dfrac{c^2 - 2\left[\frac{1}{2}(b-a)\right]^2}{2}} - \frac{1}{2}(b-a)$。即 (9-4-1) 式。差半，勾股差

之半。

〔12〕加，得户高：此谓 $b = \dfrac{1}{2}(b+a) + \dfrac{1}{2}(b-a) =$

$\sqrt{\dfrac{c^2 - 2\left[\dfrac{1}{2}(b-a)\right]^2}{2}} + \dfrac{1}{2}(b-a)$。即（9-4-2）式。加，加勾股差的一半。

〔13〕"句股相并幂而加其差幂"三句：这是一个勾股恒等式

$$(a+b)^2 + (b-a)^2 - c^2 = c^2。$$

显然，它是由 $(a+b)^2 = 2c^2 - (b-a)^2$ 变换而来。

〔14〕此谓：如果 $b=a$，则 $c^2 = 2a^2$。

〔15〕刘徽在这里提出又一勾股恒等式：

$$2\left[\dfrac{1}{2}(b+a)\right]^2 + 2\left[\dfrac{1}{2}(b-a)\right]^2 = c^2。$$

〔16〕"差数无者"四句：此谓当 $b-a=0$ 时，$a^2 = b^2 = ab$。

〔17〕原：初版作"源"，今改。见本章勾股术注释〔6〕。

〔18〕此以 $a=b=5$ 为例，此时 $c^2 = 50$，$c = \sqrt{50}$，得7，而余1开方不尽。这相当于接近认识到，在勾股形中，若 $a=b$，则 $a$，$b$，$c$ 不能同时为有理数，正方形的对角线与边长没有公度。

〔19〕若 $c=10$，则 $c^2 = 100$，$a^2 = b^2 = \dfrac{1}{2}c^2 = 50$。

〔20〕刘徽将这种情形与圆3径1相类比，指出圆3径1，方5斜7，虽不准确，但在近似计算中是可以使用的。

〔21〕刘徽进而讨论由勾股并 $a+b$ 与弦 $c$ 求勾、股的问题。刘徽首先提出

$$(b-a)^2 = 2c^2 - (b+a)^2。 \tag{9-6}$$

如图9-13，将图9-12（2）的以 $a+b$ 为边长的大正方形逆时针旋转45°，使其中的弦幂正置，在它的一侧拼补上一个如图9-12(1)的弦幂，则连接成一个长方形，即二弦幂，其面积为 $2c^2$。勾股并幂与二弦幂的公共部分不动，将勾股并幂中的朱幂Ⅰ，Ⅱ，Ⅲ分别移到二弦幂中的朱幂Ⅰ′，Ⅱ′，Ⅲ′处，则只有一个黄方 $(b-a)^2$ 未被填满。就是说，勾股并幂 $(b+a)^2$ 与二弦幂 $2c^2$ 之差为 $(b-a)^2$，即上式成立。

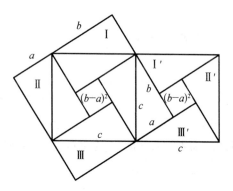

图 9 - 13　由勾股和与弦求勾股的推导
（采自译注本《九章算术》）

〔22〕其余，开方除之，为句股差：此谓

$$b - a = \sqrt{2c^2 - (b+a)^2}\,。$$

〔23〕加于合而半，为股：此谓

$$b = \frac{1}{2}[(b+a)+(b-a)] = \frac{1}{2}(b+a) + \frac{1}{2}\sqrt{2c^2 - (b+a)^2}\,。$$

$$(9 - 7 - 2)$$

〔24〕减差于合而半之，为句：此谓

$$a = \frac{1}{2}[(b+a)-(b-a)] = \frac{1}{2}(b+a) - \frac{1}{2}\sqrt{2c^2 - (b+a)^2}\,。$$

$$(9 - 7 - 1)$$

不难看出已知勾股并及弦求勾股的公式（9 - 7 - 1）（9 - 7 - 2）与已知勾股差及弦求勾股的公式（9 - 4 - 3）（9 - 4 - 4）的对称性。

〔25〕其出此图也，其倍弦为袤：如果画出这个图的话，它以弦的 2 倍作为长。刘徽是说图 9 - 13 中的长方形以 2c 为长。

〔26〕令矩句即为幂，得广即句股差：将矩勾作为幂，求得它的广就是勾股差。刘徽在此给出了一个勾股恒等式

$$b - a = \frac{b^2 - a^2}{b + a}\,。$$

矩句，是股幂减以勾幂所余之矩，即 $b^2 - a^2$，如图 9 - 14(1)，它不同于刘

徽注的"句矩"，后者与赵爽之"矩句"同义，均指 $c^2 - b^2$，如图 9-4（1）。

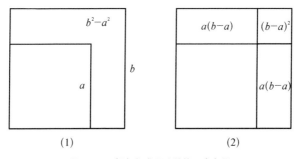

(1)    (2)

图 9-14 矩勾与求股弦差的二次方程
（采自译注本《九章算术》）

〔27〕"其矩句之幂"三句：刘徽在此提出了以 $b-a$ 为其根的开方式，即以 $b-a$ 为未知数的二次方程

$$(b-a)^2 + 2a(b-a) = b^2 - a^2。 \tag{9-8}$$

如图 9-14（2）所示。矩勾 $b^2 - a^2$ 可以分解成黄方 $(b-a)^2$ 及以 $b-a$ 为广以 $a$ 为长的两个长方形，后者的面积共为 $2a(b-a)$。

〔28〕刘徽又提出由勾股差 $b-a$ 求勾 $a$ 的开方式，即以 $a$ 为未知数的二次方程

$$a^2 + (b-a)a = \frac{c^2 - (b-a)^2}{2}。 \tag{9-9}$$

如图 9-15 所示。弦幂 $c^2$ 除去黄方 $(b-a)^2$，取其 $\frac{1}{2}$，余 2 个朱幂 I，II。勾方 $a^2$ 与 $(b-a)a$ 之和为面积为 $ab$ 的长方形，它亦含有 2 个朱幂

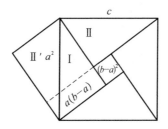

图 9-15 由勾股差与弦求勾的二次方程
（采自译注本《九章算术》）

Ⅰ，Ⅱ′。因此 $\dfrac{c^2-(b-a)^2}{2}$ 与 $a^2+(b-a)a$ 的面积相等。

## 【译文】

假设有一门户，高比宽多 6 尺 8 寸，两对角相距恰好 1 丈。问：此门户的高、宽各是多少？

  答：

  门户的宽是 2 尺 8 寸，

  门户的高是 9 尺 6 寸。

术：使 1 丈自乘，作为实。取高多于宽的 $\dfrac{1}{2}$，将它自乘，加倍，去减实，取其余数的 $\dfrac{1}{2}$。对之作开方除法。所得减去高多于宽的 $\dfrac{1}{2}$，就是门户的宽；加上高多于宽的 $\dfrac{1}{2}$，就是门户的高。将门户的宽作为勾，高作为股，两对角的距离 1 丈作为弦，那么高多于宽 6 尺 8 寸就成为勾股差。按照图形考察它们所处的地位，弦方之面积恰恰是 10 000 寸²。将它加倍，减去勾股差为方的面积，对其余数作开方除法。那么所得到的就是门户的高与宽之和。以勾股差减高与宽之和，而取其 $\dfrac{1}{2}$，就是门户的宽；以勾股差加高与宽之和，而取其 $\dfrac{1}{2}$，就是门户的高。现在此术是先求其 $\dfrac{1}{2}$。1 丈自乘为 4 个红色的面积与 1 个黄色的面积。勾股差的 $\dfrac{1}{2}$ 自乘，又加倍，就是黄色的面积的 $\dfrac{2}{4}$。以它去减实，取其余数的 $\dfrac{1}{2}$，就有 2 个红色的面积与 $\dfrac{1}{4}$ 个黄色的面积。它们在以高与宽之和为边长的大正方形中占据 $\dfrac{1}{4}$。所以对之作开方除法，就得到 $\dfrac{1}{2}$ 的高与宽之和。$\dfrac{1}{2}$ 的高与宽之和减去 $\dfrac{1}{2}$ 的高与宽之差，就得到门户的宽；$\dfrac{1}{2}$ 的高与宽之和加上 $\dfrac{1}{2}$ 的高与宽之差，就得到门户的高。  又按：此图形中的面积：勾股和为方的面积加勾股差为方的面积，又减去弦方的面积，为弦方的面积。原来这里先显现出它的弦，然后知道与之对应的勾与股。如果勾与股恰好相等，使它们自乘，各自也成为正方形，相加就合成为弦方的面积。使勾股差的 $\frac{1}{2}$ 自乘，加倍，又使勾股和的 $\frac{1}{2}$ 自乘，加倍，也合成为弦方的面积。如果勾与股没有差，此时它们各自自乘，或者两者相乘，都成为门的面积。这与股长而勾短的情形，是同源而分流。假设勾、股都是5，弦方的面积就是50，对之作开方除法，得7尺，还有余数1，开不尽。假设弦是10，其方的面积是100，取其 $\frac{1}{2}$，就成为勾、股二者方的面积，分别是50，也应当是不可开的。所以说：周3径1，方5斜7，虽然没有正好穷尽其数理，也可以说是相近的。　　如果是勾股和而自乘之面积的情形，那么使弦自乘，加倍，就成为2个弦方的面积，以勾股和自乘之面积减之。对其余数作开方除法，就是勾股差。将它加于勾股和，取其 $\frac{1}{2}$，就是股；以它减勾股和，取其 $\frac{1}{2}$，就是勾。勾、股、弦就是门户的高、宽、斜。如果画出这个图的话，它以弦的2倍作为长。将矩勾作为面积，求得它的宽就是勾股差。如果是矩勾之面积，将勾加倍作为一次项系数，对其开方，也得到勾股差。以勾股差为方的面积减弦方的面积，取其余数的 $\frac{1}{2}$，以勾股差作为一次项系数，对其作开方除法，就是勾。

今有竹高一丈，末折抵地，去本三尺。问：折者高几何[1]？

　　　　荅曰：四尺二十分尺之一十一。

　　术曰：以去本自乘，此去本三尺为句，折之余高为股[2]，以先令句自乘之幂[3]。令如高而一[4]，凡为高一丈为股弦并之[5]，以除此幂得差。所得，以减竹高而半余，即折者之高也[6]。此术与系索之类更相返覆也[7]。亦可如上术，令高自乘为股弦并幂，去本自乘为矩幂，减之，余为实。倍高为法，则得折之高数也[8]。

【注释】

〔1〕折：李籍云："断也。"竹高折地如图9-16（1）所示。1989年

高考语文试卷有标点此问的题目。

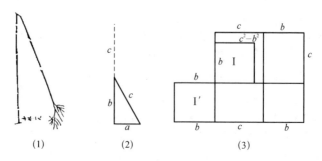

图 9 - 16　由勾与股弦和求股

[（1）采自杨辉本　（2）采自译注本《九章算术》（3）采自《九章算术》解读]

〔2〕刘徽注认为去本、折者之高与折断部分构成一个勾股形，它们分别是勾 $a$、股 $b$ 与弦 $c$。 如图 9 - 16（2）。

〔3〕以先令句自乘之幂：所以先得到勾的自乘之幂。以，训"故"，申事之辞。

〔4〕《九章算术》此处应用了：

$$c - b = \frac{a^2}{c+b}。$$

〔5〕凡为高一丈为股弦并之：总的高 1 丈作为股弦并，以它除勾幂，得到股弦差。凡为，训"共"。之，语气词。刘徽将此问归结为已知勾与股弦并求股的问题。

〔6〕《九章算术》实际上应用了公式

$$b = \frac{1}{2}(c+b) - \frac{1}{2}(c-b) = \frac{1}{2}\left[(c+b) - \frac{a^2}{c+b}\right]。$$

$$(9 - 10 - 1)$$

〔7〕此谓上式与系索问所用公式的差别仅仅在于将 $c-b$ 换成 $c+b$，所以说"相返覆"。

〔8〕刘徽将（9 - 10 - 1）式修正为

$$b = \frac{(c+b)^2 - a^2}{c+b}。$$
$$(9 - 10 - 2)$$

其出入相补的方式如图 9 - 16（3）所示：作以 $c+b$ 为边长的正方形。其中Ⅰ为 $b^2$，除去 $a^2 = c^2 - b^2$，将Ⅰ移到Ⅰ′处，则其面积显然是 $2b(c+b)$，求出 $b$ 即可。

## 【译文】

假设有一棵竹，高1丈，末端折断，抵到地面处距竹根3尺。问：折断后的高是多少？

答：$4\frac{11}{20}$尺。

术：以抵到地面处到竹根的距离自乘，这里以抵到地面处距竹根3尺作为勾，折断之后余下的高作为股，所以先得到勾的自乘之面积。除以高，总的高1丈作为股弦并，以它除勾方的面积，得到股弦差。以所得到的数减竹高，而取其余数的 $\frac{1}{2}$，就是折断之后的高。此术与木柱顶端系绳索之类互为反覆。亦可像上术那样，将高自乘，作为股弦和为方之面积，抵到地面处到竹根的距离自乘作为矩的面积，两者相减，余数作为实。将高加倍作为法，实除以法，就得到折断之后高的数值。

今有二人同所立。甲行率七，乙行率三[1]。乙东行，甲南行十步而邪东北与乙会。问：甲、乙行各几何？

答曰：

乙东行一十步半，

甲邪行一十四步半及之。

术曰：令七自乘，三亦自乘，并而半之，以为甲邪行率。邪行率减于七自乘，余为南行率。以三乘七为乙东行率[2]。此以南行为勾，东行为股，邪行为弦[3]。并勾弦率七。欲引者[4]，当以股率自乘为幂，如并而一，所得为勾弦差率[5]。加并，之半为弦率[6]，以差率减，余为勾率[7]。如是或有分，当通而约之乃定[8]。　术以同使无分母，故令勾弦并自乘为朱、黄相连之方[9]。股自乘为青幂之矩,以句弦并为袤,差为广[10]。今有相引之直,加损同上[11]。其图大体,以两弦为袤,句弦并为广[12]。引横断其半为弦率[13],列用率七自乘者,句弦并之率[14],故弦减之,余为句率[15]。同立处是中停也[16],皆句弦并为率,故亦以句率同其袤也[17]。置南行十步,以甲邪行率乘之,副置十步,以乙东行率乘之,各自为实。实如南行率而一,各得行数[18]。南行十步者,所有见句求见弦、股,故以弦、股率乘,如句率而一。

【注释】

〔1〕此谓:设甲行率为 $m$,乙行率为 $n$,则 $m:n=7:3$。

〔2〕设南行为 $a$,东行为 $b$,邪行为 $c$,《九章算术》给出了:

$$a:b:c=\frac{1}{2}(m^2-n^2):mn:\frac{1}{2}(m^2+n^2)。 \qquad (9-11)$$

其中南行率 $\frac{1}{2}(m^2-n^2)=m^2-\frac{1}{2}(m^2+n^2)$。

〔3〕刘徽认为南行、东行、邪行构成一个勾股形,记勾为 $a$,股为 $b$,弦为 $c$,如图 9-17(1)。现代数论证明,若 $(c+a):b=m:n$,并且 $m$,$n$ 互素,公式(9-11)给出了勾股形的全部可能的情形,被称为勾股数组的通解公式。勾股数组又称为整数勾股形。此问中的 $m$,$n$ 分别为 7,3。下"二人出邑"问再一次使用(9-11),其中的 $m$,$n$ 分别为 5,3,都是互素的两奇数,可见《九章算术》的作者大约知道这一条件。上述通解公式也可以写成:

$$\text{勾率:} \frac{1}{2}(m^2-n^2),$$
$$\text{股率:} mn, \qquad (9-12)$$
$$\text{弦率:} \frac{1}{2}(m^2+n^2)。$$

早在古希腊,数学家们就探讨勾股数组的通解公式,但所提出的公式实际上都只给出了一部分解。长期以来,人们认为公元 3 世纪的希腊数学家丢番图第一次给出了勾股数组的通解公式,但是,他的公式不仅需要

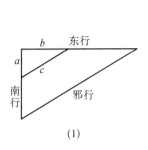 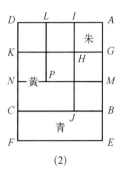

(1)                        (2)

图 9-17 勾股数组通解公式的推导

（采自译注本《九章算术》）

进行一个变换，而且比《九章算术》使用的公式起码晚四五百年。《九章算术》在世界数学史上第一次提出了完整的勾股数组通解公式。

〔4〕欲引者：如果想要把它引申的话。引，引申。

〔5〕刘徽在此求出勾弦差 $c-a$ 之率 $\dfrac{n^2}{m}$。

〔6〕刘徽在此求出弦 $c=\dfrac{1}{2}\big[(c+a)+(c-a)\big]$ 之率，即

$$\frac{1}{2}\left(\frac{n^2}{m}+m\right)=\frac{m^2+n^2}{2m}。$$

〔7〕刘徽在此求出勾 $a=\dfrac{1}{2}\big[(c+a)-(c-a)\big]$ 之率，即

$$\frac{m^2+n^2}{2m}-\frac{n^2}{m}=\frac{m^2-n^2}{2m}。$$

〔8〕已知股率是 $n$，如此勾率、股率、弦率中有分数，通分，就得到公式（9-11）或（9-12）中的率。

〔9〕以同使无分母，故令句弦并自乘为朱、黄相连之方：此谓以同（即勾弦并率 $m$）消去各个率的分母，所以使勾弦和自乘作为朱方、黄方相连的正方形。由于以勾弦并率 $m$ 消去分母，因此其幂图以勾弦并 $c+a$ 作为广，使$(c+a)^2$ 为朱、黄相连之方 $ABCD$，如图 9-17（2）。其中 $AGHI$ 是朱方，即勾方 $a^2$；$HJCK$ 是黄方，即弦方 $c^2$。自此起，是勾、股、弦三率的几何推导方法。

〔10〕截取 AMPL，也是黄方，即弦方 $c^2$，而 IHGMPL 是青幂之矩，即 $b^2=c^2-a^2$。它以勾弦并 $c+a$ 为长，以勾弦差 $c-a$ 为广。

〔11〕今有相引之直，加损同上：如果将青幂之矩引申成长方形，增加、减损之后，它们的广、长就如上述。这个长方形就是 BEFC，仍然以勾弦并 $c+a$ 为长，以勾弦差 $c-a$ 为广。

〔12〕"其图大体"三句：此谓整个图形以两弦 $2c$ 为长，以勾弦并 $c+a$ 为广。大体，义理，本质，要点，关键。《史记·平原君虞卿列传》："（平原君）未睹大体。"

〔13〕引横断其半为弦率：在图形的一半处引一条横线切断它，就成为弦率。此谓图 9-17（2）中，AEFD 的一半即 $c(c+a)$ 是弦率。横，横线，此指中间的横线。

〔14〕列用率七自乘者，句弦之并率：此谓甲行率 7 自乘就是勾弦并率。因此勾弦并率就是 $(c+a)^2$。列用率，列出来所用的率，指甲行率七。

〔15〕弦率减之，余为句率：此谓勾率为 $(c+a)^2-c(c+a)=a(c+a)$，弦率为 $c(c+a)$。

〔16〕中停：中间平分。停，均匀，平均。《水经注·江水》："自非停午夜分，不见曦月。"但此例句在刘徽之后矣。

〔17〕皆句弦并为率，故亦以句率同其袤也：它们都以勾弦和建立率，所以也使勾率的长与之相同。由 $(c+a):b=m:n$，得出

$$句率：a(c+a)=\frac{1}{2}(m^2-n^2)，$$

$$股率：b(c+a)=mn，$$

$$弦率：c(c+a)=\frac{1}{2}(m^2+n^2)。$$

在此问中，$a:b:c=20:21:29$。按：此段从图形上解释。因同立处是中停，都用勾弦并化成率，所以勾率亦必同其袤，化成以勾为广，以勾弦并为袤的面积。根据刘徽"每举一隅"的原则，股率也要表示成以股为广，以勾弦并为袤的面积，是不言而喻的。亦即股率为 $b(c+a)$。

〔18〕已知南行 10 步，即 $a=10$ 步，利用今有术求出甲邪行和乙东行的步数：

$$甲邪行=\frac{10 步 \times c}{a}=\frac{10 步 \times 29}{20}=14\frac{1}{2} 步，$$

$$乙东行 = \frac{10 \, 步 \times b}{a} = \frac{10 \, 步 \times 21}{20} = 10\frac{1}{2} \, 步 \text{。}$$

【译文】

假设有二人站在同一个地方。甲走的率是 7，乙走的率是 3。乙向东走，甲向南走 10 步，然后斜着向东北走，恰好与乙相会。问：甲、乙各走多少步？

答：

乙向东走 $10\frac{1}{2}$ 步，

甲斜着走 $14\frac{1}{2}$ 步与乙会合。

术：令 7 自乘，3 也自乘，两者相加，除以 2，作为甲斜着走的率。从 7 自乘中减去甲斜着走的率，其余数作为甲向南走的率。以 3 乘 7 作为乙向东走的率。此处以向南走的距离作为勾，向东走的距离作为股，斜着走的距离作为弦。那么勾弦和率就是 7。如果想要把它引申的话，应当以股率自乘作为面积，除以勾弦和，所得作为勾弦差率。将它加勾弦和，除以 2，作为弦率；以勾弦差率减弦率，其余数作为勾率。这样做也许有分数，应当将它们通分、约简，才能确定。　此术以同消去分母，所以使勾弦和自乘作为朱方、黄方相连的正方形。将股自乘化为青色面积之折矩形，它以勾弦和作为长，勾弦差作为宽。如果将它们引申成长方形，增加、减损之后，它们的宽、长就如上述。其图形的关键就是以两弦作为长，以勾弦和作为宽。在图形的一半处引一条横线切断它，就成为弦率。列出来所用的率 7 自乘者，是因为它是勾弦和率，所以以弦率减之，余数就作为勾率。甲、乙所站的那同一个地方是中间平分的位置，它们都以勾弦和建立率，所以也使勾率的长与之相同。布置甲向南走的 10 步，以甲斜着走的率乘之，在旁边布置 10 步，以乙向东走的率乘之，各自作为实。实除以甲向南走的率，分别得到甲斜着走的及乙向东走的步数。甲向南走的 10 步，是已有现成的勾，要求显现出它对应的弦、股，所以分别以弦率、股率乘之，除以勾率。

今有句五步，股十二步。问：句中容方几何[1]？

荅曰：方三步一十七分步之九。

术曰：并句、股为法，句、股相乘为实。实如法而一，得方一步[2]。句、股相乘为朱、青、黄幂各二[3]。令黄幂交于隅中，朱、青各以其类，令从其两径，共成脩之幂[4]：中方黄为广[5]，并句、股为袤，故并句、股为法[6]。

幂图：方在句中，则方之两廉各自成小句股，而其相与之势不失本率也[7]。句面之小句、股，股面之小句、股各并为中率[8]。令股为中率，并句、股为率，据见句五步而今有之，得中方也[9]。复令句为中率，以并句、股为率，据见股十二步而今有之，则中方又可知[10]。此则虽不效而法，实有法由生矣[11]。下容圆率而似今有、衰分言之[12]，可以见之也。

【注释】

〔1〕句中容方：勾股形内切的正方形，其一顶点在弦上，它相对的两边分别与勾、股重合，如图 9-18（1）所示。

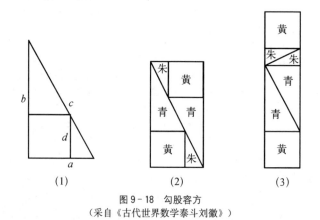

图 9-18 勾股容方
（采自《古代世界数学泰斗刘徽》）

〔2〕已知勾股形中勾 $a$，股 $b$，《九章算术》提出求其所容正方形的边长 $d$ 的公式是

$$d = \frac{ab}{a+b}。$$ (9-13)

〔3〕勾、股相乘为朱、青、黄幂各二：此谓勾股形所容正方形称为黄方，余下两小勾股形，位于勾上的称为朱幂，位于股上的称为青幂。作以勾、股为边长的长方形，其面积为 $ab$。显然它含有 2 个朱幂、2 个青幂、2 个黄幂，如图 9 - 18（2）。

〔4〕"令黄幂袤于隅中"四句：此谓这些朱、青、黄幂可以重新拼成一个长方形，其面积仍为 $ab$，如图 9 - 18（3）。两个黄幂分别位于两端，朱幂、青幂。根据自己的类别组合，分别形成小长方形，它们的股、勾分别与 2 黄幂的边相吻合，共同合成一个长方形幂。两径，表示勾与股。赵爽曰："径，直。"脩，长。脩之幂，长方形的面积。

〔5〕中方黄为广：此谓该脩幂的广就是所容正方形即黄方的边长 $d$。

〔6〕并勾、股为袤，故并勾、股为法：此谓该脩幂的长即勾股和 $a + b$，故以 $a + b$ 作为法。

〔7〕方之两廉各自成小勾股，而其相与之势不失本率：这是刘徽提出的一条重要原理，即相似勾股形的对应边成比例。是为以率解决这类问题的基础。设勾上小勾股形的三边为 $a_1$，$b_1$，$c_1$，股上小勾股形的三边为 $a_2$，$b_2$，$c_2$，则

$$a : b : c = a_1 : b_1 : c_1 = a_2 : b_2 : c_2。 \qquad (9 - 14)$$

〔8〕勾面之小勾、股，股面之小勾、股各并为中率：此谓由于 $\dfrac{a}{b} = \dfrac{a_1}{b_1}$，所以

$$\frac{a + b}{b} = \frac{a_1 + b_1}{b_1}。$$

$a = a_1 + b_1$ 为此比例式的中率。由于 $b_1 = d$，故

$$\frac{a + b}{b} = \frac{a_1 + b_1}{b_1} = \frac{a}{d}。$$

同样，由于 $\dfrac{b}{a} = \dfrac{b_2}{a_2}$，取 $b = a_2 + b_2$ 为中率，因 $a_2 = d$，则有

$$\frac{a + b}{a} = \frac{a_2 + b_2}{a_2} = \frac{b}{d}。$$

可见，刘徽已完全通晓合比定理。

〔9〕此谓以股 $b$ 为中率，则 $d = \dfrac{ab}{a+b} = \dfrac{5\,步 \times 12\,步}{5\,步 + 12\,步} = 3\dfrac{9}{17}$ 步。

〔10〕此谓以勾 $a$ 为中率，亦有 $d = \dfrac{ab}{a+b} = \dfrac{5\,步 \times 12\,步}{5\,步 + 12\,步} = 3\dfrac{9}{17}$ 步。

〔11〕此则虽不效而法，实有法由生矣：此谓此基于率的方法虽然没有效法基于出入相补的方法，实与法却由此产生出来。而，训"其"。见裴学海《古书虚字集释》卷七。而法，指此注起首基于出入相补原理的方法。有，训"与"。见裴学海《古书虚字集释》卷二。实有法，实与法。

〔12〕率：方法。　　似：古通"以"。


【译文】

假设一勾股形的勾是 5 步，股是 12 步。问：如果勾股形中容一正方形，它的边长是多少？

答：边长是 $3\dfrac{9}{17}$ 步。

术：将勾、股相加，作为法，勾、股相乘，作为实。实际以法，得到内容正方形边长的步数。勾、股相乘之面积含有红色的面积、青色的面积、黄色的面积各 2 个。使 2 个黄色的面积分别位于两端，界定其长，红色的面积、青色的面积各依据自己的类别组合，使它们的勾、股与 2 个黄色的面积的边相吻合，共同组成一个长方形的面积：以勾股形内容的正方形即黄色的面积作为宽，勾、股相加作为长。所以使勾、股相加作为法。

面积的图形：正方形在勾股形中，那么，正方形的两边各自形成小勾股形，而其相与的态势没有改变原勾股形的率。勾边上的小勾、股，股边上的小勾、股，分别相加，作为中率。令股作为中率，勾、股相加作为率，根据显现的勾 5 步而应用今有术，便得到中间正方形的边长。再令勾作为中率，勾、股相加作为率，根据显现的股 12 步而应用今有术，则又可知道中间正方形的边长。这里显然没有效法开头的方法，实与法却由此产生出来。下面的勾股容圆的方法而以今有术、衰分术求之，又可以见到这一点。


今有句八步，股一十五步。问：句中容圆径几何[1]？

荅曰：六步。

术曰：八步为句，十五步为股，为之求弦[2]。三位并之为法，以句乘股，倍之为实。实如法得径一步[3]。句、股相乘为图本体[4]，朱、青、黄幂各二[5]，倍之，则为各四[6]。可用画于小纸，分裁邪正之会，令颠倒相补，各以类合，成脩幂：圆径为广，并勾、股、弦为袤[7]。故并勾、股、弦以为法[8]。 又以圆大体言之[9]，股中青必令立规于横广，句、股又邪三径均，而复连规[10]，从横量度句股，必合而成小方矣[11]。又画中弦以规除会[12]，则句、股之面中央小句股弦[13]：句之小股、股之小句皆小方之面[14]，皆圆径之半[15]。其数故可衰[16]。以勾、股、弦为列衰，副并为法。以句乘未并者，各自为实。实如法而一，得句面之小股[17]，可知也。以股乘列衰为实，则得股面之小句可知[18]。言虽异矣，及其所以成法之实[19]，则同归矣[20]。则圆径又可以表之差、并[21]：句弦差减股为圆径[22]；又，弦减句股并，余为圆径[23]；以句弦差乘股弦差而倍之，开方除之，亦圆径也[24]。

**【注释】**

〔1〕句中容圆：勾股容圆，也就是勾股形内切一个圆。元数学家李冶（1192—1279）将其称为勾股容圆。

〔2〕此利用勾股术（9-1-1）求出弦：$c = \sqrt{8^2 + 15^2} = 17$(步)。

〔3〕此是已知勾股形中勾 $a$，股 $b$，求其所容圆的直径 $d$ 的问题，如图 9-19（1）所示。《九章算术》提出的公式是

$$d = \frac{2ab}{a+b+c}。 \qquad (9-15)$$

《九章算术》此问开中国勾股容圆类问题研究之先河。勾股容圆问题在宋元时期有了极大发展，产生了洞渊九容，讨论了 9 种勾股形与圆的相切关系，李冶由此演绎成名著《测圆海镜》（1248），给出了勾股形与圆的关系的若干命题，就同一个圆与 16 个勾股形的关系提出了 270 个问题，并以天元术为主要方法解决了其中大部分问题。

〔4〕此谓将一个勾股形从所容圆的圆心将其分解成 1 个黄幂、1 个朱幂与 1 个青幂。黄幂是边长为所容圆的半径的正方形；朱幂由 2 个小

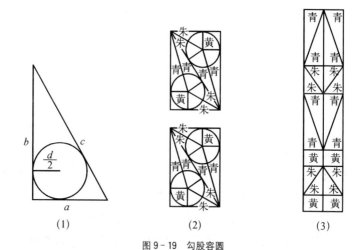

图 9 - 19　勾股容圆
（采自《古代世界数学泰斗刘徽》）

勾股形组成，其小勾是圆半径，而小股是勾与圆半径之差 $a - \dfrac{d}{2}$；青幂也由 2 个小勾股形组成，其小勾是圆半径，而小股是股与圆半径之差 $b - \dfrac{d}{2}$。取 2 个原来的勾股形，组成一个广为 $a$，长为 $b$ 的长方形，即勾股相乘幂，如图 9 - 19(2)。

〔5〕作由两个勾股形构成的长方形，也就是勾股相乘之幂，其面积为 $ab$，它含有朱幂、青幂、黄幂各 2 个。

〔6〕2 个勾股相乘之幂其面积为 $2ab$，含有朱幂、青幂、黄幂各 4 个。

〔7〕将 2 个勾股相乘之幂中的朱幂、青幂、黄幂各以类合，构成一个长方形，它的广是圆直径 $d$，其长是勾、股、弦之和 $a + b + c$，其面积当然仍然是 $2ab$，如图 9 - 19 (3)。

〔8〕由于 $(a + b + c)d = 2ab$，所以要求圆直径 $d$，便以 $a + b + c$ 为法，即得到 (9 - 15)。这是刘徽记述的以出入相补原理对《九章算术》公式的证明。

〔9〕又以圆大体言之：又根据圆的义理阐述此术。大体，义理，本质，要点。参见"二人同所立"问注释。

〔10〕"股中青必令立规于横广"三句：股边上的青幂等元素必须使

圆规立于勾的横线上，并且到勾、股、弦的三个半径相等的点上，这样再连成圆。规，圆规，是中国古代画圆的工具。"立规于……"是说将圆规立于什么位置。"连规"就是画圆，此处以画圆的工具规代替圆。刘徽在这里简要说明如何作出勾股形的内切圆。有的学者认为中国古算没有几何作图的研究，是不妥的。诚然，中国古代可能没有古希腊那样的关于作图的严格规定。但是数学研究，尤其是面积、体积、勾股及测望重差问题，都离不开作图。刘徽注《九章算术》的宗旨是"析理以辞，解体用图"，可见他是辞、图并重的。他著有《九章重差图》一卷，可惜已经失传。其中有关于作图的研究是不言而喻的。这里刘徽更明确地说明作图的要求。

〔11〕从横量度勾股，必合而成小方矣：纵横量度勾、股，必定合成小正方形。

〔12〕又画中弦以规（kuī）除会：又过圆心画出中弦，以观察它们施予会通的情形。中弦，过圆心平行于弦而两端交于勾、股的线段。如图 9-20（1）。规除会，观察它们施予会通的情形。规，通"窥"。《管子·君臣上》："大臣假于女之能以规主情。"丁士涵注："规，古窥字。"除，给予，施予。《诗经·小雅·天保》："俾尔单厚，何福不除。"毛传："'除'，开也。"郑弦笺："皆开出以予之。"

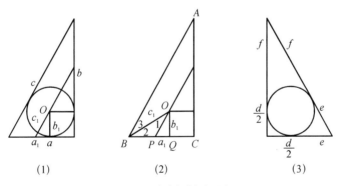

(1)                    (2)                    (3)

图 9-20　以衰分术求解勾股容圆
（采自译注本《九章算术》）

〔13〕则句、股之面中央小句股弦：此谓中弦与勾股形的勾、股及垂直于勾、股的半径分别形成位于勾、股中央的小勾股形。将它们的小勾、股、弦分别记为 $a_1$，$b_1$，$c_1$；$a_2$，$b_2$，$c_2$。

〔14〕句之小股、股之小句皆小方之面：此谓勾上的小勾股形的股与

股上的小勾股形的勾相等，且都是垂直于勾、股的半径且等于勾、股构成的小正方形的边长。

〔15〕此谓 $b_1 = a_2 = \dfrac{d}{2}$。

〔16〕显然 $a_1 : b_1 : c_1 = a_2 : b_2 : c_2 = a : b : c$。从应用衰分术来看，刘徽必定认识到 $a_1 + b_1 + c_1 = a$，$a_2 + b_2 + c_2 = b$。刘徽如何认识到这一点，不得而知。我们大体推测如下：如图 9-20（2），以勾上小勾股形 $OPQ$ 为例，只要证明 $BP = OP$，或 $BP = c_1$ 即可。由于 $OP /\!/ AB$，故 $\angle 1 = \angle 3$，而 $\angle 3 = \angle 2$，故 $\angle 1 = \angle 2$，所以 $BP = OP$。如果这种推测合理，则刘徽必定通晓平行线的内错角相等，三角形的内切圆的圆心到顶点的连线必平分该角，等腰三角形的两底角相等等性质。

〔17〕由于 $a_1 : b_1 : c_1 = a : b : c$，且 $a_1 + b_1 + c_1 = a$，由衰分术，

$$\frac{d}{2} = b_1 = \frac{ab}{a+b+c},$$

故得到《九章筭术》的圆径公式（9-15）。

〔18〕同样，考虑股上的小勾股形，由于 $a_2 : b_2 : c_2 = a : b : c$，$a_2 + b_2 + c_2 = b$，由衰分术得

$$\frac{d}{2} = a_2 = \frac{ab}{a+b+c},$$

亦得到《九章筭术》的圆径公式（9-15）。

〔19〕成法之实：形成法与实。之，训"与"。

〔20〕此谓从不同的途径，得到法与实，都是相同的。

〔21〕此句意在提示以下以勾、股、弦的差、并表示的三个圆径公式。则：训"今"；之：训"以"；分别见裴学海《古书虚字集释》卷八、卷九。

〔22〕此谓

$$d = b - (c - a)。$$

这个公式是怎么推导出来的，刘徽没有提示，我们推测如下：如图 9-20（3），记勾股形的勾减去圆半径剩余的部分为 $e$，股减去圆半径剩余的部分为 $f$，则 $a = \dfrac{d}{2} + e$，$b = \dfrac{d}{2} + f$，$c = e + f$，于是

$$b - (c - a) = \left( \frac{d}{2} + f \right) - \left[ (e + f) - \left( \frac{d}{2} + e \right) \right]$$

$$= \left( \frac{d}{2} + f \right) - \left( f - \frac{d}{2} \right) = d \text{。}$$

如果这种推测合理，则刘徽使用了线段的出入相补。

〔23〕此谓

$$d = (b + a) - c \text{。}$$

〔24〕此谓

$$d = \sqrt{2(c - a)(c - b)} \text{。} \tag{9-16}$$

这实际上是下文"持竿出户"问由勾弦差、股弦差求勾、股、弦中黄方的边长。


【译文】

假设一勾股形的勾是 8 步，股是 15 步。问：勾股形中内切一个圆，它的直径是多少？

　　　　答：6 步。

术：以 8 步作为勾，15 步作为股，求它们相应的弦。勾、股、弦三者相加，作为法，以勾乘股，加倍，作为实。实除以法，得到直径的步数。勾与股相乘作为图形的主体，含有红色的面积、青色的面积、黄色的面积各 2 个，加倍，则各为 4 个。可以把它们画到小纸片上，从斜线与横线、竖线交会的地方将其裁开，通过平移、旋转而出入相补，使各部分按照各自的类型拼合，成为一个长方形的面积：圆的直径作为宽，勾、股、弦相加作为长。所以以勾、股、弦相加作为法。　又根据圆的义理阐述此术，股边上的青色的面积等元素必须使圆规立于勾的横线上，并且到勾、股、弦的三个半径相等的点上，这样再连成圆，纵横量度勾、股，必定合成小正方形。又过圆心画出中弦，以观察它们施予会通的情形，那么勾边、股边的中部都有小勾股弦：勾上的小股、股上的小勾都是小正方形的边长，都是圆直径的一半。所以对它们的数值是可以施行衰分术的。以勾、股、弦作为列衰，在旁边将它们相加作为法。以勾乘未相加的勾、股、弦，各自作为实。实除以法，得到勾边上的小股，是不言而喻的。以股乘列衰作为实，则得到股边上的小勾，是不言而喻的。言辞虽然不同，至于用它们构成法与实，则都有同一个归宿。而圆的直径又可以表示成勾、股、弦的和差关系：以勾弦差减股成为圆的直径；又，以弦减勾股和，其余数为圆的直径；以勾弦差乘股弦差，而加倍，作开方除法，也成为圆的直径。

今有邑方二百步[1]，各中开门。出东门一十五步有木。
问：出南门几何步而见木？

答曰：六百六十六步太半步。

术曰：出东门步数为法，以句率为法也。半邑方自乘
为实，实如法得一步[2]。此以出东门十五步为句率，东门
南至隅一百步为股率，南门东至隅一百步为见句步。欲以见句
求股，以为出南门数[3]。正合"半邑方自乘"者，股率当乘见
句，此二者数同也。

今有邑东西七里，南北九里，各中开门。出东门一十五
里有木。问：出南门几何步而见木？

答曰：三百一十五步。

术曰：东门南至隅步数，以乘南门东至隅步数为
实。以木去门步数为法。实如法而一[4]。此以东门南
至隅四里半为句率，出东门一十五里为股率，南门东至隅三里
半为见股。所问出南门即见股之句[5]。为术之意，与上同也。

今有邑方不知大小，各中开门。出北门三十步有木，出
西门七百五十步见木。问：邑方几何？

答曰：一里。

术曰：令两出门步数相乘，因而四之，为实。开方
除之，即得邑方[6]。按：半邑方，令半方自乘，出门除之，
即步[7]。令二出门相乘，故为半方邑自乘[8]，居一隅之积
分[9]。因而四之，即得四隅之积分[10]。故为实[11]，开方除，
即邑方也。

【注释】

〔1〕邑：京城，国都。《诗经·殷武》："商邑翼翼，四方之极。"毛

传："商邑，京师也。"又指民众聚居之处，大曰都，小曰邑，亦泛指村落、城镇。《周礼·地官·里宰》："里宰掌比其邑之众寡与其六畜兵器。"

〔2〕如图 9 - 21，设出东门 $CB$ 为 $a$，半邑方 $CA$ 为 $b$，则出南门 $DE = \dfrac{b^2}{a}$。

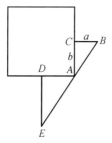

图 9 - 21　邑方出南门
（采自译注本《九章算术》）

〔3〕考虑以出东门和东门至东南隅构成的勾股形 $ABC$，及南门至东南隅和南门至木构成的勾股形 $EAD$。显然这两个勾股形相似。以出东门 $BC$ 为勾率 $a$，东门至东南隅 $AC$ 为股率 $b$。已知南门至东南隅 $AD$ 为见勾，显然 $AD = b$。出南门至木 $DE$ 为股，由勾股相与之势不失本率的原理，$\dfrac{AD}{DE} = \dfrac{a}{b}$，利用今有术，则 $DE = \dfrac{b \times AD}{a} = \dfrac{b^2}{a}$。

〔4〕此谓 $DE = \dfrac{BC \times BD}{AC}$。

〔5〕考虑以出东门和东门至东南隅构成的勾股形 $ABC$，及南门至东南隅和南门至木构成的勾股形 $BED$，如图 9 - 22。显然这两个勾股形

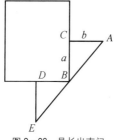

图 9 - 22　邑长出南门
（采自译注本《九章算术》）

相似。以东门至东南隅 $BC$ 为勾率 $a$，出东门至木 $AC$ 为股率 $b$。已知南门至东南隅 $BD$ 为见股。出南门至木 $DE$ 为勾，由勾股相与之势不失本率的原理，$\dfrac{BD}{DE}=\dfrac{b}{a}$，利用今有术，$DE=\dfrac{a\times BD}{b}$。

〔6〕如图 9‐23，记出北门至木 $BC$ 为 $a$，出西门至见木处 $DE$，则邑方 $x=\sqrt{4a\times DE}$。

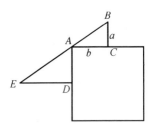

图 9‐23　邑方出西门
（采自译注本《九章算术》）

〔7〕"半邑方"四句：此条刘徽注系一般性论述。两相邻之门，不拘东、西、南、北，半邑方自乘，以一出门步数除之，得另一出门步数。古文不别白而可知者，可用省文。

〔8〕此谓考虑以出北门至木和北门至西北隅构成的勾股形 $ABC$，及西门至西北隅和西门见木构成的勾股形 $EAD$。显然这两个勾股形相似。记出北门至木 $BC$ 为勾率 $a$，北门至西北隅 $AC$ 为股率 $b$。已知西门见木 $ED$ 为见股。西门至西北隅 $AD$ 为勾，显然 $AD=b$，由勾股相与之势不失本率的原理，$\dfrac{AD}{DE}=\dfrac{a}{b}$，利用今有术，$b^2=a\times DE$。

〔9〕此谓面积 $b^2=a\times DE$ 居于城邑的一角。

〔10〕积分：即分之积。参见卷一经分注释〔7〕。

〔11〕记城邑的每边长为 $x$，$AD=\dfrac{x}{2}$。那么 $x^2=(2AD)^2=4a\times DE$。

【译文】

假设有一座正方形的城，每边长 200 步，各在城墙的中间开门。出东门 15 步处有一棵树。问：出南门多少步才能见到这棵树？

答：$666\dfrac{2}{3}$ 步。

术：以出东门的步数作为法，这是以勾率作为法。取城的边长的 $\frac{1}{2}$，自乘，作为实，实除以法，得到出南门见到树的步数。这里以出东至木 15 步作为勾率，自东门向南至城角 100 步作为股率，自南门向东至城角 100 步作为勾的已知步数。想以已知的勾求相应的股，作为出南门见木的步数。恰恰是"城的边长的 $\frac{1}{2}$，自乘"，这是因为应当以股率乘已知的勾，而这二者的数值是相同的。

假设有一座城，东西宽 7 里，南北长 9 里，各在城墙的中间开门。出东门 15 里处有一棵树。问：出南门多少步才能看到这棵树？

答：315 步。

术：以东门向南至城角步数乘自南门向东至城角的步数，作为实。以树至东门的步数作为法。实除以法即得。这里以自东门向南至城角的 $4\frac{1}{2}$ 里作为勾率，出东门至树的 15 里作为股率，南门向东至城角 $3\frac{1}{2}$ 里作为已知的股。所问的出南门见树的步数就是与已知的股相应的勾。造术的意图，与上一问相同。

假设有一座正方形的城，不知道其大小，各在城墙的中间开门。出北门 30 步处有一棵树，出西门 750 步恰好能见到这棵树。问：这座城的每边长是多少？

答：1 里。

术：使两出门的步数相乘，乘以 4，作为实。对之作开方除法，就得到城的边长。按：取城的边长的 $\frac{1}{2}$，将边长的 $\frac{1}{2}$ 自乘，除以一出门步数，就得到另一出门步数。那么，二出门步数相乘，本来就是边长的 $\frac{1}{2}$ 自乘，它是居于城一个角隅的积分。因而乘以 4，就得到 4 个角隅的积分。所以作为实，对之作开方除法，就得到城的边长。

今有邑方不知大小，各中开门。出北门二十步有木。出南门一十四步，折而西行一千七百七十五步见木。问：邑方几何？

荅曰：二百五十步。

术曰：以出北门步数乘西行步数，倍之，为实[1]。
此以折而西行为股，自木至邑南一十四步为句[2]，以出北门二
十步为句率[3]，北门至西隅为股率，半广数[4]。故以出北门乘
折西行股，以股率乘句之幂[5]。然此幂居半，以西行。故又倍
之，合东，尽之也[6]。并出南、北门步数[7]，为从法。
开方除之，即邑方[8]。此术之幂，东西如邑方，南北自木
尽邑南十四步[9]。之幂[10]：各南、北步为广，邑方为袤，故连
两广为从法[11]，并以为隅外之幂也[12]。

【注释】

〔1〕 如图 9 - 24（1），记城邑的北门为 $D$，门外之木为 $B$，南门为
$E$，折西处为 $C$，见木处为 $A$，记 $AC$ 为 $m$，$BD$ 为 $k$，则以 $2 \times BD \times AC = 2\,km$ 作为实。

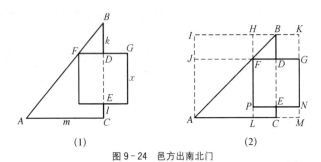

(1)　　　　　　(2)

图 9 - 24　邑方出南北门
（采自《古代世界数学泰斗刘徽》）

〔2〕 考虑勾股形 $ABC$，以 $AC$ 为股，$BC$ 为勾。

〔3〕 考虑勾股形 $FBD$，$BD$ 为勾率。

〔4〕 北门至西隅为股率，半广数：此即以 $DF$ 为股率，股率就是方城
边长的一半。设方城的边长为 $x$，则 $DF = \dfrac{x}{2}$。

〔5〕 故以出北门乘折西行股，以股率乘句之幂：所以 $BD \times AC = BC \times DF$。这是因为勾股形 $ABC$ 与勾股形 $FBD$ 相似，根据勾股相与之
势不失本率的原理，有 $\dfrac{BD}{DF} = \dfrac{BC}{AC}$，从而得到上式。后一“以”字，训

"为"。《玉篇》："以，为也。"

〔6〕"此幂居半"五句：此幂占有了 $\frac{1}{2}$ 的原因是向西走。所以又加倍，加上东边的幂，才穷尽了整个的幂。此幂居半，以西行，意谓此幂居半的原因是西行。以，因也。见裴学海《古书虚字集释》卷一。记出南门 $EC$ 为 $l$，则 $BC = k + x + l$。代入上式，有：$km = (k + x + l) \times \dfrac{x}{2}$。于是

$$x^2 + (k + l)x = 2km。 \qquad (9\text{-}17)$$

这是刘徽以率的思想对《九章筭术》解法的推导。

〔7〕此谓 $BD + CE = k + l$。

〔8〕《九章筭术》给出（9-17）式。这是现存中国古典数学著作中第一次出现含有一次项的二次方程。

〔9〕"此术之幂"三句：如图 9-24（2），考虑长方形 $HKML$ 之幂，其东西就是城邑的边长，南北是自北门外之木至出南门折西行处。自此起是以出入相补原理推导《九章筭术》的方程（9-17）。

〔10〕之幂：此幂。之，此，这个，那个。《尔雅》："之子者，是子也。"

〔11〕连两广为从法：连结两个广作为从法。

〔12〕刘徽认为长方形 $HKML$ 之幂由三部分组成：长方形 $HKGF$，其面积为 $kx$；长方形 $PNML$，其面积为 $lx$；城邑 $FGNP$，其面积为 $x^2$；总面积为 $x^2 + (k + l)x$。另一方面考虑长方形 $IBCA$，它被对角线 $AB$ 平分，即勾股形 $ABC$ 与 $ABI$ 面积相等。同样，勾股形 $AFL$ 与 $AFJ$ 面积相等，勾股形 $FBD$ 与 $FBH$ 面积也相等。因此，长方形 $FDCL$ 与 $FHIJ$ 面积相等，长方形 $HBCL$ 与 $BDJI$ 面积也相等。而长方形 $HKML$ 是长方形 $HBCL$ 的面积的 2 倍，亦即为 $BDJI$ 的面积的 2 倍。$BDJI$ 的面积是 $km$，因此得到《九章筭术》的二次方程（9-17）。上述描述中关于长方形 $FDCL$ 与 $FHIJ$ 面积相等的论述，在现存刘徽注中没有，但我们认为这是符合刘徽甚至符合《九章筭术》时代的思想的。北宋贾宪《黄帝九章筭经细草》中提出："直田斜解句股二段，其一容直，其一容方，二积相等。"如图 9-25 所示，长方形 $FD$ 与长

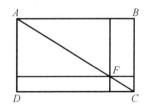

图 9-25 容横容直原理
（采自《古代世界数学泰斗刘徽》）

方形 $FB$ 面积相等。这是解决勾股重差问题进行出入相补的重要依据。贾宪、杨辉认为是先秦九数中"旁要"的方法之一。

【译文】

假设有一座正方形的城，不知道其大小，各在城墙的中间开门。出北门 20 步处有一棵树。出南门 14 步，然后拐弯向西走 1 775 步，恰好看见这棵树。问：城的边长是多少？

答：250 步。

术：以出北门到树的步数乘拐弯向西走的步数，加倍，作为实。这里以拐弯向西走的步数作为股，以自树至城南 14 步作为勾，以出北门至木 20 步作为勾率，自北门向西至西北角作为股率，就是城的边长的 $\frac{1}{2}$。所以以出北门至树的步数乘拐弯向西走的步数亦即股，等于股率乘勾之面积。然而这一面积占有了 $\frac{1}{2}$，其原因是向西走。所以又加倍，加上东边的面积，才穷尽了整个的面积。将出南门和北门的步数相加，作为一次项系数。对之作开方除法，就得到城的边长。此术中的面积：东西是城的边长，南北是自北门外的树到城南 14 步。这个面积：各以出南门、出北门的步数作为宽，城的边长作为长，所以连结两个宽作为一次项系数。两者相加，作为城外之面积。

今有邑方一十里，各中开门。甲、乙俱从邑中央而出：乙东出；甲南出，出门不知步数，邪向东北，磨邑隅，适与乙会。率：甲行五，乙行三[1]。问：甲、乙行各几何？

荅曰：

甲出南门八百步，邪东北行四千八百八十七步半，及乙；

乙东行四千三百一十二步半。

术曰：令五自乘，三亦自乘，并而半之，为邪行率。邪行率减于五自乘者，余为南行率。以三乘五为乙东行率[2]。求三率之意与上甲乙同。置邑方，半之，以南行率乘之，如东行率而一，即得出南门步数[3]。今半方，南门东至隅五里。半邑者，谓为小股也。求以为出南门步数。故置邑方，半之，以南行句率乘之，如股率而一[4]。以增邑方半，即南行[5]。"半邑"者，谓从邑心中停也。置南行步，求弦者，以邪行率乘之；求东行者，以东行率乘之，各自为实。实如法，南行率，得一步[6]。此术与上甲乙同[7]。

**【注释】**

〔1〕此谓设甲行率为 $m$，乙行率为 $n$，则 $m:n=5:3$。

〔2〕如图 9-26，考虑勾股形 $ABC$ 与勾股形 $DBO$。设南行 $OB$ 为 $a$，东行 $OD$ 为 $b$，邪行 $BD$ 为 $c$，则 $(c+a):b=m:n$，《九章算术》再一次应用了勾股数组通解公式（9-11-1）

$$a:b:c=\frac{1}{2}(m^2-n^2):mn:\frac{1}{2}(m^2+n^2)。$$

由于 $m:n=5:3$，则

$$a:b:c=8:15:17。$$

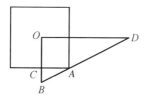

图 9-26 甲乙出邑
（采自译注本《九章算术》）

〔3〕已知半邑方 5 里，即 $AC=5$ 里，由于 $CB:AC=OB:OD=a:b=8:15$，利用今有术求出出南门的里数：

$$出南门里数\ CB=\frac{5\ 里\times a}{b}=\frac{300\ 步\times5\times8}{15}=800\ 步。$$

〔4〕刘徽将《九章算术》的半邑方称为股，将南行率、东行率称为勾率、股率，是以更一般的方式阐述解法。

〔5〕此即甲南行 $OB = OC + CB = 5$ 里 $+ 800$ 步 $= 2\,300$ 步。

〔6〕由于 $CB : AB = OB : BD = a : c = 8 : 17$，利用今有术求出邪行的里数：

$$\text{邪行里数 } BD = \frac{OB \times c}{a} = \frac{2\,300\ \text{步} \times 17}{8} = 4\,887\frac{1}{2}\ \text{步}。$$

$CB : AC = OB : OD = a : b = 8 : 15$，利用今有术求出东行的里数：

$$\text{东行里数 } OD = \frac{OB \times b}{a} = \frac{2\,300\ \text{步} \times 15}{8} = 4\,312\frac{1}{2}\ \text{步}。$$

〔7〕此术与上甲乙同：与上述甲乙同所立问求邪行、东行的方法相同。

【译文】

假设有一座正方形的城，每边长 10 里，各在城墙的中间开门。甲、乙二人都从城的中心出发：乙向东出城门，甲向南出城门，出门走了不知多少步，便斜着向东北走，擦着城墙的东南角，恰好与乙相会。他们的率：甲走的率是 5，乙走的率是 3。问：甲、乙各走了多少？

答：

甲向南出城门走 800 步，斜着向东北走 $4\,887\dfrac{1}{2}$ 步，遇到乙；

乙向东出城门走 $4\,312\dfrac{1}{2}$ 步。

术：将 5 自乘，3 也自乘，相加，取其 $\dfrac{1}{2}$，作为甲斜着走的率。5 自乘减去甲斜着走的率，余数作为甲向南走的率。以 3 乘 5，作为乙向东走的率。求三率的意图与上面"甲乙站在同一个地方"的问题相同。布置城的边长，取其 $\dfrac{1}{2}$，以甲向南走的率乘之，除以乙向东走的率，就得到甲向南出城门走的步数。现在边长的 $\dfrac{1}{2}$，是城的南门向东至城东南角，即 5 里。边长的 $\dfrac{1}{2}$，称之为小股。求与之相应的向南出城门走的步数。所以，布置城的边长，取其$\frac{1}{2}$，以甲向南走的率即勾率乘之，除以股率。以它加城边长的$\frac{1}{2}$，就是甲向南走的步数。"加城边长的$\frac{1}{2}$"，是因为从城的中心出发的。布置甲向南走的步数，如果求弦，就以甲斜着走的率乘之；如果求乙向东走的步数，就以向东走的率乘之，各自作为实。实除以法，即甲向南走的率，分别得到走的步数。此术与上面"甲乙站在同一个地方"的问题相同。

今有木去人不知远近。立四表，相去各一丈，令左两表与所望参相直。从后右表望之，入前右表三寸[1]。问：木去人几何？

　　答曰：三十三丈三尺三寸少半寸。

　　术曰：令一丈自乘为实。以三寸为法，实如法而一[2]。此以入前右表三寸为句率，右两表相去一丈为股率，左右两表相去一丈为见句，所问木去人者，见句之股[3]。股率当乘见句，此二率俱一丈，故曰"自乘"之[4]。以三寸为法。实如法得一寸。

今有山居木西，不知其高。山去木五十三里，木高九丈五尺。人立木东三里，望木末适与山峰斜平。人目高七尺[5]。问：山高几何？

　　答曰：一百六十四丈九尺六寸太半寸。

　　术曰：置木高，减人目高七尺，此以木高减人目高七尺，余有八丈八尺，为句率。去人目三里为股率[6]。山去木五十三里为见股，以求句[7]。加木之高[8]，故为山高也。余，以乘五十三里为实。以人去木三里为法。实如法而一。

所得，加木高，即山高[9]。此术句股之义。

今有井径五尺，不知其深。立五尺木于井上，从木末望水岸，入径四寸[10]。问：井深几何？

答曰：五丈七尺五寸。

术曰：置井径五尺，以入径四寸减之，余，以乘立木五尺为实。以入径四寸为法。实如法得一寸[11]。

此以入径四寸为句率，立木五尺为股率[12]。井径之余四尺六寸为见句。问井深者，见句之股也[13]。

【注释】

〔1〕如图9-27，设木为$E$，四表分别为$A$，$B$，$C$，$D$。$A$，$D$，$E$在同一直线上，连$BE$，交$CD$于$F$。

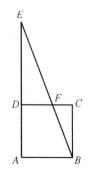

图9-27 立四表望远
（采自《古代世界数学泰斗刘徽》）

〔2〕《九章算术》的解法是木去人$= \dfrac{(1 \text{丈})^2}{3 \text{寸}} = 3\,333\,\dfrac{1}{3}$ 寸。

〔3〕刘徽考虑勾股形$BFC$，以$CF$为勾率，$BC$为股率；又考虑勾股形$EBA$，已知勾$AB$，求与之对应的股$AE$。由于勾股形$EBA$与勾股形$BFC$相似，根据勾股相与之势不失本率的原理，利用今有术，求出股。

〔4〕已知勾$AB$与股率$BC$都是1丈，所以股率乘勾为1丈自乘。之：语气词。

〔5〕如图 9-28，山高为 $PF$，木高为 $BE = 9$ 丈 5 尺，人目高为 $AD = 7$ 尺。$A$，$B$，$P$ 在同一直线上。木距山 $BQ = 53$ 里，求山高 $PF$。

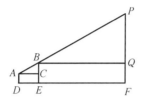

图 9-28　因木望山
（采自《古代世界数学泰斗刘徽》）

〔6〕去人目三里为股率：此谓考虑勾股形 $ABC$，其 $BC = BE - AD = 9$ 丈 5 尺 $- 7$ 尺 $= 8$ 丈 8 尺，为勾率，$AC = 3$ 里为股率。此术注中取为比较基础的勾股形恰以木高与人目高之差为勾，以木去人目为股。

〔7〕刘徽又考虑勾股形 $BPQ$，它与勾股形 $ABC$ 相似。已知其股 $BQ = 53$ 里，根据勾股相与之势不失本率的原理，利用今有术，求与股 $BQ$ 相应的勾 $PQ$。

〔8〕此即 $PQ + QF = PF$ 为山高。

〔9〕此是《九章算术》求山高的方法，即

$$PF = PQ + BE = \frac{BC \times BQ}{AC} + BE = \frac{88 \text{ 尺} \times 53 \text{ 里}}{3 \text{ 里}} + 95 \text{ 尺}$$

$$= 1554\frac{2}{3} \text{ 尺} + 95 \text{ 尺}$$

$$= 1649\frac{2}{3} \text{ 尺。}$$

〔10〕如图 9-29，设井径为 $CD = 5$ 尺，立木为 $AC = 5$ 尺。从 $A$ 处望水岸 $E$，入径 $BC = 4$ 寸，求井深 $DE$。

〔11〕《九章算术》求井深的方法是

$$DE = \frac{(CD - BC) \times AC}{BC}$$

$$= \frac{(5 \text{ 尺} - 4 \text{ 寸}) \times 5 \text{ 尺}}{4 \text{ 寸}}$$

$$= 575 \text{ 寸。}$$

图 9-29　井径
（采自译注本《九章算术》）

〔12〕刘徽考虑勾股形 $ABC$，其 $BC=4$ 寸，为勾率，$AC=5$ 尺为股率。

〔13〕刘徽考虑勾股形 $EBD$，已知勾 $BD=CD-BC=5$ 尺 $-4$ 寸 $=4$ 尺 $6$ 寸，根据勾股相与之势不失本率的原理，利用今有术，求与勾 $BQ$ 相应的股 $DE$。

## 【译文】

假设有一棵树，距离人不知远近。竖立四根表，相距各 1 丈，使左两表与所望的树三者在同一条直线上。从后右表望树，入前右表左边 3 寸。问：此树距离人是多少？

答：33 丈 3 尺 3 $\frac{1}{3}$ 寸。

术：使 1 丈自乘，作为实。以 3 寸作为法。实除以法，得到结果。这里以入前右表左边 3 寸作为勾率，右两表相距 1 丈作为股率，左右两表相距 1 丈作为已知的勾，所问的树到人的距离，就是与已知的勾相应的股。应当以股率乘已知的勾，这两个数是 1 丈，所以说"自乘"。以 3 寸作为法。实除以法，得到树距离人的寸数。

假设有一座山，位于一棵树的西面，不知道它的高。山距离树 53 里，树高 9 丈 5 尺。一个人站立在树的东面 3 里处，望树梢恰好与山峰斜平。人的眼睛高 7 尺。问：山高是多少？

答：164 丈 9 尺 6 $\frac{2}{3}$ 寸。

术：布置树的高度，减去人眼睛的高 7 尺，这里是以树的高减去人眼睛的高 7 尺，余数有 8 丈 8 尺，作为勾率。以树距离人的眼睛 3 里作为股率。以山距离树 53 里作为已知的股，求与之相应的勾。勾加树的高度，就是山高。以其余数乘 53 里，作为实。以人与树的距离 3 里作为法。实除以法。所得到的结果加树高，就是山高。此术有勾股的意义。

假设有一口井，直径是 5 尺，不知道它的深度。在井岸上竖立一根 5 尺的木杆，从木杆的末端望井的水岸，切入井口的直径 4 寸。问：井深是多少？

答：5 丈 7 尺 5 寸。

术：布置井的直径 5 尺，以切入井口直径 4 寸减之，以余数乘竖立的木杆 5 尺作为实。以切入井口直径的 4 寸作为法。实除以法，得到井深的寸数。此以切入井口直径的 4 寸作为勾率，竖立的木杆 5 尺作为股率。井口直径的余数 4 尺 6 寸作为已知的勾。所问的井深，就是与已知的勾相应的股。

今有户不知高、广，竿不知长短。横之不出四尺，从之不出二尺，邪之适出[1]。问：户高、广、衺各几何？

　　答曰：

　　广六尺，

　　高八尺，

　　衺一丈。

术曰：从、横不出相乘，倍，而开方除之[2]。所得，加从不出，即户广[3]；此以户广为句，户高为股，户衺为弦[4]。凡句之在股，或矩于表，或方于里[5]。连之者举表矩而端之[6]。又从句方里令为青矩之表，未满黄方[7]。满此方则两端之邪重于隅中[8]，各以股弦差为广，句弦差为衺。故两端差相乘，又倍之，则成黄方之幂[9]。开方除之，得黄方之面[10]。其外之青知[11]，亦以股弦差为广。故以股弦差加，则为句也[12]。加横不出，即户高；两不出加之，得户衺[13]。

【注释】

〔1〕持竿出户如图 9 - 30 (1) (2) 所示。

〔2〕若记户广为 $a$，户高为 $b$，户邪为 $c$，那么从不出就是 $c-b$，横不出就是 $c-a$。此即 $\sqrt{2(c-b)(c-a)}$。

〔3〕此即户广

$$a = \sqrt{2(c-b)(c-a)} + (c-b)。 \qquad (9-18-1)$$

〔4〕刘徽认为户的广、高、邪形成一个勾股形，户广 $a$ 为勾，户高 $b$ 为股，户邪 $c$ 为弦。那么从不出就是股弦差 $c-b$，横不出就是勾弦差 $c-a$。

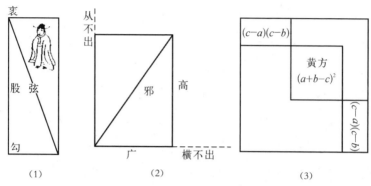

图 9-30  持竿出户及由股弦差勾弦差求勾股弦
［（1）采自杨辉本  （2）（3）采自《古代世界数学泰斗刘徽》］

〔5〕"凡句之在股"三句：凡是勾对于股，有时在股的表面成为折矩，有时在股的里面成为正方形。这里刘徽又一次讨论勾方或勾矩与股矩或股方在弦方中的关系，如图 9-4。

〔6〕连之者举表矩而端之：可以取位于表面的折矩而考察它们的两端。举，取，拾取。《诗·小雅·车攻》："射夫既同，助我举柴。"《吕氏春秋·乐成》："财物之遗者，民莫之举。"高诱注："举，取也。"端，动词，即考虑其折矩的两端。

〔7〕这是将图 9-4（2）中的勾方 $a^2$ 变为青矩 $c^2-b^2$，其面积仍为 $a^2$。也相当于将图 9-4（2）转置 180°，叠合到图 9-4（1）上，就变成图 9-30（3）。显然，中间的黄方没有被填满。

〔8〕满此方则两端之邪（yú）重于隅中：填满这个黄方的乃是勾矩和股矩的两端之余在两隅中重合的部分。邪，音、义均同"余"。《左氏传·文公元年》："先王之正时也，履端于始，举正于中，归余于终。"《史记·历书》引作："先王之正时也，履端于始，举正于中，归邪于终。"裴骃《集解》："邪，音余。"《集解》又云："韦昭曰：邪，余分也。终，闰月也。"

〔9〕此谓黄方之幂 $(a+b-c)^2=2(c-b)(c-a)$。

〔10〕因此黄方的边长 $a+b-c=\sqrt{2(c-b)(c-a)}$。显然，它与刘徽在勾股容圆问中提出的一个圆径公式（9-16）相同。

〔11〕其外之青知：其外之青矩。青，青矩。知，训"者"，其说见刘徽序"故枝条虽分而同本干知"之注解。

〔12〕此即（9-18-1），这是已知勾弦差、股弦差求勾的公式。

〔13〕此即

$$户高 b = \sqrt{2(c-b)(c-a)} + (c-a),  \qquad (9 \text{-} 18 \text{-} 2)$$

$$户邪 c = \sqrt{2(c-b)(c-a)} + (c-a) + (c-b)。$$
$$\qquad\qquad (9 \text{-} 18 \text{-} 3)$$

这就是已知勾弦差、股弦差求股、弦的公式。

**【译文】**

假设有一门户，不知道它的高和宽，有一根竹竿，不知道它的长短。将竹竿横着，有 4 尺出不去，竖起来有 2 尺出不去，将它斜着恰好能出门。问：门户的高、宽、斜各是多少？

　　答：

宽是 6 尺，

高是 8 尺，

斜是 1 丈。

术：将竖着、横着出不去的长度相乘，加倍，而对之作开方除法。所得加竖着出不去的长度，就是门户的宽；这里以门户的宽作为勾，门户的高作为股，门户的斜作为弦。凡是勾对于股，有时在股的表面成为折矩，有时在股的里面成为正方形。如果把它们结合起来，可以举出位于表面的折矩而考察它们的两端。又把位于里面的勾方变为位于表面的青色的折矩，则未能填满黄色的正方形。填满这个黄色的正方形的乃是勾矩在两端的余数，它们在弦方的两折中与股的折矩相重合，分别以股弦差作为宽，以勾弦差作为长。所以两端的差相乘，又加倍，就成为黄色的正方形之幂。对之作开方除法，便得到黄色正方形的边长。它外面的青色的折矩也以股弦差作为宽。所以加上股弦差，就成为勾。加上横着出不去的长度，就是门户的高；加上竖着、横着两者出不去的长度，就得到门户的斜。

# 索 引

# 中国古代名著全本译注丛书